"十二五"普通高等教育本科国家级规划教材

地 质 学

（第5版）

徐九华　谢玉玲　李克庆　李 媛　编

北 京
冶金工业出版社
2024

内 容 提 要

全书共分19章，内容涵盖了地质学基础知识（地球的构造及地质作用、矿物、岩石、地史、地质构造与地质制图）、矿床学、矿床水文地质与工程地质学、矿产勘查与矿山地质学，对各学科相关的基本概念、基本理论和基本地质工作方法等进行了系统的阐述，对近年来的地质学和矿床勘查的进展也有一定的反映。

本书为采矿工程、矿物资源工程等相关专业的本科生必修课教材，也可作为地矿类本科生和研究生的教学参考书，还可作为采矿工作者和矿山地质工作者的简明工具书。

图书在版编目(CIP)数据

地质学/徐九华等编.—5版.—北京：冶金工业出版社，2015.8
（2024.1重印）
"十二五"普通高等教育本科国家级规划教材
ISBN 978-7-5024-6781-4

Ⅰ.①地… Ⅱ.①徐… Ⅲ.①地质学—高等学校—教材 Ⅳ.①P5

中国版本图书馆CIP数据核字(2014)第276904号

地质学（第5版）

出版发行	冶金工业出版社	电　话	(010)64027926
地　址	北京市东城区嵩祝院北巷39号	邮　编	100009
网　址	www.mip1953.com	电子信箱	service@mip1953.com

责任编辑　张耀辉　宋　良　高　娜　美术编辑　吕欣童
版式设计　孙跃红　责任校对　王永欣　责任印制　禹　蕊
三河市双峰印刷装订有限公司印刷
1979年7月第1版，1986年5月第2版，2001年5月第3版，2008年8月第4版，
2015年8月第5版，2024年1月第3次印刷
787mm×1092mm　1/16；27.5印张；665千字；417页
定价68.00元

投稿电话　(010)64027932　投稿信箱　tougao@cnmip.com.cn
营销中心电话　(010)64044283
冶金工业出版社天猫旗舰店　yjgycbs.tmall.com
（本书如有印装质量问题，本社营销中心负责退换）

第5版前言

本书是在《地质学》（第4版）的基础上修编而成的，是"十一五"和"十二五"国家级规划教材。《地质学》自2008年出版第4版至今已逾七年，当前累计印数达21000余册，加上前三版的印数57650册，总印数达78650册。据不完全统计，使用《地质学》（第4版）的高等院校已达10余所，其面向专业主要是采矿工程专业、矿物资源工程专业等。虽然《地质学》（第4版）注重结合工程实际，并在某些方面反映了作者的部分科研成果和本学科的一些前沿知识，适合矿业类相关专业的本科生教学，也在培养学生分析和解决问题的能力方面起到了较好的作用，但是随着矿业开发和地质科学的发展，近年来的一些地质研究成果需要在教材中得到及时反映；另外，根据各使用教材学校的情况，教材中也需要适合学生进行课外学习的思考题，以便获得更好的教学效果。因此，有必要及时作进一步修编，更新相关内容，增补相关的思考题与习题。

本次修编后全书由18章增为19章，具体修编内容主要体现在以下几个方面：第Ⅰ篇地质学基础知识（第1~6章），补充了地球构造研究的新进展及一些图片；第Ⅱ篇矿床（第7~10章），更新了一些矿床实例，替换了部分地质图件，修改了部分叙述内容；第Ⅲ篇矿床水文地质与工程地质（第11~13章），增加了矿山工程地质一章；第Ⅳ篇矿产勘查与矿山地质工作（第14~19章），补充更新了近年来关于矿产勘查的规范标准，精简了原第4版第18章的内容（现为第19章）；另外，各章均增加了思考题与习题。

本书各章节修编工作具体分工为：谢玉玲第1、4~6章，李媛第2、3章，徐九华第7~10、14~17、19章，李克庆第11~13、18章。本书修编过程中，得到了北京科技大学教务处和冶金工业出版社的大力支持，部分研究生也参加了一些编辑工作，在此深表谢意。本书的出版得到了北京科技大学"十二五"规划教材重点项目的资助。

由于本书涉及的地质学分支学科多、内容丰富、知识面广，此次修编虽经努力也难免还会存在一些问题，希望读者给予指正。

编　者

2015 年 4 月

第 4 版前言

本书第 3 版自 2001 年出版后，共印刷了 6 次，加上第 1 版和第 2 版，累计印刷总数达 57650 册，为培养大批采矿工程专业、矿物资源工程专业本科生起了很大作用，也为矿山企业干部的业务培训提供了很好的参考教材。进入 21 世纪以来，矿业开发和地质科学的迅速发展，使一些重要的基础地质研究资料和矿床地质研究成果不能很好地反映在《地质学》（第 3 版）中。另外，矿业开发和地质勘查已逐步走向国际化，很有必要在教材中反映这种趋势。特别是国家标准《固体矿产资源/储量分类》（GB/T 17766—1999）、《固体矿产地质勘查规范总则》（GB/T 13908—2002）和国土资源部一系列地质勘查规范的发布和实施以来，我国的矿产勘查业和矿业开发的管理体制、运行机制等方面已发生了巨大变化，这些变化应体现在修编后的教材里。因此，更新相关内容，修编《地质学》（第 3 版）是非常必要的。

本次修编仍由徐九华教授担任主编，谢玉玲教授、李建平副教授和李克庆教授参加了修编。修编后，教材仍然分为 18 章。第 1~5 章介绍地质作用、矿物学、岩石学、地史学和构造地质学的基础知识，本次修编对某些基本概念和观点作了更正确的表述，更换了少量原有不清晰的图片；第 6 章介绍地形地质图及其阅读，对地形图的分幅及编号和矿区地形地质图的填绘进行了补充说明；第 7~10 章介绍矿床学的基本知识和具有重要工业意义的矿床类型，本次修编更新补充了一些矿床实例和各种地质图件图片，采用了对矿床开发有实际意义的热液矿床分类；第 12 章在矿坑涌水量预测和测量的基础上，突出应用目的，增加了第 4 节矿坑水害的防治；第 13~16 章介绍矿产勘查的基本知识和工作方法，根据国家标准《固体矿产资源/储量分类》（GB/T 17766—1999）和国土资源部一系列地质勘查规范，更新了相关内容；第 17 章介绍生产勘探，补充了影响生产勘探工程选择的因素，并根据新的储量勘探规范更新了生产勘探工程间距的确定方法；第 18 章根据《固体矿产地质勘查规范总则》作了相应修改。

各章节修编工作具体分工如下:

第1、4、5、6章由谢玉玲负责修编;第2、3章由李建平负责修编;第7~10章、第13~16章、第18章由徐九华负责修编;第11、12、17章由李克庆负责修编。博士生林龙华和硕士生卫晓锋、王琳琳、林天懿、褚海霞等参加了部分工作。在申报国家"十一五"规划教材过程中,得到北京科技大学教务处蔡嗣经教授、杨鹏教授和冶金工业出版社宋良主任的热情支持,在此深表谢意。由于本教材的涉及面广,近年来矿业开发的速度快,在本次修编中难免还存在一些问题,希望广大师生在使用过程中给予指正。

编　者

2008年5月

第3版前言

《地质学》自1979年出版后，于1985年进行了修订，并于1986年再版。第1版和第2版（修订版）共印刷了8次，总计42650册（其中第1版20300册，第2版22350册）。该教材不仅为培养大批冶金、建材、化工等采矿工程专业本科生起了很大作用，而且也为矿山企业干部的业务培训和提高提供了很好的教材。此外，还为一些非地质专业的研究生提供了一本有价值的参考书。十几年来，不但地质学各分支学科又取得了不同程度的进展，而且教学改革使有关本科专业的设置和课程体系也有了重大变化。因此，为了更好地反映当代地质科学的进展，同时满足专业改造和课程体系改革的需要，有必要更新《地质学》的一些内容，再次进行修编工作。

本次教材修编工作征求了原著各参编作者的意见，由北京科技大学（原北京钢铁学院）负责修编。陈希廉教授、徐九华教授担任此次教材修编的主编。参加修编的有谢玉玲副教授、李建平副教授、李克庆副教授。南方冶金学院（原江西冶金学院）的李中林教授和北京科技大学吴炳肃教授为修编工作进行了热情指导。本次修编后，教材共分18章。第一章至第十章与原书章节安排基本一致。第三篇矿床水文地质压缩为2章，即第十一章和第十二章。原书第十七章和第二十章合并为新的第十七章"矿山地质工作"。原第二十二章考虑到另有教材，不再编入本教材。原书附录的专业词汇汉英对照也不再编入。全书由原来的610千字压缩到410千字。相关篇章增列了参考书目，以便供进一步学习参考。各章节修编工作具体分工如下。

第一、四、五、六章由谢玉玲负责修编；第二、三章由李建平负责修编；第七至十六章由徐九华负责修编；第十七、十八章由李克庆负责修编。陈希廉教授进行了全书的审阅工作。由于地质科学是实践性很强的不断发展的科学，本教材的涉及面很广，所以本次修编一定还存在一些问题。希望广大师生在使用过程中给予批评指正。

编　者
2000年7月

第 2 版前言

本书自 1979 年 7 月出版以来,已三次印刷,共发行 20300 册。第 1 版由于编写匆忙,存在不少缺点和问题;随着地质学的发展,有不少内容已较陈旧。此次修改是在广泛听取各有关院校教师及读者意见的基础上进行的。改正了初版中的缺点,更新了陈旧的内容,如矿床成因理论及水文地质分析法等,考虑到地质经济学对提高矿山生产经济效益的重大作用,补充了"地质经济及其在矿山的应用"一章。

在此向关心本教材再版并提出宝贵意见的同志表示衷心的感谢。

编 者
1985 年 5 月

第1版前言

《地质学》系根据冶金工业部1977年冶金高等院校教材会议所制定的金属矿床开采专业教学计划编写的。

本教材简要地阐述了地壳、地质作用、矿物、岩石、地质年代、地质构造和地形地质图等地质学基础知识，以及矿床、水文地质、地质勘探和矿山地质工作等基本知识。同时，结合金属矿床开采专业实际需要，分析了主要地质因素如矿体形状、产状、围岩性质、地质构造和水文地质条件等对矿山开采的影响，充实了阅读、评审和应用地质资料等内容。

本教材力求反映当前国内外先进的地质科学成就，对目前地质界一些尚有争议的问题，作者就自己的见解进行了阐述。

由于编写时间短促，编者水平有限，在教材的体系和内容等方面一定还存在着不少缺点和问题，请使用本教材的广大师生给予批评指正。

本教材第七、八、九、十章由东北工学院刘海宴编写，第一、三章由重庆大学欧阳道编写，北京钢铁学院陈希廉编写第十七、二十、二十一、二十二章和第十九章第四节，吴炳肃编写第六、十五、十六章，西安冶金建筑学院肖荣久编写第十一、十二、十三、十四章，武汉钢铁学院金克家编写第二、十八章和第十九章第一、二、三节，江西冶金学院李中林编写第四、五章；全书由陈希廉主编。书中插图主要由重庆中梁山煤矿郑苑贤清绘。

在编写教材工作中，曾得到有关院校领导和同志的指导与帮助。在此，我们表示衷心的感谢。

编　者
1978年7月

目 录

绪论 ··· 1

第Ⅰ篇　地质学基础知识

1　地球的构造及地质作用概述 ·· 3

1.1　地球及其内部圈层 ·· 3
1.1.1　地壳 ··· 6
1.1.2　地幔 ··· 6
1.1.3　地核 ··· 6
1.2　地球的主要物理性质及地壳的物质组成 ··· 6
1.2.1　质量和密度 ··· 6
1.2.2　压力 ··· 7
1.2.3　重力 ··· 7
1.2.4　温度（地热） ··· 7
1.2.5　地球的磁场 ··· 8
1.2.6　放射性 ·· 9
1.2.7　地壳的物质组成 ·· 9
1.3　地质作用概述 ·· 10
1.3.1　内力地质作用 ·· 10
1.3.2　外力地质作用 ·· 15
1.3.3　内、外力地质作用的相互关系 ·· 19
思考题与习题 ··· 20

2　矿物 ··· 22
2.1　矿物的形态 ·· 22
2.1.1　晶质体和非晶质体的概念 ·· 22
2.1.2　矿物的单体形态 ·· 22
2.1.3　矿物的集合体形态 ··· 24
2.2　矿物的物理性质 ··· 26
2.2.1　颜色 ··· 26

2.2.2 条痕 … 27
　　2.2.3 光泽 … 27
　　2.2.4 透明度 … 27
　　2.2.5 硬度 … 28
　　2.2.6 解理 … 28
　　2.2.7 断口 … 29
　　2.2.8 密度和相对密度（比重） … 29
　　2.2.9 其他性质 … 29
　2.3 矿物的化学性质 … 30
　　2.3.1 矿物的化学成分 … 30
　　2.3.2 类质同象和同质多象 … 30
　　2.3.3 胶体矿物 … 32
　　2.3.4 矿物中的水 … 32
　　2.3.5 矿物的化学式 … 33
　2.4 矿物的形成与共生 … 33
　　2.4.1 矿物的形成 … 33
　　2.4.2 矿物的共生 … 34
　2.5 矿物的分类及鉴定 … 34
　　2.5.1 矿物分类的原则及方法 … 34
　　2.5.2 矿物的鉴定方法 … 35
　　2.5.3 常见矿物肉眼鉴定特征 … 37
　思考题与习题 … 49

3 岩石 … 51

　3.1 岩浆岩 … 52
　　3.1.1 岩浆岩的一般特征 … 52
　　3.1.2 岩浆岩的分类及各类岩石特点 … 57
　　3.1.3 岩浆岩的肉眼鉴定及命名 … 61
　　3.1.4 岩浆岩中的主要矿产 … 62
　　3.1.5 岩浆岩与开采技术有关的特点 … 63
　3.2 沉积岩 … 64
　　3.2.1 沉积岩的一般特征 … 64
　　3.2.2 沉积岩的分类及各类岩石特点 … 68
　　3.2.3 沉积岩的肉眼鉴定及命名 … 71
　　3.2.4 沉积岩相的概念 … 72
　　3.2.5 沉积岩中的主要矿产 … 73
　　3.2.6 沉积岩与开采技术有关的特点 … 73
　3.3 变质岩 … 74
　　3.3.1 变质岩的一般特征 … 74

  3.3.2 变质岩的分类及各类岩石特点 ………………………………………… 76
  3.3.3 变质岩的肉眼鉴定和命名 ……………………………………………… 79
  3.3.4 变质岩中的主要矿产 …………………………………………………… 79
  3.3.5 变质岩与开采技术有关的特点 ………………………………………… 79
思考题与习题 ……………………………………………………………………………… 81

4 地质年代及地层系统 ……………………………………………………………… 82

 4.1 确定地质年代的方法 ……………………………………………………………… 82
  4.1.1 相对地质年代确定法 …………………………………………………… 82
  4.1.2 同位素地质年龄确定法 ………………………………………………… 84
 4.2 地质年代及地层系统 ……………………………………………………………… 85
  4.2.1 地质年代及地层单位的划分 …………………………………………… 85
  4.2.2 地质年代表 ……………………………………………………………… 85
 4.3 我国地史概述 ……………………………………………………………………… 87
  4.3.1 太古宙（宇）（Ar）和元古宙（宇）（Pt） …………………………… 87
  4.3.2 古生代（界）（Pz） …………………………………………………… 88
  4.3.3 中生代（界）（Mz） …………………………………………………… 88
  4.3.4 新生代（界）（Kz） …………………………………………………… 89
思考题与习题 ……………………………………………………………………………… 90

5 地质构造 …………………………………………………………………………… 91

 5.1 岩层产状及其测定 ………………………………………………………………… 91
  5.1.1 水平岩层和倾斜岩层 …………………………………………………… 91
  5.1.2 岩层的产状及产状要素 ………………………………………………… 91
  5.1.3 岩层的厚度和出露宽度 ………………………………………………… 93
  5.1.4 岩层产状的测定及表示方法 …………………………………………… 94
 5.2 岩石变形的力学分析 ……………………………………………………………… 96
  5.2.1 岩石的变形 ……………………………………………………………… 96
  5.2.2 应变椭球体 ……………………………………………………………… 98
 5.3 褶皱构造 …………………………………………………………………………… 100
  5.3.1 褶皱现象 ………………………………………………………………… 100
  5.3.2 褶曲的要素 ……………………………………………………………… 100
  5.3.3 褶曲分类及力学分析 …………………………………………………… 101
 5.4 断裂构造 …………………………………………………………………………… 105
  5.4.1 断裂现象 ………………………………………………………………… 105
  5.4.2 节理 ……………………………………………………………………… 105
  5.4.3 断层 ……………………………………………………………………… 111
 5.5 地质构造与成矿的关系 …………………………………………………………… 120
 5.6 地质构造对矿山开采的影响 ……………………………………………………… 120

5.6.1　褶皱构造与矿山采掘工作的关系 …………………………………………… 120
　　5.6.2　断裂构造与矿山采掘工作的关系 …………………………………………… 121
5.7　板块构造理论简介 ………………………………………………………………… 122
　　5.7.1　大地构造学简介 ……………………………………………………………… 122
　　5.7.2　板块构造的提出 ……………………………………………………………… 123
　　5.7.3　板块构造的基本思想 ………………………………………………………… 123
　　5.7.4　板块边界类型 ………………………………………………………………… 123
　　5.7.5　板块运动的动力学机制 ……………………………………………………… 125
思考题与习题 ……………………………………………………………………………… 126

6　地形地质图及其阅读 …………………………………………………………………… 127

6.1　地形图简介 ………………………………………………………………………… 127
　　6.1.1　地形图的比例尺 ……………………………………………………………… 127
　　6.1.2　地形图的坐标系统 …………………………………………………………… 128
　　6.1.3　地形等高线 …………………………………………………………………… 129
　　6.1.4　各种地形在地形图上的表现 ………………………………………………… 130
　　6.1.5　常用地形图例 ………………………………………………………………… 131
　　6.1.6　地形图的分幅及编号 ………………………………………………………… 132
6.2　矿区（矿床）地形地质图的用途 ………………………………………………… 133
6.3　矿区（矿床）地形地质图的填绘过程简介 ……………………………………… 134
6.4　地形地质图的读图步骤 …………………………………………………………… 135
6.5　不同产状的岩层或地质界面在地形地质图上的表现 …………………………… 136
　　6.5.1　水平岩层在地形地质图上的表现 …………………………………………… 136
　　6.5.2　直立岩层在地形地质图上的表现 …………………………………………… 136
　　6.5.3　倾斜岩层在地形地质图上的表现 …………………………………………… 136
6.6　不同地质构造在地形地质图上的表现 …………………………………………… 138
　　6.6.1　各种褶曲在地质图上的表现 ………………………………………………… 138
　　6.6.2　各种断层在地质图上的表现 ………………………………………………… 140
　　6.6.3　地质体不同接触关系在地质图上的表现 …………………………………… 142
　　6.6.4　常用地质图例 ………………………………………………………………… 143
6.7　地形地质剖面图及其绘制方法 …………………………………………………… 144
　　6.7.1　实测剖面的填绘方法简介 …………………………………………………… 144
　　6.7.2　图切剖面的制图方法 ………………………………………………………… 145
思考题与习题 ……………………………………………………………………………… 147

第Ⅰ篇参考文献 …………………………………………………………………………… 148

第Ⅱ篇　矿　　床

7　矿床概述 ………………………………………………………………………… 149
 7.1　矿床、矿体和围岩 ………………………………………………………… 149
 7.2　矿体的形状和产状 ………………………………………………………… 150
  7.2.1　矿体的形状 ……………………………………………………… 150
  7.2.2　矿体的产状 ……………………………………………………… 153
 7.3　矿石 ………………………………………………………………………… 153
  7.3.1　矿石的概念 ……………………………………………………… 153
  7.3.2　矿石的分类 ……………………………………………………… 154
  7.3.3　矿石的品位 ……………………………………………………… 154
  7.3.4　矿石的结构和构造 ……………………………………………… 154
 7.4　成矿作用和矿床的成因分类 ……………………………………………… 156
 7.5　矿床工业类型 ……………………………………………………………… 157
 思考题与习题 …………………………………………………………………… 161

8　内生矿床 ……………………………………………………………………… 162
 8.1　概述 ………………………………………………………………………… 162
  8.1.1　岩浆的性质 ……………………………………………………… 162
  8.1.2　岩浆的演化阶段及相应的成矿作用 …………………………… 162
  8.1.3　内生矿床分类 …………………………………………………… 163
 8.2　岩浆矿床 …………………………………………………………………… 163
  8.2.1　岩浆岩成矿专属性 ……………………………………………… 163
  8.2.2　岩浆矿床与构造环境 …………………………………………… 163
  8.2.3　岩浆矿床的成矿作用和成因分类 ……………………………… 164
  8.2.4　各类岩浆矿床的特征和矿床实例 ……………………………… 165
  8.2.5　岩浆矿床的共同特征及其对开采的影响 ……………………… 169
 8.3　伟晶岩矿床 ………………………………………………………………… 169
  8.3.1　伟晶岩矿床的概念和特征 ……………………………………… 169
  8.3.2　伟晶岩矿床的形成过程和分类 ………………………………… 171
  8.3.3　伟晶岩矿床主要类型实例 ……………………………………… 171
 8.4　气液矿床 …………………………………………………………………… 172
  8.4.1　气液成矿作用 …………………………………………………… 172
  8.4.2　矽卡岩矿床 ……………………………………………………… 175
  8.4.3　热液矿床 ………………………………………………………… 181
  8.4.4　气液矿床的开采特点 …………………………………………… 188
 8.5　火山成因矿床 ……………………………………………………………… 189

8.5.1　火山成因矿床的分类和各类主要特征 ……………………………………… 189
　　8.5.2　火山成因矿床的主要类型及其实例 ………………………………………… 190
　　8.5.3　火山成因矿床的共同特征及其对开采的影响 ……………………………… 196
　思考题与习题 ……………………………………………………………………………… 198

9　外生矿床 …………………………………………………………………………………… 200
　9.1　概述 …………………………………………………………………………………… 200
　　9.1.1　成矿物质的来源 ………………………………………………………………… 200
　　9.1.2　外生矿床的成矿作用 …………………………………………………………… 200
　　9.1.3　外生矿床的成因分类 …………………………………………………………… 202
　9.2　风化矿床 ……………………………………………………………………………… 202
　　9.2.1　风化矿床的主要类型及某些实例 ……………………………………………… 202
　　9.2.2　硫化物矿床的次生变化 ………………………………………………………… 204
　　9.2.3　风化矿床的共同特征及其对开采的影响 ……………………………………… 206
　9.3　沉积矿床 ……………………………………………………………………………… 206
　　9.3.1　机械沉积矿床（沉积砂矿） …………………………………………………… 207
　　9.3.2　真溶液沉积矿床（盐类矿床） ………………………………………………… 208
　　9.3.3　胶体化学沉积矿床 ……………………………………………………………… 209
　　9.3.4　生物化学沉积矿床（以磷块岩矿床为例） …………………………………… 216
　　9.3.5　沉积矿床的共同特征及其对开采的影响 ……………………………………… 217
　思考题与习题 ……………………………………………………………………………… 218

10　变质矿床 ………………………………………………………………………………… 219
　10.1　概述 ………………………………………………………………………………… 219
　　10.1.1　变质成矿作用 ………………………………………………………………… 219
　　10.1.2　变质矿床的成因分类 ………………………………………………………… 220
　10.2　区域变质矿床的成矿条件和成矿过程 …………………………………………… 220
　　10.2.1　区域变质矿床成矿条件 ……………………………………………………… 220
　　10.2.2　含矿原岩的变化 ……………………………………………………………… 221
　　10.2.3　变质热液的产生及其成矿作用 ……………………………………………… 221
　　10.2.4　混合岩化中富矿体的形成 …………………………………………………… 222
　10.3　受变质矿床 ………………………………………………………………………… 222
　　10.3.1　受变质矿床的特征及实例 …………………………………………………… 222
　　10.3.2　沉积受变质铁矿的开采特点 ………………………………………………… 225
　思考题与习题 ……………………………………………………………………………… 225

　第Ⅱ篇参考文献 …………………………………………………………………………… 227

第Ⅲ篇 矿床水文地质与工程地质

11 地下水基本知识 ······ 229

11.1 地下水的赋存状态 ······ 229
11.1.1 地下水的赋存空间 ······ 229
11.1.2 水在岩土中存在的形式 ······ 231
11.1.3 岩土的水理性质 ······ 232

11.2 地下水的物理性质和化学性质 ······ 233
11.2.1 地下水的物理性质 ······ 233
11.2.2 地下水的化学成分 ······ 234
11.2.3 地下水的化学性质 ······ 236
11.2.4 地下水化学成分的表示法及其评价 ······ 238

11.3 含水层与隔水层 ······ 240
11.3.1 含水层 ······ 240
11.3.2 隔水层 ······ 242

11.4 地下水的分类及各类地下水的特征 ······ 242
11.4.1 按埋藏条件分类的各类地下水特征 ······ 243
11.4.2 按含水层空隙性质分类的各类地下水特征 ······ 249

11.5 矿区（矿床）水文地质图 ······ 251
11.5.1 矿区（矿床）水文地质图的概念 ······ 251
11.5.2 矿区（矿床）水文地质图的阅读 ······ 252

思考题与习题 ······ 254

12 地下水涌水量预测和防治 ······ 256

12.1 地下水运动的基本规律 ······ 256
12.1.1 地下水运动状态 ······ 256
12.1.2 渗流基本定律 ······ 257
12.1.3 地下水向井运动的基本规律 ······ 258
12.1.4 水文地质参数的确定 ······ 260

12.2 矿坑涌水量的预测方法简介 ······ 260
12.2.1 坑道系统的水动力学法（大井法） ······ 261
12.2.2 水均衡法 ······ 262
12.2.3 水文地质比拟法 ······ 264

12.3 矿坑涌水量的测量方法 ······ 265
12.3.1 根据水沟水流速度测量涌水量 ······ 265
12.3.2 根据水沟安设堰板测量涌水量 ······ 265
12.3.3 根据储水池内水位上升量测量涌水量 ······ 266

  12.3.4 根据水仓水泵观测法测量涌水量 …… 266
 12.4 矿坑水害的防治 …… 266
  12.4.1 矿区地面防排水 …… 267
  12.4.2 矿床地下水疏干 …… 268
  12.4.3 注浆堵水 …… 271
  12.4.4 漏水钻孔封堵 …… 272
  12.4.5 矿坑酸性水的防治与处理 …… 272
 思考题与习题 …… 273

13 矿山工程地质 …… 274

 13.1 土的工程地质性质 …… 274
  13.1.1 土的组成与结构 …… 275
  13.1.2 土的物理力学性质 …… 279
  13.1.3 土的工程分类 …… 288
 13.2 岩石和岩体的工程地质性质 …… 288
  13.2.1 岩石的工程地质性质 …… 288
  13.2.2 岩体的工程地质性质 …… 291
 13.3 露天矿边坡稳定性的地质调查 …… 294
  13.3.1 概述 …… 294
  13.3.2 影响露天矿边坡稳定的地质因素 …… 296
  13.3.3 边坡岩体的工程地质调查 …… 299
  13.3.4 边坡岩体的监测 …… 301
  13.3.5 边坡岩体稳定性的地质分析 …… 303
  13.3.6 边坡失稳的防治 …… 310
 13.4 井下岩体移动的地质调查 …… 312
  13.4.1 井下岩体移动的种类与调查 …… 312
  13.4.2 井下岩体移动的预报与监测 …… 313
 思考题与习题 …… 315

第Ⅲ篇参考文献 …… 317

第Ⅳ篇 矿产勘查与矿山地质工作

14 矿产地质调查研究概述 …… 319

 14.1 矿产地质调查研究的阶段性 …… 319
  14.1.1 区域地质调查 …… 319
  14.1.2 矿产勘查工作 …… 320
  14.1.3 矿山地质工作 …… 320

14.2　矿床勘探的基本步骤 ………………………………………………… 320
　　14.3　矿床地质调查阶段和矿山开发阶段之间的关系 …………………… 321
　　思考题与习题 ………………………………………………………………… 321

15　矿产勘查中的矿床揭露 …………………………………………………… 322

　15.1　矿床的勘查类型 ……………………………………………………… 322
　15.2　矿产勘查中揭露矿体的工程手段 …………………………………… 325
　　15.2.1　槽井探 …………………………………………………………… 325
　　15.2.2　坑探（地下坑探工程） ………………………………………… 326
　　15.2.3　钻探 ……………………………………………………………… 327
　　15.2.4　不同勘查工程的适用条件及对比 ……………………………… 328
　15.3　勘查工程的总体布置 ………………………………………………… 329
　　15.3.1　勘查工程布置原则 ……………………………………………… 330
　　15.3.2　勘查工程布置方式 ……………………………………………… 330
　15.4　勘查工程网度 ………………………………………………………… 331
　　15.4.1　影响勘查工程网度的因素 ……………………………………… 332
　　15.4.2　确定勘查工程网度的方法 ……………………………………… 332
　15.5　固体矿产资源/储量分类 ……………………………………………… 335
　　15.5.1　固体矿产资源/储量分类标准 ………………………………… 335
　　15.5.2　国内外矿产资源分类概略对比 ………………………………… 337
　　15.5.3　固体矿产资源储量套改 ………………………………………… 338
　思考题与习题 ………………………………………………………………… 340

16　原始地质编录和矿产取样 ………………………………………………… 341

　16.1　原始地质编录 ………………………………………………………… 341
　　16.1.1　原始地质编录的概念与内容 …………………………………… 341
　　16.1.2　原始地质编录的要求 …………………………………………… 341
　　16.1.3　几种常见的原始地质素描图 …………………………………… 342
　16.2　矿产取样简介 ………………………………………………………… 345
　　16.2.1　矿产取样的概念 ………………………………………………… 345
　　16.2.2　矿产取样的种类 ………………………………………………… 346
　　16.2.3　矿产取样的方法 ………………………………………………… 347
　　16.2.4　化学样品的加工与化验种类 …………………………………… 349
　思考题与习题 ………………………………………………………………… 350

17　矿产地质调查资料的综合及研究 ………………………………………… 351

　17.1　综合地质编录简介 …………………………………………………… 351
　　17.1.1　综合地质编录的概念与内容 …………………………………… 351
　　17.1.2　综合地质编录的要求和成果 …………………………………… 351

17.2 矿山常用综合地质图件 ... 352
17.2.1 矿床（矿区）地形地质图 ... 352
17.2.2 垂直剖面图类 ... 352
17.2.3 水平断面图类 ... 354
17.2.4 投影图类 ... 356
17.2.5 等值线图类 ... 358
17.2.6 矿块三面图 ... 360

17.3 矿产资源/储量估算 ... 362
17.3.1 矿产资源/储量估算的概念与意义 ... 362
17.3.2 圈定矿体的工业指标 ... 362
17.3.3 矿产资源/储量边界线种类 ... 364
17.3.4 圈定矿体边界线的方法 ... 364
17.3.5 矿产资源/储量估算参数的确定 ... 366
17.3.6 矿产资源/储量估算方法 ... 369

17.4 地质综合研究简述 ... 377
17.4.1 矿床地质综合研究工作 ... 377
17.4.2 其他专题地质综合研究工作 ... 377

思考题与习题 ... 378

18 矿山地质工作 ... 379

18.1 生产勘探 ... 379
18.1.1 生产勘探揭露矿体的工程手段 ... 379
18.1.2 影响生产勘探工程选择的因素 ... 385
18.1.3 生产勘探工程的总体布置 ... 385
18.1.4 生产勘探工程的间距（网度） ... 387
18.1.5 生产勘探中的探采结合问题 ... 390

18.2 矿山地质管理 ... 394
18.2.1 矿产资源储量管理 ... 394
18.2.2 矿石质量管理 ... 395
18.2.3 现场施工生产中的地质管理 ... 399
18.2.4 采掘单元停采或结束时的地质管理 ... 401

思考题与习题 ... 402

19 矿产勘查资料的评审及应用 ... 403

19.1 矿产勘查资料的评审和应用 ... 403
19.1.1 资料完备程度的评审 ... 403
19.1.2 勘探和研究程度的评审 ... 406
19.1.3 勘查工程和地质图件质量方面的评审 ... 407
19.1.4 矿产资源/储量估算、取样化验方面的评审 ... 409

  19.1.5 矿床经济评价方面的评审 …………………………………………… 409
  19.1.6 矿产勘查资料在矿山建设中的应用 ………………………………… 410
 19.2 矿山地质资料的评审及应用 ………………………………………………… 411
  19.2.1 矿山地质资料的应用及完备程度的评审 …………………………… 411
  19.2.2 生产勘探工作质量的评审 …………………………………………… 413
  19.2.3 矿山地质工作的储量估算等方面的评审 …………………………… 415
 思考题与习题 ……………………………………………………………………… 416

第Ⅳ篇参考文献 ……………………………………………………………………… 417

绪　　论

地质学是一门研究地球的物质组成、内部构造、外部特征、各圈层之间的相互作用和演变历史的自然科学，是地球科学的主要学科之一。地质学的产生源于人类社会对矿产资源的需求，是在人类开采矿产资源和进行某些与地质条件有关的工程建设（如水利建设、交通建设）等生产实践活动中发展起来的。地质学的发展推动了矿业工程和其他工程建设的发展，而这些生产实践活动又为地质学的研究和发展积累了更丰富的实际资料。

矿产资源是埋藏在地壳内，目前在技术上、经济上可以利用的天然物质。它们是在漫长的地质作用过程中形成的，相对于人类历史而言，是不可再生的资源。据现有资料，我国已发现矿产173种，其中查明资源储量的有158种，包括石油、天然气、煤、铀、地热等能源矿产10种，铁、锰、铜、铝、铅、锌等金属矿产54种，石墨、磷、硫、钾盐等非金属矿产91种，地下水、矿泉水等水气矿产3种。尽管如此，由于我国人口多，人均矿产资源占有量仅位居世界第80位。能源、铁矿等资源，我国人均占有量不及世界平均水平的1/2。某些矿产有用成分含量低，或难以选冶，使得开采和加工成本较高，如 Fe、Mn、Al、Cu、S、P 等都有这种情况。石油、Ni、Pb、Au、Ag 等不能满足我国经济发展的需要，Cr、Pt、Co、金刚石等矿种严重短缺。因此，对矿产资源的需求仍然是一个事关我国现代化建设的非常紧迫的问题。从中长期需求来看，影响中国矿产资源需求的基本格局并未改变，对矿产资源供需矛盾必须有清醒的认识。必须运用地质学的理论和方法继续进行矿产勘查研究和矿业开发工作，以保证我国的经济与社会的可持续发展。

地质工作是指运用地质学理论和各种技术方法、手段对地质体进行调查研究，经济有效地查明地质情况、探明矿产资源的工作。地质工作贯穿整个矿业开发过程。在矿山企业设计前，采矿工作者要详细、全面阅读和审查地质勘查报告，运用地质资料了解和分析矿区地质条件，包括矿体的赋存特点、形状和产状、矿石质量、开采技术条件、水文地质条件等，以便做出合理的设计，指导矿山基建和生产。矿山投入基建和生产后，采矿工作者还要配合矿山地质工作者进一步查明矿床地质特征，为采矿设计、采掘进度计划编制提供更详细可靠的矿山地质资料。同时，还要经常深入现场，及时调查解决生产中出现的地质问题，如矿体的突然尖灭或错失、矿体形状或产状的急剧变化、矿石类型或质量的意外变化，可能出现的工程地质或水文地质问题。合理解决这些问题都需要地质工作先行一步。此外，矿产资源的综合利用问题，矿山生产过程的地质灾害和环境治理问题，也都离不开地质工作。

《地质学》作为矿物资源工程、采矿工程等矿业类专业的基础课教材，具有鲜明的专业特点，而不同于《地质学基础》、《普通地质学》等地质类专业教材。《地质学基础》、《普通地质学》等教材主要侧重于地质作用、矿物、岩石、地质构造等基础知识；而本教材不仅包括这些地质学的基础知识，还涵盖了矿床学基本知识以及水文地质和工程地质、矿产勘查和矿山地质等基本地质工作方法。为了使矿业类专业学生掌握必要的地质学基础知识和有关地质工作的基本方法，本书内容分为四篇：第Ⅰ篇着重介绍各种地质作用类型及其所产生的各种地质现象，常见矿物、岩石种类的特征及其肉眼鉴定方法，地质年代及地层系统知识，主要地质构造类型、基本特征及其在地质图中的表现；第Ⅱ篇重点介绍各种矿床类型、典型矿床的地质特征（特别是与开采有关的特点）及其成矿作用过程；第Ⅲ篇主要介绍与矿山生产有关的水文地质和工程地质知识；第Ⅳ篇重点介绍矿产勘查工作和矿山地质工作的主要内容与方法，包括原始地质编录、综合地质编录及综合地质研究的工作内容和方法，训练如何阅读、分析及使用各种地质资料（尤其是图纸资料），以及局部（如矿块）的储量计算方法等。

地质学研究和地质工作强调野外工作的重要性。地质学基础研究和矿产资源勘查工作都要从野外现场和室内研究两方面着手。野外地质调查以天然地质体和矿山现场为研究、工作场所，以获取第一手的原始地质资料（有时包括各种地球物理、地球化学实测资料）和采集各种岩矿标本或样品为目的，原始资料的可靠性和样品的代表性是室内研究和综合整理的重要前提。室内研究不仅要对现场采集的岩石、矿石标本或样品进行鉴定、化验和分析（有条件时还包括同位素、微量元素等测试），而且还要对现场调查所收集的文字记录、电子文档数据、原始图纸等资料进行综合整理，并结合室内岩矿鉴定、化验结果和各种地球化学、地球物理资料，研究总结出规律性的结论。

随着地球科学的发展，愈来愈多的新技术、新方法在地质学研究和地质工作中得到应用，如地球物理勘探、地球化学探矿和航空地质测量等技术方法已广泛应用于矿产勘查中。高光谱、多光谱遥感技术，以及陆地、海洋资源卫星的应用，对研究地壳、探找矿产资源和预报自然灾害也起了很大作用。在室内研究中，目前也已广泛应用电子探针、X射线衍射、离子探针、电子显微成像技术和激光拉曼探针等新技术。数学地质及地理信息系统等新方法也在矿产勘查和矿山地质工作中起了重要作用。这些新技术、新方法的应用，为地质学研究和地质工作的进一步发展开辟了广阔的前景，从而拓宽了地质学领域的研究深度和广度，提高了地质工作的效率和精度。

第 I 篇 地质学基础知识

地质学研究的主要对象是地球，特别是地壳。地壳中矿产的形成与地球表面以及地球内部的地质作用密切相关，是地质作用的产物。矿物和岩石是组成矿床的物质基础；地质构造不仅控制矿床的形成、矿体的形态和产状，而且是矿床开采所必须考虑的主要地质因素之一。因此，本篇重点阐述了地球的构造、地球的物质组成、地质作用、矿物、岩石、地层、构造地质学和地形地质图的相关基础知识以及地质工作的基本方法。通过对本篇的学习，要求学生对地质学基础知识有较为全面的了解，对各种地质作用过程、地质现象的形成机理、矿物岩石的形成和肉眼鉴定、地质年代和地层层序、地质构造和地形地质图等有初步的了解，为进一步学习矿床学、水文地质及工程地质学、勘查地质学等打下必要的基础，同时为后续的采矿工程、矿物加工工程等专业课程进行知识准备。

1 地球的构造及地质作用概述

地球是目前人类的唯一家园。人们生活在地球表面，其现今可以开采和利用的各种矿产资源则主要赋存在地壳之中，而各种矿产的形成是地球各圈层相互作用和演变的产物。因此，在学习地质学相关知识前我们先认识一下地球。

1.1 地球及其内部圈层

地球是太阳系中的一员。太阳系是由太阳和绕其旋转的八大行星及其卫星、小行星和流星群组成（图1-1）。通常说的地球形状指的是地球固体外壳及其表面水体的轮廓。从地球卫星拍摄的地球照片可以看出，地球的确是一个球状体。它的赤道半径稍大（约6378km），两极半径稍小（约6357km），两者相差21km。其形状与旋转椭球体很近似，但北极比旋转椭球体凸出约10m，南极凹进约30m，中纬度在北半球稍凹进，而在南半球稍凸出。

地球围绕通过球心的地轴（连接地球南北极的理想直线）自转，自转轴对着北极星方向的一端称北极，另外一端称南极。地球表面上，垂直于地球自转轴的大圆称赤道，连接南北两极的纵线称经线，也称子午线。通过英国伦敦格林尼治天文台原址的那条经线为零度经线，也称本初子午线。从本初子午线向东分作180°，称为东经；向西分作180°，称为西经。地球表面上，与赤道平行的小圆称纬线。赤道为0°纬线。从赤道向南和向北各分作90°，赤道以北的纬线称北纬，以南的纬线称南纬。

地球表面积达5.1亿平方千米，其中海洋占71%，陆地面积仅占29%。陆地和海洋在地表的分布很不规则，我们把大片陆地称为大陆或洲，大片海域称为海洋，散布在海洋或河湖中的小块陆地称为岛屿。陆地和海底都是高低不平的。陆地上有低洼的盆地，高耸的山脉。大陆平均高度为860m（以海平面为0m标高计算）。我国喜马拉雅山珠穆朗玛峰高8844.43m，是大陆上的最高峰，也被称为世界第三极。海洋底部也有高山和深沟，太平洋中马利亚纳群岛附近的海渊深达11033m，是海洋中最深的地方。地球表面最大高差可达20km左右。由此可知，地球的形状是极端复杂的。依据地球内部放射性元素的衰变速度，地球从产生到现在经历了约46亿年。在这漫长的地质历史中，地球经历了多次沧桑巨变。由于地球物质不断发生分异作用，使地球内部分出了不同的圈层。目前，地球内部构造分圈主要是根据地球物理特别是地震波资料得出的。地震波在地球内部传播速度的变化如表1-1所示。

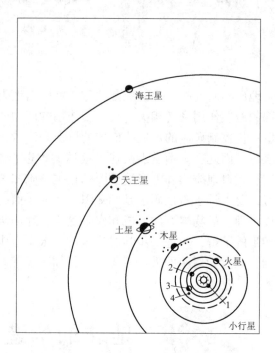

图1-1 行星围绕太阳旋转示意图
1—水星；2—金星；3—地球；4—月亮

表1-1 地震波在地球内部传播速度

圈层		深度/km		波速/km·s^{-1}		地震界面
		陆壳	洋壳	纵波	横波	
地壳	上地壳	15	0.2	5.8	3.2	
	下地壳	33	7	6.8	3.9	莫霍面
地幔	上地幔	400		8.1	4.5	
	过渡层	670		10.3	5.6	
	下地幔	2891		11.7	6.5	
				13.7	7.3	古登堡面
地核	外核	4771		8.0	0	
				10.0	0	
	过渡层	5150		11.0	3.5	
					3.7	
	内核	6371		11.3		

地球内部由于其物质组成和物理性质存在差异，因此造成地震波传播速度的差异和传

播方向的改变。图 1-2 为地球内部地震波传播速度曲线，其中纵坐标表示地震波传播速度，横坐标表示距离地面的深度。从表 1-1 和图 1-2 中可以看出，由地表向下存在着两个明显的不连续界面：一个在 33km（陆壳）深处，纵波从 6.8km/s 增加到 8.1km/s，横波由 3.9km/s 增加到 4.5km/s，这个界面以其发现者（克罗地亚学者 A. Mohorovicic）命名，称为莫霍洛维奇面，简称莫霍面，是划分地壳和地幔的分界面；另一个界面在 2891km 深处，纵波从 13.7km/s 突然下降到 8.0km/s，而横波不能通过此面，该界面以发现此界面的美籍德裔学者 B. Gutenberg 命名，称为古登堡面，是划分地幔和地核的分界面。根据这两个界面，可将地球内部划分为三个圈层（图 1-3），分别为地壳、地幔和地核。这三个圈层处在不同的深度，具有不同的物理性质，如表 1-2 所示。

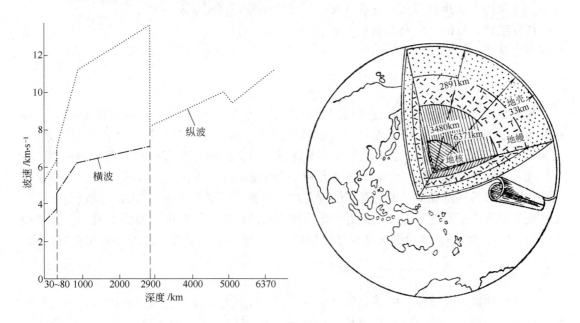

图 1-2　地震波在地球内部传播曲线图　　　　图 1-3　地球构造示意图

表 1-2　地球内部各圈层物理性质

圈层名称	深度/km	密度/g·cm^{-3}	压力/MPa	温度/℃
地壳	33（平均）	2.7 2.9	900	
地幔	670	3.32 4.64	38200	1000 约 1500
	2891	5.66	136800	约 2000
地核	6371	9.71 17.90	360000	约 5000

1.1.1 地壳

莫霍面以上,由固体岩石组成的地球最外圈层称为地壳。地壳平均厚度约18km。大洋地区与大陆地区的地壳结构明显不同,大洋地区地壳(洋壳)很薄,平均只有7km,且厚度较为均匀;大陆地区地壳(陆壳)厚度变化较大,一般在20~80km,平均33km。地壳上部岩石平均成分相当于花岗岩类岩石,其化学成分富含硅、铝,又称硅铝层;下部岩石平均成分相当于玄武岩类岩石,其化学成分除硅、铝外,铁、镁含量相对增多,又称硅镁层。洋壳主要由硅镁层组成,有的地方有很薄的硅铝层或完全缺失硅铝层,如图1-4所示。

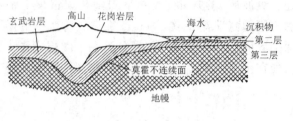

图1-4 地壳构造断面图

1.1.2 地幔

地幔是位于莫霍面以下古登堡面以上的圈层。根据波速在400km和670km深度上存在两个明显的不连续面,可将地幔分成由浅至深的三个部分:上地幔、过渡层和下地幔。上地幔深度为20~400km。目前研究认为上地幔的成分接近于超基性岩(即二辉橄榄岩)的组成。在60~150km间,许多大洋区及晚期造山带内有一低速层(软流圈),可能是由地幔物质部分熔融造成的,成为岩浆的发源地。过渡层深度为400~670km,地震波速随深度加大的梯度大于其他两部分,是由橄榄石和辉石的矿物相转变吸热降温形成的。下地幔深度为670~2891km,目前认为其成分比较均一,主要由铁、镍金属氧化物和硫化物组成。

1.1.3 地核

古登堡面以下直至地心的部分称为地核。它又可分为外核、过渡层和内核。地核的物质,一般认为主要是铁,特别是内核,可能基本由纯铁组成。由于铁陨石中常含少量的镍,所以一些学者推测地核的成分中应含少量的镍。由于液态的外核密度较内核小,实验表明,除铁、镍外,还应有少量轻元素存在。据推测,轻元素可能是硫、硅,而铁陨石的成分中,FeS有一定的含量,硅的含量甚微。

地球内部各圈层的物质运动及不同圈层之间的相互作用,是产生各种地质现象的内动力源泉。因此,对于地球内部各圈层的了解,有助于我们研究地球形成和发展的历史。

1.2 地球的主要物理性质及地壳的物质组成

由于受到技术条件的限制,人类目前钻探所能到达的最深处仅为12262 m(由前苏联的大陆科学钻探计划完成),其约为大陆地壳平均厚度(33km)的1/3强,而对地球更深处的研究资料主要依靠间接的方法获得,如地球物理资料。

1.2.1 质量和密度

根据牛顿万有引力定律,计算得出地球的质量为5.98×10^{27}g,再除以地球的体积,则得出地球的平均密度为 5.52g/cm³。由于直接测出构成地壳各种岩石的密度为 1.5~3.3g/cm³，平均密度为 2.7~2.8g/cm³，同时尚有密度为 1g/cm³ 的水分布，因此推测地球内部物质密度更大。这个推测，为地震波在地球内部传播速度的观测所证实。据地震波传播速度与密度的关系，计算出地球内部密度随深度的增加而增加（详见表 1-2），地心密度可达 16~17g/cm³。

1.2.2 压力

随着地球深部密度的递增，受上覆岩石重量的影响，地球内部压力亦随深度的增加而增大。若仅考虑上覆岩石的作用，地壳内部压力变化约为每加深 1km 压力增加 25~30MPa，这个数值称为地压梯度。在不同地区，由于当地地质条件的差异，除上覆岩层重量之外，地球内部压力还受其他因素影响，如区域应力等。因此，具体地段的压力梯度会略有增减。

矿山开采中，开采形成的开采空间常引起局部地压的变化，造成顶、底板岩石的变形、塌落等，并可能诱发灾难性事故（如岩爆）。因此，在矿山生产过程中必须重视对地压的监测。

1.2.3 重力

地球对物体的引力和物体因地球自转产生的离心力的合力称为重力，其作用方向大致指向地心。引力大小与物体距地心距离的平方成反比。地球赤道半径大于两极半径，故引力在两极比赤道大；而离心力在两极接近于零，而赤道最大。因此，地球的重力随纬度的增高而增大。

若把地球看作是一个圆滑的均质椭球体，以大地水准面为基准，可以计算出地球表面各处的重力值，该值称为理论重力值，它只与纬度有关。但实际上，由于地面起伏不平，加上地球内部物质密度分布不均匀以及结构的差异等原因，实测的重力值常与理论值不符，这种现象称为重力异常。对研究区实测重力值，通过高程及地形校正后，再减去该区的理论重力值，得出的值如为正值，称正异常，表明地下有密度较大的物质分布，如铁及高品位的铜、铅、锌、镍等金属矿产；如为负值，称负异常，表明地下有密度较小的物质分布，如盐矿、石膏、煤、石油、天然气等。地球物理学上的重力探矿就是根据这个道理，利用重力异常来探明地下矿产及查明地质构造。

1.2.4 温度（地热）

地球热力的来源，外部来自太阳的辐射热，内部主要来自放射性元素衰变时产生的热以及元素化学反应放出的热。

自地球表面向下至约 20km 深度，根据其地温变化特征可以分为变温层（主要受太阳辐射热的影响，其影响深度一般在 20~30m，温度随昼夜和季节变化而变化）、常温层（影响深度一般在 20~40m，温度不随昼夜和季节变化而变化，一般约等于或略高于当地年平均气温）和增温层（影响深度一般在 20m~20km，主要受地球内部放射性元素衰变时产生的热影响）。根据世界各地钻探资料表明，地球上大部分地区，从常温层向下平均每加深 100m，温度升高约 3℃ 左右，这种每加深 100m 温度增加的数值，称为地热增温率或地温梯度（图1-5）；而把温度每升高1℃所需增加的深度，称为地热增温级。

由于各地地质构造、岩石导热性能、岩浆活动、放射性元素的丰度以及水文地质等因素的差异，不同地区的地热增温率是不同的，如火山活动地区地温梯度显著升高。当某地区实际地热梯度大于平均地热梯度时，称该地区有地热异常。据此，可发现和进一步利用该地的地下热能。地热异常区蕴藏着丰富的热水和蒸汽资源，是开发新能源的广阔天地。目前世界上有多个国家已利用地热进行发电，同时地下热水还可用于工业锅炉、取暖、医疗等。

但就采矿工作来说，地热对矿区开采是不利的。特别是当采矿工作进入深水平时，应充分考虑地热因素，及时调整通风系统，加强通风措施，改善劳动条件，并采取有效办法，化害为利，加以适当利用。

此外，研究地球的热状态和热历史，对进一步认识地球的发展和地壳运动也有着十分重要的理论意义。

1.2.5 地球的磁场

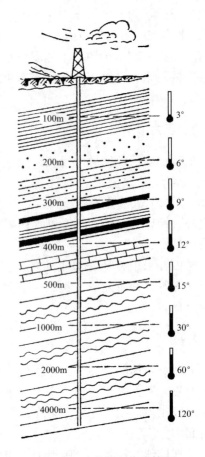

图1-5 地热增温率示意图

地球的磁性，明显地表现在对磁针的影响方面。地球自转轴与地磁轴并不重合，两者夹角约为11.5°。地磁轴两端所指的方向为地磁的南、北极，而地球自转轴两端所指的方向为地理的南、北极，因此地磁两极与地理两极是不一致的（图1-6）。在地球表面连接地磁南、北极的线称为地磁子午线（即磁针所指的方向）。地磁子午线与地理子午线之间有一定夹角，称磁偏角。磁偏角的大小因地而异，因此在使用罗盘测量方位角时，必须根据当地磁偏角进行校正。如北京地区的磁偏角为西偏5°50′，若使用未经校正磁偏角的罗盘进行方位测量，其实测值会较真实值相差5°50′。

磁针沿地球磁场的磁力线方向展布，只有在赤道附近才能保持水平状态，向两极移动时逐渐发生倾斜。磁针与水平面的夹角，称为磁倾角。各地磁倾角不一致。地质罗盘上磁针有一端往往捆有细铜丝，就是为了使磁针保持水平。我国处于地球北半部，因此在磁针南端多捆有细铜丝，以校正磁倾角的影响。

地球上某一点单位磁极所受的磁力大小，称为该点的磁场强度。磁场强度因地而异，一般是随纬度增高而增强。

磁偏角、磁倾角、磁场强度称为地磁三要素，用以表示地表某点的地磁情况。根据地磁三要素的分布规律，可以计算出某地地磁三要素的理论值。但是，由于地下物质分布不均匀，某些地区实测数值与理论计算值不一致，这种现象称为地磁异常。引起地磁异常的原因，一是地下有磁性岩体或矿体存在，二是地下岩层可能发生剧烈变位。因此，地磁异

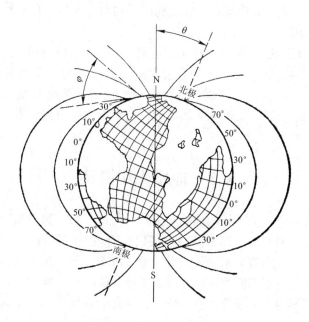

图 1-6 地磁要素及地球周围磁力线分布示意图
θ—磁偏角；φ—磁倾角

常的研究，对查明深部地质构造和寻找铁、镍矿床及基性岩体有着特殊的意义。地球物理学中的磁法探矿，就是利用上述原理。

1.2.6 放射性

地球内部放射性元素含量虽少，分布却很广泛，且多聚集在地壳上部的花岗质岩石中，随深度加大而逐渐减少。地球所含放射性元素主要是铀、钍、镭。此外，钾、铷、钐和铼等也具有放射性同位素。通过测量地质体中放射性元素母体和衰变子体的含量、放射性元素固有的半衰期和衰变常数，可以计算地质体形成的年龄和寻找有关矿产。同时，放射性元素衰变所产生的热能，是地质作用的主要能量来源之一。

1.2.7 地壳的物质组成

地球中含量最高的元素为铁，约占地球质量的 45.2%，其次是氧（29.5%）、硅（15.2%）和镁（12.7%），尽管地球平均化学组成中铁含量高，但其大部分存在于地核中，地壳的铁含量明显降低。根据岩石和陨石的化学组分分析，可知组成地壳的化学成分以 O、Si、Al、Fe、Ca、Na、K、Mg、H 等为主。这些元素在地壳中的平均质量分数（称克拉克值）各不相同：

氧（O）49.13	硅（Si）26.00	铝（Al）7.45
铁（Fe）4.20	钙（Ca）3.25	钠（Na）2.40
钾（K）2.35	镁（Mg）2.35	氢（H）1.00

上述 9 种元素占了地壳总质量的 98.13%，其中氧几乎占了一半，硅占 1/4 强，其他近百种元素只占 1.87%。可见，地壳中元素含量是极不均匀的。如工业上有较大经济意义

的Cu、Pb、Zn、W、Sn、Mo等元素，在地壳中平均含量极低，但它们在各种地质作用下可富集成有价值的矿床。

地壳中的化学元素不是孤立地、静止地存在，它们随着自然环境的改变而不断地变化。这些元素在一定的地质条件下，结合成具有一定化学成分和物理性质的单质或化合物，称为矿物，如石墨、石盐、黄铜矿等。由一种或多种矿物所组成的集合体，称为岩石，如花岗岩由石英、长石、云母等矿物组成；大理岩主要由方解石组成。因此，矿物和岩石是组成地壳的基本单位。

1.3 地质作用概述

地球自形成以来，经历了漫长的地质历史，其内部结构、物质组成和表面形貌都在不断变化中。大海经过长期的演变而成陆地、高山；陆地上的岩石经过长期的日晒、风吹，逐渐破坏粉碎，脱离原岩而被流水携带到低洼地方沉积下来，结果高山被夷为平地。海枯石烂、沧海桑田，地壳面貌不断改变，才具有了今天的外形。所有引起矿物、岩石的产生和破坏，从而使地壳面貌发生变化的自然作用，统称为地质作用。引起这些变化的自然动力，称为地质营力。

在自然界，有些地质作用进行得很快、很激烈，如山崩、地震、火山喷发等，可以在瞬间发生，并可造成灾难性后果。有些地质作用则进行得很缓慢，不易被人们所察觉。据1950年测量资料表明，近百年中，荷兰海岸下降了21cm，平均每年下降了2mm。据最新资料，1990~1999年间我国青藏高原平均上升量约20mm，最大上升量为80mm；黑龙江黑河地区最大上升量为80mm；而华中、华东和华南地区平均下沉80mm。下沉的原因除了地下水的过量开采以外，地质作用引起的地壳运动是主要的原因。

地质作用按其能源不同，可以分为内力地质作用和外力地质作用两大类。

1.3.1 内力地质作用

由地球转动能、重力能和放射性元素衰变产生的热能引起的地质作用，称为内力地质作用，其主要是在地壳或地幔中，引起该作用的地质营力的能量也主要来源于地球内部。内力地质作用的表现方式包括地壳运动、岩浆作用、变质作用和地震等。岩浆岩、变质岩及其与之有关的矿产，便是内力地质作用的产物。

1.3.1.1 地壳运动

组成地壳的物质（岩体）不断运动，改变它们的相对位置和内部构造，称为地壳运动。它是内力地质作用的一种重要形式，也是改变地壳面貌的主导作用。

大地水准测量资料表明，芬兰南部海岸以每年1~4mm的速度上升；丹麦西部沿岸则以每年1mm的速度下降；而北美加利福尼亚沿岸，自1868~1906年的38年间，平均每年以52mm的速度向北移动。

在海岸地区，珊瑚岛和波切台地高出海面，常是该地区陆地缓慢上升的标志。我国西沙群岛的珊瑚礁，有的已高出海面15m。一般认为造礁珊瑚是在海水深度0~50m内生长的，这足以说明西沙群岛近期是处于缓慢上升的。由于海浪对海岸的冲蚀作用，在海岸上常常可见到波切台地、海蚀凹槽和海崖等现象。这些现象如果现在已经远离海岸，而且显著地高出了现在的海平面，最大的海浪也不能冲蚀它们，则也是海岸近期缓慢上升的标志，如广州附近的七星岗南麓（图1-7）。相反，珊瑚岛、波切台地等若被淹没在深水或半深水下面，则说明该地区海岸在近期是逐渐下降的。

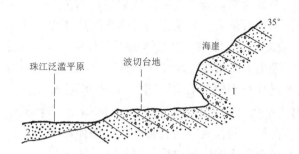

图1-7 广州七星岗波切台地、海崖剖面图
1—第三纪红色砂岩、砾岩；2—现代冲积层

上述实例从不同角度反映出地壳是在不断运动的。按地壳运动的方向，可分为水平运动和升降运动两种形式。

（1）水平运动。水平运动是地壳演变过程中，表现得相对较为强烈的一种运动形式，也是当前被认为是形成地壳表层各种构造形态的主要原因。岩体的位移、层状岩石的褶皱现象都是地壳水平运动的具体表现。从板块构造理论（详见第5章）的角度看，岩石圈表层和内部的各种地质作用过程主要受板块之间的相互作用控制，板块边界是构造活动最强烈的地区。板块的汇聚、离散、平错过程中均伴有大规模的水平位移。

（2）升降运动。升降运动是地壳演变过程中，表现得比较缓和的一种形式。在同一时期内，地壳在某一地区表现为上升隆起，而在相邻地区则表现为下降沉陷。隆起区与沉降区相间排列，此起彼伏、相互更替。

地壳的升降运动对沉积岩的形成有很大影响，不仅控制了沉积岩的物质来源和性质，同时也影响着沉积岩的厚度和分布范围。这是因为，由上升运动控制的隆起区，是形成沉积岩的物质成分的供给区；而由下降运动所控制的沉降区，则是这些物质成分形成沉积物并转化为沉积岩的场所。

升降运动和水平运动是密切联系不能截然分开的，在地壳运动过程中都起作用，只是在同一地区和同一时间以某一方向的运动为主，而另一方向运动居次或不明显。它们在运动过程中也可以互相转化，即水平运动可以引起升降运动，甚至转化为升降运动，反之亦然。如山脉的形成，必然会同时引起陆地的上升。正如著名地质学家李四光指出的，"比较大规模的有条不紊的隆起和沉降地区和地带的形成，很可能是由地表到地壳中一定的深度受到水平方面挤压的结果，就是说，我们没有理由反对它们所显示的垂直运动可能起源于水平运动。"

1.3.1.2 岩浆作用

岩浆是地壳深处一种富含挥发性物质的高温黏稠硅酸盐熔融体，其中尚含有一些金属硫化物和氧化物。岩浆按 SiO_2 的含量不同，分为超基性（小于45%）、基性（45%~52%）、中性（52%~65%）和酸性（大于65%）岩浆。

基性岩浆含 SiO_2 较低，含 Fe、Mg 的氧化物较高（故所成岩石颜色较深），密度较大；含挥发分较少，黏度较小，容易流动。

酸性岩浆含 SiO_2 较高，含 Fe、Mg 的氧化物较少（故所成岩石色浅），密度较小；含挥发分较多，黏性较大，不易流动。

在地壳运动的影响下，由于外部压力的变化，岩浆向压力减小的方向移动，上升到地壳上部或喷出地表冷却凝固成为岩石的全过程，统称为岩浆作用。由岩浆作用而形成的岩石，称为岩浆岩。岩浆作用有喷出作用和侵入作用两种。

（1）喷出作用。喷出作用指岩浆直接喷出地表。喷溢出地面的岩浆冷凝后称喷出岩。岩浆喷出时有液体、固体、气体三种物质。气体组分主要来自地下的岩浆，小部分为岩浆上升过程中与围岩作用产生，其中水蒸气占60%~90%，其次是CO_2、CO、SO_2、NH_3、NH_4^+、HCl、HF、H_2S等挥发分。液体物质称熔岩流，是岩浆喷出地表后，损失了大部分气体而形成的，成分与岩浆类似。固体物质是由熔岩喷射到空中冷却凝固或火山周围岩石被炸碎而形成的碎屑物质，故称火山碎屑物。

（2）侵入作用。灼热熔融的岩浆并不一定能上升到达地面，往往由于热力和上升力量的不足，在上升过程中就会把热传给与它相接触的岩石，而逐渐在地下冷却凝固。岩浆由地壳深处上升到地壳浅部的活动，称为侵入作用。岩浆在侵入过程中，可以在不同的深度下凝固。在地壳不太深（一般小于3km）的位置冷凝形成的岩石，称为浅成侵入岩；在地下深处（一般在3~10km）冷凝形成的岩石，称为深成侵入岩。

由于岩浆侵入深度不同，直接影响到岩浆的温度、压力、冷凝速度以及挥发物质的散失等，造成上述三种岩浆岩在成分、结构和构造等方面也不相同。因此，岩石的成分、结构和构造等正是区别这三类岩石及岩浆作用方式的主要标志。这些问题，将在后续有关章节分别讨论。

1.3.1.3 变质作用

由于地壳运动及岩浆活动，已形成的矿物和岩石受到高温、高压及化学成分加入的影响，在基本保持固体的状态下，会发生物质成分与结构、构造的变化，形成新的矿物和岩石，这一过程称为变质作用。由变质作用形成的岩石，称为变质岩。影响变质作用的因素有：

（1）温度。温度来自地热、岩浆热和动力热。温度是变质作用的基本因素。温度增高会大大增强岩石中矿物分子的运动速度和化学活动性，从而使矿物在固体的状态下发生重结晶作用或重组合作用而产生新矿物。

（2）压力。压力分为两种：一种是静压力，即上覆岩石对下伏岩石的压力，它随深度而增加。静压力的存在可使矿物或岩石向缩小体积、增大密度的方向变化。另一种是由于地壳运动所产生的动压力。这种压力具有一定的方向，可使岩石破裂、变形、变质或发生塑性流动。克里定律指出：晶体在最大压力方向溶解，在最小压力方向沉淀。因此，岩石在这种定向压力作用下，矿物在垂直压力方向将发生局部的细微溶解，并向平行压力方向流动而结晶。新生成的柱状或片状矿物的长轴沿垂直于主压应力轴方向排列，从而形成变质岩所特有的片理构造。

（3）化学成分的加入。外来物质主要来自岩浆热液，也有的来自混合岩化热液和变质水等。岩浆的热力可以使围岩结构构造发生变化，而岩浆分异出来的气体和液体可与围岩发生交代作用，生成新的矿物。如岩浆中F、Cl、B、P等成分与围岩发生化学反应生成萤石、电气石、方柱石和磷灰石等。

上述三种影响变质作用的因素，不是孤立的。如地壳运动除了产生动压力之外，还将动能转化为热能。同时由于地壳运动又常伴有岩浆活动，从而引起化学成分的加入和产生巨大的岩浆热。所以，在变质过程中常有多种因素影响而使岩石发生复杂的变化。根据引起变质作用的基本因素，可将变质作用分为接触变质作用、动力变质作用和区域变质作用三种。

（1）接触变质作用。这种变质作用是指由于岩浆的热力与其分化出的气体和液体使岩石发生变化。引起这类变质作用的主要因素是温度和化学成分的加入。前者表现为重结晶作用，如石英砂岩变成石英岩；石灰岩变成大理岩等。后者则是岩浆分化出来的气体和液体渗入到围岩裂隙或孔隙中，与围岩发生化学反应（交代作用），使原岩变质而形成新的岩石，如石灰岩变成矽卡岩等。

（2）动力变质作用。因地壳运动而产生的局部应力使岩石破碎和变形，但成分上很少发生变化。引起这种变质作用的因素以压力为主，温度次之。它们使岩石碎裂而形成断层角砾岩和糜棱岩等，同时也能使矿物发生重结晶。这种变质作用多发生在地壳浅处，且常见于较坚硬的脆性岩石。

（3）区域变质作用。地壳深处的岩石，在高温高压下发生变化的同时，还伴有化学成分的加入，因而使广大的区域发生变质作用。这种变质作用和强烈的地壳运动密切有关，并常伴有区域的岩浆活动，是各种因素的综合。这种变质作用影响范围广，所形成的岩石多具片理构造，如片岩等。

1.3.1.4 地震

地震是指由于地震波在地下传播而引起的地壳快速颤动或摆动现象，是地下岩石积聚的能量超过其弹性极限时，岩石发生破裂造成的能力快速释放。

地震是现代地壳运动的直接反映，也是重大自然灾害之一。地震按其成因可分为陷落地震、火山地震和构造地震三种类型。陷落地震是由于巨大的地下岩洞崩塌所造成的；石灰岩地区有时因岩溶发育而引起洞穴坍塌，可在附近造成微小振动，但不会影响到较远地区；山崩则应该说是地震的后果而不是它的起因。至于火山导致地震的问题，目前虽不能否认，但这一类地震一般都很小，即使严重，也多局限在火山活动地区，从1906年智利地震发生两天后才开始的火山喷发可知，火山活动也可以是地震的后果。

目前，绝大多数地震是由于地壳本身运动所造成的，称构造地震。由于板块运动等，岩石圈中各部分岩石均受到地应力的作用，当地应力作用尚未超过岩石的弹性限度时，岩石会产生弹性形变，并把能量积蓄起来。当地应力作用超过地壳某处岩石的弹性限度时，就会在那里发生破裂，或使原有的破碎带（断裂）重新活动，使它所积累的能量急剧地释放出来，并以弹性波（地震波）的形式向四周传播，从而引起地壳的颤动，产生地震。地震只是现象，地应力的变化和发展才是它的实质。不断地探索地应力从量变到质变的活动规律，才能把握住地震的实质。

构造地震活动频繁，延续时间长，影响范围大，破坏性强，因此造成的危害性也最大。

地壳内部发生地震的地方称为震源；震源在地面上的垂直投影称为震中；震中到震源的距离称为震源深度（图1-8）。根据震源深度不同可将地震分为深源地震（大于300km）、中源地震（70~300km）和浅源地震（小于70km）。一般破坏性地震，震源深度不超出100km范围。

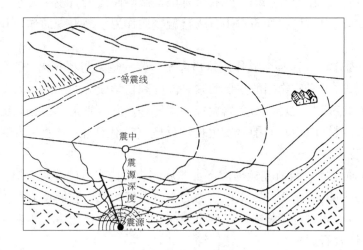

图 1-8 震源、震中、等震线

地震大小用震级表示，与震源释放出的能量有关，能量越大，震级越高。一般可分10级（即0~9级）：小于2.5级的地震，人无感觉；2.5~4级，人有感觉；5级以上的地震，便会造成破坏。

地震时，某一地区地面所受的影响和破坏程度，用地震烈度表示。我国使用的烈度表共分12度。距震中愈近，烈度愈高。一般情况下，3~5度，人有感觉，静物有动，但无破坏性；6度以上，房屋有不同程度的破坏。按照地震烈度相同的地点连接起来的线，称为等震线。

一次强烈地震往往经历前震、主震、余震三个阶段。主震是指地震全过程中最大的一次地震，主震前的一系列微震和小震称前震；主震后一系列微震和小震称余震。从活动规律看，前震活动逐渐增强，接着发生主震。主震之后，余震活动则是逐渐减弱直至平静。应该指出，一次地震过程，也并不都能分出前震、主震和余震。某些地震发生时并没有突出的主震，或三者很难区分，其能量是通过多次震级相近的地震释放出来的；而另一些地震，前震、余震都很稀少，且与主震震级相差很大，其能量基本通过主震一次释放出来。研究地震发生的过程，掌握前震、主震、余震的活动规律，对地震预报和防震抗震有着十分重要的现实意义。

地震是一种普遍的自然现象，几乎和刮风下雨一样寻常。地球上天天都有地震发生，如果零级地震都能观测到，那么全世界每年大约有100万到1000万次地震。其中绝大多数属于微震，人们不能直接感觉到。有感地震每年约5万次，破坏性严重的地震每年1~2次。其总的规律是震级越小的地震越多，越大的地震越少，绝大多数地震对人类并不造成危害。

尽管世界上大多数地区均发生过地震，但从全球范围看，地震主要集中在几个狭长的带中，即板块构造理论中板块边界所在的位置。世界上大多数地震集中在几个地震带中，其中最重要的就是环太平洋地震带，那里集中了世界上80%的浅源地震，90%的中源地震和几乎100%的深源地震；其次是地中海—喜马拉雅地震带和大洋中脊地震带。

我国正处于环太平洋地震带与地中海—喜马拉雅地震带所夹地带，是一个多地震活动的国家，地震分布十分广泛。1999年发生在台湾的里氏7.3级地震就位于环太平洋地震带上，而2008年发生在四川省汶川县的里氏8级大地震即位于印度板块与欧亚板块碰撞带的东侧转换带上，属地中海—印尼地震带。

强烈地震会造成巨大灾害，极大地威胁着人类的生命和财产安全。虽然地震的预报目前仍存在一定的困难，但是实践证明，地震的发生是有前兆的，是可以预测和预防的。首先，在强烈地震之前，地下的岩石已经开始发生位移，表现在地面上则常有上升下降甚至倾斜现象。因此，可以在地面或水井、坑道、钻孔中安装各种仪器进行观测。其次，强烈地震之前，由于地下含水层受到挤压产生位移，破坏了地下水的平衡状态，井水、泉水会突然上升或下降，甚至干枯；地下水化学成分和物理性质也会突然变化。某些地区地震前，常有地声、地光、地电、地温、地磁、地重、地应力的异常现象。此外，人们还利用家畜及水中或地下生物的活动来预报地震，如1976年发生在河北唐山的大地震，在震前有牛羊不肯入栏、老鼠搬家、鸡上树等现象。

通过对地震发生、发展的研究，可以从中了解到很多关于地震的知识，获得有关地球构造、地震成因以及形成等方面的知识，找出防震、抗震的措施，以减轻地震的危害。因此，人们关心地震，研究地震发生的规律性，也正是为了防治和减少地震带来的灾害。

1.3.2 外力地质作用

外力地质作用主要发生在地球表层，且引起地质作用的地质营力主要来自地球范围以外的能源，包括太阳辐射能以及太阳和月球的引力、地球的重力能等。外力地质作用的方式包括风化作用、剥蚀作用、搬运作用、沉积作用和成岩作用。上述作用的总趋势是削高补低，使地面趋于平坦。沉积岩和外生矿床就是外力地质作用的产物。

1.3.2.1 风化作用

在常温常压下，由于温度、H_2O、O_2、CO_2和生物等因素的影响，使组成地壳表层的岩石发生崩裂、分解等变化，以适应新环境的作用，称为风化作用。按风化作用因素的不同，可以分为物理风化作用、化学风化作用和生物风化作用三种。

（1）物理风化作用。岩石在物理风化过程中，只发生机械破碎，而化学成分不变。引起物理风化的主要因素是温度的变化（温差效应）（图1-9）、水的冻结（冰劈作用）和盐溶液的结晶胀裂（盐劈作用）等。如沙漠地区，岩石白天被阳光照射，温度可达60~80℃，到夜间则降至0℃以下，岩石随温度变化反复膨胀和收缩，胀缩转换愈快，岩石破坏愈快。此外，充填在岩石裂隙中的水的冻结和盐溶液的结晶都会使岩石裂隙胀大而对岩石产生破坏。

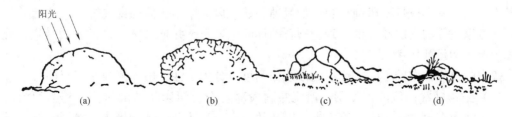

图1-9 物理风化作用示意图

（2）化学风化作用。在 H_2O、O_2、CO_2 以及各种酸类的化学反应影响下岩石和矿物的化学成分会发生变化，如矿物与水结合，可形成新的矿物。

$$CaSO_4 + 2H_2O \longrightarrow CaSO_4 \cdot 2H_2O$$
　　（硬石膏）　　　　　　　　（石膏）

当水溶液中有大量的氧时，可促使某些矿物迅速氧化，如黄铁矿经氧化后可生成稳定的褐铁矿，其变化过程详见本书第 9 章关于硫化物的表生变化部分。

当水中溶有 CO_2 时，将促使某些矿物发生分解而产生新的矿物。

$$4KAlSi_3O_8 + 4H_2O + 2CO_2 \longrightarrow Al_4(Si_4O_{10})(OH)_8 + 8SiO_2 + 2K_2CO_3$$
　　（正长石）　　　　　　　　　　（高岭石）

纯水对碳酸盐几乎不起作用，若水中含有 CO_2，则可使难于溶解的碳酸盐变成易溶解的重碳酸盐而造成化学风化：

$$CaCO_3 + CO_2 + H_2O \longrightarrow Ca(HCO_3)_2$$

总的说来，化学风化作用使一些原来在地壳中比较稳定和坚硬的矿物发生化学变化，形成在大气和水的环境中比较稳定的矿物，如高岭石、褐铁矿等。化学风化作用常使岩石的硬度降低，密度变小，矿物成分变化，破坏岩石的本来面貌。

（3）生物风化作用。生物风化作用是指岩石在动植物活动的影响下所引起的破坏作用，既有机械破坏，也有化学作用。如植物生长在石缝中，随植物不断长大，其根部会对围岩石产生挤压（根劈作用），并分泌出酸类破坏岩石中的矿物以吸取养分。岩石孔隙中的细菌和微生物也会析出各种有机酸、碳酸等，对岩石和矿物起着强烈的破坏作用。

自然界中，上述三种作用总是同时存在、互相促进的，但在具体地区可以有主次之分。地壳表层的岩石经过风化以后，除一部分物质溶解于水中转移他处之外，难以风化的碎屑成分或化学残余物，就在原来岩石的表层上面残留下来。这个被风化了的岩石表层部分，通常称为风化带或风化壳。

1.3.2.2　剥蚀作用

将风化产物从岩石上剥离下来，同时也对未风化的岩石进行破坏，不断改变岩石的面貌，这种作用称为剥蚀作用。引起剥蚀作用的地质营力有风、冰川、流水、海浪等。

陆地是剥蚀作用的主要场所。在地形起伏、气候潮湿、降雨量大的地区，剥蚀作用主要为流水的冲刷和侵蚀使岩石遭受破坏；在干旱的沙漠地区，剥蚀作用主要为风对岩石的破坏。

风的剥蚀作用包括吹扬作用和磨蚀作用。前者指风将岩石表面的松散砂粒或风化产物带走；后者指风所夹带的砂粒随风运行，对岩石表面发生摩擦、磨蚀。由于地表出露岩石的岩性差异、高空与地表风动能和含砂量的差异或先期构造裂隙的存在等，造成的风蚀现象各不相同，常形成各种风蚀地貌，如风蚀蘑菇、风蚀城堡、风蚀壁龛等。

河流以自己的动能和夹带的砂、砾石破坏河床岩石，并把破坏下来的物质带走，此过程称为流水的侵蚀作用。

按力的作用方向的不同，流水的侵蚀作用可以分为下蚀作用和侧蚀作用两种。

（1）下蚀（深向侵蚀）作用。河流冲刷底部岩石使河床降低的作用，称为河流的下蚀作用。河流在流动过程中，河水本身以及随河水一起运动的砂砾撞击、摩擦河床底部岩石，使岩石破碎。下蚀作用的结果一方面使河谷加深，另一方面使河流逐渐向着源头后退,使河流增长,这一作用过程称为向源侵蚀。

河流下蚀到一定深度,当河床低于海(湖)平面,河面趋于与海(湖)面相同时,河水不再具有位能差,河流的下蚀作用也就停止了。所以,从理论上说来,海(湖)水面是所有入海(湖)河流下蚀作用的极限。我们把下蚀作用的极限称为侵蚀基准面。显然,海平面是最终侵蚀基准面。具体到某一地区时,则以该区主河道或湖泊水面作为当地侵蚀基准面。

(2)侧蚀(侧方侵蚀)作用。由于河道弯曲,受水流惯性力和水内环流的作用,凹岸不断被侵蚀后退的过程,称为侧方侵蚀。水分子在重力作用下,沿凹岸河床斜坡产生强烈的下降水流,掏空凹岸下部,使上部岩块崩塌下落,结果河岸逐渐向着凹岸及下游方向推移。在凹岸遭到侵蚀作用的同时,底流将破坏下来的碎块泥砂搬至凸岸沉积下来,并不断向前发展。侧蚀作用主要在河流的中、下游盛行,因而中、下游河谷宽阔,河床弯曲成曲流,并产生牛轭湖等。

侧蚀不断侵蚀凹岸,河床不断向凹岸移动,弯曲越来越甚,称为曲流(或河曲)。曲流继续发展,河床的弯曲几乎接近封闭的圆形。洪水时,水流穿过曲流颈,河床就裁弯取直,原来的曲流便脱离河道,形成牛轭湖(图1-10)。

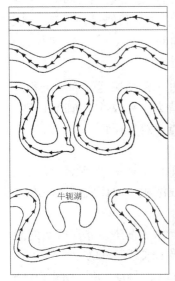

图1-10 曲流的发展与牛轭湖形成示意图(左)及现代曲流河照片(右,摄于内蒙古锡林郭勒盟)

河流在以侧蚀作用为主时,一方面河谷不断加宽,一方面进行沉积。其后,由于当地地壳相对上升或侵蚀基准面下降等原因,下蚀作用加强,就在原有河谷底上侵蚀出新的河谷,使原有谷底不再被河水淹没,而形成沿着河谷谷坡伸展的阶梯状地形,称为河谷阶地(图1-11)。阶地有时只有一级,有时可有几级,每一个阶地由一个平台和与之相连的阶地斜坡组成。最低的一级称一级阶地,往上为二级,以此类推。最低的阶地是最新的阶地,即形成最晚的阶地,阶地愈高,形成愈早。常见的阶地有侵蚀阶地和沉积阶地。前者阶地平台上没有沉积物存在,阶地平台和斜坡均由基岩组成;后者在阶地平台上有疏松沉

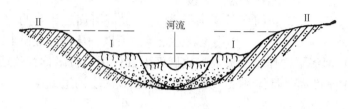

图 1-11　河谷阶地
Ⅰ——级阶地；Ⅱ—二级阶地

积物。

研究阶地，不仅可以了解河流的发展历史，认识地壳运动的升降幅度和范围，而且有助于寻找和开采贵重金属，如金的砂矿床等。

河流在侵蚀的过程中，交织着下蚀和侧蚀两种方式。河水在对河床底部岩石进行侵蚀的同时，也对河床两侧岩石进行侵蚀。但在不同河段，由于地质条件的差异，它们有着不同的表现，一般上游河段以下蚀作用为主导，中下游河段则以侧蚀作用为主导。

此外，地下水、海浪、冰川等同样可以对地表出露的岩石产生剥蚀作用。地下水的剥蚀作用以溶蚀为主；海浪的剥蚀作用与河流相似，可以对海岸和海床进行机械磨蚀、化学溶蚀等，并常在岸边和近岸处形成独特的海蚀地貌，如海蚀山、海蚀洞穴等；冰川的侵蚀作用与风、流水等不同，是以固定在冰川内的岩石碎块等对冰川底部和两壁进行刨、锉、挖掘等作用，常形成独特的冰蚀地貌，如"U"形谷、刃脊和角峰。

1.3.2.3　搬运作用

风化剥蚀的产物，在地质营力的作用下，离开母岩区，经过长距离搬运，到达沉积区的过程，称为搬运作用。搬运和剥蚀往往是同时由同一种地质营力来完成的。如风和流水一边剥蚀岩石，同时又迅速将剥蚀下来的岩屑带走，两者是不能截然分开的。

搬运作用的方式有拖曳搬运、悬浮搬运和溶解搬运三种。

（1）拖曳搬运。被搬运的物质因颗粒粗大，随风或流水在地面上或沿河床底滚动或跳跃前进。被搬运物质大多数在搬运过程中逐渐停积于低洼地方或沉积于河床底部，只有部分被带入海中。

（2）悬浮搬运。被搬运物质颗粒较细，随风在空气中或浮于水中前进，悬浮搬运的距离可以很远。我国西北地区的黄土就是从很远的沙漠地区以悬浮方式搬运来的。

（3）溶解搬运。被搬运的物质溶解于水中，以真溶液（如 Ca、Mg、K、Na、Cl、S 等）和胶体溶液（如 Al、Fe、Mn 等的氢氧化物）的状态搬运。这些溶解质一般都被带到湖、海中沉积。

碎屑物质搬运过程中的分选与磨圆：碎屑物质在搬运过程中按颗粒及密度大小进行分异沉积的作用称为分选。分选作用与碎屑物被搬运的距离和运动介质的性质密切相关。如流水搬运的碎屑物，由于动能减小，粗、重的颗粒首先发生沉积，随着搬运距离增长，细、轻的颗粒依次发生沉积，因此搬运的距离越远，分选程度越高，即颗粒按大小和质量逐渐分开。冰川是固体载运，不发生分选，因此分选作用最差，风是气体搬运，分选作用最好。磨圆指碎屑物在搬运过程中，由于相互的摩擦和碰撞及与河床底部、谷壁等的摩擦、碰撞，使其逐渐失去棱角的过程。所以，碎屑物质长距离搬运的结果是，使被搬运的物质获得良好的分选和磨圆。

1.3.2.4 沉积作用

被搬运的物质，经过一定距离之后，由于搬运介质搬运能力（风速或流速）的减弱、搬运介质物理化学条件的变化或在生物作用下，从风或流水等介质中分离出来，形成沉积物的过程，称为沉积作用。沉积作用的方式有机械沉积作用、化学沉积作用和生物沉积作用。

(1) 机械沉积作用。由于搬运介质搬运能力的减弱，以拖曳或悬浮方式搬运的物质，按颗粒大小、形状和密度在适当地段依次沉积下来，称为机械沉积。

(2) 化学沉积作用。呈真溶液或胶体溶液状态被搬运的物质，由于介质物理化学条件的改变使溶液中的溶质达到过饱和，或因胶体的电荷被中和而发生沉积，称为化学沉积。在化学沉积作用下，首先沉积下来的是最难溶解并易于沉积的物质，而易溶物质只是在有利于沉积作用的特殊条件下才发生沉积。

(3) 生物沉积作用。湖沼和浅海是生物最繁盛的地带，生物沉积作用极其显著。这一作用包括：生物在其生活历程中所进行的一系列生物化学作用（如改变水的pH值等），以及生物大量死亡后尸体内较稳定部分（主要是生物的骨骼）直接堆积下来的过程。生物骨骼成分有钙质、磷质和硅质，但绝大多数为钙质。它们有时被海浪捣碎混在机械沉积物中，数量多时也可形成生物碎屑堆积。

1.3.2.5 成岩作用

使松散沉积物转变为沉积岩的过程，称为成岩作用。在成岩作用阶段，沉积物发生的变化有压固作用、胶结作用和重结晶作用三种。

(1) 压固作用。先成的松散沉积物，在上覆沉积物及水体的压力下，所含水分将大量排出，体积和孔隙度大大减小，逐渐被压实、固结而转变为沉积岩。由黏土沉积物变为黏土岩，碳酸盐沉积物变为碳酸盐岩，主要是压固作用的结果。因为黏土和碳酸盐沉积物形成后，富含水分，孔隙亦大，在压力作用下，较易缩小体积，排出水分而固结成岩。

(2) 胶结作用。在碎屑物质沉积的同时或稍后，水介质中以真溶液或胶体溶液性质搬运的物质，亦可随之发生沉积，形成泥质、钙质、铁质、硅质等化学沉积物。这些物质充填于碎屑沉积颗粒之间，在上覆沉积物等外界压力的作用下，经过压实，碎屑沉积物的颗粒借助于化学沉积物的黏结作用而固结变硬，形成碎屑岩。

(3) 重结晶作用。沉积物的矿物成分在温度、压力增加的情况下，借溶解或固体扩散等作用，使物质质点发生重新排列组合，颗粒增大，称重结晶作用。重结晶强弱的内因取决于物质成分、质点大小和均一程度。一般说来，成分均一、质点小的真溶液或胶体沉积物，其重结晶现象最明显。例如，化学沉积的方解石、白云石、石膏，胶体沉积的黏土矿物、二氧化硅（蛋白石），都容易发生重结晶作用，使颗粒增大，对疏松沉积物的固结成岩起着促进作用。因此，重结晶作用主要出现于黏土岩和化学岩的成岩过程中。

1.3.3 内、外力地质作用的相互关系

自地壳形成以来，内、外力地质作用在时间和空间两个方面都是一个连续的过程。虽然它们时强时弱，有时以某种作用为主导，但始终是相互依存、彼此推进的。由于地壳表

层是内、外力地质作用共同活动，既对立又统一、既斗争又依存的场所，因而自然界中各种地质体无不留有内、外力地质作用的痕迹。

1.3.3.1 地壳上升与剥蚀作用

剥蚀作用是外力地质作用对地壳表层的物质和结构破坏作用的总称。剥蚀作用的强弱不仅依赖于外动力能量的大小，而且与自然地理和地质构造条件密切相关。一般说来，地形愈高、起伏愈大的地区，剥蚀作用愈强烈。但是，地形的高低起伏，主要是由地壳运动的性质和强度决定的，即：地壳上升愈快，幅度愈大，持续时间愈长的地区，必然地形愈高；相邻地区的地壳运动差异性愈大，则地形起伏也愈大，这样的地区，剥蚀作用也特别强烈。这就是剥蚀作用与上升运动的统一关系。

地壳运动总是产生新的地形起伏，而剥蚀作用的结果则是降低地形高度，减小地形起伏，这就是两者的矛盾关系。

地壳上升的速度与剥蚀的速度是不会相等的。当地壳上升速度超过剥蚀速度时，地形高度才会增加；反之，则地形愈来愈低。这就是地形演变的实质。

1.3.3.2 地壳下降与沉积作用

各种外力地质作用将其剥蚀产物带到低凹的地方沉积下来，海、湖及平原区的河床是接受沉积物的主要场所。但要形成大规模的沉积岩层，如果没有地壳下降是不可能的。地壳下降时，沉积作用加强，同时沉积物力图补偿地壳下降，这就是两者之间的矛盾和统一关系。地壳下降速度与沉积作用速度之间的相互关系，是决定沉积岩类型、厚度和分布的主要因素。

1.3.3.3 地壳物质组成的相互转化

组成地壳表层的三大类岩石——岩浆岩、沉积岩和变质岩，并非是静止不变的，它们在内、外动力的作用下，是可以相互转化的。岩浆岩和变质岩是在特定的温度、压力和深度等地质条件下形成的，但随着地壳上升而暴露于地表，经外动力的长期作用，被风化、剥蚀、搬运，并在新的环境中沉积下来，后经成岩作用形成沉积岩。而沉积岩随着地壳下降深埋地下，当达到一定温度和压力时，也可以转变成变质岩，甚至熔融成为岩浆，再经岩浆作用形成岩浆岩。

随着岩石的转变，储存在岩石中的有用矿产也在不断变化，例如煤层或富含碳质的沉积岩，在遭受强烈变质后，可以形成石墨。岩浆岩和变质岩中常有很多稀有放射性矿物，呈分散状态存在，不便于开采和利用，经过剥蚀、搬运、沉积等外力地质作用后，常富集成为砂矿床。许多外生金属矿床也可以在不断的变质作用中逐渐富集，形成规模巨大的矿床。

思考题与习题

1-1 熟悉以下几个概念：岩石圈，地热增温率（地温梯度），地压梯度，重力，理论重力值，重力异常，地磁正常值，磁异常。

1-2 地球的内部圈层是如何划分的，各圈层的主要分界面的名称是什么？

1-3 地壳、地幔和地核的物理性质和化学组成各有哪些特点？

1-4 大陆地壳与大洋地壳有哪些不同之处？

1-5 地磁三要素指的是什么，其各自的含义是什么？

1-6 从地表向地球内部的温度、压力是如何变化的？
1-7 简述地壳的主要元素组成及与整个地球元素组成的差异。
1-8 熟悉以下几个概念：地质作用，地壳运动，变质作用，岩浆作用，风化作用，剥蚀作用，搬运作用，成岩作用。
1-9 内力地质作用的动力来源是什么，内力地质作用的方式有哪些？
1-10 外力地质作用的动力来源是什么，外力地质作用的方式有哪些？
1-11 风化作用可以分为哪几类，其各自的含义是什么？
1-12 沉积物转化为沉积岩的作用方式有哪些？
1-13 简述牛轭湖的形成过程。
1-14 何为碎屑物质在搬运过程中的分选和磨圆？
1-15 影响变质作用的因素有哪些，变质作用可分为哪几类？
1-16 简述岩浆及岩浆作用的分类？

2 矿 物

矿物是在各种地质作用中所形成的天然固态单质或化合物；具有一定的化学成分和内部结构，从而有一定的形态、物理性质和化学性质；它们在一定的地质和物理化学条件下稳定存在，是组成岩石和矿石的基本单位。矿物种类繁多，已知的矿物达 4000 多种，其中有许多有用的矿物，是发展现代化的工业、农业、国防事业和科学技术不可缺少的原料。

2.1 矿物的形态

2.1.1 晶质体和非晶质体的概念

自然界中的矿物，绝大部分是晶体。晶体在合适的条件下，能自发地形成凸的几何多面体外形。在宏观上，晶体由特定的晶面、晶棱及角顶组成，如萤石的八面体、绿柱石的六方柱、方解石的菱面体等。在微观上，晶体的内部结构决定了晶体的本质，组成晶体的质点（原子、离子、离子团）在三维空间做周期性的平移重复排列，即晶体是具有格子构造的固体。因此，按照现代矿物学的概念，凡是质点按规律排列具有格子构造的固态物质即称为结晶质，结晶质在空间的有限部分即为晶体。例如石盐（NaCl），由于其内部的 Na^+ 和 Cl^- 在空间的三个方向上按等距离排列，所以外表就呈现出立方体的晶形（图 2-1）。

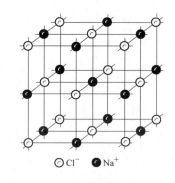

图 2-1 石盐的晶体结构

然而在多数情况下，由于受生长条件的限制，矿物晶形的发育常常不是很完善，但只要其内部的质点是按规律排列的，仍不失其结晶的实质。

非晶质体中内部质点的排列没有一定的规律，所以外表就不具有固定的几何形态。如火山玻璃（SiO_2），蛋白石（$SiO_2 \cdot nH_2O$）等。晶体和非晶体之间在一定的条件下可以转化。由晶体转变为非晶体，称为非晶化，例如受到放射性元素衰变影响而非晶化成含放射性元素的矿物（如褐钇铌矿、褐帘石）。由非晶体转变为晶体，称为脱玻化，例如使用年久的玻璃内产生的毛发状或羽毛状的晶质集合体，就是玻璃态向结晶态转变的雏晶。

2.1.2 矿物的单体形态

矿物的形态包括矿物的单体形态及矿物的集合体形态。单体形态是指单晶体的形态；集合体形态是指同种矿物的集合体出现的形态。

单晶体形态可分为两种：一种是由单一形状的晶面所组成的晶体，称为单形，如黄铁矿的立方体晶形就是由六个同样的正方形晶面所组成的，磁铁矿的八面体晶形则是由八个同样的等边三角形晶面所组成的；另一种是由数种单形聚合而成的晶体，称为聚形，如由六方双锥和六方柱这两种单形聚合而成的 β-石英的晶体（图 2-2）。

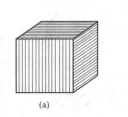

图 2-2　单形和聚形
（a）黄铁矿的单形；（b）石英的聚形

应该指出的是，这里所说的晶体形态是理想晶体的形态。所谓理想晶体，它的内部结构应严格地服从空间格子规律，外形应为规则的几何多面体，面平、棱直，同一单形的晶面同形等大。

但是，实际上晶体在生长过程中，真正理想的晶体生长条件是不存在的，其总会不同程度地受到复杂的外界条件的影响，而不能严格地按照理想形态发育。此外，晶体在形成之后，还可能受到溶蚀和破坏。因此，实际晶体与理想晶体相比较，就会有一定的差异。

实际晶体在外形上与理想晶体也常有一定的差别。晶面并非理想的平面，同一单形的晶面也不一定同形等大，而且有时还不一定全部都出现，从而形成所谓"歪晶"。

还应注意，同一种矿物因其形成时物理化学条件的不同，可以出现几种不同的晶形。例如磁铁矿的晶体除有八面体的单形外，还有菱形十二面体的单形以及八面体和菱形十二面体的聚形（图 2-3）。而不同的矿物又可以有相似的晶形，如岩盐、萤石、黄铁矿等都可以呈现立方体的晶形。这是在鉴定矿物时必须注意的。

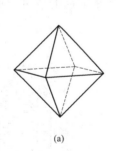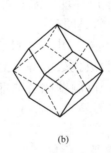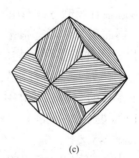

图 2-3　磁铁矿的几种晶形
（a）八面体的单形；（b）菱形十二面体的单形；（c）八面体和菱形十二面体的聚形

矿物单体在空间的发育状况和习惯表现出的外形，称为结晶习性。主要有一向延长、二向延长和三向延长三种。

（1）一向延长。晶体沿一个方向发育，成柱状（如角闪石）、针状（如电气石）等。

（2）二向延长。晶体沿两个方向发育，成板状（如重晶石）、片状（如云母）等。

（3）三向延长。晶体在空间的三个方向上发育均等，成粒状（如磁铁矿、石榴石）。

同种矿物的两个或两个以上的晶体，若彼此呈现一定的对称关系的规则连生，还可以形成双晶。常见的双晶有石膏的燕尾双晶、方解石的接触双晶、萤石的贯穿双晶以及斜长石的聚片双晶等（图 2-4）。

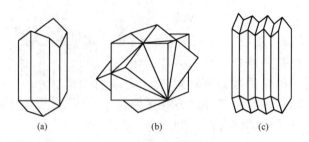

图 2-4 几种双晶形式
(a) 石膏的燕尾双晶；(b) 萤石的贯穿双晶；(c) 斜长石的聚片双晶

2.1.3 矿物的集合体形态

自然界中绝大部分矿物以集合体的形式出现。同种矿物的集合体取决于单矿物的形态及它们的集合方式。在集合体中，肉眼可以分辨单矿物颗粒的为显晶质集合体，肉眼不可分辨而显微镜下可分辨的为隐晶质集合体，显微镜下也无法辨认的为胶体集合体。

显晶质集合体可以根据矿物的结晶习性来描述。一向延长的有柱状、针状、毛发状、纤维状集合体；二向延长的有片状、鳞片状、板状、厚板状集合体；三向延伸的有粒状集合体。此外，一些特殊形状的显晶质集合体，还有晶簇（石英晶簇）、放射状集合体（红柱石）、树枝状集合体（自然铜）、鸡冠状集合体（白铁矿）等。

隐晶质和胶体矿物没有规则的单体形态，集合体形态主要有结核状、分泌体、钟乳状、皮壳状、豆状、肾状、鲕状、土状等集合体。

集合体的形态往往反映了矿物的生成环境，因而对研究矿物的成因，有着很大的意义。自然界中矿物的集合体形态很多，常见的有：

（1）晶簇状。一种或多种矿物的晶体，其一端固定在共同的基底之上，另一端则自由发育成比较完好的晶形，一般发育在岩石的空洞或裂隙中，以洞壁或裂隙壁为共同基底。这种集合体的形态，称为晶簇，如石英、方解石的晶簇（图 2-5）。

（2）粒状。由各向均等发育的矿物晶粒所集合而成。按粒度的大小可分为粗粒、中粒和细粒三种，当颗粒过于细小，以至肉眼无法分辨其界限时，一般称为致密块状，如块状磁铁矿；按颗粒集结的紧密与否也可分为三种，集结紧密者称致密状，集结疏松者称疏松状，松散未被胶结者称散粒状。

（3）板状、片状、鳞片状。由二向延长的板状、片状或细小的薄片状矿物集合而成，如辉钼矿、石墨。

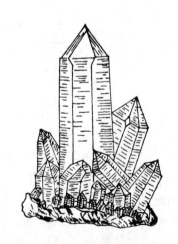

图 2-5 石英晶簇

（4）纤维状和放射状。由针状或柱状矿物集合而成。如果晶体彼此平行排列，称为纤维状，如蛇纹石石棉；如果晶体大致围绕一个中心向四周散射，则称为放射状，如辉锑矿（图 2-6）。

图 2-6　放射状辉锑矿

（5）树枝状。单体生长过程中，在棱角处生长速度快，从而不断分叉形成树枝状集合体。有时是由于矿物晶体沿一定方向连生而成的，如自然铜；有时是由于胶体沿岩石微小裂隙渗入凝聚而成的，如氧化锰。树枝状集合体的单体若很细小，也常归入隐晶质集合体。

（6）结核状。集合体呈球状、透镜状或瘤状者，称为结核状。它是晶质或者胶体围绕某一核心逐渐向外沉淀而成的，因而其横断面上常出现放射状或同心圆状，如沉积形成的黄铁矿和菱铁矿结核。颗粒像鱼子那样的结核状集合体，称之为鲕状，如鲕状赤铁矿（图2-7）。

（7）分泌体。在球状或不规则的岩石空洞内自洞壁向中心逐渐沉积（充填）形成的矿物集合体。分泌体中心常有空腔，有时还可以生长晶簇。其特点是多数具有同心层构造，各层成分和颜色往往有差异，表现出不同颜色的色环，如带状玛瑙。

（8）钟乳状。它是溶液或胶体因失去水分而逐渐凝聚所形成，往往具有同心层状（即皮壳状）构造，如钟乳状方解石、孔雀石等。钟乳状可再细分为：肾状，如肾状赤铁矿（图2-8）；葡萄状，如葡萄状硬锰矿（图2-9）；皮壳状，如皮壳状孔雀石（图2-10）。

图 2-7　鲕状赤铁矿

图 2-8　肾状赤铁矿

图 2-9　葡萄状硬锰矿

图 2-10　皮壳状孔雀石

（9）土状。集合体疏松如土，是由岩石或矿石风化而成的，如高岭石。

（10）其他集合体形态。杏仁体、肉冻状、花朵状、粉末状、烟灰状等集合体。

2.2　矿物的物理性质

每种矿物都以其固有的物理性质与其他矿物相区别，这些物理性质从本质上来说，是由矿物的化学成分和晶体结构所决定的。矿物具有光学性质、力学性质及其他性质。光学性质包括颜色、光泽、条痕、透明度；力学性质包括硬度、解理、断口、密度等；其他性质包括脆性、弹性、挠性、延展性、磁性、发光性、导电性等。因此，可以根据矿物的物理性质及其数量表现——物理常数，对矿物进行识别和宏观鉴定。下面着重介绍用肉眼和简单工具就能分辨的若干物理性质。

2.2.1　颜色

矿物颜色是由矿物对可见光波的吸收作用所引起的。太阳光是由七种不同波长的色光所组成的，当矿物对它们均匀吸收时，可因吸收的程度不同，使矿物呈现出白、灰、黑色（全部吸收）；如果只选择性吸收某些色光，矿物就呈现另一部分色光的混合色，即被吸收光的补色，矿物呈现彩色。根据矿物颜色产生的原因，可将颜色分为自色、他色、假色三种。

（1）自色。自色是矿物本身固有的颜色。自色取决于矿物的内部性质，特别是所含色素离子的类别。例如赤铁矿之所以呈砖红色，是因为它含 Fe^{3+}；孔雀石之所以呈绿色，是因为它含 Cu^{2+}。自色比较固定，因而具有鉴定意义。

（2）他色。他色是矿物混入了某些杂质所引起的，与矿物的本身性质无关。他色不固定，随杂质的不同而异。如纯净的石英晶体是无色透明的，但含碳微粒时就呈烟灰色（即墨晶），含锰就呈紫色（即紫水晶），含氧化铁则呈玫瑰色（即玫瑰石英）。由于他色具有不固定的性质，所以对鉴定矿物没有太大的意义。

(3) 假色。假色是由于矿物内部的裂隙或表面的氧化薄膜对光的折射、散射所引起的。其中，由裂隙所引起的假色，称为晕色，如方解石解理面上常出现的虹彩；由氧化薄膜所引起的假色，称为锈色，如斑铜矿表面常出现斑驳的蓝色和紫色。

2.2.2 条痕

矿物粉末的颜色称为条痕，通常将矿物在素瓷条痕板上擦划得之。条痕可清除假色，减弱他色而显示自色，所以较为固定，具有重要的鉴定意义。例如赤铁矿有红色、钢灰色、铁黑色等多种颜色，然而其条痕却总是樱红色。但条痕对于鉴定浅色的透明矿物没有多大意义，因为这些矿物的条痕几乎都是白色或近于无色，难以区别。

2.2.3 光泽

矿物表面反射光线的能力，称为光泽。按反光的强弱，光泽可分为金属光泽、半金属光泽和非金属光泽。

(1) 金属光泽。类似于金属抛光面上呈现的光泽，闪耀夺目，如方铅矿、黄铜矿、黄铁矿等。

(2) 半金属光泽。类似于金属光泽，但较为暗淡，为未经抛光的金属表面呈现的光泽，如铬铁矿。

(3) 非金属光泽。可再细分为：金刚光泽，如金刚石、闪锌矿；玻璃光泽，如水晶、萤石；油脂光泽，如石英断面上的光泽；丝绢光泽，如石棉；珍珠光泽，如白云母；蜡状光泽，如蛇纹石；土状光泽，如高岭石。

2.2.4 透明度

矿物透光的程度称为透明度。从本质上来说，透明度取决于矿物对光线的吸收能力。但吸收能力除和矿物本身的化学性质与晶体结构有关以外，还明显地与厚度及其他因素有关。因此，某些看来是不透明的矿物，当其磨成薄片时，却可能是透明的，所以透明度只能作为一种相对的鉴定依据。为了消除厚度的影响，一般以矿物的薄片（0.03mm）为准。据此，透明度可以分为透明、半透明、不透明三级。

(1) 透明。绝大部分光线可以通过矿物，因而隔着矿物的薄片可以清楚地看到对面的物体，如无色水晶、冰洲石（透明的方解石）等。

(2) 半透明。光线可以部分通过矿物，因而隔着矿物薄片可以模糊地看到对面的物体，如闪锌矿、辰砂等。

(3) 不透明。光线几乎不能透过矿物，如黄铁矿、磁铁矿、石墨等。

上面所说的颜色、条痕、光泽和透明度都是矿物的光学性质，是由于矿物对光线的吸收、折射和反射所引起的，因而它们之间存在着一定的联系。例如颜色和透明度以及光泽和透明度之间都有相互消长的关系。矿物的颜色越深，说明它对光线的吸收能力越强，这样，光线也就越不容易透过矿物，于是透明度也就越差。矿物的光泽越强，说明投射于矿物表面的光线大部分被反射了，这样通过折射而进入矿物内部的光线也就越少，于是透明度也就越差。掌握这些关系对正确鉴定矿物是有帮助的（表 2-1）。

表 2-1 矿物颜色、条痕、光泽、透明度间的关系简表

颜 色	无 色	浅 色	彩 色	黑色或金属色（部分硅酸盐矿物除外）
条 痕	白色或无色	浅色或无色	浅色或彩色	黑色或金属色
光 泽	玻 璃	金 刚	半金属	金 属
透明度	透 明	半透明		不透明

2.2.5 硬度

矿物抵抗外来机械作用（刻划、压入、研磨）的能力，称为硬度。它与矿物的化学成分及晶体结构有关。在肉眼鉴定矿物时，通常采用刻划法确定其硬度，并以"摩氏硬度计"中所列举的10种矿物作为对比的标准，如表2-2所示。例如某矿物能被石英所刻动，但不能被长石所刻动，则矿物的硬度必介于6~7之间，可以确定为6.5。但必须指出，摩氏硬度只是相对等级，并不是硬度的绝对数值，所以不能认为：金刚石比滑石硬10倍。另外，有些矿物在晶体的不同方向上，硬度是不一样的。例如蓝晶石，沿晶体延长方向的硬度为4.5，而垂直该方向的硬度为6.5。大多数矿物的硬度比较固定，所以具有重要的鉴定意义。在野外，可利用指甲（2~2.5）、小刀（5~5.5）、石英（7）来粗略地测定矿物的硬度。

表 2-2 摩氏硬度计

硬 度	矿 物	硬 度	矿 物
1	滑 石	6	正长石
2	石 膏	7	石 英
3	方解石	8	黄 晶
4	萤 石	9	刚 玉
5	磷灰石	10	金刚石

2.2.6 解理

很多晶质矿物在受力（如打击）后，常沿着一定的方向裂开，这种特性称为解理（图2-11）。裂开的光滑面称为解理面。矿物之所以能产生解理，乃是由于内部质点规则排列的结果，它和晶体结构有关，解理面常平行于一定的晶面发生。

各种矿物解理方向的数目不一，有一个方向的解理，如白云母、黑云母；有两个方向的解理，如斜长石、正长石；有三个方向的解理，如方解石；有四个方向的解理，如萤石；有六个方向的解理，如闪锌矿。

根据解理面的完善程度，可将解理分为极完全解理、完全解理、中等解理和不完全解理。

（1）极完全解理。解理面非常平滑，矿物很容易

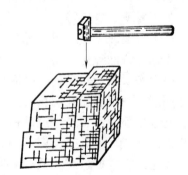

图 2-11 解理及解理面

裂成薄片，如云母。

（2）完全解理。解理面平滑，矿物易裂成薄板状或小块，如方解石。

（3）中等解理。解理面不甚平滑，延伸不远，常与断口共存，呈阶梯状，如角闪石。

（4）不完全解理。解理面不易发现，易出现断口，如磷灰石。

不同的晶质矿物，解理的数目、解理的完善程度和解理间的夹角都不一样，例如正长石和斜长石，都有两组完全解理，但正长石的两组解理夹角为90°，斜长石则为86°24′~86°50′，正长石和斜长石因此而得名。所以，解理是鉴定矿物的重要特性。

2.2.7 断口

矿物受力（如打击）后，沿任意方向发生不规则的断裂，其凹凸不平的断裂面称为断口。断口和解理是互为消长的，解理越完善，则断口越难出现。断口可分为贝壳状断口、参差状断口和锯齿状断口。

（1）贝壳状断口。矿物破裂后具有弯曲的同心凹面，与贝壳很相似，如石英。

（2）参差状断口。断裂面粗糙不平，参差不齐，绝大多数矿物具有此种断口，如黄铁矿。

（3）锯齿状断口。断裂面尖锐如锯齿，延展性很强的矿物常具此种断口，如自然铜。

2.2.8 密度和相对密度（比重）

矿物的密度是指矿物单位体积的质量，度量单位通常为 g/cm^3。矿物的相对密度与密度在数值上是相同的，但它更易于测定。矿物的相对密度是矿物在空气中的质量与4℃时同体积水的质量比。矿物的密度和相对密度是矿物的重要物理参数，它们反映了矿物的化学组分和晶体结构，对矿物的鉴定有很大的意义。依据相对密度的大小可把矿物分为轻级、中级、重级三级。

（1）轻级。矿物相对密度小于2.5，如石盐（2.1~2.2）、石膏（2.3）。

（2）中级。矿物相对密度为2.5~4，如石英（2.65）、金刚石（3.5）。

（3）重级。矿物相对密度大于4，如方铅矿（7.4~7.6）、自然金（15.6~19.3）。

2.2.9 其他性质

矿物的上述物理性质，几乎是所有矿物都具有的。除此之外，还有一些物理性质是某些矿物所特有的，例如：

（1）脆性。矿物容易被击碎或压碎的性质称为脆性。用小刀刻划这类矿物时，一般容易出现粉末。如方铅矿、黄铁矿等。

（2）延展性。矿物在锤压或拉引下，容易形变成薄片或细丝的性质，称为延展性。如自然铜、自然银等。

（3）弹性。矿物受外力时变形，而在外力释放后又能恢复原状的性质，称为弹性。如云母。

（4）挠性。矿物受外力时变形，而在外力释放后不能恢复原状的性质，称为挠性。如绿泥石。

（5）磁性。矿物的颗粒或粉末能为磁铁所吸引的性质，称为磁性。由于许多矿物均具有不同程度的磁性，所以磁性是鉴定矿物的特征之一。但由于大多数矿物磁性较弱，因此具有鉴定意义的只限于少数磁性较强的矿物，如磁铁矿、磁黄铁矿。

（6）导电性。矿物对电流的传导能力，称为导电性。有些金属矿物（如自然铜、辉铜矿等）和石墨是良导体，另一些矿物（如金红石、金刚石等）是半导体，还有一些矿物（如白云母、石棉等）是不良导体（即绝缘体）。

（7）荷电性。矿物在受外界能量作用（如摩擦、加热、加压）的情况下，往往会产生带电现象，称为荷电性。例如电气石在受热时，一端带正电荷，另一端带负电荷，称为热电性；压电石英（纯净透明、不含气泡和包体、不具双晶的水晶）在压缩或拉伸时，能产生交变电场，将机械能转化为电能，称为压电性。

（8）发光性。矿物在外来作用的激发下，如在加热、加压以及受紫外光、阴极射线和其他短波射线的照射时，产生发光的现象，称为发光性。如萤石在加热时或白钨矿在紫外线的照射下，均能产生荧光。所谓荧光就是当激发作用停止时，矿物的发光现象也就随之消失的发光现象。激发射线停止后，矿物继续发光的现象，称为磷光（如金刚石）。

（9）放射性。这是含放射性元素的矿物所特有的性质，特别是含铀、钍的矿物，如晶质铀矿（UO_2）、方钍石（ThO_2）均具有强烈的放射性。

2.3 矿物的化学性质

由于矿物是由地壳中各种化学元素结合而成的，所以它们都具有一定的化学性质。

2.3.1 矿物的化学成分

自然界的矿物除少数是单质外，绝大多数都是化合物。前者指的是由同一元素自相结合而成的矿物，如自然金（Au）、自然铜（Cu）、石墨（C）等；后者则是由两种或两种以上元素化合而成的矿物，如石英（SiO_2）、萤石（CaF_2）、赤铁矿（Fe_2O_3）等。

无论是单质或化合物，其化学成分都不是绝对固定不变的，通常都是在一定的范围内有所变化。引起矿物化学成分变化的原因，对晶质矿物而言，主要是元素的类质同象替代，对胶体矿物来说，则主要是胶体的吸附作用。通常某种矿物成分中含有的某些混入物，除因类质同象替代和吸附而存在的成分外，还包括一些以显微（及超显微）包裹体形式存在的机械混入物。

2.3.2 类质同象和同质多象

2.3.2.1 类质同象

晶体结构中的某些离子、原子或分子的位置，一部分被性质相近的其他离子、原子或分子所占据，但晶体结构形式、化学键类型及离子正负电荷的平衡保持不变或基本不变，仅晶胞参数和物理性质（如折射率、密度等）随置换数量的改变而作线性变化的现象。成类质同象的晶体称为"类质同象混晶"。类质同象有两种情况：

（1）两种组分能以任何比例相互混溶，从而形成连续的类质同象系列，称为完全类质同象。例如在菱镁矿 $Mg[CO_3]$ 和菱铁矿 $Fe[CO_3]$ 之间，由于镁和铁可以互相替代，因此能够形成各种 Mg、Fe 含量不同的类质同象混合物（混晶），从而构成一个镁与铁成各种比值的连续的类质同象系列。

$$\text{Mg}[\text{CO}_3] — (\text{Mg},\text{Fe})[\text{CO}_3] — (\text{Fe},\text{Mg})[\text{CO}_3] — \text{Fe}[\text{CO}_3]$$
　　菱镁矿　—　含铁的菱镁矿　—　含镁的菱铁矿　—　菱铁矿

在这个系列中，矿物的结构类型相同，只是晶格常数略有变化。

（2）两种组分不能以任意比例相互混溶，称为有限类质同象。例如闪锌矿 ZnS 中的锌，可部分地（不超过 26%）被铁所替代，在这种情况下，铁被称为类质同象混入物，富铁的闪锌矿被称为铁闪锌矿。铁替代锌可使闪锌矿的晶胞参数（a_0）增大。

类质同象混合物是一种固溶体。所谓固溶体是指在固态条件下，一种组分溶于另一种组分之中而形成的均匀的固体。它可以通过质点的替代而形成"替代固溶体"（即类质同象混晶）；也可以通过某种质点侵入他种质点的晶格空隙而形成"侵入固溶体"，如图 2-12 所示。矿物中经常出现的是替代固溶体，也就是类质同象。但侵入固溶体也是存在的，一部分是以机械混入物形式出现的杂质，即属于侵入固溶体。

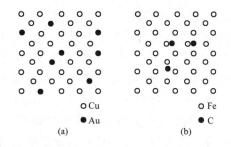

图 2-12　替代和侵入两种固溶体
（a）Cu-Au 的替代固溶体；（b）Fe-C 的侵入固溶体

不论是哪一种固溶体，其都是造成晶质矿物化学成分不固定的原因。

形成类质同象替代的原因，一方面取决于替代质点本身的性质，如原子离子半径大小、电价离子类型、化学键性等；另一方面取决于外部条件，如形成替代时的温度、压力、介质条件等。

2.3.2.2　同质多象

化学成分相同的物质，在不同的物理化学条件下，可以生成具有不同的晶体结构，从而具有不同形态和不同物理性质的矿物，这种现象称为同质多象。最典型的例子是金刚石和石墨，虽然它们都是由碳（C）所组成的，但两者的结晶结构和物理性质却截然不同，如图 2-13 和表 2-3 所示。

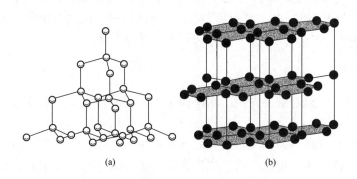

图 2-13　金刚石及石墨的结晶结构
（a）金刚石；（b）石墨

表 2-3 石墨和金刚石物理性质的比较

物理性质	石 墨	金刚石	物理性质	石 墨	金刚石
颜 色	灰色或铁黑色	无色（或带各种色调）	解 理	完 全	中 等
透明度	不透明	透 明	相对密度	2.09~2.23	3.50~3.53
光 泽	金 属	金 刚	导电性	强	弱
条 痕	亮黑色	无色	摩氏硬度	1	10

2.3.3 胶体矿物

胶体是一种物质的微粒（粒径 0.001~0.1μm）分散于另一种物质之中所形成的不均匀的细分散系。前者称为分散相（或分散质），后者称为分散媒（或分散介质）。无论是固体、液体或气体，都既可作分散相，也可作分散媒。在胶体分散体系中，当分散媒远多于分散相时，称为胶溶体，而当分散相远多于分散媒时，称为胶凝体。

地面上的水时常含有大于 0.001μm 的微粒，因此不是真溶液，而是胶体溶液（即水胶溶体），例如泥浆。固态的胶体矿物基本上只有水胶凝体和结晶胶溶体两类。就胶体矿物形成的过程来说，胶体颗粒通常是原岩（或原矿）的微细碎屑，而分散介质一般是水，两者一起便构成了胶体溶液（溶胶）。胶体颗粒间或胶体颗粒与带异电荷离子间发生相互作用时，胶体颗粒便相互中和而失去电荷，从而凝聚下沉而与介质分离，经逐渐固结后，就形成了固态的胶体矿物。如带负电荷的 SiO_2 胶体颗粒和带正电荷的 $Fe(OH)_3$ 胶体颗粒相遇时，就会凝聚成含二氧化硅的褐铁矿。由于这一原因，胶体矿物的化学组成常常不是很固定。例如胶体成因的硬锰矿（$mMnO_2 \cdot MnO \cdot nH_2O$），不仅其主要组成 MnO_2 和 MnO 的含量变化很大，而且还常混入少量的 K_2O、BaO、CaO、ZnO 等组分，这是由于带负电荷的 MnO_2 胶体颗粒能够从水溶液中吸附 K^+、Ba^{2+}、Ca^{2+}、Zn^{2+} 等阳离子所致。除此而外，分散介质的干枯、温度的变化、生物的活动等都可以促使胶体的凝聚。

胶体矿物中微粒的排列和分布是不规则和不均匀的，外形上不能自发地形成规则的几何多面体，一般多呈钟乳状、葡萄状、皮壳状等形态；在光学性质上具非晶体特点，故通常将胶体矿物看作非晶质矿物。但它的微粒本身可以是结晶的，由于粒径太细，因此是一种超显微的晶质（如黏土矿物）。但必须说明，随着时间的增长，温度和压力的变化，胶体会发生陈化，在陈化的过程中，质点趋向于规则的排列，也就是由非晶质逐渐转变为晶质，如蛋白石（$SiO_2 \cdot nH_2O$）转变为石髓和石英，即是其例。

2.3.4 矿物中的水

在很多矿物中，水起着重要作用。水是很多矿物的一种重要组成部分，矿物的许多性质与其含水有关。

根据矿物中水的存在形式以及它们在晶体结构中的作用，可以把水分为两类：一类是不参加晶格、与矿物晶体结构无关的，统称为吸附水；另一类是参加晶格或与矿物晶体结构密切相关的，包括结晶水、沸石水、层间水和结构水。

（1）吸附水。吸附水是渗入在矿物集合体中，被矿物颗粒或裂隙表面机械吸附的中性水分子。吸附水不属于矿物的化学成分，不写入化学式。含在水胶凝体中的胶体水，是吸附水的一种特殊类型，如蛋白石 $SiO_2 \cdot nH_2O$。

（2）结晶水。结晶水以中性分子存在于矿物中，在晶格中具有固定的位置，起着构造单位的作用，是矿物化学组成的一部分，如石膏 $Ca[SO_4] \cdot 2H_2O$、胆矾 $Cu[SO_4] \cdot 5H_2O$ 等。

（3）沸石水。沸石水是存在于沸石族矿物中的中性水分子。沸石的结构中有大的空洞及孔道，水占据在这些空洞和孔道中，位置不十分固定。水的含量随温度和湿度的变化而变化。

（4）层间水。层间水是存在于层状硅酸盐的结构层之间的中性水分子。如蒙脱石中，水分子联结成层，水的含量多少受交换阳离子的种类、温度、湿度的控制。加热至110℃时，层间水大量逸出；在潮湿环境中又可重新吸水。

（5）结构水。结构水又称化合水，是以 $(OH)^-$、H^+、$(H_3O)^+$ 离子形式参加矿物晶格的"水"，如高岭石 $Al_4[Si_4O_{10}](OH)_8$。结构水在晶格中占有固定的位置，在组成上具有确定的含量比，以 $(OH)^-$ 形式最为常见。

2.3.5 矿物的化学式

矿物的化学成分，以化学式表示，其表示方法有实验式和结构式两种。

（1）实验式。实验式只表示矿物组成元素的种类及其分子（原子）数量比，如闪锌矿是 ZnS，正长石是 $KAlSi_3O_8$。

（2）结构式。结构式（或称晶体化学式）不仅表示元素的种类和数量比，还反映各元素的结合情况和在晶体结构中的相互关系。其书写方法是：阳离子写在前面，阴离子接着写在阳离子的后面，络阴离子用方括号括出，以与阳离子相区别。如孔雀石是 $Cu_2[CO_3](OH)_2$，正长石是 $K[AlSi_3O_8]$。

对类质同象混合物，是将存在替代的原子或离子用圆括号括出，按含量多少依次排列，并以逗点分开，如黑钨矿是 $(Mn,Fe)[WO_4]$。

对含水化合物的水分子，一般是在化学式的最后面，写出所含水分子的数量，并用圆点分开，如石膏是 $CaSO_4 \cdot 2H_2O$；当含水量不定时，通常以 nH_2O 来表示，如蛋白石是 $SiO_2 \cdot nH_2O$。

2.4 矿物的形成与共生

以上各节简要介绍了矿物的主要性质和鉴定特征，其目的在于一般性地认识矿物。但我们研究矿物不能只满足于认识矿物，因为自然界中的矿物是作为地质作用的产物和岩石（或矿石）组成部分存在的，所以更重要的是在认识矿物的基础上，进一步了解矿物的形成和共生组合规律，这对于找矿勘探、矿床评价、矿床开采和矿石的加工、利用均具有重要的实际意义。

2.4.1 矿物的形成

由于地壳中的元素是组成矿物的物质基础，所以元素在地壳中的质量百分比（即克拉克值）对矿物的形成有密切的关系。从克拉克值来看，氧几乎占了地壳总质量的1/2，硅占了约 1/4，因此硅的氧化物和硅酸盐矿物在地壳中就居于非常突出的地位。然而，地壳中的元素在空间上并不是均匀分布的，这是因为各种地质作用促使元素处于不断地迁移过程中，其结果就造成了元素不断地分散与集中。这样一来，一些具有经济意义的元素（如铅、锌、钨、铀、银、金等），尽管它们的克拉克值较小或很小，却仍然可以相对富集而形成独立的矿物（如方铅矿、闪锌矿、黑钨矿、晶质铀矿等）。

虽然各种地质作用的结果都可以形成矿物，但形成的方式却各不相同。对于固态矿物来说，形成的方式主要有结晶作用和胶体凝聚作用。前者可再分为由液体（熔体或溶液）结晶、由气体升华结晶以及由固体再结晶三种方式，但大部分晶质矿物是由熔体或水溶液结晶而成的。例如原来分散在岩浆中的铁、铬、钛等，在岩浆上升过程中，其温度、压力和组分浓度变化到适合于铁、铬、钛化合物结晶析出的时候，便形成铁、铬、钛的矿物（如铬铁矿、钛铁矿、磁铁矿等）集中于岩体之中。又如，在干旱地区，河水夹带所溶解的盐类，不断流入封闭性的湖泊之中，随着湖水的不断蒸发，其含盐浓度也就越来越大，最后各种盐类因溶解度的不同，先后发生过饱和而结晶沉淀，从而形成各种盐类矿物沉积于湖底。这两个例子所表明的矿物形成过程是不同的，前一例是和内力地质作用有关，后一例则和外力地质作用有关，因此它们所形成的矿物也就各有其特点。

2.4.2　矿物的共生

自然界的矿物都不是孤立存在的，它们之中的某些矿物经常共同出现在同一种岩石或矿石之中。但共同出现在一起的，并不一定就是共生，只有那种由同一时期、同一成因所造成的矿物共存现象，才能称为共生，否则只能称为伴生。例如在铜矿床的氧化带中，常常可以见到黄铜矿、黄铁矿、褐铁矿、孔雀石、蓝铜矿在一起的矿石。但黄铜矿和黄铁矿是由于内力地质作用所形成的，而褐铁矿、孔雀石、蓝铜矿则是黄铜矿、黄铁矿的氧化产物，是由于外力地质作用所形成的。因此，在这种情况下，黄铜矿和黄铁矿可以视为共生，孔雀石和蓝铜矿也可以视为共生，而它们彼此间却只能视为伴生。

在各种不同的成矿过程中，矿物共生常具有一定的组合规律。例如在热液成矿过程中，黑钨矿常和石英、方铅矿常和闪锌矿相组合。了解这种组合规律，不但可以帮助我们识别矿物，而且对有用矿物的寻找和综合利用都具有重要的指导意义。例如在基性岩浆岩中发现有黄铜矿、黄铁矿、磁黄铁矿时，就有可能找到在工业上非常重要的镍黄铁矿。

2.5　矿物的分类及鉴定

2.5.1　矿物分类的原则及方法

为了更好地研究和利用矿物，有必要对种类繁多的矿物，按照它们之间的相互关系和共性，进行系统的归纳（即分类）。但由于对矿物共同规律研究的侧重点不一样，因而就出现了多种矿物分类法。概而言之，有：成因分类法，它是根据形成矿物的主要地质作用进行的分类；地球化学分类法，它是根据矿物组成中的主要化学元素进行的分类；形态分类法，它是根据矿物晶形进行的分类，等等。还有从利用的观点出发，将矿物分为造矿矿物和造岩矿物两类，前者是构成矿石的矿物，如磁铁矿、黄铜矿、方铅矿等；后者是构成岩石的矿物，如长石、石英、角闪石、辉石等。显然以上各种分类法都带有一定的片面性，因而是不够合理的，当然也不否认，在一定的条件下还有其实际意义。

自从应用 X 射线研究矿物内部结晶结构并积累了大量实际资料后，出现了目前广泛采用的晶体化学分类法。这种分类法综合考虑了矿物的化学成分和晶体结构的特点，并根据由同极键到异极键和由简到繁的原则，将整个无机矿物分为五大类：

  第一大类 自然元素矿物
  第二大类 硫化物及其类似化合物矿物
   第一类 简单硫化物及其类似化合物
   第二类 复杂硫化物
   第三类 硫盐
  第三大类 卤化物矿物
   第一类 氟化物
   第二类 氯化物、溴化物和碘化物
  第四大类 氧化物和氢氧化物矿物
   第一类 简单氧化物
   第二类 复杂氧化物
   第三类 氢氧化物
  第五大类 含氧盐矿物
   第一类 硅酸盐
   第二类 硼酸盐
   第三类 磷酸盐、砷酸盐和钒酸盐
   第四类 钼酸盐、钨酸盐
   第五类 铬酸盐
   第六类 硫酸盐
   第七类 碳酸盐
   第八类 硝酸盐

2.5.2 矿物的鉴定方法

正确地识别和鉴定矿物，对地质、采矿、选矿、冶金工作来说，都是必不可少和非常重要的。鉴定矿物的方法很多，而且随着现代科学技术的发展，还在不断地完善和创新之中。总的来说是借助于各种仪器，采用物理学和化学的方法，通过对矿物化学成分、晶体形态和晶体结构及物理性质的测定，以达到鉴定矿物的目的。表 2-4 列出了各种分析测试方法的主要研究内容，以供初学者参考使用。

表 2-4 各种分析测试方法的主要研究内容

研究内容\测试方法	化学成分	晶体结构	晶体形貌	物理性质	物相鉴定
化学分析	○				
发射光谱分析	○				

续表2-4

测试方法　　研究内容	化学成分	晶体结构	晶体形貌	物理性质	物相鉴定
原子吸收光谱分析	○				
X射线荧光光谱分析	○				
极谱分析	○				
电子探针分析	○				
电子显微镜(透射,扫描)	○	○	○		○
X射线分析		○			○
红外吸收光谱		○			○
穆斯堡尔谱		○			
隧道显微镜		○	○		
测角法			○		○
相称显微镜			○		
偏光显微镜				○	○
反光显微镜				○	
发光分析				○	
热电系数分析				○	
热分析				○	○

上述矿物鉴定方法中，有相当一部分需要高度精密的仪器和良好的实验室条件，所以在野外和一般矿山常因条件较差无法采用，而多数是采用肉眼鉴定法（即外表特征鉴定法）。此法简便易行，主要是凭肉眼和一些简单的工具（小刀、钢针、放大镜、磁铁、条痕板等）来分辨矿物的外表特征（有时也配合一些简易的化学分析方法），从而对矿物进行粗略的鉴定。

在肉眼鉴定过程中必须注意以下几点：

（1）前面所述矿物的各项物理特征，在同一个矿物上不一定全部显示出来，所以在肉眼鉴定时，必须善于抓住矿物的主要特征，尤其是要注意那些具有鉴定意义的特征。如磁铁矿的强磁性，赤铁矿的樱红色条痕、方解石的菱面体解理等。

（2）在野外鉴定时，还应充分考虑矿物产出状态，因为各种矿物的生成和存在都不是孤立的，在一定的地质条件下，它们均有着一定的共生规律。如闪锌矿和方铅矿常常共生在一起。

（3）在鉴定过程中，必须综合考虑矿物物理性质之间的相互关系。如金属矿一般情况是颜色较深、密度较大、光泽较强；而非金属矿物则相反。

对一个初学者来说，肉眼鉴定矿物时，应在对各种矿物标本认真观察、仔细分析、相互比较、反复练习，从而建立在对矿物外表特征感性认识的基础上，按如下步骤来进行：首先观察矿物的光泽是金属光泽还是非金属光泽，借以确定是金属矿物还是非金属矿物

（当然这也不是绝对的，如闪锌矿就出现非金属光泽）；其次确定矿物的硬度，是大于小刀硬度还是小于小刀硬度；再次是观察它的颜色；最后观察矿物的形态和其他物理性质，这样可以逐步缩小范围，确定矿物的名称。

肉眼鉴定矿物的方法虽然比较粗略，但对一个有经验者来说，利用此法可正确地鉴别很多常见的矿物，同时它也是其他所有鉴定方法必不可少的先行环节和重要基础。

2.5.3 常见矿物肉眼鉴定特征

前面扼要介绍了矿物的形态、物理性质、化学性质、分类与鉴定等有关矿物方面的基本知识，为了有助于在此基础上更好地鉴别和掌握矿物，特按上述分类顺序，并结合金属矿床开采专业的需要，对冶金工业中广泛利用的矿物和一些常见矿物的主要鉴定特征，汇总于表2-5及表2-6中，以供鉴定矿物时参考（表2-5中有符号"*"者，为重点学习的矿物）。

表 2-5 常见矿物肉眼鉴定特征

矿物名称	矿物名称及化学成分	主要鉴定特征	成因与产状	用　途
自然元素	自然铜 Cu	多呈不规则的树枝状集合体。颜色和条痕均为铜红色。金属光泽。锯齿状断口。相对密度8.5~8.9。硬度2.5~3。具延展性。导电性能良好	多产于含铜硫化物矿床氧化带下部，与赤铜矿、孔雀石共生。是各种地质过程中还原条件下的产物	为铜矿石的有用矿物之一
	*自然金 Au	通常为分散颗粒状或不规则树枝状集合体。颜色和条痕为金黄色。相对密度15.6~18.3。纯金相对密度为19.3。具延展性。不易氧化。热和电的良导体	主要形成于热液矿床，也常出现于砂矿中。常与石英、黄铁矿、毒砂、黄铜矿等伴生	为金矿石的重要有用矿物，主要用于装饰、货币和工业技术
	*石墨 C	多为鳞片状或块状集合体。颜色铁黑至钢灰色，条痕亮黑色。相对密度2.09~2.23。硬度1。具滑感，易污手。导电性良好。与辉钼矿的区别是：辉钼矿用针扎后，留有小圆孔，石墨用针一扎即破；在涂釉瓷板上辉钼矿的条痕色黑中带绿，而石墨的条痕不带绿色	主要为煤层或含沥青质的沉积岩或碳质沉积岩受区域变质而成	制铅笔、电极、石墨坩埚、润滑剂；原子能工业上用作减速剂
	金刚石 C	多呈八面体或菱形十二面体晶形。无色透明或带蓝、黄、褐、黑等色。标准的金刚光泽。相对密度3.47~3.56。硬度10。性脆。具强色散性。紫外线照射后，发淡青蓝色磷光	在高温高压下形成，常产于金伯利岩中，与橄榄石等共生。因硬度高，也常存在于砂矿床中	现代工业技术上，用作研磨材料和切削工具材料。透明者可作高档装饰品

续表 2-5

矿物名称	矿物名称及化学成分	主要鉴定特征	成因与产状	用　途
硫化物	*辉铜矿 Cu_2S	一般为致密细粒状块体或烟灰状。颜色铅灰，条痕暗灰色。相对密度 5.5~5.8，硬度 2~3。略具延展性。具有导电性。溶于硝酸，溶液呈绿色。矿物小块加 HNO_3 后烧时，颜色呈鲜绿色，加 HCl 烧时，颜色呈天蓝色（即铜的颜色反应）	主要形成于含铜硫化物矿床的次生富集带，亦可形成于内生过程中。常与斑铜矿、黄铁矿、赤铜矿等伴生	为组成铜矿石的重要有用矿物
	*方铅矿 PbS	晶体呈立方体、八面体，通常为粒状或块状集合体。颜色铅灰，条痕灰黑色。强金属光泽。完全的立方体解理。相对密度 7.4~7.6，硬度 2~3。性脆	主要产于气液或火山成因矿床中。与闪锌矿、黄铁矿、黄铜矿等共生	为组成铅矿石的重要有用矿物
	*闪锌矿 ZnS	通常为粒状或致密块状的集合体。颜色由浅褐、棕褐至黑色。条痕为白-褐色，树脂-金刚光泽。相对密度 3.9~4.1。硬度 3~4	主要产于气液或火山成因矿床中。与方铅矿、黄铁矿、黄铜矿等共生	为组成锌矿石的重要有用矿物
	*辰砂 HgS	晶体呈细小的厚板状或菱面体形，多为粒状、致密块状、被膜状集合体。颜色鲜红，条痕红色。相对密度 8.09，硬度 2~2.5	形成于低温热液矿床。常与辉锑矿、黄铁矿等共生	为组成汞矿石的重要有用矿物
	*磁黄铁矿 $Fe_{1-x}S$ ($x=0$~0.223)	通常为致密块状集合体。暗铜黄色。表面常具暗褐锈色，条痕灰黑色。金属光泽。相对密度 4.58~4.70，硬度 4。具强磁性	形成于各种类型的内生矿床中。与镍黄铁矿、黄铁矿、黄铜矿等共生	可制造硫酸
	*镍黄铁矿 $(Fe,Ni)_9S_8$	通常呈不规则的颗粒状或包裹体。古铜黄色，条痕绿黑色。金属光泽。相对密度为 4.5~5，硬度 3~4。性脆。不具磁性。导电性强	形成于铜镍硫化物的岩浆矿床中。与磁黄铁矿、黄铜矿、磁铁矿等密切共生	为组成镍矿石的重要有用矿物
	*辉锑矿 Sb_2S_3	晶体呈柱状、针状，晶面上有纵纹。集合体为致密粒状、放射状。颜色和条痕均为铅灰色。金属光泽。相对密度 4.6，硬度 2~2.5。具轴面解理，解理面上有横纹。性脆。加 40% KOH 溶液产生黄色沉淀	形成于低温热液矿床中，常与辰砂、雄黄、雌黄等共生	为组成锑矿石的重要有用矿物
	辉铋矿 Bi_2S_3	晶体为长柱状、针状，晶面上大多具有纵纹，集合体为致密粒状、放射状。微带铅灰的锡白色，条痕铅灰色。金属光泽。相对密度 6.4~6.8，硬度为 2~2.5	主要形成于高、中温热液矿床及接触交代矿床中。常与黑钨矿、锡石、毒砂等共生	为组成铋矿石的重要有用矿物
	*辉钼矿 MoS_2	晶体呈六方板状，底面上有条纹，通常为鳞片状集合体。颜色铅灰，条痕微带灰黑色，在涂釉瓷板上条痕呈黑中带绿。金属光泽。相对密度 4.7~5，硬度 1。一组解理极为完全。薄片具挠性，可以搓成团，且有滑感	形成于矽卡岩或高、中温热液矿床中。常与黑（白）钨矿、辉铋矿、石英等共生	为组成钼矿石的重要有用矿物

续表2-5

矿物名称	矿物名称及化学成分	主要鉴定特征	成因与产状	用途
硫化物	*铜蓝 CuS （$Cu_2S \cdot CuS_2$）	通常以粉末状或被膜状的集合体出现。颜色为靛青蓝色，条痕灰黑色。金属光泽。硬度1.5~2，相对密度4.59~4.67。一组解理完全。性脆	形成于含铜硫化物矿床次生富集带。常和黄铜矿、辉铜矿等伴生	为组成铜矿石的有用矿物
	雌黄 As_2S_3	晶体呈短柱状，集合体多呈片状、梳状、放射状、肾状、球状等。颜色为柠檬黄，条痕鲜黄色。相对密度3.4~3.5，硬度1~2。油脂-金刚光泽。一组解理极为完全。薄片具有挠性	主要形成于低温热液矿床中。常与雄黄、辉锑矿等共生	为组成砷矿石的重要有用矿物
	雄黄 AsS （或 As_4S_4）	晶体呈柱状，柱面有纵纹，但晶体少见，常呈致密粒状或块状集合体。橘红色，条痕淡橘红色。晶面金刚光泽，断口树脂光泽。相对密度3.4~3.6，硬度为1.5~2。二组完全解理。烧之，有强烈蒜臭，并发出蓝色火苗	主要形成于低温热液矿床中，与雌黄、辉锑矿等共生。也有见于火山喷发物及温泉中	为组成砷矿石的有用矿物；还可用于颜料及玻璃工业
	*黄铁矿 FeS_2	晶体呈立方体或五角十二面体，相邻晶面常有互相垂直的晶面条纹，集合体呈致密块状、浸染状、结核状等。浅铜黄色，条痕绿黑色。相对密度4.9~5.2，硬度6~6.5。金属光泽，性脆。无解理，参差状或贝壳状断口	分布极广，可形成于各种成因的矿床中，具开采价值者，多为热液型。能与氧化物、硫化物、自然元素等各种矿物共生	主要用于制造硫酸或提制硫黄
	*毒砂 FeAsS	晶体呈短柱状或柱状，晶面具纵纹，集合体为粒状或致密块状。锡白色，条痕灰黑。金属光泽。相对密度5.9~6.2，硬度5.5~6。性脆，锤击发蒜臭味	主要形成于热液型和接触交代型矿床中。在钨、锡矿脉中，常与黑钨矿、锡石等伴生	为提炼砷或各种砷化合物的重要原料
	*黄铜矿 $CuFeS_2$	晶体少见，通常为致密块状及粒状块体。铜黄色，条痕绿黑色，解理不完全。相对密度4.1~4.3，硬度3~4。金属光泽，性脆。能导电	可形成于各种条件下，主要为气液及火山成因矿床，常与各种硫化物矿物共生	为组成铜矿石的重要有用矿物
	*斑铜矿 Cu_5FeS_4	晶体少见，通常为致密块状或粒状。新鲜面古铜红色。表面常被覆蓝、紫斑状锖色，条痕灰黑色。金属光泽。相对密度4.9~5.3，硬度3，有时出现{111}的解理，但程度很差。性脆。具导电性	主要形成于热液矿床中，与黄铜矿、方铅矿共生。也见于次生硫化物富集带中	为组成铜矿石的重要有用矿物
卤化物	*萤石 CaF_2	晶体为立方体、八面体，集合体常呈粒状或块状。无色透明者少见，常呈绿、黄、浅蓝、紫等各种颜色。加热时可失去颜色。玻璃光泽。相对密度为3.18，硬度4。性脆，八面体的四组完全解理。紫外线照射下发荧光	大部分形成于热液矿床，与石英、方解石等共生。也有沉积形成的	可作冶金工业熔剂；也用于化学工业，尖端技术；无色透明者可作光学仪器

续表 2-5

矿物名称	矿物名称及化学成分	主要鉴定特征	成因与产状	用　途
卤化物	石盐 NaCl	晶体呈立方体，通常呈粒状，致密块状集合体。无色透明或白色。玻璃光泽。相对密度 2.1~2.2，硬度 2。性脆，具完全解理。易溶于水，有咸味	形成于化学沉积矿床中，与钾盐、光卤石等共生	用于食料、防腐剂、化工原料、提取金属钠等
氧化物	*刚玉 $\alpha\text{-}Al_2O_3$	晶体呈桶状或短柱状，柱面或双锥面上有条纹，集合体呈致密粒状或块状。钢灰或黄灰色。玻璃光泽。相对密度 3.95~4.1，硬度 9。性脆，无解理	可形成于接触交代、区域变质、岩浆等成因类型的矿床或岩石中	可作研磨材料、精密仪器轴承、宝石等用
氧化物	*赤铁矿 Fe_2O_3	晶体呈片状或板状，通常呈致密块状、鱼子状、肾状等集合体。常呈钢灰或红色，条痕樱红色。相对密度 5~5.3，硬度为 5.5~6。金属-半金属光泽。性脆，无解理，火烧后具有弱磁性。结晶呈片状并具金属光泽的赤铁矿，称为镜铁矿；红色粉末状的赤铁矿，称为铁赭石	形成于各种不同成因类型的矿床和岩石中，在氧化条件下形成。分布十分广泛	为组成铁矿石的重要有用矿物
氧化物	金红石 TiO_2	晶体呈柱状或针状，集合体呈致密块状。颜色由白色至褐红或黑色，条痕浅黄-浅褐色。金刚光泽。相对密度 4.2~4.3，硬度 6~6.5。性脆，具完全柱状解理	可形成于各种地质作用中。因其化学稳定性好，故常发现于砂矿床中	为组成钛矿石的重要有用矿物
氧化物	*锡石 SnO_2	晶体呈四方双锥状或双锥柱状，有时呈针状，具膝状双晶，集合体呈粒状、结核状或钟乳状。棕黑至黑色，条痕白至浅褐色。相对密度 6.8~7.0，硬度 6~7。晶面金刚光泽，断口油脂光泽。解理不完全，常为贝壳状断口	主要形成于伟晶岩、高温热液、接触交代或砂矿床中	为组成锡矿石的重要有用矿物
氧化物	*软锰矿 MnO_2	晶体少见，通常呈块状、粒状、粉末状、烟灰状等集合体。颜色、条痕均为黑色。表面常带浅蓝金属锈色。相对密度 5，硬度 2~6（硬度低时易污手）。半金属光泽，性脆	形成于氧化条件下。主要生成于外生矿床中，常与硬锰矿、水锰矿等共生	为组成锰矿石的重要有用矿物
氧化物	*石英 SiO_2	晶体常为六方柱、六方双锥等所成之聚形，集合体多呈粒状、块状或晶簇状。常为白色，含杂质时可呈紫、玫瑰、黄、烟黑等各种颜色。相对密度 2.65，硬度 7。晶面玻璃光泽，断口油脂光泽。无解理，贝壳状断口。隐晶质的石英称石髓；呈结核状者称燧石；具不同颜色的同心层或平行带状者称玛瑙	形成于各种成因的岩或矿床中。分布极广泛，但大的晶体常形成于伟晶岩或热液充填矿床的晶洞中	一般石英可作玻璃、陶瓷、磨料等；优质晶体可作光学仪器、压电石英；色美者可作宝石
氧化物	沥青铀矿 $kUO_2 \cdot lUO_3 \cdot mPbO$	晶体未见，集合体呈胶状、肾状、致密块状。黑色，不透明。相对密度 6.5~8.5，硬度 3~5。树脂-半金属光泽，强放射性。UO_2、UO_3、PbO 的比例不固定（化学式的 k、l、m 为比例数）	形成于伟晶期或热液期的金属矿脉中，也可产于碳酸盐中，常与萤石、方铅矿等伴生	为组成铀矿石的重要有用矿物

续表 2-5

矿物名称	矿物名称及化学成分	主要鉴定特征	成因与产状	用途
氧化物	*钛铁矿 $FeTiO_3$	晶体呈厚板状或菱面体状,集合体多呈不规则的粒状,也有致密块状。钢灰或铁黑色,条痕黑或褐色。相对密度4.72,硬度5~6。半金属光泽,无解理,不透明,微具磁性	主要形成于岩浆结晶作用晚期。在碱性伟晶岩中与长石、黑云母等共生;在基性岩中与磁铁矿共生	为组成钛矿石的重要有用矿物
	*磁铁矿 Fe_3O_4 $(Fe^{2+}Fe_2^{3+}O_4)$	晶体多呈八面体,少数呈菱形十二面体,晶面上有平行于菱形晶面长对角线的条纹,集合体多呈致密粒状块体,颜色和条痕均为铁黑色。相对密度4.9~5.2,硬度5.5~6。半金属至金属光泽,无解理,但常发育八面体裂开。不透明,强磁性	主要形成于内生和变质矿床中,常与赤铁矿、钛铁矿、铬铁矿等伴生	为组成铁矿石的重要有用矿物
	*铬铁矿 $FeCr_2O_4$	晶体呈细小的八面体,通常呈粒状、豆状、致密块状等集合体。黑色,条痕褐色。相对密度4~4.8,硬度5.5~7.5。半金属光泽,具弱磁性	是岩浆成因的矿物,常存在于超基性岩中,与橄榄石密切共生	为组成铬矿石的唯一有用矿物
	铌钽铁矿 $(FeMn)Nb_2O_6$~ $(Fe,Mn)Ta_2O_6$	晶体呈板状或短柱状。黑色或褐黑色,条痕暗红至黑色。相对密度5.15~8.20,随着Ta_2O_5含量的增高而加大,硬度6。半金属光泽,性脆	形成于伟晶期末,常见于花岗伟晶岩中,与钠长石、绿柱石、电气石等共生	为组成铌、钽矿石的重要有用矿物
氢氧化物	*铝土矿	为细分散矿物的集合体,实质上是一种岩石名称,包括一水硬铝矿$HAlO_2$、一水软铝矿$AlO[OH]$、三水铝矿$Al[OH]_3$三种矿物,并含其他杂质矿物,如黏土矿物、赤铁矿等。一般铝土矿多呈豆状、土状或块状集合体。颜色变化大,有灰白、灰褐到黑灰。相对密度2.43~3.5,硬度2.5~7。玻璃光泽或土状光泽	主要形成于风化和沉积矿床中,少数形成于低温热液矿床中	为重要的铝矿石;还是人工磨料、耐火材料、高铝水泥的原料
	*硬锰矿 $mMnO \cdot MnO_2 \cdot nH_2O$	晶体少见,通常呈钟乳状、肾状、葡萄状,具同心层状构造,有时亦呈致密块状或树枝状。实质上是多种含水氧化锰的细分散多种矿物集合体总称。颜色和条痕均为黑色。相对密度4.4~4.7,硬度4~6。半金属光泽,性脆。呈土状、烟灰状者称为锰土	形成于风化或沉积矿床中,常与软锰矿相伴生	为组成锰矿石的重要有用矿物
	蛋白石 $SiO_2 \cdot nH_2O$	非晶质,通常呈致密块状,外观呈钟乳状。多呈白色,含杂质时,可呈黄、褐、红、绿、黑等各种颜色。玻璃或蜡状光泽。相对密度1.9~2.5,硬度5~5.5。贝壳状断口	主要由风化或沉积作用所形成,也常为火山区温泉的沉积物	可作琢磨材料、建筑材料、陶瓷原料、装饰品等
	*褐铁矿 $Fe_2O_3 \cdot nH_2O$	实际上是由针铁矿、水针铁矿、水赤铁矿、含水氧化硅和泥质所组成的混合体。通常呈钟乳状、土状、块状等集合体。黄褐至棕黑色,条痕褐色,相对密度3.9~4.0,硬度1~4。半金属或土状光泽	由含铁矿物风化而成,常与针铁矿、水针铁矿等伴生	富集时为组成铁矿石的有用矿物;此外可作颜料

续表 2-5

矿物名称	矿物名称及化学成分	主要鉴定特征	成因与产状	用途
硅酸盐	*橄榄石 $(Mg,Fe)_2[SiO_4]$	晶体不常见，通常呈粒状集合体。颜色为橄榄绿、黄绿至黑绿。相对密度 3.3～3.5，硬度 6.5～7.5。玻璃光泽，半透明。贝壳状断口，性脆	为岩浆成因矿物，主要产于超基性、基性岩中，常与铬铁矿、辉石等共生	作镁质耐火材料；透明者可作宝石；铸造用砂
	*石榴子石 $A_3B_2[SiO_4]_3$（化学式中 A 代表二价阳离子：Mg^{2+}、Fe^{2+}、Mn^{2+}、Ca^{2+}；B 代表三价阳离子：Al^{3+}、Fe^{3+}、Cr^{3+}）	晶体呈菱形十二面体和四角三八面体，集合体为散粒状或致密块状。有肉红、褐、绿、紫等颜色。玻璃或油脂光泽。相对密度 3.5～4.2，硬度 6.5～7.5。不完全或无解理，参差状断口	主要由接触交代和变质作用所形成。常与透辉石、绿帘石、蓝晶石、硅线石等矿物共生。结晶片岩中也可见到	作研磨材料；透明色美者可作宝石
	蓝晶石 $Al_2[SiO_4]O$	晶体呈扁平柱状，集合体呈放射状。蓝色、黄色或绿色。相对密度 3.56～3.68，硬度异向性明显，平行晶体伸长方向 4.5，垂直方向 6～7。解理 {100} 完全，{010} 中等，晶面玻璃光泽，解理面珍珠光泽。性脆	为区域变质作用的产物，常见于各种结晶片岩中	用于制作耐火和耐酸材料的原料；也可从中提取铝
	红柱石 $Al_2[SiO_4]O$	晶形呈柱状，横断面近于四方形，集合体常呈粒状及放射状（形似菊花者又称菊花石）。常为灰、黄、褐、玫瑰、红等色。玻璃光泽。相对密度 3.1～3.2，硬度 7～7.5，解理 {110} 中等，{100} 不完全	主要由接触变质形成，常见于泥质岩石和侵入体接触带。少数见于区域变质岩中	用于制作耐火和耐酸材料的原料；也可从中提取铝
	*黄晶 $Al_2[SiO_4](F,OH)_2$	晶体呈柱状，晶面有纵纹，通常为致密粒状集合体。有浅黄、浅蓝、浅绿、浅红等颜色。相对密度 3.52～3.57，硬度 8。玻璃光泽。一组解理完全，贝壳状断口	典型的高温气成矿物。常见于花岗伟晶岩脉、云英岩及钨锡石英脉内	作研磨材料、仪器轴承；透明色美者作宝石
	绿帘石 $Ca_2(Al,Fe)_3[Si_2O_7][SiO_4]O(OH)$	晶体呈柱状或板状，晶面有明显条纹，集合体多为密集粒状或放射状。颜色黄绿至黑绿。玻璃光泽。相对密度 3.35～3.38，硬度 6.5	主要为热液蚀变产物，广泛存在于矽卡岩和经受热液作用的岩浆岩和沉积岩中	暂无实用价值
	电气石 $Na(Fe,Mg)_3Al_6[Si_6O_{18}][BO_3]_3(OH)_4$	晶体呈柱状，晶面上有明显的纵纹，其横断面为球面三角形，集合体多为放射状、棒状、束针状。常呈暗蓝、暗褐及黑色，也有绿、浅黄、浅红、玫瑰等色。晶体两端或晶体中心与边缘部分表现出不同的颜色（即多色现象）。相对密度 2.9～3.25，硬度 7～7.5。玻璃光泽。加热、摩擦、加压时生电	主要由气成作用形成，常见于伟晶岩脉及云英岩中，与石英、长石、云母、绿柱石等矿物共生	大的晶体可作无线电器材；薄片作偏光器；色美者可作宝石
	*绿柱石 $Be_3Al_2[Si_6O_{18}]$	晶体呈六方柱状，柱面有纵纹。集合体呈晶簇状。常呈浅蓝绿色或黄色，有时呈玫瑰色或无色透明。相对密度 2.63～2.91，硬度 7.5～8。晶面玻璃光泽，垂直柱面解理不完全，贝壳状或参差状断口，性脆	主要为气成作用的产物，常见于花岗伟晶岩中	为组成铍矿石的重要有用矿物。色美者可作宝石，其中以祖母绿最佳

续表2-5

矿物名称	矿物名称及化学成分	主要鉴定特征	成因与产状	用途
硅酸盐	*透辉石 $CaMg[Si_2O_6]$	晶体呈短柱状，完整者少见，其横断面呈假正方形或八边形，集合体呈粒状或放射状。浅灰或浅绿色。相对密度 3.27~3.38，硬度 5.5~6。玻璃光泽，二组解理夹角为87°	主要形成于接触交代过程中，为矽卡岩的主要矿物成分，常与石榴石、硅灰石等矿物共生。此外还广泛分布于基性岩和超基性岩中	节能陶瓷原料，钢铁工业中可用作保护渣和保温帽原料
	*普通辉石 $Ca(Mg,Fe,Al)[(Si,Al)_2O_6]$	晶体常呈短柱状，横断面近似等边的八边形，集合体呈致密粒状。颜色为黑绿或褐黑色，条痕浅绿，相对密度 3.2~3.6，硬度 5~6。玻璃光泽，二组解理完全，夹角为87°	为岩浆成因的矿物，常见于基性岩中，与橄榄石、基性斜长石等矿物共生	暂无实用价值
	透闪石 $Ca_2Mg_5[Si_4O_{11}]_2(OH)_2$	晶体呈长柱状或针状，集合体为放射状或纤维状。颜色浅灰。相对密度 2.9~3.0，硬度 5~6。玻璃光泽，性脆，两组解理夹角为56°	形成于岩浆期后和变质作用，常见于矽卡岩或结晶片岩中	节能陶瓷原料
	阳起石 $Ca_2(Mg,Fe)_5[Si_4O_{11}]_2(OH)_2$	形态同透闪石。其隐晶质致密块体称为软玉，颜色较透闪石深，呈深浅不同的绿色。相对密度为 3.1~3.3，硬度 5.5~6。玻璃或丝绢光泽	形成于岩浆期后和变质作用，常见于矽卡岩或结晶片岩中	一般无实用价值。软玉可作装饰用
	*普通角闪石 $Ca_2Na(Mg,Fe)_4(Al,Fe)[(Si,Al)_4O_{11}]_2(OH)_2$	晶体呈柱状。深绿至黑色，条痕微带浅绿的白色。相对密度 3.1~3.3，硬度 5.5~6。玻璃光泽，其横断面假六方形，两组解理中等，夹角为56°	为岩浆成因或变质成因矿物，常见于基性、中性岩浆岩和变质岩中	用作水泥优质充填材料
	硅灰石 $Ca_3[Si_3O_9]$ 或 $CaSiO_3$	晶体呈板状或柱状，集合体呈片状或放射状。白色，微带浅灰或浅红。相对密度 2.78~2.91，硬度 4.5~5。玻璃光泽，两组解理夹角74°。易溶于酸	为接触变质成因的矿物，常与石榴石、透辉石等矿物共生	节能陶瓷原料；塑料、橡胶制品的填充、增强改性剂；连铸保护渣基料；新型建材等
	硅线石 $Al[AlSiO_5]$	晶体呈针状或棒状，柱面有条纹，集合体呈放射或纤维状。有灰、浅绿、浅褐等色。相对密度 3.23~3.25，硬度 7。玻璃光泽，一组完全解理	为变质成因矿物，常见于火成岩与富铝质岩石的接触变质带和结晶片岩中	用作耐火材料
	*滑石 $Mg_3[Si_4O_{10}](OH)_2$	晶体呈板状，但少见，通常呈片状或致密块状集合体。白色，微带浅黄、浅褐或浅绿等色，有时染色很深。相对密度 2.7~2.8，硬度 1。玻璃光泽或油脂光泽，解理面显珍珠光泽，一组解理极完全。薄片有挠性，且具滑感和绝缘性	为富镁质的岩石受热液蚀变的产物，常与菱镁矿、赤铁矿等共生	为造纸、陶瓷、橡胶、香料、药品、耐火材料的重要原料
	*蛇纹石 $Mg_6[Si_4O_{10}](OH)_8$	通常呈致密块状，少数呈片状或纤维状等集合体。颜色多为深浅不同的绿色（如黑绿、暗绿、黄绿）。油脂光泽或蜡状光泽。相对密度 2.5~2.7，硬度 2~3.5	是热液对橄榄石、辉石、白云石等交代的产物	可炼制钙镁磷肥；制耐火材料；作细工石材

续表2-5

矿物名称	矿物名称及化学成分	主要鉴定特征	成因与产状	用途
硅酸盐	石棉 （分别与蛇纹石、透闪石、阳起石的成分相同）	为纤维状的集合体。包括：蛇纹石石棉，又称为温石棉，即纤维状蛇纹石的集合体；角闪石石棉，即透闪石石棉（纤维状透闪石集合体）；阳起石石棉，纤维状阳起石集合体。石棉是三者的总称，其颜色有灰白、浅黄、浅绿等色。相对密度3.2～3.3，硬度2～4。丝绢光泽。具有耐热、绝缘、劈分等性能。蛇纹石石棉以其能溶于HCl区别于角闪石石棉	富含镁质的岩石或矿物经热液蚀变或接触交代而成	用作隔热、保温、绝缘、防火、过滤等方面材料的原料
	*高岭石 $Al_4[Si_4O_{10}](OH)_8$	常呈疏松鳞片状，结晶颗粒细小。多呈致密粒状、土状、疏松块状等集合体。主要为白色或灰白色，也有浅黄、浅绿、浅褐等色。相对密度2.58～2.60，硬度1～2.5。土状光泽。解理一组极完全，鳞片具挠性，干燥时具吸水性，用水潮湿后具可塑性。粘舌。有粗糙感	主要由富含铝硅酸盐矿物的火成岩及变质岩风化而成。有时也为低温热液对围岩蚀变的产物	用于陶瓷、造纸、橡胶工业等
	*黑云母 $K(Mg,Fe)_3[AlSi_3O_{10}](OH,F)_2$	晶体呈板状或短柱状，集合体呈片状。黑或深褐色。相对密度3.02～3.12，硬度2～3。玻璃光泽，解理面上显珍珠晕彩。半透明，一组极完全解理，薄片具弹性	主要为岩浆和变质成因的矿物，是主要造岩矿物之一。大的晶体常见于花岗伟晶岩脉中	细片常用作建筑材料充填物，如云母沥青毡
	*白云母 $KAl_2[AlSi_3O_{10}](OH)_2$	晶体呈板状或片状，集合体多呈致密片状块体。薄片一般无色透明，并具弹性。相对密度2.76～3.10，硬度2～3。解理面显珍珠光泽，一组极完全解理。绝缘性良好。具有丝绢光泽的隐晶质块体称为绢云母	内生和变质作用均可形成。常见于花岗岩、伟晶岩、云英岩和变质岩中，与黑云母共生	电气工业上用作绝缘材料。超细粉可作橡胶、塑料、油漆、化妆品、各种涂料的填料。云母粉还可以制成云母陶瓷、云母纸等
	*绿泥石 叶绿泥石为： $(Mg,Fe)_5Al[AlSi_3O_{10}](OH)_8$ 鲕绿泥石为： $Fe_4Al[AlSi_3O_{10}](OH)_6 \cdot nH_2O$	绿泥石为一族矿物的总称，其中包括叶绿泥石、斜绿泥石、鲕绿泥石、鳞绿泥石等矿物。这些矿物极相似，肉眼难分辨。其共同特点有：通常呈片状、板状或鳞片状集合体。颜色浅绿至深绿。相对密度2.60～3.40，硬度2～3。玻璃光泽或珍珠光泽，一组极完全解理。薄片具有挠性，但无弹性，以此可与绿色云母相区别。还具滑感	主要由中、低温热液作用和浅变质作用所形成。产于变质岩及中、低温热液蚀变的围岩中。但鲕绿泥石常产于沉积铁矿床中	鲕绿泥石大量聚积时，可作为铁矿石
	海绿石 $K_{<1}(Fe^{3+},Fe^{2+},Al,Mg)_{2\sim3}[Si_3(Si,Al)O_{10}](OH)_2 \cdot nH_2O$	晶体呈细小的六方外形，但极少见。通常为粒状或小球状浸染体。暗绿或黑绿色。相对密度2.2～2.8，硬度2～3。一般无光泽	仅形成于浅海沉积岩和近代海底沉积物中	可作肥田粉或绿色染料

续表2-5

矿物名称	矿物名称及化学成分	主要鉴定特征	成因与产状	用途
硅酸盐	叶蜡石 $Al_2[Si_4O_{10}](OH)_2$	完好晶形少见。常呈叶片状，鳞片状或隐晶质致密块体。白色、浅绿、浅黄或淡灰色，半透明，玻璃光泽，致密块者呈油脂光泽，解理面珍珠光泽。一组完全解理。硬度1~1.5，相对密度2.65~2.90。与滑石相似，区别在于用硝酸钴法，滑石灼烧后与硝酸钴作用变为玫瑰色，而叶蜡石则成蓝色	富铝岩石受热液作用的产物。主要由中酸性喷出岩、凝灰岩或酸性结晶片岩，经热液作用变质而成	作为填料或载体，用于造纸、橡胶、油漆、日用化工和农药等部门。在雕刻工艺和印章制作中，叶蜡石已有很悠久的历史
	蛭石 $(Mg,Fe)_3[AlSi_3O_{10}]$ $(OH)_2 \cdot nH_2O$	常呈片状。褐、黄褐、金黄、青铜黄色，有时带绿色。光泽较黑云母弱，油脂或珍珠光泽。一组完全解理，解理片不具弹性。硬度1~1.5，相对密度2.4~2.7。灼热时体积膨胀并弯曲如水蛭，显浅金黄或银白色，金属光泽，膨胀后体积增大15~40倍	主要由黑云母或金云母经热液蚀变或风化而成。也可由基性岩受变质作用而形成	作为轻质、保温、隔热、隔音、防水等材料，广泛地应用于建筑行业及多种工业部门
	蒙脱石 $(Al,Mg)_2[Si_4O_{10}]$ $(OH)_2 \cdot nH_2O$	又名微晶高岭石，常呈土状隐晶质块体，电镜下为细小鳞片状。白色，有时为浅灰、粉红、浅绿色。硬度2~2.5，相对密度2~2.7。有滑感，加水膨胀，体积能增加几倍，并变成糊状物。具有很强的吸附力及阳离子交换能力	主要由基性岩在碱性环境中风化而成。也有的是海底沉积的火山灰分解后的产物。蒙脱石为膨润土的主要成分	蒙脱石黏土用途广泛。用于铁矿球团和铸造型砂的黏结剂和钻井泥浆的分散剂以及吸附剂、脱色剂和添加剂等
	坡缕石 $(Mg,Al)_5(H_2O)_4$ $[(Si,Al)_4O_{10}]$ $(OH)_2 \cdot 4H_2O$	又名凹凸棒石，通常为纤维状或土状集合体。白、灰、浅绿或浅褐色。硬度2~3，相对密度2.05~2.32。淋滤-热液成因者常呈纤维状，纤维柔软，具强吸附性。土状者土质细腻，具滑感。具良好的吸附性，吸水性强，遇水不膨胀，湿时具黏性和可塑性，干燥后收缩性小。具阳离子交换性能	形成于沉积作用或为热液、蚀变的产物	当前最好的特殊泥浆料，用于地热、石油及海洋钻探。广泛用于食品、酿造、医药、环保、国防、畜牧等方面。还作为填料、黏结剂用于橡胶、塑料、纸张及冶金球团等
	海泡石 $Mg_8(H_2O)_4[Si_6O_{15}]$ $(OH)_4 \cdot 8H_2O$	常为纤维状、土状集合体，白、浅灰、褐红等色。硬度2~3，相对密度2~2.5。性软，有滑腻感，具吸附性、抗盐性、阳离子交换性等	通常作为表生矿物见于蛇纹岩风化壳。沉积作用形成的见于碳酸盐岩石中	当前最好的特殊泥浆料，用于地热、石油及海洋钻探。广泛用于食品、酿造、医药、环保、国防、畜牧等方面。还作为填料、黏结剂等用于橡胶、塑料、纸张及冶金球团等
	*斜长石 $(100-n)Na[AlSi_3O_8] \cdot$ $nCa[Al_2Si_2O_8]$	晶体呈板状或板柱状，双晶常见，通常为粒状、片状或致密块状集合体。常为白或灰白色。相对密度2.61~2.76，硬度6~6.5。玻璃光泽，两组解理完全，其解理夹角为86°24'~86°50'	内生、变质作用均可形成。广泛产于岩浆岩和变质岩中。为主要造岩矿物之一	用于陶瓷工业；色彩美丽者可作装饰品

续表 2-5

矿物名称	矿物名称及化学成分	主要鉴定特征	成因与产状	用途
硅酸盐	*正长石 $K[AlSi_3O_8]$	晶体呈短柱状或厚板状，双晶常见。集合体为粒状或致密块状。多为肉红或黄褐色。相对密度 2.57，硬度 6~6.5。玻璃光泽，两组解理完全，其夹角为 90°。当两组解理夹角为 89°30′时，称为钾微斜长石	主要形成于岩浆期和伟晶岩期，多存在于酸性及部分中性岩浆岩中	用作陶瓷、玻璃和钾肥的原料
硅酸盐	霞石 $Na[AlSiO_4]$	晶体少见，通常呈粒状或致密块状集合体。一般无色，有时为灰白色或灰色微带浅黄、浅褐、浅红等色调。相对密度 2.6，硬度 5~6。晶面显玻璃光泽，断口呈油脂光泽。解理不完全，性脆	是标准的岩浆矿物。分布于贫 SiO_2 的碱性火成岩中，与碱性长石和碱性辉石等矿物共生	用作玻璃和陶瓷的原料；也可从中提炼铝
硅酸盐	白榴石 $K[AlSi_2O_6]$	常呈粒状集合体。单晶体呈完善的四角三八面体。白色、灰色或炉灰色。透明，玻璃光泽，断口油脂光泽，条痕无色或白色。无解理。硬度 5.5~6，相对密度 2.40~2.50	通常呈斑晶产于富钾贫硅的喷出岩及浅成岩中。一般不与石英共生	可作为提取钾和铝的原料
硅酸盐	沸石 $A_mX_pO_{2p}\cdot nH_2O$（A=Na,Ca,K 及少量的 Ba,Sr,Mg 等；X=Si,Al；四面体位置的 Al:Si≤1）	沸石为一族矿物的总称。其中包括毛沸石、丝光沸石、斜发沸石、片沸石、方沸石、菱沸石等矿物。本族矿物的晶体形态多数呈纤维状或束状、柱状，部分为板状、菱面体、八面体、立方体等近三向等长的粒状。硬度 3.5~5.5，相对密度 2.1~2.5。具较低的折射率，易被酸分解。肉眼鉴定沸石族矿物比较困难，需借助 X 射线、光学显微镜、差热分析及红外光谱等方法确定	形成于晚期低温热液阶段，常见于基性火山岩的裂隙或杏仁体中。也多见于由火山碎屑形成的沉积岩中，在土壤中也有发现	由于具有优良的吸附、离子交换、催化、耐酸、耐热和相对密度小等性能，因此在建筑材料业、农业、轻工业、环保及国防等方面有广泛的用途
硼酸盐	硼砂 $Na_2[B_4O_7]\cdot 10H_2O$	晶体呈短柱状，集合体呈土状块体。通常为无色或白色，有时微带淡灰、淡蓝及淡绿等色。硬度为 2~2.5，相对密度 1.71。玻璃或土状光泽。易溶于水，在空气中易脱水，并在表面形成白色块状皮膜。置火焰上烧之膨胀，易熔成透明的玻璃状物体，并使火焰染成黄色	形成于化学沉积矿床。主要产于干旱地区的盐湖中，与石盐、石膏、芒硝等矿物共生	为组成硼矿石的重要有用矿物
磷酸盐	*磷灰石 $Ca_5[PO_4]_3(F,Cl,OH)$	晶体呈六方柱状，集合体为粒状、致密块状、土状和结核状等。有灰白、黄绿、翠绿等色。相对密度 3.18~3.21，硬度 5，解理不完全至中等。玻璃或油脂光泽。性脆。于暗处以锤击之或用火烧其粉末均发绿光。将钼酸铵粉末置于磷灰石上，加硝酸时，生成黄色磷钼酸铵沉淀	成因不一，主要为外生沉积形成；内生成因次之；变质成因也有	为组成磷矿石的重要有用矿物。是制造磷肥的主要原料

续表 2-5

矿物名称	矿物名称及化学成分	主要鉴定特征	成因与产状	用途
钨酸盐	*白钨矿（钨酸钙矿）$Ca[WO_4]$	晶体呈八面体形，通常呈不规则的颗粒，较少为致密块体。多为灰白色，有时带浅黄、褐色。相对密度5.8～6.2，硬度4.5，解理中等。油脂或金刚光泽。紫外光照射下可发浅蓝色荧光	主要形成于矽卡岩矿床中，常与石榴石、透辉石、符山石、硅灰石等矿物共生	为组成钨矿石的重要有用矿物
	*黑钨矿（钨锰铁矿）$(Mn,Fe)[WO_4]$	晶体呈厚板状或短柱状，晶面上有纵纹，集合体多为刃片状或粒状。褐黑色，条痕褐色。相对密度6.7～7.5，硬度4.5～5.5。半金属光泽。一组完全解理。性脆	主要形成于高温热液的石英脉内，常与锡石、毒砂、辉钼矿等共生	为组成钨矿石的重要有用矿物
硫酸盐	硬石膏 $CaSO_4$	晶体呈板状或厚板状，集合体呈致密粒状或纤维状。多为白色，有时带浅蓝、浅灰或浅红等色调。相对密度2.8～3，硬度3～3.5。玻璃光泽。三组解理完全，且相互直交	主要形成于化学沉积矿床中，偶尔也有内生成因的，常与石盐、石膏等共生	可作农肥、水泥、玻璃、建筑等原料
	石膏 $CaSO_4 \cdot 2H_2O$	晶体呈板状或柱状，集合体通常呈纤维状、叶片状、粒状、致密块状等。多为白色，也有灰、黄、红、褐等浅色。相对密度2.3，硬度1.5。玻璃光泽，性脆。发育三组解理，{010}极完全，{100}和{011}中等，解理块裂成夹角为66°的菱形块。微溶于水，当温度为37～38℃时溶解度最大	成因不一，但主要为化学沉积作用的产物，常在干旱盐湖中与石盐、硬石膏等矿物共生	可作水泥、建筑、陶瓷、农肥等原料，还可用于造纸、医疗等方面
	重晶石 $BaSO_4$	晶体呈板状，集合体多为粒状或致密块状。一般无色，因含杂质而染成灰白、淡红、淡褐等色。相对密度4.3～4.5，硬度3～3.5。玻璃或珍珠光泽。三组解理，{001}完全，{210}中等，{010}不完全。性脆。用火烧时有噼啪响声	为热液或沉积成因，常与萤石、方解石、闪锌矿、方铅矿等共生	用于钻井、化工、橡胶和造纸工业
碳酸盐	*方解石 $CaCO_3$	晶形多样，常见的有菱面体，集合体多呈粒状、钟乳状、致密块状、晶簇状等。多为白色，有时因含杂质而染成各种色彩。相对密度2.6～2.8，硬度3。玻璃光泽，透明或半透明。无色透明，晶形较大者称为冰洲石。完全的菱面体解理。遇HCl起泡	各种地质作用均可形成，可产于各种岩石中，是石灰岩的主要组成矿物	可作石灰、水泥原料、冶金熔剂等。冰洲石具有极强的双折射率和偏光性能，被广泛应用于光学领域
	菱镁矿 $MgCO_3$	晶体少见，通常为致密粒状集合体。多为白色，有时微带浅黄或浅灰。相对密度2.9～3.1，硬度4～4.5。玻璃光泽。完全菱面体解理。加冷HCl不起泡	由热液或风化作用所形成，常与白云石、滑石、方解石等共生	用于耐火材料及提取金属镁
	菱锌矿 $ZnCO_3$	晶体不常见，通常呈土状、钟乳状、皮壳状等。常为白色，有时微带浅绿、浅褐或浅红。相对密度4.1～4.5，硬度5。玻璃光泽，性脆	主要分布于石灰岩中铅锌硫化物矿床的氧化带，是闪锌矿氧化分解所形成	为组成锌矿石的有用矿物

续表 2-5

矿物名称	矿物名称及化学成分	主要鉴定特征	成因与产状	用　途
碳酸盐	*菱铁矿 $FeCO_3$	晶体呈菱面体形，集合体呈粒状、鲕状、结核状、钟乳状等。颜色为浅褐、灰色或深褐。相对密度 3.9，硬度 3.5~4.5。玻璃光泽，性脆。加热 HCl 起泡，加冷 HCl 时缓慢作用，形成黄绿色的 $FeCl_3$ 薄膜。碎块烧后变红，并显磁性	形成于还原条件下。沉积型的常产于黏土、页岩及煤层内；也有热液成因的	为组成铁矿石的有用矿物
	菱锰矿 $MnCO_3$	晶体不常见，通常呈粒状、肾状、结核状等集合体。常为玫瑰色，氧化后为褐黑色。相对密度 3.6~3.7，硬度 3.5~4.5。玻璃光泽。菱面体解理完全，性脆	有内生热液成因和外生沉积成因两种。常见于海相沉积锰矿床中	为组成锰矿石的重要有用矿物
	*白云石 $CaMg[CO_3]_2$	晶体常呈弯曲马鞍状的菱面体。集合体呈粒状、多孔状或肾状。主要为灰白色，有时微带浅黄、浅褐、浅绿等色。相对密度 2.8~2.9，硬度 3.5~4。玻璃光泽。三组解理完全，解理面常弯曲	主要为外生沉积成因，与石膏、硬石膏共生；也有热液成因的，多与硫化物、方解石等共生	用作耐火材料、冶金熔剂的原料
	白铅矿 $PbCO_3$	晶体呈板状或假六方双锥状，集合体呈致密块状、钟乳状和土状。多为白色，有时微带浅色。相对密度 6.4~6.6，硬度 3~3.5。金刚光泽，贝壳状断口，性脆。加 HCl 起泡	为铅锌硫化物矿床氧化带的次生铅矿物。往往与铅矾、方铅矿等矿物伴生	为组成铅矿石的有用矿物
	*孔雀石 $Cu_2[CO_3](OH)_2$	晶体呈柱状，极少见，通常呈肾状、葡萄状、放射纤维状集合体。绿色，条痕淡绿色。相对密度 3.9~4.1，硬度 3.5~4，解理完全。玻璃至金刚光泽，纤维状者具丝绢光泽。遇 HCl 起泡，以此与相似的硅孔雀石（$CuSiO_3 \cdot 2H_2O$）相区别	仅产于含铜硫化物矿床的氧化带，常与蓝铜矿、赤铜矿、辉铜矿等矿物共生	为组成铜矿石的有用矿物；还可作颜料；致密色美者，可用来雕刻工艺品
	*蓝铜矿 $Cu_3[CO_3]_2(OH)_2$	晶体呈短柱状或厚板状，通常为细小晶簇、致密粒状、放射状等集合体。颜色深蓝或浅蓝，条痕浅蓝色。相对密度 3.7~3.9，硬度 3.5~4。玻璃至土状光泽，性脆。一组解理完全。遇 HCl 起泡	仅产于含铜硫化物矿床的氧化带，常与蓝铜矿、赤铜矿、辉铜矿等矿物共生	为组成铜矿石的有用矿物；还可作颜料；致密色美者，可用来雕刻工艺品

表 2-6　部分常见相似金属矿物肉眼鉴定特征（仅供参考）

矿物颜色	矿物名称	鉴定特征与步骤
黄　色	黄铜矿 黄铁矿 磁黄铁矿 镍黄铁矿 斑铜矿	根据颜色深浅，可将黄色矿物再分为两组： （1）浅黄铜色：黄铜矿、黄铁矿。 （2）暗铜黄（红）色：磁黄铁矿、镍黄铁矿、斑铜矿。 黄铜矿与黄铁矿的主要区别是：黄铜矿可被小刀刻动，且颜色比黄铁矿要深一些；而黄铁矿不能被小刀所刻动。 斑铜矿、磁黄铁矿、镍黄铁矿的区别是：磁黄铁矿有较强的磁性；斑铜矿表面有锈色，且具有铜的焰色反应（见辉铜矿的鉴定特征）；而镍黄铁矿既无磁性，又无铜的焰色反应，但有较强的导电性

续表 2-6

矿物颜色	矿物名称	鉴定特征与步骤
铅灰色	方铅矿 辉锑矿 辉铋矿 辉钼矿 镜铁矿	根据矿物的晶形，可将铅灰色矿物分为三组： （1）立方体：方铅矿； （2）柱状：辉锑矿、辉铋矿； （3）片状：辉钼矿、镜铁矿。 辉锑矿与辉铋矿的区别是：辉锑矿的解理面上有横纹，其矿物粉末加上 KOH 后，先生成黄色，再变为褐色；而辉铋矿无此特点。 辉钼矿与镜铁矿的区别是：辉钼矿的条痕是灰黑色；而镜铁矿的条痕为樱红色
棕褐色	闪锌矿 锡　石 褐铁矿	根据矿物的光泽，可将棕褐色矿物再分为两组： （1）油脂或金刚光泽：闪锌矿、锡石； （2）半金属或土状光泽：褐铁矿。 闪锌矿与锡石的区别是：闪锌矿可被小刀刻动；锡石不能被小刀刻动
黑　色	磁铁矿 铬铁矿 钛铁矿 黑钨矿 铌钽铁矿 硬锰矿 软锰矿 辉铜矿	根据矿物的形态，可将黑色矿物分为三组： （1）粒状：磁铁矿、铬铁矿； （2）板状：钛铁矿、黑钨矿、铌钽铁矿； （3）土状或钟乳状：硬锰矿、软锰矿、辉铜矿。 磁铁矿和铬铁矿的区别是：磁铁矿具强磁性，且矿物粉末溶解于浓盐酸，生成 $FeCl_3$，溶液呈草黄色；而铬铁矿仅具弱磁性，且不溶于浓盐酸。 钛铁矿、黑钨矿、铌钽铁矿的区别是：钛铁矿不具解理，且粉末溶于磷酸中，冷却稀释后加入 Na_2O，可使溶液呈黄褐色；黑钨矿和铌钽铁矿都具有一组完全的解理，但黑钨矿可被小刀刻动；而铌钽铁矿不能被小刀刻动。 硬锰矿、软锰矿、辉铜矿的区别是：有铜的焰色反应者为辉铜矿；加 H_2O_2 起泡，硬度大于指甲者为硬锰矿；而软锰矿虽加 H_2O_2 也起泡，但多数情况下，其硬度小于指甲，且易污手。 说明：所谓强磁性矿物，即磁铁能直接吸引起矿物小块；而弱磁性矿物，磁铁只能吸引起矿物粉末

思考题与习题

2-1 晶体的定义是什么，晶体与非晶体的本质区别是什么，晶体与非晶体之间是否可以转化？

2-2 什么是矿物，矿物与岩石、矿石的区别是什么？

2-3 矿物中水的存在形式及作用有哪些，不同形式的水在晶体化学式中如何表示？

2-4 引起矿物化学成分变化的主要原因有哪些？

2-5 何谓矿物的结晶习性？

2-6 矿物的集合体形态有哪些，其中分泌体和结核有何不同，鲕状集合体与粒状集合体有何不同？

2-7 常见的造岩矿物有哪些？

2-8 矿物的物理性质有哪些，如何进行矿物的宏观肉眼鉴定？

2-9 矿物的颜色、条痕、透明度和光泽之间的相互关系如何？

2-10 矿物的解理分为哪几种类型，它们之间有何差别？

2-11 标准矿物硬度计中有哪些代表性矿物？

2-12 矿物如何进行分类，目前较合理的矿物分类方法是什么，具体可将矿物分为几大类？

2-13 类质同象和同质多象有什么区别？试举例说明。

2-14 试总结五大类矿物中不同类别的典型代表性矿物及其物理性质和主要鉴定特征？

2-15 金刚石、石墨在物理性质和用途上有哪些差异？试从二者的结构、化学键、成因等方面解释其物性差异。

2-16 简述单硫化物、复硫化物和硫盐的划分依据。它们在成分和物理性质、用途上有何异同？

2-17 辉石族矿物和闪石族矿物在成分、结构、物理性质上有什么不同？

2-18 如何区分以下几组相似矿物：

(1) 自然金、黄铁矿、黄铜矿、雌黄铁矿、毒砂；

(2) 自然硫、雄黄、雌黄、辰砂、电气石、磷灰石、萤石、绿柱石；

(3) 方铅矿、闪锌矿、辉锑矿、辉铋矿、辉钼矿；

(4) 石英、方解石、白云石、重晶石、石膏、斜长石；

(5) 硬锰矿、软锰矿、黑钨矿、白钨矿、赤铁矿、磁铁矿。

2-19 对比分析氧化物大类与硫化物大类在成分、结构、物理性质、成因、应用等方面主要有哪些差异？试总结硅酸盐矿物和碳酸盐矿物在成分、结构、物理性质等方面的异同。

2-20 矿物的物相鉴定、形态分析、化学成分分析、晶体结构分析的主要测试方法有哪些？

3 岩 石

岩石是矿物或类似矿物的物质（如有机质、玻璃、非晶质等）组成的具有一定结构构造的集合体，是各种地质作用的产物，也是构成地壳的物质基础。

岩石学是研究岩石的种类、性质、成分、形成过程、演变历史以及与矿产关系的科学。地壳中绝大部分矿产都产于岩石中，它们之间存在着密切的成因联系。如煤产在沉积岩里，大部分金属矿则产在岩浆岩中，或其形成与岩浆岩有直接或间接联系。研究岩石就是为了发现岩石与矿产的关系，从中找出规律，以便更多更好地找寻和开发矿产资源。另一方面，大多数岩石本身就是重要矿产，如花岗岩、大理岩可用作天然的建筑和装饰石料。此外，冶金用的耐火材料和熔剂，农业用的无机肥料以及部分能源，都来自天然岩石。

岩石对于采矿工作者尤为重要。工业场地布设于岩石之上，开拓系统布置在岩石之中，开采对象——矿体不仅赋存在岩石内，而且有着成因联系，要采矿石必须先采出大量岩石（如露天矿的剥离）。因此，采矿工程技术人员必须具备岩石学的知识。

需要指出，在研究人造（工艺）岩石时，也要广泛应用岩石学的知识。在研究提高各种硅酸盐制品——耐火材料、铸石、陶瓷、水泥、玻璃等和其他人造岩石的质量，以及研究其内部组成和结构与物理化学性能时，也要大量应用岩石学的研究方法。在此基础上，产生了一门与岩石学有密切关系的新学科——工艺岩石学。

工艺岩石的研究，不仅能解决生产工艺中提出来的一系列实际问题（耐火材料、陶瓷、炉渣、磨料等），而且对了解天然岩石形成过程的理论问题有着十分重要的意义。

不难了解，地质作用的性质及进行的环境，决定着矿物彼此组合的关系，亦即矿物在岩石中的分布情况。换句话说，其决定着岩石的外貌，并以此作为鉴别三大类岩石的主要根据之一。这些关系表现在岩石的结构和构造两个方面：

（1）岩石的结构。岩石中矿物的结晶程度、颗粒大小和形状以及彼此间的组合方式称为结构。其主要决定于地质作用进行的环境。在同一大类岩石中，由于它们生成的环境不同，就产生了种种不同的结构。关于这一点将在每一大类岩石的叙述中讨论。

（2）岩石的构造。岩石中矿物集合体之间或矿物集合体与岩石的其他组成部分之间的排列方式以及充填方式称为构造。其反映着地质作用的性质。由岩浆作用生成的岩浆岩大多具有块状构造；由变质作用生成的变质岩，多数情况下它们的组成矿物一般都依一定方向作平行排列，具片理状构造；由外力地质作用生成的沉积岩，是逐层沉积的，多具层状构造。

研究岩石的结构构造，不仅对划分岩类、正确识别岩石有着实际意义，而且在采掘工艺中，对于研究岩体稳定、井巷支护、爆破措施及选择采掘机械起着重要作用。

组成地壳的岩石，按其成因可分为三大类：岩浆岩、沉积岩和变质岩。

（1）岩浆岩。岩浆岩是内力地质作用的产物，系地壳深处的岩浆沿地壳裂隙上升，冷凝而成。埋于地下深处或接近地表的称为侵入岩；喷出地表的称为喷出岩。其特征是：一般均较坚硬；绝大多数矿物均成结晶粒状紧密结合，常具块状、流纹状及气孔状构造；原生节理发育。

（2）沉积岩。沉积岩是先成岩石（包括沉积岩）经外力地质作用而形成。其特征是：常具碎屑状、鲕状等特殊结构及层状构造，并富含生物化石和结核。

（3）变质岩。变质岩是岩浆岩或沉积岩经变质作用而形成的与原岩迥然不同的岩石。其特征是：多具明显的片理状构造。

3.1 岩 浆 岩

岩浆岩又称火成岩，占地壳总质量的95%。在三大类岩石中，岩浆岩占有比较重要的地位。

3.1.1 岩浆岩的一般特征

岩浆岩的特征可以从物质成分、结构构造和产状几个方面研究。

3.1.1.1 岩浆岩的物质成分

岩浆岩的物质成分包括化学成分和矿物成分。研究物质成分不仅有助于了解各类岩浆岩的内在联系、成因及次生变化，而且可以作为岩浆岩分类的主要根据。

因此，对物质成分及其变化规律的研究，是岩浆岩岩石学的主要任务之一。

A 岩浆岩的化学成分

地壳中存在的元素在岩浆岩中几乎都有，但各种元素的含量却不相同。O、Si、Al、Fe、Mg、Ca、Na、K、Ti元素在岩浆岩中普遍存在，其含量占岩浆岩组分的99.25%，其次为P、H、Mn、Ba等。

岩浆岩的化学成分常用氧化物表示，其中SiO_2的平均含量为59.14%，其次为Al_2O_3，占15.34%。在岩浆岩中，各种主要氧化物之间有很密切的关系，以SiO_2含量为横坐标，作出与SiO_2相应的其他六种氧化物的变化曲线（图3-1）。从图中可以看出岩浆岩中各种氧化物随SiO_2含量的增减而作有规律的变化，根据SiO_2的含量，可以把岩浆岩分成四类：超基性岩（$w(SiO_2)<45\%$）、基性岩（$w(SiO_2)$为45%~52%）、中性岩（$w(SiO_2)$为52%~65%）、酸性岩（$w(SiO_2)>65\%$）。

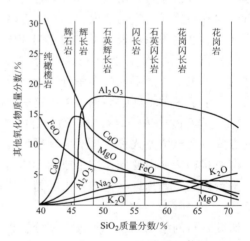

图3-1 岩浆岩中主要氧化物之间的关系

如图3-1所示，随着SiO_2的增加，FeO及MgO逐渐减少，故基性岩石中FeO及MgO比酸性岩多；CaO在超基性岩中很少，基性岩中大量出现，以后随SiO_2的增加又逐渐减少；Al_2O_3在基性岩中大量出现，随着SiO_2

增加略有变少的趋势；K_2O 和 Na_2O 在超基性岩中几乎没有，而在酸性岩中却有显著增加。了解上述变化规律，不仅有助于探讨岩浆岩的成因，而且对于了解岩浆岩中的矿物成分也有很大好处。

B 岩浆岩的矿物成分

组成岩浆岩的大多数矿物，根据其化学成分特征，常常分为硅铝矿物和铁镁矿物两大类：

（1）硅铝矿物中 SiO_2 和 Al_2O_3 的含量较高，不含铁、镁，包括石英与长石类矿物。它们的颜色通常较浅，所以又称为浅色矿物。

（2）铁镁矿物中含 FeO、MgO 较多，SiO_2 和 Al_2O_3 较少，包括橄榄石类、辉石类、角闪石类及黑云母类。矿物颜色较深，所以又称为深色或暗色矿物。

不同类型的岩石，有着比较固定的矿物组合（如下面图解所示）。随着岩浆温度的下降，两个矿物系列，分别按顺序结晶。在同一时刻，两个系列所结晶析出的矿物，就共同组合成一定类型的岩浆岩。例如，辉长岩主要由基性斜长石和辉石组成。但必须指出，这些矿物结晶的顺序，并非后一种矿物必须待前一种矿物结晶完毕后才开始结晶。事实上，由于岩浆温度是逐渐降低的，因此相邻矿物在一定的温度范围内其结晶初始是互有先后的。故同一类岩石中可以或多或少含有与其近似的岩类矿物。

矿物在岩浆中的结晶顺序

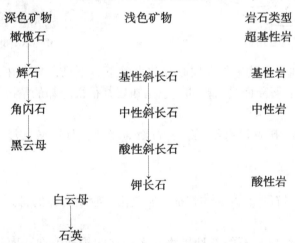

自然界中，绝大多数岩浆岩都是由浅色矿物和暗色矿物混合组成的，但在不同类型的岩石中，其含量比是不相同的，因此岩石的颜色有深浅之分。一般从酸性岩到超基性岩，暗色矿物的含量逐渐增多，岩石的颜色也由浅而深。所以，岩浆岩中所含暗色矿物与浅色矿物的比例，对岩浆岩分类及鉴别各类岩石有着一定的意义。

3.1.1.2 岩浆岩的结构构造

岩浆岩的结构构造是岩浆岩生成时，所处外界环境在岩石里的反映，也是岩浆岩分类和命名的重要依据之一。

A 岩浆岩的结构

岩浆岩的结构主要是指组成岩浆岩的矿物颗粒大小和结晶程度等。最常见的结构有：

（1）等粒结构。岩石中的矿物全部为显晶质、粒状，且主要矿物颗粒大小近于相等的结构（图3-2）。这种结构是在温度和压力较高，岩浆温度缓慢下降的条件下形成的。主要是深层侵入岩所具有的结构。依矿物结晶颗粒粗细分为粗粒（晶粒直径大于5mm）、中粒（5~2mm）和细粒（2~0.2mm）三种。

（2）斑状结构。岩石中较大晶体散布在较细物质之间的结构（图3-3）。大的晶体称斑晶，细小的部分称基质。这种结构主要是由于矿物结晶的时间先后不同造成的。在地下深处，温度、压力较高，部分物质先结晶，生成一些较大的晶体——斑晶。随着岩浆继续上升到浅处或喷出地表，尚未结晶的物质，由于温度下降较快，迅速冷却形成结晶细小或不结晶的基质。故斑状结构为浅成岩或喷出岩所具有。

图 3-2　等粒结构

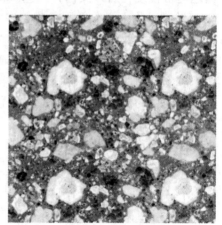

图 3-3　斑状结构

（3）隐晶质结构。矿物颗粒在肉眼和放大镜下看不见，只有在显微镜下才能鉴别这种结构。从外表看，岩石断面是粗糙的。它是在岩浆很快冷却的情况下形成的，常为喷出岩所具有。

（4）玻璃质结构。矿物没有结晶，岩石断面光滑，具玻璃光泽，为喷出岩所特有的结构。

B　岩浆岩的构造

岩浆岩的构造指岩石外表的整体特征，它是由矿物集合体的排列方式和充填方式决定的。常见的构造有：

（1）块状构造。组成岩石的各种矿物，无一定的排列方向，而是均匀分布于岩石之中，是侵入岩特别是深成岩所具有的构造（图3-4）。

（2）带状构造。岩石由不同成分的物质条带相间组成（图3-5）。主要发育在超基性岩和伟晶岩体中。

（3）气孔状和杏仁状构造。岩石中分布着大小不同的圆形或椭圆形空洞，称为气孔状构造。岩浆冷却较快时，所含气体占有一定空间位置，气体逸出，便造成空洞（即气孔）。当气孔被后来的硅质、钙质等充填，便形成杏仁状构造（图3-6）。该构造为喷出岩所特有。

（4）流纹构造。黏度大的岩浆在流动过程中，形成不同颜色的条纹或拉长的气孔，长条状矿物沿一定方向排列，所表现出来的熔岩流的流动构造（图3-7）。

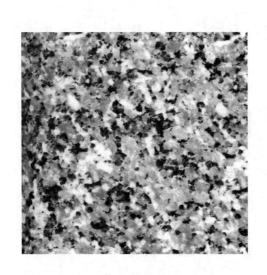

图 3-4 块状构造

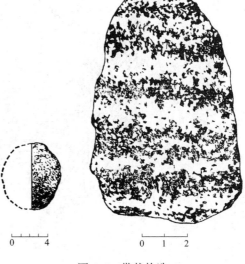

图 3-5 带状构造

图 3-6 气孔状和杏仁状构造

图 3-7 流纹构造

上述结构和构造特征,反映了岩浆岩的生成环境和生成条件,不仅是岩浆岩分类和命名的重要依据,而且是影响开采技术条件的因素之一。

3.1.1.3 岩浆岩的产状

岩浆岩产状指岩体形态、大小、深度以及与围岩的关系。由于生成条件和所处环境不同,岩浆岩的产状是多种多样的(图3-8)。

A 深成岩产状

深成岩规模甚大,面积由几平方千米至几百、几千平方千米。其形态有岩基和岩株两种。

(1) 岩基是体积巨大,形状不规则,下大上小的穹隆状岩体,一般向下延伸很深。岩基通常切割围岩,但有时局部也与围岩平行。岩基一般为粗大的等粒全晶质花岗岩构成。

(2) 岩株为岩基边缘的分枝,在深部与岩基相连,在上部则向外伸出。岩株切穿

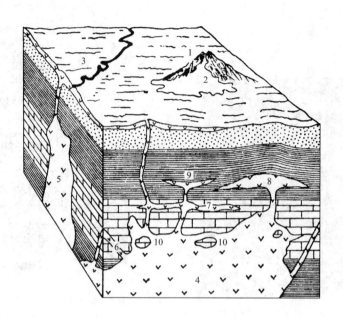

图 3-8 岩浆岩的产状
1—火山锥；2—熔岩流；3—熔岩被；4—岩基；5—岩株；6—岩墙；
7—岩床；8—岩盘；9—岩盆；10—捕虏体

围岩。

深成作用的岩浆规模比浅成作用大，因此热量大、压力大，对围岩有同化现象，在岩体边缘多有捕虏体。这些捕虏体是岩浆上升过程中，从围岩掉下来的碎块。这在浅成岩中一般是很少见的。

B 浅成岩产状

浅成岩岩体规模不大，出露面积由几十平方米到几平方千米。岩体形态及其与围岩接触关系有岩盘、岩盆、岩床、岩墙几种。

(1) 岩盘是岩浆顺裂隙上升，侵入岩层之中，由压力将岩层沿层面撑开，并在其中冷凝而成的一个上凸下平的透镜状岩体，与围岩呈和谐的接触关系。

(2) 岩盆与岩盘一样，其不同点是岩体顶部平整，而中央向下凹，形似面盆。

(3) 岩床的岩体顶、底都是平的，呈层状夹于沉积岩中，且与之呈整合接触关系。但上、下岩层皆受热力影响而发生变化，表示岩床系由岩浆侵入作用所造成。

(4) 岩墙是岩浆侵入到岩层裂隙中，冷凝而成的岩体。它切穿围岩并与之成不和谐的接触关系。形状不规则的岩墙或其分支，称为岩脉。

C 喷出岩的产状

喷出岩规模大小视喷出作用的强弱而定，常常由熔岩被或熔岩流形成层状及由火山碎屑物形成火山锥。熔岩被是熔岩大量涌出地表时，覆盖在广大地面上的岩体。熔岩流是熔岩大量涌出火山口并向前流动的舌状岩体。

研究岩浆岩的产状，不仅可以帮助我们了解岩浆岩的形成条件及形成环境，而且也涉及岩浆岩的分类问题。

3.1.2 岩浆岩的分类及各类岩石特点

为了系统研究岩浆岩,给岩石以恰当的名称,必须给予岩浆岩以科学的分类。自然界的岩浆岩种类繁多,彼此间存在着物质成分、结构构造、产状及成因等方面的差异。但同时各种岩浆岩之间又有一系列的过渡种属,显示了它们之间存在着十分密切的内在联系。认识各种岩浆岩之间的差异与联系,并将其合理归纳,是分类的任务之一。

分类的目的是为了掌握各种岩石之间的共性、特性以及彼此间的共生关系和成因上的联系,因此分类的原则首先应该考虑到尽量使分类符合客观实际,减少人为因素;其次是要有统一的依据,并力求简明扼要,便于使用。

本书根据岩浆岩的化学成分、矿物成分、结构构造及产状等,归纳出岩浆岩分类简表(表3-1)。

表3-1 岩浆岩分类简表

岩石类型				超基性岩	基性岩	中性岩		酸性岩
物质成分	SiO_2 平均含量/%			<45	45~52	52~56		>65
	石英含量/%			无或罕见	少见	0~20		>20
	长石含量			无或罕见	斜长石为主		钾长石为主	
	暗色矿物含量/%			橄榄石 辉石 角闪石 }95	辉石 角闪石 橄榄石 }45~50	角闪石 黑云母 辉石 }30~45	角闪石 黑云母 }20	黑云母 角闪石 }约占10
	岩石颜色			深色 ←――――――――――→ 浅色				
	岩石密度			大 ←――――――――――→ 小				
产状	喷出岩	结构	玻璃 隐晶 斑状	气孔 杏仁 流纹	黑曜岩、浮岩、珍珠岩、松脂岩			
					玄武岩	安山岩	粗面岩	流纹岩
					玄武玢岩	安山玢岩	钠长玢岩	石英斑岩
	浅成岩		伟晶 细晶 斑状	块状	金伯利岩	煌斑岩	细晶岩	伟晶岩
					辉绿岩 辉长玢岩	闪长玢岩	正长斑岩	花岗斑岩
	深成岩		粒状	块状	橄榄岩 辉岩	辉长岩 (斜长岩)	闪长岩	正长岩	花岗岩

表3-1中横行按岩浆岩的化学成分及矿物成分排列,自左至右依次为超基性岩、基性岩、中性岩、酸性岩。其下列出它们的主要物质成分。在超基性岩中主要是橄榄石(或辉石)。在酸性岩中以含大量石英和钾长石为标志。中、基性岩以斜长石为主,酸性岩及碱性岩以钾长石为主,而超基性岩不含或很少含长石类矿物。上述橄榄石、辉石、石英、长石,可分别作为鉴定不同岩类的指示矿物。从表中尚可看出,随着暗色矿物含量由超基性岩到酸性岩逐渐减少,岩石颜色亦随之变浅。

表3-1中纵行按岩石产状排列,由上到下依次为喷出岩、浅成岩、深成岩。同时列出岩石相应的结构构造。同一纵行的岩石成分相同或近似,故列为一个岩类,只因产状不同

(表现为结构构造不同)而有不同的岩石名称。

肉眼鉴定岩浆岩时,将所鉴别岩石的颜色、矿物成分、产状及与之相应的结构构造分类后,便可从表中查出岩石名称。

现将表内主要岩浆岩的特征简述于后。

3.1.2.1 超基性岩类

本类岩石 SiO_2 含量小于45%,Al_2O_3 含量为1%~6%,不含或少含铝硅酸盐,Na_2O 和 K_2O 一般均小于1%,而富含 FeO 和 MgO,FeO 达10%左右,MgO 达40%左右。反映在矿物成分上,铁镁矿物占绝对多数,主要为橄榄石、辉石,其次为角闪石、黑云母,一般不含硅铝矿物。岩石颜色很深,密度大,呈致密块状构造。常见的岩石有橄榄岩、辉岩,形成不大的岩体。喷出岩少见。

(1)橄榄岩和辉石岩为暗绿或黑色粒状岩石。主要矿物为橄榄石,其次为辉石或角闪石,不含长石以及石英;岩石中辉石数量特别多时,则过渡为辉岩。后者辉石往往形成粗大晶体,橄榄石则很小,散嵌在辉石晶体内,颜色多呈绿褐色。

这类岩石在自变质作用或气-液作用下,易发生强烈分解,其中橄榄石和辉石被蛇纹石所替代,而变为蛇纹岩或蛇纹石化橄榄岩。这一变化及其产物将在变质岩一节中详细讨论。

(2)角砾云母橄榄岩(又称金伯利岩) 主要由橄榄石、辉石和金云母组成,并含少量磁铁矿、磷灰石、石榴子石等。岩石一般都已蛇纹石化。岩体常呈管状出现,亦有呈岩墙、岩脉产出者。因为爆发的关系,岩石中夹有大量的角砾(由超基性岩、变质岩、沉积岩组成)。岩管大小不一,由数十米至数千米。世界著名的南非金刚石矿床即产于这类岩石中。20世纪80年代以来,我国已在山东、辽宁等地找到了角砾云母橄榄岩岩管、岩脉及原生的金刚石矿床。

3.1.2.2 基性岩类

本类岩石 SiO_2 的含量为45%~52%,比超基性岩稍高,但仍低于其他岩类。另一方面,与超基性岩不同的是出现了较多量的 Al_2O_3,达15%左右,CaO 达10%左右;而 FeO 和 MgO 含量较低,占6%左右。因此,在矿物成分上,除尚有较多的铁镁矿物——辉石、角闪石、橄榄石外,还出现大量的铝硅酸盐矿物——斜长石和少量石英。

岩石颜色较超基性岩浅,但较其他岩类深,密度较大,侵入岩常呈致密块状构造和带状构造,而喷出岩常具气孔和杏仁构造。常见的岩石有辉长岩、辉绿岩和玄武岩。

(1)辉长岩为灰、灰黑或暗绿色。主要矿物有辉石和斜长石,次要矿物有角闪石、橄榄石。具等粒结构(辉石与斜长石成等轴他形颗粒,系两者同时从岩浆中析出的结果,又称辉长结构),块状构造。辉长岩体一般不大,常呈岩盆、岩株、岩床产出,有的辉长岩体常与超基性岩或闪长岩共生。

这类岩石中,若斜长石含量增多,达85%以上,而不含或很少含暗色矿物者,称斜长岩。它是岩浆中一种成分分异的极端岩石,呈白色或白中微带绿色,偶见有黑色者。自然界中,斜长岩一般少见,但我国河北大庙产有大量斜长岩,且常与钒钛磁铁矿矿床共生。

(2)辉绿岩为灰绿色、深灰色,矿物成分与辉长岩类似,但结构不同(斜长石呈完好的自形晶,辉石呈他形晶充填在斜长石晶体的空隙中,称辉绿结构,是同样成分的岩浆由于压力降低，共结比发生变化，从而引起结构上由辉长结构变为辉绿结构）。因此，辉绿结构具有浅成相的特点。这类岩石常呈岩床、岩墙产出。

（3）玄武岩为深灰、灰绿或黑色。矿物成分同辉长岩。隐晶质结构，气孔或杏仁构造，柱状节理特别发育。由海底喷发而形成的玄武岩称细碧岩，浅绿色、杏仁状或枕状构造特别明显。枕状团块之间由碧石胶结。玄武岩因其岩浆黏度小，易于流动，通常以大面积的熔岩流产出，我国云、贵、川等地，即有大面积的玄武岩分布。

3.1.2.3 中性岩类

本类岩石 SiO_2 含量比基性岩多，一般在 52%~65% 之间，FeO、MgO 各约占 3%，CaO 在 6% 左右，Al_2O_3、K_2O、Na_2O 均高于基性岩，其中 K_2O 达 2% 左右，Na_2O 达 3% 左右，在正长岩——粗面岩中，两者更高，可达 4%~5%，故有碱性岩之称。反映在矿物成分上，铁镁矿物相应减少，主要为角闪石，其次为辉石和黑云母；硅铝矿物显著增多，主要为中性斜长石，有时出现少量钾长石和石英（正长岩——粗面岩类中主要为钾长石）。

这类岩石颜色较浅，一般为灰或浅灰色。常见的岩石有闪长岩、闪长玢岩、安山岩及正长岩、正长斑岩和粗面岩等。

（1）闪长岩为浅灰、灰及灰绿色。矿物成分主要为角闪石和斜长石，其次为辉石和黑云母，有时含少量正长石和石英。具等粒结构、块状构造。

（2）闪长玢岩为灰、灰绿色。具明显的斑状结构，斑晶主要是斜长石或角闪石，基质呈隐晶状。

（3）安山岩为灰色、紫色、浅玫瑰色、浅黄色、红褐色等。浅色矿物为斜长石。暗色矿物有辉石、角闪石、黑云母等。一般具斑状结构，斑晶为斜长石。有时为隐晶质结构。杏仁构造特别明显，气孔中常为方解石所充填。

（4）正长岩为浅灰、灰色或肉红色。与闪长岩不同的是，正长石大量出现，也含少量斜长石。暗色矿物有角闪石和黑云母。具等粒结构，有时具斑状结构，块状构造。这类岩石常和酸性岩、基性岩共生，或以岩盘单独产出。

（5）正长斑岩的特点与正长岩相似，区别在于具明显的斑状结构。

（6）粗面岩为浅灰、浅黄或粉红色。其成分主要为碱性长石，其次为黑云母，此外尚有少量斜长石和角闪石。常具粗面结构（系长条状的碱性长石微晶近于平行的流状排列）及斑状结构，斑晶为碱性长石，基质为隐晶质，其成分也以碱性长石为主。一般为块状构造，有时可见流纹构造及多孔状构造。

粗面岩与流纹岩、安山岩极为相似，主要区别在于粗面岩的斑晶为钾长石，没有石英（或极少）；而流纹岩中有明显的石英；安山岩的斑晶主要是斜长石。因此，只要把岩石中钾长石、斜长石和石英三种矿物及其含量搞清楚，即可区分。

3.1.2.4 酸性岩类

本类岩石 SiO_2 含量特高，超过 65%，FeO、MgO 含量低于 2%，CaO 低于 3%，而 K_2O 和 Na_2O 各占 3.5% 左右。反映在矿物成分上，深色矿物大大减少，硅铝矿物大量增多，除含大量石英外（石英含量大于 20%），尚有钾长石和斜长石。暗色矿物主要有黑云母和角闪石。

岩石颜色一般很浅，常为浅灰红色，密度较小。本类岩石分布很广，特别是侵入岩常呈岩基大面积分布。常见的岩石有花岗岩、花岗斑岩和流纹岩等。

（1）花岗岩为灰白色、灰色、肉红色。矿物成分以石英和钾长石为主，其次为黑云母、角闪石、白云母等。具等粒结构（石英、长石呈半自形等轴颗粒，称花岗结构），块状构造。花岗岩质地均匀、坚固，颜色美观，广泛用作地基、桥梁、纪念碑等的建筑石料。

关于花岗岩的成因问题，长期以来被认为，花岗岩及地球上的其他岩浆岩都是由地球深部的玄武岩浆演化而来的，即玄武岩浆可依次生成辉长岩—闪长岩—花岗岩等一系列岩石。花岗岩浆是岩浆后期分异的残余体，这种残余岩浆侵入地壳某部就形成今天的花岗岩。

随着近代岩石学的发展，尤其是对含水的花岗质岩石系统的深入研究，逐渐发展起来一种学说——花岗岩化成因说。按这种学说，花岗岩可以是在地壳不太深的部位，由原来组成地壳的岩石（包括沉积岩），通过花岗岩化就地形成花岗岩或者形成深熔花岗岩浆，再次侵位而成。所谓花岗岩化，就是来自上地幔的碱性流体物质，上升到地壳的某个深度（如十几千米），通过裂隙贯入交代、代换或扩散、渗透使原来的岩石改造成花岗岩。如果这个过程发生在更深的部位（20km 左右），就会形成由部分熔化的深熔花岗岩浆，使得周围的岩石改造成花岗岩。这一花岗岩化理论，在目前基本上能为大多数地质工作者所接受。当然，由基性岩浆分异而成的花岗岩确实也是有的，但一般规模较小，不占主导地位。

（2）花岗斑岩具斑状结构，斑晶为石英和钾长石，基质由细小的长石、石英及其他矿物组成，基质呈隐晶质结构。其他特征与花岗岩类似。

（3）流纹岩一般呈浅灰色、粉红色，也有呈灰黑色、绿色或紫色者。矿物成分与花岗岩类同，往往具斑状结构，斑晶为石英和钾长石，以流纹状构造为其特征，但也有气孔构造者。

应当指出，上述各大类岩石之间，尚有一些过渡种属的岩石。以中性岩到酸性岩为例，随着岩石中石英、钾长石和斜长石含量的变化，可出现石英闪长岩、石英二长岩和花岗闪长岩等。现将其特点简述如下：

（1）花岗闪长岩与花岗岩的区别是斜长石多于正长石，石英含量较花岗岩少，一般在 15%～25%之间，暗色矿物稍多，以角闪石为主，黑云母次之。过去一些书上将花岗闪长岩划在花岗岩一类中，是欠妥当的。

（2）石英二长岩与花岗闪长岩的主要区别是正长石含量增多，常多于斜长石。铁镁矿物以黑云母为主，角闪石次之。

（3）石英闪长岩的特点与闪长岩类似，而与闪长岩的区别在于岩石中石英含量大于 5%。

除上述主要岩浆岩外，在自然界尚可见到一些呈脉状产出的浅成岩，如煌斑岩、细晶岩、伟晶岩等，统称为脉岩。它们的化学成分和矿物成分都与其相应的深成岩有许多共同之处，因此它们不是独立的岩体，而是相应深成岩的岩浆经过分异的产物。现将其特点分别叙述如下：

（1）煌斑岩几乎全由暗色矿物组成，颜色很深，呈暗绿色、黑褐色或黑色，故称为暗色脉岩。其成分为黑云母、角闪石、辉石等。具细粒斑状结构，斑晶大部分为暗色矿物，如黑云母、角闪石等，硅铝矿物多呈细粒基质。常见的有云煌岩，即由黑云母和少量正长石组成。

（2）细晶岩具细粒结构（主要矿物呈细粒他形粒状结构）。颜色一般较浅，呈灰白、黄白、浅红、灰绿色等。常见的有花岗细晶岩、闪长细晶岩和辉长细晶岩。它们的矿物成分分别与花岗岩、闪长岩和辉长岩相同。其中以花岗细晶岩分布较广。

（3）伟晶岩的特征是具有伟晶结构，常见的为花岗伟晶岩。其矿物成分与花岗岩相同，主要为石英、正长石和黑云母，这些矿物晶体特别粗大，一般在几厘米以上，有时可达几十厘米，甚至还有更巨大的晶体。伟晶岩即因此而得名。

伟晶岩是岩浆冷凝结晶过程的后期，从岩浆中分离出来的一种富含挥发成分及稀有元素的残余岩浆溶液，侵入到地壳浅处岩石裂隙中冷凝结晶而成的。这类岩石多呈脉状产于侵入体内以及与侵入体接触的围岩中。

伟晶岩中常伴有许多有价值的稀有金属和非金属矿产，如锂辉石、锂云母、铌钽铁矿、绿柱石、沥青铀矿、独居石以及钾长石、白云母、黄玉和水晶等。

值得提及的是，在前述浅成岩中，尚包括部分所谓次火山岩。这种次火山岩是指与当地火山岩同源、同期、岩性也很相似的浅成—超浅成侵入岩。其命名方法，目前尚沿用相应的火山岩名称，或在其词首冠以"次"字以示区别，如次闪长玢岩等。

3.1.3 岩浆岩的肉眼鉴定及命名

这里介绍的只是肉眼鉴定和一般命名方法。应当指出，肉眼或借助于简单工具（放大镜、小刀和三角板等）只能对岩石作宏观的鉴定和给以粗略的名称。而精确的鉴定和命名则需经过显微镜下的研究、化学分析和一些特殊方法才能得出。但对于采矿工作者来说，通常是凭肉眼去鉴别岩石。因此，掌握肉眼鉴定岩石的方法，并以此确定岩石名称，就显得十分必要了。

3.1.3.1 岩浆岩的肉眼鉴定

岩浆岩的特征表现在颜色、矿物成分、结构和构造等方面，并借以观察和区别各种岩石，其观察步骤如下：

（1）观察岩石的颜色。岩浆岩的颜色在很大程度上反映了它们的化学成分和矿物成分。前述岩浆岩可根据化学成分中的 SiO_2 含量分为超基性岩、基性岩、中性岩和酸性岩。SiO_2 含量肉眼是没法看出来的，但其含量多少可以表现在矿物成分上。一般情况下，岩石的 SiO_2 含量高，浅色矿物多，暗色矿物少；SiO_2 含量低，浅色矿物减少，暗色矿物相对增多。因而组成岩石矿物的颜色就构成了岩石的颜色。所以，颜色可以作为肉眼鉴定岩浆岩的特征之一。

一般超基性岩呈黑色—绿黑色—暗绿色；基性岩呈灰黑色—灰绿色；中性岩呈灰色—灰白色；酸性岩呈肉红色—淡红色—白色。

（2）观察矿物成分。认识矿物时，可先借助颜色辨别，若岩石颜色深，可先看深色矿物，如橄榄石、辉石、角闪石、黑云母等；若岩石颜色浅，可先看浅色矿物，如石英、长石等。在鉴定时，经常是先观察岩石中有无石英及其数量，其次是观察有无长石及属于正长石还是斜长石，再就是看有无橄榄石存在。这些矿物都是判别不同类别岩石的指示矿物。此外，尚须注意黑云母，它经常与酸性岩有关。在野外观察时，还应注意矿物的次生变化，如黑云母容易变为绿泥石或蛭石，长石容易变为高岭石等，这对已风化岩石的鉴别，非常重要。

（3）观察岩石的结构构造。岩石的结构构造是决定该类岩石属于喷出岩、浅成岩或深成岩的依据之一。一般喷出岩具隐晶质结构、玻璃质结构、斑状结构、流纹构造、气孔或杏仁构造。浅成岩具细粒状、隐晶状、斑状结构、块状构造。深成岩具等粒结构、块状构造。

综合上述几方面特征，即可区别不同类型的岩石。

3.1.3.2 岩浆岩的一般命名方法

随着岩石学的不断发展，岩石分类标志及命名要素逐渐增多，岩石的名称亦随之复杂。但总的来说，岩石的名称大体包括基本名称和附加名称两部分。

基本名称是岩石名称必不可少的部分，它是由岩石中的主要矿物所决定的，反映着岩石的最基本特征，是岩石分类的基本单元，如"花岗岩"、"闪长岩"等。附加名称是说明岩石不同特征的各种各样的形容词，一般位于岩石基本名称之前，通常包括岩石的颜色、结构、构造以及次要矿物等。

前已提及，岩浆岩的矿物成分是其化学成分的反映，不同类型的岩浆岩，其矿物组合也不相同，因此矿物成分在岩石命名中常常占有重要地位。按矿物在岩浆岩分类和命名中的作用，可将岩浆岩中的原生矿物分为主要矿物、次要矿物、副矿物三类。

（1）主要矿物是划分岩石大类、确定岩石基本名称的依据。例如花岗岩中的石英和钾长石都是主要矿物，没有它们就不能称为花岗岩。

（2）次要矿物是划分岩石种属、确定岩石附加名称的依据。例如石英在闪长岩中一般少于5%，当石英含量超过5%时，则称为石英闪长岩。

（3）副矿物含量甚少，通常不足1%，纳入命名时，不受含量限制。如花岗岩中，当含微量的电气石或绿柱石时，则可分别命名为电气石花岗岩或绿柱石花岗岩。

命名时，需首先结合岩石产状，分出是侵入岩还是喷出岩，然后用肉眼观察其主要矿物成分及含量，决定其大类，定出岩石的基本名称，最后再根据次要矿物成分及含量，进一步确定出附加名称。如某种岩浆岩，根据其产状定为侵入岩，又知其主要矿物为辉石、基性斜长石，次要矿物为少量橄榄石，因此可初步定名为橄榄辉长岩。

总之，准确识别岩石并给以正确的名称，对采矿工作者来说是一项十分重要的工作。如果在所工作的矿区内，把岩石的类型及具体名称弄错，不同类型的岩石名称混淆不清，或把同种岩石看成不同的岩石，就不能正确指导矿床的开采，甚至造成严重错误，浪费大量资金。因此，采矿工作者应该熟练掌握肉眼鉴别岩石的方法。

3.1.4 岩浆岩中的主要矿产

岩浆岩中蕴藏着许多重要的金属和非金属矿产。

在超基性的橄榄岩和基性的辉长岩中，常有铬、镍、铜、铁、钒、钛、金刚石、铂及铂族金属等。例如内蒙古和甘肃的铬铁矿、河北和四川的钒钛磁铁矿、甘肃和四川的铜镍矿、山东的金刚石矿等，均产于超基性岩或基性岩中。

在中性的闪长岩或其接触带中，常有铜、铁及稀土元素矿床等。例如河北的铜矿床、湖北的铁矿、安徽的铜矿以及四川西南部的稀土元素矿床等，其形成均与闪长岩有关。

在正长岩、石英正长岩和正长斑岩中，常有稀土元素、磷灰石及磁铁矿等。例如东北和河北的磷灰石、江西的稀土元素、四川的磁铁矿等。

在酸性的花岗岩和中酸性的花岗闪长岩中，常有钨、锡、钼、铋、铜、铅、锌、金、铀、钍及稀土等。例如江西的钨矿、云南的锡矿、湖南的铅锌矿、山东的金矿等，均与该地区的花岗岩或花岗闪长岩有成因上的关系。此外，在花岗伟晶岩中巨大的石英、长石和云母晶体，也是很重要的矿产。

还有一些矿产，如铜、铅、锌、金、银、砷、重晶石、萤石等，虽然有时甚至常常不生在岩浆岩中，但它们在成因上大都与岩浆岩有联系，一般由岩浆冷凝结晶期后所产生的热水溶液，渗入到岩浆岩体附近甚至距离岩浆岩体很远的岩石裂隙中，结晶沉淀而成的。

应当指出，有的岩浆岩本身就是矿产，例如作为铸石原料的玄武岩及辉绿岩，作为膨胀珍珠岩原料的珍珠岩、松脂岩以及作为装饰石料和建筑材料的花岗岩和花岗闪长岩等。

3.1.5 岩浆岩与开采技术有关的特点

岩浆岩的矿物成分和结构构造等特点，不仅是鉴别岩浆岩，对岩浆岩进行分类和命名的主要依据，而且也是决定该类岩石开采技术的重要因素，现分别叙述如下：

(1) 岩浆岩的矿物成分与采掘的关系。岩浆岩的种类繁多，组成岩浆岩的矿物成分也各不相同，其中最常见的矿物是石英、长石、角闪石、辉石、橄榄石及黑云母。这些矿物除黑云母外，都是硬度较大的矿物。所以未经强烈蚀变和剧烈错动的岩浆岩一般强度都较大，稳定性都比较好，有利于采用高速度、高效率的采掘方法。

此外，酸性岩中含有较大量的游离的二氧化硅，在其中进行采掘作业时，有产生硅肺病的可能，必须加强通风防尘措施，预防硅肺病。

(2) 岩浆岩的结构与采掘的关系。岩浆岩的许多结构中，对采掘影响最大的是颗粒的粗细。在其他条件相似的情况下，隐晶质、细粒、均粒的岩石比粗粒和斑状的岩石强度大。例如玄武岩为隐晶质结构，而辉长岩为粗粒结构，所以玄武岩的抗压强度可高达500MPa，而辉长岩的抗压强度仅120~360MPa。又如花岗斑岩具斑状结构，其抗压强度只有120MPa，而同一成分的细粒花岗岩，因具等粒结构，其抗压强度可达260MPa。强度大的岩石虽然较难凿岩，但容易维护，甚至可以不支护，给采掘工作带来很大的方便。

(3) 岩浆岩的构造与采掘的关系。岩浆岩多具块状构造，这种构造的最大特点是岩石各个方向的强度相近，从而增加了岩石的稳定性。所以岩浆岩的块状构造，不像沉积岩的层理构造和变质岩的片理构造那样对凿岩、爆破和支护等有明显的影响。

值得注意的是岩浆岩的原生节理（即岩浆岩生成时冷凝收缩所产生的裂隙）发育，如玄武岩的柱状节理、细碧岩的枕状节理等。这些节理的存在，降低了岩石的稳固性，影响了岩石的爆破效果。

采矿工作者最基本的作业是破碎岩石，但井巷维护也是很重要的方面。这两方面的工作，对岩石的物理机械性质的要求是不相同的，有时甚至是矛盾的。从爆破方面着眼，希望岩石容易破碎，但从井巷维护方面考虑，又希望岩石稳固性强。因此，关于对岩石采掘性质的研究应注意综合这两个方面的要求，作全面分析，选择合理的技术措施，既要提高爆破效果，又要便于井巷维护，才能多、快、好、省地开发地下矿产资源。

3.2 沉 积 岩

由沉积物经过压固、脱水、胶结及重结晶作用变成的坚硬岩石，称为沉积岩。沉积岩占地壳总量的5%，但就地表分布而言，则占75%。沉积岩在地壳表层呈层状广泛分布，这是区别于其他类型岩石的重要标志之一。

3.2.1 沉积岩的一般特征

沉积岩大部分是在常温、常压下的地表水体里形成的，氧气充足、水分丰富。因此，它的矿物组成、结构构造以及颜色等，都具有区别于其他两大类岩石的独特特征，这些特征就是我们认识和区分沉积岩的依据。

3.2.1.1 沉积岩的物质成分

组成沉积岩的颗粒有岩屑及单矿物两种。岩屑是原先的岩浆岩、沉积岩与变质岩的碎屑。而组成沉积岩的矿物有两类。一类是原来岩石经过风化、剥蚀、搬运来的矿物。因岩浆岩、变质岩中的斜长石、铁镁矿物等都易风化，而石英、正长石、白云母等比较稳定，所以沉积岩中的矿物主要是石英、正长石及白云母。另一类是在沉积作用中形成的新矿物，主要有方解石、白云石、岩盐、石膏、高岭石、菱铁矿、褐铁矿等。这些矿物常大量地出现于沉积岩中。如果将沉积岩与岩浆岩中的矿物成分相比较，则可看出两者有显著的区别。

（1）在岩浆岩中大量存在的矿物，如橄榄石、辉石、角闪石、黑云母等铁镁矿物，在沉积岩中极为罕见。

（2）游离的SiO_2在岩浆岩中绝大部分以石英出现，而沉积岩中除石英外，尚有大量的石髓、蛋白石等变种。

（3）岩浆岩中很少有的矿物，如黏土矿物、岩盐、石膏及碳酸盐矿物等，在沉积岩中却占有显著的地位。这是由于它们是在地表常温常压而且O_2、CO_2、H_2O充足的条件下形成的。

在沉积物颗粒之间，还有胶结物（就是把松散沉积物联结起来的物质）。胶结物对于沉积岩的颜色、坚硬程度有很大影响。按其成分可以分为下面几种：

（1）泥质胶结物。泥质胶结物如泥土或黏土，其胶结成的岩石硬度较小，易碎，断面呈土状。

（2）钙质胶结物。钙质胶结物的成分为钙质，所胶结的岩石硬度比泥质胶结的岩石大些，呈灰白色。滴冷稀盐酸起泡。

（3）硅质胶结物。硅质胶结物成分为二氧化硅，所胶结的岩石强度比前两种胶结物形成的岩石都大，呈灰色。

（4）铁质胶结物。铁质胶结物的成分为氢氧化铁或三氧化二铁，所胶结成的岩石坚硬程度也较大，常呈黄褐色或砖红色。

胶结物在岩石中的含量一般仅占25%左右，当含量超过25%时，可参加岩石的命名。如钙质长石石英砂岩即长石石英砂岩中钙质胶结物超过了25%。

3.2.1.2 沉积岩的颜色

沉积岩的颜色常常是岩层的特殊标志，它受沉积岩中碎屑成分、矿物成分和胶结物成分的影响。沉积岩的颜色往往反映了当时的沉积环境及成岩后的变化。在氧化环境下，有机物质发生分解，铁为三价，因而颜色为红色或褐色；在还原环境下，有机物质较多，铁为二价，因而沉积岩常为蓝色、绿色、深灰色和黑色。

胶结物是泥质、钙质、硅质的沉积岩，颜色一般较浅。胶结物为铁质的沉积岩，颜色一般较深。

此外，含碳质、沥青质及细分散黄铁矿的岩石，常呈灰色、深灰色或黑色。含绿色矿物如海绿石、绿泥石、孔雀石等的沉积岩，多呈绿色。含硬石膏、天青石等的岩石多呈蓝色。

值得注意的是，风化作用常常会改变岩石的颜色，如煤和炭质泥岩经风化后，可以变为灰色以至白色。这种经风化作用后颜色变浅的现象，称为退色现象。岩石风化后的颜色称为次生色或风化色。

描述岩石颜色时，常与自然界中常见的物质颜色相比较，如天蓝色、瓦灰色、砖红色、肉红色、猪肝色、橘黄色等。

3.2.1.3 沉积岩的结构

沉积岩的结构是由其组成物质的形态特征、性质、大小及所含数量而决定的，它与岩浆岩的结构差别在于，岩浆岩绝大多数是结晶结构，而沉积岩绝大多数是碎屑结构。根据其成因，沉积岩的结构可分为碎屑结构、泥质结构、结晶结构、胶状结构、生物结构。

（1）碎屑结构是碎屑沉积岩所具有的结构，它是由碎屑物质胶结起来而形成的，按照颗粒大小和形状又分为：

1）砾状结构。砾状结构的颗粒直径大于 2mm，磨圆程度较好，无棱角。若磨圆度较差，而具有明显棱角的，则称为角砾状结构。

2）竹叶状结构。竹叶状结构是刚沉积的石灰岩，因水浪打击、冲刷而成碎屑（其形态多呈扁平状），再被同类沉积物胶结而成。

3）砂状结构。砂状结构颗粒直径在 2~0.005mm 之间，又可分为粗砂结构（颗粒直径 2~0.5mm）、中砂结构（0.5~0.1mm）、细砂结构（0.1~0.05mm）和粉砂结构（0.05~0.005mm）。

（2）泥质结构的颗粒直径小于 0.005mm，为黏土岩类所具有的结构。

（3）结晶结构是化学岩所具有的结构，是物质从真溶液或胶体溶液中沉淀时的结晶作用以及非晶质、隐晶质的重结晶作用和交代作用所产生的。如石灰岩、白云岩是由许多细小的方解石、白云石晶体集合而成的。沉积岩的结晶结构与岩浆岩的结晶结构类似，但其成因和物质组成两者截然不同。沉积岩的结晶结构又可以分为：

1）晶质结构。由结晶颗粒直径大于 0.01mm 的矿物集合体组成。

2）隐晶质结构。由颗粒直径在 0.01~0.001mm 之间的微晶矿物集合体组成。

（4）胶状结构。胶状结构的颗粒直径小于 0.001mm。

（5）生物结构。生物结构是生物化学岩所具有的结构，由生物遗体及其碎片组成，如生物介壳结构和珊瑚结构等。

3.2.1.4 沉积岩的构造

沉积岩的构造是指其组成部分的空间分布和它们相互之间的排列关系。常见的沉积岩构造有：

（1）层理（状）构造。由于季节性的气候变化及先后沉积下来的物质颗粒的形状、大小、成分和颜色不同而显示出来的成层现象。层与层之间的接触面称层面。上、下两个层面之间的岩石称为岩层。根据岩层中每个单层厚度的不同，可将沉积岩层划分为：

块状	单层厚度大于1m；
厚层状	单层厚度1～0.5m；
中厚层状	单层厚度0.5～0.1m；
薄层状	单层厚度0.1～0.01m；
页片状	单层厚度小于0.01m。

层理构造是绝大多数沉积岩最典型、最重要和最基本的特征。按层理形态可分为：

1）水平层理。层与层之间的界面是平直的，且相互平行，是在沉积环境比较稳定的条件下形成的（图3-9）。

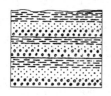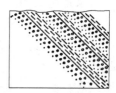

图3-9 岩层产状不同的各种水平层理

2）波状层理。层理面呈对称或不对称、规则或不规则的波状线，其总方向平行于总的层面，形成于波浪运动的浅水地区。这种层理在细砂岩或粉砂岩中常见。

3）斜层理。细层与主要层理面斜交，是沉积物在水介质中做单向运动时产生的。斜层理的倾斜方向代表了当时水流的方向（图3-10）。

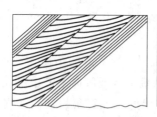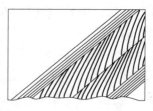

图3-10 岩层产状不同的各种斜层理

对层理的研究，不仅可以正确划分与对比地层、判断地层是否倒转，而且可以推断沉积物的沉积环境和确定水流的运动方向。

（2）块状构造。岩石层理不清楚，矿物颗粒排列无一定规律。

(3) 鲕状构造。具有同心圆状的圆形或椭圆形颗粒,形似鱼子,称为鲕状构造。鲕粒的形成系胶体物质围绕砂粒、碎屑在浅海浅水环境中沉积而成,直径一般在 0.5~2mm 之间。鲕粒直径大于 2mm 者,可称豆状构造。

3.2.1.5 沉积岩的其他特征

沉积岩的其他特征主要包括沉积岩岩层面上的特征(如波痕、泥裂、雨痕等)和沉积岩中特有的包裹物(如化石、结核等)。这些特征同样反映了沉积岩生成条件和形成环境的特殊性,同时也可以用来确定水流方向和判断岩层是否倒转。

(1) 波痕。当经过砂层表面的水流或风力达到一定速度时,或在水波浪的振荡下,砂粒发生移动,可在砂层表面上出现波状起伏的痕迹,称为波痕。这种现象常在河、湖、海沙滩上及其所形成的砂岩(有时也可在其他岩石)中见到。波痕是由无数波峰和波谷组成的,按其成因可以分为风成波痕、水流波痕和浪成波痕(图 3-11)。

风成波痕和水流波痕的波峰圆滑,两边不对称,也称为不对称波痕。迎风或迎着水流的一面较缓,称为缓坡;另一面较陡,称为陡坡。这是由于风和水流等作用力向一个方向前进而形成的。浪成波痕的波峰较尖锐,波谷较圆滑,波峰两边对称,也称为对称波痕。这是由于水流的来回振荡而形成的。

(2) 泥裂。在干旱、暴晒的情况下,黏土沉积物表面上往往形成一条条裂缝,在平面上裂缝连成多边形,在剖面上裂缝则呈现上宽下窄的楔形,这些裂缝被后来的沉积物充填,并在沉积物转变成为沉积岩后,仍保留下来,称为泥裂(图 3-12)。由于泥裂在剖面上表现为上宽下窄的楔形,因而也可以用它来判断岩层是否发生倒转。

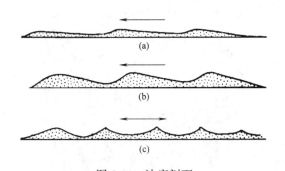

图 3-11 波痕剖面
(a) 风成波痕;(b) 水流波痕;(c) 浪成波痕

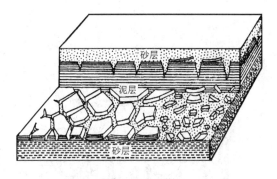

图 3-12 泥裂

(3) 叠层构造(叠层面)。由蓝绿藻类细胞丝状体或球状体分泌的黏液,将细屑物质黏结变硬而成。它的生长因季节变化,藻类分泌物的多少也有变化,因而出现纹层。具叠层构造的岩石称叠层石。现代叠层石广泛分布于潮汐浅水带,是良好的环境标志。

(4) 皱纹构造(滑塌构造)。常形成于湖泊或海底的滑坡地带,由于重力或其他地质作用,使沉积物质顺坡滑动,从而导致岩层发生变形,形成紧密褶皱,甚至一些奇形怪状的卷曲,有时伴有小型断层。它是海底滑坡的良好标志。

(5) 虫迹。岩层表面具有的圆筒状或压扁了的梗状小脊,呈弯曲状或树枝状分布,称虫迹。它是食泥或食砂的蠕虫或其他爬行动物在软泥表面留下的通道或爬痕。

(6) 雨痕。雨点滴落在湿润而柔软的泥质或砂质沉积物的表面上时，便形成圆形或椭圆形的凹穴，在适当的条件下，在沉积岩层面上保存下来，称为雨痕。它多半是保存在当时干旱气候地区的泥质岩中。

(7) 化石。古代海陆生物的遗骸、碎片或印模，经过石化作用保存在沉积岩中，称为化石（图3-13）。根据不同的化石，可以推断沉积岩的成因和确定沉积岩的时代等。

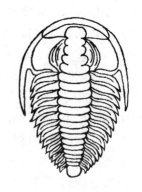

图 3-13 化石（三叶虫）

(8) 结核。在沉积岩中，常有集中起来呈圆球状或其他不规则形状的沉积物质（或矿物集合体），其成分与周围岩石显著不同，这种物质称为结核。常见的结核有铁质的、锰质的、泥质的、钙质的和硅质的。结核中心部分有时可以见到矿物或岩石碎屑，围绕中心部分常常可以看到一圈一圈的层状构造。结核大小不一，直径由几厘米到几十厘米。结核在地层中的分布与岩性有密切关系，例如在黄土中经常见到钙质结核（又称姜结人）（图3-14），煤系地层中广泛出现黄铁矿、菱铁矿结核，石灰岩中多见燧石结核等。

(9) 缝合线。多存在于石灰岩和白云岩地层中，在岩石断面上呈现齿状曲线，宛如脊椎动物的颅骨接合线一样，一般与层面一致。其成因复杂，多认为是在上覆岩石静压力下，由于石灰岩的成分不纯和不均一，当地下水沿层理或其他软弱带流动时，使岩石部分溶解并伴随有物质的重新分配，而使其中不溶残余物呈锯齿状分布，如图3-15所示。

图 3-14 钙质结核

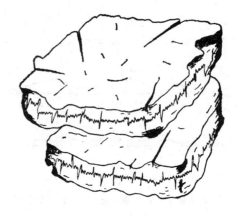

图 3-15 缝合线

沉积岩的上述特征，不仅可以帮助我们认识各种沉积岩及其生成环境，而且可借以区别岩浆岩和变质岩。

3.2.2 沉积岩的分类及各类岩石特点

根据沉积岩的成因、物质成分及结构等，可将沉积岩分为三类：碎屑岩、黏土岩、化学岩及生物化学岩（表3-2）。

表 3-2 沉积岩分类简表

类 别		岩石名称	物质来源	结 构	沉积作用
碎屑岩	火山碎屑岩	集块岩 火山角砾岩 凝灰岩	火山喷发的碎屑产物	火山碎屑结构	以机械沉积作用为主
	正常碎屑岩	砾岩 （角砾岩） 砂岩 粉砂岩	母岩机械破坏的碎屑产物	沉积碎屑结构	
黏土岩		黏土 泥岩 页岩	母岩化学分解过程中形成的新生矿物及少量细碎屑	泥质结构	机械沉积和胶体沉积作用
化学岩及生物化学岩		铝质岩 铁质岩 锰质岩 硅质岩 磷质岩 碳酸盐岩 盐 岩 可燃有机岩	母岩化学分解过程中产生的溶液和生物生命活动的产物	胶体结构、结晶结构和生物碎屑结构	化学、胶体化学及生物化学沉积作用

3.2.2.1 火山碎屑岩类

火山碎屑岩是沉积岩和喷出岩之间的过渡产物，是由火山喷发的碎屑物质，在地表经短距离搬运或就地沉积而成的。喷出岩受冲刷作用形成的碎屑材料，经正常沉积作用而产生的沉积岩不是火山碎屑岩，而是正常沉积碎屑岩；喷出的熔岩流直接冷凝而成的熔岩属于喷出岩，也不是火山碎屑岩。

火山碎屑岩根据碎屑颗粒大小又可分为集块岩、火山角砾岩和凝灰岩。

（1）集块岩和火山角砾岩。火山碎屑物质占90%以上，碎屑直径一般为 2~100mm，多数为大小不等的熔岩角砾，亦有少数其他岩石的角砾。火山角砾多呈棱角状，分选性差，常为火山灰所胶结。颜色多种，常呈暗灰、蓝灰、褐灰、绿及紫色等。这类岩石多具孔隙并以此为其特征。直径大于100mm的火山碎屑，称为集块岩。

（2）凝灰岩。组成岩石的碎屑较细，一般小于2mm，外表颇似砂岩或粉砂岩，但比砂岩表面粗糙。其成分多属火山玻璃、矿物晶屑和岩屑，此外尚有一些沉积物质。火山碎屑物也呈棱角状。岩石颜色多呈灰色、灰白色，亦有黄色和黑红色等。凝灰岩是很好的建筑材料，有时也可用作水泥原料。

3.2.2.2 正常碎屑岩类

正常碎屑岩是沉积岩中最常见的岩石之一，特别是在陆相沉积物中，分布极为广泛。一般所指的碎屑岩是由 50%以上的碎屑物（包括矿物碎屑及岩石碎屑）组成的岩石。它们的形成主要与外动力地质因素有关，大都为机械破碎的产物经搬运沉积而成。碎屑岩中，也可混入纯化学沉淀物质与黏土物质，并且多以胶结物的形式存在。当这些混入物的含量增多，而超过50%时，则分别过渡为化学岩或黏土岩。这类岩石按碎屑颗粒大小，又可分为砾岩、砂岩、粉砂岩三种。

(1) 砾岩。破碎的岩块,经过较长距离的搬运或受到海浪的反复冲击,使棱角消失,形成圆形或椭圆形的砾石(或称卵石),再经胶结的岩石称为砾岩。砾石直径一般大于 2mm。不同的砾岩,其砾石成分和胶结物各不相同。具砾状结构、层状构造,但层理一般都不发育。若这类岩石中砾石未被磨圆而具明显棱角者,则称为角砾岩。

(2) 砂岩。砂岩是由各种成分的砂粒胶结而成的岩石,一般所说的砂岩是砂质岩石的总称。其中砂粒直径在 2~0.05mm 之间。胶结物可有泥质、钙质、铁质和硅质等。碎屑成分复杂,主要为石英和长石,其次为云母,此外尚有一些重矿物、碳酸盐类矿物和岩屑。这类岩石若按碎屑颗粒大小,可以分为粗粒砂岩(砂粒直径 2~0.5mm)、中粒砂岩(0.5~0.1mm)、细粒砂岩(0.1~0.05mm)。若按碎屑成分又可划分为石英砂岩(石英含量在 90%以上,含少量长石及燧石)、长石砂岩(石英占 30%~60%,长石在 30%以上,尚有少量云母及岩屑)、硬砂岩(石英少于 60%,长石 20%~30%,岩屑在 20%以上)。

(3) 粉砂岩。粉砂岩由直径为 0.05~0.005mm 的砂粒经胶结而成,其成分以石英为主,有少量长石、云母、绿泥石、重矿物及泥质混入物等。岩石外貌颇似泥质岩,但较坚硬,并有粗糙感。

第四纪沉积物中的黄土及黄土岩亦属于粉砂岩类。黄土中粉砂粒级占 50%以上,其次是黏土。成分复杂(有石英、长石、碳酸盐及黏土矿物),颜色浅黄或暗黄,质轻而多孔(孔隙占总体积的 40%~55%),易研成粉末,含有较多量的奇形怪状的钙质结核,无明显层理,垂直节理发育,质点结合力强,常被侵蚀成陡峭的山崖。我国西北一带广泛分布,最厚可达 400 余米,成为著名的黄土高原。

3.2.2.3 黏土岩类

黏土岩又称泥质岩,是沉积岩中最常见的一类岩石,约占沉积岩总体积的 50%~60%。它是介于碎屑岩与化学岩之间的过渡类型,并具有独特的成分、结构和性质等特征。

这类岩石由含量在 50%以上,直径小于 0.005mm 的物质所组成。主要矿物成分是黏土矿物,如高岭石($Al_4[Si_4O_{10}](OH)_8$)、蒙脱石($(AlMg)_2[Si_4O_{10}](OH)_2 \cdot nH_2O$)及水云母($KAl_2[(AlSi_3)O_{10}](OH)_2 \cdot nH_2O$)等,尚有少量极为细小的石英、长石、云母、碳酸盐及重矿物等。主要由含铝硅酸盐类矿物的岩石,经化学风化形成的细悬浮物质,被搬运至湖、海盆地或在原地沉积而成。黏土岩的颜色与沉积环境和混入物有关,多呈黑色、褐红色、紫色、红色和绿色等,但也有呈白色或浅灰色者。这类岩石具典型的泥质结构,质地均一,有细腻感。可塑性和吸水性很强,岩石吸水后体积增大。这类岩石因其中黏土矿物颗粒细小,肉眼不能鉴别其成分,一般仅根据其固结程度和结构构造特征进行分类和命名,详细研究则需采用专门的方法(如差热分析、电子显微镜、X 射线衍射及染色法等)。根据其固结程度这类岩石可分为黏土、页岩、泥岩三种。

(1) 黏土为松散的土状岩石,含黏土颗粒在 50%以上,黏土与砂之间根据黏土颗粒、砂粒等含量不同,有亚黏土(黏粒含量 10%~30%)、亚砂土(黏粒含量 3%~10%)及砂土(黏粒含量小于 3%)等过渡类型。黏土根据其中所含主要矿物成分的不同又可分为高岭石黏土、蒙脱石黏土和水云母黏土。

(2) 页岩由松散黏土经硬结成岩作用而成。它为黏土岩的一种构造变种,具有能沿层理面分裂成薄片或页片的性质,常可见显微层理,称为页理(页岩也因此得名),具有页理构造的黏土岩常含有水云母等片状矿物,可由细小的片状矿物平行排列所致。

页岩成分复杂,除各种黏土矿物外,尚有少量石英、绢云母、绿泥石、长石等混入物。岩石颜色多种,一般呈灰色、棕色、红色、绿色和黑色等。依混入物成分的不同,又可分为黑色页岩、碳质页岩、钙质页岩、铁质页岩、硅质页岩及油页岩等。

(3) 泥岩的成分与页岩相似,但层理不发育,具块状构造。

3.2.2.4 化学岩及生物化学岩类

这类岩石是由于母岩遭受强烈化学分解作用之后,其中某些风化产物形成水溶液(真溶液或胶体溶液)被搬运到水盆地中,通过蒸发作用、化学反应和在生物的直接或间接作用下沉淀而成的。这类岩石的数量和分布均比碎屑岩和黏土岩少,但却占有非常重要的地位,它们本身许多就是有经济价值的矿产,如石灰岩、白云岩、铁质岩、锰质岩、铝质岩、磷块岩等。这类岩石在地壳中分布得最广的是碳酸盐岩,其次是硅质岩。

(1) 石灰岩。石灰岩由结晶细小的方解石组成,常含少量白云石、黏土、菱镁矿及石膏等混入物。纯石灰岩常为浅灰色、灰色,当含杂质时为浅黄色、浅红色、灰黑色及黑色等。以加冷稀盐酸强烈起泡为其显著特征。根据石灰岩的成因、物质成分和结构构造又可分为普通灰岩、生物灰岩、碎屑灰岩和燧石灰岩等。

(2) 白云岩。白云岩主要由细小的白云石组成,并含少量方解石、石膏、菱镁矿及黏土等。白云岩的外表特征与石灰岩极为相似,但加冷稀盐酸不起泡或起泡微弱,具有粗糙的断面,且风化表面多出现格状溶沟。白云岩中随着方解石含量的增多,有逐渐向石灰岩过渡的类型,如石灰质白云岩或白云质石灰岩等。

(3) 泥灰岩。泥灰岩是碳酸盐岩与黏土岩之间的过渡类型。其中黏土含量在25%~50%之间,若黏土含量为5%~25%,则称为泥质灰岩。泥灰岩通常为隐晶质或微粒结构,加冷稀盐酸起泡,且有黄色泥质沉淀物残留。颜色有浅灰、浅黄、浅绿、天蓝、红棕及褐色等多种。

(4) 硅质岩。硅质岩主要由蛋白石、石髓及石英组成,SiO_2含量在70%~90%之间,此外尚有黏土、碳酸盐、铁的氧化物等。这类岩石包括硅藻土、燧石岩、碧玉铁质岩和硅华,其中以燧石岩最为常见。燧石岩致密坚硬,锤击有火花,多呈结核状、透镜状产出,也有呈层状生于碳酸盐岩之中的。颜色多为深灰色和黑色,但也有红色、黄色,甚至白色者。常具隐晶质结构,带状构造。

3.2.3 沉积岩的肉眼鉴定及命名

由于沉积岩是经沉积作用形成的,所以沉积岩都具有层状构造的特征,这是沉积岩的共性,也是它们最主要的特征,在鉴定时,应予充分注意。但是,事物都有它的特殊性,在考虑共性的同时,还需抓住它们自身的特点,以便区别不同类型的沉积岩。

在鉴定碎屑岩时,除观察颜色、碎屑成分及含量外,尚须特别注意观察碎屑的形状和大小,以及胶结物的成分。

在鉴定泥质岩时,则需仔细观察它们的构造特征,即看有无节理等。

在鉴定化学岩时,除观察其物质成分外,还需判别其结构、构造,并辅以简单的化学试验,如用冷稀盐酸滴试,检验其是否起泡。

根据对上述特征的观察分析,即可给不同沉积岩以恰当的命名。沉积岩的一般命名方法，仍以主要矿物为准，定出基本名称，然后再结合岩石的颜色、层理规模、结构及次要矿物的含量等，定出附加名称，如灰白色中粒钙质长石石英砂岩、深灰色中厚层鲕状灰岩等。

3.2.4 沉积岩相的概念

前已提及，在不同的沉积环境中形成的沉积岩，具有不同的特征。比如从海岸到海洋，沉积物的性质逐渐发生变化，首先是粒度由粗变细，表现为砾石—砂粒—泥质—石灰质淤泥（图3-16），其次是所含生物化石从陆生到海生、从底栖到浮游生物等。而"沉积岩相"就是与这些问题有关的概念。目前地质学界对此概念尚有不同理解，有些人理解为沉积岩生成时的古地理环境；但也有些人理解为能反映生成环境的沉积物或沉积岩的特征。本书编者倾向于后一种见解。

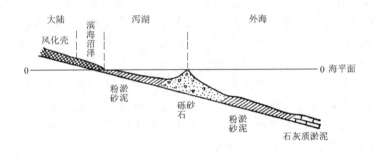

图 3-16　沉积环境变化示意图

按自然地理条件，沉积岩相可分为大陆相、过渡相和海相。

（1）大陆相包括河流相、湖泊相、沼泽相等大陆沉积物，影响陆相沉积的主要因素是地形、气候及生物界等。

（2）过渡相指陆地与海洋之间的过渡地带及其相应的沉积物。它的突出地貌标志是泻湖，泻湖的基本特征是含盐不正常，泻湖中可形成过渡相。此外，由河流入海处的三角洲过渡相也很发育。因此，过渡相可进一步分为泻湖相和三角洲相等。

（3）海相沉积物的性质主要受海水的物理化学性质、海水深度、海底地形、海洋气候等因素的控制，其中最主要的是海水深度。因此，通常根据海底沉积物形成的深度将海相沉积进一步细分为滨海相、浅海相和深海相等。

岩相在水平方向及垂直方向上的变化称为"相变"。前者是由于古地理条件在空间上的差异性所造成的，后者则是由于古地理条件在时间上的差异性所造成的。地壳的升降运动直接引起海水的进退。地壳上升，发生海退，原来被海水所淹没进行海相沉积的地区变成陆地，则在海相沉积地层上开始产生陆相沉积，或是停止沉积，遭受剥蚀。相反，地壳下降，发生海侵，使陆相沉积岩层上开始产生海相沉积层。因此，同一地点，在海水进退过程中所沉积的岩相就发生了不同的变化。

沉积岩相的研究，不仅对查明沉积矿产（如铁、锰、铝、磷、煤和石油等）的赋存条件和分布规律，有着重大的实际意义，而且在地层划分和对比，以及解决沉积岩的成因等方面有着深远的理论意义。

3.2.5 沉积岩中的主要矿产

沉积岩中蕴藏着极为丰富的矿产。据统计，沉积岩中的矿产占世界全部矿产总产值的70%~75%。在我国，绝大部分铝矿、磷矿、大多数锰矿、铁矿都蕴藏于沉积岩中或与沉积岩有关。如河南、贵州、山东的铝土矿，四川、湖北、云南、贵州的磷矿，湖南、贵州、河北的锰矿，以及我国著名的宣龙式铁矿、宁乡式铁矿、涪陵式铁矿等，都产于不同时代的沉积岩中。

号称工业粮食的煤，全部蕴藏于沉积岩中。

被誉为工业血液的石油，全部生成于沉积岩中，而且绝大部分都储存于沉积岩中。

盐矿是真溶液沉积的矿产，是钾、钠、钙、镁的卤化物及硫酸盐等矿物所组成的沉积矿产的总称。如江西、四川的岩盐，湖北、山西的石膏，四川西部的芒硝，云南西部的钾盐以及青海、西藏的盐卤等。

除此之外，尚有金、钨、锡、金刚石及各种稀有元素矿产，常以砂矿的形式赋存于砂、砾石中。

有的沉积岩本身就是矿产，如作水泥原料和耐火材料的黏土岩，作玻璃和陶瓷原料的石英砂岩，作水泥及冶炼辅助原料的石灰岩和白云岩等。

3.2.6 沉积岩与开采技术有关的特点

掌握沉积岩的特征，不仅是为了认识和区分沉积岩，而且还在于这些特征与开采技术条件有密切的关系。在沉积岩的所有特征中，影响开采技术条件的主要是矿物成分和结构构造。

（1）矿物成分与采掘的关系。沉积岩中对采掘有影响的矿物成分有以下几类：

1）二氧化硅类矿物。二氧化硅类矿物主要有石英、燧石和蛋白石等。含这类矿物特多的岩石有石英砂岩、硅质灰岩和燧石灰岩。上述矿物的特点是硬而脆，所以当岩石中这些矿物含量高时，岩石的稳固性好。在掘进过程中，虽难以凿岩，但爆破效果好，且一般不需支护。但因含游离的二氧化硅多，要特别注意防尘。

2）碳酸盐类矿物。碳酸盐类矿物主要有方解石、白云石、菱镁矿、菱锰矿等。含这类矿物多的岩石有石灰岩、白云岩和泥质灰岩等。这类岩石凿岩及爆破性能均好，岩体稳固性也较强，有利于采用快速掘进的方法。但由于含方解石较多，易于溶解而产生溶孔和溶洞，常是地下水活动的通道和储存的场所，矿山开采时，可能引起矿坑突然涌水而造成重大事故。因此，必须加强水文地质工作，搞好防排水措施。

3）黏土类矿物。黏土类矿物主要有高岭石、蒙脱石和水云母等。含这类矿物多的岩石有各种黏土岩、页岩及泥岩。这类岩石的特点是硬度小，具可塑性，遇水膨胀、软化和黏结。具有凿岩性好（不包括黏土）、稳固性差、爆破性也差的特点。同时，它们长期受水浸泡时，会使地下坑道变形，露天边坡不稳，矿车结底，溜井和凿岩机水眼堵塞等。但是，只要加强防排水措施，就可以避免或减少上述问题的发生。

（2）岩石结构与采掘的关系。如前所述，结构对采掘的影响在于矿物颗粒的粗细，即具粗粒结构的岩石比具细粒结构的岩石强度偏低。但是，碎屑岩的物理机械性质主要取决于胶结物的成分和性质，泥质胶结比铁质或硅质胶结的岩石硬度小，稳固性差。

(3) 岩石构造与采掘的关系。沉积岩最大特点是具有层理构造，这种构造的存在，使岩石在各方向的强度不同。在其他条件相同或相似的情况下，层理越发育，岩石的稳固性能越低，各方向上的强度差异也越大。一般平行岩石层理方向的抗压和抗剪强度小，抗张强度大，而垂直于岩石层理方向，情况则正好相反。

在这类岩石中开凿巷道时，若顺着层理方向掘进，不仅爆破效果不好，而且容易产生冒顶、片帮事故，给采掘以不利的影响；如果斜交，特别是垂直层理方向掘进时，则可以提高爆破效果，也可增加顶板及两帮的稳固性。

在矿山开拓及采准中，针对层理发育、稳定性差的岩石，采用锚杆喷浆的新支护技术，可取得简易、牢固、节省坑木的效果。

以上从三个方面分析了沉积岩与开采技术有关的特点，值得注意的是，在研究沉积岩的采掘特点时，应该把上述几方面的特征有机地联系起来，全面进行分析，只有正确掌握这类岩石与采掘的关系，才能找出最经济、最合理、最有效的采掘措施。

3.3 变 质 岩

变质岩是由原来的岩石（岩浆岩、沉积岩和变质岩）在地壳中受到高温高压以及化学成分渗入的影响，在固体状态下，发生剧烈变化后形成的新的岩石。因而，变质岩不仅具有自身独特的特点，而且还常常保留着原岩的某些特征。

3.3.1 变质岩的一般特征

变质岩以其特有的变质矿物和构造特征，区别于岩浆岩和沉积岩。

3.3.1.1 变质岩的矿物组成及特点

组成变质岩的矿物，大致可以分为两部分：一部分是与岩浆岩和沉积岩共有的矿物，主要有石英、长石（正长石、微斜长石和斜长石）、云母、角闪石、辉石、方解石和白云石等；另一部分是变质岩所特有的矿物，主要有石榴子石、红柱石、蓝晶石、阳起石、硅灰石、透辉石、透闪石、矽线石、十字石、蛇纹石、滑石和绿泥石等，这些特征矿物常是鉴别变质岩的标志。

变质矿物多具以下特点：

(1) 变质矿物在高温条件下，一般都较稳定，如矽线石等。

(2) 变质岩由于常受定向压力的影响，其中某些矿物常呈针状、纤维状、鳞片状、柱状、放射状等，如呈片状的绿泥石、石墨，呈放射状的阳起石、硅灰石等；而另一些矿物出现拉长的现象，如角闪石、云母、长石一般较岩浆岩中的同种矿物长得多，就连某些非一向延长的矿物也可被拉长，按一定方向排列。

(3) 变质矿物中常有包裹体，如红柱石中常有碳质、石英等包裹体存在。

(4) 变质岩中的矿物由于本身生长力大小的关系而有各种不同的自形程度。如石英的生长能力较弱，一般只能形成他形晶；红柱石生长力特强，常形成自形晶。它们与岩浆岩中矿物因熔点不同所形成的结晶顺序不同。如变质岩在其变质过程中，先形成的斜长石是酸性斜长石，最后才形成基性斜长石，这一规律恰好与岩浆岩中斜长石的结晶顺序相反。

(5) 变质矿物虽有些与岩浆岩中的矿物相同，但其生成时的温度远较岩浆岩中的相同矿物低。

值得注意的是，一定的原岩成分，经过变质作用后会产生不同的矿物组合，如同样是含 Al_2O_3 较多的泥质岩类，在低温时产生绿泥石、绢云母与石英的矿物组合；在中温条件下产生白云母、石英的矿物组合；在高温环境中则产生矽线石、长石的矿物组合。

变质矿物的共生组合还决定于原岩成分，原岩成分不同、变质条件相同，所产生的变质矿物也不相同，如石英砂岩受热力变质后生成石英岩，而石灰岩同样也受热力变质作用则只能形成大理岩。

3.3.1.2 变质岩的结构

变质岩几乎都具结晶结构，但由于变质作用的程度不同，又可分为变余结构、变晶结构和压碎结构。

(1) 变余结构。变余结构是一种过渡型结构。由于变质作用进行得不彻底，在变质岩的个别部分，还残留着原来岩石的结构。这种结构对于判断原来岩石属何类别，有着很大的意义。如变质岩的原岩是砂状沉积岩，则可出现变余砂粒结构（或变余泥质结构）；若变质岩的原岩是岩浆岩，则可能出现变余斑状结构等。变余结构一般常见于变质较轻的岩石中。

(2) 变晶结构。变晶结构是变质岩最重要的结构。由于这种结构是原岩中各种矿物同时再结晶所形成的，所以矿物晶体互相嵌生，晶形的发育程度，并不取决于矿物的结晶顺序，而是取决于矿物的结晶能力，这是与岩浆岩的结晶结构不一样的（岩浆岩的结晶结构一般是先形成的矿物，自形程度比后生成的矿物高）。变晶结构又可分为：

1) 等粒变晶结构。岩石中所有矿物晶粒的大小近乎相等，与岩浆岩的等粒结构近似。石英岩、大理岩具有此种结构。

2) 斑状变晶结构。斑状变晶结构与岩浆岩中的斑状结构相似，即在岩石中，细粒的基质上分布一些较大的变斑晶的粗大晶体。组成变斑晶的矿物，大多是结晶能力强的矿物，如石榴子石、电气石、蓝晶石、十字石等。片岩、片麻岩常具这种结构。

3) 鳞片变晶结构。一些鳞片状矿物沿一定方向平行排列，如云母片岩等。

(3) 压碎结构。由于动力变质作用，使岩石发生破碎而形成的，如碎裂岩等。

3.3.1.3 变质岩的构造

变质岩的构造是识别各种变质岩的重要标志。

(1) 片理构造。片理构造不仅是识别各种变质岩而且是区别于其他岩类的重要特征。片理构造的形成，是由于岩石中片状、板状和柱状矿物（如云母、长石、角闪石等），在定向压力的作用下重结晶，垂直压力方向呈平行排列而形成的（图3-17）。顺着平行排列的面，可以把岩石劈成一片一片的小型构造形态，称为片理。根据形态的不同，片理构造又可以分为以下几种：

1) 片麻状构造。岩石中的深色矿物（黑云母、角闪石等）和浅色矿物（长石、石英等）相间呈条带状分布，在岩石的外观上，构成一种黑白相间的断续条带状构造，片麻岩具这种构造。

2) 眼球状构造。在片麻状构造中，常有某种颗粒粗大的矿物（如石英、长石），呈透镜状或扁豆状，沿片理方向排列，形似眼球，故此得名。

3) 片状构造。由一些片状或柱状、针状矿物（如云母、滑石、绿泥石、角闪石、矽线石等）平行排列而成，片理特别清楚，是片岩所具有的构造。

4) 千枚状构造。片理清晰，片理面上有许多细小的绢云母鳞片作有规律的分布，使岩石呈现丝绢光泽，即称为千枚状构造，是千枚岩所具有的构造。

5) 板状构造。柔软的泥质岩石受挤压后，形成易劈成薄板的构造，称为板状构造，劈开面称板理面。劈开面上常有鳞片状绢云母散布，是板岩所具有的构造。

(2) 块状构造。矿物无定向排列，其分布大致呈均一状，如石英岩、大理岩常具这种构造。

(3) 条带状构造。岩石中的矿物成分分布不均匀，某些矿物有时相对集中呈宽的条带，有时呈窄的条带，这些宽窄不等的条带相间排列，便构成条带状构造。混合岩常具这种构造。

(4) 斑点构造。当温度升高时，原岩中的某些成分（如碳质）首先集中凝结或起化学变化，形成矿物集合体斑点，其形状、大小可有不同。某些板岩具有这种构造。

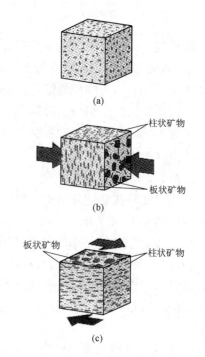

图 3-17 在定向压力的作用下片状、板状和柱状矿物的平行排列
(a) 原始情况；(b) 受横向压应力的情况；
(c) 受剪切应力的情况

3.3.2 变质岩的分类及各类岩石特点

根据变质岩的成因即变质作用类型，可将变质岩分为三大类：区域变质岩、接触变质岩和动力变质岩（表3-3）。

表 3-3 变质岩分类简表

类别	岩石名称	主要矿物	构造		变质作用
区域变质岩	板岩 千枚岩 片岩 片麻岩 大理岩 石英岩 混合岩	肉眼不能辨识 绢云母 石英、云母（绿泥石）等 石英、长石、云母、角闪石等 方解石、白云石 石英 石英、长石等	片理	板状 千枚状 片状 片麻状	区域变质
			块状	糖粒状 致密状	
			片理	条带或片麻状	混合岩化作用
接触变质岩	大理岩 石英岩 角页岩 矽卡岩	方解石、白云石 石英 长石、石英、角闪石、红柱石 石榴子石、透辉石等	块状	糖粒状 致密状	热力变质
				斑点或致密状 或斑杂状	接触交代
动力变质岩	构造角砾岩 糜棱岩	原岩碎块 原岩碎屑	角砾状 条带或眼球状		动力变质

常见变质岩的主要特征如下:

(1) 板岩。板岩是一种结构均匀,致密且具有板状劈理的岩石。它是由泥质岩类经受轻微变质而成。因而,其结晶程度很差,尚保留较多的泥质成分,具变余泥质结构,板状构造。矿物颗粒很细,肉眼一般很难识别,只在板理面上可见有散布的绢云母或绿泥石鳞片。与页岩的区别是,质地坚硬,用锤击之能发出清脆的响声。因板岩可沿板理面裂开呈平整的石板,故广泛用作建筑石料。

(2) 千枚岩。岩石的变质程度比板岩深,原泥质一般不保留,新生矿物颗粒较板岩粗大,有时部分绢云母有渐变为白云母的趋势。主要矿物除绢云母外,尚有绿泥石、石英等。岩石中片状矿物形成细而薄的连续的片理,沿片理面呈定向排列,致使这类岩石具有明显的丝绢光泽和千枚状构造。岩石颜色多样,一般为绿色、黄绿色、黄色、灰色、红色和黑色等。

这类岩石大多由黏土类岩石变质而成,少数可由隐晶质的酸性岩浆岩变质而成。

(3) 片岩。片岩是以片状构造为特征的岩石。组成这类岩石的矿物成分主要是一些片状矿物,如云母、绿泥石、滑石等,此外尚含有石榴子石、蓝晶石、十字石等变质矿物。片岩与千枚岩、片麻岩极为相似,但其变质程度(结晶程度)较千枚岩深。而片岩与片麻岩的区别,除在构造上不同外,最主要的是片岩中不含或很少含长石。根据片岩中片状矿物种类不同,又可分为云母片岩、绿泥石片岩、滑石片岩、石墨片岩等。

(4) 片麻岩。片麻岩是以片麻状构造为特征的岩石。片麻岩可由各种沉积岩、岩浆岩和原已形成的变质岩经变质作用而成。这类岩石变质程度较深,矿物大都重结晶,且结晶粒度较大,肉眼可以辨识。主要矿物为石英和长石,其次为云母、角闪石、辉石等,此外尚可含少量的石榴子石、矽线石、堇青石、十字石、蓝晶石和石墨等典型变质矿物。

片麻岩和片岩可以是逐渐过渡的,两者有时无清晰划分界限,但大多数片麻岩都含有相当数量长石。因此,习惯上常根据是否含有粗粒长石来划分。

(5) 大理岩。较纯的石灰岩和白云岩在区域变质作用下,由于重结晶而变为大理岩,也有部分大理岩是在热力接触变质作用下产生的。这类岩石多具等粒变晶结构,块状构造。因主要矿物为方解石,故滴冷稀盐酸强烈起泡,以此可与其他浅色岩石相区别。大理岩色彩多异,有纯白色大理岩(又称汉白玉)、浅红色、淡绿色、深灰色及其他各种颜色的大理岩,同时常因其中含有杂质而呈现出美丽的花纹,故广泛用作建筑石料和雕刻原料。

(6) 石英岩。由较纯的石英砂岩经变质而成,变质以后石英颗粒和硅质胶结物合为一体。因此,石英岩的硬度和结晶程度均较砂岩高。主要矿物成分为石英,并有少量长石、云母、绿泥石、角闪石等,深变质时还可出现辉石。质纯的石英岩为白色,因含杂质常呈灰色、黄色和红色等。这类岩石亦多具等粒变晶结构,块状构造。石英岩有时易与大理岩相混,其区别在于大理岩和盐酸起泡,且较石英岩硬度小。石英岩在区域变质作用和接触变质作用下均可形成,但以前种方式更为主要。

(7) 角岩。角岩由泥质岩石在热力接触变质作用下形成,是一种致密微晶质硅化岩石。其主要成分为石英和云母,其次为长石、角闪石,并有少量石榴子石、红柱石、矽线石等标准变质矿物。北京西山菊花沟即产有红柱石角岩,红柱石晶体呈放射状排列,形似菊花,故又称菊花石。

(8) 矽卡岩。矽卡岩是由石榴子石、透辉石以及一些其他钙铁硅酸盐矿物组成的岩石。它是在石灰岩或白云岩与酸性或中酸性岩浆岩的接触带或其附近形成的。岩石的颜色常为深褐色、褐色、褐绿色。具粗—中粒状变晶结构，致密块状构造。根据矽卡岩的矿物成分可分为：

1) 简单矽卡岩。主要由钙铁石榴子石和透辉石组成，还可含少量硅灰石、符山石、方柱石等矿物，其中金属矿物很少。

2) 复杂矽卡岩。由简单矽卡岩经热液蚀变而成。除前述之主要矿物外，还可有绿帘石、阳起石或磁铁矿、黄铜矿等金属矿物。

伴随着矽卡岩的生成，可以造成若干重要金属矿产。因此，这类岩石可以认为是一种重要的找矿标志。

(9) 蛇纹岩。蛇纹岩是以蛇纹石为主要矿物成分的岩石。成分较纯者和蛇纹石相似，一般呈黄绿色，也有呈暗绿色和黑色者。质软，略具有滑感，常见片理及碎裂构造。

蛇纹岩大多是由超基性岩（橄榄岩）在热液作用下使其中的橄榄石、辉石变成蛇纹石而形成，其化学反应式如下：

$$4Mg_2[SiO_4] + 4H_2O + 2CO_2 \longrightarrow Mg_6[Si_4O_{10}](OH)_8 + 2Mg[CO_3]$$
（橄榄石） （蛇纹石） （菱镁矿）

$$6CaMg[Si_2O_6] + 4H_2O + 6CO_2 \longrightarrow Mg_6[Si_4O_{10}](OH)_8 + 6Ca[CO_3] + 8SiO_2$$
（透辉石） （蛇纹石）

这种变化称为蛇纹石化。蛇纹石化作用多沿断裂破碎带发育，也可由区域变质作用和动力变质作用产生。在蛇纹石化作用不彻底的某些蛇纹岩中，常保留有橄榄石和辉石等原岩的残留矿物。

蛇纹岩呈片状者，一般称为蛇纹石片岩。有的蛇纹岩常含有由蛇纹石纤维状变种——石棉所组成的细脉。因此，蛇纹岩常是石棉矿床的找矿标志。

(10) 混合岩。原来的变质岩（片岩、片麻岩、石英岩等），由于许多相当于花岗岩的物质（来自上地幔的碱性流质），沿片理贯注或与原岩发生强烈的交代作用（称为混合岩化作用）而形成的一种特殊岩石，称为混合岩。它是在深成褶皱区的超变质作用下形成的。混合岩通常由两部分组成：一部分为原岩，如云母片岩、斜长角闪岩等，称为基体；另一部分是混合岩化过程中的活动组分，成分以钾长石、石英为主，称为脉体。混合岩的构造多样，脉体在基体中常呈眼球状、条带状及片麻状等。根据混合岩化作用的强度，可将混合岩分为注入混合岩、顺层混合岩、花岗质混合片麻岩和混合花岗岩四大类。

(11) 构造角砾岩。构造角砾岩是高度角砾岩化的产物。碎块大小不一，形状各异，其成分决定于断层移动带岩石的成分。破碎的角砾和碎块已离开原来的位置杂乱堆积，带棱角的碎块互不相连，被胶结物所隔开。胶结物以次生的铁质、硅质为主，亦见有泥质及一些被磨细的本身岩石的物质。

(12) 碎裂岩。在压应力作用下，岩石沿扭裂面破碎，方向不一的碎裂纹切割岩石，碎块间基本没有相对位移，碎块外形相互适应，这样的岩石称为碎裂岩。可根据破碎轻微部分的岩性特征确定其原岩名称。命名时可在原岩名称前冠以"碎裂"两字，如碎裂花岗岩。

(13) 糜棱岩。糜棱岩是粒度比较小的强烈压碎岩，岩性坚硬，具明显的带状、眼球纹理构造。带状构造在标本上很像流纹，不同条带中矿物粒度、成分及颜色都有差异，它是在压碎过程中，由于矿物发生高度变形移动或定向排列而成。在压碎较浅的部分，残留有较大的眼球状矿物，这些残留矿物多已发生碎裂、形变，晶粒边缘已经磨碎或圆化。此岩石往往伴随有重结晶或少量新生矿物析出物，如绢云母、绿泥石及绿帘石等。

后三类岩石均系构造运动产生的局部应力使原岩破碎、粒化，甚至重结晶而形成的，多呈狭长带状分布，并有一定局限性。构造角砾岩和碎裂岩分布地带常是矿液上升通道和沉淀的场所，某些矿体即分布其中或其附近，因而具有找矿意义。但是，这些地带也常因岩石稳固性差，给采矿工作带来困难。

3.3.3 变质岩的肉眼鉴定和命名

肉眼鉴定变质岩主要是根据构造和矿物成分。在矿物成分中，应特别注意那些为变质岩所特有的矿物，如石榴子石、十字石、红柱石、硅灰石等以及变斑晶矿物。

根据变质岩所具有的构造，可将其划分为两类：一类是具有片理构造的岩石，其中包括片麻岩、片岩、千枚岩和板岩；另一类是不具片理构造的块状岩石，主要包括石英岩、大理岩和矽卡岩。

鉴定具片理状构造的岩石时，首先根据片理构造的类型，很容易将上述岩石分开，然后根据变质矿物和变斑晶矿物进一步给所要鉴定的岩石定名，如片岩中有石榴子石呈变斑晶出现时，则可定名为石榴子石片岩；若滑石、绿泥石出现较多，则称为绿泥石或滑石片岩。

对块状岩石，则结合其结构和成分特征来鉴别，如石榴子石占多数的矽卡岩，则称为石榴子石矽卡岩；如含较多硅灰石的大理岩则可称为硅灰石大理岩。

3.3.4 变质岩中的主要矿产

变质岩中，亦蕴藏着许多重要的金属与非金属矿产。

与接触变质岩有关的矿产有铁、铜、铅、锌、锡、钨、钼、铍、石棉等。例如湖北的铁矿、安徽的铜矿、湖南的铅锌矿和钨矿、云南的锡矿、辽宁的钼矿、海南岛的水晶矿以及河北的石棉矿等，都是由接触交代作用所形成的矿床。

与区域变质岩有关的矿产有铁、石墨、滑石、菱镁矿、刚玉及磷矿等。例如鞍山的铁矿、山东栖霞的滑石矿、莱阳的石墨矿、灵寿的刚玉矿以及海州的磷矿等，都是经区域变质作用形成的。

在其他变质作用下，也可形成某些重要矿产，例如超基性岩在热液作用下，可形成石棉、滑石、菱镁矿；在花岗岩经自变质而形成的云英岩中常有钨、锡矿等。

值得注意的是，某些变质岩本身就是很重要的矿产。例如大理岩特别是纯大理岩和蛇纹石大理岩，就是很珍贵的建筑石料及雕刻石料；板岩也是良好的建筑材料。

3.3.5 变质岩与开采技术有关的特点

变质岩对采掘的影响也取决于岩石的矿物组成和结构构造。

(1) 变质岩的矿物组成对采掘的影响。在这类岩石的矿物组成中，常因含一定数量的滑石、绿泥石和云母等而对采掘影响较大。这些矿物光滑柔软，且多呈片状，因而稳定性极差，不少矿山常因此而冒顶片帮，故在采矿过程中必须引起足够重视。至于所含其他矿物组分，大多与岩浆岩和沉积岩相似，它们的采掘特点可参见前节相应内容。

（2）变质岩的结构构造对采掘的影响。这类岩石的结构对采掘的影响不甚突出，而构造对采掘影响较为明显。

变质岩的构造尤以片理构造对采掘影响更大。如千枚岩、片岩及板岩的片理（或板理）比较发育，岩石沿片理延伸方向结合力较低，故上述岩石的稳定性极差。一般情况下，岩石的片理越发育，各方向的强度相差越大（在平行片理的方向抗压和抗剪强度小，抗拉强度大；垂直片理的方向则恰好相反）。

岩石片理发育时，对采掘极为不利，必须加强支护，其有效的办法是在垂直片理的方向，采用锚杆喷浆支护，即可增强该类岩石的稳定性，避免冒顶和片帮。

露天开采时，因片理所造成的岩石稳定性差，从而影响岩体的边坡稳定；但另一方面有时可提高爆破的效果。

以上分别讨论了三大类岩石，它们以其固有的特点互相区别，详见表3-4。

表3-4　三大类岩石区分简表

特征	岩浆岩	沉积岩	变质岩
矿物成分	均为原生矿物，其成分复杂，但较稳定，常见的有石英、长石、角闪石、辉石、橄榄石和黑云母等	次生矿物占相当数量，矿物成分简单，但一般多不固定，常见的有石英、正长石、白云母、方解石、白云石、高岭石、绿泥石和海绿石等	除具有原岩的矿物成分以外，尚有典型的变质矿物，如石榴子石、透辉石、矽线石、蓝晶石、十字石、红柱石、阳起石、符山石
结构	以粒状、斑状结构为其特征	以碎屑、泥质及生物碎屑结构为其特征	以变晶、变余、压碎结构为其特征
构造	具流纹、气孔及块状构造	多具层理构造	多具片理构造
产状	多以侵入体出现，少数喷出呈不规则形状产出	层状或大透镜状	随原岩的产状而定
分布	以花岗岩、玄武岩分布最广	黏土岩分布最广，其次为砂岩，再次为石灰岩	以区域变质岩分布最广

但是，这三大类岩石和宇宙间的一切矛盾一样，并不是彼此孤立地存在的，而是无论在产状分布上或是在岩石成因上，都是彼此依存、相互转化的。尤其是在成因上，它们互为因果的关系更明显，在一定条件下互相转化。出露在地表的任何岩石（岩浆岩、沉积岩、变质岩），在大气圈、水圈和生物圈共同作用下，经风化、剥蚀、搬运、沉积、固结形成新的沉积岩。任何岩石在构造作用下进入地壳深处，在温度不太高的情况（一般小于800℃）下，将产生不同程度的变质，形成新的变质岩。当地壳深处温度升高到一定程度（一般大于800℃），岩石将发生局部熔融，形成岩浆，岩浆随侵入和喷出活动，形成各种岩浆岩。这些变化不是简单的重复，而是复杂多变的，从而使地球上的岩石千姿百态。同时，变化过程中一些有用组分在特定条件下富集，形成可供人类利用的矿产。

思考题与习题

3-1 根据地质作用岩石可分成几大类,野外如何区分?
3-2 什么是岩石的结构,什么是岩石的构造,研究岩石的结构构造有什么意义?
3-3 岩浆岩按 SiO_2 的含量可分为哪几大类,岩浆岩中常见矿物可分成哪两大类?
3-4 超基性岩类、基性岩类、中性岩类以及酸性岩类各有哪些常见的岩石?
3-5 岩浆岩的结构和构造有哪些,研究岩浆岩的结构构造有何意义?
3-6 什么是岩浆岩的产状,根据产状岩浆岩可分成几大类?
3-7 沉积岩的结构和构造有哪些,常见的岩石类型有哪些?
3-8 沉积岩的矿物成分与岩浆岩相比较,有哪些显著的区别?
3-9 什么是沉积岩的层理(状)构造,按层理形态可分为哪几种?
3-10 沉积岩的岩层面上有哪些可反映沉积岩生成条件和形成环境的特征?
3-11 沉积岩可进一步分为三类,其分类依据是什么,常见的沉积岩种类有哪些?
3-12 变质岩的结构和构造有什么特点,常见的变质岩构造有哪些?
3-13 与岩浆岩和沉积岩相比,变质岩有哪些特有的矿物,变质矿物有哪些特点?
3-14 对比岩浆岩、沉积岩、变质岩中的主要组成矿物,分析它们之间存在哪些不同。
3-15 岩浆岩、沉积岩、变质岩的形成过程中都存在矿物的结晶作用,它们之间有何区别?
3-16 根据变质作用类型,可将变质岩分为哪三大类,常见的变质岩种类有哪些?
3-17 岩浆岩、沉积岩、变质岩之间是如何相互转化的?

4　地质年代及地层系统

地球形成距今约 46 亿年，这是根据地球与太阳系其他天体都来自同一星云的理论，并结合球粒陨石的成分比较而推算出来的。目前已知地球上最古老的岩石同位素年龄为 41~42 亿年（澳大利亚），因此地壳至少在 41 亿年前已形成。在这漫长的地质年代里，组成地壳的岩石、矿物以及地球生物，无时无刻不在变化、运动和发展中。地壳中各种岩石和矿产都是在一定的地质年代中形成的，都有一定的生成时间和先后顺序。

地壳的表层，沉积岩分布最广，它们是由厚薄不等的一层一层的沉积岩累积在一起形成的。沉积岩具有明显的层状构造，由沉积岩变质成的变质岩和夹在沉积岩中的火山岩、火山碎屑岩也都具有成层现象。

地壳处于不断运动中，在某一地质年代里，有的地区因上升而遭受风化、剥蚀；有的地区则不断下降，接受沉积，形成沉积岩层。在地质学上，把某一地质时代形成的一套岩层（不论是沉积岩、火山岩、火山碎屑岩，还是经过变质的上述层状岩石）称为那个时代的地层。

地层是研究地壳历史的根据，依据地层的物质成分、颗粒大小、厚度及其中所含化石等内容，可以对一个地区或不同地区的地层进行划分和对比，确定地层的生成顺序和相对地质年代；根据不同地质时期形成的地层的岩性、成分及化石组成等特征，可分析其形成时的古地理环境、生物组成，进而了解古地理、古环境变化和生物的演化，探讨地壳发展演化及地壳运动的规律。因此，划分地质年代和地层系统，对研究地壳的演化过程、地壳中岩石和矿物的形成条件、生物演化规律等具有重要意义，同时对寻找和勘探相关的矿产资源及矿山开采也具有重要的实际意义。

4.1　确定地质年代的方法

确定地层地质年代有两种方法：一是确定地层的相对地质年代，二是确定岩石形成到现在所经历的时间，即所谓"绝对"地质年龄。

4.1.1　相对地质年代确定法

相对地质年代的确定，主要是依据地层的上下层序、地层中的化石、岩性以及地层的接触关系等。

4.1.1.1　地层层序法

沉积岩在形成时，先沉积的在下面，后沉积的在上面，这是自然的上下覆盖关系。即正常的地层，总是老的先沉积在下，而新的后沉积在上，地层这种新老的上下覆盖关系，称为地层的层序定律。利用这个关系可确定地层的相对年代。但这种方法在地层受到剧烈地壳运动而发生倒转的情况下，就不能应用了。但如果能利用地层中的某些特殊地质现象（如层面构造等）确定其形成时的上下覆盖关系，则仍可利用地层层序定律确定地层的相对地质年代。

4.1.1.2 古生物比较法

化石是某地质历史时期的生物保存在地层中的遗体或遗迹，如动物的外壳、骨骼、角质层或足印，以及植物的枝、干、叶等。地球上自有生物以来，每一个地质时期有其相应的生物群落，随着时间推移，生物经历了由简单到复杂，由低级到高级的演化过程。在某一地史阶段灭绝了的种属不能再在新的发展阶段中出现，这个规律，称为生物演化的不可逆性。因而，不同地质时期形成的地层中生物化石的种类和组合不同。人们利用那些演化快、生存周期短、分布广的生物化石（标准化石）来确定地层的相对年代。

4.1.1.3 标准地层对比法

地壳的不断运动使古代自然地理环境不断发生变化，而沉积环境的变化也必然反映到各时代沉积岩层的岩性变化上。所以，一般情况下，在同一沉积环境里，同一时期形成的沉积岩往往具有相似的岩性特征及岩性组合；而不同时期形成的沉积岩在岩性特征和岩性组合上往往不同。因此，在一定区域内，可以根据各地层的岩性特征和岩性组合来划分和对比地层。通常是利用已知相对地质年代的，具有一种特殊性质和特征的，易为人们辨认的"标志层"来进行对比。例如，华北和东北的南部各地奥陶纪地层是厚层质纯的石灰岩，广西一带的泥盆纪初期的地层为紫红色的砂岩等，都可作为标志层，还可利用地层中含燧石结核的灰岩、冰碛层、硅质层、碳质层等特征来定"标志层"。标准地层对比法，一般是用于时代比较老而又无化石的"哑地层"。对含有化石的地层，可两者结合运用，相互印证。

4.1.1.4 地层接触关系法

它是根据地层之间的接触关系来确定其相对地质年代的。地层之间的接触关系有：整合接触、平行不整合（假整合）接触和角度（斜交）不整合接触（图4-1）。

（1）整合接触。在地壳长期下降的情况下，沉积物在沉积盆地中一层一层地沉积下来，不同时代的地层是连续沉积的，这种地层之间的接触关系，称为整合接触。

（2）平行不整合接触（假整合）。当地壳由长期下降状态转变为上升时，早先形成的地层露出水面，不仅不再继续接受沉积，而且还遭受到风化剥蚀，形成高低不平的侵蚀面（地层未经过强烈变形，侵蚀面总体与地层产状平行），其后地壳再次下降，原来的侵蚀面上又沉积了一套新的地层。这样，新老两套地层的产状大致平行，但它们之

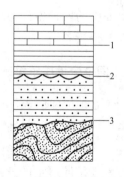

图4-1 地层接触关系
1—整合；2—平行不整合；
3—角度不整合

间存在着一个侵蚀面，称为不整合面，并缺失一部分地层，反映沉积作用曾经发生过间断。新老地层之间的这种接触关系称为平行不整合（假整合）接触。

（3）角度（斜交）不整合接触。如果地壳在由下降转为上升的过程中，原来的地层

因地壳剧烈运动而发生褶皱和断裂时，岩层便会产生不同程度的倾斜。当这套地层露出水面经过风化剥蚀后，再次下降接受新的沉积时，新老两套地层之间不但有地层缺失，而且不整合面上下两套地层的岩层产状也有明显差异，呈角度相交。这种接触关系称为角度（或斜交）不整合接触。在不整合面上常保留有遭受风化剥蚀的痕迹，其上往往有下伏地层的碎屑或化学风化产物（如底砾岩、褐铁矿等）。

地层之间的接触关系是地壳运动在地层中保留的地质历史记录，特别是不整合接触，反映了地壳运动过程中出现了下降—上升—下降的阶段性变化。不整合面上下地层的岩性、古生物等都有明显不同。因此，不整合接触就成为划分地层的重要依据。例如，在华北和东北的南部地区，石炭至二叠纪的一套含煤地层直接盖在奥陶纪中期形成的厚层石灰岩之上，中间缺失了志留纪、泥盆纪的地层，其间有一个明显的平行不整合面存在（图4-2）。又如，在广西地区，泥盆系地层和早古生界地层之间也存在着一个显著的角度不整合。

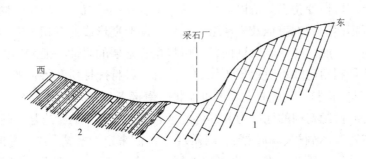

图4-2　华北某地中奥陶统与中石炭统地层间的平行不整合接触关系
1—中奥陶统石灰岩；2—中石炭统砂页岩夹石灰岩

上面讲的四种划分地层和确定地层相对年代的方法，在实际工作中应该结合具体情况，综合分析利用。

4.1.2　同位素地质年龄确定法

同位素地质年龄表示的是从岩石形成到现在的实际年龄，即所谓"绝对"年龄。它是根据岩石中所含的放射性同位素和它的衰变产物—稳定同位素的相对含量测定，并经计算得出的。当岩石和矿物形成时，一些放射性同位素就已经含在里面。从这时起，这些放射性同位素就按照恒定的速度衰变成为稳定同位素，如 $U^{235}\rightarrow Pb^{207}$、$K^{40}\rightarrow Ar^{40}$ 等。例如 1g 铀在一年内可以衰变出 7.4×10^{-9}g 的铅，根据含铀矿物中放射性母体与衰变子体的原子数比率，就可以测出该含铀矿物的岩石实际形成的年龄。岩石同位素地质年龄测定方法很多，由于测试方法不同和样品选择的不同，所得到的数据精度也不相同。因此，在放射性同位素地质年龄测定中应根据实际情况选择适当的方法，具体方法和注意事项可参考 White（1997），韩吟文和马振东（2003）及相关文献。同位素地质年龄测定主要用来确定不含化石的古老地层、岩浆岩、变质岩和矿床形成的年龄。

4.2 地质年代及地层系统

4.2.1 地质年代及地层单位的划分

地质年代是表示地球形成至今的某一段时间。地层单位在地层学中是指根据岩层的不同特征或属性将其划分成的不同单位。由于划分依据的不同，可分为岩石地层单位、年代地层单位、生物地层单位等。

以地层的岩性特征和岩石类别作为划分依据的地层单位，称为岩石地层单位，包括群、组、段、层四个级别。岩石地层单位没有严格的时限，在其分布范围内的不同地点，其时间范围是不等同的。在岩石地层单位中，组是划分岩石地层的基本单位，由岩性、岩相、变质程度较为均一并与上下层有明确界限的地层所构成。组的厚度不等，一般从几米到几百米，最大可达数千米。段是组内次一级的岩石地层单位，其岩性特征与组内相邻岩层有明显的区别。一个组不一定都划分为段。层是最小的岩石地层单位，指组内或段内一个明显的特殊单位层，如膨润土层、碳质层等。群是最大的岩石地层单位，由两个或两个以上经常伴随在一起而又具有某些统一的岩石学特点的组联合构成；某些厚度巨大、岩类复杂，又因受构造运动的扰动以致原始顺序无法重建的一大套地层也可以视为一个特殊的群。组不一定合并为群，群较多地用于前寒武系（如五台群）或表示现有研究下未能很好地确定其形成年代的一套岩层。

生物地层单位是以含有相同的化石内容和分布为特征，并与相邻地层单位的化石有区别的岩层体。生物地层单位的一般术语是生物带，其中延限带和顶峰带对确定地层相对年代意义最大。延限带指的是任一生物分类单位（种、属、科等）的延续时限内所形成的地层；顶峰带是指某些化石种、属最繁盛的一段时限内形成的地层。

年代地层单位是指在特定的地质时间间隔内形成的岩层体，其顶底界线均为等时面。年代地层单位包括宇、界、系、统、阶、时间带六个级别；其相对应的地质年代单位分别为宙、代、纪、世、期、时。宇是最大的年代地层单位，是宙的时间内形成的地层。整个地质时代包括四个宙：冥古宙、太古宙、元古宙和显生宙；相应的年代地层单位分别为冥古宇、太古宇、元古宇和显生宇。太古宙又分为古太古代和新太古代，相应的年代地层单位为古太古界和新太古界。元古宙又分为古元古代、中元古代和新元古代，相应的年代地层单位为古元古界、中元古界和新元古界。显生宙按生物演化的重大变化与阶段划分为古生代、中生代和新生代，相应的年代地层单位为古生界、中生界和新生界。显生宇（宙）内的界（代）进一步划分为若干系（纪）；系（纪）内再分为若干统（世）；统（世）可再分阶（期）。这些不同级别的地层单位是以不同级别的生物演化阶段来划分的。

4.2.2 地质年代表

地质年代表如表 4-1 所示。

表 4-1　地质年代表

地质时代（地层系统及代号）				同位素年龄值/Ma	构造阶段（及构造运动）		生物界	
宙（宇）	代（界）	纪（系）	世（统）				植物	动物
显生宙（宇）(Ph)	新生代（界）(Kz)	第四纪（系）(Q)	全新世（统）(Q_h)	0.01	新阿尔卑斯构造阶段（喜马拉雅构造阶段）		被子植物繁盛	人类出现 / 哺乳动物与鸟类繁盛
			更新世（统）(Q_p)	2.5				
		新近纪（系）(N)	上新世（统）(N_2)					
			中新世（统）(N_1)	23				
		古近纪（系）(E)	渐新世（统）(E_3)					
			始新世（统）(E_2)					
			古新世（统）(E_1)	65				
	中生代（界）(Mz)	白垩纪（系）(K)	晚白垩世（统）(K_2)		老阿尔卑斯构造阶段	燕山构造阶段	裸子植物繁盛	爬行动物繁盛
			早白垩世（统）(K_1)	135				
		侏罗纪（系）(J)	晚侏罗世（统）(J_3)					
			中侏罗世（统）(J_2)					
			早侏罗世（统）(J_1)	208.5				
		三叠纪（系）(T)	晚三叠世（统）(T_3)			印支构造阶段		
			中三叠世（统）(T_2)					无脊椎动物继续演化发展
			早三叠世（统）(T_1)	250				
	古生代（界）(Pz)	二叠纪（系）(P)	晚二叠世（统）(P_2)		（海西）华力西构造阶段		蕨类及原始裸子植物繁盛	两栖动物繁盛
			早二叠世（统）(P_1)	290				
		石炭纪（系）(C)	晚石炭世（统）(C_3)					
			中石炭世（统）(C_2)					
			早石炭世（统）(C_1)	355				
		泥盆纪（系）(D)	晚泥盆世（统）(D_3)				裸蕨植物繁盛	鱼类繁盛
			中泥盆世（统）(D_2)					
			早泥盆世（统）(D_1)	409				
		志留纪（系）(S)	晚志留世（统）(S_3)		加里东构造阶段			海生无脊椎动物繁盛
			中志留世（统）(S_2)					
			早志留世（统）(S_1)	439				
		奥陶纪（系）(O)	晚奥陶世（统）(O_3)					
			中奥陶世（统）(O_2)					
			早奥陶世（统）(O_1)	510				
		寒武纪（系）(∈)	晚寒武世（统）($∈_3$)				真核生物进化藻类及菌类植物繁盛	
			中寒武世（统）($∈_2$)					
			早寒武世（统）($∈_1$)	570				
元古宙（宇）(Pt)	新元古代（界）(Pt_3)	震旦纪（系）(Z)	晚震旦世（统）(Z_2)	700				裸露无脊椎动物出现
			早震旦世（统）(Z_1)	800				
		青白口纪（系）(Qb)						

续表 4-1

地质时代（地层系统及代号）				同位素年龄值/Ma	构造阶段（及构造运动）	生物界	
宙（宇）	代（界）	纪（系）	世（统）			植物	动物
元古宙（宇）(Pt)	中元古代（界）(Pt₂)	蓟县纪（系）(Jx)		1000	晋宁运动	原核生物	
		长城纪（系）(Chc)			吕梁运动		
	古元古代（界）(Pt₁)	滹沱纪（系）(Ht)		1800			
		未 名					
太古宙（宇）(Ar)	新太古代（界）(Ar₂)	五台纪（系）		2500	阜平运动	生命现象开始出现	
		阜平纪（系）		3100			
	古太古代（界）(Ar₁)	迁西纪（系）					
冥古宙（宇）(Hd)				3850			
				4600	地球形成		

注：1. 据王鸿祯等《中国地层时代表》（1990 年）略改并补充。
2. 据 2000 年 5 月全国地层会议通过的《中国区域年代地层表》：①二叠纪（系）由二分变为三分，即分为早（上）二叠世（统）、中二叠世（统）、晚（上）二叠世（统）；②石炭纪（系）由三分变为二分，取消中碳世（统）；③太古宙（宇）四分，由早到晚为始太古代（界）、古太古代（界）、中太古代（界）和新太古代（界）。
3. 与地质年代中早、中、晚世相对应的地层单位为下、中、上统。

4.3 我国地史概述

从大地构造上看，中国大陆主要由三个前寒武纪陆块和其间的褶皱带组成，三个前寒武纪陆块包括中朝（华北）陆块、塔里木陆块、扬子陆块（也许还包括华夏板块）（Wang 等，1995）。在漫长的地质历史中，其经历了复杂的演化过程，包括大陆生长、大洋俯冲、陆陆碰撞等，造成不同地区在某一地质时期所处的环境有很大差异，因此形成了不同的地层类型和岩性组合。现简要概述中国出露的地层特征及地质发展简史，特别是华南和华北地区的不同之处。

4.3.1 太古宙（宇）(Ar) 和元古宙（宇）(Pt)

我国最老的太古宙地层的年龄数据为 38 亿年。太古宇主要分布在华北地区，为中等变质到深变质的各类片岩、片麻岩，原岩以半黏土质碎屑岩类居多，也有较多或一定的中、基性火山岩类，某些地区的一定层位产鞍山式铁矿。我国其他地区太古界出露很少。

从一些变质岩中保存下来的有机质，说明太古宙地球上可能已有原始生物，但至今还没有找到可靠的化石。在漫长的地质时期内，太古宙的地层经历了多次强烈的地壳运动、岩浆作用和变质作用，很难恢复原来岩石的面貌和对其详细划分。太古宙末一次强烈的地壳运动，使太古宇与上覆元古宇呈角度不整合接触，同时有花岗岩侵入，在我国称五台运动。

元古宙分为古元古代、中元古代和新元古代。古元古界上部（华北地区）为滹沱系

(旧称滹沱群），是一套浅变质的沉积—火山岩系，与上覆中元古界呈角度不整合接触。华北地区中元古界自下而上为长城系、蓟县系，新元古界下部为青白口系。华南地区新元古界上部为震旦系。华北地区的长城系、蓟县系和青白口系由一套沉积碎屑岩—碳酸盐岩系组成，现普遍发生变质，其原岩包括砂岩、泥质岩、石英岩、硅质岩、白云岩和灰岩等，局部含沉积铁矿和沉积锰矿。

4.3.2 古生代（界）（Pz）

古生代是地球上古生物繁盛的时代，古生代地层中保留有大量的化石，各类生物化石异常丰富，尤其是我国南方诸省最佳。所以，从寒武纪开始，可以利用化石来划分地层。根据生物演化发展阶段，古生代可分为早古生代和晚古生代。早古生代包括寒武纪、奥陶纪和志留纪；晚古生代包括泥盆纪、石炭纪和二叠纪。古生代的地层以海相沉积为主。我国古生界分布情况为：

（1）华北地区，指秦岭、大别山以北，阴山以南的广大地区。寒武系、奥陶系主要为浅海石灰岩及白云岩；上奥陶统、志留系、泥盆系、下石炭统缺失；中、上石炭统为海陆交互相含煤沉积，是我国北方很重要的含煤地层；二叠系为陆相含煤沉积及红色沉积。

（2）华南地区，包括长江流域，以及江南广大地区，是我国古生代地层发育最好的地区，各类化石极为丰富。寒武系、奥陶系多为浅海相碳酸盐岩沉积；志留系为砂页岩和笔石页岩（笔石为古生物名称）；泥盆系、石炭系为浅海相碳酸盐岩及碎屑岩类沉积；二叠系分布广泛，下统为浅海石灰岩，上统含煤，并含以大羽羊齿为代表的华夏植物群。二叠纪时川、滇、黔诸省有大片玄武岩类喷溢。早古生代生物以笔石最为特征，尤其是志留纪也称为笔石的时代。晚古生代的泥盆纪是鱼类的时代。植物已开始在陆地上发育、海边出现了小规模的森林，海水中的腕足类非常繁盛，珊瑚也大量繁殖。石炭纪时鳞木和芦木等植物繁盛，海洋中有一种个体很小的海生动物—鲢，十分发育。二叠纪的生物以鲢、大羽羊齿植物为主。二叠纪末期出现了爬行动物。生物界的这一大变革，标志着古生代即将结束。

（3）西北地区，古生代地层仅出露于柯坪、库鲁克塔格等地。寒武系、奥陶系为浅海相碳酸盐岩；志留系、泥盆系为浅海相砂页岩沉积；石炭系、二叠系为浅海相碳酸盐岩及砂页岩、局部含煤，上二叠统为陆相碎屑岩沉积。

（4）西南地区，寒武系为巨厚的复理石、类复理石沉积；奥陶系、志留系为笔石页岩及介壳灰岩；泥盆系、石炭系、二叠系遍布全区，主要为砂页岩和碳酸盐岩沉积，局部地区夹较多的海底喷发火山岩。

早古生代的地壳运动，世界上称为加里东运动。我国志留纪末期的地壳运动，造成了南方泥盆系与志留系或更老的地层普遍呈角度不整合接触，以在广西最为明显，所以称为广西运动。二叠纪末期地壳运动的影响十分广泛，我国北部的内蒙古，西部的天山、昆仑山等地区都有强烈褶皱上升，形成高山，同时伴有岩浆活动，这次运动称为海西运动。

4.3.3 中生代（界）（Mz）

中生代是地球上生物演化达到中等阶段的时代，包括三叠纪、侏罗纪和白垩纪。

（1）三叠纪（T）。三叠纪的生物界，海洋中以菊石类和瓣鳃类最繁盛，大陆上出现了大型的爬行动物——恐龙。植物则以苏铁、银杏为主。大致以北秦岭、中祁连、西昆仑山为界，南方属海相沉积区，主要为浅海相镁质碳酸盐岩、砂页岩及潟湖石膏岩盐沉积。上三叠统在华南、川、滇、西藏等地都是主要的含煤地层，如江西的安源煤系、四川的须家河煤系、云南的祥云煤系、西藏的土门格拉煤系等。北方属陆相沉积区，以鄂尔多斯发育最好，其他地方分布比较零星。中、下统为红色碎屑沉积，上统上部含煤（即瓦窑堡煤系）。

（2）侏罗纪（J）。陆地上的植物大量繁殖，如松柏、苏铁和银杏等，形成大规模森林。因此，侏罗纪成为地史上第二次重要成煤时期。侏罗纪爬行动物占统治地位，陆地上有巨大的恐龙，空中有飞龙，水中有鱼龙。在四川上侏罗统中发现的马门溪龙，长达22m，体重可达四五十吨。

侏罗纪我国除西藏、滇西和广东沿海、台湾等地有海相沉积外，其余均为大大小小的内陆盆地沉积，其中蕴藏着丰富的煤矿，如京西门头沟煤系、吐鲁番哈密煤系、鸡西煤系等，并有重要的陆相含油层。

（3）白垩纪（K）。白垩纪的生物界与侏罗纪相似。沉积岩大部分为陆相红色沉积。我国东部白垩纪火山岩分布很广，内陆盆地中形成红色岩层，产石膏、岩盐和沉积铜矿等矿产，江西的盐矿就是产在白垩系红色岩层中。海相沉积局限于喀喇昆仑、喜马拉雅、西藏、台湾等地。白垩纪是地壳运动强烈的时期，气候变得干燥炎热，称霸一时的恐龙和菊石这时走向反面，在白垩纪末期全部绝迹，标志着中生代的结束。在我国辽宁省的白垩纪地层中发现了著名的中国翼龙（Xu 等，2003；Wang 等，2005）。

中生代发生了多次强烈的地壳运动，并伴有广泛的岩浆侵入作用和火山爆发，在我国称为燕山运动。强烈的岩浆活动，形成了丰富的内生矿床，如华南的钨、锡矿，长江中下游的矽卡岩型铜、铁矿等。所以，中生代是我国内生矿床的重要成矿时代。

4.3.4 新生代（界）（Kz）

新生代标志着生物发展到了一个新的阶段，这个时代的生物和现代相似，是哺乳动物和被子植物的时代。人类的出现在生物演化过程中具有划时代的意义。新生代包括古近纪、新近纪和第四纪。

（1）古近纪（E）和新近纪（N）。这一时期，我国除台湾和喜马拉雅地区仍被海水淹没，有海相沉积外，其余各地均为陆相沉积，有红色和绿色砾岩、砂岩和页岩等。红色地层中产丰富的岩盐、石膏和沉积铜矿等，而在绿色砂页岩中产煤、油页岩和石油等。

新近纪末期的地壳运动，使台湾和喜马拉雅地区褶皱上升成山脉，并伴有岩浆活动。这次运动称为喜马拉雅运动。

（2）第四纪（Q）。第四纪是地壳发展历史最近的一个时代，到现在还只有100~250万年的历史。第四系大多数是一些松散的堆积物，主要矿产有各种砂矿、泥炭和盐类矿床等。

大约200多万年前，人类的出现是地史中最重大的事件。生活在四五十万年以前的"北京猿人"在我国被发现，为人类发展历史的研究提供了重要依据。在北京附近周口店的石灰岩洞穴中发现"北京猿人"头骨化石时，还发现了他们所使用过的工具——石器，说明人类的进化是和劳动分不开的。

第四纪以来，地壳运动很强烈，现代的火山活动、地震以及大陆块的水平移动等，都是地壳运动的表现。近百万年来曾多次出现大规模的冰川、冰碛物广布，表明气候也曾发生过多次改变。

需要注意的是，年代地层单位和地质年代在描述中用词会有不同，如元古宙从老到新可分为古元古代、中元古代和新元古代，其对应的年代地层单位分别为古元古界、中元古界和新元古界，而对侏罗纪来说自老至新分为早侏罗世、中侏罗世和晚侏罗世，其对应的年代地层单位则分别称为下侏罗统、中侏罗统和上侏罗统。一般地质年代单位多采用早、中、晚，而年代地层单位则采用下、中、上来描述。

思考题与习题

4-1 熟悉下列概念：地层；地层层序定律。
4-2 年代地层单位、生物地层单位、岩石地层单位各是依据什么进行地层划分的？
4-3 熟记地质年代表，并注意地质年代单位与年代地层单位在表达方法上的差别；熟悉各年代地层单位的地层代号。
4-4 岩石地层单位从小到大分为哪四个级别，其中的"组"代表怎样的地质意义？
4-5 地层的接触关系有哪几种，分别代表了怎样的地质意义？
4-6 确定相对地质年代的方法有哪些，其各自的依据是什么？

5 地质构造

地质构造是指地质体（岩层、岩体或矿体等）存在的空间形式、状态及相互关系，是地质作用（特别是地壳运动）所造成的岩石（或矿体）变形、变位等现象。地质构造是地壳运动的结果，主要包括褶皱（背斜、向斜）、断裂（断层、节理、劈理）等。为了查明地质构造的形成和发展过程，不但要运用构造几何学和地质历史分析法研究地质构造的特征和形成的先后顺序，而且要应用力学分析法研究地质构造形成过程的力学机理，并使两者结合起来进行辨证的分析。

构造地质学研究无论是在地球科学理论还是在生产实践中均具有重要意义。构造地质学研究成果在研究地壳运动的发生和演化历史、地壳中矿产资源的形成和分布规律等方面具有重要的意义，在矿产勘查与开发、工程建设（铁路、公路、水利、建筑等）、环境监测与地质灾害预防和国防建设中得到广泛的应用。地壳中矿产的分布、矿体的形态、产状等都受到各种地质构造控制。全球构造控制了全球成矿带的分布；区域构造控制了区域成矿带的展布；矿区构造控制了矿体的就位、分布、形态和产状；而成矿后的构造又对矿体起了破坏作用。地质构造研究可以为矿山开采中的开拓设计、采矿方法选择、采场的合理布置，以及解决矿山水文地质、工程地质问题等提供依据。同时，矿山开采、隧道施工中很多灾难事故的发生也多与地质构造有关。因此，加强对地质构造的认识和研究，可以有效预防矿山灾害事故的发生。

5.1 岩层产状及其测定

5.1.1 水平岩层和倾斜岩层

沉积物在大区域内沉积时均呈近于水平的层状分布。沉积物固结成为岩石之后，在没有遭受强烈的水平运动，而只受地壳的升降运动影响的情况下，会仍然保持其水平状态，这种岩层称水平岩层。但是，绝对水平的岩层几乎是不存在的。这一方面是由于岩层形成时，本身就不可能是绝对水平的；另一方面，即使是大规模的升降运动，也总会出现局部的差异性。习惯上，把倾角小于5°的岩层称为水平岩层。

岩层由于地壳运动（主要是水平运动）的影响，改变了原始状态，形成倾斜岩层。如果岩层向一个方向倾斜，而倾角又近于相等，则称为单斜岩层。

5.1.2 岩层的产状及产状要素

倾斜岩层往往是某一地质构造的一部分，例如褶曲的一翼或断层的一盘。为了表明岩层的这种空间分布状态，就需要查明岩层的产状及其在地质图上的表现。

岩层的产状是指岩层在空间产出的状态。确定一个岩层的产状有三个要素：走向、倾

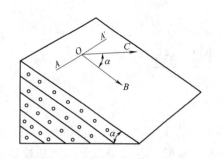

图 5-1 岩层产状要素

AOA'—走向线；OB—倾斜线；OC—倾斜线的水平投影，箭头指倾向；α—岩层倾角

向和倾角（图 5-1）。这里把岩层面看成平面，产状要素确定了岩层面在空间的延伸方向、倾斜方向和倾斜度。

岩层面与水平面的交线称为该岩层的走向线（图 5-1 中 AOA'），走向线所指的方向称为走向。走向线的两头各指向一方，例如一头指向东，另一头就指向西，该岩层的走向就是东西方向，简称东西走向。因此，岩层有两个走向，两者相差 180°。

在层面上垂直岩层走向线的直线称为岩层的倾斜线（图 5-1 中 OB），倾斜线在水平面上的投影称为倾向线（图 5-1 中 OC），倾向线所指的方向（由高指向低），就是岩层的倾向。倾斜线和倾向线之间的夹角（图 5-1 中 α），称为岩层的倾角。可见，当 $\alpha=0°$ 时，为水平岩层；当 $\alpha=90°$ 时，为直立岩层；当 $0°<\alpha<90°$ 时，为倾斜岩层。

在斜交岩层走向所切的剖面上，岩层表现出的倾角（岩层露头线与水平线之间的夹角）总是比真倾角小，这个倾角称为视倾角（图 5-2）。

真倾角与视倾角的关系可以从图 5-2 中看出：$\triangle ABO$ 是垂直岩层走向的剖面，α 表示岩层的真倾角；$\triangle ACO$ 是斜交岩层走向的剖面，β 代表视倾角，ω 代表真倾向和视倾向之间的夹角。

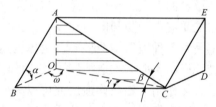

图 5-2 真倾角与视倾角之间的关系

在 $\triangle ABO$ 中，$\angle AOB=90°$，所以 $\tan\alpha = \dfrac{OA}{OB}$ （a）

在 $\triangle ACO$ 中，$\angle AOC=90°$，所以 $\tan\beta = \dfrac{OA}{OC}$ （b）

由（a）、（b）两式可以看出，β 和 α 的大小决定于 OC、OB 值的大小。

由图 5-2 可知：当 ω 愈小时，OC 和 OB 的长短愈接近，视倾角就接近真倾角；当 $\omega=0°$ 时，则 $OC=OB$，$\beta=\alpha$，视倾角也就是真倾角了。这说明，只要剖面线一偏离岩层倾向线的方向，视倾角就比真倾角小。

实际工作中，常需要把同一岩层的视倾角换算成真倾角，有时又要把真倾角换算成视倾角。图 5-2 中，α 代表真倾角，β 代表视倾角，γ 代表岩层走向与剖面方向之间的夹角（$\gamma=90°-\omega$，简称剖面夹角）。其三角关系式：

因为 $\tan\beta = \dfrac{OA}{OC}$，$\tan\alpha = \dfrac{OA}{OB}$，$\sin\gamma = \dfrac{OB}{OC}$

$OA = OC\tan\beta$，$OA = OB\tan\alpha$

所以 $OB\tan\alpha = OC\tan\beta$

$\tan\beta = \dfrac{OB}{OC}\tan\alpha = \sin\gamma\tan\alpha$

即 $\tan\beta = \tan\alpha\sin\gamma$

就是说，视倾角的正切等于真倾角的正切乘以剖面夹角的正弦。

5.1.3 岩层的厚度和出露宽度

岩层顶面和底面之间的垂直距离，称为岩层的真厚度。但在断崖、巷道（公路）边帮上和地质剖面图上，所显露的只是岩层顶面和底面的迹线，它们之间的垂直距离不一定是真厚度。只有当剖面是垂直于岩层走向切制时，才出现真厚度；其他不垂直于岩层走向切制的剖面图中，出现的都是视厚度。岩层顶面和底面之间的铅直距离，称为铅直厚度（图5-3）。

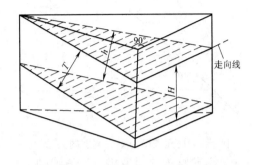

图5-3 三种厚度的立体图件
T—真厚度；h—视厚度；H—铅直厚度

对同一个岩层来说，真厚度只能有一个数值，但视厚度可以有无数个数值，因剖面切制线和岩层走向之间的夹角大小而异。当夹角为90°时，视厚度等于真厚度；当夹角为0°时（即剖面切制线和岩层走向重合），视厚度等于铅直厚度。因此，对同一岩层来说，三者的关系是：

$$铅直厚度 H \geqslant 视厚度 h \geqslant 真厚度 T$$

铅直厚度的变化视岩层倾角的大小而定。同一岩层当其倾角不变时，则在各个方向的剖面上，其铅直厚度是相等的。

真厚度和铅直厚度换算关系式是：

$$T = H\cos\alpha$$

真厚度在岩层的延展方向上也是会有变化的。但是，这种变化不是出于几何学的原因，而是由于沉积条件的变化所引起的岩层的横向变厚、变薄或尖灭。

实际工作中，弄清岩层的真厚度、视厚度和铅直厚度十分重要。例如，当巷道不垂直于倾斜岩层走向掘进时，两帮岩层所显示的厚度应为视厚度；同样，在倾斜矿层中钻探，铅直钻孔所见的矿层厚度应是铅直厚度（如是斜孔，情况更为复杂），如果误认为是真厚度来估算矿量，将造成很大的错误。

岩层的出露宽度（L）指岩层于地表的出露宽度在水平面上的投影（也就是地形地质图上表现出来的岩层宽度）。它受岩层的真厚度（T）、地面坡度（β）和岩层倾角（α）三者的影响（图5-4和图5-5），可以有以下三种情况：

(1) 当岩层倾向与坡向相反时

$$L = T\cos\beta / \sin(\alpha+\beta)$$

(2) 当岩层倾向与坡向相同时

$$L = T\cos\beta / \sin(\alpha-\beta) \quad (\alpha>\beta)$$
$$L = T\cos\beta / \sin(\beta-\alpha) \quad (\alpha<\beta)$$

(3) 当地面平坦时，即 $\beta=0$ 时

$$L = T/\sin\alpha$$

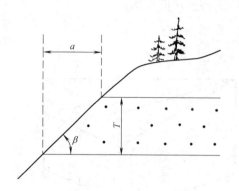
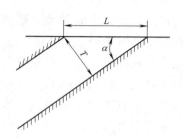

图 5-4　地面坡度与露头宽度的关系
a—露头宽度；T—岩层真厚度；β—地面坡度

图 5-5　地面平坦时真厚度与地面出露宽度、岩层倾角的关系

此外，当岩层倾向和地面坡向平行（即 $\alpha=\beta$）时，岩层沿坡面出露直至坡度发生变化。上述公式，在实际工作中主要用于通过岩层出露宽度（L）、地面坡度（β）和岩层倾角（α）求得岩层的真厚度（T）。由于地面起伏不平，实际情况是比较复杂的，应结合具体情况综合分析。

5.1.4　岩层产状的测定及表示方法

5.1.4.1　地质罗盘

目前，测定岩层产状仍然用地质罗盘。地质罗盘的种类很多，但任何一种罗盘总是由三个主要部件构成：方位角刻度盘，上面刻画有由 0°～360° 的方位角，并注有东西南北方向，但刻度盘上的东西方向和实际东西方向正好相反；磁针，注意在地球北半球地区所用罗盘磁针上带有铜丝的一端是南针（即指向南方，铜丝是用来校正磁倾角的）；测斜仪，用以测量岩层倾角或地面坡角等。此外还有水准泡和制动器等。

我国目前广泛使用国产地质罗盘，其构造如图 5-6 所示。

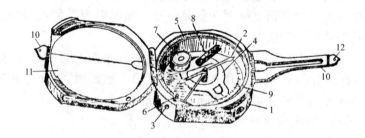

图 5-6　地质罗盘构造

1—底盘；2—磁针；3—方位角刻度校正螺丝；4—测斜仪；5—方位角刻度盘；6—磁针制动器；7—水准器气泡；
8—测斜仪水准气泡；9—倾斜角刻度；10—折叠式瞄准器；11—玻璃镜；12—观测孔

使用罗盘前应检查罗盘：首先要校正磁偏角，然后看磁针摆动是否灵活，再检查罗盘置水平面上水泡是否居中。若不合要求则需要进行调整。

罗盘的使用方法如图 5-7 所示。测量岩层倾向（上层面）时，将罗盘后端直边（即南端）紧靠在岩层面上，转动并压、抬罗盘使圆形水准器气泡居中（即使罗盘保持水平），读北针所指刻度盘读数就是岩层的倾向（方位角）。测量岩层倾角时，使罗盘底面直立，罗盘长边紧贴岩层面，使之平行岩层倾斜线，然后拨动罗盘背后的"马蹄形"铁片（不同型号罗盘操作有所不同），使柱状水准气泡居中，读测斜指示器中间线所指的刻度数就是岩层的倾角。注意，当罗盘置于岩层下层面测量时，岩层倾向则由南针读出。

因为岩层走向和倾向相差90°，所以在野外测量岩层产状时，只需测量岩层的倾向和倾角即可，如果要知道岩层的走向，把测得的倾向加减90°即可。当然，也可直接测量岩层的走向。如图5-7所示，将罗盘侧边紧贴岩层面，并使圆形水准器气泡居中，此时磁针所指的刻度盘读数即为岩层的走向。注意，因为地层有两个走向，两者相差180°，因此南针、北针所指的读数均为岩层的走向。

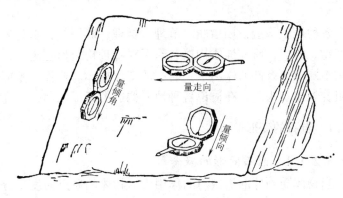

图 5-7 岩层产状测量方法示意图

5.1.4.2 岩层产状的表示方法

在地质图中，倾斜岩层产状常用符号 ⊥³⁰ 表示，长线表示走向，短线表示倾向，数字代表倾角。在文字记录中，岩层产状有两种表示方法。

（1）方位角法。如图5-8所示，东南西北总共是360°，规定北方为0°，正东为90°，正南是180°，正西为270°，再转至北为360°。例如图5-8中0—1直线的方位角是50°，0—3直线的方位角是140°。

（2）象限角法。如图5-9所示，东西、南北两直线相交，组成四个夹角为90°的象限角，南、北向规定为0°，东、西两端则为90°。例如图5-9中1—2直线的象限角是南75°东（或S75°E），1—3直线的象限角是北75°西（或N75°W）。

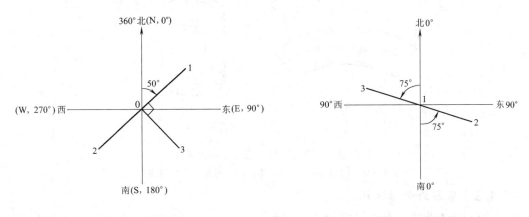

图 5-8 方位角　　　　　　　　　图 5-9 象限角

野外工作中,常将测定到的岩层产状用方位角记录。例如一个岩层的产状为倾向85°,倾角70°时,用方位角记录为85°∠70°,前者表示倾向,后者是倾角。目前,象限角法应用较少,但在一些年代较老的地质资料中仍可见及。

5.2 岩石变形的力学分析

各种地质构造,如褶曲、节理、劈理、断层等,都是岩石长期受力的作用所形成的变形产物。所以,研究地质构造,除了对各种构造形态进行详细的观察和描述外,还必须研究在不同应力条件的作用下,岩石的变形规律。这样,才能揭示出地质构造的发生、发展和组合规律。为此,在讨论各种地质构造的特征之前,先介绍岩石变形的基本知识。

5.2.1 岩石的变形

5.2.1.1 岩石变形的概念

当物体受到外部机械力的作用后,物体的质点便发生分离、聚集或位移,即开始变形过程。物体的外部形态和体积的改变,是它内部质点发生变化的宏观表现。地壳表层的岩层,大多数是沉积形成的。当它未受到外力之前,一般是水平的。但在自然界,水平岩层极少见到,绝大多数岩层均已倾斜,甚至弯曲成各种褶皱,即改变了原始面貌,发生了变形。已经变形的岩石,也会继续受到力的作用,进一步发生变形,使原有变形不断受到改造。

无论岩石的变形多么复杂,它的基本形式只有五种:拉伸、压缩、剪切、弯曲、扭转(图5-10)。

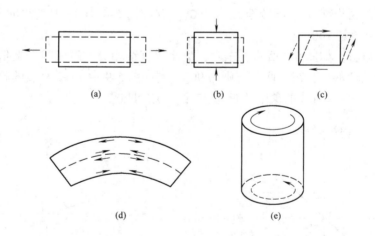

图 5-10 岩石变形的五种基本形式
(a) 拉伸;(b) 压缩;(c) 剪切;(d) 弯曲;(e) 扭转

5.2.1.2 岩石的变形过程

材料力学中已讲过,固体材料的变形过程,一般可分为三个阶段:弹性变形阶段、塑性变形阶段、破裂阶段。在弹性变形阶段，应力-应变关系服从虎克定律，应力消失后应变即可恢复。塑性变形阶段，应力超过材料屈服强度（弹性极限、屈服点或比例极限），产生永久变形，但物体的连续性还未受到破坏。当应力积累到一定程度，超过材料破裂强度时，材料便断开而达到破裂阶段。上述是固体材料在实验室常温、常压、常速下变形时的基本规律。在自然界中，由于岩石所处的温度和压力条件、受力方式、受力时间、应变速度的不同以及物体内部的化学键类型和晶格结构的不同，其变形特点也不相同。

5.2.1.3 岩石的破坏形式

岩石受力后发生变形，经过弹性阶段和塑性阶段，最后发生断裂，破坏了岩石的连续完整性。岩石的破坏形式基本有两种：张裂和剪裂。

张裂的方向垂直于张应力或平行于压应力，张应力起主导作用。当岩石所受的最大张应力超过了岩石抗张强度时，便在它的内部垂直最大张应力方向（即平行 σ_1 应力主轴的方向）上产生破裂面。岩石受到拉伸和压缩时均可产生张裂。当岩石受到压缩时，因为它的抗压强度大于抗张强度几十倍，因此不易压裂。但是，若在岩石试件的受力面上放一块铅垫板等柔软物质，使岩石试样能够在垂直于压力的方向上自由地伸长，则会产生平行压力方向的张裂面（图 5-11）。因此，张裂的方向垂直于最大张应力，或平行于最大压应力。

剪裂是由最大剪应力引起的，剪裂面发生在物体受到最大剪应力的方向上。最大剪应力作用的平面位于应力主轴 σ_1 和 σ_3 之间，并与 σ_1 轴相交，夹角为 45°。当岩石受压力作用时（即压缩时），最大剪应力超过岩石的抗剪强度，岩石沿着最大剪应力作用的方向滑动，造成一对共轭剪裂面（图 5-12）。由于岩石内摩擦的存在，剪切面与主压应力作用方向的夹角往往小于 45°，但是经过显著的塑性变形以后，这个夹角也可以大于 45°。

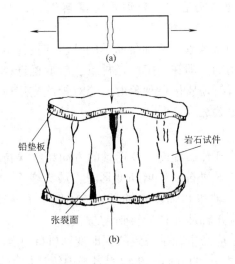

图 5-11 岩石的张裂

(a) 在纵向拉伸时产生的张裂；(b) 夹在铅垫板之间被挤压的岩石试件产生的张裂

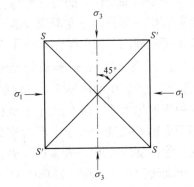

图 5-12 岩石在压缩下产生的一对共轭剪裂面（S 和 S'）

岩石在拉伸的情况下，也可以产生剪裂，剪裂面与主压应力 σ_1 的方向斜交，夹角一般为 45°左右。有时在剪裂形成以前，会先出现"颈缩"现象，然后再发生与主压应力 σ_1 斜交的剪裂面。

5.2.2 应变椭球体

5.2.2.1 应变椭球体的概念

这是贝克尔于 1893 年引入地质学中的，他企图用应变椭球体理论去解释节理分布和劈理成因的规律性。贝克尔从弹性力学的应力应变关系，引出了应变椭球体的概念：在异向同性连续介质中，发生了均匀的、连续的微量变形，并且在岩石变形的萌芽阶段，岩石里的一个圆球几何形象将会变成一个椭球。椭球的最长轴 A 与伸展最长或缩短最小的方向一致；椭球的最短轴 C 与缩短最大或伸展最小的方向一致；椭球的中等轴 B 垂直于这两个方向；椭球中有两个圆切面，它的半径等于 B 轴的长度，代表最大剪切面（受最大剪应力作用的面）的位置（图 5-13）。

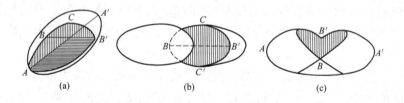

图 5-13 应变椭球体

自然界的岩石多数不是异向同性的介质。因此，由岩石所组成的褶皱、断裂等地质构造，也是不均匀的、连续的微量变形，更不是发生在变形的萌芽阶段，而是经历了很长的弹性、塑性变形阶段。在应用应变椭球体分析地质构造时，要慎重考虑自然界的复杂因素。

实践证明，应用应变椭球体解释简单的地质构造现象，特别是简单的挤压和拉伸的形变，这三个变形轴所代表的应变椭球体是可以使用的。即在一定的条件下，应变椭球体是可以用来解析一部分岩石变形现象的。因此，在解析地质构造现象时，绝对拒绝应用应变椭球体是不正确的，漫无限制地引用应变椭球体也会造成错误。

5.2.2.2 非旋转变形和旋转变形

当岩石受到简单的压缩或拉伸时，无论变形达到什么程度，变形轴的方向始终保持不变，这种变形称为非旋转变形（图 5-14（a））；如果岩石发生剪切变形时，最大变形轴 A 和最小变形轴 C 在变形过程中不断改变方向，即 A 轴和 C 轴以 B 轴为旋转轴发生了转动，这种变形称为旋转变形（图 5-14（b）），图中表示 A 轴从 A 位置转到 A' 位置。

在非旋转变形中，应变椭球体的三个轴和三个应力主轴是一致的，即变形轴 A 相当于最小压应力 σ_3 的方向，变形轴 C 相当于最大压应力 σ_1 的方向，B 轴相当于中等压应力 σ_2 的方向。而在旋转变形中，变形轴和应力主轴的方向是不一致的，因为应力主轴 σ_1 和 σ_3 总是大致和力偶的作用方向成 45°左右，而变形轴 A 和 C 是不断地改变位置的。

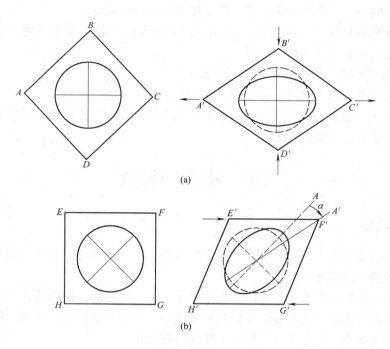

图 5-14 旋转变形和非旋转变形示意图
(a) 非旋转变形；(b) 旋转变形

5.2.2.3 应变椭球体的应用

在一定的条件下，应变椭球体可以用来解析岩石变形的情况。例如，某地区若出现一组东西走向的直立张节理和两组直立的剪节理，其中一组走向是南东，另一组走向是西南（图5-15）。张节理表示张裂面，是垂直于最大变形轴 A（或最小压应力主轴 σ_3）的。根据张节理的产状，A 轴（或 σ_3 轴）应该是水平的，且是南北向延伸，由此可以确定变形轴 A（或 σ_3 轴）的空间位置。假定这两组剪节理是在同一个外力作用下形成的，则

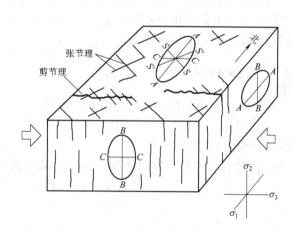

图 5-15 应变椭球体的应用

其相当于一对剪裂面，两剪裂面的交线为变形轴 B（或应力 σ_2）的方向，因此变形轴 B（或应力 σ_2）的方向应该是直立的（图5-15）。变形轴 C（或 σ_1 轴）是垂直于 A 轴（或 σ_3 轴）和 B 轴（或 σ_2 轴）的，所以 C 轴（或 σ_1 轴）是水平的，并且沿着东西方向延伸（图5-15）。为了使之形象化，可以用三个应变椭圆代表应变椭球体。一个椭圆位于东西向的直立剖面上；另一个椭圆位于南北向直立剖面上；第三个椭圆位于水平面上。这些椭圆就是应变椭球体内包含两个变形轴的主切面。根据 C 轴的空间位置可以判断，该地区的主要压力来自东西水平方向。

在实际应用中，应变椭球体在空间的位置由下述因素决定：

（1）应变椭球体的最大变形轴 A 反映了拉伸的方向，表明了岩石变形的最大引张方向，或矿物重结晶及定向排列的方向。

（2）最小变形轴 C 反映了最大的压缩方向。

（3）中等变形轴 B 相当于一对剪裂面的交线方向。

（4）垂直于 A 轴并包含 B 轴和 C 轴的平面，往往是承受最大张力的平面，在此平面方向易于产生张节理、张裂隙等。

5.3 褶皱构造

5.3.1 褶皱现象

层状的岩石经过变形后，形成弯弯曲曲的形态，但是岩石的连续完整性基本没有受到破坏，这种构造叫做褶皱构造。

褶曲是褶皱中的一个弯曲，即褶皱的基本单位，一系列的褶曲组成褶皱。褶曲有两种基本形态：背形和向形。背形是两翼岩层相背倾斜，形态上是岩层向上弯曲的褶曲；向形是两翼岩层相向倾斜，形态上是岩层向下弯曲的褶曲。

背斜和向斜，最初是由两翼岩层的倾向相背和相向而得名。后来发现也有相反的情况。例如，两翼形态为扇形的褶曲，其两翼岩层产状，上、中、下各不相同，有的部分相背，有的部分相向。因此，区别背斜和向斜的主要依据是以核部与两翼岩层的相对新老关系进行判断。背斜核部为相对较老的岩层，而两翼则为相对较新的岩层；向斜核部为相对较新的岩层，而两翼则为相对较老的岩层。

5.3.2 褶曲的要素

为了表示和描述褶曲的空间形态，习惯上把褶曲的各个组成部分称为褶曲要素。

（1）核部。核部指褶曲的中心部分，有时也称轴部。背斜的核部是较老的岩层，向斜的核部是较新的岩层。

（2）翼部。核部两侧的岩层，即一个褶曲两边的岩层。翼部的形态可以是多种多样的，有开张的（图 5-16）、平行的（图 5-17）、扇形的（图 5-18）、箱形的（图 5-19）。

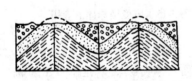

图 5-16 两翼开张的褶曲

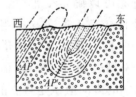

图 5-17 两翼平行的褶曲

（3）轴面。将褶曲平分为两部分的一个假想平面或曲面称为轴面（图 5-20 中 $ABCD$）。其形态是多种多样的，可以是一个简单的平面，也可以是一个复杂的曲面。轴面的产状可以是直立的（图 5-21），也可以是倾斜的（图 5-22），或水平的（图 5-23）。

（4）轴。轴面与水平面的交线称为轴（图 5-20 中 CD）。因此，轴总是一条水平线，它表示褶曲在水平面上的延伸方向。当轴面是平面时，轴为水平直线；当轴面为曲面时，轴为一水平的曲线。

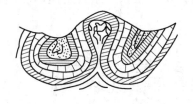

图 5-18 两翼成扇形的褶曲

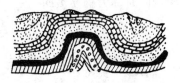

图 5-19 两翼成箱形的褶曲

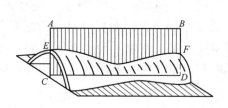

图 5-20 褶曲的轴面（$ABCD$）、
轴（CD）、枢纽（EF）

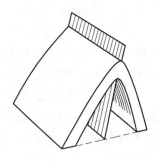

图 5-21 轴面直立的褶曲

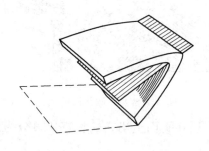

图 5-22 轴面倾斜的褶曲

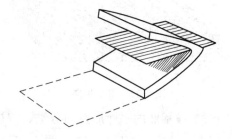

图 5-23 轴面水平的褶曲

（5）转折端。指褶曲从一翼向另一翼过渡的弯曲部分。

（6）枢纽。指轴面与岩层面的交线（图 5-20 中 EF）。枢纽可以是一条直线，也可以是一条曲线；其产状有水平的、倾斜的、直立的及波状起伏的。

5.3.3　褶曲分类及力学分析

5.3.3.1　褶曲的分类

当前褶曲的分类方案很多，如按轴面与两翼产状的分类、按转折端形态的分类、按枢纽产状的分类、按褶曲成因的分类、组合分类等，但主要根据均为褶皱的几何特征。下面介绍常用的几种分类方案。

（1）按轴面和两翼产状的分类。按褶曲的轴面和两翼产状可分为直立褶曲、斜歪褶曲、倒转褶曲、平卧褶曲和翻卷褶曲（图5-24）。直立褶曲的轴面直立，两翼岩层分别向两侧倾伏。斜歪褶曲的轴面倾斜，两翼岩层也向两侧倾伏。倒转褶曲的轴面也倾斜，但两翼岩层向一个方向倾斜。平卧褶曲的轴面水平，两翼岩层产状水平或分别向两侧倾斜。当轴面发生弯曲时称为翻卷褶曲。

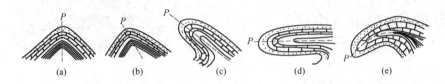

图 5-24　根据轴面和两翼产状进行的褶曲分类

(a) 直立褶曲；(b) 斜歪褶曲；(c) 倒转褶曲；(d) 平卧褶曲；(e) 翻卷褶曲

P—褶曲轴面

（2）按枢纽产状的分类。按枢纽产状，褶曲可分为水平褶曲、倾伏褶曲和倾竖褶曲。水平褶曲的枢纽水平，两翼岩层的走向大致平行，在水平面上，褶曲核部出露的宽度大致相同（图5-25）。倾伏褶曲的枢纽倾斜，两翼岩层走向斜交，在水平面上两翼岩层逐渐接近，并汇合起来（图5-26）。倾伏褶曲按两翼岩层的相对新老关系有倾伏背斜和倾伏向斜之分。倾竖褶曲的枢纽是直立的。

图 5-25　水平褶曲

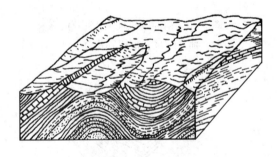

图 5-26　倾伏褶曲

（3）按褶曲的平面形态的分类。按褶曲核部岩层在平面上出露的长宽比可分为线状褶曲（长短轴比大于10∶1，图5-27）、短轴褶曲（长短轴比为3∶1~10∶1,图5-28）及穹窿或构造盆地（长短轴比小于3∶1，图5-28）。穹窿为浑圆形的背斜构造，构造盆地为浑圆形的向斜构造。

5.3.3.2　褶曲的成因及力学分析

褶曲按其形成力学方式之不同，可以分为弯曲褶曲、隆曲褶曲、剪褶曲和流状褶曲。

（1）弯曲褶曲。弯曲褶曲是地壳中分布最广泛的一种褶曲构造。它们是岩层在

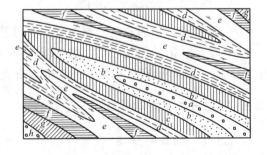

图 5-27　线状褶曲

（线状向斜和线状背斜，a, b, c, d, e, f, g, h 分别代表从老到新的地层层序）

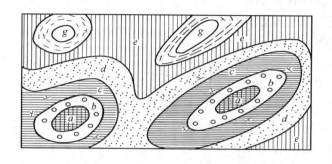

图 5-28 短轴褶曲（右），穹窿和构造盆地（左）
(a，b，c，d，e，g 分别代表从老到新的地层层序）

长期缓慢的近水平（横向）压力作用下，发生永久性的弯曲变形所造成的。岩层受到侧向压力并发生弯曲变形时，对每一单个岩层来说，外侧发生拉伸，内侧发生压缩，外侧和内侧之间有一个既没有拉伸也没有压缩的面，称为中和面（图 5-29）。在外侧的拉伸部分，由于受到顺层的派生张应力作用，产生垂直于层面的张节理，张节理分布在受张应力最大的地方，即褶曲枢纽附近。在褶曲的内侧，岩层受到顺层的派生压应力，形成两组共轭剪节理，或者在岩层面上形成一系列小褶曲，其轴向和弯曲褶曲的轴向大致平行。在弯曲褶曲外侧形成的张节理，往往呈楔状，向内延伸的深度不超过中和面。如果褶曲继续发展，张节理不断加大加深，中和面也不断地向内侧移动。

当一套岩层形成弯曲褶曲时，在岩层之间会发生层间滑动。相邻的两个岩层，上覆岩层相对地朝背形褶曲的枢纽方向滑动，下伏岩层相对背离褶曲枢纽方向滑动（图 5-30）。

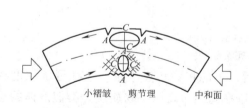

图 5-29 单个岩层形成弯曲褶曲的剖面示意图

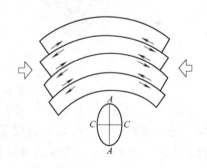

图 5-30 整套岩层形成的弯曲褶曲

弯曲褶曲的形成，岩层的层面起着重要的作用。整套岩层在弯曲过程中，主要是依靠岩层间的相互滑动（层间滑动）而形成褶曲。弯曲褶曲中大多刚性岩层（如砂岩）厚度基本上保持不变，或者变化很小，形成等厚褶曲，而夹在两刚性岩层间的塑性岩层（如页岩），则会发生侧向的流动而形成顶厚褶曲。

（2）隆曲褶曲。岩层受到垂直于层理方向上的作用力形成的褶曲称为隆曲褶曲。这种作用力往往是自下向上的铅直作用力，如地下岩浆的侵入作用或地壳的隆起作用。隆曲褶曲形成时，会在与作用力垂直的方向上（水平方向）发生岩层的伸张。但是每一单个岩层的伸张程度不同，位于外侧的岩层伸张最大，位于内侧的岩层伸张最小。如果岩层的塑性较强，物质可从褶曲顶部转折端向两翼发生顺层流动，形成顶部较薄的背斜构造（图5-31（a））；当岩层塑性很小时，则在顶部形成张裂面，并逐渐发展成为正断层和地堑（图5-31（b））。

（3）剪褶曲。岩层顺着一组大致平行的密集剪切面发生差异滑动所形成的褶曲称为剪褶曲，也称滑褶曲（图5-32）。大规模的剪褶曲颇为少见，一般仅见于

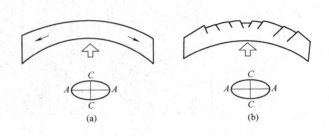

图5-31　隆曲褶曲形成的剖面示意图

柔弱岩层（泥质页岩）中，柔弱的岩石具有较大的塑性。柔弱的岩石在褶曲过程中，早期有显著的塑性流动，褶曲的翼部被拉薄，转折端明显地增厚（图5-32（a）），后期则产生密集的剪切破裂面，并沿着这些面发生滑动，产生剪褶曲（图5-32（b））。野外常见到的是，在坚硬岩层与柔弱岩层互层的情况下，坚硬岩层表现为弯褶曲，而柔弱岩层则表现为剪褶曲。

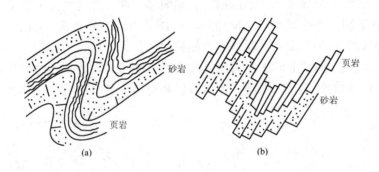

图5-32　剪褶曲示意图
(a) 雏形；(b) 完成形

（4）流状褶曲。塑性很高的岩层受力作用后，不能将力传递很远，往往形成幅度很小、形态复杂的小褶曲。一般认为流状褶曲是岩层在高温、高压下物质发生类似液体的松滞性流动形成的，这时的原岩层面已全遭破坏。在深度变质的岩石中常见的肠状褶曲即是一种常见的流状褶曲（图5-33）。

在自然界中，褶曲的成因是十分复杂的。褶曲可以是几种力学方式联合作用的结果，也可以是不同力学方式先后作用的结果。同一种形态的褶曲，也可以由不同的方式形成。因此，对每一个褶曲进行力学分析时，要作具体分析。例如，当岩层受侧向压力作用时，首先发生弹性弯曲，产生层间滑动，可形成弯曲褶曲；随着作用力的不断增加和变形的继续发展，褶曲两翼岩层受垂直于层面的压力不断加大，物质由翼部流向核部，使核部变厚、翼部变薄；如继续发展，岩层产生密集的剪切破裂面，并沿着这些破裂面发生滑动，便形成剪褶曲。

图 5-33　变质岩中的肠状褶曲（密云四合堂，张长厚提供）

5.4　断裂构造

5.4.1　断裂现象

岩石受力发生变形并达到一定程度后，会使岩石的连续完整性受到破坏，产生各种大小不一的破裂面。岩石在破裂变形阶段产生的构造统称为断裂构造。断裂规模大者沿走向可达几千千米，如岩石圈板块的边界构造，尺度最小的要借助显微镜才能观察到。

岩石发生断裂时，断裂面两侧的岩块没有显著位移的断裂构造称为节理；两侧岩块有明显位移的断裂构造称为断层。断层、节理等是地壳上常见的地质构造。

5.4.2　节理

节理是断裂面两侧的岩块没有显著位移的断裂构造，有时也称裂隙。此破裂面为节理面，它和岩层面一样具有不同的产状，其产状也可用产状三要素来描述。

岩石中的节理发育程度有很大的差异，这种差异决定于构造运动的强度、岩石的力学性质、岩层的厚度以及所处的构造部位。一般来说，构造运动强度越大，岩石脆性越大，而岩层厚度又越小时，节理越发育。节理常有规律地成群出现，成因相同又相互平行的节理构成一个节理组。几个有成因联系的节理组构成一个节理系。

节理面可以是平坦的，也可以是不平坦的，甚至是弯曲的；节理的规模大小不一，一般延长几十厘米至几十米，小的需要在显微镜下观察，长的沿走向可达几百米甚至几千米。

5.4.2.1　节理的成因分类

根据节理的成因，节理可分为三类：

（1）原生节理。指岩石在形成过程中所产生的节理。最常见的原生节理有岩浆岩在冷凝过程中因体积收缩产生的节理，或由于岩浆岩的流动构造进一步发展形成的节理。沉积岩在成岩过程中由于脱水、体积收缩所产生的节理也属原生节理。玄武岩地区常发育的柱状节理就是在喷出岩冷凝过程中形成的一种原生节理。

（2）风化节理。指地表岩石受风化作用而产生的节理，也称风化裂隙。

（3）构造节理。指地壳运动过程中岩石受构造作用力而产生的节理。构造节理是最广泛存在的节理，按其力学成因不同，又可将其分为张节理和剪节理。

1）剪节理。当岩石所受的最大剪应力达到并超过岩石的抗剪强度时，就会产生剪节理。因此，剪节理往往与最大剪应力的作用方向一致（有时偏差角可达10°~20°），并且常成对出现，称为共轭剪节理。共轭剪节理位于应变椭球体 A 轴和 C 轴之间，其交线相当于应变椭球体 B 轴的方向。共轭节理的夹角（即两组节理面之间的面间角）在理论上应是90°，但是在脆性岩石中，其以锐角对着 C 轴（即锐角的等分线相当于 C 轴的方向）（图5-34）；在柔性岩石中，以钝角对着 C 轴（即钝角的等分线相当于 C 轴的方向）（图5-35）。

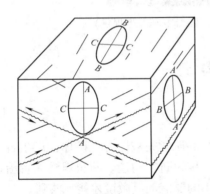
图 5-34 脆性岩石中剪节理与应变椭球体的关系

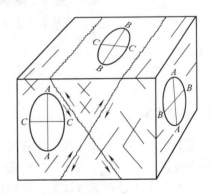
图 5-35 柔性岩石中剪节理与应变椭球体的关系

在野外观察时，剪节理常具有如下特征：①剪节理一般为紧闭的；②节理面平坦光滑；③砾岩或粗砂岩中的剪节理能平整地切割砾石和粗砂碎屑；④节理面上可有小擦痕或小擦光面的痕迹；⑤剪节理沿走向和倾向延伸较远，产状较稳定；⑥节理中一般无充填物，但有时可被后期脉体充填，脉壁平直，厚度均匀。

2）张节理。张节理是在张应力作用下形成的，节理面大致垂直于最小压应力 σ_3 轴（即最大张应力方向），或者是垂直于应变椭球体长轴 A，因此张节理面平行于应变椭球体的 BC 面。

野外观察时，张节理常具有如下特征：①张节理多数是张开的；②节理面凹凸不平；③节理面上没有擦痕、擦光面等痕迹；④在粗砂岩或砾岩中，节理面常绕粒而过，并不切穿颗粒；⑤张节理沿走向和倾向延长不远，但沿其尖灭方向追索，则往往在不远处又可断续出现，分支和复合现象较常见；⑥由于张节理面多为张开的，所以常为石英脉、方解石脉等所充填，且脉体厚薄不均，形态不规则。

上述是按节理形成的力学机制进行的分类。还可以按其形态分类。根据节理产状和岩层产状的关系可分为：走向节理、倾向节理、斜向节理；根据节理的产状和褶曲轴的关系可分为：纵节理、横节理、斜交节理。

5.4.2.2 节理的观测和统计

深入研究节理的性质、分布规律、形态产状等，对了解矿区构造特征，特别是受节理控制的矿体形态、产状及成矿规律具有重要意义，并可为进一步的找矿提供依据。由于节理分布较密集，节理的发育往往影响到岩体的稳定性和透水性等，因此节理与矿山的采掘工作有密切关系。

为了掌握节理的规律性，首先应在现场对节理进行观测和统计，这是一项细致的工作。节理的形成过程是很复杂的，后来的构造运动往往会改变原来节理的性质、形态和产状等。因此，一方面要详细观察和研究节理的各种形态特征，确定它的力学性质，另一方面还要进行适当的统计工作，找出主要节理和次要节理的分布规律。节理统计结果还可用于古应力场恢复等。

节理的现场观测和统计的步骤如下：

(1) 观测点的选择。观测点最好选择在露头良好，出露面积至少有几个平方米的地段，如采石场、浅井、坑道壁、露天台阶坡面等。所选定的观测点数目，依地质构造的复杂程度而定，构造愈复杂，则观测点愈多。

(2) 节理性质的研究。在节理的观测点上除了进行一般的地质观测外，对节理的野外特征也要进行详细的观察，并对节理的性质进行研究。根据前面所讲的张节理和剪节理特点，尽可能确定每一条节理的力学性质是张性的还是剪性的。详细观测节理面上的特征，如光滑程度、是否平坦、有无擦痕和擦光面等。如果节理面上有擦痕，大多数属剪节理，并且要把擦痕的产状测量下来。

(3) 确定节理的形成顺序和共轭关系。根据节理的交切和错动关系，可以确定节理形成的先后顺序。先形成的节理被后形成的节理所错开，如果两组节理是彼此相互错开的，应该是同期的产物。在观测点的岩石中出现两组以上的剪节理，最好能够找出同期的一对共轭剪节理，以及共轭节理的夹角、错动方向等，由此可确定应变椭球体的三个轴向。这种寻找共轭节理的工作方法称为节理分期和配套。

(4) 节理的测量和登记。观测点上的全部节理要进行测量和登记，其主要内容有：测点编号、岩石类型及岩层产状要素、节理面的产状要素、节理面的特征、节理的力学性质、节理缝中是否有充填物及充填物的类型、节理的交切关系、节理缝的宽度、节理发育密度等。

5.4.2.3 节理观测结果的室内整理及节理统计图

现场测量结果，要在室内工作阶段进行整理，并用各种统计图把它表示出来，以便对比分析。在统计图上应能够简单扼要地表示出几组主要节理的产状、分布规律等。统计图的种类很多，各种图件各有优点。玫瑰花图是一种易于编制、反映节理的产状和分布也较明显的一类节理统计图件。玫瑰花图的缺点是把倾向相同、倾角不同的节理合在了一起。但是对于直立的节理，这个缺点是不存在的。所以，对于陡倾斜或近于直立的节理，用玫瑰花图来表示还是好的。但对于矿山岩体稳定等方面的研究工作最好采用节理等密图。

目前，可用于节理统计图件制作的地质小软件很多，如 Rocscience inc 开发的 DIPS (https://www.rocscience.com/products/1/Dips)。由于计算机绘制相关图件更快、更精确，图件更美观，因此其被广泛用于构造地质学的各种产状统计和图件制作。图 5-36 为利用 DIPS 软件绘制的节理倾向玫瑰花图和节理极点等密图。但为了更好地理解节理统计图件的绘制原理，我们这里主要介绍一下节理统计图件的手工绘制过程。

(1) 节理玫瑰花图。玫瑰花图主要可分为两类，一类是节理走向玫瑰花图，一类是节理倾向玫瑰花图。其编制方法如下：

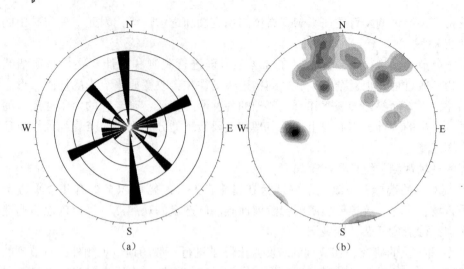

图 5-36 DIPS 软件绘制的节理倾向玫瑰花图和节理极点等密图
(a) 节理倾向玫瑰花图；(b) 节理极点等密图

1) 节理走向玫瑰花图。把所测得的节理按走向以每 5°或每 10°分组，统计每一组内的节理个数和平均走向；在一任意半径的半圆上，在外侧标上其所代表的方位角，其中半圆正上方代表北（为 0°），左侧为西（270°），右侧为东（90°）；自圆心沿半径引射线，射线的方位代表每组节理的平均走向的方位角，射线的长度代表每一组节理的个数或百分数；然后用折线把射线的端点连起来，即得到节理走向玫瑰花图（图 5-37）。

2) 节理倾向玫瑰花图。把测得的节理按倾向以每 5°或每 10°分组，统计每一组内节理个数和平均倾向。节理倾向玫瑰花图需在一整圆上完成，其中正上方代表北（为 0°），下方代表南（180°），左侧为西（270°），右侧为东（90°）。自圆心沿半径引射线，射线的方位代表每组节理平均倾向的方位角，射线的长度代表每一组节理的个数或百分数，然后用折线把射线的端点连接起来，即得到节理倾向玫瑰花图（图 5-38）。

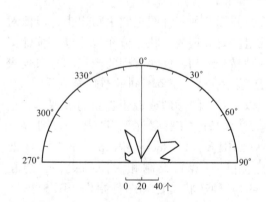

图 5-37 节理走向玫瑰花图

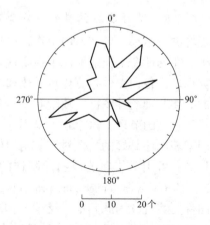

图 5-38 节理倾向玫瑰花图

玫瑰花图的读图方法也很简单，图 5-37 是某地的节理走向玫瑰花图，测点共测得节理 373 个，每一个"玫瑰花瓣"代表一组节理的走向，"花瓣"的长度代表在这个方向上的节理个数,"花瓣"越长,表示这个方向上的节理越多。由此图可以看出,发育较好的节理有:走向330°、走向30°、走向60°、走向300°和走向东西五组。

节理玫瑰花图最大的缺点是不能在同一张图上同时表示节理的走向、倾向和倾角。目前采用较多的是节理等密图。

(2) 节理等密图。节理等密图是在极点图的基础上编制成的,其作法可分为四个步骤:

1) 作极点图。利用构造面赤平投影方法,以任意长为半径的圆球体为投影球体,设想所有的节理面都通过这个球体中心,通过球心作任一节理面的法线交球面于两点(称为极点),如图5-39中"BFDE"面的法线交球面于A、C两点。显然在投影时只需要半圆(上半圆或下半圆),而且要投影在平面上。图5-40是利用上半圆投影(若用下半圆投影每极点倾向要转180°),点1代表水平节理的极点投影,点2代表走向南北的直立节理的极点投影,点5代表走向东西向南倾斜45°的节理的极点投影。每一极点的投影距圆心的距离依投影圆大小、节

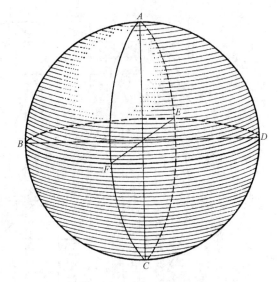

图 5-39 节理面赤平投影示意图

理倾角以及投影方式不同而异。一般常采用施密特网作为等面积投影网(图5-41)。施密特网上标有方位角,网内的极点和圆心的连线交圆周上的方位角,即为该极点所对应的节理倾向,并以极点到圆心的距离表示节理的倾角大小,极点离圆心愈远,倾角愈大,极点落在圆周上,倾角为90°,即为直立;反之极点离圆心愈近,倾角愈小,极点落在圆心上,倾角为0°,即节理为水平的。

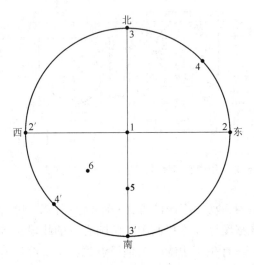

图 5-40 节理极点图

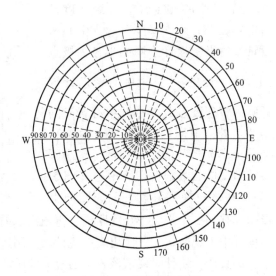

图 5-41 施密特投影网

因此，作节理极点图时，可以根据每个节理的倾向方位角和倾角，利用施密特投影网，在图上找出各节理极点的相应位置，即倾向方位角相应的半径和倾角相应的同心圆的交点，为该节理在施密特网上的极点。

2）将已作好的极点图的东西及南北半径各十等分，再由各分点作南北及东西向的平行直线，分成方格网（图5-42）。

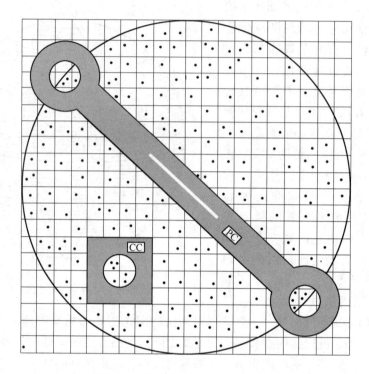

图 5-42 计算节理极点密度的方法
CC—中心密度计；PC—边缘密度计

3）用中心密度计和边缘密度计（图5-42）统计节理极点数，中心密度计和边缘密度计小圆的半径为极点图大圆半径的$\frac{1}{10}$。用中心密度计统计圆内节理极点数（小圆中心置于网格节点外，下同），从左到右每次移动一个小圆半径的距离，把每次小圆中的节理极点数记在十字中心（图5-43）。在每一横列移动完后，则向上

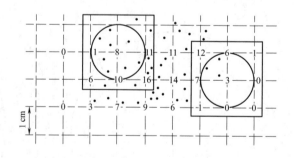

图 5-43 用中心密度计统计节理极点的方法

或向下移动一个小圆半径的距离，再依次如前横列移动。应该注意，一个极点可能在中心密度计中出现数次，每次出现都应计入。用边缘密度计（连接两个小圆圆心点的线段长等于大圆直径，统计时要求该直线通过大圆圆心）统计位于边缘的节理极点数，每次统计时应把两个小圆中的点数加在一起，如图5-42所示。图中边缘密度计两个小圆中的节理极

点数相加之和为 8，于是应在边缘密度计两端小圆内中心各记 "8"。边缘密度计每次移动一个小圆半径距离，直到绕一圆周为止。

4）作等密图。节理极点全部统计完成后，根据每个节点上标注的极点数多少，决定等密线距，把相同数字的点用等密线连接起来，便成了等密图。若遇数字不足，可以用插入法求出所需的极点数的位置。

等密图也可以用百分数表示，作图方法是把每次所统计的节理极点数占总节理数的百分比标在相应位置。例如整个极点图上共有 200 个节理极点，若在密度计小圆中心有 6 个点，6 个点占总数 200 个点的 3%，则在密度计小圆中心记下一个 "3"；有 10 个点则为 5，以此类推。全部统计完后，按一定间隔将某些号码的等密线归并起来，如 0~1%、1%~2%、2%~3%等，即得等密线的百分数据，从而作出以百分数表示的节理等密图。为了读图方便起见，可以用不同的符号或颜色，把密度不同的部分分别表示出来（图 5-44）。

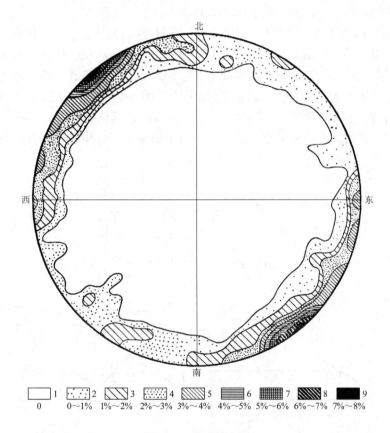

图 5-44　节理等密图

5.4.3　断层

断层是指断裂面两侧岩块有明显相对位移的断裂构造。断层在地壳中分布很广泛，种类很多，规模大小不一。小的断层延长只有几米，相对位移只有几厘米，大的断层可延长几百千米至上千千米，相对位移可达几十千米。因此，断层是地壳中最重要的一种地质构造。

5.4.3.1 断层要素

习惯上把断层的各个组成部分叫做断层要素。

(1) 断层面。断层面是一个破裂面，把岩石分为两个断块，断块沿着这个破裂面发生显著的位移。断层面可以是一个平面，也可以是一个曲面。有时没有明显的断层面，而是一个由许多断裂面所组成的破裂带，甚至是一个破碎带。断层面产状的表示法和岩层面一样，也可用产状三要素表示，即用走向、倾向和倾角表示。

(2) 断层线。断层面与地面的交线称为断层线，实际上就是断层面在地表的出露线，是地质界线之一。断层线随断层面的倾斜、起伏及地形起伏情况不同，有时呈直线，有时呈曲线。

(3) 断盘。被断层面分开的两侧岩块称为断盘。断层面如果是倾斜的，则在断层面上方的断块称上盘；断层面下方的断块称下盘。如果断层面是垂直的，则没有上、下盘之分。从断层的相对运动方向看，向上滑动者称上升盘，向下滑动者称下降盘。

(4) 断层位移。断层位移是断裂面两侧岩块相对移动的泛称。目前测算位移的依据主要为相当点和相当层。所谓相当点，指未断开前的一个点在断层位移以后成为两个点，该两点就是相当点。两相当点必位于断层面上，它们之间的距离是真位移，称为滑距。滑距可分为总滑距（图5-45（a）中的ab）、走向滑距（图5-45（a）中的ac）、倾向滑距（图5-45（a）中的bc）、水平滑距（图5-45（a）中的ad）。所谓相当层，指断层面两侧的岩层位移前为同一岩层，当位移发生后犹如两个层位的地层。以相当层测算的位移是相对位移，均以"断距"称之。

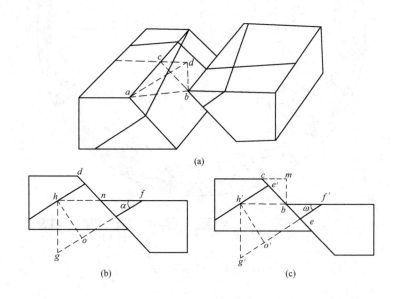

图5-45 断层位移图
(a) 断层位移立体图；(b) 垂直于被断地层走向之剖面图；(c) 垂直于断层走向之剖面图

在实际应用中，一般是利用相当层来测算断层两盘的相对位移（断距），而且通常是在垂直岩层走向的剖面上进行测算。所测的断距有：

1) 地层断距。断层面两侧相当层同一层面之间的垂直距离称为地层断距（图5-45

(b) 中的 ho），其相当于两相当层之间重复的或缺失的那部分地层的厚度。

2）铅直地层断距。断层面两侧相当层之间的铅直距离称为铅直地层断距（图 5-45 (b) 中的 hg）。

3）水平断距。位于断层面两侧相当层之间的水平距离称为水平断距（图 5-45 (b) 中的 hf）。若断层的上盘相对下降，则水平断距代表断层两侧相当层拉开的水平距离；若断层的上盘相对上升，则水平断距代表断层两侧相当层掩覆的水平距离。

上述三种视位移构成两个直角三角形，即图 5-45 (b) 中的 $\triangle hog$ 和 $\triangle hof$，其中 $\alpha = \angle gho =$ 地层倾角。因此，若已知地层倾角及其中一种位移，便可计算其他两种位移：

$$hg = hf\tan\alpha, \quad ho = hf\sin\alpha$$

在实际找矿、采矿工作中，经常会用到这三种位移的换算。

图 5-45 (c) 是垂直于断层走向，而与岩层走向斜交的剖面，在其中同样可以表示地层断距 $h'o'$、铅直地层断距 $h'g'$、水平断距 $h'f'$。但由于被断地层走向与断层走向不一定平行，因此除铅直地层断距不随剖面方向的不同而改变（即 hg 和 $h'g'$ 总是相等）以外，地层断距与水平断距均因剖面方向的不同而改变。对比图 5-45 (b) 和图 5-45 (c)，根据三角关系可以得出：$h'o' > ho$，$h'f' > hf$。

5.4.3.2 断层类型

断层分类方案很多，常用的有以下几种：

(1) 按两盘岩块相对位移的方向可分为正断层、逆断层、平移断层和旋转断层。

1）正断层。正断层是沿断层面倾斜线方向，上盘相对下降，下盘相对上升的断层（图 5-46 (a)）。这种断层一般是在水平方向引张力作用下形成的，断层面倾角较陡，常大于 45°。

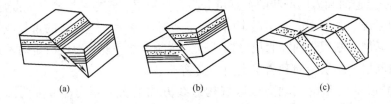

图 5-46　断层类型
(a) 正断层；(b) 逆断层；(c) 平移断层

2）逆断层。逆断层是沿断层面倾斜线方向，上盘相对上升，下盘相对下降的断层（图 5-46 (b)）。这种断层一般是在水平方向的压缩力作用下形成的。逆断层的断层面倾角大于 45°者称为冲断层；断层面倾角小于 45°者称为逆掩断层（图 5-47）。逆掩断层一般是在褶皱构造形成的后期产生的，是在强烈的侧压力作用下形成的，规模往往相当巨大。

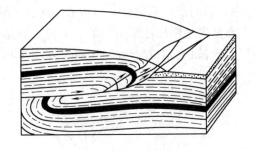

图 5-47　逆掩断层

3) 平移断层。平移断层是断层两盘沿断层走向线方向发生相对位移的断层（图5-46(c)），又称为平推断层。其倾角通常很陡，近于直立。平移断层多是在地壳水平运动影响下，在剪应力作用下所产生的。

严格地说，正断层和逆断层只有倾向滑距，没有走向滑距；平移断层只有走向滑距没有倾向滑距。如果正断层或逆断层也具有明显的走向滑距时，应称为平移-正断层或平移-逆断层，这时断层的倾向滑距大于它的走向滑距；当正断层或逆断层的走向滑距超过了它的倾向滑距时，称为正-平移断层或逆-平移断层。当断层面倾角为90°时，断层没有上盘和下盘之分，而两盘发生上下相对运动时，一般统称为正断层。

4) 旋转断层。断层两盘做相对的旋转运动，这种断层称为旋转断层。断层两盘产生相对旋转位移后，两盘岩层产状各不相同，并且沿断层面上各处的总滑距也不相等。如图5-48（a）所示，断层的滑距一头大，一头小；图5-48（b）中一头为正断层，一头为逆断层。

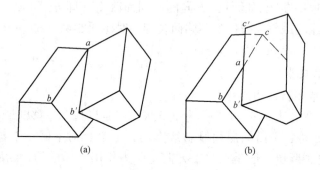

图5-48 旋转断层

（2）按断层走向和岩层产状的关系可分为走向断层、倾向断层和斜向断层。

1) 走向断层。断层走向与岩层走向一致，在地表常表现为地层的重复或缺失。
2) 倾向断层。断层走向与岩层倾向一致，在地表常表现为地层沿走向不连续。
3) 斜向断层。断层走向和岩层走向斜交。

（3）按断层走向和褶皱轴向或区域构造线方向的关系可分为纵断层、横断层和斜断层。

1) 纵断层。断层走向与褶皱轴向或区域构造线方向一致。
2) 横断层。断层走向与褶皱轴向或区域构造线方向垂直。
3) 斜断层。断层走向与褶皱轴向或区域构造线方向斜交。

自然界的断层往往不是单个出现，而是有一定的组合规律。其组合形态类型有地垒、地堑、阶梯状构造和叠瓦状构造等（图5-49和图5-50）。

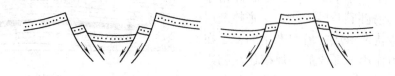

图5-49 地堑（左）和地垒（右）示意图

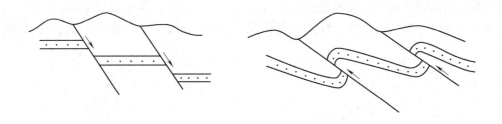

图 5-50　阶梯状构造（左）和叠瓦状构造（右）示意图

5.4.3.3　断层的力学分析

正断层、逆断层和平移断层不仅表现在两盘相对位移方向的不同，而且也反映了它们与作用力之间的一定关系。下面对其成因作简略的力学分析。

(1) 正断层。正断层的两个断块在水平方向上具有分离的现象，反映了地壳在水平方向上的伸张（图 5-51）。因此，一般认为正断层多数是水平方向的伸张所形成的张裂（少数为剪裂），并在重力作用下，使上盘下降而发生位移。正断层的断面一般较陡，在张裂的情况下，断层面相当于应变椭球体的 BC 面，并垂直于变形轴 A；在剪裂的情况下，断层面的位置应当在应变椭球体的 A 轴和 C 轴之间，其走向平行于 B 轴。常见岩层受力发生形变，隆起成背斜时，背斜轴部受到近于水平方向的张力，而产生纵向的正断层。

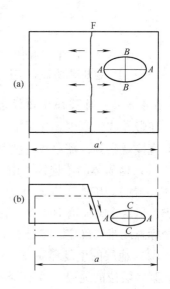

图 5-51　正断层的形成与
地壳水平伸张的关系
(a) 平面示意图；(b) 剖面示意图
F—断层

(2) 逆断层。逆断层的上盘超覆在下盘之上，表明逆断层在形成过程中受到水平方向的压缩力的作用，逆断层的断层面平行或近似于平行最大剪切面，并位于变形轴 A 和 C 之间。有些逆断层是由水平挤压形成的褶曲进一步发展而成的。当岩层受到侧向压力而形成直立褶曲时，背斜的核部向上隆起，两翼向核部挤压（图 5-52 (a)），且在褶曲翼部，向上运动和水平运动的两部分之间可能存在着潜在的破裂面。随着力的不断作用，潜在破裂面中的一个或两个发展成逆断层（图 5-52 (b)）。

(3) 平移断层。平移断层的断层面倾角较大，走向也比较稳定。大多数平移断层是相当于或接近于最大剪切面，因而它有时是成对出现的；一个是左行平移断层，另一个是右行平移断层。与水平挤压形成的褶皱有关的平移断层可以是斜断层或横断层。斜断层往往是早期斜节理发展而成的。横向的平移断层是沿褶曲的横向张裂面发展而形成的。平移断层的规模可以很大，如北美洲西岸的圣安德列斯右行平移断层，它的水平断距达 400~500km。

断层的形成过程复杂，且常有多期活动的特点，现在表现为正断层的断裂构造可以是在先期压性断裂（逆断层）基础上发展而成，因此可以有平整的断裂面；而现在表现为逆断层的断裂构造也可以是先存正断层或平移断层再次活动的产物。另外，常见迁就 X 形交叉剪切断裂网出现锯齿状张性断裂的现象（图5-53）。因此，关于断层成因的力学分析情况复杂，不可统一对待，应综合断层的野外观察、产状测量及综合研究结果，视具体情况而定。

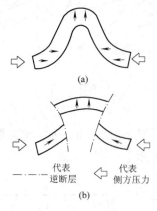

图 5-52 由直立褶曲发展的
逆断层剖面示意图

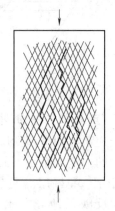

图 5-53 迁就 X 形交叉剪切
断裂网出现锯齿状张性断裂

5.4.3.4 断层存在的标志

在野外或生产现场如果能直接见到断层面，就可以肯定有断层存在。但是断层面往往不易直接观察到，需寻找一些其他的标志来证实断层是否存在。这些标志有：

（1）地质体的不连续。由于断层两侧的断块发生过相对位移，因此一个正常延续的地质体（岩层、矿体、岩脉等）突然中断了，则可能是被断层断开了。这是判别断层的直接标志，但这个标志有时不易看出，而且地质体的不连续不一定是断层引起的。所以，光靠这个标志还难以确定，要结合观察其他标志加以证实。

（2）地层的重复和缺失。对于走向断层或斜向断层常造成地层沿倾向方向重复出现或缺失某些层位的地层，根据断层面产状与岩层产状的关系可出现如图 5-54 表示的六种情况，称为走向断层的断层效应。图 5-54 中（a）、（b）、（c）为正断层；（d）、（e）、（f）为逆断层；（a）、（d）为断层倾向与岩层倾向相反；（b）、（c）、（e）、（f）为断层倾向与岩层倾向相同，但（b）、（e）断层倾角大于岩层倾角，而（c）、（f）则反之。

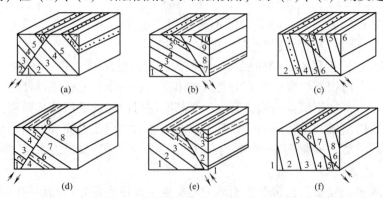

图 5-54 走向正、逆断层造成的六种地层重复与缺失现象
（a），（b），（c）正断层；（d），（e），（f）逆断层
1~10 分别代表地层从老到新的顺序

(3) 地貌上的标志。由于断层造成岩石的破碎，容易被流水等所剥蚀和切割，因此断层通过的地方常表现为洼地或沟谷，但也不能认为"逢沟必断"。比较新的断层面在地貌上常形成悬崖陡壁，悬崖经过进一步的侵蚀，可形成一系列的三角面，称为断层三角面（图5-55）。

图 5-55 断层三角面的景观照片

（网上资料：http：//210.34.136.253：8488/geoscience/Chapter07.htm）

(4) 水文上的标志。断层面（尤其是断层破碎带）如果尚未被胶结，则是地下水流动的良好通道。因此，在地表有泉水出露的地方，或在坑下顶底板突然涌水量增大的地方，都可能有断层存在（但也不一定都是由断层引起的）。

(5) 断层泥和断层角砾。断层发生相对位移时，其两侧岩石（或矿石）有时被研压成碎块或细泥，称为断层角砾或断层泥。断层角砾还可以重新被胶结成固结的岩石，称为断层角砾岩。此外，在大的断层破碎带中有时还出现糜棱岩。

(6) 断层擦痕和断层擦光面。由于断层两盘产生相对位移时的互相摩擦，断层面上会留下擦痕和擦光面，这是判断断层存在的直接标志。但要注意剪节理有时也可以有小规模的擦痕和擦光面，应注意区分。

(7) 捩引现象。又称引曳现象，即断层两盘产生相对位移时，两盘岩层或矿体会发生局部弯曲的现象，一般是在两侧为塑性岩石时出现。

(8) 硅化和矿化现象。断裂构造常是热水溶液运移的通道，因此破碎岩石就会受到矿化、硅化和绢云母化等作用。由于这些作用，断裂破裂带中的岩块或断层两侧的岩石往往产生褪色或染色作用，或沿断裂有脉体充填。

除了上述标志外，还应注意在坑下进行采掘工作时，有时会出现一些特殊的征兆，这些征兆也可能是预告将要遇到断层的标志。

(9) 顶板压力增大。因在断层附近岩层或矿体往往失去了完整性，所以引起顶板压力增大，有时使支架变形，甚至压坏。

(10) 岩层的产状要素发生了剧烈的变化。

(11) 塑性较大的岩层或矿层突然变厚或变薄，有可能是断层所致。

以上列举了识别断层存在的标志，但只是一些可能的线索，不能根据其中一、两个标志就下结论，一定要综合多种标志进行分析，才能做出较为正确的结论。

5.4.3.5 断层位移方向的确定

在矿山常见到成矿后断层将矿层或矿脉错开。为了找到被错失的另一部分矿体，就必须要确定断层两盘相对位移的方向，一般可根据下列地质现象来确定：

（1）断层擦痕的方向。仔细观察断层擦痕，可以发现擦痕是一些近于平行的窄小刻痕，这些刻痕延伸的方向代表着断层两盘相对位移的方向。在下盘的断层面上，顺擦痕光滑的方向是断层上盘的滑动方向，相反，粗糙的方向是断层下盘位移的方向（图5-56）。

（2）断层角砾分布情况。如图5-57所示，黑色部分为矿层，若断裂后该矿层的角砾只分布于下盘矿层以上断层破碎带中，则此断层的上盘显然是向上移动了。因此，角砾岩中某种特殊岩石或矿石等碎块的分布可以指示出位移方向。

（3）捩引的方向。如图5-58所示，断层上盘岩层（或矿层）局部向上弯曲，下盘反之。显然上盘相对下降，下盘相对上升。

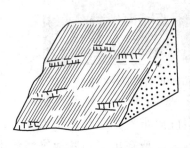 

图5-56　断层擦痕素描图（左）和野外照片（右）

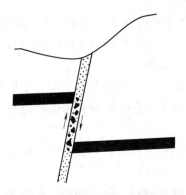 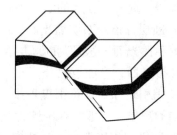

图5-57　根据断层角砾判断两盘位移方向　　　图5-58　根据断层捩引现象判断两盘位移方向

（4）岩层层序的对比。在沉积岩中，可以根据岩层层序对比来确定断层的位移方向。正常情况下，老岩层在下面，新岩层在上面。如果熟悉矿区内岩层的层序，也可以用此来判断断层的位移方向。如图5-59所示，由老到新有1、2、3、4、5五层水平岩层，其中3为矿层。在岩层2中掘进，过了断层后碰到了岩层4和5，显然这条断层的上盘是下降了，断层上盘中的矿层位置应低于现有坑道的水平。应用这一方法判断断层的运动方向时还应考虑到断层面的产状与地层产状的关系（图5-54）。

在野外工作时，见与褶曲轴垂直或斜交的横断层、斜断层，从同一个水平断面上看断层的两盘，背斜核部变宽或向斜核部变窄的一盘应为上升盘，反之为下降盘。

必须指出，在确定断层位移方向时，也要全面地看问题，要综合应用各方面的地质现象进行判断，才能得出正确的结论。

5.4.3.6 断层在坑道中出露点的预计

在坑道掘进过程中，有时在某条坑道中（或在地表）已遇到某条断层，或已知某断层的存在，如果能预计这条断层将在附近尚未开掘的坑道中何处出露，将对掘进工作有很大好处。例如，可以预先有准备地采取措施以防备断层附近出现冒顶、涌水等事故的发生；有时还可以预先修改设计以节约坑道进尺。

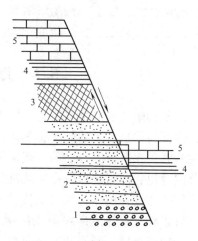

图 5-59 根据岩层层序对比判断两盘位移方向

在断层产状稳定的情况下，断层出露点的预计方法如下：

（1）当两个巷道在同一水平时，只要准确测定断层的走向，然后在水平坑道地质图上画出断层的走向线，再把它延长到尚未开掘的巷道上去，就可以得出尚未开掘巷道的断层出露点。

（2）当两个巷道不在同一水平上时，就必须要用图解的办法进行预计。如图 5-60 （a）所示，有一断层 F_1 已在 -50m 平巷中出露，现要预计 F_1 在 -70m 平巷中的出露点，其步骤如下：

1）先在现场准确测定已知断层 F_1 的产状要素，假定测得 F_1 的产状为：150°∠45°；

2）在巷道水平投影图上，在发现断层处标绘出此已知断层的走向线；

3）根据该断层的产状要素，作出断层面的等高线，如图中 -55、-60、-65、-70 等（断层面在相应高度上的走向线在水平面上的投影）；

4）找出断层面 -70m 的等高线，延长此等高线，使其与 -70m 平巷相交于 F_1'，则 F_1' 即 F_1 断层在 -70m 平巷中预计的出露点。

还有一种更简便的图解法，如图 5-60（b）所示。开始的步骤同上述步骤 1）、2），接着是从已知断层 F_1 与坑道中线交点 O 作 OD 垂直 F_1 的走向线。假定上平巷与下平巷的高差为 h，则在 F_1 的走向线上截取 $OB=h$，再作 $\angle OBD=90°-\alpha$，α 为断层倾角。D 为 BD 和 OD 之交点，经 D 点作 $DC \parallel OB$，DC 与下平巷交于 E 点，E 点即为 F_1 在下平巷中预计出露点。

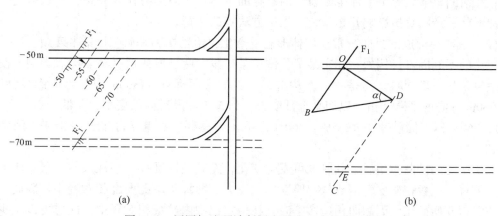

图 5-60 用图解法预计断层出露点（水平投影图）
(a) 方法一；(b) 方法二

必须注意，以上两种图解法都只能用于断层面产状变化不大，且两个坑道相距不太远的条件下，如果断层面产状变化大或两坑道相距很远，这种预计就不准确了。

5.5 地质构造与成矿的关系

地质构造与成矿关系密切，它既可以是成矿物质运移的通道，也可是矿质赋存的场所；许多与构造有关的矿床，其矿体的形态和产状均受构造控制。根据成矿作用与构造发生的时间关系可分为成矿前、成矿期和成矿后构造。成矿前和成矿期构造可以是成矿物质运移的通道，同时也可以是矿质富集的场所；而成矿后构造常对矿体起破坏作用，但有时也会使矿体变得更厚，埋藏更浅，变得有利于开采。

岩浆和气水热液是携带成矿物质的重要介质。当地壳运动使地壳发生各种构造变动时，会形成褶皱、断裂和节理裂隙，且常伴有大规模的岩浆活动。含矿的岩浆或气水热液便在这些构造中运移，并在合适的构造部位沉淀，富集成矿，形成所谓的内生矿产。地壳运动会产生构造隆起带和凹陷带，构造隆起带长期遭受风化剥蚀，一些成矿物质被流水携带搬运至凹陷带，在一定的条件下也可发生沉淀富集，形成所谓的外生矿产。地质构造不仅影响成矿的地质条件，而且也决定了矿产资源的分布规律，特别是断裂构造。全球性深大断裂控制了全球矿产的分布，而区域性断裂控制了区域成矿带的展布。关于地质构造与成矿关系的详细情况将在"第Ⅱ篇矿床"的有关章节中介绍。

5.6 地质构造对矿山开采的影响

地质构造和矿山开采的关系十分密切，它不仅控制矿产的空间分布、形态和产状，同时对矿山设计、矿山灾害防治等具有重大影响。

5.6.1 褶皱构造与矿山采掘工作的关系

（1）成矿前形成的褶曲，对矿床的形成、矿体分布、空间形态、产状等常起控制作用。在"有利岩层"、"层间剥离"等部位的矿体，形态较为简单，产状与围岩产状基本一致；在褶曲核部破碎带、伴生断裂等内赋存的矿体，一般形态比较复杂、产状多变。而矿体的形状、产状直接影响开拓系统、采矿方法等的选择。

（2）成矿后形成的褶曲，常使矿体形态复杂化，给勘探和采矿工作带来麻烦，这是对采掘工作的不利因素。例如，湘东某沉积铁矿某矿段，由于成矿后受褶曲构造影响，使地质构造复杂化，勘探时认为是一向斜构造，向斜的底部标高在 360m 以上，矿山设计时，拟用 360m 标高的平硐开拓，以回采全部矿石，但施工后发现向斜底部标高低于 360m（图 5-61），360m 以上储量减小 42.5%，360m 以下矿石需要增加巷道才能开采出来，浪费了人力和物力。

当矿层受到褶曲作用后，其厚度可发生变化，尤其是强度小、塑性大的矿层，厚度变化更为显著，一般在矿层鞍部或核部厚度相对变大，两翼矿层的厚度相对变小。因此，当沉积或沉积变质矿床受到褶曲构造影响时，在一定范围内矿量相对集中，这样可以减少巷道的总长度，便于开采。

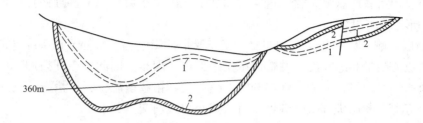

图 5-61　湘东某沉积铁矿某矿段勘探时和开拓施工后剖面对比
1—地质勘探时矿层位置；2—开拓施工后实际矿层位置

（3）在背斜核部顶压一般较小，对采掘工程有利，但是背斜核部的顶部岩层中，张裂隙较发育，对采掘工程又是不利因素，尤其是张裂隙发育可能导致矿山涌水量增加，造成采矿困难。在向斜核部，顶压一般较大，对采掘工程不利。

（4）褶曲可使矿层的产状发生变化，当使矿层的倾角变化适当时，可利用于重力搬运，对矿内运输有利。

5.6.2　断裂构造与矿山采掘工作的关系

中小型断裂构造能控制矿床或矿体的形成、分布和产状。因此，断裂构造与矿山采掘工作关系极大。

5.6.2.1　节理（裂隙）与矿山采掘工作的关系

（1）在节理发育的岩石中打炮眼时，要注意打眼的位置，不要沿节理面打眼，尤其是张节理面，否则容易卡钎；沿节理面布炮眼，由于裂缝易漏气，也会影响爆破效果。因此要注意节理的走向、发育程度及延伸情况。

（2）节理面的方向有时会影响巷道掘进方向，使其偏离中线。例如，某矿在掘进中，由于有一组张节理斜交中线方向，按正规布置炮眼，爆破后巷道总是偏离中线方向；若改变炮眼排列，有意识地使其稍为偏斜，反而使掘进方向能按中线方向前进。

（3）露天开采中，在节理发育地段，要特别注意边坡角的选择，以防止滑坡、塌方等事故。边坡的稳定性与岩性、岩层产状、节理发育的程度、节理的产状等关系密切，要综合考虑。

（4）节理密度大且多组节理发育地段，岩石就比较破碎，容易冒落，要加强支护工作。但在支护中必须注意节理的产状，有时可根据节理的方向来选择适当的支护方式而减小工作量及材料消耗。

（5）地下水发育地区，节理也是地下水的良好通道，尤其是张节理。规模大的张节理若与采矿巷道贯通，有发生突水事故的危险。为此，在考虑矿山防排水措施时，要对节理的发育和分布规律予以重视。

（6）节理影响采矿方法的选择。在节理特别发育的区段，某些采矿法选择要慎重，如不适于使用空场法等。另外，对于某些壁式崩落法采场，在节理很发育地段，须适当缩小放顶距。

5.6.2.2　断层与矿山采掘工作的关系

（1）成矿后断层对矿山探矿工作影响很大，因为成矿后断层常把矿体切成几部分，使矿体的分布、形状和产状复杂化。这样就增加了探矿工作量，必须多打钻孔、坑道等才能探明矿体的形态和产状。

（2）断层影响矿床开拓系统的布置。由于断层的影响，经常使开拓系统复杂化，需要增加开拓巷道的数量和总长度，并造成施工中的许多困难。因此，在开拓设计中，对于主要开拓巷道所经过地段，应弄清断层的情况，并使开拓巷道的位置尽量避开这些断层破碎带，尤其是应避免断层破碎带与巷道平行或成小角度斜交。

（3）断层影响采场设计及回采工作。地下开采的矿山，在采场中遇到断层，会对回采工作很不利。因此，在采场设计中如遇见断距较大的断层，应尽可能把它作为划分采场的边界，以减少它对回采工作的影响。

（4）断层影响井巷掘进。在平巷掘进中，若遇到断距稍大的断层，有时就须考虑使巷道拐弯，以保证平巷和矿体底板的距离。巷道的拐弯会增加巷道的长度，同时给运输造成不便，给各种管道工程的铺设也带来困难。此外，在掘进中碰到断层破碎带时，还必须加强支护，甚至要采取特殊措施才能通过断层。断层对掘进工作危害很大，所以各种井巷工程都应尽量避免沿着断层面掘进，提早对可能出现的断层进行预计，并做好安全防范措施。

（5）断层影响矿坑涌水。断层破碎带多数是地下水的良好通道，因此在断层附近矿坑水的涌水量常增大，甚至造成突然涌水事故。

（6）断层对采掘工作的有利因素。断层对矿山采掘工作危害很大，但在一定条件下，又有积极因素。例如，有些逆断层可使矿体局部变厚或造成矿层局部重复、有利于回采；又如易于发生矿石自燃的矿床，当断层把矿体分割成许多断块时，能实行分区开采，采完后可及时封闭，以防止矿石自燃或火区蔓延。

因此，断层对矿山采掘工作的有害因素，要采取措施防止；有利因素又要充分利用。

5.7 板块构造理论简介

5.7.1 大地构造学简介

大地构造学是研究岩石圈组成、结构、运动（包括变形和变位）及演化的一门综合性很强的地质学分支学科。大地构造学创立于19世纪末，并在20世纪初得到快速发展。大地构造学的主要任务是通过对岩石圈和全球变化的研究，不断更新地质学现有的认识，深化对地球形成、岩石圈演化及全球环境变化规律的认识。这将极大地提高地质科学解决矿产资源、地质灾害及环境地质问题的能力，并有助于建立地球动力学模型。因此，它不仅对深入认识地壳发展史和地壳运动史具有重要的理论意义，而且对研究成矿条件、地震成因以及矿产预测等具有重要的实际意义。

在大地构造学建立的100多年里，国内外学者先后提出了以不同动力学机制为理论的大地构造学说，形成了很多学派，如我国大地构造学家黄汲清提出的多旋回构造理论、李四光提出的地质力学理论、张文佑提出的断块大地构造理论、陈国达提出的地洼学说、张伯声提出的波浪镶嵌构造理论以及李春昱提出的中国板块构造理论等。

在我国，20世纪60年代前主要以槽台理论为主导，因此槽台说也被称为经典的大地构造理论，其是以大陆作为研究对象，经过长期的地质资料积累而提出的。20世纪60年代以后，板块构造学说被地质学家们所接受，成为国际大地构造学说的主流，并深深地影响了地质学的思维方式（Condie，1997），为认识地壳、地幔发展和演化提供了新的见解。近年来，随着地球物理探测技术的不断进步和岩石探针研究的进一步深化，人们对大陆岩石圈的结构、演化和动力学背景都取得了系列新认识，并成功应用于矿产资源的分布和成矿预测。下面对板块构造理论作一简单介绍。

5.7.2 板块构造的提出

板块构造是在大陆漂移与海底扩张的基础上提出来的，它归纳了大陆漂移与海底扩张的重要成果，综合了地壳变形特征、全球地震分布、大陆漂移和大洋中脊的研究成果，并及时吸收了当时对岩石圈和软流圈所获得的新认识，从全球的角度，系统地阐明了地壳、地幔活动与演化的重大问题。

大陆漂移说是魏格纳于1912年提出的，该学说认为古生代时全球只有一块大陆（泛大陆），周围是海洋（泛大洋）。到中生代，泛大陆开始解体、漂移，逐渐形成现今全球大陆和海洋的分布状况。这就是地质学史上盛行一时的大陆漂移学说，该学说因论据不足曾一度被抛弃。到20世纪60年代初期，海洋地质调查和全球地震台网工作获得了四个主要的新成果，即大洋脊扩张带、毕乌夫带、转换断层的发现及洋底相当新的沉积物等的发现，据此赫斯（H. H. Hess）和迪茨（R. S. Dietz）提出海底在扩张的设想。海底扩张说是关于大洋岩石圈生长和运动方式的大地构造学说，也是板块构造学说最主要的理论基础。板块构造学说是20世纪60年代中期由威尔逊、摩根、勒皮雄等人提出的，它是大陆漂移和海底扩张的引申，还包括了岩石圈、软流圈、转换断层、板块俯冲、大陆碰撞和地幔对流等一系列概念。

5.7.3 板块构造的基本思想

板块构造的基本思想是：在固体地球的上层，存在比较刚性的岩石圈（包括地壳和地幔最上层的刚性部分）及其下伏的较塑性的软流圈；地表附近较刚性的岩石圈可分为若干大小不一的板块，它们可在塑性较强的软流圈上进行大规模的运移；海洋板块不断新生，又不断俯冲、消减到大陆板块之下（图5-62）；板块内部相对稳定，板块边缘则由于相邻板块的相互作用而成为构造活动强烈的地带；板块之间的相互作用控制了岩石圈表层和内部的各种地质作用过程，同时也决定了全球岩石圈运动和演化的基本格局。

5.7.4 板块边界类型

全球可划分为六大板块（图5-63）。根据板块边界的性质、特征和板块间相对运动方式，可将板块边界划分为离散型、汇聚型和转换型三种基本类型。板块划分的依据是板块边缘具有强烈构造活动性，具体表现为强烈的岩浆活动、地震活动、构造变形、变质作用以及深海沉积作用。而板块内部的构造活动性微弱得多。

（1）离散型板块边界。离散型板块边界是岩石圈板块（或洋壳）生长的场所，故又称为增生或发散型板块边界。大洋中脊轴部是最典型的离散型板块边界，在此边界，软流圈物质上涌，海底扩张，两侧板块作垂直于边界走向的相背运动，使板块向两侧分离、散

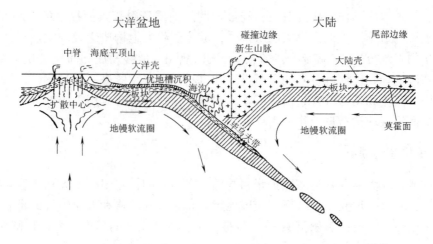

图 5-62　板块前缘碰撞俯冲和尾部边缘海岸及有关现象示意图

图 5-63　全球板块划分

开，新的洋壳形成，并添加到两侧板块后缘。巨型大陆裂谷带也是一种离散型板块边缘，在这里统一的岩石圈板块分裂、散开，如著名的东非裂谷，就是索马里板块与非洲板块的边界。在离散型板块边界上（如大洋中脊），岩石圈板块相互分离。

（2）汇聚型（敛合型）板块边界。在汇聚型边界两侧，板块作相向运动，地壳强烈变形。汇聚型板块边界地表表现为海沟及年轻的造山带，据此可进一步划分为俯冲边界和碰撞边界。俯冲边界就是通常所说俯冲带或消减带，主要分布在太平洋周缘，在这里大洋岩石圈板块与大陆岩石圈板块或另一些较小的大洋岩石圈板块作汇聚运动，因大洋板块厚度小、密度大、位置低，一般总是俯冲、消亡在厚度大、密度小、位置高的大陆板块之下或较小的洋壳板块之下；碰撞边界也称为碰撞带或缝合带，主要为年轻的造山带，以阿尔卑斯-喜马拉雅褶皱山系为代表。

（3）转换型边界。转换型边界的地表特征为转换断层，以加利福尼亚对安德烈斯断层为代表，在这里北美板块和太平洋板块作平行于边界的走滑运动，岩石圈既不增生，也不消亡。转换断层主要受剪切作用控制，所发生的断裂以走滑为主。

5.7.5 板块运动的动力学机制

关于板块的运移机制目前尚无一致的看法，较传统的是地幔对流说（图5-64）。该观点认为地幔中由于存在温度差异或密度差异，可能引起物质的缓慢移动，热的、轻的物质上升，造成大洋脊的热显示，同时带动大洋脊两侧岩石圈板块作相背移动，在俯冲带处大洋板块下插，使冷的、重的物质下沉。于是地幔物质就形成了对流环，好像"传送带"一样带着岩石圈板块运移。这就是板块构造学说早期所主张的地幔对流的"传送带模式"。初看起来，这种板块驱动机制的解释十分精彩。但事实上，问题很多。在全球"热点"（即地幔物质向上运动的热显示处）研究中，共发现100多处热点，除少数分布在大洋脊上，

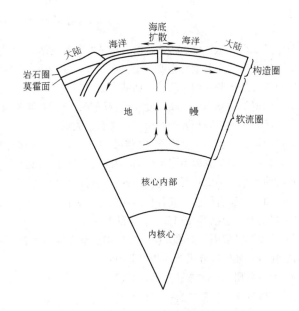

图 5-64 地幔对流与板块移动示意图

大多数却都散布在板块内部。由热点位置变化所反映的地幔物质运移速度，一般认为都只有几毫米每年，而岩石圈板块的平均运移速度却比软流圈大一个数量级，即几厘米每年（据 M. H. P. Bott，1984）。于是问题就出来了，低速运行的"传送带"怎么能够带动其上的岩石圈以较高的速度运移呢？更何况，现在能肯定存在的是由热流体所构成的地幔热对流，至于固体的地幔物质是否能够发生大对流，至今尚无足够的证据。

近20年来，有些学者认为板块的扩张作用不是主要的，"冷"板块俯冲时下沉拖拉力才是板块运移的主要驱动力，他们用数学模拟的方法论证了这种可能性。然而，近年来也有人证明，这种下沉拖拉力不可能太大，毕竟这些"冷"的洋底玄武岩的密度（约 2.8g/cm³）不可能比深部地幔岩石的密度（3~5g/cm³）更大。

近年来，根据大洋钻探的成果，发现大洋中有两次巨大的陨石撞击事件（据 B. P. Glass，1982），在海底沉积物中形成上亿吨的微玻璃陨石。撞击中心点正好与几个板块的拼接点位置相近。巨大陨击作用有可能造成直径几十万米、深度几万米的陨击坑，使岩石圈表层物质发生显著的亏损，并在岩石圈均衡补偿作用的影响下，诱发深部地幔物质上涌，造成海洋板块的张裂、扩张，从而使周邻板块沿着不同的方向运移。这种观点，尽管似乎比以前的假说更合理一点，然而受到当前技术条件的限制，所获的资料有限（海底钻探深度一般仅为上千米），只能较好地解释古近纪以来的两次陨击作用与板块运动的关系。

最近，Bercovici 和 Ricard（2014）以数值模拟来分析岩石圈板块演化，提出：充分的岩石圈板块破坏与短暂的地幔对流和原俯冲移动相结合，导致了薄弱的板块边界积聚，并

最终形成单由俯冲驱动的板块构造。他们估计从原俯冲到建立完整的三种板块边界至少需要 10 亿年，这正是从原俯冲到遍布全球的板块运动间的时间差，因此全球板块并非同时开始启动，这与现有的地质证据相符。

思考题与习题

5-1 熟悉下列概念：地质构造；褶皱构造；断裂构造；断层；节理；大地构造学。
5-2 岩层的产状三要素是指哪三个，在野外记录岩层产状时常如何表示？
5-3 简述野外用罗盘测量岩层产状的方法。
5-4 何谓岩层的真厚度、视厚度和铅直厚度，三者有何关系？
5-5 何谓岩层的真倾角和视倾角，二者有何关系？
5-6 褶曲按其两翼和轴面产状可分为哪几类，其各自的特点是什么？
5-7 褶曲按其力学成因不同可分为哪几类，其成因机制有何不同？
5-8 褶曲的基本类型有哪两种，其各自的特征是什么？
5-9 褶曲的要素有哪些，其各自的含义是什么？
5-10 断层要素包括哪几部分，各自的含义是什么？
5-11 节理按其成因可分哪几类，其中构造节理按其力学成因又可分为哪两类？
5-12 在野外如何区分张节理和剪节理？
5-13 简述断层的分类方法和主要类别。
5-14 节理观测的主要内容有哪些？
5-15 简述常用的节理统计图件及手工绘制方法。
5-16 判断断层存在和位移方向的标志有哪些，如何判断？
5-17 简述板块构造的基本思想和板块的边界类型。

6 地形地质图及其阅读

地形地质图是反映一个地区地形及地质情况的综合图纸。它是在地形图上用不同的颜色、花纹及规定符号,把地表上各种地质体按比例尺缩小后垂直投影到水平面上的一种图件。地质图不仅能表明地质体在地表的分布,而且还可以反映地下一定深度的地质情况和该地区地壳发展的历史,并指明可能赋存矿产的地区。

地形地质图是通过地质工作实践对地质条件的一种科学抽象。一张全面、详细的地质图是某地区地质成果的综合体现,是比地质工作者所取得的感性认识更深刻、更正确、更完全的反映。因此,在国土资源调查、环境治理、生态保护、矿产勘查、矿业开发、水利建设、铁路和公路建设、国防建设等工作中,都要用到地形地质图。

6.1 地形图简介

在平面图上,除表示地物的平面位置外,还同时反映地势起伏特征的图纸称为地形图。地形图是野外工作的向导和指南,也是一切地质工作的基础。它是地质勘探、矿山设计、基建和生产的重要图纸,也是制作其他与地理位置相关的各种专题图件的底图。地形图是地质图的底图,地质图是在地形图的基础上填绘出来的。要了解和认识地质图,必须首先认识地形图,掌握地形图的阅读方法,学会使用地形图。

地形图是由各种表现地形和地物的线条及符号构成的,是按照一定的比例尺、图式绘制的水平投影图。阅读地形图首先要对比例尺、地形图图式和表示地形的等高线建立清楚的概念。

6.1.1 地形图的比例尺

绘制各种图件时,实地的地物必须经过缩小后才能绘在图纸上,地形图也不例外。图上线段长度和相应地面线段的水平投影长度之比称为比例尺。比例尺有数字比例尺和直线比例尺两种。

(1) 数字比例尺。数字比例尺是用分数表示的比例尺,一般用分子为1的分数$1/M$表示,分母M即实地长度缩小的倍数,常常是10、100或1000的倍数,例如1:2000、1:5000、1:10000等。比例尺的大小是按分数的比值确定的,比例尺的分母越大,即分数越小,表示所画的图缩得越小,其精度越低,图幅所涵盖面积越大;地形图的比例尺越大,作出的地质图精度越高,图幅所涵盖的面积越小。

(2) 直线比例尺。在图上绘一直线,以某一长度作为基本单位,在该直线上截取若干段(图6-1)。这个长度以换算为实地距离后是一个应用方便的整数为原则。如对于1:1000、1:5000及1:10000的比例尺可取2cm作为基本单位,因为它相当于上述比例尺的实地长20m、100m及200m;如为1:2000的比例尺,则可取2.5cm作为基本单位,因为它相当于实地长50m，这样应用方便。然后把左边第一个基本单位十等分，在第一个基本单位右端的分划线下注以零，并在其他基本单位分划线下注出相当于所绘比例尺的实地长。如图6-1所示为1∶5000和1∶2000的直线比例尺，其基本单位分别相当于实地长度100m和50m。

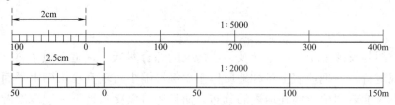

图6-1　1∶5000和1∶2000的直线比例尺

不同比例尺的地形图所反映的面积、精度也有所不同，按比例尺大小地形图可分为三类：

（1）小比例尺地形图。包括1∶10万或更小比例尺的地形图。这种图涵盖的面积较大，精度较低，在地质工作中，主要用于大面积普查找矿及区域地质测量等，可对较大地区的概况有全面了解。

（2）中比例尺地形图。包括1∶1万至1∶5万的地形图。在地质工作中，主要用于矿区外围普查找矿和小范围的地质测量等。

（3）大比例尺地形图。包括1∶500至1∶5000或更大比例尺的地形图，精度较高。在地质工作中，主要用作矿区（或矿床）地形地质图的底图，也是在采矿工作中最常用的地形图。

6.1.2　地形图的坐标系统

在地形图上可以看到有纵横的直线（也可能是弧线），用以表示地形图在地球上的位置，这些纵横的直条或弧线就是地形图坐标系统的坐标线。东西向的线称为纬线，南北向的线称为经线，由经纬线组成坐标方格网。

为了表示地面上的各点的位置，在地形测量中常采用两种坐标系统，即平面直角坐标系和地理坐标系。

6.1.2.1　平面直角坐标系

平面直角坐标以赤道当做直角坐标的Y轴，中央子午线当做X轴。在平面P上画两条互相垂直的直线X和Y（图6-2）。交点O称为坐标原点，而直线称为坐标轴。平面P上点M的位置可以由从点M至坐标轴所作的垂线ME和MK的长度来确定，或者由坐标所分割的线段OK和OE来确定。线段OK称为纵坐标，而OE称为点M的横坐标，用字母X、Y标记并以长度表示（一般以米表示）。由Y轴向上的纵坐标是正坐标，由Y轴向下的是负坐标；从X轴向右的横坐标是正坐标，而从X轴向左的是负坐标。

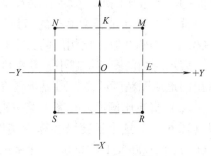

图6-2　直角坐标

直角坐标系用于地形测量工作很适宜，因为坐标是用长度来表示的，绘制地形图时计算也较简便，一般常在小区域范围内进行测量时采用平面直角坐标，把投影面当做平面看待。

6.1.2.2 地理坐标系

地面上一点的位置，在球面上通常是用经纬度表示的，某点的经纬度即为该点的地理坐标。地理坐标系是用来确定地球表面上各点相对于赤道和起始子午线位置的。如图 6-3 所示，坐标系内的纵坐标是纬度，纬度由赤道平面和铅垂线 NO（N 为已知点）所构成的 $\angle LON$ 确定，用字母 φ 标示；横坐标是经度，亦即起始子午面与通过已知点所作子午面间的 $\angle LOK$，用字母 λ 标示。由于地球是椭球体，所以地面点的铅垂线不一定经过地球中心。

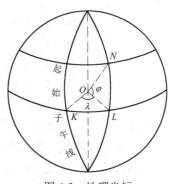

图 6-3 地理坐标

地理坐标可从同一坐标原点开始确定地面上任一点的绝对位置，以角度表示。在小范围测区内，由于可以把地球表面当做平面看待，故地面上各点的位置多用平面直角坐标表示。

6.1.3 地形等高线

地形图上常用等高线来表示地势的高低、起伏等。等高线就是地面上标高相同的邻点所连成的闭合曲线。将不同标高的这种连线用平行投影法投射到水平面上，就得到用等高线表示的地形图，又称等高线图。在同一等高线上各点的海拔标高是一样的。

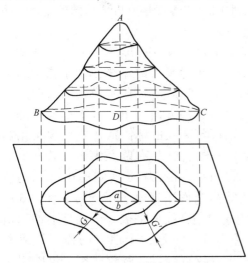

图 6-4 用等高线表示地形的方法

等高线的比喻：假设有某一个小山头整个被水淹没了，这时水面的高程设为 100m（图 6-4），若后来水面退落 5m，山的一部分显露出来，这时的水面高程应为 95m，则水面和山体表面的交线就是地面上 95m 的等高线。如水面继续下降 5m，又可获得 90m 的等高线，如此继续下去，可获得一系列的等高线，这些等高线都是闭合曲线，曲线的形状根据山体的形状而定。各条等高线水平绕山转，绕过山嘴时，等高线向外凸，绕过山谷时，等高线向里凹。如果把这些曲线投影到一个水平面上，就形成一圈圈的曲线。当其按照一定比例尺缩小在图纸上，就得到等高线图。从图上可看出地面高低变化情况。

6.1.3.1 等高线图的等高距

等高线是通过测量工作绘制出来的，所以我们站在山顶上是看不见等高线的。为了使等高线图清晰易读，等高线应按一定间隔来画，例如某地区等高线间隔以 5m 为单位，图上出现的高程为100m、95m、90m……的等高线,两相邻等高线的高程差(即一定单位的间隔)称为等高距或等高线间隔,同一张图纸上的等高距是相同的。

等高距的大小是根据地形特征和图的比例尺大小来确定的,如山地的等高距就应比平地大一些,图纸比例尺较大,等高距就应小一些。我国金属矿山常用的各种比例尺地形图的等高距如下:

比例尺	等高距
1∶500	0.5m
1∶1000	1m
1∶2000	2m
1∶5000	5m

上述各种比例尺地形图的等高距称为基本等高距,按基本等高距描绘的等高线称为基本等高线,亦称首曲线。为了判别等高线时计数方便,须加粗某些等高线,一般把五倍于等高线间隔的首曲线(应为整数)加粗,被加粗的等高线称为计曲线。

6.1.3.2　平距

两条相邻等高线间的水平距离称为平距,如图6-4中的 G 和 G'。平距的大小是随地面坡度而变化的,坡度陡的地方,相邻的等高线就离得近些,即平距小了;坡度缓处,相邻等高线就离得远些,即平距大了。在看地形图时,从等高线间平距的大小,可以分析出山势起伏陡缓的变化。

6.1.4　各种地形在地形图上的表现

地球表面的形状、起伏变化虽很复杂,但也主要是由山地、山脊、鞍部、盆地、山谷等基本地形所组成。因此,了解基本地形及其在地形图上的表现是分析地形图的基础。下面是各种基本地形及其相应的等高线图(图6-5)。

从图上可看出,山丘和盆地的等高线(图6-5(a)、(c))形态、疏密等非常相似,必须注记高程和示坡线才能区别。示坡线是垂直于等高线的短线,用于指示斜坡的降低方向。山谷和山脊的等高线(图6-5(d)、(f))都是具有朝着一个方向凸出的曲线,两图形状也极相似,但山脊等高线是向着坡脚的方向凸出,外圈等高线的标高低,而山谷等高线则是向着谷顶的方向凸出,内圈等高线的标高低,它们也可用高程注记或示坡线来区别。鞍部等高线(图6-5(g))的特征是有两个山峰,其间形成一个状如马鞍的地形,等高线的高程从鞍部向两边递升。在坡度很陡的山坡和峭壁(图6-5(b))、峡谷(图6-5(e))等,则不用等高线而用符号表示。再如图6-6所示冲沟等高线图,在冲沟处,170m、150m、140m的等高线似乎被一个鸡爪形冲沟所割断,实际这些等高线并未中断,从对比图中Ⅰ、Ⅱ、Ⅲ这三个地方的情况即可看出,Ⅰ和Ⅱ处是山谷,等高线向上游弯曲,其中Ⅰ谷较宽阔,Ⅱ谷较狭窄,反映出山洪或小溪对Ⅱ谷冲刷得深些,若山谷被水冲刷得更严重,则会使山谷两侧形成陡壁,山谷底面加深,而形成Ⅲ处的形态(小的称为冲沟,大的称为峡谷)。在这里等高线也像碰到悬崖一样,在冲沟或峡谷的陡壁处重叠,沿着沟边弯来弯去,从冲沟上游弯到对岸。在图纸上它们用专门符号表示。

总之,通过图6-5可看出,用等高线的方法来表示地形,就是以等高线的标高数字、

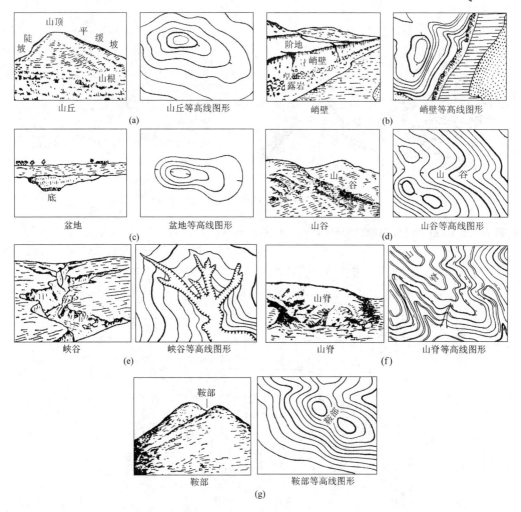

图 6-5 各种基本地形及其在地形图上的表现

形态、疏密和相应的符号来表示地面高低起伏的特征。

为了对一般地形能有一个综合认识,可参考图 6-7 所示的几种基本地形的综合及其等高线图。

6.1.5 常用地形图例

地面上有各式各样的地形和地物,例如房屋、道路、河流、矿井等,又有高低起伏变化的平原、丘陵和山地等地形,这些都可用简单、明显的符号表示在地形图上,这种用来表示地物、地形等的符号即地形图图式。地形图图式分三种符号:地物符号、地形符号、注记符号。各种符号随比例尺大小而略有不同,图

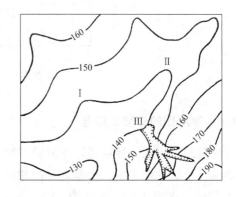

图 6-6 冲沟等高线图

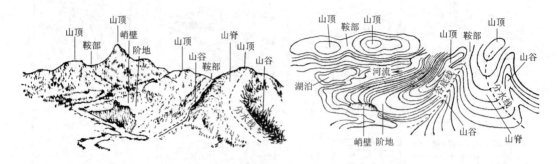

图 6-7　几种综合地形及其等高线图

6-8 即为 1∶1000 和 1∶2000 地形图常用图式。

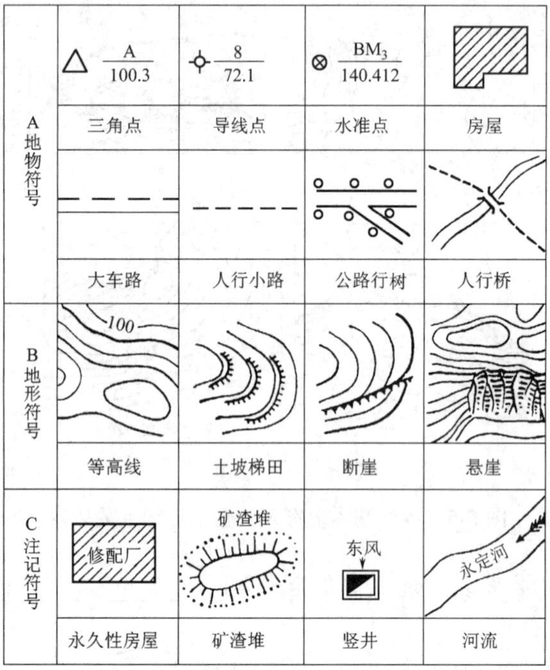

图 6-8　常用地形图图式

6.1.6　地形图的分幅及编号

根据测量规范，测量地形图需要按照一定的规则分区块进行。百万分之一地形图的分幅和编号是统一规定的，每幅均分隔成经度 6°和纬度 4°的梯形。从赤道算起，以每隔纬度 4°划线，将南北半球各分为 22 行（不含南、北极地区），依次编号为 A、B、…、V；由 180°子午线算起，以每隔经度 6°划线，将全球划分为 60 列，自西向东依次编号为 1、2、…、60。图幅的完整编号以行号在前，列号在后组成，如武汉幅百万分之一地形图的图幅编号为 H-50。

五十万分之一图幅的编号是在百万分之一基础上再四等分，分别在百万分之一图幅编号后加上 A、B、C、D，如 J-50-A。

将百万分之一地形图按经、纬度各 12 等分，分成 144 幅十万分之一的地形图。其编号是在百万分之一的图幅编号后再加上一个 1~144 的阿拉伯数字，如 H-50-49。

五万分之一地形图的分幅是在十万分之一地形图的基础上四等分，其图幅编号是在十万分之一地形图编号后再加上 A、B、C、D（如 J-50-45-A），早年出版的地形图和地形地质图也有用甲、乙、丙、丁或俄文字母 А、Б、В、Г 进行编号的。

万分之一地形图的编号是以十万分之一的地形图为基础，再 64 等分得到的。其图幅编号是在十万分之一的地形图的编号后分别加上带括号的阿拉伯数字（1）、（2）、…、（64），如武昌某地的万分之一地形图的图幅编号为 H-50-49-（32）。

地形地质图的图幅编号与其所采用地形底图的编号相同。

6.2 矿区（矿床）地形地质图的用途

在矿山建设中，必须对周围环境作系统、周密的调查研究。地面调查的成果可集中体现在地形地质图中，而地形地质图又是进一步调查研究的基础，也是进行矿山设计时的重要资料和依据。在各种不同比例尺的地形地质图中，与矿业开发关系最密切的是矿区（矿床）地形地质图，图的比例尺自 1：500 至 1：10000 不等。

矿区（矿床）地形地质图是矿区（矿床）范围内地质特征、勘探程度、研究成果的集中体现，主要用于了解矿区地形及地质全貌，是矿山总体设计的主要依据之一，设计中的总图就在此图基础上完成的。在绘制矿区各种地质剖面图（如水平断面图、垂直断面图、投影图等）时，它也是基础图件之一。对于已投产矿山，在采掘过程中遇到的构造地质问题，就矿找矿不断扩大储量、延长矿山寿命问题等，也要参考矿床（区）地形地质图上所反映的情况作出抉择，在矿山基建和生产过程中，还要经常参考这种图件来指导施工、生产或修改设计等工作。为此，采矿工作者必须学会熟练使用、阅读地形地质图。

采矿工作者认识、阅读矿区（矿床）地形地质图，主要就是从地质图上了解地层分布、地质构造、岩浆活动以及矿体分布、形态、产状等情况，结合现场踏勘建立起矿区（矿床）地质条件的整体和立体的概念，用以指导采矿设计和生产实践。一般在图上应标示矿区（矿床）地形特点（地形等高线）、重要地物标志、地理坐标、以矿体为中心的主要地质特征、各种勘探工程的位置与编号等。当地形地质条件较简单时，上述全部内容可绘制在同一张图上，即矿床（区）地形地质图（图 6-9）。但当地形地质条件较复杂时，为了保持图面清晰，可根据具体情况和要求，分别绘制突出不同内容的该类地质图。如为了突出矿床的地质特征，图上可不绘地形等高线，称之为矿床（区）地质图；有时为了突出勘探工程布置方式，又可省去地形等高线和部分地质内容，称之为矿床（区）勘探工程布置平面图。一般情况下，该类图件都是由地质勘探部门编制完成后移交给矿山设计、基建和生产部门使用，在使用过程中再不断修改和补充。

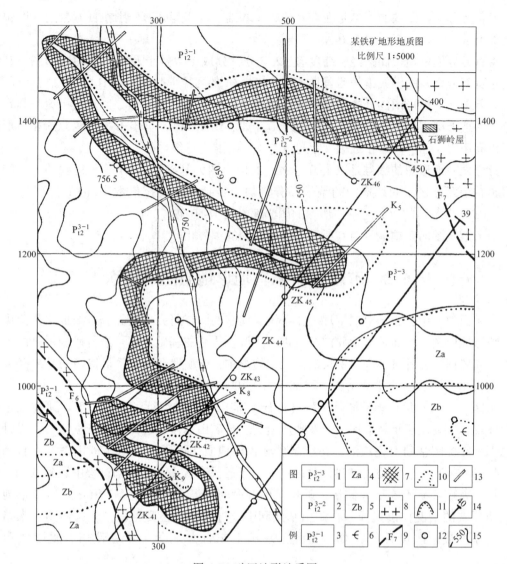

图 6-9 矿区地形地质图

1—板溪群上部（硅质板岩）；2—板溪群中部（含铁板岩及铁矿层）；3—板溪群下部（石英云母片岩）；
4—南陀组（石英砂岩）；5—陡山陀组（碳质板岩）；6—寒武系（页岩）；7—铁矿体；8—花岗岩；
9—断层及编号；10—地质界；11—角度不整合；12—钻孔位置与编号；13—探槽位置与编号；
14—勘探线与编号；15—地形等高线

6.3 矿区（矿床）地形地质图的填绘过程简介

矿区（矿床）地形地质图是以地形图作为底图来填绘的，内容包括地形和地质两部分，分别由测量人员和地质人员测绘而成。这种图件一般在矿山开采前就已由地质部门填绘出来，矿山基建或投产后只作一些补充或修改工作。

地质填图的步骤一般是在野外地质调查的基础上，选择代表性的地质剖面（垂直矿化带、断裂带或地层等），确定各种地质体和地质构造的界线标志，而后根据图的比例尺布置地质路线。地质路线的布置有穿越法（尽量垂直地质界线、矿体走向、构造线走向等）和追索法（沿地质界线延伸方向），即在地质路线上隔一定距离选择一定的地质点（如界线点、岩性点等），在点上树立一定的标志（如插上带编号的小旗），并将地质点及其附近的地质情况作详细记录，然后用经纬仪或高精度GPS（全球定位系统）、全站仪等将地质点测绘在地形图上，再根据调查中所观察到的地质特点及各个地质界线延伸情况，把图上各个相同内容地质点按实际延伸情况连续起来。地质点的疏密，根据图的比例尺和地质条件的复杂程度而定，需符合相应的地质规范。一般在地质图上大约每一平方厘米布置一个，地质条件简单时可放稀些，地质条件复杂时应适当加密，尤其是在矿体和围岩的边界线上应适当加密。假如有些地方露头被浮土掩盖，而又必须了解浮土下面的地质情况（如矿体边界线被掩盖）时，可以通过各种比较简单的山地工程（如剥土、探槽、浅井等）去揭露地下基岩情况，以便确定地质界线进行填图。

在野外工作基础上，还要在室内进行许多岩矿鉴定、分析研究和综合整理工作，最后清绘成图。过去一般是先测绘地形图，然后再在地形图上填绘地质图，现在有部分地测单位将这两项工作结合进行。近年来，地质填图资料的归档都要求数字化，成果验收要求提交电子图件，因此地理信息系统（GIS）软件被广泛应用于地质信息管理和成图中（如MAPGIS）。

6.4 地形地质图的读图步骤

任何图件都是某种工程或工艺的语言，地质图件也不例外。由于地形地质图的线条多、符号杂，常不易抓住主要内容，所以在阅读时要由浅入深，循序渐进，首先看懂地形部分，然后弄清地质内容，对地质图进行仔细观察和全面分析。在学习中要通过反复练习，逐步掌握读图方法。地形地质图的读图步骤如下：

（1）先看图名、比例尺，再看图例，对地质图幅所包括的地区建立整体概念。

（2）了解图幅位置，识别图的方位，一般以指北箭头为依据。若没有则可根据一般图的上方指向正北，或根据坐标数值向东、向北增大的规律来定出图的方向。

（3）详细阅读地形等高线及其所代表的地形特点，了解本图幅所包括地区的地形起伏、山川形势等。

（4）对照图例，了解各种岩层在图中的分布及产状，分析各岩层之间的接触关系和地质构造发育情况。

（5）了解岩浆岩的分布、活动的时代、侵入或喷发的顺序，然后根据岩体轮廓，大致确定岩浆岩的产状。

（6）对矿床地质条件进行分析，要分析矿体的分布、形状、产状要素、规模，顶底板围岩的特点，围岩的产状及构造，矿体受哪些构造控制，矿体受构造变形后的形态变化等问题，这些都是矿山设计、基建和生产需要的基础资料。

（7）对过去已经开采过的矿山，还要了解旧坑口位置，以利考虑今后开采中旧坑道利用的可能性。

在以上读图的过程中，还要适当参考地质图的主要附图——矿区地层柱状图和地质剖面图等图件，以帮助了解这个地区的地质构造等特征。

必须指出，要想通过地质图的阅读来指导生产实践，采矿工作者不能只坐在室内凭读图来做决定，还必须拿上地质图到现场跑一跑，对一对，仔细阅读、分析地质图，并对整个矿区进行详细的踏勘，充分发挥该图的指导作用，提高工作进展中的预见性。

6.5 不同产状的岩层或地质界面在地形地质图上的表现

各种产状的岩层或地质界面，因受地形影响，反映在地形地质图上的表现情况也各不相同，其露头形状的变化受地势起伏和岩层倾角大小的控制。

6.5.1 水平岩层在地形地质图上的表现

如果地形有起伏，则水平岩层或水平地质界面的出露界线是水平面与地面的交线。此线位于一个水平面上，故水平岩层的露头形态，无论是在地面上还是在地质图上，都是一条弯曲的、形状与地形等高线一致或重合的等高线（图6-10（a））。在地势高处出露新岩层，在地势低处出露老岩层。若地形平坦，则在地质图上，水平岩层表现为同一时代的岩层成片出露。

6.5.2 直立岩层在地形地质图上的表现

直立岩层的岩层面或地质界面与地面的交线位于同一个铅直面上，露头各点连线的水平投影都落在一条直线上。因此，无论地形平坦或有起伏，直立岩层的地质界线在图上永远是一条切割等高线的直线（图6-10（b））。

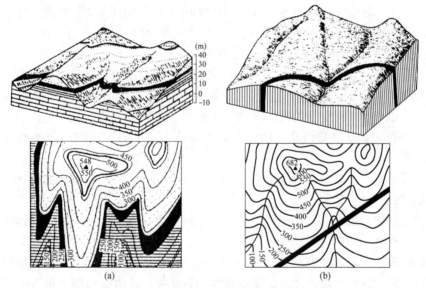

图6-10 水平岩层与直立岩层的露头形态（据王素）
（a）水平岩层；（b）直立岩层

6.5.3 倾斜岩层在地形地质图上的表现

倾斜的岩层面或其他地质界面的露头线，是一个倾斜面与地面的交线，它在地形地质图上和地面上都是一条与地形等高线相交的曲线（图 6-11～图 6-13）。当跨越沟谷时，岩层露头线或地质界线在平面图上呈现许多"V"字形或"U"字形。根据岩层产状的不同，在地形地质图上"V"字形的特点也各不相同。根据岩层（或地质界面）的产状与地面坡向、坡角的关系可分为如下三种情况：

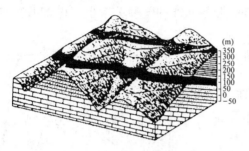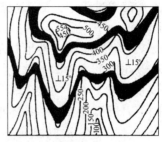

图 6-11　倾斜岩层露头线与地形等高线的关系（岩层倾向与地面坡向相反）

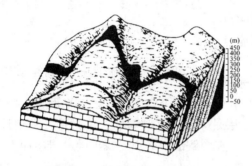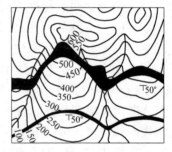

图 6-12　倾斜岩层露头线与地形等高线的关系（岩层倾向与地面坡向相同，岩层倾角大于地面坡度）

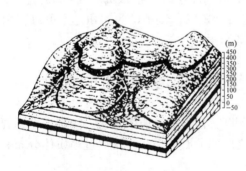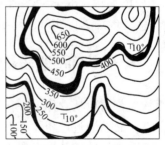

图 6-13　倾斜岩层露头线与地形等高线的关系（岩层倾向与地面坡向相同，岩层倾角小于地面坡度）

（1）当岩层或地质界面的倾向与地面坡向相反时（图 6-11），岩层露头或地质界面露头线的弯曲方向与等高线一致，且地质界线或岩层露头线的弯曲小于地形等高线的弯曲，在河谷中"V"字形的尖端指向河流上游。

（2）当岩层或地质界面的倾向与地面坡向一致时，若岩层倾角大于地面坡度，则岩层或地质界面露头线的弯曲方向与地形等高线的弯曲方向相反，且岩层或地质界面的露头，在河谷中形成尖端指向下游的"V"字形（图 6-12）。

（3）当岩层或地质界面倾向与坡向一致，且岩层倾角小于地面坡度时，则岩层或地质界面露头线的弯曲与地形等高线弯曲方向相同，但岩层露头线或地质界线的弯曲度大于地形等高线，在河谷中形成尖端指向上游的"V"字形（图6-13）。

倾斜岩层（或地质界面）的露头线与地形等高线的这种关系被称为"V"字形法则。在地质填图过程中，"V"字形法则可以帮助我们在填绘地质图中正确连图，避免错误；反过来，在地质读图过程中，露头线与地形等高线的这种关系也可以帮助我们判断岩层（或其他地质界面）的产状。

除利用"V"字形法则定性地判断岩层产状外，还可以在地形地质图上准确地计算某点出露岩层的产状要素。如图6-14所示，在图上找出同一岩层界线和同一条地形等高线相交的两个点（如图中 a、b 或 c、d 点），这两点的连线就是岩层的走向线（在水平面上的投影），其方向就是走向。然后，在同一岩层界线上找一个与这两点标高不同的点（如图中 e 点或 f 点），了解其标高，以这点的标高和上述走向线的标高进行对比，即可定出岩层的倾向。如图中 ab 走向线的标高

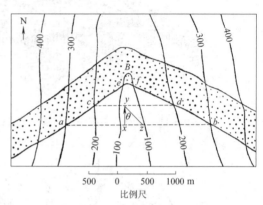

图6-14 在地形地质图上确定岩层产状

为300m，而 e 或 f 点的标高为100m，根据平面上三个点即可定出该平面在空间位置的原理，可定出该岩层面是南高北低，所以岩层是大致向北倾斜的。这只是大致估计的倾向，要较精确地求倾向和倾角，可以用图解法。在图解法中必须先找出同一岩层面上不同标高的两根走向线（如图中 ab 及 cd），作一直线 $xy \perp ab$ 及 cd，则 xy 就是倾向线。由于 cd 标高低于 ab，所以 xy 的箭头应指向 y，$\overline{xy}$ 的方向即倾向。假如 ab 与 cd 间的标高差为 h，则在 ab 线上按图中的比例截取 $xz=h$，连接 yz 线，则 $\angle xyz$ 即为倾角。也可以在图上量出 xy 距离，用 $\tan\theta=h/(xy)$ 求得 θ 角，θ 角即倾角。

6.6 不同地质构造在地形地质图上的表现

许多地质构造都需要从立体上进行判断，但地形地质图只是一种平面图，要观察地质构造的立体形态，必须通过地质体相互之间的分布关系，以及通过地质体分布和地形之间的关系来建立地质构造的立体形态概念。

6.6.1 各种褶曲在地质图上的表现

如果褶曲形成后地面还未受侵蚀，那么地面上露出的是成片的当地最新地层，这时只能根据地质图上所标出的各部分岩层的产状要素来判断褶曲构造，但这种情况是极少见的。大部分地区褶曲构造形成后，地表都已受到了侵蚀，因此构成褶曲的新老地层都有部分露出地表，则在地质图上主要根据岩层（或矿层）分布的对称关系和新老岩层的相对分布关系来判断褶曲构造。

（1）水平褶曲在地质图上的表现。枢纽产状为水平的背斜和向斜，在地形平坦条件下，它们的两翼岩层在地质图上都呈对称的平行条带出露（图6-15），核部只有一

条单独出现的岩层。对于背斜来说，核部岩层年代较老，两翼则依次出现较新岩层（图 6-15 中左侧）；向斜则相反，核部岩层年代较新，而两翼则依次为较老岩层（图 6-15 中右侧）。

（2）倾伏褶曲在地质图上的表现。倾伏褶曲，在地形平坦条件下，其两翼岩层在地质图上也呈对称出露，但不是平行条带，而似抛物线形（图 6-16）。若想判断其为倾伏背斜还是倾伏向斜，也要根据核部和两翼岩层的相对新老关系来确定。

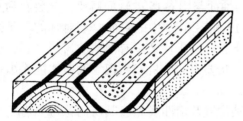

图 6-15　枢纽水平的褶曲在地质图上的表现
（地形平坦条件下）

（3）短轴褶曲在地质图上的表现。短轴背斜或向斜，在地形平坦条件下，其两翼岩层在地质图上也呈对称出露，其形状近于长椭圆形（图 5-28）。至于是短轴背斜还是短轴向斜，也应根据地层的相对新老关系进行判断。对背斜来说，中间出露老地层，向外依次变新；向斜反之。

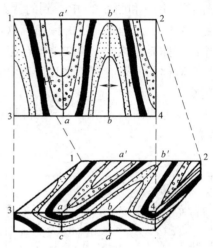

图 6-16　倾伏褶曲在地质图上的表现
（地形平坦条件下）

（4）穹窿及构造盆地在地质图上的表现。在地形平坦条件下，它们的岩层露头在地质图上呈圆形或椭圆形出露（图 6-17 和图 6-18）。判断是穹窿还是构造盆地，其方法与短轴背斜和短轴向斜的判断方法相同。

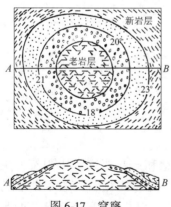

图 6-17　穹窿

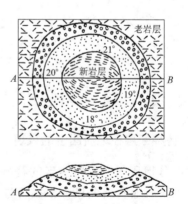

图 6-18　构造盆地

上述特征的前提条件均是地形平坦，若地形有起伏，情况就复杂了。原来是平行出现的岩层露头就会变得弯弯曲曲不平行；原来是近于抛物线形、椭圆形或圆形的岩层露头也会变得不规则，但其对称关系仍然不变。图 6-19 所示是一个背斜构造，仅以岩层 b 为例，图中共有两条,一南一北,北边的 b 层在山脊处向山脚弯曲,在山谷处向上游弯曲,说明其向北倾斜;南边的 b 层则向南倾斜,从图 6-19 Ⅰ—Ⅰ′ 剖面图中可清楚看出是背斜构造,较老岩层 a 位于中间(核部),较新岩层 b 列在两翼,中间虚线代表背斜轴面。同样,在图 6-20 中可见向斜构造,南北两个岩层 b 均相向倾斜,北边的向南倾,南边的向北倾。从所附 Ⅰ—Ⅰ′ 剖面图可见向斜构造的特点,中间的 a 层位于两翼 b 层之上,是较新岩层,与图 6-19 相反。

若把图 6-19 和图 6-20 中看到的背斜和向斜的轴面与图 6-16 的轴面对比,就会看到它们不是直立的,而是有一定的倾角,这说明图 6-19 和图 6-20 中的褶曲是不对称的,而图 6-16 中的褶曲是对称的。但在地形有起伏的情况下,还必须注意没有褶曲的岩层其露头也可能出现对称的分布情况。此时,必须结合岩层产状要素的分析或到现场调查才能作出正确的判断。

在一些地质图上,常用一定的符号表示褶曲轴位置及褶曲类型,其所用符号参看后文图 6-29。

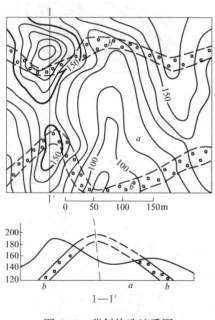

图 6-19 背斜构造地质图

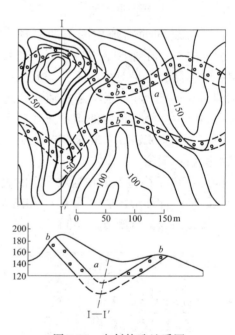

图 6-20 向斜构造地质图

6.6.2 各种断层在地质图上的表现

大部分地质图上都用一定的符号表示出断层的类型和产状要素,所用符号见后文图 6-29。一般从地质图上只要根据符号就可以认识断层,在没有用符号表示断层的产状及类型的地质图上,常会画出断层线,进行判断时,首先要判断其产状要素及两盘相对位移方向。断层的产状要素除了在野外直接测定外,也可以在图上进行判断,其判断方法与判断岩层面产状要素的方法相似,可以根据断层线和地形等高线之间的关系进行判断。在判断断层两盘的相对位移方向时,平移断层可根据断层线两侧岩层的错开情况直接从图上看出来。而正、逆断层的判断要根据具体情况具体分析。对于走向断层常出现的六种情况，可参考本书第 5 章图 5-54。对于倾向断层，可根据地质界线的移动方向判断，上升盘地质界线总是向倾向方向移动。在褶皱发育地区还可根据核部地层出露宽度的变化进行判断。当岩层的倾角较缓而断层面较陡时，可根据断层线两侧露出岩层的相对新老关系进行判断。老的一侧是上升盘，新的一侧就是下降盘。老岩层原在新岩层下面，由于上升，就与新岩层挨在了一起（图 6-21（a）），经剥蚀后就变为如图 6-21（b）所示的情况。此外，还需注意，平移断层和正、逆断层有时在地质图上不易区分（图 6-22），此时需在现场用各种确定断层位移的方法进行判断。了解了断层面产状及位移方向后，断层类型即可确定。

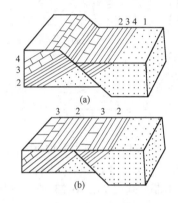

图 6-21 根据断层两侧岩层新老关系判断两盘的升降

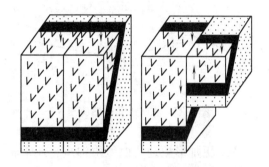

图 6-22 正、逆断层在地质图上易误认为平移断层的情况

图 6-23 为一具有断层构造的地形地质图。图中标出了 a、b、c 三个岩层，其从老到新的顺序是 a—b—c。根据图中地层界线与等高线的关系可知，岩层走向东西、倾向南。沿岩层走向追索，a、b 两岩层在河谷处相遇，即二者在河谷处中断、不连续，故说明有断层存在，且河谷就是断层通过的地方。图中用 F—F 线表示这个断层。根据现场测定，该断层走向北北东，倾向南东东，倾角 72°。故东边为上盘；西边为下盘。如前所述，按两侧出露岩层的新老关系：西边 a 层较老，为上升盘；东边 b 层较新，为下降盘。因此，上盘相对下降，故为正断层，图中用符号 表示。又由于该断层走向与岩层倾向大约一致，故又称其为倾向正断层。

图 6-24 亦为一具有断层构造的地形地质图。图中出现的岩层有 a、b、c 三层，从老到新的顺序是 b—a—c。岩层走向为东西向，倾向正北。沿图中南面 b 岩层的走向追索，未发现任何断裂现象。但若沿河谷西部 I—I′线来看，从南向北走，一路见到的岩层出露情况是 b—a—c—b—a—c。岩层不仅如此重复出现，而且图中北部的 b 层（较老）盖在 c 层（较新）之上，这都是断层的标志。经实地验证和测定，断层走向为东西，断层面向北倾斜，故断层线北面为上盘，南面为下盘。上盘岩层较老，为上升盘，所以该断层为逆断层，图中在断层线 F—F 上标以符号 。由于断层线方向与岩层走向一致，故又称其为走向逆断层。

阅读地形地质图，从平面图上了解地质构造（包括褶曲、断裂等）的空间几何关系，是地质工作中的重要一环。

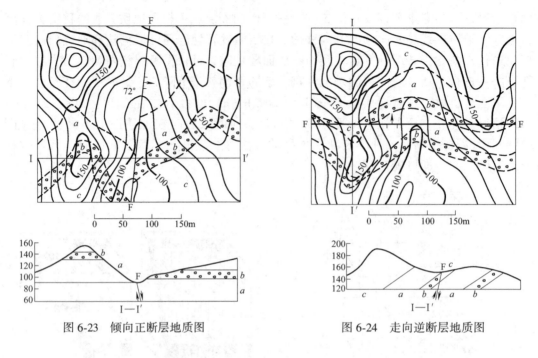

图 6-23 倾向正断层地质图

图 6-24 走向逆断层地质图

为了更加形象地认识地质构造，还常辅之以剖面图的绘制，如图 6-23 和图 6-24 中的 Ⅰ—Ⅰ′剖面图。

6.6.3 地质体不同接触关系在地质图上的表现

6.6.3.1 沉积岩的接触关系

沉积岩的接触关系包括整合接触、平行不整合（假整合）接触与角度不整合（斜交不整合）接触。各种接触关系在地质图上的表现如下：

（1）整合接触。在地质图上，各时代地层连续无缺失，地质界线彼此平行作带状分布。

（2）平行不整合接触（假整合）。各地层在地质图上的表现和整合接触没有显著不同，必须仔细分析每一个露头线两侧地层的时代是否连续来进行判断。一般在假整合面上下常缺失某些年代的地层。

（3）角度不整合接触（斜交不整合）。在地质图上，不整合接触明显地表现为不整合面上下两套岩层产状不同，并有地层缺失。不整合面与下伏岩系各层位的界面成角度相交，而与上覆岩层的界面基本平行，不整合面即为其上最老地层的底界面（图 6-25）。

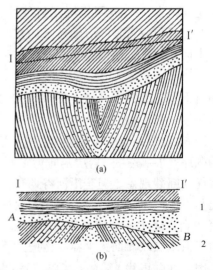

图 6-25 角度不整合接触在地质图上的表现
(a) 平面图；(b) 剖面图
1—新岩层；2—挤压成褶皱的古老岩系；
AB—不整合面

6.6.3.2 侵入体的接触关系

侵入体与围岩的接触关系有三种：

（1）侵入接触。岩浆侵入到先形成的沉积岩中去，则在侵入体与围岩的接触带上常出现接触变质现象，在侵入岩中常残留有围岩的捕虏体（图 6-26）。沉积岩常被侵入岩共生的岩脉所贯入，侵入岩的边界切穿沉积岩的层理。若侵入体的规模较大，而且原生岩浆中带有大量汽水溶液，则有可能在接触带中形成某些矿床。

（2）沉积接触。若侵入岩形成后，由于抬升和侵蚀作用而露出地表，其后随着地壳下降又有新的沉积岩覆盖其上，则在沉积岩层中没有接触变质现象，在侵入岩中也没有它的捕虏体，而在沉积岩层底部出现侵入岩的砾石（图 6-27）。

（3）断层接触。如果是在断层错动下形成的侵入体和沉积岩接触，表现在地质图上，断层线比较平直，一侧为岩浆岩，一侧为沉积岩，两者的接触线既可截断沉积岩的层理，同时也可截断岩浆岩中的岩脉（图 6-28）。

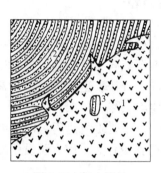

图 6-26 侵入接触

1—侵入岩；2—沉积岩；3—捕虏体

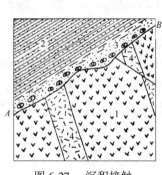

图 6-27 沉积接触

1—侵入岩；2—沉积岩；3—底砾岩；
4—岩脉；AB—接触面

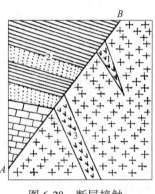

图 6-28 断层接触

1—侵入岩；2—沉积岩；3—岩脉；
AB—断层线

6.6.4 常用地质图例

在一幅地形地质图上，除去地形部分外，在地质部分可以见到许多线条、各种花纹、颜色和符号，用以表示岩石、矿体和地质构造现象。在一套完整的、包括各个勘探线地质剖面图在内的地形地质图中，其所用符号、花纹和颜色应当一致（为便于读图，故符号应一致）。花纹符号一般只在剖面图上用，地形地质图上可省去。用地质图例如图 6-29 所示。

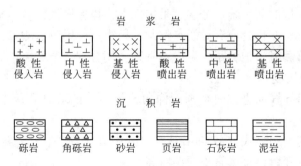

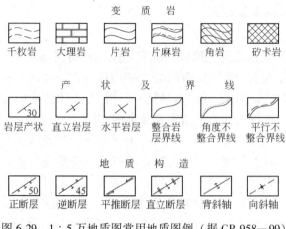

图 6-29 1∶5 万地质图常用地质图例（据 GB 958—99）

6.7 地形地质剖面图及其绘制方法

地形地质图除能表示地质体在地表的出露和空间分布以外，还能表示地质体在地下一定深度的延伸情况，但需通过对地质图的分析得出。而地质剖面图能够更清楚地表达岩层（或矿体）的厚度、在地下深处的延展与分布情况和地质构造特点，其表达更直观。通常可在地质图上作若干个具有代表性的剖面图，或到现场实测地质剖面图。

矿区（矿床）地形地质剖面图主要用于配合矿区（矿床）地形地质图使用，以了解矿区（矿床）地质全貌，是矿山总体设计依据之一，也是进行开拓设计和采矿方法设计的主要图件之一。

地质剖面图的作法很多，主要以工作的目的要求、地区的情况以及所取的比例尺大小来决定。下面简单介绍实测剖面和图切剖面的填绘方法。

6.7.1 实测剖面的填绘方法简介

实测剖面图的剖面线方向应垂直或大致垂直主要构造线方向，切割整个地质图的图幅，并通过地质图上最典型和最重要的构造地段。剖面线最好是直线，若遇构造线方向改变或地形不允许的情况下，剖面可沿折线编制，但转折应尽量少。

地质剖面图的水平比例尺和垂直比例尺一般都与地质图相当，所用图例应与地质图一致。

6.7.1.1 剖面的测制

选好剖面线，丈量剖面，统一分层，采集标本，描述岩性，从一端按导线号用测绳或皮尺逐层丈量，地形有变化处应有导线点控制，导线方位用罗盘测量，以方位角表示。

测导线距要拉直测绳，把斜距换算成水平距，用公式 $D = L\cos\alpha_1$ 计算（式中 D 为水平距，L 为斜距，α_1 为坡度）。

测坡度角时应以导线前进方向来判别仰角或俯角。记录时仰角为正（+），俯角为负（-），以后测手为准。

两导线点间的高差用公式 $H = L\sin\alpha_1$ 计算（式中 H 为高差，L 为斜距，α_1 为坡角）。累积高差即从导线零点开始，每点累积的相对高度。

每一岩层或在产状有变化处都要测量产状,并记录测产状点与导线起点的距离。为便于作剖面换算视倾角,要记录导线总方位与岩层走向间夹角。沿导线要详细观察记录地质现象,分层要准确,描述要简明扼要,采集标本要有代表性,重要的地质现象要作素描或拍照。在文字记录的同时,可作随手剖面图,为剖面整理时参考。

附剖面测量记录表(表6-1)供参考。

表 6-1 剖面测量记录表

导线号	导线方位角/(°)	导线距		坡度 α_1/(°)	高差 H/m	累积高差/m	产 状 要 素				导线方向与岩层走向夹角/(°)	地 质 记 录					
							位 置		倾向/(°)	倾角 α/(°)		分层位置		岩性及构造描述	分层号	分层厚/m	标本号	备注
		斜距 L/m	水平距 D/m				斜距/m	水平距/m				斜距/m	水平距/m					
0-1	184	48	47.8	+5	4.2	4.2	21	20.9	190	45	84	22	29.9	薄层灰岩	1		Y_1	
							42	41.8	188	43	86	48	47.8	黑色页岩	2		Y_2	
1-2	180	35	34.6	+9	5.5	9.7	14	13.8	182	44	92	16	15.8	黑色页岩	2			
							29	28.6	195	46	79	29	34.6	泥质页岩	3		Y_3	

6.7.1.2 剖面图的编制

首先,作导线平面图,根据导线方位和水平距将导线自零点至终点按比例尺逐点绘出,并将岩层分界线、点、产状等都按相对位置绘在平面图上。连接零点和终点为剖面线,或沿与岩层倾向一致的方向作一基线为剖面线。其次,在导线平面图下方,平行剖面线作一基线 AB,将各导线点按累积的高程投影在基线上方,用圆滑的曲线把各点连接起来,作出地形剖面图。再投绘剖面中的地质内容,将导线上各岩层分界点、产状、产状测量点、标本打集点等投影在地形剖面线上,用产状和图例表示岩层。在表示产状时应注意,剖面的方位与岩层倾向一致时直接用真倾角,如不一致,要用视倾角。最后,逐层注明分层号、产状、标本号、化石点和地层时代。在剖面上方标明观察点号、地名,此外还应注明图名、比例尺和剖面方向(图6-30)。

6.7.2 图切剖面的制图方法

(1)首先决定剖面线位置,在地质图上画出剖面线Ⅰ—Ⅰ′(剖面线应尽量垂直地质构造线,与岩层或矿体的走向垂直)。

(2)在一张方格纸上作一条基线Ⅰ—Ⅰ′,使Ⅰ—Ⅰ′平行于地质图上Ⅰ—Ⅰ′线,并按地形图的比例尺及地形等高距作平行细线,每一条平行细线都注上所代表的标高。

(3)用另一张方格纸沿地质图的Ⅰ—Ⅰ′线,记下等高线和地质界线与剖面线的交点。

(4)把方格纸移到作剖面的图纸上的平行细线之下,按照一定顺序,先将方格纸上的各等高线交点投影到相应的平行细线上,然后将各点连接起来,即得到Ⅰ—Ⅰ′剖面的地形剖面图。再将各地质界线与等高线的交点,也按照一定顺序,投影到地形线上,并按地质图上的岩层倾向和倾角作出岩层分界线,不同时代的地层和岩性按不同的花纹符号进行填充,若有构造发育时,还应标出构造轮廓线,即得地质剖面图(图6-31)。剖面图应标有图名、图例、比例尺和剖面方位,图件的绘制和标注应按规定的图式进行。

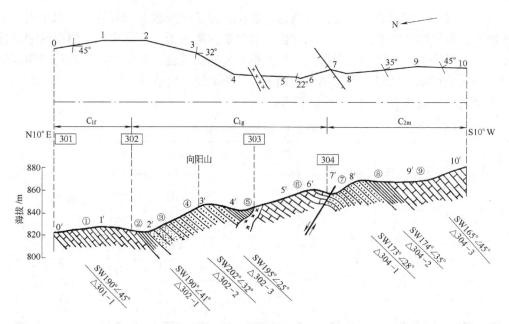

图 6-30 实测剖面图的绘制方法

0,1,2,…,10—导线点；0′,1′,2′,…,10′—导线点在剖面上投影；302—观测点；①,②,…,⑨—分层号；C_{1f}，C_{1g}，C_{2m}—地层代号；$\dfrac{SW190°\angle45°}{\triangle301-1}\dfrac{岩层产状}{标本编号}$

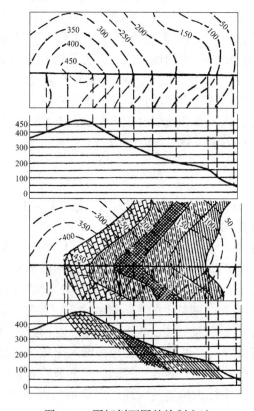

图 6-31 图切剖面图的绘制方法

思考题与习题

6-1 熟悉下列专业用语及含义：地形图；地形地质图；等高线；等高距；平距。
6-2 熟悉地形图和地形地质图的读图步骤和方法。
6-3 熟悉各种地形在地形图上的表现及常用的图例。
6-4 了解地形地质图的填绘过程。
6-5 熟悉不同产状的岩层或地质界面在地形地质图上的表现（地质界线与地形等高线的关系）。
6-6 按其比例尺不同可将地形图分为哪几种，如何划分，各自的优点与不足是什么？
6-7 熟悉各种地质构造在地形地质图上的表现（能够熟练阅读地形地质图，并了解各种地质构造的特征）。
6-8 熟悉各种地层接触关系在地形地质图上的表现。
6-9 侵入体与围岩的接触关系有哪几种，其在野外和地质图上常有哪些表现？
6-10 了解实测地质剖面图的填绘方法，熟练掌握图切地质剖面图的绘制方法。

第 I 篇参考文献

[1] 叶俊林,黄定华,张俊霞. 地质学概论 [M]. 北京:地质出版社,2005.
[2] 陶世龙,万天丰,程捷. 地球科学概论 [M]. 北京:地质出版社,1999.
[3] 潘兆鲁. 结晶学与矿物学(上)[M]. 北京:地质出版社,1984.
[4] 潘兆鲁. 结晶学与矿物学(下)[M]. 北京:地质出版社,1984.
[5] 邱家骧. 岩浆岩岩石学 [M]. 北京:地质出版社,1985.
[6] 刘宝珺. 沉积岩石学 [M]. 北京:地质出版社,1980.
[7] 贺同兴,卢良兆,李树勋,等. 变质岩岩石学 [M]. 北京:地质出版社,1988.
[8] 徐开礼,朱志澄. 构造地质学 [M]. 北京:地质出版社,1984.
[9] 朱志澄,宋鸿林. 构造地质学 [M]. 武汉:中国地质大学出版社,1990.
[10] 俞鸿年,芦华复. 构造地质学原理 [M]. 北京:地质出版社,1986.
[11] 地矿部地质词典办公室. 地质词典(一):普通地质与构造地质分册 [M]. 北京:地质出版社,1982.
[12] 地矿部地质词典办公室. 地质词典(二):矿物、岩石、地球化学分册 [M]. 北京:地质出版社,1982.
[13] 地矿部地质词典办公室. 地质词典(三):地史、古生物分册 [M]. 北京:地质出版社,1982.
[14] 冯明,梁慧社,蔺心全,等. 大地构造与中国区域地质简明教程 [M]. 北京:地质出版社,2009.
[15] Plummer, McGeary, Carlson. Physical Geology [M]. New York:McGraw-Hill Education,1999.
[16] Graham R Thompson, Jonathan Turk. Introduction to Physical Geology (2nd edition). http://www.hb-college.com.

第Ⅱ篇　矿　　床

矿床学的研究对象是对国民经济具有重大意义的矿床，它是在矿产勘查和矿山生产实践中逐渐总结发展起来的一门独立的地质学分支学科。矿床学也称为矿床地质学，在欧美国家还被称为经济地质学（Economic Geology）或矿石地质学（Ore Geology）。

矿床学的主要任务包括两方面：一是研究自然界中各类矿床的地质特征、成矿作用，查明成矿物质来源、矿床成因；二是查明矿床控矿地质条件、成矿时空分布规律和成矿地球动力学背景，预测在何种地质环境下能找到某种期望的矿产。研究矿床学的主要目的就是指导找矿勘探、矿床开采和综合利用。

本篇重点介绍不同类型矿床的成矿过程和主要特征，特别是与采掘有关的各种特征。通过本篇学习，能掌握不同类型矿床的埋藏条件、矿体形状、产状、矿石特征，以利在今后开发矿业的工作中，能接受地质资料，并能与地质人员密切配合，分析研究矿山建设和生产中遇到的与矿床有关的地质问题。

7　矿床概述

7.1　矿床、矿体和围岩

矿床是在地壳内部及表面由地质作用形成的，其所含有用矿物资源的质和量达到工业要求，在一定的技术条件下能被开采利用的地质体。因此，矿床概念包含了地质的、经济的和技术的三方面意义。

矿床的范畴不是一成不变的。随着科学的发展和经济、技术的提高，过去认为不是矿床的，现在有的已经成为矿床，而现在认为不是矿床的，将来也可能成为矿床。如铂在200年以前就已被发现，但当时人们不会利用它，甚至还把它视为有害杂质从砂金中剔除出去。直到19世纪中叶，人类探明了铂的性质，掌握了铂的冶炼技术和提取方法，富铂地质体才成为重要的金属矿床之一。斑岩铜矿也是因为选冶技术的发展、铜边界品位的降低而成为最重要铜矿床类型之一。

矿床的空间范围包括矿体和围岩。

矿体是矿床的基本组成单位，是达到工业要求的含矿地质体，又是开采的直接对象。它具有一定的大小、形状和产状。一个矿床可以由一个或数个矿体组成。

围岩是矿体周围暂无经济价值的岩石。提供矿体中成矿物质来源的岩石，称为母岩。

矿体和围岩两者界线有的清楚，有的为渐变无明显界线。当矿体和围岩的界线不明显时，就需要通过取样、化验，用国家规定的工业指标来圈定。没有达到所要求的边界品位的部分当作围岩，而达到这个品位的部分作为矿体。然而，围岩和矿体，特别是在母岩作为围岩的情况下，在概念上并不是一成不变的，而是随着工艺技术的提高，边界品位指标是可以降低的。50年前铜的边界品位高达3%，而现在有的铜矿山已将边界品位降到了0.2%，从而大大扩展了矿体的范围。

若矿体和围岩是同一地质作用中的产物，即两者是同时生成的，则此种矿床称为同生矿床；若矿体在围岩之后生成，则称为后生矿床。

在研究矿床时，要特别注意围岩与矿体相互关系的分析。这种分析有助于我们更好地了解成矿过程。

7.2 矿体的形状和产状

矿体的形状和产状是由多种因素决定的，其中最主要的是矿床的成因，其次则是构造条件及围岩性质等。矿床的成因不同，其矿体形状往往也不同。如沉积矿床的矿体形状多为层状，而热液矿床的矿体则多呈脉状。层状和脉状矿体又各有不同的产状。

矿体形状和产状的研究，对于找矿、勘探以及开采工作都具有极其重要的意义。特别是采矿工作者，必须准确掌握矿体的形状和产状才能制定出合理的开采方案。

7.2.1 矿体的形状

每一个矿体在空间上都有三个相互垂直可以量取的方向，根据这三个方向的发育情况，矿体的形状大致可分成等轴状矿体、板状矿体、柱状矿体三种。

7.2.1.1 等轴状矿体

等轴状矿体是在三个方向上大致均衡发育的矿体。按其直径大小的不同，又可分为矿瘤（图7-1）、矿囊、矿巢等，其直径分别为大于20m、20~10m、小于10m。

7.2.1.2 板状矿体

板状矿体是向两个方向延伸而第三个方向很不发育的矿体。这类矿体最为常见的是矿脉和矿层。

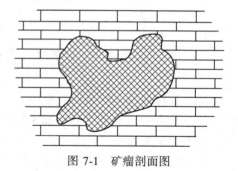

图 7-1 矿瘤剖面图

矿脉是充填在岩石裂隙中的热液成因的板状矿体。矿脉的大小变化很大，大者可长达几千米，一般在几十米至几百米；厚度大者可达几米至十几米，个别可达几十米，小者则只有几厘米。

按矿脉与围岩的产状关系，可分为层状矿脉和切割矿脉。前者是指在延伸上与层状围岩的层状构造相一致的矿脉（图7-2）；其与围岩层状构造近似一致的矿脉，称似层状矿脉。后者是指产在块状岩体中或切割层状岩体的矿脉（图7-3）。切割矿脉之交错成网状者，称网状矿脉。产在背斜轴部的层状或似层状矿脉，称鞍状矿脉（图7-4）。

矿脉常规律地成群出现，并可具有各种不同组合形式，构成各种类型的联合矿脉，如平行矿脉、雁行矿脉、马尾状矿脉（图7-5）等。

矿层是与层状围岩产状相一致的沉积成因或沉积变质成因的板状矿体，也常称作层状矿体。矿层通常厚度较稳定，在走向和倾向方向都延伸较远（图7-6）。

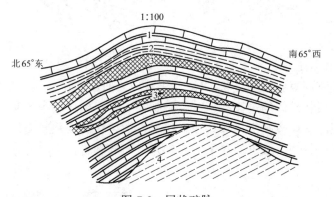

图 7-2 层状矿脉

1—硅质灰岩；2—页岩；3—辉钼矿-黄铜矿-石英脉；4—花岗片麻岩

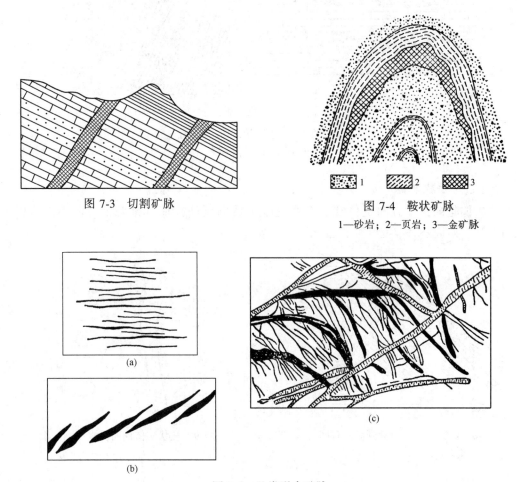

图 7-3 切割矿脉

图 7-4 鞍状矿脉

1—砂岩；2—页岩；3—金矿脉

图 7-5 几类联合矿脉

(a) 平行矿脉；(b) 雁行矿脉；(c) 马尾状矿脉

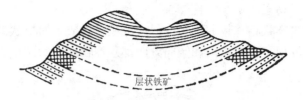

图 7-6　矿层（或层状矿体）

另外常见的还有扁豆状或透镜状矿体（图 7-7）、似层状矿体。扁豆状或透镜状矿体，就是等轴状矿体和板状矿体的过渡类型——矿脉或矿层在延伸上很快尖灭或收缩就形成了这种矿体形状。似层状矿体则泛指那些在形状上近似层状的岩浆或交代成因的矿体。

板状矿体当其产状倾斜或近似水平时，矿体上面的围岩称为上盘，下面的围岩称为下盘（图 7-8）。

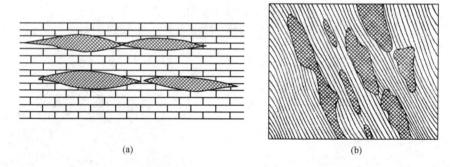

图 7-7　透镜状矿体
（a）平面图；（b）剖面图

7.2.1.3　柱状矿体

柱状矿体是向一个方向延伸（大多数是上下方向延伸）而其余两个方向不发育的矿体，如矿柱、矿筒（图 7-9）等。

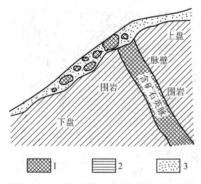

图 7-8　板状矿体上下盘剖面示意图
1—金矿脉；2—页岩；3—浮土

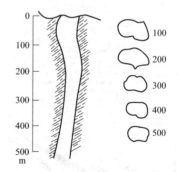

图 7-9　柱状矿体剖面及水平断面图

总之，自然界矿体的形状是多种多样的，以上所述只是比较常见的几种。如果矿体受到成矿后的构造变动，从而发生断裂和褶皱，在形状上就更为复杂了。

7.2.2 矿体的产状

矿体的产状是指矿体的空间产出情况，包括矿体的产状要素、矿体与围岩的关系、矿体与侵入岩体的空间位置关系、矿体埋藏情况、矿体与地质构造的关系5个方面。

（1）矿体的产状要素。对于板状矿体的空间位置来讲，矿体的产状要素表示方法与一般岩层的表示方法相同，即用走向、倾向和倾角来表示。但对某些具有最大延伸和透镜状截面的矿体，如柱状矿体、透镜状矿体之类，则除了用走向、倾向和倾角来表示外，还要测量它们的侧伏角和倾伏角，以确切控制其最大延伸方向，如图7-10所示。所谓侧伏角系矿体最大延伸方向（矿体的轴线）与矿体走向线之间的夹角；倾伏角系矿体最大延伸方向与其水平投影线之间的夹角。

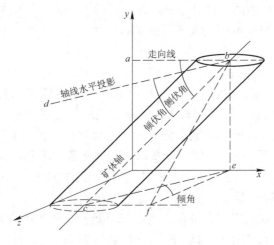

图 7-10　矿体产状要素示意图

（2）矿体与围岩的关系。包括矿体的围岩是岩浆岩、变质岩还是沉积岩，矿体是平行于围岩的层理或片理产出的，或是截穿它们的。

（3）矿体与侵入岩体的空间位置关系。包括矿体是产在岩体内部的，还是产在围岩与侵入岩的接触带中，或是产在距接触带有一定距离的围岩中。

（4）矿体埋藏情况。包括矿体是出露在地表的还是隐伏地下的（盲矿体），以及矿体的埋藏深度等。盲矿体又分为隐伏矿体（未曾出露到地表）和埋藏矿体（曾出露到地表，后被掩埋）。

（5）矿体与地质构造的关系。即一系列有成因联系的矿体在褶皱、断裂构造内的排列方向和赋存规律。

7.3　矿　　石

7.3.1　矿石的概念

矿石指在现有技术和经济条件下，能够从中提取有用组分（元素、化合物或矿物）的天然矿物集合体。由矿石组成的地质体即矿体。

矿石中的矿物通常包括矿石矿物和脉石矿物两部分。矿石矿物指矿石中能提供有用元素（或组分）或本身可以被直接利用的矿物，因此也就是矿石中的有用矿物。矿石的名称也就根据这些有用元素或直接被利用的矿物的名称来定。例如铜矿石，即从中提取铜元素的矿石，而其中含铜的矿物如黄铜矿、斑铜矿等就是矿石矿物。又如石棉矿石、云母矿石，即从中可取得能直接利用的石棉、云母的矿石，而石棉、云母就是相应矿石中的矿石矿物。脉石矿物指矿石中暂时没有用处的那些矿物，例如铜矿石中的石英等。脉石矿物中也包括那些本身可提供有用元素但因含量甚微以致现时还不能综合利用的矿物，例如铜矿石中常含有的少量的方铅矿和闪锌矿；铅锌矿石中常含有的少量黄铜矿和斑铜矿。脉石矿物和矿石矿物具有相对的概念。某种矿物在一些矿石中是矿石矿物，而在另一些矿石可能是脉石矿物。如黄铁矿作为脉石矿物常存在于铜矿石、铅锌矿石中，但是在硫铁矿矿石中黄铁矿则是主要的矿石矿物。随着经济、技术条件的变化，目前暂时不能利用的岩石和矿物（包括脉石矿物）将来可能变成矿石和矿石矿物。

7.3.2 矿石的分类

（1）按矿石中所含有用元素或直接被利用的矿石矿物的名称分类，有铜矿石、铁矿石、锰矿石、铅矿石、锌矿石、云母矿石、石棉矿石和黏土矿石等。

（2）按提供有用元素或矿物的数目分类为：只提供一种元素或可利用矿物的称为简单矿石，如铁矿石、云母矿石等；提供两种及以上有用元素或可利用矿物的矿石称为综合矿石，如铜铅锌矿石、铅锌矿石、石英云母矿石等。今后的方向是，通过综合利用技术的提高，把某些简单矿石，特别是金属简单矿石变成综合矿石。

（3）按有用元素或可利用矿物是金属还是非金属，有金属矿石和非金属矿石之分。

（4）按矿石是否受到表生作用情况，分为原生矿石、氧化矿石和次生富集矿石等（详见风化矿床）。氧化不彻底的还称为半氧化矿石或混合矿石。

7.3.3 矿石的品位

矿石的品位是指矿石中有用元素、组分或矿物的含量（详见第 17 章矿体的工业指标相关内容）。金属矿石品位是指其中的金属元素或其氧化物的含量；非金属矿石品位是指其中非金属元素或可利用矿物的含量。矿石的质量，特别是金属矿石的质量，在很大程度上取决于矿石品位的高低；矿石品位高的，称为富矿石，品位低的称为贫矿石。

矿石的品位用其有用金属的质量分数来表示，或用其氧化物（如 Al_2O_3、Cr_2O_3、P_2O_5 等）的质量分数来表示；贵金属（如金、银、铂等）及砂矿则以 g/t、mg/t、g/m³、mg/m³ 来表示；而非金属矿石（如石英、石棉等），则按其有用矿物的质量分数来表示；云母含量以 kg/m³ 来表示。

7.3.4 矿石的结构和构造

矿石的结构和构造，在含义上和岩石的相同。矿石的多数结构需在显微镜下鉴定，可参考矿相学或矿石学有关内容。矿石的构造则可以用肉眼观察，主要的构造有以下几种：

（1）块状构造。矿石矿物呈颗粒状集合体，均匀地紧密连生，形成致密块体。矿石矿物常在80%以上，是富矿石常具有的构造。如一般的富铁、富锰矿石，块状硫化物矿石等（图7-11（a））。

图 7-11 常见矿石构造

(a) 块状构造硫化物矿石（阿舍勒铜矿）；(b) 条带状构造锌矿石（铁木尔特铅锌矿）；
(c) 角砾状构造方铅矿矿石（方铅矿胶结石英角砾，小秦岭东闯金矿）；(d) 晶簇状构造矿石（石英晶簇）

（2）浸染状构造。矿石矿物常呈细小颗粒或集合体均匀分散在脉石矿物中，含量常在50%以下。如一般的锡矿石、铜矿石、钼矿石等。按矿石矿物含量的多少可有稠密浸染状构造、稀疏浸染状构造之分。

（3）对称条带状构造和栉状（或梳状）构造。热液充填成因的矿石常具有此类构造。当矿脉两壁矿物条带在成分或结构上由外而内对称出现时，则形成对称条带状构造（在形态上如第8章图8-4所示）。当各条带是由垂直脉壁的柱状矿物晶体组成时，则形成栉状构造。

（4）条带状构造。矿石矿物集合体与脉石矿物集合体均呈条带状并相间出现（图7-11（b））。

（5）角砾状构造。在含矿裂隙中，围岩或早先生成的矿物受构造作用破碎后的角砾被后来形成的矿物集合体所胶结而成,是热液充填矿床所常具有的矿石构造(图 7-11 (c))。

(6) 晶簇状构造。结晶矿物在空洞内壁生长成的向中心集中的连晶,如石英晶簇 (图 7-11 (d))。

(7) 鲕状、豆状和肾状构造。这是胶体成因矿石所特有的构造,已在沉积岩中作为结构描述过了,此处从略。

矿石的结构、构造,不仅反映矿石的成因(例如鲕状构造者反映胶体成因)和矿石中各种矿物的形成顺序(例如自形晶结构者反映最先结晶,他形晶结构是最后结晶,而半自形晶结构则介于中间情况等),在成矿作用和矿床成因方面具有理论意义,而且对找矿勘探和制定选冶方案也有实际意义。

7.4 成矿作用和矿床的成因分类

所谓成矿作用,就是导致地壳和上地幔中一种或多种有用组分(元素或化合物)被分离出来集中形成矿床的地质作用。

第 I 篇已讲到,各种元素在地壳中的平均含量很不均匀,相差悬殊。质量分数在 1% 以上者只有 9 种元素,而与工业生产密切相关的各种金属和非金属元素,在地壳中的平均含量一般都是很低的(例如 $w(Cu) = 0.01\%$;$w(Pb) = 0.001\%$;$w(Zn) = 0.02\%$;$w(W) = 0.007\%$;$w(Sn) = 0.008\%$;$w(Cr) = 0.03\%$;$w(Ni) = 0.02\%$;$w(Mn) = 0.1\%$;$w(S) = 0.10\%$;$w(B) = 0.01\%$)。显然,如果这些金属和非金属元素只是平均地分布于地壳之中,那么世界就不会有什么值得开采的矿床了。由此可见,各种矿床的形成是地壳中各种有用成分在成矿作用之下得到局部富集的结果。

这个局部富集的过程是极为复杂的,因而成矿作用也是多种多样的。如果从成矿地质作用及成矿物质的来源来考虑,成矿作用可概括地归纳为三大类:内生成矿作用、外生成矿作用、变质成矿作用。由内生成矿作用所形成的各种矿床,总称为内生矿床;同理,外生成矿作用形成的各种矿床称为外生矿床;变质成矿作用形成的各种矿床称为变质矿床。

(1) 内生成矿作用。由地球内部各种能量导致矿床形成的所有地质作用,称为内生成矿作用。根据其所处物理化学条件及地质作用的不同,可分为"侵入岩浆"、"伟晶岩"、"气化—热液"和"火山"四种成矿作用类型,并分别形成相应的内生矿床。除与火山活动有关的成矿作用外,其他内生成矿作用都发生于地壳内部不同深度,是在较高温度和压力条件下进行的。

(2) 外生成矿作用。外生成矿作用是指在外动力地质作用下,在地壳表面常温常压下所进行的各种成矿作用。其成矿物质主要来源于出露或接近地表的岩石、矿床、火山喷出物以及生物有机体等。外生成矿作用,就是这些物质在风化、剥蚀、搬运以及沉积等作用过程中,成矿物质富集成为矿床的作用。按其形成时作用的不同,进一步分为风化成矿作用和沉积成矿作用。

(3) 变质成矿作用。这种成矿作用也发生在地壳内部,主要有区域变质成矿作用和岩浆侵入引起的接触变质成矿作用。所形成的矿床是由原岩或原矿床在高温高压下得到改造而形成。变质矿床虽然也是内动力地质作用下的产物，但成矿作用的方式以及矿床的次生性质，显然和内生矿床有所不同，所以划归为另一类型矿床。变质成矿作用和变质作用一样，可进一步划分为接触变质、区域变质、混合岩化三种成矿作用类型，并各自形成相应的变质矿床。

矿床的成因分类就是以上述各种成矿作用为依据所进行的分类。因为无论成矿物质来源如何，它们都要经过一定方式的成矿作用，而后形成各式各样的矿床。本书所采用的分类如表7-1所示。

表 7-1 矿床成因分类

内生矿床		外生矿床		变质矿床	
岩浆矿床	早期岩浆矿床	风化矿床	残积、坡积矿床	接触变质矿床	受变质矿床
	晚期岩浆矿床		残余矿床		
	熔离矿床		淋积矿床		变成矿床
伟晶岩矿床		沉积矿床	机械沉积矿床	区域变质矿床	受变质矿床
气液矿床	矽卡岩矿床		真溶液沉积矿床		
	热液矿床		胶体化学沉积矿床		
火山成因矿床	火山岩浆矿床		生物-生物化学沉积矿床		变成矿床
	火山-次火山气液矿床				
	火山-沉积矿床				

上述三大类成矿作用和矿床并不是截然分开的，有很多矿床并非单一成矿作用的产物。例如鞍山式铁矿的某些矿体，其原生矿床形成于海底火山活动，应属火山沉积矿床，但由于以后叠加有变质成矿作用，于是变质成为变质矿床。近年来"多源成矿论"已为大量事实所证实，因此不应只从字面上去理解成矿作用和矿床，还要注意到它们之间的成因和空间联系。

7.5 矿床工业类型

从矿床工业开发利用角度出发对矿床所划分的类型称为矿床工业类型，每一矿种的矿床都可划分为若干个工业类型。由于矿床工业上开发利用条件与其成矿地质条件及矿床成因有密切联系，所以在分类中往往要综合考虑矿床的赋存条件、成因、开采技术条件以及矿石的加工工艺等特征。这种分类的目的是为了更深入地掌握有较大工业价值矿床的地质及开发利用特征，以便在找矿勘探和开发利用中做到更有预见性。某一矿床工业类型的命名往往以其最突出的特征来命名。部分矿种的主要矿床工业类型实例列于表7-2中。

表 7-2 部分矿种的主要矿床工业类型简表

矿(种)		工业类型	储量规模	品位	矿石主要矿物	矿石构造	矿床主要特征	成因类型	实 例
黑色金属	铁	含铁石英岩型（鞍山式）	大型~极大	贫到富	磁铁矿、赤铁矿	条带状（贫）、致密块状（富）	矿体呈层状、似层状、透镜状，围岩为片岩、片麻岩，富矿体上下盘有混合岩	受变质（贫）、混合岩化热液（富）矿床	辽宁鞍山、弓长岭、河北冀东等地铁矿
		海相沉积型（宣龙或宁乡式）	大型~极大	中到富	赤铁矿、菱铁矿	鲕状、豆状、肾状	矿体呈层状，产于一定层位砂页岩、石英岩中	海相沉积矿床	河北宣化-龙烟一带铁矿，湖南、湖北等地铁矿
		矽卡岩型（大冶式）	多为中小型个别大型	贫到中	磁铁矿、赤铁矿	致密块状、浸染状	矿体呈脉状、巢状、似层状，产于中酸性岩浆岩侵入体与碳酸盐岩接触带中	接触交代矿床	湖北大冶、河北邯郸等地铁矿
		钒钛磁铁矿型（攀枝花式）	小~大型	中到富	磁铁矿	致密块状、浸染状	矿体呈脉状、不规则状，多产于基性岩（斜长岩、辉长岩）中	晚期岩浆矿床	四川攀枝花等地铁矿
		玢岩型（梅山式、凹山式）	中~大型	贫到富	磁铁矿、赤铁矿	块状、浸染状	矿体呈透镜体等形状，产于火山岩或次火山岩中	火山成因矿床	江苏梅山铁矿、安徽凹山铁矿等
	锰	海相沉积型锰矿（瓦房子式）	中~大型	贫到富	软锰矿、硬锰矿、菱锰矿	块状、结核状、条带状	矿体多呈透镜状、似层状，产于海相沉积岩中	海相沉积矿床	辽宁瓦房子锰矿
有色金属	钨	黑钨矿-石英脉型	小~大型	中到富	黑钨矿、辉钼矿	块状、角砾状、浸染状	矿体呈脉状，产于花岗岩内沿一定方向发育的裂隙带内群；形成矿脉	岩浆热液矿床	江西大余等地的钨矿
		白钨矿-矽卡岩型	小~大型	富	白钨矿、辉钼矿	浸染状、条带状	矿体呈似层状、不规则状，产于花岗岩侵入体与碳酸盐岩层接触带中	矽卡岩矿床	湖南瑶岗仙等白钨矿脉

续表 7-2

矿（种）		工业类型	储量规模	品位	矿石主要特征		矿床主要特征	成因类型	实例
					矿石矿物	矿石构造			
	钼	矽卡岩型	小型到中型，个别大型	贫	辉钼矿、少量铅锌矿	浸染状、条带状	矿体呈层状、似层状、不规则状、脉状，产于花岗岩侵入岩体与碳酸盐岩接触带中	矽卡岩矿床	辽宁杨家杖子钼矿
	锡	矽卡岩型	大型	贫到富	锡石、黄铜矿、方铅矿、闪锌矿	浸染状	矿体呈层状、脉状、柱状者，产于花岗岩的接触带中以及大理岩裂隙中	矽卡岩型高中温热液矿床	云南个旧锡矿
有色金属	铜	矽卡岩型	中~大型	贫到富	黄铜矿、磁铁矿、磁黄铁矿	浸染状、块状	矿体呈层状、透镜状、脉状、不规则状，产于中酸性侵入体与碳酸盐岩接触带中	矽卡岩矿床	安徽铜官山铜矿等
		斑岩铜矿型	中~大型，可以极大	贫	黄铜矿、辉钼矿、黄铁矿	细脉状、浸染状	矿体形态较复杂，一般呈倾斜不规则的"空心筒"，产于枝小斑岩与围岩的接触带中	次火山热液矿床	江西德兴铜矿、西藏玉龙铜矿
		铜镍矿型	中~大型	贫到富	黄铜矿、磁黄铁矿、镍黄铁矿	致密块状、浸染状、斑杂状	矿体呈层状、透镜状，产于超基性、基性岩中	岩浆熔离矿床	四川力马河、甘肃金川、新疆喀拉通克
		块状硫化物型	中~大型	中	黄铁矿、黄铜矿、方铅矿、闪锌矿	块状、浸染状	矿体呈扁豆状、似层状，产于下古生代细碧-角斑岩系列的火山沉积岩中	海相火山沉积和火山热液综合型矿床	甘肃白银厂、新疆阿舍勒
	铅锌	热液型铅锌矿脉	中、小型，有时有大型	贫到富	方铅矿、闪锌矿、黄铜矿	角砾状、条带状、块状	矿体常呈脉状、扁豆状，产于花岗岩、板岩、溪系变质岩破碎接触带中	中温热液裂隙充填矿床	湖南桃林铅锌矿

续表 7-2

矿（种）		工业类型	储量规模	品位	矿石主要特征		矿床主要特征	成因类型	实例
					矿石矿物	矿石构造			
有色金属	锑	热液型锑矿脉	中~大型	中到富	辉锑矿	角砾状、浸染状、晶簇状、块状	矿体多呈脉状、囊状、扁豆状，产于硅化灰岩背斜轴部裂隙带中	低温热液裂隙充填矿床	湖南锡矿山锑矿
贵金属	金	石英脉型	小~大型	贫到富	自然金、银金矿、黄铁矿等	浸染状、细脉状	矿脉群，透镜状矿脉群，产于前寒武变质地层或花岗岩内的韧脆性断裂带中	中温热液矿床（造山型金矿）	山东玲珑金矿、豫陕秦岭
		蚀变岩型	中~大型	中到富	自然金、银金矿、黄铁矿等	浸染状、细脉状	矿体常呈脉状，产于前寒武变质地层花岗岩内韧脆性断裂构造破碎蚀变带中	中温热液矿床（造山型金矿）	山东焦家、三山岛等
		角砾岩型	中~大型	贫到富	自然金、银金矿、黄铁矿等	浸染状、角砾状	矿体常呈脉状，产于泥盆系内断裂构造角砾岩带中	热液矿床	陕西太白金矿
非金属	磷	层状磷灰岩型	中~大型	中	磷灰石	鲕状、块状、条带状	矿体呈层状，常与硅质岩或碳酸盐岩成互层	生物化学沉积矿床	湖北襄阳磷矿

思考题与习题

7-1 什么是"矿床","矿床"的概念与经济、技术条件有何关系?
7-2 矿床、矿体、围岩是什么关系,在野外矿体与围岩界线是否清楚?
7-3 什么是同生矿床,什么是后生矿床,两者有何区别?
7-4 矿体的形状可分为几种类型,矿脉和矿层有何区别?
7-5 矿体的产状与地层的产状有何异同,应包括哪几个方面?
7-6 矿体的产状要素有哪些,仅用走向、倾向和倾角表示可以吗?
7-7 矿石中的矿物分成哪两类,矿石矿物的概念是一成不变的吗?
7-8 什么是矿石的结构、构造,常见的矿石构造有哪些?
7-9 什么是成矿作用,成矿作用可分几大类?简述矿床的成因分类。
7-10 什么是矿床的工业类型?简述主要矿种的工业类型。

8 内生矿床

8.1 概述

8.1.1 岩浆的性质

内生矿床与岩浆及其演化产生的气水热液有着密切的成因联系，矿床中的有用组分多来自于岩浆，并且是在其演化过程中与其余组分分离开而集中富集成矿的。

岩浆在地下深处时呈熔融状态。它的组成除作为主体的硅酸盐类物质外，还含有一些挥发性组分以及少量的金属元素或其化合物。与成矿作用关系最大的就是这些挥发性组分。

挥发性组分包括水、碳酸、盐酸、硫酸根、硫化氢、氟、氯、磷、硫、硼、氮、氢等。这些挥发分的特点是：熔点低，挥发性高，在岩浆活动过程中可以降低矿物的结晶温度，从而延缓其结晶时间；尤其重要的是，它们可以和重金属结合成为挥发性化合物，使这些重金属具有较大的活动性，这就大大地有助于它们的迁移、分离和富集。

据目前研究，岩浆按化学成分和性质不同有超基性岩浆、玄武质岩浆、安山质岩浆、花岗质岩浆四大类。

(1) 超基性岩浆主要来自上地幔。如地幔物质通过地壳最薄的洋中脊直接侵入，常生成未分熔或分熔程度低的超基性岩浆。金伯利岩浆也是直接来自地幔的一种超基性岩浆。

(2) 玄武质岩浆（基性岩浆）为地幔岩石的分熔产物。根据地幔岩（主要成分相当于橄榄岩）的分熔实验，不同深度的地幔岩在高温下（大于1100℃）分成难熔和易熔两部分，难熔部分为橄榄石、部分辉石；易熔部分为玄武质岩浆，可沿地壳不同部位侵入或喷出。

(3) 安山质岩浆（中性岩浆）是洋壳俯冲的产物，常分布于岛弧和安第斯型板块边界。在板块碰撞地带，下插的洋壳（相当于玄武岩成分）升温（1150℃左右）增压发生分熔。难熔部分为榴辉岩，而易熔部分为安山质岩浆。

(4) 花岗质岩浆又称为酸性岩浆，其成因较复杂，有三种可能来源：1) 下地壳岩石的选择性重熔，熔点较低的矿物（石英、钾长石等）首先熔化，形成重熔岩浆；2) 下地壳岩石的混合岩化、花岗岩化使岩石进一步熔化形成再熔岩浆；3) 玄武质岩浆、安山质岩浆的进一步分异产生花岗质岩浆，这部分数量较少。

8.1.2 岩浆的演化阶段及相应的成矿作用

岩浆侵入过程的演化特点及相应的成矿作用可分为正岩浆期、残浆期和气液期三种。

(1) 正岩浆期。这个阶段是以硅酸盐类矿物成分从岩浆中结晶析出形成岩浆岩为主的阶段。此时，挥发性组分相对数量很少并且是均匀地"溶"于硅酸盐熔浆之中，只在本阶段末期，大部分硅酸盐类矿物已经结晶析出之后才开始活动，在矿床形成上起显著作用。总之，这个阶段是以成岩为主、成矿为辅的阶段。

（2）残浆期。这是大部分硅酸盐类矿物已从岩浆中结晶析出成为固体岩浆岩之后，残余下来的那部分岩浆——残浆进行活动的时期。这个阶段的特点是，挥发性组分的相对数量已大大增加，并和硅酸盐类熔浆混溶在一起进行活动。挥发性组分相对集中而产生的内应力，有助于残余的硅酸盐熔浆侵入到周围已固结岩石的裂隙之中，并在挥发性组分的作用之下，形成了伟晶岩脉。伟晶岩脉本身常常具有一定的工业意义，其中又往往含有由挥发性组分所形成的有用矿物，所以伟晶岩脉可以认为同时具有既是岩石又是矿床的双重意义，因而这个阶段也可以说是成岩、成矿平行活动时期。

（3）气液期。在上述两个阶段之后，岩浆中大部分造岩组分已固结成为岩石，造岩阶段已经过去，从而进入到岩浆期后阶段。这个阶段的特点是，在岩浆结晶过程中陆续以蒸馏方式从岩浆中析出的挥发性组分开始进入独立活动时期。随着温度的降低，挥发性组分在物态上将由气体或超临界流体状态转化为热液，这个时期称为气水热液期，是形成矽卡岩矿床和岩浆热液矿床的时期。当气液从母岩中分离出来向外流动时，由于温度、压力、气液成分以及围岩性质等的改变，气液中有用组分就可在母岩或围岩的裂隙或接触带中沉淀富集成为气水热液矿床。含矿热液也可来自变质作用、地下水环流和海底热卤水，后文详述。

当岩浆直接喷出地表或进入海水中时，由于温度和压力的急剧降低，其阶段划分就不十分明显了，所以在火山活动中所形成的矿床要比在侵入活动中所形成的情况复杂，有其独立的特殊性，而另成为一类火山成因矿床。

8.1.3 内生矿床分类

如前所述，在岩浆活动的各个演化期都可形成矿床，其对应关系大致为：

（1）侵入活动中形成的矿床：正岩浆期——岩浆矿床、残浆期——伟晶岩矿床、气液期——气液矿床（包括矽卡岩矿床和热液矿床）。

（2）火山活动中形成的矿床：火山成因矿床。

8.2 岩浆矿床

8.2.1 岩浆岩成矿专属性

岩浆矿床与成矿母岩体之间有明显的成矿专属性，即一定类型的岩浆矿床与一定类型的岩浆岩有关。一般铬铁矿床常与 MgO 含量高的超基性岩有关，Cu-Ni 硫化物矿床常与超基性、基性杂岩体有关，而含钒钛磁铁矿床则与 MgO 含量低的基性岩有关，金刚石矿床与金伯利岩有关。

8.2.2 岩浆矿床与构造环境

按板块构造观点，岩浆矿床的构造环境有以下两种情况：

（1）离散板块边界环境，包括：

洋壳环境　　　　　　块状硫化物矿床、豆荚状铬铁矿矿床。
大陆裂谷环境　　　　斜长岩伴生的钛铁矿床、铜镍硫化物矿床。
（2）会聚板块边界环境（碰撞环境），包括：
活动大陆边缘　　　　阿拉斯加铬铁矿、钒钛磁铁矿床。
陆内俯冲带　　　　　阿尔卑斯型超基性杂岩体有关的铬铁矿。

8.2.3　岩浆矿床的成矿作用和成因分类

岩浆矿床是在正岩浆期内形成的，主要和基性-超基性岩浆有关。在正岩浆期，岩浆中硅酸盐类组分和矿床中的成矿组分原是混溶在一起的，而导致它们互相分离，分别形成岩浆岩和岩浆矿床的岩浆分异作用，主要有结晶分异作用和液态分异作用两种方式。

8.2.3.1　结晶分异作用

在岩浆冷凝结晶过程中，岩浆中各种矿物组分是按其熔点高低及浓度等物理化学条件依次从岩浆中结晶出来的。因而在正岩浆期同时存在着成分都在不断变化的固体和熔体两部分，也就是说由于不同时结晶把岩浆一分为二了。这种分异作用称为结晶分异作用。

岩浆中某些熔点很高的有用矿物，例如铬铁矿等，可在最先结晶的橄榄石、辉石等硅酸盐类矿物之前或与之同时就在岩浆中开始结晶（图8-1（a）），由于密度较大等原因，可以沉坠到熔体的底部，或富集于熔体的某部位。如果这些早期结晶的有用矿物，在熔体底部或其他部位相对富集达到工业上可利用的标准时就成为矿床——早期岩浆矿床。

另外，残余在熔浆中的尚未结晶的某些金属矿物，在相对数量越来越多的挥发性组分的作用之下，熔点降低了，结晶的时间延缓了，因而可以在大部分硅酸盐类组分都已结晶成为岩石之后，仍以熔体存在，并具有很大的活动性。它们可以在正岩浆期的晚期，在动力或因挥发性组分集中所产生的内应力的作用下，以贯入等方式在母岩或其围岩的裂隙等构造之中形成矿床——晚期岩浆矿床。

8.2.3.2　液态分异作用——熔离作用

在高温条件下（例如大于1500℃时），特别是有挥发性组分存在时，原始岩浆中可混溶有一定量的金属硫化物。随着温度的降低，硫化物的混溶度逐渐减小，并最终从原始岩浆中熔离出来，把原始岩浆分成硫化物熔体和硅酸盐熔体两部分，即熔离作用。熔离作用虽然在岩浆演化中最先发生，但由于挥发性组分的作用，硫化物熔体冷固的温度较低，所以硫化物矿床的形成在硅酸盐熔体成岩之后。

在熔离作用的初期，硫化物先呈小球珠状分离出来散布在硅酸盐熔体之中，然后球珠逐渐汇合形成条带状或囊状熔体，由于密度较大而下沉到岩浆槽底部，冷凝后形成主要由浸染状矿石组成的熔离矿床的底部矿体。这些熔离出来的硫化物熔体也可以在大部分硅酸盐类矿物结晶凝固之后，在动力作用（其中也包括由挥发性组分集中而产生的内应力）下，贯入到母岩或其围岩裂隙中去，冷凝后形成主要由块状矿石组成的熔离矿床的脉状矿体。熔离作用常形成特有的海绵陨铁结构，这种矿石结构在岩浆型铜镍硫化物矿床中很常见，其特点是硫化物包围橄榄石，使橄榄石均匀地呈孤岛状分布（图8-1（b）、（c）），说明熔离出来的硫化物是在橄榄石结晶之后才结晶的。

上述两种分异作用是岩浆矿床中早期岩浆矿床、晚期岩浆矿床和熔离矿床的主要形成

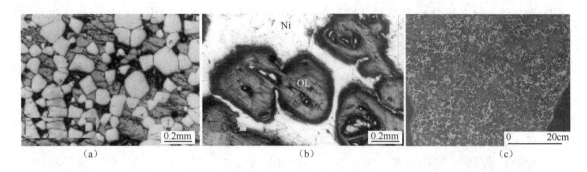

图 8-1 结晶分异和熔离作用形成的矿石结构
(a) 早期岩浆矿床的结晶分异,矿石中铬铁矿早于橄榄石形成(反光);(b) 熔离作用形成的海绵陨铁结构:
镍黄铁矿(Ni)包围呈孤岛状分布的橄榄石(OL);(c) 同(b),手标本

过程。这三种矿床的成矿作用是互相联系的,例如结晶分异作用进行得越完全,则越有利于成矿物质和挥发性组分的集中,也就是越有利于晚期岩浆矿床和熔离矿床的形成;但并非同一岩体都有这三种矿体的形成。

8.2.4 各类岩浆矿床的特征和矿床实例

8.2.4.1 早期岩浆矿床

这种类型矿床是有用组分在岩浆结晶早期阶段,先于硅酸盐类矿物或与之同时结晶出来,经过富集而形成的矿床。这类矿床具有下列特点:

(1) 产在一定的岩浆岩母岩体中。如铬铁矿矿床产在超基性岩(纯橄岩、橄榄岩、辉石岩等)中,稀土元素矿床(独居石、锆英石、铈铌钙钛矿等矿床)产在碱性岩中。

(2) 早期形成的有用矿物,由于重力作用,可富集在岩体底部成为底部矿体;也可在动力作用之下,富集在岩体边部成为边缘矿体。总之,它们很少超出母岩体之外。

(3) 矿体和围岩(母岩)基本上是同时生成的,所以这类矿床只是岩体中金属矿物含量较高的部分(例如纯橄榄岩中铬铁矿一般含量平均为 2%,而富集成矿地段可增高至 10% 以上)。因此,矿体和围岩的界线是逐渐过渡的,其具体边界线是根据样品分析数据来定的,从而矿体形状也是各式各样的,常呈矿瘤、矿巢和透镜体状,也有构成矿条近似于层状者。然而矿床的规模并不大。

(4) 矿石矿物先结晶,一般多呈自形晶、半自形晶,被硅酸盐类矿物包围。矿石构造以浸染状为主,致密块状者较少。

早期岩浆矿床的工业价值一般都不甚大。

8.2.4.2 晚期岩浆矿床

这类矿床的基本特点和早期岩浆矿床相似,但由于有用矿物晚于硅酸盐矿物结晶(有人认为在结晶分异中局部还有熔离作用的配合),所以矿石中的有用矿物多呈他形晶;矿石中出现富含挥发性组分矿物,如磷灰石、铬电气石、铬符山石等;矿体附近围岩也出现蚀变现象(如绿泥石化)。

残余含矿熔体在动力作用或由挥发性组分集中而产生的内应力的作用之下,可贯入到围岩裂隙中,形成脉状矿体。矿体与其围岩界线一般比较清楚,矿石构造多呈致密块状。

但晚期岩浆矿床的矿体也有非贯入成因的，常呈矿条和具有条带状构造的似层状或巢状。这种矿体与围岩界线往往是逐渐过渡的，矿石构造也以浸染状为主。

晚期岩浆矿床中的金属矿床，主要类型有超基性岩中的铬铁矿及铂族金属矿床，基性岩中的含钒、钛磁铁矿矿床等。这类矿床的工业价值一般都很大，如南非的布什维尔德铬铁矿床和我国的四川攀枝花铁矿。

矿床实例：四川攀枝花钒钛磁铁矿矿床

矿床位于康滇地轴中段西缘的安宁河深断裂带。含矿辉长岩体长约35km，宽约2km，为一走向北东45°、倾向北西、倾角50°~60°的单斜岩体（图8-2（a））。矿床属层状型，岩体分异较好，具明显的韵律结构，从上到下岩石基性程度和含矿性增高，TFe、TiO_2、V_2O_5、Cr_2O_3、Co、Ni、Cu递增，矿物颗粒增大。岩体自下而上由五个岩相带组成，含有九个矿带，各矿带之间常有韵律性变化。岩相带和矿带之间的关系，自下而上为（图8-2（b））：

(1) 底部边缘带：厚10~300m，以暗色细粒辉长岩为主，含矿性差。

(2) 下部暗色中粗粒层状辉长岩含矿层：为主含矿层，厚60~520m。底部为数米厚的橄榄岩或橄辉岩。共包括六个矿带（Ⅸ、Ⅷ、Ⅶ、Ⅵ、Ⅴ及Ⅳ矿带）。

(3) 中部暗色层状辉长岩带：厚160~600m，夹含铁辉长岩薄层。Ⅲ矿带由含铁辉长岩薄层及矿条组成，矿体厚仅2~3m，与下部含矿层为过渡关系。

(4) 上部浅色层状辉长岩含矿层：厚10~120m，以含铁辉长岩为主，夹稀疏浸染状

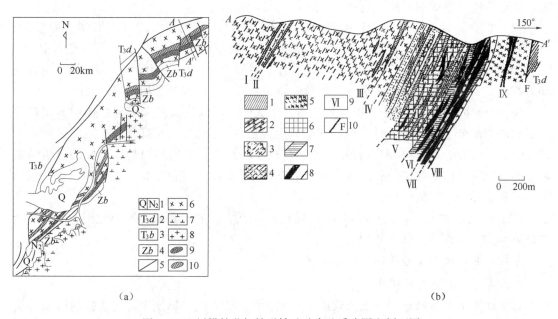

图8-2 四川攀枝花钒钛磁铁矿矿床地质略图和剖面图

(a) 地质略图（据胡受溪等《矿床学》，1982）；(b) 剖面图（据袁见齐等《矿床学》修改）

地质略图：1—第四系、第三系上新统；2—三叠系大介地组；3—三叠系丙南组；4—震旦系灯影组；5—断层；6—层状辉长岩；7—闪长岩；8—花岗岩；9—稠密浸染状矿体；10—稀疏浸染状矿体；

剖面图：1—上三叠统砂页岩；2—粗粒辉长岩；3—层状细粒辉长岩；4—层状含铁辉长岩；5—细粒辉长岩；6—稀疏浸染状矿体；7—稠密浸染状矿体；8—块状矿体；9—矿体（矿带）编号；10—断层

矿条，含磷灰石约5%。本层包含两个矿带（Ⅱ、Ⅰ矿带）。

（5）顶部层状辉长岩相带：厚500～1500m，夹有暗色辉岩条带及稀疏浸染状矿条，含矿性差。

矿体呈似层状，厚数米至数百米，较稳定，延长数千米至二十余千米。

根据岩石类型和含矿性，可把岩体大致分为三类：铁质超基性岩体、富铁质超基性岩体和铁质基性岩体。后两种岩体往往规模巨大，分异良好，m/f（MgO/FeO）值一般为0.6～1.4，最高为1.9，是形成钒钛磁铁矿矿床的主要母岩。

矿石中主要金属氧化物为磁铁矿、钛铁矿、钛铁晶石、镁铝尖晶石，次为赤铁矿、钙钛矿、锐钛矿等。硫化物有磁黄铁矿、镍黄铁矿、硫钴矿-硫镍钴矿、辉钴矿，此外还有砷铂矿。矿石以层状、块状和斑杂状构造为主，具海绵陨铁结构，磁铁矿和叶片状钛铁晶石（氧化后为钛铁矿）呈格状结构。钒主要呈类质同象含于磁铁矿中。矿石富，为天然的合金矿石，具有很高的工业价值。

矿床属晚期岩浆结晶分异成因，在岩浆分异过程中，重力分异起了主导作用。矿石含有挥发分矿物以及矿石的海绵陨铁结构（即矿石矿物呈他形晶填充于晶形较好的脉石矿物之间），都反映了晚期岩浆矿床的特点。

8.2.4.3 熔离矿床

由于熔离矿床也是在大部分硅酸盐类矿物冷却凝固成为岩石之后形成的，所以在各种特征方面和晚期岩浆矿床有很多相似之处。例如在动力影响之下，也可发生贯入作用，从而出现脉状矿体；有用矿物也多比硅酸盐类矿物结晶晚，从而矿石也具有典型的海绵陨铁结构等。但熔离矿床也有其自身的特点，例如一些矿石中雨滴状和球状硫化物矿物集合体的存在，矿巢、矿瘤以及岩体底部似层状矿体等的存在，都反映着熔离矿床的特定成因。

在我国，最主要的熔离矿床是超基性岩、基性岩之中的铜、镍硫化物矿床。

矿床实例：新疆喀拉通克铜镍硫化物矿床

矿区位于西伯利亚板块南缘阿尔泰造山带中，分布于北西向额尔齐斯深大断裂和乌伦古河深大断裂之间，属于那林卡腊-喀拉通克铜镍成矿带。萨尔布拉克-萨色克巴斯陶复式向斜轴走向北西，由一系列北西和北北西向褶皱组成，北西向褶皱发育于复式向斜两翼，北北西向褶皱常常跨在北西向褶皱之上，使矿区地层呈穹隆状圈闭。喀拉通克矿床即位于该复向斜东段。

矿区出露的地层主要为中泥盆统蕴都喀拉组（D_2y），下石炭统南明水组（C_1n）。中泥盆统蕴都喀拉组下部为安山岩、安山质砾岩，上部为钙质和硅质板岩。下石炭统南明水组是含矿的直接围岩，可以进一步划分为3个岩性段：下段分布于矿区西南部，岩性为砾岩、凝灰质粉砂岩、泥板岩和硅质岩，与下伏中泥盆统蕴都喀拉组呈角度不整合接触；中段分布于矿区中部，岩性为火山角砾岩和含砾沉凝灰岩；上段分布于矿区北部，岩性为沉凝灰岩及含碳质凝灰质板岩（图8-3）。

矿区内断裂十分发育，数量众多，规模大小不等，具有多期次活动特征。主要有北西向和北北西向两组断裂，北西向断裂走向与区域主干构造线方向一致，为区域北西向构造的一部分。沿断裂带基性岩体呈带状分布，是矿区的主要控岩构造。具有压-压扭性特征，具有多期次特征，断裂规模大，延伸远。常有数条断裂平行展布，构成挤压破碎带。

矿区内已发现基性岩体10个，按岩体产出特征和与构造的关系，可分为南北两个岩

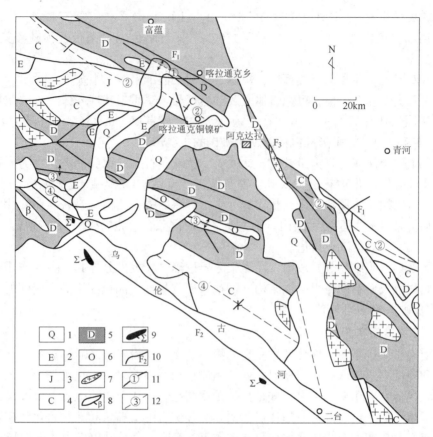

图 8-3 喀拉通克铜镍矿地质构造简图（据肖军等，2005）

1—第四系；2—第三系：红色砂岩、泥岩；3—侏罗系：灰绿色砂岩、砾岩；4—石炭系：凝灰质砂岩；
5—泥盆系：安山质火山熔岩、碎屑岩、凝灰质砂岩、硅质岩；6—奥陶系：凝灰质砂岩、中基性
火山熔岩；7—花岗岩类；8—基性岩类；9—超基性岩类；10—断裂：F_1—额尔齐斯断裂，
F_2—乌伦古河断裂，F_3—卡拉先格尔断裂；11—复背斜：①—耶森喀拉复背斜，②—加乌尔-卡西
翁复背斜；12—复向斜：③—萨尔布拉克-萨色克巴斯陶复向斜，④—扎河坝复向斜

带：南岩带长 4000m，宽 100~300m；北岩带长 2200m，宽 50~250m。岩带的总体走向 310°左右，与次级背斜轴一致，与区域性北西向构造带（方向 NW300°左右）略有偏离。南岩带的三个主要岩体（Y_1、Y_2、Y_3），分异良好、相带清晰、矿化发育，随着岩体基性程度增高而增强。北岩带的岩体（Y_4~Y_9），岩体规模小、分异差、矿化相对较弱。

喀拉通克矿区内除 Y_1 镁铁质岩体已探明为大型铜镍硫化物矿床外，其余为中小型铜镍硫化物矿体。Y_1 岩体矿化普遍，富集成工业矿体的部分占岩体总体积的 40% 左右；矿化基本局限于岩体范围内，且主要分布在岩体中下部的橄榄苏长岩相、苏长岩相及少量橄榄辉绿辉长岩中。矿体形态与岩体基本一致，向南东倾伏延伸。在纵投影图上呈不规则的透镜体状，向南东倾伏延伸；在横剖面上呈巢状或囊状，向北东陡倾斜；在平面上呈荚豆状，总体延伸方向为 334°。

矿石中金属矿物主要为磁黄铁矿、黄铜矿、镍黄铁矿、紫硫镍矿和磁铁矿等。矿石构造为稠密浸染状、块状。矿石结构以自形晶或半自形晶为主，以及海绵陨铁结构、固溶体

分离结构等。与围岩为侵入或过渡接触关系。

8.2.5 岩浆矿床的共同特征及其对开采的影响

8.2.5.1 岩浆矿床共同特征

(1) 围岩特点。岩浆矿床的围岩都是岩浆岩,且主要为超基性-基性岩。一定类型的岩浆矿床具有一定类型的岩浆岩围岩,即有明显的成矿专属性。

(2) 矿体形状和产状特点。产在侵入体底部的矿体多呈似层状、矿瘤或矿巢状,与围岩呈渐变接触关系。产在岩体边缘或其他部位的矿体,多呈平行排列的矿条状或扁豆状,其延展方向常与原生流动构造一致;矿体与围岩亦多呈过渡渐变关系。产在岩浆岩内沿一定方向延伸断裂带中的矿体,多呈脉状、透镜状;大部分矿体与围岩接触明显;矿体周围常有绿泥石化等围岩蚀变现象。

(3) 矿石特点。矿石的矿物组成与围岩相似,除有用矿物含量较高以外,矿体与围岩在成分上无质的差异,因而随着有用矿物含量的逐渐减少,矿体就逐渐过渡成为围岩,界线不明显。而由块状矿石组成的矿体,往往受岩体中断裂控制,与围岩界线清楚。

矿石矿物多为密度大、熔点高的金属氧化物和自然元素及某些硫化物,常见的有铬铁矿、钛铁矿、磁铁矿、铜-镍硫化物类矿物以及铂族元素矿物等。

脉石矿物一般都是围岩中的造岩矿物及其蚀变产生的矿物,主要有橄榄石、辉石、角闪石、斜长石、磷灰石、绿泥石等。

8.2.5.2 岩浆矿床对开采的影响

岩浆矿床的特征也决定了该类矿床的开采特点:

(1) 由于这类矿床的围岩都是岩浆岩,且主要是超基性岩和基性岩,因而其矿物成分硬度均较高,如果未经过强烈蚀变和构造破坏,一般都是强度大、稳固性好的岩石。矿石的稳固性一般也都是比较好的。这些因素有利于采用高速度、高效率的采矿方法。

(2) 这类矿床中由浸染状矿石所组成的矿体,其边界是依据工业指标圈定的。一个在剖面上完整的透镜状、条带状的矿体,实际上往往是由大量的体积小得多的而品位较高的透镜状、条带状、巢状特别是不规则状的矿体组合而成,其中包括矿化很低的贫矿部分。所以在开采中要注意做到贫富兼采以降低损失和贫化。

(3) 在开采贯入成因的矿体时,由于矿石呈致密块状,与围岩界线清楚,若沿矿体与围岩接触带掘进沿脉坑道,要注意预防冒顶或片帮事故,而穿脉坑道则比较稳定。

(4) 在岩浆矿床中,除利用金属元素铁、铬、铜外,还可综合利用钒、钛、铂、镍等伴生元素以及可利用的围岩(如橄榄岩、蛇纹岩等)。因此,在这类矿床、矿石的采、选、冶中要尽量考虑综合开采、综合利用的问题。

8.3 伟晶岩矿床

8.3.1 伟晶岩矿床的概念和特征

伟晶岩是一种矿物晶体巨大、常含有许多气成矿物和稀有、稀土金属矿物的脉状岩体,其中有用组分达到工业要求时,就成为伟晶岩矿床。各种成分的岩浆均可产生相应的伟晶岩,而与花岗岩浆有关的伟晶岩最为重要、最为普遍;一般所说的伟晶岩,多数是指花岗伟晶岩。

伟晶岩矿床是稀有金属(如铌、钽、铯、铷、铪、铍等)的重要来源,也是放射性元素(如铀、钍)的重要来源;同时,某些伟晶岩矿床还因产有长石、水晶、云母、宝石以及压电石英等巨大晶体,易采易选,从而成为具有重大工业意义的非金属矿床。近年来,在基性伟晶岩边缘还发现了铂族元素矿床。

8.3.1.1 产状和形状

伟晶岩矿床多产于古老结晶片岩地区,其成因往往与巨大的花岗岩质侵入体有关,并常分布在侵入体上部及其顶盖围岩中。矿体与围岩界线一般比较清楚,但也有呈渐变关系的。

伟晶岩矿床明显地受构造控制,常常沿大构造带成群出现构成伟晶岩带。有时整个伟晶岩带可长达几十至几百千米。其中的每一个矿脉群常为次一级构造裂隙所控制,各矿脉按一组主要裂隙平行排列。

由于矿体主要受裂隙控制,因而形态和产状也直接与裂隙有关,常呈脉状、透镜状等。在裂隙交叉处,也可出现囊状或筒状矿体。有时也有膨胀、收缩、分支、复合现象。

8.3.1.2 矿石的矿物成分和结构、构造

伟晶岩矿石的成分既与相应岩浆岩相似,又具有岩浆期后矿床的某些特点,故在矿物成分上除石英、长石、云母外,还有由交代作用生成的气相、热液相矿物,如绿柱石、锡石、黑钨矿、辉钼矿及其他硫化物矿物、稀有元素矿物等。

伟晶岩矿石的伟晶结构是矿床最突出的特征,例如云母片直径可达1m,水晶晶体可长1m多,某天河石矿床的整个采矿场就在一个晶体之中。但并非整个伟晶岩矿石都是伟晶结构,一般的情况是,自边部向中心部位,粒度逐步增大,而矿物成分亦随之有所变化,这样就使伟晶岩矿床由两侧向中心具有明显的带状构造,显示了伟晶岩先后发展的不同阶段。一般的伟晶岩矿床,由两侧向中心,可以分边缘带、外侧带、中间带、内核四个部分(图8-4)。

(1)边缘带(细粒花岗岩带)的晶体细小,主要由长石、石英组成。厚度一般不大,不过几厘米。形状不规则,有时不连续。与围岩的界线一般是清楚的,但有时也呈渐变关系。

(2)外侧带(文象花岗岩带)的矿物颗粒较粗,主要由斜长石、钾微斜长石、石英和白云母组成,有时有绿柱石等稀有元素矿物出现。此带比边缘带厚度大,但变化也大,有时呈对称或不连续状出现。

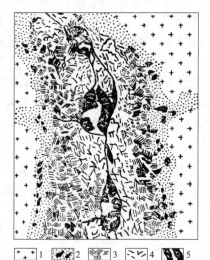

图8-4 花岗伟晶岩脉内部构造
1—花岗岩;2—边缘带;3—外侧带;
4—中间带;5—内核

(3)中间带(中粗粒伟晶岩带)的矿物颗粒比外侧带更大,主要由块状长石、石英组成,有时有绿柱石、锂辉石等稀有元素矿物出现。此带的连续性和对称性也较前两带明显。

(4)内核(单矿物带)有巨大的长石或石英晶体,并常发育有晶洞构造,其中发育

完整的晶簇，为压电石英和贵重宝石的来源。稀有、稀土金属元素矿物常富集于此带。

上述分带现象并非所有伟晶岩都相同，具体矿床的分带变化很大，或分带不明显，或分带不齐全；因矿体形态、成分、交代强弱的不同而显示出千变万化。

8.3.2 伟晶岩矿床的形成过程和分类

伟晶岩矿床分类的根据就是分异作用和交代作用的交织情况。例如，首先根据分异作用的好坏，可把矿床分成带状构造伟晶岩矿床和非带状构造伟晶岩矿床两大类；然后再根据交代作用的情况，把每一类伟晶岩矿床再进一步分成交代型的（交代作用强烈的）和一般型的（交代作用不甚强烈的）两个亚类。交代型的通常称为复杂伟晶岩，常发生强烈的稀有元素矿化作用，因而成为开采稀有矿物的主要对象。一般型的通常称为简单伟晶岩，稀有矿物一般很少，但可成为开采长石、石英、云母等非金属矿产的主要对象。而分带不清、交代作用又不强烈者一般无工业意义。

8.3.3 伟晶岩矿床主要类型实例

稀有金属矿床实例：新疆阿尔泰可可托海含锂伟晶岩矿床

矿区位于一古老结晶片岩区，区内岩浆活动频繁，从基性到酸性岩石都有出露（图8-5（a））。伟晶岩主要发育在辉长岩中，主要脉体呈特殊的岩株状产出。根据近年来的勘探证明，其形态是世界所罕见的，上部岩体呈一椭圆柱状（长轴约250m，短轴约150m，走向北北西，倾角陡近于直立），往下延伸一定程度后突然向外扩展并平底收敛，纵观整体似一平放的大草帽。该脉体无论分异作用或交代作用均极发育。从外向内可分为十个带，呈现非常特征的环带状构造（图8-5（b））。可以看出，本矿床的矿物成分是十分复杂

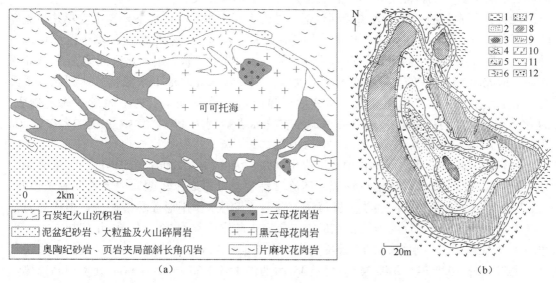

图8-5 新疆阿尔泰可可托海区域地质略图和伟晶岩矿床平面图
(a) 区域地质略图（据Zhu等（2006）修绘）；(b) 矿床平面图（上部）
平面图图例：1—浮土；2—块状石英带；3—块状微斜长石带；4—薄板状钠长石带；5—石英-锂辉石带；
6—叶钠长石-锂辉石带；7—石英白云母带；8—巨厚块状微斜长石带；9—细粒钠长石带；
10—文象石英-微斜长石带；11—辉长岩；12—锂云母带

的，除微斜长石和石英外，常见矿物有锂辉石、钠长石、锂云母等，副矿物主要有磷灰石、电气石、石榴石、白云母、绿柱石、钽铁矿等。

本矿床主要特点是分异作用明显，带状构造清楚，而且交代作用强烈（表现在微斜长石以及绿柱石等多被糖晶状钠长石所强烈交代）。由于含有大量含锂矿物，本矿床成为稀有金属锂伟晶岩矿床。

8.4 气液矿床

8.4.1 气液成矿作用

8.4.1.1 成矿溶液和成矿物质来源

成矿溶液（或称成矿气液、成矿热液）是在一定深度（几至几十千米）下形成的，具有一定温度（一般为50~600℃）和一定压力（一般为几兆帕至250MPa左右）的气态、液态和超临界流体，其成分以 H_2O 为主，有时 CO_2 占很大比例，常含有 CH_4、H_2S、CO、SO_2 等挥发性气体成分和 K^+、Na^+、Ca^{2+}、Mg^{2+}、F^-、Cl^-、SO_4^{2-}、HCO_3^- 等离子成分。成矿溶液中还有 W、Sn、Mo、Au、Ag、Cu、Pb、Zn 等多种成矿元素。

成矿溶液和成矿物质来源是矿床学界长期争论的问题之一，目前认识一般有四种：

（1）岩浆热液。岩浆在侵入和喷发过程中，随着温度和压力的下降，硅酸盐熔体不断地结晶，H_2O 等挥发分就从岩浆中分离出来，形成高温气液。一些成矿元素倾向富集于气液中，这种含矿气液在岩体边缘和围岩的裂隙中运移，当物理化学条件发生变化时，就可在有利的地段形成矿床。过去将所有的热液矿床都归结为由岩浆热液所形成，具有很大片面性。已有大量的资料证明有不少热液矿床与岩浆热液无关。

（2）地下水热液。从地表渗透到地下深处的大气降水，可在地下环流中受热并与流经的岩石发生相互作用，溶解岩石中的有用成矿元素，运移至有利的地质环境中沉淀形成各种热液矿床。地下水下渗可达几百米至几千米，甚至达10km。按地热升温率，在5km深处即可形成300℃左右的热液。在岩浆活动区，几百米深处的地下水温就可达到几百摄氏度。地下热水常含较高的卤化物，这种地下热卤水可萃取流经围岩中大量的成矿物质。1961年在美国加利福尼亚Solton Sea发现的热卤水含盐度达36%，其中Ag达 2×10^{-6}，Cu达 25×10^{-6}，Pb达 100×10^{-6}，Zn达 700×10^{-6}。

（3）海水热液。在海洋扩张中心、火山岛弧、大陆边缘及海洋岛屿地区，下渗的海水可沿裂隙到达地壳深部受热形成环流。环流过程中也可萃取流经围岩中大量的成矿物质，然后通过断裂、火山口或海底扩张脊再流入海中，与海水作用形成热液矿床。现代深海钻探已积累了大量资料，证明海底正在进行着热液成矿作用。如20世纪90年代初在东太平洋海岭（南纬21°31′）水深2800m处发现走向南北，长11km的"黑烟囱"（现代海底块状硫化物矿床）；1985年在北纬26°、西经45°大西洋中脊水深2500~4000m处发现高温热液活动形成的"土丘"（高40m、直径250m）中心温度达366℃富金属流体；1997年在新西兰东北部采集到含金达23%的异常矿石，并在水下25km处发现直径3.7m的热液"喷口"。

（4）变质热液。在变质作用（包括区域变质作用、混合岩化和花岗岩化作用）过程中形成的热液，统称为变质热液。岩浆岩和沉积岩内都含有一定数量的水分、二氧化碳等挥发分。造岩矿物中的结构水、结晶水，岩石中的裂隙水、毛细水、吸附水和同生水等，在岩石受变质过程中都可逐渐被释放出来成为变质热液。这些变质热液由深变质带向上迁移过程中从围岩中吸取成矿物质，在低变质带中聚集沉淀成为矿床。

8.4.1.2 有用组分从气水溶液中沉淀的原因和成矿方式

有用组分从气水溶液中沉淀的原因很多，最主要的原因是气水溶液与围岩接触以及不同成分的气水溶液相互混合，破坏了溶液的化学平衡，发生化学反应形成难溶化合物而沉淀，这种现象在成矿中占主要地位。其次，由于气水溶液是多组分的物理化学体系，在其搬运过程中物理化学状态不断改变，如温度、压力的降低，pH 值和 Eh 值的变化，溶剂的蒸发，均可使气水溶液中某些溶质发生过饱和而沉淀。沉淀出来的物质与溶质的成分相同，例如 $NaCl$、SiO_2 的沉淀。

气水溶液的成矿方式，主要可分为充填作用和交代作用两种。

(1) 充填作用。气水溶液在化学性质不活泼的围岩中流动时，一般与围岩没有明显的化学反应和物质的相互交换。气水溶液中的有用组分由于物理化学条件变化的影响，直接沉淀在围岩裂隙和空洞中，这种作用称为充填作用。

(2) 交代作用。气水溶液在化学性质较活泼的围岩裂隙和孔隙中流动时，溶液与围岩中某些矿物起化学反应，并同时发生极细微状态下的溶解作用和沉淀作用，使原有矿物逐渐被溶解掉而代之以新矿物。这种作用称为交代作用，也就是置换作用。交代作用进行过程中原矿物被溶解和新矿物的沉淀几乎是同时的，而且围岩始终保持固体状态，故可保存原岩石的结构和构造，甚至其中的生物遗迹。交代作用受等体积定律支配，即交代前后岩、矿石总体积不发生变化。交代作用所形成的矿体与充填作用所形成的矿体有明显的不同（表 8-1 和图 8-6）。

表 8-1 充填作用和交代作用形成的矿体、矿石特点对比

	充填作用		交代作用
矿体	矿体形态产状主要受裂隙、多孔性岩层、层面和不整合面等的形态产状所控制；其中以脉状矿体最为多见，矿脉与围岩界线清楚	矿体	矿体外形不规则，不完全受裂隙形状控制；矿体和围岩界线不清，呈过渡关系；矿体中常有未被交代的残余围岩，而且仍保持其原来的岩石构造方向，说明残余围岩未发生移动
矿石	常具梳状、晶簇状、对称条带状、角砾状等构造	矿石	常保持有原来岩石的结构和构造，如条带状构造以及褶皱、断裂和角砾状构造等，均可保存在交代矿体中；常见浸染状

在气液矿床中，常常根据上述矿石沉淀的不同方式，进一步划分为交代型气液矿床和充填型气液矿床两大类。但自然界中并没有绝对的交代成因或充填成因矿床，这两种沉淀方式经常出现在同一矿床之中，只不过其中某一种是主导的，而另一种是从属的而已。

8.4.1.3 围岩蚀变

气水溶液在沉淀成矿的同时，也与围岩发生交代反应，使围岩发生化学变化，这种现象称为围岩蚀变，蚀变后的围岩称为蚀变围岩。围岩蚀变的强度、范围决定于气水溶液组分、温度和围岩的性质。气水溶液组分越活泼、压力及温度越高，围岩的蚀变就越强烈；

(a) (b)

图 8-6 充填作用和交代作用形成的矿体

(a) 充填作用形成的石英脉型金矿（小秦岭）；(b) 钾质交代形成的蚀变岩型矿化（东坪）

围岩的化学性质越活泼，蚀变就越彻底；围岩中裂隙越发育，越有利于气水溶液的渗透，蚀变的范围就越广。

围岩蚀变的类型很多，人们常以蚀变后所产生的新矿物或新岩石的名称来命名它们。如蚀变后只产生某一种新矿物，则称某某化，如绢云母化、绿泥石化、石英化等；如产生两种以上的新矿物，则称某某岩化，如云英岩化、矽卡岩化等。有时也用化学元素来命名，如硅化、钾化。常见的围岩蚀变类型及其有关矿产如表 8-2 所示。

表 8-2　常见的围岩蚀变类型及其有关矿产

围岩蚀变类型	形成条件	主要原岩	主要矿物组合	有关矿产
矽卡岩化	酸性、中酸性侵入体与碳酸盐岩或富钙质火成岩、火山沉积岩的接触带附近，高中温条件	石灰岩、大理岩、白云岩等	石榴子石（钙铝-钙铁）、辉石（透辉石-钙铁辉石）及其他（钙铁镁）铝硅酸盐矿物	Fe、Cu、Pb、Zn、W、Sn、Mo、Be 等
钾长石化	酸性、中酸性侵入体或火山岩的内部和边缘，一般为高温条件	花岗（斑）岩、花岗闪长（斑）岩、石英闪长岩等	微斜长石、透长石、正长石、冰长石等	W、Sn、Be、Nb、Ta、Cu、Mo、Au 等
云英岩化	酸性侵入体（如花岗岩）靠近矿体处，高温条件	花岗岩类	石英、白云母、（锂云母）、黄玉、电气石等	W、Sn、Be、Nb、Ta、Cu、Mo、Li、Bi
绢云母化 绢英岩化 黄铁绢英岩化	主要为中酸性岩浆岩，长英质片麻岩、片岩类，一般为中温条件	花岗岩类；片麻岩、片岩类；黏土岩类	绢云母、石英、黄铁矿（大于 5% 时称为黄铁绢英岩化）	Au、Cu、Pb、Zn、Mo、Bi 等
硅化	发育广泛，高、中低温条件都可产生	基性-酸性火成岩、片麻岩类、碳酸盐岩类	中高温：石英 低温：蛋白石、玉髓	Cu、Mo、Pb、Zn、Au、Ag、Hg、Sb、黄铁矿、重晶石
青磐岩化（变安山岩化）	主要为中基性火山岩，部分为中酸性浅成岩及斜长角闪岩类，中低温条件	安山岩、玄武岩、英安岩、闪长玢岩、花岗闪长斑岩、斜长角闪岩等	绿泥石、方解石、铁白云石、菱铁矿、黄铁矿、绿帘石、黝帘石、钠长石、绢云母和石英等	斑岩 Cu-Mo 矿床，脉状 Au、Ag、Pb、Zn 矿等

续表 8-2

围岩蚀变类型	形成条件	主要原岩	主要矿物组合	有关矿产
绿泥石化	由富铁镁矿物（辉石、角闪石、黑云母）蚀变而成，常与其他蚀变伴生，中低温条件	安山岩、玄武岩、闪长岩、斜长角闪岩、斜长角闪片麻岩等	绿泥石	Cu、Pb、Zn、Au、Ag 等
碳酸盐化	普遍，中低温条件	中基性岩浆岩、碳酸盐沉积岩、碱性-超基性岩	方解石、白云石、铁白云石、菱铁矿、菱镁矿	Cu、Pb、Zn、Au、Ag 等；菱镁矿

蚀变围岩是重要的找矿标志。由于蚀变围岩分布的范围比矿体本身要大，找矿时容易被发现。它不但可以指出地表露头的矿体位置，而且可以指示地下盲矿体的存在。此外，还可根据蚀变岩石的矿物组合、分布和强度，预测矿产种类、赋存位置和矿化富集程度。如云英岩化常伴随有 W、Sn 和 Be 等矿化；青磐岩化常伴随有 Au、Ag、Cu、Pb 和 Zn 矿化。围岩蚀变强烈且广泛发育者，可预示有大矿或富矿的存在。

8.4.1.4 矿化期与矿化阶段

气液矿床的形成经历了很长时期，在形成过程中地质构造条件和热液体系物理化学变化会导致不同的矿物组合。为了研究气液成矿作用的时间规律，引入矿化期和矿化阶段（或成矿期和成矿阶段）的概念。

（1）矿化期代表一个较长的成矿作用过程，它是根据成矿体系物理化学条件的显著变化来确定的。如矽卡岩矿床一般分为矽卡岩成矿期和热液石英硫化物成矿期，两者成矿物理化学条件有明显的区别。

（2）矿化阶段代表一个较短的成矿作用过程，表示一组或一组以上的矿物在相同或相似的地质或物理化学条件下形成的过程。矿化阶段与构造裂隙的阶段性发育和与此有关的热液间隙性活动有关，每个矿化阶段代表一次热液活动。早阶段的矿物组合常被晚阶段的矿物组合穿插交代或包围胶结，据此可确定矿化阶段的先后关系。

8.4.1.5 气液矿床的分类

从不同角度出发，可对气液矿床进行不同的分类。例如，可按成矿物质的来源进行分类，也可按成矿作用方式进行分类等。本书采用地质学界目前较常用的按照在一定地质环境下主要成矿作用的分类方案，将气液矿床划分为矽卡岩矿床、热液矿床两类。

（1）矽卡岩矿床。与矽卡岩化围岩蚀变密切伴生，与之有成因联系；是在中等深度、含矿气水溶液中的有用组分以化学交代作用而形成的矿床。

（2）热液矿床。不伴生有矽卡岩化围岩蚀变，有用矿物的沉淀既可有化学交代作用，又可有充填作用。这类矿床根据其成矿溶液的来源和成因，可划分为岩浆热液矿床、地下水热液矿床和变质热液矿床。岩浆热液矿床根据形成的地质环境不同，又可分为侵入岩浆热液矿床和火山热液矿床。

8.4.2 矽卡岩矿床

矽卡岩矿床是产在中酸性侵入体和碳酸盐岩围岩或岩浆岩的接触带，或接触带外的碳酸盐岩地层中，直接和矽卡岩化有成因联系的矿床，所以也称为接触交代矿床。矽卡岩床包括很多矿种，主要的有铁、钼、铜、钨、铅、锌、锡等，并常为富矿；规模以中、小型为主，也常有大型的。这类矿床在我国地下资源储量比重中占有极重要的地位。

8.4.2.1 矽卡岩矿床的形成过程

矽卡岩矿床的形成过程从分泌大量气水溶液的酸性、中酸性岩浆侵入碳酸盐岩地层开始。岩浆侵入时所带来的大量热能，为化学性质活泼的碳酸盐岩与气液中某些组分进行交代反应创造了条件。矿床的形成过程基本上是经历了两个矿化期：矽卡岩期和石英硫化物期。

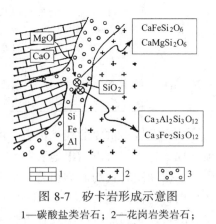

图 8-7　矽卡岩形成示意图
1—碳酸盐类岩石；2—花岗岩类岩石；
3—矽卡岩矿物

（1）矽卡岩期。包括早期矽卡岩阶段、晚期矽卡岩阶段和氧化物阶段。

早期矽卡岩阶段（干矽卡岩阶段）形成的是化学式中不含水的石榴子石、透辉石、硅灰石等"干矽卡岩矿物"。这主要是气液高温气态阶段与围岩相反应的结果（图8-7）。主要矽卡岩矿物的形成，可能是如下反应的结果：

$$CaCO_3(或(Ca、Mg)CO_3) \xrightarrow{热} CaO(或CaO,MgO) + CO_2\uparrow$$

$$CaO + MgO + 2SiO_2 \longrightarrow CaMgSi_2O_6$$
（透辉石）

$$CaO + FeO + 2SiO_2 \longrightarrow CaFeSi_2O_6$$
（钙铁辉石）

$$3CaO + Al_2O_3 + 3SiO_2 \longrightarrow Ca_3Al_2Si_3O_{12}$$
（钙铝石榴子石）

$$3CaO + Fe_2O_3 + 3SiO_2 \longrightarrow Ca_3Fe_2Si_3O_{12}$$
（钙铁石榴子石）

晚期矽卡岩阶段（湿矽卡岩阶段）以形成含水硅酸盐矿物（化学式中含OH^-）为特征，如阳起石、透闪石、绿帘石-黝帘石、绿泥石等，它们交代了早期矽卡岩阶段形成的无水硅酸盐矿物。该阶段还出现了磁铁矿及晚期的钾长石、钠长石等矿物。

氧化物阶段以出现磁铁矿、赤铁矿、锡石、白钨矿等氧化物和含氧酸盐为特征。可有含铍硅酸盐矿物（如日光榴石、香花石等）和少量硫化物（辉钼矿、磁黄铁矿、黄铜矿、毒砂）形成，并有云母类矿物和石英、绿帘石等矿物伴生。

（2）石英硫化物期。包括早期硫化物阶段和晚期硫化物阶段。

早期硫化物阶段形成于高-中温条件下，主要为铁-铜硫化物组合，常有磁黄铁矿、黄铁矿、辉钼矿、黄铜矿、辉铋矿等；非金属矿物有绿泥石、绿帘石、绢云母、石英和萤石等。

晚期硫化物阶段形成于中低温条件下，主要为铅-锌硫化物组合，形成方铅矿、闪锌矿、黄铜矿、黄铁矿、石英和碳酸盐矿物。

上述两个成矿期，是指同一次气液在渗滤前进中温度逐渐降低之下的活动过程，因而各阶段的产物，从距离侵入体远近来说，就有了不同的分布。如在接触带靠近侵入岩体部分常常形成辉石类和石榴子石类干矽卡岩矿物（内矽卡岩带）。由内带往外，则出现各种含OH^-根的硅酸盐类矿物，如阳起石、绿帘石、绿泥石等（外矽卡岩带）。再往外，则为碳酸盐岩围岩只受热力影响而出现的大理岩带或受SiO_2交代的硅化带。这种分带现象常控制着不同矿产的分布，如内矽卡岩带常有磁铁矿、赤铁矿、白钨矿等矽卡岩期矿产的赋存；外矽卡岩带则常有辉钼矿、黄铜矿、闪锌矿、方铅矿等热液硫化物期矿产的赋存。

但应指出，由于矽卡岩矿床成矿作用的复杂性、多期性（例如多次气液进入到同一矿化带）和重叠性（例如湿矽卡岩矿物重叠在干矽卡岩矿物之上形成复杂矽卡岩，而各期有用矿物亦重叠在一起），矿床的分带性可以是不明显的或复杂化了的，而根本不存在分带现象的可能性也是有的，因此必须具体情况具体分析，对这种分带性不能到处套用。

8.4.2.2 矽卡岩矿床的赋存条件和主要特征

（1）根据我国矽卡岩型矿床的资料，一定的岩浆岩侵入体有一定的专属矿种。据统计，较酸性的花岗岩类与钨、钼、锡、铅、锌等矿床关系密切；中酸性花岗闪长岩类和石英闪长岩常与铜（铁）矿床有关；而中性闪长岩正长岩侵入体则主要与铁矿床关系密切。这种专属性显然是由于一定岩浆富于某些成矿物质而贫于另外一些成矿物质所致。

（2）根据我国资料的统计，这些侵入体多是属于中深成的（1.5~3km 深的范围内）。这可能和碳酸盐类岩石受热分解的条件有关。碳酸盐类岩石在热的作用下要分解出 CO_2，对磁铁矿、赤铁矿和某些金属硫化物的形成起着重大的作用。然而，CO_2 在很深的地质条件下，因外压力太大，碳酸盐类不易分解而无从产生；在外压力太低的条件下则易于散失。太深太浅均不利于矿物的沉淀，因而侵入体一般是中深程度的。

（3）矽卡岩矿床的最有利的围岩是碳酸盐类岩石。但实际上，岩层厚、质地纯的碳酸盐类岩石并不利于形成工业矿体，这是因为交代作用普遍，矿液大面积散开，不利于成矿物质的富集集中。质地不纯的含有泥质夹层的碳酸盐类岩石最有利于成矿，因为气水溶液有选择地只和碳酸盐类岩石进行交代，在上覆泥质岩层的隔挡之下，矿化集中，交代彻底，易于形成工业矿体。

（4）矿体形状变化很大，呈各种不规则形状，如似层状、透镜状、囊状、柱状、脉状等。产在接触面附近的矿体，其形状和产状往往为接触面的形状和产状所控制（图8-8）；而围岩中构造虚弱便于侵入体舌状伸入的地带，对成矿更为有利，常有富矿体的形成。

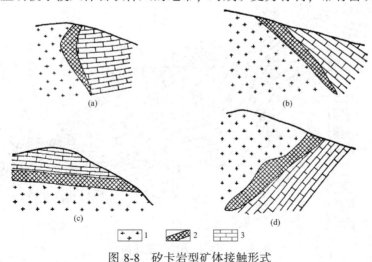

图 8-8 矽卡岩型矿体接触形式
(a) 直立接触；(b) 倾斜接触；(c) 平盖接触；(d) 超复接触
1—侵入体；2—矿体和矽卡岩；3—石灰岩

(5) 矿物成分复杂，金属氧化物有磁铁矿、赤铁矿、锡石以及含氧盐类白钨矿等；金属硫化物有黄铜矿、黄铁矿、辉钼矿、方铅矿、闪锌矿等。脉石矿物，除矽卡岩矿物外，还有萤石、黄晶、电气石、绢云母、石英及碳酸盐类矿物等。

8.4.2.3 矽卡岩矿床的主要类型及实例

矽卡岩型金属矿床种类很多，常为以一种金属为主的多金属矿床。其具有工业意义者，在我国有矽卡岩型铁、铜矿床（如安徽铜官山铜矿、湖北大冶铁矿），矽卡岩型铜、铅、锌矿床（如广西德保铜矿、湖南水口山铅锌矿），矽卡岩型钨、钼、锡矿床（如湖南瑶岗仙白钨矿），矽卡岩型钼、铅、锌矿床（如辽宁杨家杖子钼矿）等。此外，还有矽卡岩-热液综合型锡矿床（如云南个旧锡矿）。

矽卡岩型铁、铜矿床是我国富铁、富铜矿的主要来源之一。前者可以湖北大冶铁矿为例，后者可以安徽铜官山铜矿为例。

矿床实例一：湖北大冶铁矿

（1）矿区所见地层为三叠系煤系地层及其上覆下三叠系大冶灰岩（图8-9），岩层走向大致东西而略偏西北。矿区北面为燕山期闪长岩。接触带走向大体为西北及东西方向，接触带岩层主要向北倾斜，其中有复杂的小型褶皱。矿体沿接触带断续出露，延长约5km。围岩蚀变有矽卡岩化、硅化等，而以碳酸盐化和绿泥石化为多。

（2）矿体主要呈不规则脉状、透镜状等，沿接触带断续出露分布，大小不一，最大者长达2000m，厚100m；特别是当闪长岩超覆在大冶灰岩之上时，矿体规模大、延伸大（图8-9）。有的矿体向北东倾斜，倾角为70°～80°，上盘是闪长岩，下盘是灰岩（图8-10）；岩体的凹部和褶曲的转折端往往有利于成矿（图8-11）。

金属矿物有磁铁矿、赤铁矿、黄铜矿、黄铁矿、磁黄铁矿、含钴黄铁矿、斑铜矿、辉铜矿等，近年来查明还有菱铁矿可供利用。脉石矿物有石榴子石、透辉石、阳起石、绿帘石等。矿石构造以致密块状为主，也有呈浸染状、斑点状、角砾状和斑杂状者。

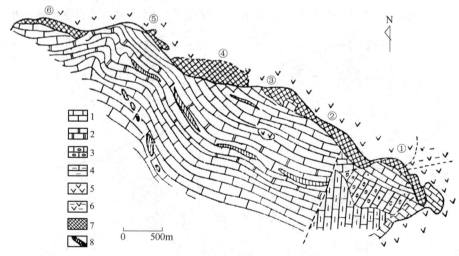

图8-9 湖北大冶铁矿地质简图

1—三叠系大冶灰岩；2—白云质大理岩；3—透辉石石榴子石大理岩；4—含角页岩条带大理岩；
5—含石英闪长岩；6—黑云母辉石闪长岩；7—铁矿；8—透辉石矽卡岩；
①—尖山矿体；②—狮子山矿体；③—象鼻山矿体；④—尖林山矿体（盲矿体）；⑤—龙洞矿体；⑥—铁门坎矿体

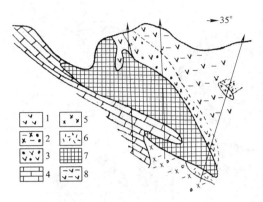

图 8-10 大冶铁矿超覆接触剖面图
1—闪长岩；2—石榴子石-透辉石-方柱石矽卡岩；
3—蚀变闪长岩；4—石灰岩；5—透辉石
矽卡岩；6—闪长玢岩岩墙；7—矿体；
8—含黑云母透辉石闪长岩

矿石含铁一般可达60%左右，是品位优良的矿石；铜的含量也较高（0.2%~0.5%），有时可单独圈出铜的工业矿体，构成含铜磁铁-赤铁矿床；钴也有一定的工业意义。所以大冶铁矿是一个可以综合利用铜和钴的铁矿床。

（3）最初研究者认为该矿是矽卡岩型矿床，以后有人根据矿体产状特点、矽卡岩不甚发育及闪长岩有显著蚀变等现象认为是高温热液矿床，另外也有人认为属铁矿浆成因。

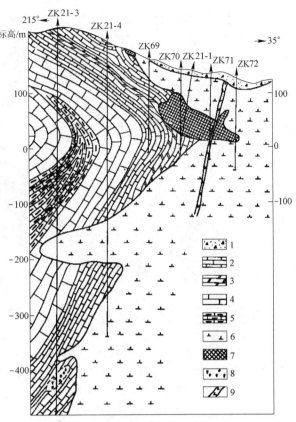

图 8-11 大冶铁矿象鼻山 21 勘探线剖面图
1—残坡积物；2—大冶群第六段大理岩；3—大冶群第六段
白云质大理岩；4—大冶群第五段大理岩；5—大冶群第四段
含角岩、石香肠大理岩；6—蚀变闪长岩；7—铁矿体；
8—透辉石方柱石矽卡岩；9—煌斑岩

矿床实例二：安徽铜官山铜矿

（1）矿区地层（图8-12），自下而上为泥盆系石英砂岩及页岩、石炭系灰岩、二叠系灰岩、硅质岩、煤系及三叠系灰岩、第四系砾石及冲积层。

矿区构造为一不对称倾伏背斜，轴向为北50°~80°东，向东北倾没；西北翼较缓，倾角30°~60°；东南翼较陡，倾角60°~70°，局部直立或倒转。背斜轴部出露地层为泥盆系石英砂岩，在背斜之东南、东北及西北三方面依次出露二叠系灰岩、硅质岩、煤系及三叠系灰岩。在背斜的西北翼及东北端有燕山期石英闪长岩的侵入。石英闪长岩侵入体大致呈圆形，面积约为1.5km²。石英砂岩及页岩与石英闪长岩接触时分别变质为石英岩及角页岩。石英闪长岩与二叠系灰岩接触时，在接触带中发生交代作用，形成矽卡岩和矽卡岩型铜铁矿床。

（2）矿体沿接触带分布，由石英闪长岩至石灰岩，可见有分带现象：石英闪长岩→透辉石内变质石英闪长岩→矽卡岩（石榴子石矽卡岩→透辉石矽卡岩）→含硅灰石、透闪石大理岩带→石灰岩。这几个带是互相过渡和交错的，并无截然界线。各带中，矿化现象很

第Ⅱ篇 矿 床

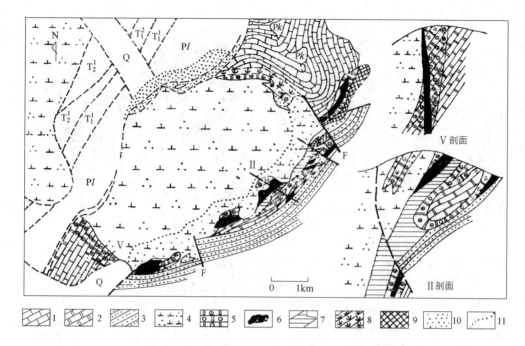

图 8-12 安徽铜官山铜矿地质略图（据中南矿冶学院"成矿成岩原理"，1977）

1—栖霞灰岩；2—大理岩；3—乌桐石英岩；4—石英闪长岩；5—石榴子石矽卡岩；6—含铜磁铁矿矿体；7—黄铜矿矿体；8—内变质石英闪长岩；9—铁帽；10—接触带；11—地质界线；Q—第四系；T_2^1，T_1^2，T_1^1—三叠系青龙灰岩；Pl—二叠系龙潭煤系；Pk—二叠系孤峰组；F—断层

不一致。石榴子石矽卡岩带偶含磁铁矿；透辉石矽卡岩带含磁铁矿及金属硫化物；而主要硫化物矿体是产在含硅灰石、透闪石大理岩带的裂隙中；此外，在内变质石英闪长岩中亦有矿体的形成。这些矿体在接触带中形成断续分布（图 8-12），矿体形态和接触方式有关。例如在超复接触的矽卡岩带中，矿体多呈似层状（图 8-13），在矽卡岩中矿体则呈急倾斜的柱状或囊状，分布极不规则；在石英闪长岩中矿体呈脉状及密集细脉状；并沿角页岩层面及节理面生成含铜石英脉。

（3）金属矿物主要有黄铜矿、磁黄铁矿、磁铁矿，为铜铁综合矿石但以铜为主，品位较高。脉石矿物主要是矽卡岩矿物如石榴子石、透辉石、透闪石、硅灰石、绿帘石、阳起石等，以及一些热液矿物如蛇纹石、滑石、绿泥石、绢云母、石英、方解石、石膏等。矿石构造以浸染状、块状为主，也

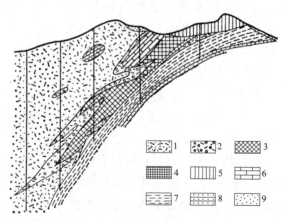

图 8-13 铜官山铜矿地质剖面图

1—透辉石内变质石英闪长岩；2—矽卡岩；3—磁铁矿；4—磁黄铁矿；5—铁帽；6—石灰岩；7—角页岩；8—石英岩；9—坡积层

有一部分呈细脉状、条带状的。

矿石有用组分主要是磁铁矿和黄铜矿。根据磁铁矿矿化及其矿体的分布特点，磁铁矿主要是在各种矽卡岩矿物形成以后生成的。从分布上看，磁铁矿在石榴子石矽卡岩带中只是偶尔有之；但大量出现是在透辉石矽卡岩带中，它既交代石榴子石呈石榴子石假象，同时又和少量黄铜矿、磁黄铁矿等伴生，这都说明它是在矽卡岩期末期、热液硫化物期开始时生成的。大量磁黄铁矿、黄铜矿、黄铁矿的出现是在热液硫化物期；早期形成的石榴子石、透闪石经热液蚀变成为蛇纹石、滑石等。由此可见，在真正的矽卡岩期并未生成有用矿物；这个矿床主要是在高温热液硫化物期以矽卡岩为围岩交代成矿的。

8.4.3 热液矿床

热液矿床是指由各种成因的含矿气水溶液，在一定的物理化学条件下，在有利的构造或围岩中，以充填或交代成矿方式所形成的矿床。它与矽卡岩矿床的主要区别是不伴生有矽卡岩化围岩蚀变，而且不一定产出于岩浆岩与碳酸盐岩石的接触带。

热液矿床的矿种类型繁多，价值巨大。其中包括大部分有色金属矿产（铜、铅、锌、汞、锑、钨、锡、钼、铋等），一些对尖端科学有特殊意义的稀有和分散元素矿产（镓、锗、铟、镉等），以及放射性元素（铀）。此外，还有铁、钴和许多非金属矿产（硫、石棉、重晶石、萤石、水晶、明矾石、菱镁矿、冰洲石等）。这些矿产在我国国民经济和国防工业中都是很重要的原料。

热液矿床的形成是一个长期复杂的过程，其影响因素甚多。长期以来，很多学者提出了许多不同的分类方案。美国矿床学家W·林格伦（1933）提出以成矿温度和深度为依据，分为高温深成热液矿床、中温中深成热液矿床和低温浅成热液矿床的方案一直在沿用。20世纪80年代以来，人们注意到成矿地质环境、成矿物质和成矿热液来源的重要作用，提出了岩浆热液矿床（含侵入岩浆热液矿床和火山热液矿床）、地下水热液矿床和变质热液矿床等分类方案。本书考虑到成矿地质环境对找矿和矿床开发可能具有更重要的影响，因而重点介绍在不同成矿环境中形成的热液矿床类型。

8.4.3.1 云英岩型钨-锡石英脉型矿床

该类矿床在某些分类方案中归为侵入岩浆高温热液矿床。矿床形成温度为300～600℃，成矿深度为1～4.5km，属中深或深成。因此，成矿时的温度和压力是较高的，这时成矿溶液中虽缺少游离氧，但由于热液中固有的H_2O被还原为H_2或CO_2被还原为CO时可以放出一部分O_2，故有利于那些结晶温度高的、易于与氧化合的元素（钨、锡、铁等）形成含氧盐类或氧化物矿物（黑钨矿、锡石、磁铁矿等）而沉淀下来，成为高温型热液矿床中的矿石矿物。

云英岩型钨-锡石英脉型矿床的主要地质特征为：

（1）在成因上、空间上和侵入岩体有密切的联系，尤其是酸性和中酸性的深成侵入岩体（如花岗岩）。矿床直接产于侵入岩体顶部或附近外接触带，与岩体的距离很少超过1～1.5km。

（2）由于成矿溶液中富含挥发性组分，其化学能量大、活动性强，因而在成矿过程中，使近矿围岩发生强烈蚀变，形成典型的云英岩化、黄玉化和电气石化等。例如，成矿溶液中的HF与围岩中的钾长石起反应时，则产生云英岩化：

$$3K(AlSi_3O_8) + 2HF \longrightarrow 2KF + KAl_2(AlSi_3O_{10})(OH)_2 + 6SiO_2$$
　　　(钾长石)　　　　　　　　　　　　(白云母)　　　　　　(石英)

(3) 由裂隙控制以充填作用为主形成的矿体，多呈脉状、复脉状或网脉状，矿石具梳状、条带状或对称条带状构造；以交代作用为主形成的矿体，多呈复杂的网脉状、囊状或似层状，矿石多具浸染状构造，有时也可为块状。矿石矿物常以氧化物或含氧盐类矿物为主。矿体大小不一，少数大型矿体可长达几千米。充填在构造裂隙中的矿脉，宽由十多厘米到几米，延深由几米到几百米以至上千米。

矿床实例：江西大余西华山钨矿

(1) 矿区内岩浆岩主要为黑云母花岗岩，分粗粒、细粒两种，属燕山期。岩体呈岩株状，大致为南北向延长，受北北东向断裂控制。岩浆岩的围岩为泥盆纪浅变质岩系（千枚岩、板岩、变质砂岩等），略呈向西倾没的背斜。黑钨矿-石英脉与花岗岩密切共生，在分布上完全受花岗岩的控制，密集于南、北、西周边部分（图 8-14）。

(2) 矿区内可有数百条黑钨矿石英脉平行排列，走向近东西，倾向北，倾角 75°~85°，受裂隙控制极为明显。矿化富集部位为隐伏花岗岩岩株突起部位所控制，黑钨矿-石英脉主要分布在这些突起周围的内接触带中（图 8-15）。矿脉与围岩界线清楚，近矿围岩（亦即母岩）蚀变成为云英岩。当围岩为砂质岩石时，则以硅化蚀变为最发育，一般不见矿化现象。围岩为泥质板

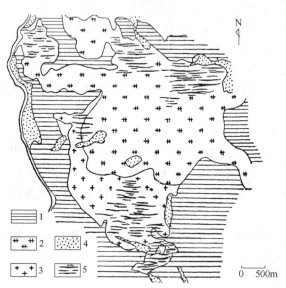

图 8-14　西华山钨矿地质简图
1—变质砂岩千枚岩；2—细粒斑状黑云母花岗岩；3—粗粒斑状黑云母花岗岩；4—冲积层；5—含钨石英脉

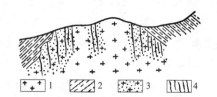

图 8-15　钨矿脉产状及围岩蚀变示意图
1—粗粒斑状黑云母花岗岩；2—变质砂岩千枚岩；3—云英岩；4—含钨石英脉

岩时，常产生绢云母化、电气石化或角岩化，这些蚀变带常伴有矿化现象，可作为找矿标志。

矿脉分布分三组集中（图 8-14）。南组矿脉较长，且较密集，纵横变化较复杂；中组矿脉小，延展短，变化最复杂；北组规模最大，纵横变化小，分布亦较稀疏。一般脉宽数十厘米，最宽可达数米。它们通常是越向下越宽，反之则越窄，乃至变为宽不足 1cm 的云母石英线。当它们密集出现时，就成为很好的找矿标志。

矿石有对称条带状和梳状构造。主要有用矿物除黑钨矿外，还有绿柱石、锡石、辉钼矿、白钨矿、铌钽铁矿等，可作为副产品综合利用。尤其是锡石，有时可超过黑钨矿含量，而使矿脉变为锡石-石英脉；也有的石英脉，上部富含锡石而下部转为富含黑钨矿。

主要脉石矿物是石英,其次是黄玉、电气石、萤石、方解石等。

(3) 大量气成矿物如黄玉、电气石等的存在,云英岩化的围岩蚀变以及矿脉与围岩有明显的界线等,均说明矿床是以充填成矿方式为主的高温热液矿床。

8.4.3.2 脉状多金属铅锌矿床

该类矿床在某些分类方案中归为侵入岩浆中温热液矿床,其形成温度为200~300℃,高的可达350℃,低的可到150℃左右;成矿深度一般为1~3km。在这种温度和压力条件下,H_2S在成矿溶液中溶解度增大,H_2S的电离也相应增加,于是溶液中产生了大量的S^{2-}离子。S^{2-}的存在,为重金属硫化物的沉淀创造了有利条件,因而形成了中温型热液矿床中Cu、Pb、Zn、Fe等的大量硫化物矿石。例如,磁黄铁矿的生成:

$$FeCl_2 + H_2S \longrightarrow FeS + 2HCl$$
$$\text{(磁黄铁矿)}$$

脉状多金属铅锌矿床的主要地质特征为:

(1) 在成因上、空间上和侵入岩体有较明显的联系,少数矿体可产于侵入岩体内或其近旁围岩中,但大多数产于侵入岩体周围的沉积岩、变质岩或火山岩中。

(2) 围岩蚀变种类较多,典型的有绢云母化、黄铁矿化、绿泥石化、硅化以及碳酸盐化、青磐岩化等。

(3) 矿体形态复杂多样。由裂隙控制的充填矿体为简单脉体,或复脉带;由交代形成的则为囊状、扁豆状、柱状或似层状矿体。矿体大小不一,大的矿体长达数千米,甚至几十千米,延深数百米至2km。矿石为全晶质结构,角砾状、条带状、浸染状构造,亦有呈块状、栉状、细脉状者。矿物种类繁多,共生组合复杂,铜、铅、锌等亲硫元素大量出现,而亲氧元素组成的氧化物或含氧盐大量减少,乃至消失。

矿床实例:湖南桃林铅锌矿

(1) 矿床赋存在燕山期大云山花岗岩与前震旦纪板溪系变质岩系(包括千枚岩、板岩、绢云母片岩、石英砂岩等)接触的桃林断裂带中(图8-16),该断裂带走向N75°E,倾向NW,倾角30°~40°。板溪系之上为第三系砂砾岩,呈不整合接触。在断裂接触带附近的变质岩系遭受强烈的热液蚀变作用,主要为硅化、绢云母化、绿泥石化,以及角砾岩、碎裂岩等构造岩。构造-蚀变强烈的地段为主要矿体的赋存部位。

大云山花岗岩体的侵入为桃林大断裂带所控制。该大断裂带与区域构造线基本一致;平行花岗岩接触带,在变质岩系形成一个很大的破碎带;铅锌矿比较集中地沿此破碎带的上部充填成矿,形成角砾岩化含矿带(图8-17),沿走向达数千米,沿倾向深约600m,厚30~50m。破碎愈剧烈,含矿愈富。

(2) 矿体均产于破碎带内变质岩中,常为扁豆状矿脉群,亦有呈囊状、重膜状者。矿体厚度1~2m至数十米不等。在角砾岩带中,矿体与围岩界线不清,矿脉群有分支、复合、尖灭、再现等情况。矿体厚度及矿石品位沿走向、倾向均变化较大。

(3) 矿石具带状、梳状、块状、角砾状等构造,以角砾状矿石为主。角砾状矿石胶结物为石英和萤石,矿化好,但品位变化较大。矿石成分中,金属原生矿物有方铅矿、闪锌矿及少量黄铜矿、黄铁矿等。非金属矿物主要为萤石、石英及重晶石等。矿石中带有一些次生矿物如白铅矿、孔雀石、蓝铜矿、褐铁矿、菱铁矿、菱锌矿等。除开采方铅矿、闪锌矿外,铜和萤石均可回收。

184　第Ⅱ篇　矿　床

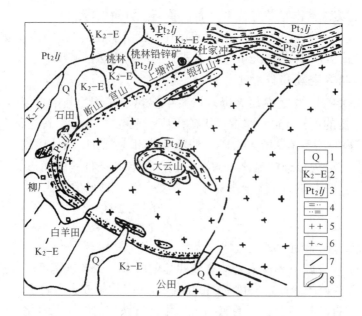

图 8-16　桃林铅锌矿区区域地质略图（据喻爱南等，1998）

1—第四系残坡积物；2—上白垩-第三系红色砾岩；3—冷家溪群千枚岩、板岩；4—冷家溪群云母石英片岩；
5—花岗岩；6—花岗质糜棱岩和糜棱岩化花岗岩；7—断裂；8—角度不整合

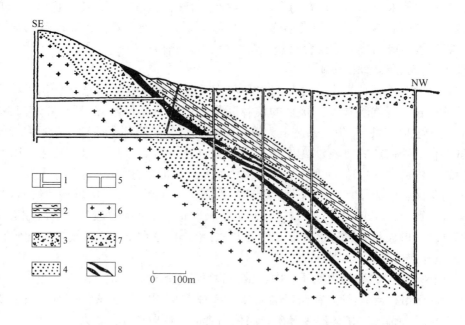

图 8-17　桃林铅锌矿床地质剖面图

1—竖井石门；2—千枚岩板岩；3—第四系；4—蚀变带；5—钻孔；
6—花岗岩；7—含矿角砾岩带；8—铅锌矿脉

（4）矿床主要由中温热液裂隙充填而成。矿液来源与矿区内大片出露的花岗岩无关，而与此大片花岗岩侵位时沿接触带大断裂所形成的破碎带有关。破碎带成为含矿溶液的活动通道和沉淀场所，而含矿溶液可能是来自深处隐伏的酸性岩体。

8.4.3.3 中温热液脉状金矿床

中温热液脉状金矿床是内生金矿床的最重要类型，由于一些矿床成矿温度可远高于或低于 Lindgen 最初建议的中温范畴（200~300℃），"中温热液脉金矿床"的名称对这类矿床已不太合适（Kerrich，1993）。Groves 等（1998）提出了造山型金矿床（orogenic gold deposits）这个术语，它强调了成矿的碰撞造山构造环境，金矿床可产出于所有地质时代的变质体中，它们在时间和空间上与增生造山有关。像"绿岩型金矿"、"浊积岩中脉型金矿"这样的常用术语也忽略了它们之间的相似性，但可作为造山型金矿床的次一级划分。Goldfarb 等（2001）系统总结了全球不同地质时代形成的造山型金矿床构造背景和成矿地质特征，主要是：（1）矿床受次级剪切带的控制；（2）含矿石英脉具有典型的"构造矿石"的特点；（3）具有低的硫化物含量；（4）具有中温硅化-黄铁绢英岩化组合和中低温绢云母化、绿泥石化、碳酸盐化等蚀变组合；（5）成矿流体为富 CO_2 低盐度流体。

矿床实例：小秦岭文峪-东闯金矿

（1）矿区内出露地层为太华群间家峪组（Ar_2l），主要由斜长角闪岩、黑云斜长片麻岩、黑云变粒岩及各种类型的混合岩组成。矿区北部地层产状 190°~210°∠50°~80°，南部地层产状 10°~30°∠75°~85°，构成了不对称向斜。从斜长角闪岩、片麻岩到混合岩，Au、Ag、Cu、Pb 及 Zn 等成矿元素的含量都逐渐降低。金铜岔-板石山-老鸦岔背斜是小秦岭矿田的主要构造，控制了金矿脉的带状分布。背斜轴走向 270°~300°。西转折端北翼地层倾角 30°~60°，南翼 50°~70°。近东西向断裂是矿区内规模最大的断裂组，长达数千米，走向 28°~30°，倾向南，倾角 40°~70°。形成于成矿前，构造复活明显，多被后期矿液充填形成含金石英脉，如 V505 脉、V530 脉、V507 脉等（图 8-18）。北北东向断裂和北北西向断裂规模较小，有时有辉绿岩及石英脉充填，属张扭性质。矿区北部出露晚燕山期二长花岗岩岩基，即文峪花岗岩体，是太华群基底深熔作用的产物。

（2）V505 脉为矿区最大主脉，全长达 6200m。该脉总体走向 290°，倾向 SSW，倾角 40°~55°。西部（西闯）地段石英脉产状 204°∠47°，糜棱岩段 208°∠57°。在中西部（西路将和西峪）地段，石英脉产状为 175°~192°∠34°~47°，而糜棱岩段则为 170°~180°∠49°~60°（徐九华等，1996）。因此，该脉平面上主要表现为右旋，剖面上为逆断裂，与东闯金矿 V507 脉相似。在矿体等厚线图上，单个含矿石英脉轴线向 SW 倾斜，而在 SE 方向则重复出现透镜体（图 8-19）。矿石以多金属硫化物型为主。

V507 脉分布于矿区北部，全长 2500m，倾向 SSW，倾角 42°左右。断裂带内充填含金石英脉透镜体或发育构造岩。断裂下盘与石英脉界线较清楚。构造岩主要为糜棱岩、千糜岩和构造片岩，沿断裂发育于无石英脉地段或石英脉变薄尖灭地段的顶板。断裂带内含金石英脉的分布和产状明显受主断裂面波状起伏的影响。平面上，当主断裂走向为 80°~100°（倾向 170°~190°）时，糜棱岩发育，石英脉少见；走向为 90°~140°（倾向 180°~230°）时，石英脉厚度较薄，顶板也有构造岩；当走向为 140°~160°（倾向 230°~250°）时，石英脉厚度大，矿化好，构造岩不发育。剖面上，倾角较陡（43°~56°）时，糜棱岩发育；倾角较缓（32°~44°）处充填含矿石英脉。

186　第Ⅱ篇　矿　床

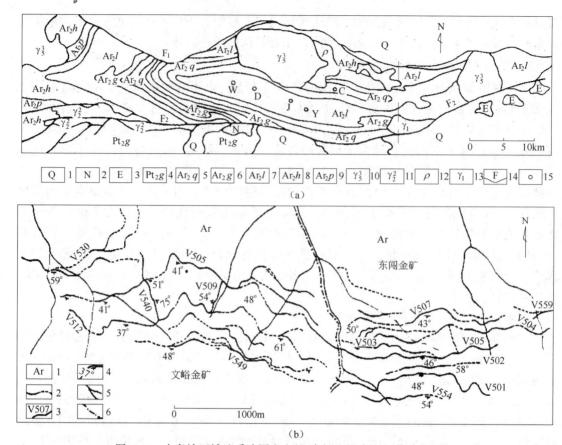

图 8-18　小秦岭区域地质略图和文峪-东闯金矿含金石英脉分布图
（据河南地质局豫零一队和武警黄金九支队资料修绘）
(a) 小秦岭区域地质略图；(b) 文峪-东闯金矿含金石英脉分布图

区域图：1—第四系；2—新近系；3—古近系；4—蓟县系高山河组；5—枪马峪组；6—观音堂组；7—闾家峪组；
8—焕池峪组；9—蒲县组；10—晚燕山期二长花岗岩；11—晋宁期花岗岩；12—熊耳期花岗伟晶岩；
13—嵩阳期花岗岩；14—区域断裂（F_1—太要断裂；F_2—小河断裂）；15—金矿床（W—文峪；D—东闯；
J—金铜岔；Y—杨砦峪；C—出岔乱石沟）；

矿区图：1—太古宇太华群；2—糜棱岩段；3—含矿石英脉及编号；4—控矿断裂产状；5—水系；6—矿区分界线

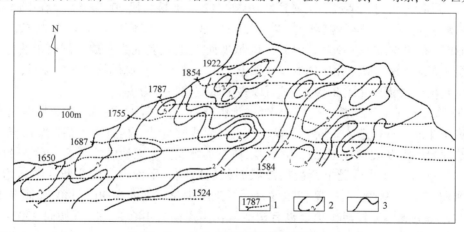

图 8-19　V505 脉等厚线水平投影图
1—坑道投影及标高（m）；2—矿体等厚线及厚度（m）；3—矿脉露头水平投影

矿石中主要金属矿物有自然金、银金矿、黄铁矿、黄铜矿、方铅矿，次要金属矿物为闪锌矿、磁铁矿、磁黄铁矿等。脉石矿物主要为石英，其次为铁白云石、菱铁矿、方解石、绢云母及绿泥石。热液成矿期可分四个阶段：(1) 黄铁矿-石英；(2) 石英-黄铁矿；(3) 含铁碳酸盐-多金属硫化物；(4) 石英-方解石。矿脉两侧围岩蚀变的主要类型有绢云母化、硅化、黄铁矿化、碳酸盐化（包括铁白云石化和方解石化）、绿泥石化、绿帘石化、黝帘石化和黑云母化。

8.4.3.4 碳酸盐岩容矿的似层状汞锑矿床

这是一类在成因上长期有争论的矿床，过去曾称之为超低温矿床。矿石矿物的形成温度一般为 50~100℃，很少超过 200℃。根据近年研究，这类矿床的形成与地下水热液有关，而且矿液的性质是高盐度含矿热卤水，被划归为地下水热液矿床但在矿床成因上仍还存在不少争议。

这类矿床的主要特征是：矿床的形成与岩浆活动关系不密切，在矿区内和周围相当远的范围未见与成矿有关的岩浆活动；矿床产于某一定地层中，受岩性（相）控制，矿体常集中于某些岩性段中，往往具有多层的特点；矿床从空间分布上常呈带状或面状，矿体呈层状、似层状和透镜状的整合矿体，但局部也有小型脉状矿体；矿石的矿物组成简单，金属硫化物多呈细小的分散状、浸染状集合体；围岩蚀变较弱，主要有硅化、碳酸盐化、黏土化或重晶石化等；矿床规模常较大，主要矿种有铅、锌、铜、铀、钒、锑、汞等。例如，层状铅锌矿床占世界铅锌总储量的二分之一；层状铀矿占世界铀矿总储量的70%。

矿床实例：湖南锡矿山锑矿

(1) 矿区地层（图8-20）主要出露有古生代的石灰岩、砂页岩、煤系等沉积岩，厚近3000m，岩浆岩极不发育。矿区地层主要为中、上泥盆统及下石炭统。中泥盆统（D_2）为灰岩（七里江灰岩）；上泥盆统自下而上为页岩（D_3^1）、灰岩（D_3^2）、含铁层（D_3^3）、灰岩（D_3^4）；下石炭统（C_1）自下而上则为砂岩、灰岩等。

矿区构造复杂但规律明显，为一北东向延长而向两端倾没的复式背斜，长约10km，宽约25km。在此复背斜之上，有次一级的背斜三个、向斜两个，呈雁行排列。矿床即发育于由七里江硅化灰岩（D_2^2）所组成的背斜鞍部。矿区内主要断层亦成北东走向，其中以矿区西部纵贯全区的断层为最大，走向为北30°东，倾向北西，倾角40°~65°。此断层使七里江灰岩与下石炭统上部直接接触。

(2) 矿床形成于七里江硅化灰岩中，受背斜构造和岩性控制明显。矿液进入到七里江灰岩压力减低的背斜鞍部，由于上部不透水页岩的盖层作用，因而集中在鞍部的节理裂隙、层间裂隙及空洞中沉淀成矿。矿体形状不规则，呈囊状、似层状及脉状，与硅化围岩界线有的清楚，有的不清楚呈渐变关系。矿体沿背斜轴延长方向分布，可达数千米；矿体厚数米至数十米，延深可达数百米。近矿灰岩强烈蚀变成硅化灰岩。七里江硅化灰岩为该区重要找矿标志。矿石矿物成分简单，以辉锑矿为主；脉石矿物主要为石英，其次为重晶石、方解石等。矿石具浸染状、角砾状构造；在空洞中则有完美的辉锑矿晶体或晶簇。

(3) 关于矿床成因，一般认为西部大断层为矿液通道，含矿热液沿之上升进入到七里江灰岩的背斜构造中，由于上部长龙界页岩的阻挡，于是就在鞍部各种裂隙和空洞中沉淀成矿。但有关矿液的来源问题，迄今尚未清楚，现有很多人认为含矿热液不是岩浆分泌的

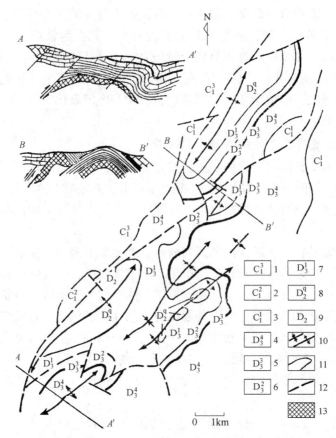

图 8-20 湖南锡矿山锑矿地质略图
1—石磴子灰岩；2—孟公㘭灰岩；3—雪峰山砂岩；4—马牯脑灰岩；5—泥圹里赤铁矿；
6—兔子塘灰岩；7—长龙界页岩；8—七里江硅化灰岩；9—七里江灰岩；
10—向、背斜轴；11—地质界线；12—断层；13—矿体

热液，而是由地下热水（温度可达几十摄氏度至一百多摄氏度）溶滤围岩中的成矿物质而成。这可由该矿区沉积层中锑的背景值相当高，而且矿体具有一定层位，区内地下深处亦无岩浆岩等事实作为证据。

8.4.3.5 其他热液矿床

（1）砂砾岩中的金-铀矿床：以南非的威特沃特斯兰德矿床最为著名，多产于元古界地层的砂砾岩中。

（2）砂页岩中的铜或多金属矿床：包括含铜砂岩矿床、含铜或含多金属页岩矿床等。非洲赞比亚铜矿带的许多矿床、欧洲曼斯菲尔德型多金属矿以及我国滇中含铜砂岩矿床和南方下寒武统黑色页岩中的多金属矿床。

（3）碳酸盐类岩石中的铅锌矿床：产于石灰岩或白云岩中，最典型的矿床实例是美国密西西比河谷的铅锌矿床（MVT 矿床）。

8.4.4 气液矿床的开采特点

（1）这类矿床中，有时可含几种甚至十几种有用组分，但品位不一定都很高。如果只

单独开采和回收其中一种，在经济上是一种损失，如能综合评价、开采、利用，则可能一矿变多矿，为经济建设增加更多资源。这类矿床中往往还伴生一些国防或尖端科学所急需的元素，如锂、铍、铌、钽等，虽含量很低，应充分考虑其综合开采和回收问题。

（2）针对这类矿床矿体形状、产状复杂多变的特点，为了不使矿石受到损失，在选择采矿方法上要从实际出发灵活多样，甚至一个矿体的不同部位必要时也需采用不同的采矿方法。例如我国东北的一个钼矿山，就曾先后采用了十几种采矿方法以应付矿体的复杂多变。

（3）含有大量硫化物矿物是本类大多数矿床的特点之一。硫化物矿物在接近地表处易于氧化而被水溶解走，使矿床上部地表部分的矿石变贫。矿石也由硫化矿变为氧化矿，矿石的稳定性也大为降低，不利于开采。在一定条件下，矿床深部未氧化地带，原生硫化矿石品位还可以变富，形成富矿带。此时，就应考虑到由于氧化物矿石与硫化物矿石选矿方法不同而要尽可能分采的问题，以及如何用富集带高品位矿石来平衡精矿粉产量的问题。硫化物矿床开采过程中，由于硫化物矿石接触到含氧的水氧化而产生硫酸，以致矿坑水具有很大的腐蚀性，因而必须采用耐酸设备代替一般设备。在一定条件下，还可以考虑使矿石人工氧化变成硫酸盐类溶液，以进行生物化学采矿的问题。再者，含硫化物多的矿石被采下以后，易于氧化而发生自燃，使采矿工作大为复杂化。我国某些铜矿山、硫化铁矿山就曾发生过这样的问题。这就需要处理好各生产环节，用"快采快运"等方法来解决。

（4）本类矿床的蚀变围岩中，某些矿物成分对安全生产和采掘效率的特殊影响，详见岩石章节，这里不再赘述。

8.5 火山成因矿床

火山成因矿床是指那些在成矿作用上直接或间接与火山-次火山岩浆活动密切相关的矿床。它们均位于与其大约同时形成的火山-次火山岩的分布范围内。

8.5.1 火山成因矿床的分类和各类主要特征

这类矿床本身在矿床成因分类中的归属问题，目前尚有争论。有的学者把它们分别归入岩浆矿床、气化-热液矿床以及沉积矿床；有的则把它们作为内生矿床中单独的一类矿床。至于这类矿床的进一步分类，争议更多。本书按照成矿介质的特性（岩浆或气液）暂做以下分类。

8.5.1.1 火山-次火山岩浆矿床

成矿介质为岩浆，在地壳深部经分异作用形成的富矿岩浆或矿浆，贯入火山机构或喷出地表，即形成本类矿床。这类矿床的主要类型有：

（1）岩浆喷溢矿床。这类矿床是富矿岩浆或矿浆以熔融体状态贯入火山机构或溢出地表在火山口附近堆集所成的矿床。其围岩多为火山熔岩，贯入形成者的围岩也可为次火山岩。矿体形态有钟状、覆盆状、透镜状或似层状等，个别也可呈脉状或柱状。矿石常具气孔状、流动状或块状等构造。著名的智利拉科铁矿属此类型，该矿矿石矿物以磁铁矿为主，也含一些赤铁矿，磷灰石和阳起石是主要脉石矿物。我国甘肃黑鹰山铁矿也属此类型。

（2）岩浆爆发矿床。这类矿床主要生成于火山爆发角砾岩筒中，典型的实例是金伯利岩中的金刚石矿床。金伯利岩是一种超基性次火山岩，其岩体多呈筒状，少数呈脉状。岩体的围岩可以是岩浆岩，也可以是沉积岩或变质岩。矿石具角砾状构造。金刚石在矿石中常呈斑晶出现，其含量往往与富铬镁铝榴石含量成正比关系。近年研究资料表明，金刚石的碳元素来自地幔，并在地下 200~300km 的高温高压条件下结晶成为金刚石。

（3）岩浆喷溢-喷发矿床。这类矿床的形成部分与喷溢作用有关，部分与喷发作用有关。后者与前者的区别在于富矿岩浆或矿浆被喷到空中，形成固态喷出物落下，因此在矿体中可夹有含矿火山弹、火山角砾、凝灰岩等，并使部分矿石的构造与单纯喷溢作用形成者有所不同。此外，其围岩也常出现部分火山碎屑岩。其他的特征则与岩浆喷溢矿床近似。典型的实例是伊朗的巴夫格铁矿床、我国安徽姑山铁矿外围少数矿体。

8.5.1.2 火山-次火山气液矿床

成矿介质为火山气液，火山喷发的间歇期、晚期或期后，其射气和热液活动非常强烈，可形成火山-次火山气液矿床，根据成矿作用方式及地质条件的不同，可分为如下三种类型：

（1）火山射气矿床。它主要是由火山射气而成，位置浅，局限于近代火山口内外及附近各种裂隙之中。主要矿种有自然硫、硼酸盐等。经济价值一般不大。

（2）火山热液矿床。它是由含矿火山热液在火山岩中发生充填或交代作用，使有用组分沉淀而形成的。矿体形状为脉状、复脉状或似层状。矿石构造不一。围岩蚀变以硅化、绢云母化及高岭土化为主。成矿温度一般为中-低温。主要矿种有铜、铅、锌、铀、金、银以及硫铁矿、萤石、沸石、硼砜石等。

（3）次火山热液矿床。在火山活动晚期或间歇期，常伴随有大量次火山岩的侵入活动。来自次火山岩的气水溶液，通过充填或交代作用，将有用组分沉淀在次火山岩或附近其他岩石中，即形成次火山热液矿床。著名的斑岩铜矿和玢岩铁矿即属此类矿床，它们与侵入岩浆热液矿床和火山热液矿床主要不同点是：

1）次火山热液矿床的母岩是次火山岩（各种斑岩、玢岩），主要有花岗闪长斑岩、石英闪长斑岩、闪长玢岩等。有时这些母岩同时又是矿体的围岩。

2）矿体除受区域构造控制外，还受岩体原生构造控制，矿体形态变化复杂。

3）次火山热液是在浅成-超浅成条件下，外压力骤然降低，挥发组分自熔浆中强烈析出时形成，岩浆及挥发组分的较大压力，可以造成隐爆角砾岩筒以及放射状或环状断裂系统，形成独特产状的矿体。

8.5.1.3 火山沉积矿床

这类矿床是指那些成矿物质来源于火山但通过正常沉积作用而形成的矿床。成矿物质是由火山活动提供的，火山碎屑物以及火山喷气和热液所携带的有用组分可通过多种方式沉积为同生火山沉积矿床。当成矿物质来自火山喷发时，称火山喷发-沉积矿床；来自火山热液时，称为火山热液-沉积矿床；两者根据其生成环境又均可分为海相和陆相两类。这两种相别的区分，可根据火山岩相的差异加以确定。

8.5.2 火山成因矿床的主要类型及其实例

火山成因矿床种类多，分布广，其中四种具有重要工业意义的矿床类型和著名实例如下。

8.5.2.1 海相火山喷发-沉积铁矿床

世界上许多巨大的前寒武纪沉积变质铁矿床或多或少均与海底火山喷发作用有关。我国的条带状含铁石英岩（鞍山式铁矿）的形成，也多与海底火山活动有关。这种铁矿已广泛地遭受到区域变质作用，在形态上、组成上均发生深刻变化，这些将在变质矿床中加以讨论；其变质程度较浅、尚保留火山成因特征的，在我国，以镜铁山铁矿较为典型。阿尔泰地区富蕴县蒙库铁矿也属此类。

镜铁山铁矿产在祁连山寒武纪、奥陶纪火山沉积岩系中。在矿区范围内，寒武系缺少火山岩层，但沿走向追索却发现在相同层位中有大量基性、中性火山岩存在。区内奥陶系为一套深色火山沉积岩，火山岩的岩性为基性-中基性，其沉积顺序为：下部为白云岩和火山岩，中部为铁矿-碎屑岩，上部为硅质岩、硬砂岩。其中寒武纪铁矿矿石是由菱铁矿-赤铁矿和镜铁矿-碧玉-重晶石-铁白云石组合而成；奥陶纪铁矿矿石则为赤铁矿-碧玉组合。矿石普遍具条带状构造，并受到轻微变质作用。矿石品位变化较大，含铁在30%~51%之间，贫矿多为34%~36%。铁质主要来自火山喷发，亦可能有一部分是陆源生成。

8.5.2.2 火山块状硫化物矿床

这类矿床是由海底火山-次火山的热液成矿作用形成的、矿石多具块状构造的金属硫化物矿床，简称为VMS（volcanic massive sulfide deposit）型矿床。矿床常围绕海底火山喷发中心，成群成带出现。火山块状硫化物矿床的矿体分带自上而下一般为：含Pb、Zn黄铁矿带；含Cu黄铁矿带；含Cu网脉状矿体。理想的火山块状硫化物矿床剖面如图8-21所示。矿体一般为层状、透镜状到席状；矿石含有90%以上的金属硫化物，常为块状构造，也常见条带状构造。因矿石成分普遍含有黄铁矿，所以也称为黄铁矿型矿床，或称为黄铁矿型铜矿和多金属矿床。按其他硫化物成分（黄铜矿、方铅矿、闪锌矿），VMS可分为三类：（1）锌-铜型，以加拿大前寒武矿床为代表，区域上以铁镁质火山岩为主，但Zn-Cu（Ag-Au）硫化物矿床直接赋存于长英质火山岩中，可能为岛弧环境形成；（2）锌-铅-铜型，如日本黑矿，产于长英质火山地质体中，常与熔岩穹丘有关，形成于岛弧/弧后裂谷环境；（3）铜型，如塞浦路斯，产于显生宙蛇绿岩玄武岩（洋壳）中的铜-黄铁矿床，另外别子式产于弧后铁镁质火山岩及其相关的海相沉积物或其变质岩中整合的块状黄铁矿（±磁黄铁矿）铜矿床。

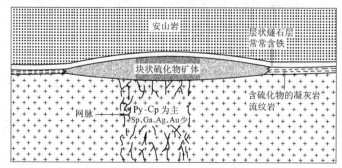

图8-21 理想的火山块状硫化物矿床分带横剖面图（据Evans，1980）
（表示块状硫化物矿体及其下面的网脉状矿化、热液通道以及各带的典型金属矿物组合）
Py—黄铁矿；Sp—闪锌矿；Ga—方铅矿；Cp—黄铜矿；Au—自然金；Ag—自然银

从成矿时代看，自前寒武纪至新生代都可有火山块状硫化物矿床的形成。我国内蒙古狼山、云南大红山、四川拉拉山为前寒武纪成矿，甘肃白银厂铜矿、新疆阿尔泰阿舍勒铜矿为古生代成矿，而现代海底产出的"黑烟囱"是正在形成的新生代火山块状硫化物矿床。

矿床实例：新疆阿舍勒铜矿

（1）阿舍勒矿区地层为泥盆系托克萨雷组、阿舍勒组和齐也组，岩性为中酸性-中基性火山岩及钙质沉积岩。阿舍勒组是一套玄武质-英安质海相火山-沉积建造，有两个火山喷发亚旋回，每个火山喷发亚旋回都以酸性和中酸性火山岩浆喷发开始，而以基性岩浆喷溢而告终。由此表明火山岩浆深部分异良好，显示酸性-中酸性-基性的反向演化特点，同时表现出明显的脉动喷发-沉积韵律。区内岩浆活动强烈，构造复杂，褶皱断裂发育。矿化产在泥盆纪古火山机构中，矿体受特定岩性的层位控制，赋存于火山喷发-沉积韵律层上部的英安质角砾凝灰岩中，表明火山喷发末期成矿。

（2）矿床由4个矿体组成，其中1号矿体是主矿体，集中了已探明的铜金属储量的98%。1号矿体走向控制长843m，倾伏长1250m，厚5～120m，四周薄中间厚，在横剖面上呈鱼钩形（图8-22）。其上部为似层状块状硫化物矿体，与地层整合产出，同步褶曲；

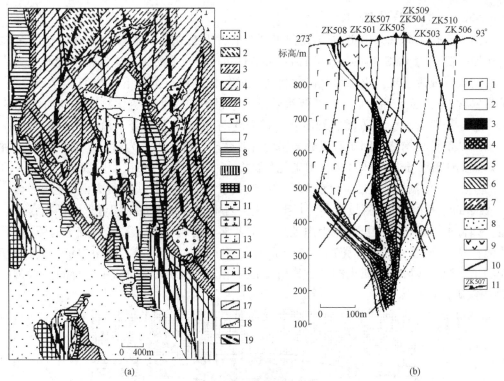

图8-22 阿舍勒矿区地质图和5号勘探线剖面图（据叶庆同，1997）
(a) 地质图；(b) 剖面图

地质图：1—新生界；2—下石炭统红山嘴组；3—中上泥盆统齐也组第三岩性段；4—齐也组第二岩性段；
5—齐也组第一岩性段；6—下中泥盆统阿舍勒组第三岩性段；7—阿舍勒组第二岩性段第二层；
8—阿舍勒组第二岩性段第一层；9—阿舍勒组第一岩性段；10—下中泥盆托克萨雷组；
11—闪长岩；12—石英闪长岩；13—钠长闪长岩；14—细碧岩；15—石英钠长斑岩；
16—断裂；17—岩性界线；18—不整合线；19—背斜和向斜；
剖面图：1—细碧岩；2—蚀变酸性中酸性火山碎屑岩；3—多金属矿石；4—铜锌黄铁矿矿石；
5—含铜黄铁矿矿石；6—块状黄铁矿矿石；7—浸染状黄铜矿矿石；8—浸染状黄铁矿矿石；
9—角斑岩；10—断裂；11—钻孔及编号

下部为细脉状、网脉状和浸染状硫化物矿体（以下简称浸染状矿体）与地层斜交产出。因此，矿床具有双层结构。块状硫化物矿体由厚薄不等、大致平行的硫化物矿层组成，其间有时夹石英角斑质晶屑凝灰岩、沉凝灰岩或细碧岩薄层，有时夹浸染状硫化物薄层，显示了复杂的韵律结构。浸染状硫化物矿体的容矿岩石为石英角斑质角砾凝灰岩，硫化物的粒度和浸染密度变化较大，有时显示了似粒序结构。因此，阿舍勒矿床具有火山喷气-沉积成因块状硫化物矿床的典型特征，是同期热流体在古海底上、下的不同环境中相继堆积形成的。

块状硫化物矿体由下往上，矿石类型分带为：黄铁矿矿石→含铜黄铁矿矿石→铜锌黄铁矿矿石→多金属矿石→多金属重晶石矿石。它们代表了成矿流体溢出海底后的几个主要演化阶段。浸染状矿体内的矿石分带不明显，局部从下往上由黄铁矿矿石变为含铜黄铁矿矿石。这反映了成矿流体在溢出海底前的演化特点。从矿体走向上，矿区中、北段（4~9线）以块状矿石为主，向南（4线以南）被浸染状矿石代替。这样的水平分带，除了成矿后的构造变动和剥蚀等因素外，也反映了热流体补给带偏向南部。

矿石成分以黄铜矿和黄铁矿为主，次为闪锌矿等；矿石构造以块状、条带状、浸染状为主；结构主要为他形晶粒结构、半自形和自形晶粒结构、填隙结构和残余结构等。围岩蚀变有绢云母化、硅化、绿泥石化，黄铁矿化等。

8.5.2.3 斑岩铜矿

斑岩铜矿床与中酸性的次火山斑岩在空间上、时间上和成因上有密切联系，产于次火山岩内外接触带附近的铜矿床，因矿石构造主要为细脉状、浸染状，又称细脉浸染型铜矿床。斑岩铜矿是一种具有重大工业意义的矿床，具有规模大、品位低、易于露天开采的特点。铜的金属储量占世界总储量的50%左右，占我国储量的40%以上，并有日益增多之势。含矿斑岩体主要为浅成-超浅成的花岗斑岩-花岗闪长斑岩，并与钙-碱系列的安山岩、粗安岩、英安岩和流纹岩等火山岩有成因联系。矿化斑岩一般出露面积不大，多呈株状、瘤状，也有成岩脉、岩枝产出的。斑岩铜矿常伴生钼，也有独立的斑岩钼矿床。

斑岩铜矿主要在中-新生代成矿，我国德兴斑岩铜矿在燕山期成矿，西藏玉龙斑岩铜矿在喜马拉雅期成矿。斑岩铜矿多位于会聚型板块边界，如南北美洲西海岸的斑岩铜矿带。

矿化蚀变分带是斑岩铜矿最重要的特征，由斑岩体内向外依次为钾质蚀变带（钾长石-石英-黑云母）、绢英岩化带（石英-绢云母-黄铁矿）（似千枚岩带）、泥质蚀变带（泥化带）和青磐岩化带（图8-23）。与此相应的矿化分带为Mo-Cu（低品位铜矿化核）、Cu（+黄铁矿）（铜矿石壳）、黄铁矿（壳）、黄铁矿-Pb-Zn-(Au、Ag)（含黄铁矿的壳）。矿石构造也依次变化为浸染状、细脉浸染状、细脉状。

矿石类型简单，主要金属矿物为黄铁矿、黄铜矿、斑铜矿和辉钼矿。钼是主要的伴生元素，有时形成铜钼矿床，甚至单一的斑岩钼矿（如我国陕西金堆城、河南栾川等钼矿）。在地表氧化过程中可形成次生氧化矿石，矿石品位可由0.5%左右提高到1%~2%以上。

矿床实例：江西德兴斑岩铜矿床

（1）德兴铜矿集中在朱砂红、铜厂和富家坞等三个矿区，为我国著名的斑岩铜矿实例。花岗闪长斑岩侵入元古界板溪群千枚岩、板岩等岩层中（图8-24），与成矿有关的花岗闪长斑岩体大小共90多个，即使是蚀变不明显的，其含铜量也可达0.015%~0.03%，

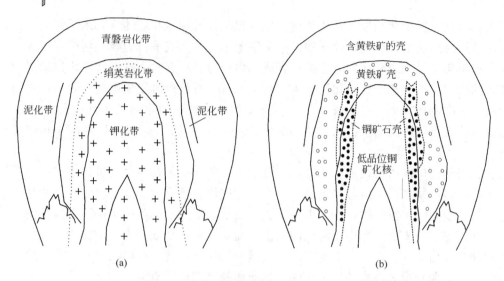

图 8-23 斑岩铜矿蚀变矿化分带示意图（据 Lowell-Guibert 的 1970 模式图修改）
（a）蚀变分带示意图（点线内为原花岗质斑岩分布区，之外为围岩，实线为蚀变带界线）；（b）蚀变带界线同（a）

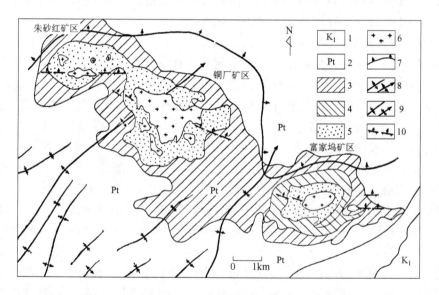

图 8-24 德兴铜矿区域地质构造和矿区分布示意图
1—白垩系火山岩；2—板溪群；3—弱蚀变千枚岩；4—中蚀变千枚岩；5—强蚀变千枚岩；
6—花岗闪长斑岩；7—片理扭曲；8—背斜及倾伏背斜；9—向斜及倾伏向斜；10—逆断层

远远地超过克拉克值。矿区内出露的较大的花岗闪长斑岩呈浅灰色，全晶质自形中斑结构，斑晶占 60%左右。其矿物组分主要为中长石、更长石、石英和正长石等，其次为角闪石、黑云母。

（2）斑岩和周围千枚岩均受到不同程度的热液蚀变作用，并具环状蚀变分带现象（图 8-25）。强蚀变带发生在斑岩体和千枚岩的接触带部位，由岩体内向千枚岩围岩方向，围岩蚀变由弱到强，再由强至弱。铜矿化产在中强蚀变带范围内，矿体仅占蚀变带的三分之一左右，蚀变越强矿化亦越强。铜、钼矿体主要产在强蚀变带（图 8-25 中 $\gamma\delta\pi^3$ 或 H_3）

和中蚀变带（图8-25中$\gamma\delta\pi^2$或H_2）中，而弱蚀变带则矿化弱，很少形成工业矿体。矿体形态较复杂，一般呈倾斜的不规则"空心筒"状，主轴倾伏角为30°~35°，富家坞矿区矿体在水平断面上呈圆环状（图8-25（a）），在纵剖面上为不规则的透镜体状（图8-25（b）），而在横剖面上则具"向斜"形态（图8-25（c））。

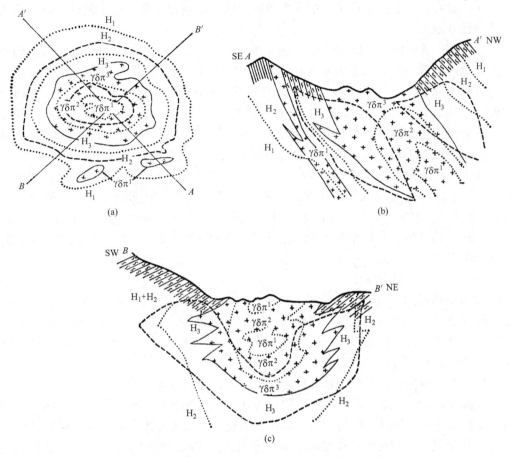

图8-25 德兴铜矿富家坞矿区蚀变分带和矿体形态示意图
（虚线范围内为矿体，点线范围内为蚀变分带）
（a）矿区水平断面图；（b）AA'纵剖面图；（c）BB'横剖面图
H_1—青磐岩化千枚岩；H_2—绢云母岩；H_3—石英绢云母岩；
$\gamma\delta\pi^3$—石英绢云母相；$\gamma\delta\pi^2$—绿泥石石英绢云母相；
$\gamma\delta\pi^1$—青磐岩化花岗闪长斑岩

矿石中主要金属矿物为黄铜矿、黄铁矿、辉钼矿（有时含量很少，如朱砂红矿区），非金属矿物主要为绢云母、石英等。矿石构造以细脉-浸染状为主，但就整体来说，细脉型矿石稍占优势。由于区域地形较为陡峻，剥蚀强烈，因此各矿床次生富集带不发育，一般仅在山顶矿体的浅部，有次生富集现象存在，见有孔雀石、辉铜矿、蓝铜矿等次生矿物。

8.5.2.4 玢岩铁矿

玢岩铁矿是与富钠质的辉石玄武安山玢岩-辉长闪长玢岩在空间上、时间上和成因上有密切联系的铁矿床。这种矿床类型和斑岩铜矿有些相似之处，均属火山-次火山热液作用产物。我国地质工作者对宁芜地区各类铁矿进行了多年勘探和深入研究，结合了国内外其他矿区类似铁矿的特征，建立了"玢岩铁矿"的模式，概括了安山质岩浆火山-次火山活动地区一系列铁矿床的成矿作用。这个模式对寻找我国特别是南方陆相火山岩盆地中的富铁矿床，具有重要的指导意义，把这个地区的铁矿储量翻了几十番，使这个地区成为我国重要钢铁基地之一。

宁芜地区，北起南京、南迄芜湖，是一个呈 N30°～50°E 方向延伸的橄榄形火山断陷盆地，盆地内赋存一套安山质岩浆火山-次火山杂岩体。这个地区岩浆演化的模式，由下而上，大致是偏基性（含钾较高——龙王山旋回）→偏基性（含钠较高——大王山旋回）→中性（姑山旋回）→碱性（娘娘山旋回）。在中性岩浆喷发之前，有偏钠质、偏基性安山质岩浆沿火山管和构造上薄弱地带侵入，生成辉长闪长玢岩等次火山侵入杂岩。在某些这类岩体的中、上部和顶部及其与安山岩围岩的接触带中有由气液作用所形成的铁矿床。在这些铁矿床中，热液蚀变较为复杂，按蚀变先后，可分为：早期钠长石化、钠柱石化（浅色蚀变）；中期（主要成矿期）次透辉石或阳起石+钠长石+磷灰石+磁铁矿化（深色蚀变），矿化剂作用强烈，常生成巨大晶体；晚期高岭土化、硅化、硬石膏化、碳酸盐化（浅色蚀变）。这是玢岩铁矿的理想模式，其中各种铁矿均与"玢岩"有成因联系，并具有浅成-超浅成特点。

矿床实例：南京梅山铁矿

（1）南京附近的梅山铁矿是玢岩铁矿中一种极为重要的类型（图8-26）。矿区出露岩层有上侏罗统（J_3）火山杂岩（下部为安山岩、厚度大于400m；上部为凝灰岩、凝灰角砾岩夹黑云母安山岩、集块岩和石英安山岩等，厚达350m）；下白垩统（K_1）红色砂砾岩层（小于40m）；第四系砾石层、黏土及松散堆积物。

岩浆岩侵入体为辉长闪长玢岩，呈岩株状产出，为燕山期产物。

矿区构造简单，火山杂岩由于岩体侵入作用形成北东30°走向的倾伏背斜构造；对成矿有重要意义的构造为侵入体与安山岩相接触的破碎带以及岩体中的破碎带和裂隙构造。

（2）矿体赋存在辉长闪长玢岩侵入体与安山岩相接触的破碎带中，为一盲矿体，呈巨大透镜状（图8-27）。矿体上部为富铁矿，下部为贫铁矿或铁磷矿。矿石有块状、浸染状（可分为斑点状和竹叶状）、角砾状等构造。含铁矿物以磁铁矿、假象赤铁矿、菱铁矿为主，含磷矿物为磷灰石，其他非金属矿物有方柱石、透辉石、石榴子石、钠长石等。各种矿石除铁、磷外，伴生有钒、镓等组分，可以综合利用。围岩蚀变因原岩不同而异，安山岩多为硅化、高岭土化、碳酸盐化、绢云母化等；辉长闪长玢岩有磁铁矿化、磷灰石化、钠长石化等。

8.5.3 火山成因矿床的共同特征及其对开采的影响

8.5.3.1 火山成因矿床共同特征

（1）围岩特点。火山成因矿床一般分布在火山岩发育地区，其具体位置可在火山颈、火山口或其附近的火山岩中，或火山岩与次火山岩的接触带中，或远离火山口的火山岩及其围岩中。因而这类矿床的围岩多为火山熔岩、次火山岩或火山碎屑岩。围岩方面的这种特点，是本类矿床与岩浆矿床及岩浆期后气液矿床的重要区别之一。

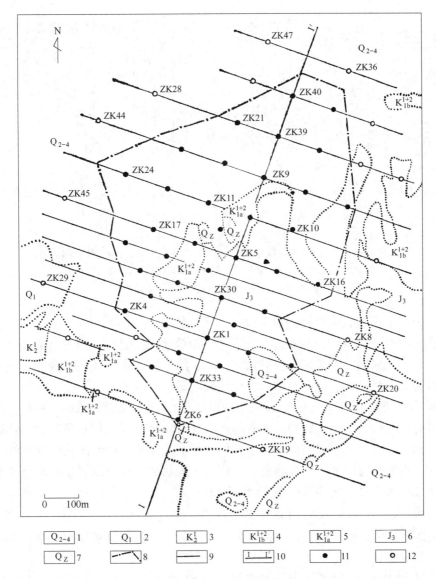

图 8-26 梅山铁矿地质简图

1—坡积、冲积层；2—雨花台砾石层；3—浦口砂砾岩；4—石英安山岩类凝灰角砾岩；
5—火山碎屑岩类黑云母安山岩；6—硅化、高岭土化安山岩；7—次生石英岩；
8—铁矿投影边界线；9—勘探线；10—纵剖面线；
11—见矿钻孔；12—未见矿钻孔

（2）控矿构造特点。火山成因矿床往往与岩浆矿床及岩浆期后气液矿床有一定的成因联系，但与它们的区别是在时间上和空间上都与火山活动有关，因而与区域大断裂构造有关。大的断裂提供了火山喷发的有利通道，而其次一级构造，如近火山口裂隙，以及火山口周围的放射状、环状、椭圆状裂隙，都可成为成矿的有利构造。

（3）矿体形状。矿体形状取决于成矿方式和构造因素。如为火山喷发沉积成的，则与火山岩成整合关系，呈层状、似层状，或在火山口附近凹地中呈透镜状；如有用组分分异集中在火山岩筒中，则矿体呈筒状、柱状；如火山热液沿岩层进行充填或交代，则呈似层

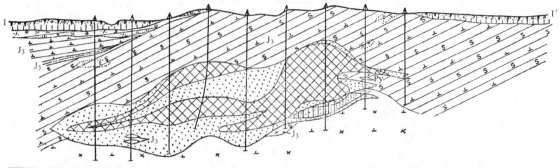

图 8-27 梅山铁矿 I—I′线地质剖面图

(平面图和剖面图比例不同)

1—坡积、冲积层；2—凝灰角砾岩及凝灰岩；3—黑云母安山岩；4—凝灰质砂页岩；
5—高岭土化安山岩；6—次生石英岩；7—辉长闪长玢岩；8—黄铁矿；
9—富矿；10—贫矿；11—磷矿；12—钻孔

状；如受火山岩中构造裂隙控制，则呈脉状、网脉状。

(4) 围岩蚀变。在火山成因矿床中普遍存在围岩蚀变现象，这与火山-次火山的气液活动有关，它们是火山成因矿床重要的找矿标志。除一般常见的浅色蚀变外，还有次透辉石或阳起石等的深色蚀变。蚀变分带现象也比较明显。

(5) 矿石结构构造特点。火山成因矿石常具有火山岩的流动构造——绳纹构造、成层构造，还可有气孔构造、杏仁状构造，有的矿石还有块状、浸染状、条带状、角砾状等构造。矿石结构一般呈火山碎屑结构、斑状结构、凝灰结构等。矿石的构造和结构，具有一定的专属性，例如绳纹构造、气孔和杏仁状构造、斑状结构为火山岩浆矿床所专有，碎屑结构、凝灰结构为火山喷发-沉积矿床所专有等。

8.5.3.2 火山成因矿床的采掘特点

火山成因矿床的采掘特点，还有待于在采矿实践中进一步的积累和总结，据现有资料来看，以下几方面是值得考虑的：

(1) 火山成因矿床和岩浆矿床、岩浆期后气化-热液矿床、沉积矿床或变质矿床在矿体赋存特点方面有些相似之处，故在采掘上可根据具体情况，参考类似矿床制定相应措施。

(2) 火山成因矿床一般埋藏不深，多适于露天开采。

(3) 火山成因矿床当其围岩为火山碎屑岩时，或者易于风化、机械强度很低，或者遇水膨胀、变软，易于片帮、冒落和滑动，故在采掘过程中应加强防护措施。

(4) 赋存于火山碎屑岩中的火山成因矿床，水文地质条件比较复杂，无论矿石或围岩均常具有较大的蓄水性，给采掘工作带来一定困难，需加强防水、排水措施。

思考题与习题

8-1 岩浆矿床的成矿方式主要有哪两种，结晶分异作用和液态分异作用有什么异同？

8-2 岩浆矿床的成矿专属性有什么特点？

8-3 岩浆矿床的共同特征有哪些，在采掘生产中它们主要表现为哪些特点？
8-4 什么是伟晶岩矿床，其带状构造有什么特点？
8-5 什么是成矿溶液，其来源有哪几种？
8-6 气水热液的成矿方式主要有哪两种，它们的主要区别是什么？
8-7 什么是围岩蚀变，什么是蚀变围岩（或蚀变岩），如何命名围岩蚀变，常见的围岩蚀变类型有哪些，它们的找矿标志意义如何？
8-8 什么是成矿期、成矿阶段（矿化阶段），如何确定成矿阶段？
8-9 什么是矽卡岩矿床，矽卡岩矿床的赋存条件及主要特征有哪些？
8-10 什么是热液矿床（按本书所述），其与矽卡岩矿床的主要区别是什么？
8-11 云英岩型钨-锡石英脉型矿床与脉状多金属铅锌矿床在成矿侵入体、围岩蚀变和控矿构造等方面有何异同？
8-12 脉状金矿床的主要地质特征有哪些？
8-13 气液矿床（包括矽卡岩矿床和热液矿床）的开采特点主要表现在哪些方面？
8-14 按本书所述，火山成因矿床的分类及亚类有哪些？
8-15 什么是火山块状硫化物矿床，其矿体的理想分带特征有什么特点？
8-16 什么是斑岩铜矿，其蚀变分带有何特点，与矿化有何关系？
8-17 什么是玢岩铁矿，梅山铁矿的矿体产在什么位置？
8-18 火山成因矿床的开采特点主要表现在哪些方面？

9 外生矿床

9.1 概述

外生矿床是成矿物质在风化、剥蚀、搬运及沉积等外动力地质作用下得到富集所形成的矿床。在研究外生矿床时，首先应注意到成矿物质的来源问题；其次是这些成矿物质怎样富集成矿，即外生矿床的成矿作用问题。

9.1.1 成矿物质的来源

外生矿床（生物成因的如煤和石油等除外，下同）中的成矿物质，主要是来自于岩浆岩、变质岩的风化产物，少数是来自于沉积岩或先成矿床的风化产物。和内生矿床不同，岩浆活动非其主要直接来源。如我国河北宣化一带的沉积铁矿，一般认为其铁质就是来自附近古陆上岩浆岩、变质岩的风化产物。近年来，同位素地质学的发展，更给外生矿床中成矿物质的来源问题提供了可靠的依据。许多研究资料表明，外生矿床成矿物质的来源以陆源为主，但外生矿床中的沉积矿床，也可以有水底火山喷出物参与。如果火山喷出物成为沉积矿床成矿物质的主要来源，则这种矿床就转化成为火山成因矿床中的火山喷发-沉积矿床或火山-热液沉积矿床。

9.1.2 外生矿床的成矿作用

原岩或原矿床一经暴露地表或接近地表，就要在风化、剥蚀和搬运作用之下，发生一系列破坏性（对原岩、原矿床）和建设性（对成岩、成矿）的变化。这些变化既是成岩物质形成沉积岩的过程，也是成矿物质形成外生矿床的过程。从外生矿床方面来说，这些变化就是成矿作用。

9.1.2.1 风化成矿作用

风化成矿作用实质上就是原岩或原生矿床中成矿物质在风化作用中，在原地或其附近得到相对富集，从而形成矿床的过程。这个过程是在原岩或原矿床的破坏中完成的，可分为物理风化成矿作用和化学风化成矿作用两种方式。

（1）物理风化成矿作用。原岩或原矿石在崩解、破碎之后，其中的某些有用组分可在不改变其化学状态之下，在空间上得到相对富集并具备易于选矿的有利因素，从而形成矿床。物理风化作用进行的愈彻底，这种矿床的工业价值就愈大。例如，"残积砂金矿床"就是这样形成的。

（2）化学风化成矿作用。在化学风化中，原岩或原矿石中某些矿物成分要分解成为两部分物质：一部分成为可溶盐类随地表水流失或被淋滤到露头底部；另一部分难溶物质则残留在原地。这两部分物质，如各含有有用组分，可在它们的互相分离之下得到相对富集并具有工业意义，从而形成矿床。例如花岗岩中的长石类矿物，在化学风化之下，其中的碱金属元素（如 K^+、Na^+ 等）便成为可溶盐类随地表水流失，而难溶的 SiO_2 和 Al_2O_3 则残留下来形成含水硅酸铝，即高岭土类黏土矿物矿床。

9.1.2.2 搬运和沉积成矿作用

风化作用中，特别是化学风化作用中所分解出来的各种成矿组分，如果在原地或其附近富集成矿，则形成所谓的风化矿床；但它们的大部分还是经过搬运和沉积同其他组分互相分开之后，离开原产地，在另外合适地带集中富集成为矿床，这就是沉积矿床。

风化产物中的有用组分主要是通过水介质的搬运并从水介质中沉积出来富集成矿的。这个过程中的成矿意义表现在有用组分在沉积时能和共同被搬运的那些组分一定程度地互相分开得到相对富集。这种沉积时的相互分离，地质上称作沉积分异作用。受物理因素支配的沉积分异作用，称为机械沉积分异作用；受化学因素支配的沉积分异作用，称为化学沉积分异作用。

(1) 机械沉积分异成矿作用。风化产物中的碎屑物质（包括砂砾和一些化学性质稳定的重矿物如自然金、锡石、黑钨矿等），在搬运过程中，由于它们在粒度、密度以及形状（如白云母成片状、石英成粒状）等方面的不同，在水介质流速减小的地方，可以分批分级沉积下来而互相分离。那些粒度粗和密度大的岩屑和矿物将在河流上游、滨海沿岸或沉积层系底部沉积下来；而粒度细和密度小的一些板状及片状矿物则往往沉积在河流下游、离海岸较远处或沉积层系的上部。这样，原来大小混杂在一起被搬运下来的碎屑物质，可沿水流流动方向，按砾石→砂→黏土的沉积顺序，互相分开，作有规律的分布。同理，原来混在一起被搬运下来的轻、重矿物，可按重矿物→较重矿物→较轻矿物的沉积顺序，互相分开，作有规律的分布。两者结合起来，就出现一些密度大的金属矿物，往往和密度小而粒度大的脉石矿物或岩石碎屑在一起共存的现象。如含金砾岩矿床中，常是直径为 3~5cm 的砾石与直径为 0.5~2mm 的自然金共存。

从这里可以看出，机械沉积分异作用进行得愈完全、彻底，则碎屑物质亦将分选得愈完全、彻底，从而对有用矿物的富集也愈有利。反之，则将形成成分混杂、难以精选、有用组分含量低的砂矿矿床。

(2) 化学沉积分异成矿作用。这种作用包括下面两种作用：

1) 真溶液的蒸发作用。干旱地区的地表水体，由于水分的大量蒸发，可使溶解度小的盐类先沉淀，溶解度大的盐类后沉淀，因而可分别富集成为不同盐类矿层。例如，某些干旱地区含盐量高的水体，在蒸发过程中，先沉淀石灰岩和白云岩等碳酸盐；其次为石膏和芒硝等钙、钠的硫酸盐及其复盐；再次为大量的石盐；最后为钾、镁的硫酸盐、氯化物及其复盐。

2) 胶体化学成矿作用。胶体溶液中的分散质点，由于胶体溶液加入了与其电荷相反的离子溶液，或由于两种电荷相反的胶体溶液的相互作用，使其所带电荷被中和而凝聚沉淀，从而发生某种成矿物质的富集。例如，某些铁、锰、铝沉积矿床就是在这种作用下形成的。

胶体还具有吸附作用。由于胶体具有较大的比表面，表面能量较高，因此它们可通过吸附作用，把某些元素固定下来而富集。例如，有机质的胶体可吸附钴、镍、锗、铀等元素；黏土质胶体能吸附铷、铯、钒等元素；锰的溶胶能吸附镍、钴、铜等元素。通过这种作用，这些被吸附元素中的某些元素，有时也可富集达到具有工业价值的程度。

（3）生物-生物化学成矿作用。这种成矿作用可分为生物沉积成矿作用和生物化学沉积成矿作用。前者是由生物遗体的直接堆积而形成矿床，如煤、石油及油页岩等的形成。此外，某些元素如锗、钒、铀等常在富含有机质的黑色页岩中富集起来，也与生物作用有关。至于生物化学沉积成矿作用，则是生物的生命活动起了直接的浓集作用，同时伴有化学作用，如磷灰石、自然硫等沉积矿床，是生物作用和化学作用的共同结果。

9.1.3 外生矿床的成因分类

外生矿床根据其成矿作用可分为风化矿床和沉积矿床两大类。在风化矿床之中，由物理风化作用形成的矿床称为残积、坡积矿床；由化学风化作用中易溶组分淋滤再沉积而成的矿床称为淋滤（或淋积）矿床，而由难溶组分残留原地形成的矿床称为残余矿床。

在沉积矿床中，根据沉积分异作用又可分为机械沉积矿床、真溶液沉积矿床、胶体化学沉积矿床和生物-生物化学沉积矿床四类。

9.2 风化矿床

9.2.1 风化矿床的主要类型及某些实例

9.2.1.1 残积、坡积矿床

这类矿床中的矿石矿物都是原岩或原矿床中化学性质比较稳定而且密度也比较大的有用矿物，当它们从母岩体中散落出来以后，就残积在风化破碎产物底部形成残积矿床；由于剥蚀及重力影响，亦可作短距离搬运后，在附近山坡上堆积成矿，形成坡积矿床。这类矿床的明显特点是矿石矿物及脉石矿物未经胶结，呈疏松散离状态，因而常是以砂矿形式存在。

这类矿床，除少数贵重金属及稀有分散金属具有一定工业意义之外，一般都由于不断剥蚀而规模较小，储量不大，但品位较高，离地表近，易采易选，可供地方工业之用。我国已知的这类矿床，有金、铁、钨、锡石、锰等，如黑龙江黑河和新疆阿尔泰的残积和坡积砂金矿（图9-1），还有云南个旧的砂锡矿、广西的残积铁矿、安徽的坡积铁矿、江西的残积和坡积砂钨矿等。

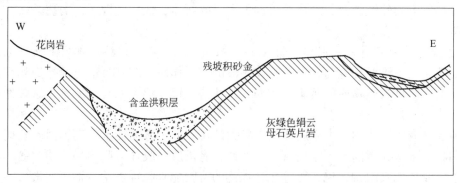

图9-1 残坡积砂金矿和洪积砂金矿实例（阿尔泰喀喇乔拉，据叶玮，1991）

这类矿床除本身具有一定的工业意义外，也可作为寻找原生矿床的标志。如我国南岭地区的钨、锡矿，都是首先发现其残积、坡积砂矿，然后才在其附近找到原生钨、锡矿脉的。

9.2.1.2 残余矿床

出露地表的岩石或矿床，当其经受化学风化作用和生物风化作用时，往往要发生深刻的变化。如果易溶组分被地表水或地下水带走，难溶组分在原地彼此互相作用，或者单独从溶液中沉淀出来形成新矿物，则由这些物质堆积而形成的矿床，称为残余矿床。

温暖或炎热的潮湿气候，准平原化的高原地形和持久的风化作用时间，对残余矿床的形成较为有利。残余矿床多见于现代风化壳内，并常保存在比较稳定的分水岭上。在侵蚀作用剧烈的条件下，残余矿床难以保存，只见于个别凹地、破碎带和岩溶盆地中。

残余矿床的矿体一般呈面形分布，如果受构造或岩体接触带控制，则呈线形分布。矿体厚度常为几米至几十米，少数情况可达 100~200m。随深度增加，风化作用亦逐渐减弱至停止。在垂直面上往往具有分带现象，并与母岩呈过渡关系（图 9-2）。矿体形态复杂，底部界线多不规则，顶部界线受地形起伏控制，常呈透镜体状或漏斗状。矿石矿物主要为氧化物、氢氧化物和含水硅酸盐等，或有用组分呈离子状态吸附在其他矿物上。矿石多具疏松土状或胶状构造。

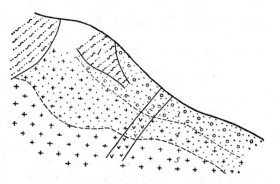

图 9-2 景德镇残余高岭土矿床剖面图
1—前震旦系片岩；2—由伟晶岩风化成的高岭土；
3—由花岗岩风化成的高岭土；4—风化的伟晶岩及花岗岩；5—原生的伟晶岩及花岗岩

残余矿床在风化矿床中占有很重要的地位，其中某些矿床规模极大，品位很高，具有很大的工业意义，常为某些矿种矿量的主要来源之一，如目前世界上富铁矿储量的 70% 产于此类矿床。

这类矿床的主要类型，在我国有残余高岭土矿、残余（红土型）铝土矿（图9-3）、残余（红土型）铁矿、残余型锰矿、残余型硅酸镍矿以及近年来新发现的含稀土元素的残余矿床等。

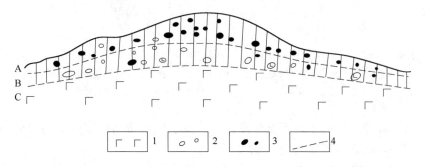

图 9-3 福建漳浦红土型铝土矿（据胡受奚等《矿床学》，1983）
A—红土型铝土矿富矿层；B—含玄武岩碎块的红土型铝土矿贫矿层；C—风化玄武岩；
1—玄武岩；2—风化玄武岩碎块；3—铝土矿矿石块体；4—矿石层、风化壳界线

9.2.1.3 淋滤（或淋积）矿床

这类矿床是由地表水溶解了一部分可溶盐类并向下渗滤，进入到原岩或原矿床风化壳下部或原生带内，由于介质条件改变，发生了交代作用及淋积作用而形成的矿床。这类矿床的主要类型有铁、锰、铜、铀、钒、磷等。

淋滤矿床的矿体形状呈不规则层状、囊状、柱状或透镜状。矿石结构多为土状、胶状；如果是交代成因的，则常保存有被交代岩石或矿物的残余结构、构造。

淋滤矿床与残余矿床的区别是：前者常在后者的下部。二者常相互共存，但界线很不清楚，因此常合称为风化壳，而把残余矿床看做是狭义的风化壳。金属淋滤矿床之成为独立矿床者，在我国有待于发现；但在铁、锰等风化壳之下，淋滤成因的矿化部分是广泛存在的，特别是在硫化物矿床的次生变化中。

9.2.2 硫化物矿床的次生变化

9.2.2.1 风化带中的化学环境

当金属硫化物矿床露出地表以后，其露头部分在风化带中也要发生表生变化。整个矿体自上而下，分别处于由地下水活动情况决定的三种化学环境中（图9-4）。

（1）氧化带。氧化带介于地面与潜水面之间的渗透带中。在这个带内，地下水由上向下淋滤，地下水中饱和氧及二氧化碳，因此这个带内可发生强烈的氧化作用和溶解作用。

（2）还原带。还原带的上限为潜水面，潜水面与地形起伏相适应；下限决定于矿区当地的侵蚀基准面（湖或江河水面）。在这个带内，地下水沿潜水面向低处流动，速度缓慢。该带内氧含量随深度的增加而逐渐减少，亦即还原性愈来愈强；它是地下水的饱和地带，含有较高的盐类，因此呈中性或弱碱性。所以这个带内盛行还原作用和淋积作用。

（3）原生带。在原生带内，地下水停滞不动，几乎不含游离氧，地下水与原生矿物几乎保持平衡状态，也就是原生矿物不发生变化的地带。

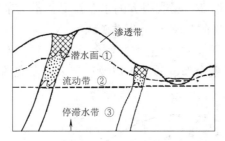 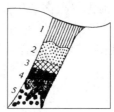

图 9-4 地下水化学环境分带（左）及相应的金属硫化物矿床的表生分带（右）
①—氧化带（包含：1—完全氧化带（铁帽）；2—淋滤亚带；3—次生氧化物富集亚带）；②—还原带（对应：4—次生硫化物富集带）；③—原生带（对应：5—原生硫化物矿石带）

由此看来，除原生带内矿体不发生变化外，其余两个带内的某些矿物成分都要发生相应的化学变化。以硫化铜矿床为例，说明如下。

9.2.2.2 氧化带内的变化

在硫化铜矿床中含有大量黄铁矿和黄铜矿，以这两种矿物为例，在氧化带内可发生以下变化：

(1) 铁帽的形成。这是黄铁矿变化的结果，其变化过程为：黄铁矿→硫酸亚铁→硫酸铁→氢氧化铁→褐铁矿（铁帽）：

$$2FeS_2 + 7O_2 + 2H_2O \longrightarrow 2FeSO_4 + 2H_2SO_4$$
$$\text{（硫酸亚铁）}$$

硫酸亚铁在存在有游离氧的情况下不稳定，很快就变为硫酸铁：

$$4FeSO_4 + 2H_2SO_4 + O_2 \longrightarrow 2Fe_2(SO_4)_3 + 2H_2O$$
$$\text{（硫酸铁）}$$

硫酸铁在弱酸溶液中易于水解，形成氢氧化铁：

$$Fe_2(SO_4)_3 + 6H_2O \longrightarrow 2Fe(OH)_3 + 3H_2SO_4$$
$$\text{（氢氧化铁）}$$

难溶的氢氧化铁凝胶析出后，经过脱水，变成褐铁矿，残留在氧化带内构成褐铁矿风化壳——铁帽（图9-4），成为重要的找矿标志。

(2) 硫化铜的溶解。氧化带内各种硫化铜矿物先氧化成硫酸铜：

$$CuFeS_2 + 4O_2 \longrightarrow CuSO_4 + FeSO_4$$
$$\text{（黄铜矿）} \qquad \text{（硫酸铜）}$$

硫酸铜是易溶的，在氧化带内形成硫酸铜溶液向下淋滤。

(3) 淋积矿物的形成。当硫酸铜溶液在氧化带内向下淋滤与碳酸盐类矿物相遇时就可互相交代生成孔雀石、蓝铜矿等碱式碳酸铜矿物：

$$2CuSO_4 + 2CaCO_3 + H_2O \longrightarrow Cu(OH)_2 \cdot CuCO_3 + 2CaSO_4 + CO_2$$
$$\text{（孔雀石）}$$

$$3CuSO_4 + 3CaCO_3 + H_2O \longrightarrow Cu(OH)_2 \cdot 2CuCO_3 + 3CaSO_4 + CO_2$$
$$\text{（蓝铜矿）}$$

这两种铜矿物在氧化带中较稳定，当围岩为碳酸盐类岩石时（如矽卡岩矿床），可大量存在，具有工业价值，称为淋滤矿床，并成为寻找铜矿的标志。

9.2.2.3 次生富集带的形成

当硫酸铜溶液淋滤到潜水面以下，进入到还原带时，就会和一些原生硫化矿物互相交代形成含铜更高的次生硫化铜矿物，如铜蓝、辉铜矿等：

$$CuSO_4 + CuFeS_2 \longrightarrow 2CuS + FeSO_4$$
$$\text{（铜蓝）}$$

$$CuSO_4 + ZnS \longrightarrow CuS + ZnSO_4$$
$$\text{（铜蓝）}$$

$$14CuSO_4 + 5FeS_2 + 12H_2O \longrightarrow 7Cu_2S + 5FeSO_4 + 12H_2SO_4$$
$$\text{（辉铜矿）}$$

这些新生的含铜量更高的硫化铜矿物，叠加在一起，就形成了次生硫化物富集带（图9-4）。

次生硫化物富集带形成以后，如地形随侵蚀作用的加深而缓慢下降，则潜水面亦将随之降低，以至于有一部分次生富集带高出潜水面，而使其中的高铜次生硫化铜矿物再次氧化，形成新的氧化矿物，如赤铜矿、自然铜等，于是就在氧化带的底部出现次生氧化物富集亚带（图9-4），其反应如下：

$$4Cu_2S + 9O_2 \longrightarrow 4CuSO_4 + 2Cu_2O(完全的次生氧化)$$
（辉铜矿）　　　　　　　（赤铜矿）

$$Cu_2S + 2O_2 \longrightarrow Cu + CuSO_4(不完全的次生氧化)$$
（辉铜矿）　　（自然铜）

次生氧化物富集亚带既然是在一定情况下出现的，故并非所有氧化带均有其存在。

次生硫化物富集带大大提高了矿床的工业价值。有些矿山原生铜矿石品位不够工业要求，次生硫化矿石就成为主要的开采对象。我国东北的红透山铜矿，这个带的矿石厚为15~20m；西北的白银铜矿，该带厚达 20~25m，最厚处达 70m。

9.2.3　风化矿床的共同特征及其对开采的影响

（1）风化矿床的物质成分都是那些在外生条件下比较稳定的元素和矿物，在金属矿产方面有铁、锰、铝、铜、镍、钴、金、铂、钨、锡、铀、钒及稀土元素等。由于这类矿床主要是由氧、二氧化碳、水等和原岩或原矿床相作用而成，所以矿石的矿物成分大多数是氧化物、含水氧化物、碳酸盐及其他含氧盐类。矿石品位可以很高，但对金属矿床而言，一般储量规模不大，以中、小型为多。

（2）由于矿床是原岩或原矿床在风化作用之下形成的，因此它们往往部分地保留有原岩或原矿床的结构、构造。矿石结构多为各式各样的残余结构和胶状结构；矿石构造则多呈多孔状、粉末状、疏松土状、角砾状、皮壳状、结核状等。

（3）大部分风化矿床是近代（第三纪~第四纪）风化作用的产物，因此一般都产在风化壳中，呈盖层状态分布在现代地形的表面之上。风化矿床的厚度通常为几米到几十米；少数情况下，可沿破碎带深入地下几百米。其分布范围受原岩或原矿床的控制。风化矿床往往由上而下过渡到未经风化的原岩或原矿床。因此，它们往往作为寻找原生矿床的直接标志。

除上述现代风化矿床外，还有少数古代风化矿床。它们都是在后期地质作用中没有被破坏而保存下来的古代风化作用产物。如我国华北中奥陶统侵蚀面之上的"山西式铁矿"，其最底层就是古代风化矿床——残余或风化壳矿床。

9.3　沉积矿床

按成矿物质来源、搬运和沉积分异作用特点，沉积矿床可分为机械沉积矿床、真溶液沉积矿床、胶体化学沉积矿床和生物-生物化学沉积矿床四类。

机械沉积矿床多数是指地壳表面上那些尚未胶结石化的碎屑质沉积矿床，其中包括非金属的碎屑质沉积矿床（如砾石、砂、黏土等）和金属的砂矿床。砂矿床是第三纪、第四纪的近代产物。一般把这种砂矿床称为沉积砂矿，以别于风化矿床中的残积、坡积砂矿。由于它们存在于地表或埋藏不深，矿石结构疏松，易采易选，故具有工业价值。

真溶液沉积矿床和胶体化学沉积矿床都是由化学沉积分异作用从静止水体沉积出来并已固结石化的同生矿床。真溶液沉积矿床是主要通过蒸发作用形成的各种无机盐类矿床，故又称蒸发沉积矿床或盐类矿床。

生物-生物化学沉积矿床系指由生物遗体或经过生物有机体的分解而导致有用组分富

集所形成的矿床，也包括沉积过程中因细菌的生命活动而使有用元素聚集而形成的矿床。

9.3.1 机械沉积矿床（沉积砂矿）

由于组成沉积砂矿的有用矿物都是经过较长距离机械搬运和机械分选的风化产物，因而它们都是：化学上是比较稳定的，在风化和搬运过程中不易分解；机械强度上是坚韧耐磨的，经得起长期磨蚀；密度较大，能在机械分选中富集起来。具备这些条件的有用矿物很多，除金和铂外，还有稀有元素矿物（如铌钽铁矿、锆英石、独居石等）、金属矿物（如磁铁矿、铬铁矿、锡石、黑钨矿等）以及非金属矿物（如金刚石和其他各种宝石等）。砂矿中的有用矿物常多种共生，因而可以综合开采、利用。同时，由于组成砂矿的矿物成分都是来自原岩或原生矿床，因此可利用砂矿的矿物组合及分布特点来追索原生矿床，常用的重砂找矿法，就是根据这个道理。

根据成矿时期的地形特点，沉积砂矿可分为洪积砂矿、冲积砂矿、冰川砂矿、三角洲砂矿、湖滨砂矿和海滨砂矿等类型，比较重要的是冲积砂矿和海滨砂矿。

9.3.1.1 冲积砂矿

冲积砂矿的形成，与河流的发育阶段有关。河流发育的初期以侵蚀作用为主；中期以后才逐渐以沉积作用为主，有利于冲积砂矿的形成，故冲积砂矿多形成于河流的中游和中上游地区。特别是那些河床由窄变宽、支流汇合、河流转弯内侧、河流穿过古砂矿、河底凹凸不平、河床坡度由陡变缓等地带（图 9-5）。

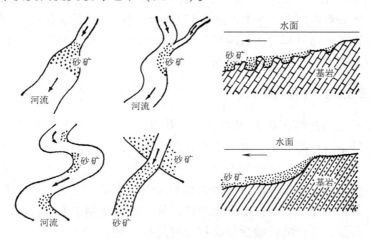

图 9-5 冲积砂矿的几种富集情况

（左边四个是平面图，右边两个是剖面图）

根据矿床发育地带的地貌特征，冲积砂矿可概略地分为河床砂矿、河谷砂矿和阶地砂矿三种。

（1）河床砂矿。这是正处在形成过程中的冲积砂矿，一般都在现代河床的底部。它的延长可以很远，甚至达几十千米。河床底部的疏松沉积物质具有粗粒的特征，细砂粒和黏土一般比较次要。厚度一般不大。形成河床砂矿的有利条件是周围有较多的原生矿体或早期形成的砂矿。

（2）河谷砂矿。这是由于河道侧向迁移，因而露出水面并已或多或少为冲积层所覆盖的冲积砂矿，是由河床砂矿发展而成的冲积砂矿。它主要形成于侧向侵蚀强烈，河谷逐步加宽的河流壮年期。矿床产在河谷底部和新的冲积层内。含矿层一般位于现代河床的下部，埋深变化很大，可由几米到几十米。因位于河床水位以下，常含较多水分。在下降地区，埋深将愈来愈大。但在上升区（即当地侵蚀基准面相对下降地区），旧河谷砂矿将被破坏成为新的河床砂矿，残留的部分则成为阶地砂矿。

（3）阶地砂矿。在上升地区，河流向下侵蚀强烈，河床逐渐加深，最后可使没有受到破坏的早期河谷砂矿高出地表面，分布于河谷两侧的阶状台地之上，这就成为阶地砂矿。

重要的冲积砂矿有砂锡、砂金和稀有元素砂矿。我国云南、广西是砂锡矿的重要产地，其分布广，工业价值大。砂锡矿中常有稀有元素矿物，可综合开采。我国砂金矿床分布十分普遍，全国各地均有发现。特别是黑龙江流域，曾是全国闻名的产金地区。历史上，漠河金矿在1882~1883年两年之内，共产金8200kg。砂矿中金含量为4~40g/t，最高达915.72~1144.65g/t，为世界所罕见。

9.3.1.2 海滨砂矿

海滨砂矿平行于海岸分布，呈狭长条带形，出现在海水高潮线与低潮线之间。这类砂矿床中的有用物质由河流从大陆上搬运而来，或由海岸附近岩石的海蚀破坏而来，并由海浪作用使它们在有利地段富集起来形成矿床。例如河流入海处、海岸附近有孤山残存的地方以及砂坝发育的地段，就是这种有利地段，可作为找矿方向。这类矿床的明显特征是较重矿物的集中富集，显示了海浪对矿物有良好的分选性。此外，由于长距离搬运和长时期的往复滚动，矿物一般都圆滑度较高，颗粒较小。海滨砂矿中的有用矿物有锆英石、独居石、磁铁矿、钛铁矿、铬铁矿等，有时还有锡石和金刚石。我国海岸线很长，海滨砂矿广泛分布，是开发这类矿产资源的重要场所。

9.3.2 真溶液沉积矿床（盐类矿床）

真溶液沉积矿床是化学沉积矿床的一种，其成矿物质是以离子状态在地表水中被搬运，并在一定条件下，以结晶沉淀方式从水盆地中沉积出来形成矿床。以结晶沉淀方式形成的矿床，主要为一些易溶盐类（如石膏、岩盐、钾盐、镁盐等）在干旱气候下，在泻湖或内陆盆地中，由于蒸发作用，使溶液达到或超过饱和浓度、发生结晶沉淀作用而形成的蒸发盐类矿床。该类矿床具有明显的沉积韵律，从盆地边缘到中心，依次出现碳酸盐、硫酸盐及其复盐、石盐、钾镁的硫酸盐氯化物及其复盐（图9-6）。

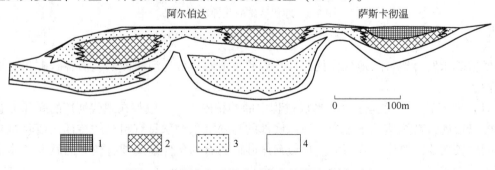

图9-6 萨斯卡彻温泥盆系蒸发盐类矿床剖面图
1—钾盐；2—石盐；3—硬石膏；4—碳酸盐

9.3.3 胶体化学沉积矿床

该类矿床也属于化学沉积矿床，指成矿物质以胶体状态被搬运，在一定条件下形成的矿床，例如铁、锰、铝等沉积矿床。铁、锰、铝在地壳中的平均含量都较高，分别为 4.2%、0.1%、7.45%。在风化过程中，易于引起这些金属的进一步富集，从而形成铁帽、锰帽、红土和铝土矿等。在搬运过程中，不可避免地要有这些金属被带入到水盆地中形成矿床。因此，铁、锰、铝沉积矿床在世界上有大量的分布，是全世界铁、锰、铝的主要来源。例如沉积铁矿占世界铁矿总产量 30% 左右，其重要性仅次于沉积变质铁矿。

我国的铁、锰、铝沉积矿床类型多、分布广、规模大，除大型者外，更有数量众多的中小型矿床。因此在化学沉积矿床中，铁、锰、铝沉积矿床就成为主要的讨论对象。

9.3.3.1 铁、锰、铝沉积矿床的形成过程和一般特点

古陆上含铁、含锰和含铝岩石在湿热气候下，由于长期风化破碎分解，铁、锰和铝等金属大部分呈含水氧化物的胶体状态（$[Fe_2O_3 \cdot nH_2O]^+$、$[Mn_2O]^-$、$[Al_2O_3 \cdot nH_2O]^+$）被地表水搬运。由于地表水中含有一定量的能起护胶作用的腐殖质胶体，这样就对这些金属的胶态搬运起了有利作用。当它们进入海洋以后，由于海水中含有大量电解质，并在 pH 值和 Eh 值控制之下，这些胶体就分别凝聚沉淀组成铁、锰、铝海相沉积矿床。当它们被搬运到湖盆中时，其情况和海洋不同，这里没有像海洋中那样多的电解质，而往往有更多的腐殖质。由于腐殖质超过一定限量就不再起护胶作用，所以当铁、锰、铝等胶体进入到湖盆中时，可因失去护胶作用，或因过分浓集而从水介质中沉积出来，成为湖相沉积矿床。铁、锰、铝等湖相沉积矿床在储量规模和工业价值上常次于海相沉积矿床。

值得注意的是，这三种金属沉积矿床虽然在形成过程上有很多相似之处，但它们并不密切共生，而往往是单独出现。这要从成矿组分的风化特点和水盆地的沉积环境来分析。

这三种金属组分中，铝的化学性质最不活泼，其氧化物常是风化作用中的最后产物，析出也远远落后于铁、锰等组分，因而不可能大量地和铁、锰等组分同时在一起被搬运。在搬运过程中，氧化铝极易沉淀，只有在河水中含有大量有机质呈酸性时，才有利于氧化铝的长途搬运。氧化铝进入海盆地后，由于介质的速度减慢及物理化学性质的改变（由酸性变成弱酸性或弱碱性，由氧化环境逐渐过渡为还原环境），就会通过电荷中和凝聚沉淀形成铝土矿床。因此，海相沉积铝土矿床一般都是形成于近岸地带。

沉积铝土矿床除以上海相成因外，还可能由沉积成的黏土矿床在大量有机质作用之下进一步分解而成。这可能是铝土矿出现在近海煤系并构成煤层底板的原因。由此可见，能提供大量有机质的湿热的古气候是铝土矿床形成条件之一。

由于铝只有一个价态，即 Al^{3+}，所以在沉积条件下生成的铝土矿，在矿物成分上只有含水氧化铝（一水型的 $Al_2O_3 \cdot H_2O$ 或三水型的 $Al_2O_3 \cdot 3H_2O$ 或两者混合型的 $Al_2O_3 \cdot H_2O + Al_2O_3 \cdot 3H_2O$）一种矿石矿物。

在外生条件下，铁、锰的地球化学习性是相似的，但铁、锰矿床也不密切共生，也是各自单独出现，只在某些沉积铁矿床中有一定量的沉积锰质，或者锰矿床中有一定量的铁质。一般认为这是由于这两种元素在风化、搬运和沉积过程中发生分异的结果。分异途径可有两种：一种是来源分异，由于铁在岩浆岩内常以难溶的氧化物和铁镁矿物存在，而锰则常以不稳定的铁镁矿物出现，这样就导致锰比铁先分出，当锰随溶液转移时，不会有大

量的铁的伴随,因而在海盆内不会形成共生矿床;另一种是沉积分异,由于海水中 pH 值和 Eh 值的变化,铁常先沉淀,而锰在海盆内的沉淀,要比铁离海岸更远一些;因此在大陆架较浅处沉积着铁矿石,距岸较远一些的较深处沉积着锰矿石。另外,锰的克拉克值远比铁低,因此只有在物质来源特别丰富情况下,才能形成沉积锰矿床。

综如上述,铝、铁、锰这三种金属沉积矿床,尽管 pH 值的控制不那么严格(特别是铁和锰,凝聚成矿时所需要的 pH 值是交错的),但仍可出现铝矿床偏向陆地这一侧,锰矿床偏向浅海较深那一侧,而铁矿床则介于其间的空间分布特点,从而由海岸向海盆,依次出现氧化铝矿床→氧化铁矿床→氧化锰矿床的沉积分异形式。

9.3.3.2 海相沉积铁、锰矿床的矿石分带

由于铁、锰是两价式的,所以和铝土矿不同,沉积铁、锰矿床具有矿石分带特点。

A 海相沉积铁矿床的矿石分带

海相沉积铁矿床在垂直海岸线的方向上,由于物理化学条件的不同,会形成不同的矿石相,即同一金属在距岸远近不同地带生成不同的矿石矿物。这主要是由于由滨海到浅海水中 Eh 值和 pH 值都在逐渐变化的缘故。近岸处 Eh 值高,pH 值低;离开陆地渐远、海水渐深之后,则 Eh 值逐渐降低、pH 值逐渐增高,这就促使两价金属在不同深浅之处,生成不同的矿石矿物。海相沉积铁矿中,由近岸向海水较深处铁矿物相依次为(图 9-7(a)):

(1)氧化物相。在滨海地带,pH 值小(2~3),Eh 值高(含氧多),铁主要成高价铁的氧化物如褐铁矿($Fe_2^{3+}O_3 \cdot nH_2O$)沉淀下来(褐铁矿脱水则成为赤铁矿),与之伴生的常见的矿物为蛋白石和四价锰的氧化物(软锰矿、硬锰矿),如我国宣龙式铁矿和美国的克林顿铁矿。

(2)硅酸盐相。在离岸较远的地方,Eh 值逐渐减小,pH 值逐渐加大,于是形成铁的硅酸盐类矿物(如鲕绿泥石、鳞绿泥石等),典型例子有前苏联的刻赤铁矿和法国的洛林铁矿。

(3)碳酸盐相。在离海岸更远的地方,海底位于活泼氧的界线以下,pH 值大到 7,Eh 值更低,则形成低价铁的化合物,如菱铁矿。

(4)硫化物相。在海水更深的地方,如泻湖底部,水流不通畅,游离氧更少,有机质分解出多的 H_2S,于是形成强还原环境,铁则成为黄铁矿和白铁矿沉积下来。

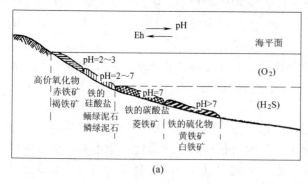

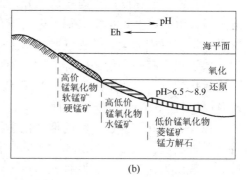

图 9-7 海相沉积铁矿床和海相沉积锰矿床相变示意图
(a)沉积铁矿床;(b)沉积锰矿床

B 海相沉积锰矿床的矿石分带

沉积锰矿床在垂直海岸线方向也存在矿石相的变化（图9-7（b））。在近岸地带，游离氧多，Eh值高，形成四价锰的氧化物，如软锰矿（$Mn^{4+}O_2$）、硬锰矿（$mMn^{2+}O \cdot Mn^{4+}O_2 \cdot nH_2O$）。在海水较深处，由于游离氧逐渐减少，则形成二价和四价锰化合物，如水锰矿 $[Mn^{4+}O_2 \cdot Mn^{2+}(OH)_2]$。当离岸更远时，pH值增加到8.5~9，Eh值更低，水中游离氧更少，而CO_2则很充足，于是形成低价锰的化合物，如菱锰矿（$Mn^{2+}CO_3$）或含锰方解石。此种矿石除伴生蛋白石外，还常伴生海绿石、黄铁矿、白铁矿等。这也说明矿石是形成于水较深、H_2S较多的还原环境中，如浅海海湾中的泻湖。我国辽宁瓦房子锰矿和湖南湘潭锰矿都可见到这种相变特点。

9.3.3.3 沉积铁矿床的主要类型及实例

沉积铁矿床主要类型有海相和湖相两种。在我国，海相沉积矿床是主要的，湖相者一般规模不大，工业意义较小。

海相沉积铁矿床主要形成于浅海海湾环境。矿体呈层状，沿海岸线延伸，可达数十至数百千米。矿层厚度变化可自一米以下至数米，甚至几十米。主要矿石矿物为赤铁矿、针铁矿、褐铁矿、菱铁矿及鲕绿泥石等，并多具鲕状结构。品位中等，一般含铁30%~50%。此类矿床分布甚广，储量也很大，有数亿吨的，亦有个别超过10亿吨的。这类矿床不论是在储量上还是在产量上，在世界铁矿中均占重要地位。我国沉积铁矿床主要层位有三个：

（1）长城系宣龙式铁矿，为稳定的浅海沉积矿床；
（2）泥盆系宁乡式铁矿，为较稳定的浅海沉积矿床；
（3）石炭系山西式铁矿（不含其底部），为不太稳定的海陆交互相沉积矿床。

这三种沉积铁矿床中，宣龙式铁矿最重要。

矿床实例：河北庞家堡铁矿（宣龙式）

（1）矿区出露地层如表9-1所示。

表9-1 河北庞家堡铁矿床矿区地层简表

界	系	统（组）	岩性及接触关系	厚度/m
中生界	侏罗系	上统	安山岩为主，与下伏长城系不整合	
中元古界	长城系	高于庄组	白云质灰岩为主（含藻类化石）	995
		大红峪组	下部厚层硅质灰岩，上部钙质长石砂岩为主	330
		团山子组	下部含铁细砂岩、粉砂质泥质白云岩，上部燧石条带白云岩	180
		串岭沟组	以页岩为主，局部夹砂岩，底部为含矿带	70
		常州沟组	以白色厚层石英岩为主，与下伏太古界不整合	135
太古界	桑干群		片麻岩、片岩	

庞家堡矿区为一单斜构造，走向大致东西，向南倾斜，倾角25°~30°（图9-8）。有一组近于南北的横断层，为一向东逐步下降的梯状断层。

（2）含矿带（图9-9）位于串岭沟组底部，由三层铁矿及矿间夹层组成，厚约7m。含矿带顶板为黑色页岩及含铁砂岩，底板为石英岩（通称小白石英岩）。矿体为层状，长达9km，厚度相当稳定，以上部矿层（即第一层）为最厚，约1~3m，其他各层变化较大。

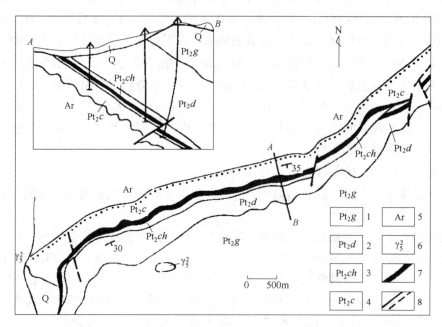

图9-8 庞家堡铁矿地质略图（据长春地质学院"矿床学讲义"，1980）

1—高于庄组白云质灰岩；2—大红峪组硅质灰岩、钙质长石砂岩；3—串岭沟组页岩；4—常州沟组白色厚层石英岩；5—桑干群片麻岩类；6—花岗岩；7—含矿层下部石灰岩；8—断层

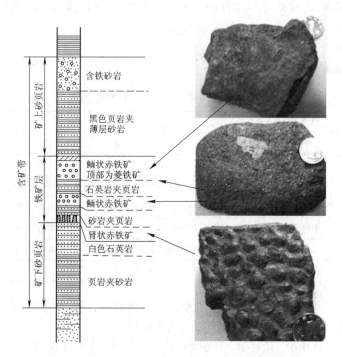

图9-9 含矿带地层层序图及主要矿石特征

矿石矿物以赤铁矿为主，仅最上部一层矿的顶部有菱铁矿。矿石构造有鲕状、豆状、肾状。鲕状铁矿石及肾状、豆状铁矿石均以赤铁矿为主要组成成分，其次为石英。此类构造为胶体沉积矿床的典型构造之一。菱铁矿矿石的主要成分为菱铁矿，其次有少量的石英及黄铁矿。由于黄铁矿的出现，矿石含硫量较高，对冶炼不利。

矿石平均铁含量40%以上，大部分矿石含硫、磷等有害杂质较少，储量规模巨大，是我国海相沉积铁矿床的主要代表。

（3）铁矿层的沉积为长城系与太古界片麻岩接触部分地形起伏而形成的一系列盆地所控制，故沉积成为大小不一、互相隔离但断续成带的铁矿层。矿层底板及砂岩夹层均具有交错层理、波痕及干裂等现象，说明成矿初期是处于水盆比较动荡、濒临陆地的浅海环境之中；矿层最上层顶部菱铁矿层的出现，说明成矿后期由于海水加深已转变成为还原环境。所以，整个铁矿层是在海侵期间完成的。

9.3.3.4 沉积锰矿床的主要类型及实例

沉积锰矿床也有湖相和海相之分，但湖相工业意义一般不大。世界上具有工业意义的沉积锰矿都是海相的。我国海相沉积锰矿床的时代有元古宙（湘潭、瓦房子、蓟县）、泥盆纪（祁连山）、石炭纪（广西）、二叠纪（贵州）等。在国外，还有前寒武纪的沉积-变质-风化锰矿床（如印度）、第三纪锰矿床（如前苏联）。

矿床实例：辽宁瓦房子锰矿

辽宁瓦房子锰矿位于辽宁省朝阳县与建昌县境内，为东北唯一大型海相沉积锰矿床。

（1）矿区地层有蓟县系、寒武系及中生代火山岩系（图9-10）。地质构造比较简单，

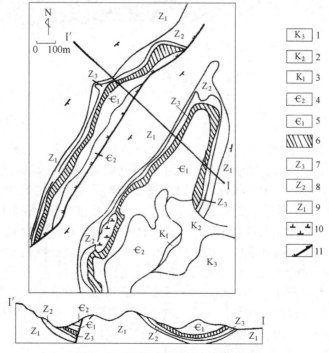

图9-10 辽宁瓦房子锰矿地质略图

1—紫色安山质火山碎屑岩；2—中酸性火山岩系；3—陆相砂页岩；4—上寒武统鲕状、竹叶状灰岩；5—中寒武灰页岩及下寒武灰岩、底砾岩；6—蓟县系铁岭组含锰岩系；7—蓟县系铁岭组白云岩、白云质灰岩；8—蓟县系洪水庄组黑色纸状页岩、板状粉砂质黏土岩；9—蓟县系雾迷山组含燧石白云质灰岩、白云岩；10—基性小侵入体；11—断层

古生代地层构成一平缓开阔的不完整的倾伏向斜，轴向东北-西南，向西南倾没；中部为一纵贯全区的巨大正断层，走向北20°~30°东，断层面倾向西，倾角70°~80°。矿区内小断层也比较发育，使矿体受到破坏。

含锰岩系属中元古界蓟县系，地层自下而上为：雾迷山组含燧石白云质灰岩，洪水庄组黑色纸状页岩，铁岭组灰白色白云岩、白云质灰岩，含锰岩系。寒武系平行不整合于蓟县系之上，为页岩、灰岩、鲕状灰岩，底部有砾岩层。

（2）含锰岩系主要由含有锰矿的黑色、暗褐色、紫红色、土红色等页岩组成，层位相当稳定，厚0~42m，与下伏岩系有不明显的沉积间断。含锰岩系内有三个含锰层位。下层矿位于岩系底部，中层矿位于下层矿之上3~6m，上层矿位于中层矿之上10~12m。锰矿层是由断续重叠聚合在一起的锰矿凸透镜体即所谓"矿饼"群组成（图9-11）；这些矿饼群大致发育于垂直距离2m以下的厚度范围之内，单个矿饼的大小多在0.5m×5m以下。下层矿由较大矿饼组成，质量较好；中层矿多由小矿饼组成；上层矿由少数零星的小矿饼组成。工业意义较大的是下、中两层矿。

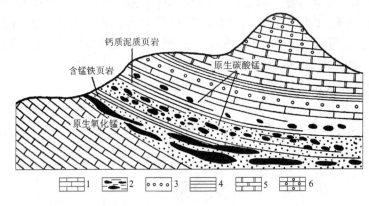

图9-11 瓦房子锰矿地质剖面简图

蓟县系：1—含燧石白云质灰岩、黑色纸状页岩、白云岩；2—含锰岩系；
寒武系：3—下寒武灰岩、底砾岩；4—下寒武页岩；5—中寒武灰页岩；6—上寒武鲕状、竹叶状灰岩

原生矿石有原生氧化物矿石和原生碳酸盐矿石两种。原生氧化物矿石主要由水锰矿组成，并含有赤铁矿，具块状、鲕状构造；原生碳酸盐矿石主要由铁菱锰矿、菱锰矿组成，伴生有黄铁矿，具竹叶状及云雾状构造。原生氧化物矿石多分布在矿区东南部，而矿区西北部则以原生碳酸盐矿石为主；二者常互相过渡，组成混合矿石。混合矿石是本矿区的主要矿石。碳酸盐锰矿靠近地表者氧化成为多孔状次生氧化矿石，矿物成分为软锰矿、硬锰矿等，并含有针铁矿及水针铁矿。次生氧化矿石中氧化锰的含量远比原生碳酸盐锰矿为高。本矿区各种矿石含磷一般为万分之几，硫的含量也不高。

（3）从上述各种情况中可以看出，瓦房子锰矿是形成于蓟县纪末期的古海盆中。此海盆东南部较浅，是近岸地带，属氧化环境；向西北海水渐深，逐渐过渡为还原环境；这就造成了矿石的明显分带。由含锰岩系整个岩性的垂直变化来看，矿层是形成于小型的海侵-海退和海退-海侵相对稳定的阶段中。

9.3.3.5 深海锰结核

深海锰结核的发现为世界锰矿提供了极为丰富的远景资源。锰结核是沉淀在大洋底的

一种矿石，表面呈黑色或棕褐色，形状如球状或块状，含有 30 多种金属元素，其中最有商业开发价值的是锰、铜、钴、镍等。锰结核总储量估计在 30000 亿吨以上，其中以北太平洋分布面积最广，储量占一半以上，约为 17000 亿吨。锰结核密集的地方，每平方米面积上就有 100 多千克。锰结核中 50% 以上是氧化铁和氧化锰，还含有镍、铜、钴、钼、钛等 20 多种元素。仅就太平洋底的储量而论，这种锰结核中含锰 4000 亿吨、镍 164 亿吨、铜 88 亿吨、钴 98 亿吨，其金属资源量相当于陆地上总储量的几百倍甚至上千倍。锰结核大小不一，形状各异，由内核和含矿外壳组成。核心系火山碎屑物、生物遗骸、黏土质、硅质、钙质或铁、锰胶体物质。外壳是同心层状构造，由黏土或凝灰质与深色铁锰氧化物相间成层。结核中除 Fe、Mn 外，其他 Cu、Ni、Co 等元素，也均可达到工业要求。因此，锰结核是多种金属来源的潜在矿产资源。

锰结核成因，目前尚有争议，但下述事实是可以肯定的：
(1) 大洋底锰结核的生长速度是缓慢的；
(2) 多数锰结核的内部有核心物质，结核系围绕核心生长发育；
(3) 锰结核主要分布在水深 4000~6000m 的大洋底部；
(4) 锰结核的主要成分是 Fe、Mn 的氧化物，含有 Cu、Ni、Co。

锰结核的分布很广泛，海洋底部的许多地区都有发现。但其分布是不均匀的，目前还只有太平洋底部的锰结核比较有价值，而且富集程度最高的地区仅局限于北纬 8° 至 10°30′ 的纬度带内。在此地带，锰结核中有色金属平均含量可达：Ni 为 1.28%，Cu 为 1.1%，Co 为 0.23%~0.79%。

9.3.3.6 沉积铝土矿床的主要类型及实例

沉积铝土矿床有海相和湖相两种。我国主要的沉积铝土矿是生成于石炭纪和二叠纪，而且往往两种类型共存于一个地层剖面之中（例如在华北），往往与煤、碳质页岩、铝土质页岩共生。这说明当时的气候条件是温暖而潮湿的，植物和淡水动物很发育，有利于含铝岩石的分解、搬运和沉积。石炭、二叠纪的铝土矿层之下，均有一个侵蚀面，含铝土矿地层覆盖在下伏地层之上。这说明铝土矿层形成以前，有一个明显的沉积间断时期。下伏地层有的是中奥陶的马家沟灰岩（如华北各地铝土矿），有的则系寒武纪地层（如贵州修文铝土矿）。这说明，这个沉积间断的时期是相当长的，从而给铝土矿的形成提供了充分的时间条件和相对稳定的地质环境，使成矿物质有了丰富的来源。

矿床实例：山东淄博铝土矿

本矿规模较大，在东北和华北地区具有代表性。

(1) 本矿铝土矿层有两层，一层产于中石炭统底部，一层产于二叠系含煤地层中。其地层剖面如图 9-12 所示，地层自上而下为：

三叠-侏罗系：紫色砾岩、砂岩，90m；

上二叠统：杂色砂岩、泥岩和煤层，其中有上层铝土

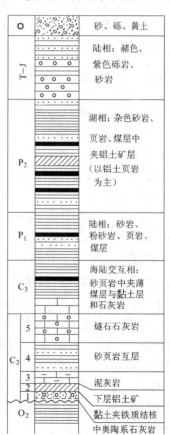

图 9-12 淄博铝矿床剖面示意图

矿（有些地区为铝土质泥岩），170m；
　　下二叠统：砂岩、粉砂岩、泥岩和煤层，80m；
　　上石炭统：砂页岩夹薄煤层、黏土层和石灰岩；
　　中石炭统：燧石灰岩6~12m，砂页岩10~16m；
　　　　　　　薄层泥灰岩，0~7m；
　　　　　　　下层铝土矿，平均厚2.8m；
　　　　　　　紫色泥岩（常含赤铁矿结核），1~6m；
　　　　　　─────平行不整合─────
中奥陶统：石灰岩。

矿区构造简单，无剧烈褶皱，而以断层为主，岩浆活动亦不多。

（2）上层铝土矿厚度变化较大，一般呈透镜状，局部为层状；其中夹很多黏土层，常过渡为硬质耐火黏土。矿层上下皆为紫色和杂色砂页岩或黑色碳质页岩，接近矿层部分为泥岩。矿层越厚，质量越好。当矿层上部为碳质页岩时，矿石多具豆状构造，质量也较好。

下层铝土矿的矿体呈似层状产出，上盘为铝土页岩或黏土页岩，下盘为紫色页岩或铝土页岩。矿体底部常因中奥陶统灰岩古岩溶陷落而呈弯曲之状，矿层底板亦因而起伏不平。矿石呈灰白色-青灰色，局部暗绿色。矿石具鲕状构造，矿层上部细小致密，质量一般；中下部较粗糙，质量较好。

两层铝土矿，矿石矿物主要为一水型铝土矿，Al_2O_3平均含量为40%~50%。

9.3.4 生物化学沉积矿床（以磷块岩矿床为例）

9.3.4.1 磷块岩矿床的形成过程

地壳中磷的含量为0.13%。它是一种典型的生物元素，在生物的生命循环中，磷是组成躯体的一部分。磷矿床在各类成矿作用中均可生成，其中最重要的类型是沉积成因的磷块岩矿床。其储量约占磷矿总储量的80%，且常呈层状分布，易于勘探、开采，因而具有重要的工业意义。

关于磷块岩矿床的形成机理，尚有不同意见，目前较为通用的观点是"上升洋流说"（图9-13）。该学说认为：每年由大陆岩石风化产生的磷酸盐溶液，经河流入海，为海洋生物所吸收，转化为它们体内的硬质组成，如介壳、牙齿、骨骼等。当海水的物理化学条件以及温度和含盐度等方面发生剧烈变化时（例如南极寒流和赤道暖流相遇、不同盐度海水相混合、大河口区大量淡水的注入等），这些海洋生物就会大量死亡，其分解出来的磷就成为沉积磷块岩矿床的主要物质来源。上升

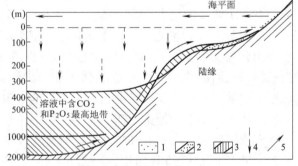

图9-13　磷块岩矿床的形成（上升洋流说）
1—海滨砂和砾石相；2—磷灰岩相；3—泥质和灰质沉积物相；4—浮游生物遗骸下沉方向；5—上升洋流方向

洋流把这些冷的富含磷酸盐的海水由深部带至大陆架时，由于 pH 值的改变和温度的升高，磷酸盐在溶解度降低并达到过饱和之后沉积下来，形成具有鲕状构造的胶状磷块岩矿石。

9.3.4.2 磷块岩矿床的主要类型

磷块岩矿床按其矿石成分和结构构造等特点，可分为层状磷块岩矿床和结核状磷块岩矿床两大类。

（1）层状磷块岩矿床。矿体呈层状，常与硅质岩或碳酸盐岩成互层，矿石矿物主要由细晶磷灰石和胶状磷灰石组成，并有方解石、白云石、石英、云母、黏土等矿物伴生。具致密块状或鲕状构造。矿石中 P_2O_5 含量为 26%～30%，规模较大，常含有钒、铀、稀土等元素，可供综合利用。我国昆阳、开阳、襄阳、金河磷矿床属此类型。

（2）结核状磷块岩矿床。该矿床多产在黏土层、碳酸盐岩和海绿石砂岩中。矿层由球状、肾状、不规则状的磷酸盐结核组成。矿石矿物主要是含水氟碳磷灰石，常与石英砂粒、海绿石、黏土矿物等伴生。结核中 P_2O_5 含量一般为 25%～30%，矿床规模多属小型。我国南方寒武系和二叠系的某些磷矿床属此类型。

9.3.5 沉积矿床的共同特征及其对开采的影响

9.3.5.1 沉积矿床（主要为胶体化学沉积矿床）的一般特征

（1）围岩特征。沉积矿床的围岩都是沉积岩，如石灰岩、砂岩、页岩等，矿石与围岩基本上是同时生成的，属于同生矿床。

（2）矿体特征。矿体多呈层状，少数呈透镜状；沿走向及倾向均可延伸很远；分布面积可以很广，矿床规模可以很大。矿体与围岩界线清楚，与围岩产状一致，并具有一定层位；可与围岩一起在构造运动之下，发生变形和位移。

（3）矿石特点。矿石的矿物成分比较稳定、单一，变化小。矿石矿物以高价氧化物为主，如赤铁矿、铝土矿、硬锰矿和软锰矿等，其次为碳酸盐类矿物（如菱铁矿）以及硅酸盐类矿物（如鳞绿泥石、鲕绿泥石）等。脉石矿物以石英为主，其次为长石及黏土类矿物。矿石常具有作为胶体成因标志的豆状、肾状及鲕状构造。

9.3.5.2 对开采的影响

（1）由于矿体多呈规则层状，而且多数倾角不大，故有利于采用斜井-平巷开拓系统进行开采。由于矿体形状变化小，所以形状对开采影响不大。但由于矿床分布面积广，在大面积内往往要遇到一些构造变化（如褶曲、断层），从而使开采条件复杂化。因此，开采这类矿床时，必须根据地质构造规律进行开采设计，例如以断层为界划分采场或采区，这样可减少断层对采掘工作的危害。

（2）本类矿床的沉积岩围岩，除页岩外，其他如石灰岩、砂岩、砾岩等常具有透水性强、蓄水性大的特点。因此，矿坑涌水问题在开采中必须引起重视，应加强防、排水措施，如利用页岩作隔水层，在开采中尽量不破坏它的完整性等。

（3）沉积矿床的围岩和矿石，其结构、构造（特别如层理构造）以及某些矿物成分（如二氧化硅类矿物、碳酸盐类矿物、黏土类矿物）对采掘工作的强烈影响，详见沉积岩部分，此处不再赘述。

思考题与习题

9-1 风化成矿作用的方式有哪两种，可分别形成哪些矿床类型？
9-2 什么是沉积分异作用，机械沉积分异作用和化学沉积分异作用各有什么特点？
9-3 硫化物矿床的次生变化及其表生分带有什么特点，次生富集带是如何形成的？
9-4 风化矿床的共同特征及其对开采的影响表现在哪些方面？
9-5 沉积矿床可进一步分为哪几类，沉积砂矿、盐类矿床的成矿方式有什么特点？
9-6 为什么铁、锰、铝沉积矿床常常单独产出，它们的沉积分异有何特点？
9-7 沉积铁、锰矿床的矿物相在垂直海岸线方向有何分带现象？
9-8 沉积铝土矿床有什么特点，其形成时代与沉积铁、锰矿床有何不同？
9-9 从围岩、矿体和矿石特点等方面分析，各种沉积矿床有哪些共同特点？
9-10 沉积矿床的开采有哪些特点？

10 变质矿床

10.1 概 述

变质矿床是原岩或原矿床经变质作用的转化再造后形成的或改造过的矿床。

10.1.1 变质成矿作用

10.1.1.1 变质成矿作用形式

生成变质矿床的成矿地质作用称为变质成矿作用,其主要的形式有以下几种:

(1) 脱水作用。当温度和压力升高时,原岩中的含水矿物经脱水形成一些不含水矿物,如褐铁矿变为赤铁矿。

(2) 重结晶作用。细粒、隐晶质结构变为中粗粒结构,如灰岩变成大理岩,蛋白石变为石英,石英砂岩变成石英岩。

(3) 还原作用。矿物中一些变价元素由高价转变为低价,使矿物成分变化,如赤铁矿变为磁铁矿。

(4) 重组合作用。温度、压力等变化使原来稳定的矿物平衡组合被新条件下稳定的矿物组合代替,如黏土矿物转变为蓝晶石和石英。

(5) 交代作用。在区域变质作用和混合岩化过程中产生的变质热液交代原岩,使其矿物成分发生变化。

(6) 塑性流动和变形。在高温、高压条件下岩石可发生揉皱、破碎和塑性流动,产生定向构造。

(7) 局部熔融。在高温、高压及流体的参与下,岩石出现选择性重熔和局部熔融,形成混合岩化岩石。

10.1.1.2 变质成矿作用类型

按变质成矿作用的地质环境和条件,其类型可分为接触变质成矿作用和区域变质成矿作用。

A 接触变质成矿作用

接触变质成矿作用的影响范围较小(几十米到几百米),在变质过程中,几乎没有或很少有外来物质的加入和原有物质的带出,其成矿作用主要表现在原岩或原矿床在岩浆热力影响下所发生的结晶或再结晶作用,从而提高了或改变了其工业价值。例如石灰岩变质成为大理岩、煤变质成为石墨、黏土矿物转变为红柱石等。由接触变质成矿作用所形成的矿床,称为接触变质矿床。

B 区域变质成矿作用

区域变质成矿作用影响范围很广,可达几百甚至几千平方千米,变质作用复杂而强烈，不仅会使岩石或矿石在矿物组成及结构、构造上发生强烈变化，而且可使某些成矿组分在变质热液或混合岩化交代作用之下发生迁移富集现象。有很多大型金属矿床，特别是铁矿床，就是在区域变质作用之下形成的。由这种变质作用所形成的矿床，称为区域变质矿床。

区域变质铁矿床是世界铁矿资源的主要来源，占我国铁矿储量的49%，占世界铁矿储量的60%。除铁矿床外，部分金矿、锰矿、铀矿、磷灰石矿以及其他许多非金属矿（例如大理岩、石墨等）也来自于区域变质矿床。因此，对区域变质矿床的研究具有重大的实际意义。

10.1.2 变质矿床的成因分类

如上所述，从成因上，变质矿床首先可分为接触变质矿床和区域变质矿床两大类。其中区域变质矿床又可分为受变质矿床和变成矿床两种。

（1）受变质矿床。受变质矿床在变质作用之前已经是矿床，变质之后不改变矿床的基本工业意义。如由沉积铁矿床变质形成的变质铁矿床。

（2）变成矿床。指原来是没有工业价值的岩石，经过变质改造之后而成为矿床；或者原来是矿床，但在变质改造之后，发生深刻变化，而成为另外一种具有不同工业意义的新矿床。在这种变成矿床之中，金属矿床很少，主要是一些非金属矿床。由于它们是在高温、高压下形成的，所以矿石常具有特殊的物理化学性质，在工业上可作为研磨材料、耐火材料以及建筑材料等使用。属于这类矿床的有用矿产有大理岩、石英岩、板岩、滑石、石棉、石墨、石榴子石、菱镁矿等。

在这几种变质矿床之中，工业价值最大的是区域变质矿床中的受变质矿床。在各种金属受变质矿床之中，最具有工业意义的是沉积变质铁矿床。

10.2 区域变质矿床的成矿条件和成矿过程

10.2.1 区域变质矿床成矿条件

10.2.1.1 成矿原岩条件

（1）沉积型含矿原岩。这类原岩具典型的变质沉积岩组合，如大理岩、石英岩、云母片岩、含硅线石片麻岩等。常见波痕、斜层理和结核等。

（2）火山沉积岩型含矿原岩。这类原岩具典型的变质火山岩组合，如绢云石英片岩、绿泥片岩和斜长角闪岩等。有时具变余斑状结构，变余、流纹、气孔和杏仁状构造等。规模巨大的磁铁石英岩型铁矿即产于此。

10.2.1.2 成矿地质背景

变质岩和变质矿床的分布与地质时代关系密切。地壳中广为分布的是前寒武纪变质岩，以大面积产出的结晶岩基底为特征，如加拿大地盾区、俄罗斯地台区、中朝陆台（含我国华北陆台）等。显生宙以来，全球变质岩区以带状分布为特点，如阿尔卑斯山脉变质带、我国秦岭-大别山变质带。中、新生代变质作用主要发生在岛弧、洋脊等板块边缘地区，如日本、新西兰，变质范围更窄。

10.2.1.3 变质物理化学条件

变质矿床形成的温度可从100℃至800℃，不同的温度可生成不同的矿物组合。引起变质的温度常与较高的地热流有关，这些地区一般有较强的构造-岩浆活动。压力是控制变质反应过程中矿物组合变化的主要因素。对某些具多型变体的矿物，压力作用尤为重要，如Al_2SiO_5的多型变体，在500~600℃，压力较高时生成蓝晶石，压力较低时生成红柱石。定向压力可使岩石破碎、褶皱或发生流动，并使矿物定向排列，形成片理、线理等构造。各种流体，特别是H_2O和CO_2流体，不仅可以促进化学反应和重结晶作用的进行，而且还可直接参与化学反应，如$CaCO_3+SiO_2 \rightarrow CaSiO_3+CO_2$。

10.2.2 含矿原岩的变化

在区域变质过程中，含矿原岩在温度、压力增高以及H_2O、CO_2等挥发性组分的影响下，发生重结晶、重组合及变形等作用，改变了矿物成分和结构、构造；但一般情况下，含矿原岩总的化学成分基本不变。含矿原岩或原矿床，在变质成矿过程中的变化可有以下两种情况。

10.2.2.1 含矿原岩或原矿床的改造

矿石的矿物成分和结构构造，一般均会发生不同程度的变化，从而对其经济价值有一定的影响，但矿石品位一般变化不大。区域变质成矿作用改造过的矿床，即所谓的受变质矿床，主要有铁、锰、铜等金属矿床，其次还有磷灰石矿床。

在区域变质作用中，以沉积铁矿床为例，其氢氧化铁经脱水和重结晶作用变为赤铁矿，赤铁矿又可还原为磁铁矿；矿石中的蛋白石矿物类，则重结晶为石英；结果，使原来致密隐晶质的铁质碧玉岩，变为条带状的磁铁石英岩、赤铁石英岩或磁铁-赤铁石英岩。由于在这一改造中，矿石颗粒增大，特别是磁铁矿的形成，有利于磁力选矿方法的利用，因而原来品位不够工业要求的贫矿成为可利用的矿石。如我国冀东某地的变质铁矿，虽然品位较低，但由于这种原因，仍能大量利用。此外，受变质之后，铁矿石中硫、磷等有害杂质的含量也有所降低。又如某些含磷很高的磷-铁矿床，也只有经过区域变质作用，使磷结晶成为具有一定粒度的磷灰石之后，才能通过选矿加以分离，从而使这种磷-铁矿石成为可以利用的矿石。

10.2.2.2 新矿床的形成

某些原岩虽含有某些有用组分，但没有工业价值；只有在区域变质过程中，经过重结晶作用，形成新矿物之后，才能作为工业原料来利用，成为新矿床（即变成矿床）。这类矿床主要是一些非金属矿床，如富含有机碳的原岩，经重结晶后可成为石墨矿床；富铝的原岩，在不同的物理化学条件下，可重组合、重结晶，分别成为刚玉、红柱石、硅线石、蓝晶石及石榴子石等矿床；更广义地说，区域变质中形成的板岩、大理岩、石英岩等也属于这类矿床之列。

10.2.3 变质热液的产生及其成矿作用

变质热液又称变质水，是在区域变质过程中产生的，在变质成矿过程中占有重要地位。这种热液和岩浆成因的气化热液不同，它一部分来源于原岩颗粒空隙中的水分（粒间溶液），一部分则是变质过程中矿物间发生脱水反应时所析出的。在某些地区，变质热液还和裂隙水及地下水有一定联系。

变质热液中，除 H_2O 为其主要组分外，还常含有 CO_2 及硫、氧、氟、氯等易挥发组分；其物态可为液态、气态或临界态；既可成为不能自由活动的粒间溶液，在某些情况下，也可成为能流动的热液，起到溶剂和矿化剂的作用，促进岩石中各种组分重新分配组合以及迁移搬运。在原岩发生重结晶作用的同时，形成各种新矿床或使原矿床中有用组分进一步富集。例如在含铁岩系中，就可发生如此一系列的变化。

铁的氧化物（如磁铁矿）或碳酸盐（如菱铁矿），在一定的物理化学条件下，也可溶解于变质热液之中，有利于成矿作用。如巴西东南部米纳斯-吉拉斯矿区，巨大富铁矿体赋存于磁铁石英岩中，由致密块状赤铁矿和镜铁矿或假象赤铁矿及极少量石英组成，平均品位大于 50%~60%。据研究，该矿床就是在高温、高压下，由变质热液溶解含铁层中的铁质，迁移至压力较低地带、交代贫矿层中的石英引起去硅作用，把铁质沉淀下来，富集堆积而成。

10.2.4 混合岩化中富矿体的形成

混合岩化作用是区域变质作用的高级阶段。这个阶段的成矿作用可分为两期，即早期以碱性交代为主的成矿时期和中、晚期以热液交代为主的成矿时期。

在早期交代阶段，伴随着各种混合岩及花岗质岩石的形成，在某些含矿原岩中，可有云母、刚玉、石榴子石、磷灰石等非金属矿床以及某些非金属、稀有金属伟晶岩矿床的形成。

到了混合岩化的中、晚期阶段，混合岩化作用中分异出来的热液，已含有一定量的铁分，而更重要的是，在高温高压条件下，它们可通过溶解作用从贫矿石中取得更多的铁分。它们运移着这些铁质至压力较低地段，交代贫矿石中的石英引起去硅作用并把铁质沉淀下来，形成富铁矿体。鞍山铁矿的某些富矿体，据认为属于这种成因。

10.3 受变质矿床

10.3.1 受变质矿床的特征及实例

10.3.1.1 受变质矿床的一般特征

(1) 矿石特点。矿石成分简单，品位变化较均匀。有用矿物主要为磁铁矿，其次为赤铁矿、镜铁矿等；脉石矿物以石英为主，其次为斜长石、钾长石、角闪石、阳起石、绿泥石、方解石、云母等。全晶质结构、粒状变晶或纤状粒状变晶结构。矿石构造以条带状、片理状为主。

矿石以贫矿为多，平均含铁量 20%~40%；但在构造活动较强烈地段的含铁石英岩（贫矿）中，赋存着相当规模的、由致密块状矿石构成的富矿体，平均含铁量可达 50%~70%。

(2) 矿体特点。矿体多呈层状、似层状，少数为不规则的其他形状。在产状上一般变化较大，倾角较陡，矿体中褶曲、断裂、直立、倒转等现象较为普遍。矿体在剖面中具有一定的层位。

（3）围岩特点。围岩都是变质岩，常见的有各种片岩、片麻岩、大理岩、角闪岩以及混合岩等。

此类铁矿床在我国前寒武系中有广泛的分布，而以鞍山-本溪地区为最丰富。矿床位于鞍山群及辽河群地层中，属中、低级区域变质，并遭受强烈的混合岩化作用。其地质年龄为19~24亿年。

10.3.1.2 受变质矿床的实例（辽宁弓长岭铁矿）

（1）矿区地层属太古界鞍山群变质岩系，主要由角闪岩、云母石英片岩、绿泥石英片岩和黑云母钠长片岩等组成（图10-1），厚达2000m，混合岩化比较发育。

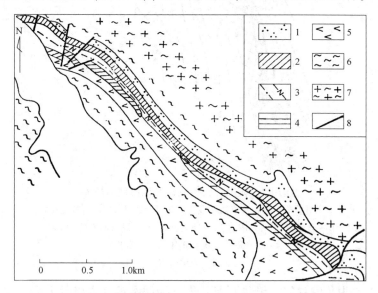

图 10-1　鞍山弓长岭铁矿区（二矿区）地质简图
（据刘文治等《矿床学》（1985）修编）
1—石英岩花岗岩；2—上含铁带；3—中部钠长变粒岩；4—下含铁带；
5—角闪片岩；6—混合岩；7—混合花岗岩；8—断层

矿区内含矿层位及岩层顺序（图10-2）如下（由上而下）：

1）上混合岩。各种片麻岩，混合花岗岩，混合岩。

2）含矿带。角闪岩-角闪片岩；下含铁带；黑云母钠长片岩（标志层）；上含铁带；石英岩。

3）下混合岩。下部为灰白色、红色粗粒片麻岩，向上渐变为混合花岗岩，上部为混合片麻岩及长石石英变粒岩。

矿区构造主要为一单斜，走向大致东西，倾向北，倾角较陡（平均约60°）。横断层较发育。

（2）上、下含铁带各有三层铁矿，矿体呈层状及透镜状，层位稳定。矿体绝大部分是贫矿（品位平均25%~30%）。矿石具条带状构造（磁铁矿与石英相间成薄层）。矿石矿物以磁铁矿为主，有少量赤铁矿；脉石矿物以石英为主，其次为角闪石、阳起石、绢云母等。矿物颗粒较细，一般直径在0.5mm以下。

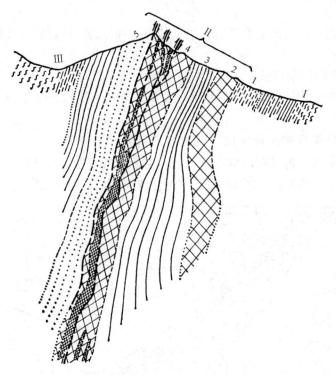

图 10-2 鞍山弓长岭铁矿区地质剖面简图
Ⅰ—下混合岩：粗粒片麻岩、混合质花岗岩、混合岩及石英变粒岩；
Ⅱ—含矿带：1—角闪岩；2—下含铁带；3—黑云母钠长石片岩；
4—上含铁带（夹富矿体）；5—石英岩；
Ⅲ—上混合岩

矿体围岩主要为角闪片岩、云母石英片岩、绿泥石英片岩以及混合岩等。矿层厚度可达百余米，延长可达数百米至数千米，产状陡倾斜，延深达千米以上。贫矿体主要由磁铁石英岩、磁铁角闪岩等组成，矿石构造为条带状构造、皱纹状构造等（图 10-3）。

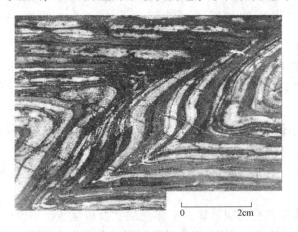

图 10-3 条带状、皱纹状构造磁铁石英岩型矿石

在贫矿体中有富矿体的分布。富矿体的矿石成分主要为磁铁矿，局部有少量赤铁矿富

矿体。矿石构造主要为致密块状，品位可达70%。富矿、贫矿之间呈渐变过渡关系，富矿围岩绿泥石化强烈。富矿体多分布于断裂带及其附近，或褶曲的转弯部位，明显地受构造控制。

富矿体呈似层状，厚度由几十厘米至数十米，延长由几十米到千余米，延深与之相近似。富矿体一般上部小而零散，至下部则逐渐增大以至连成一片。

(3) 根据矿体呈层状且有一定层位，其产状又与围岩一致，以及矿石多具条带状构造和围岩为中变质岩石等特征，一般认为贫矿是沉积-中变质矿床。但对于铁质的来源和当时的沉积环境，曾有过不同的看法。现在为多数人所接受的看法是火山沉积说，即认为铁质是来自于海底火山喷发。这种说法可从岩石共生组合中含有大量角闪质岩石得到证明。这类岩石的化学分析资料表明，它们的原岩是基性火山岩。因此认为，火山作用可提供大量的铁质和二氧化硅，通过海水中的化学沉积作用，先形成铁质碧玉岩，变质后成为磁铁石英岩贫矿体，所以贫矿部分应属火山岩型沉积变质矿床。

富矿产于贫矿中，且多分布在构造裂隙带附近，围岩有显著的热液蚀变现象（绿泥石化等），矿石中有硫化物出现，气化-热液活动迹象明显。考虑到矿区范围内没有岩浆岩侵入体的出露，但发育有大片混合岩，而且面向混合岩铁含量有增加之势，以及根据同位素年龄测定混合岩中白云母与富铁矿中蚀变白云母年龄一致等，可以认为混合岩化过程中的变质热液溶解了部分贫矿石和岩石中的铁质，并把它转移到适当地段重新沉积并通过去硅作用而形成了富矿石。目前，大多数人均认为富矿的形成与混合岩化有关，应属混合岩化热液矿床。

10.3.2 沉积受变质铁矿的开采特点

(1) 由于本类矿床的围岩和矿体（贫矿体），都是正常沉积岩和火山岩型沉积岩的区域变质产物，仍然保持其沉积原岩的某些特点，形状比较简单，因而矿体的形状并不是开采中的重要影响因素。但由于变质过程中地壳运动较强烈，矿床的地质构造条件是较为复杂的，这对开采工作是不利的一面。然而地质构造复杂的地段，常是热液活动的良好场所，对成矿作用来说，这又是有利的一面。在这种地质构造复杂的地段，经常发生铁质的再富集，形成富矿体，矿石品位可达60%以上，是良好的平炉富矿，应予以分采。由于热液活动，富矿体的围岩常发生剧烈蚀变，使围岩稳固性大为降低，开采中需要加强安全措施。

(2) 本类矿床暴露在地表和接近地表的部分，经氧化作用，磁铁矿被氧化成赤铁矿；假如赤铁矿储量很大，就应考虑分采、分选，以提高选矿回收率。

(3) 本类矿床中的某些大型矿床，具有规模大、矿体厚等特点，如果埋藏较浅，则特别适于露天开采。

(4) 矿床内变质岩石和矿石的矿物成分，有的与岩浆岩相似，有的与沉积岩相似，且均含有硅酸盐类矿物、碳酸盐类矿物、氧化物类矿物。它们对采掘的影响，可参考前几章有关内容。

思考题与习题

10-1 变质成矿作用的方式有哪些，变质成矿作用的类型又有哪些？

10-2 区域变质成矿条件有哪些，沉积型含矿原岩与火山沉积型含矿原岩的岩石组合与岩石构造有何不同？
10-3 在变质过程中，含矿原岩和原矿床的改造有何特点？
10-4 变质热液是怎样产生的，其成矿意义如何？
10-5 受变质铁矿床的一般特征有哪些，试从围岩、矿体和矿石特点与沉积铁矿床进行比较。
10-6 沉积变质铁矿的开采有什么特点？

第Ⅱ篇参考文献

[1] 陈毓川,朱裕生. 中国矿床成矿模式[M]. 北京:地质出版社,1993.
[2] 地矿部地质词典办公室. 地质词典(四):矿床地质与应用地质分册[M]. 北京:地质出版社,1982.
[3] Evans A M. 金属矿床学导论[M]. 冯钟燕译. 北京:北京大学出版社,1985.
[4] 侯增谦,韩发,夏林圻,等. 现代与古代海底热水成矿作用[M]. 北京:地质出版社,2003.
[5] Goldfarb R J, Groves D I, Gardoll S. Orogenic gold and geologic time:A global synthesis[J]. Ore Geology Review, 2001, 18:1~75.
[6] Groves D I, Goldfarb R J, Robert F, et al. Gold deposits in metamorphic belts:Overview of current understanding, outstanding problems, future research, and exploration significance[J]. Economic Geology, 2003, 98:1~29.
[7] Park C F, MacDiarmid R A. Ore Deposits[M]. W. H. Freeman and Company, 1975.
[8] 《矿山地质手册》编委会. 矿山地质手册[M]. 北京:冶金工业出版社,1996.
[9] 任启江,胡志宏,严正富,等. 矿床学概论[M]. 南京:南京大学出版社,1993.
[10] 芮宗瑶. 中国斑岩铜矿[M]. 北京:地质出版社,1984.
[11] Sakins F J. 金属矿床与板块构造[M]. 曹永春,谢振忠译. 北京:地质出版社,1987.
[12] 肖军. 喀拉通克铜镍硫化物矿床地质特征及成因探讨[J]. 新疆有色金属,2005:7~11.
[13] 徐九华,何知礼,谢玉玲. 绿岩型金矿床成矿流体的地球化学[M]. 北京:地质出版社,1996.
[14] 谢自谷. 矿床学实习指导书[M]. 北京:地质出版社,1991.
[15] 叶庆同,傅旭杰,张晓华. 阿舍勒铜锌块状硫化物矿床地质特征和成因[J]. 矿床地质,1997,16(2):97~106.
[16] 袁见齐,朱上庆,翟裕生. 矿床学[M]. 北京:地质出版社,1985.
[17] 张秋生,刘连登. 矿源与成矿[M]. 北京:地质出版社,1982.
[18] 翟裕生. 矿田构造概论[M]. 北京:冶金工业出版社,1984.
[19] 《中国矿床》编委会. 中国矿床(上册)[M]. 北京:地质出版社,1996.
[20] 《中国矿床》编委会. 中国矿床(中册)[M]. 北京:地质出版社,1996.
[21] 《中国矿床》编委会. 中国矿床(下册)[M]. 北京:地质出版社,1996.
[22] Goldfarb R J, Hart C, Davis G. East Asian Gold:Deciphering the anomaly of Phanerozoic gold in Precambrian Cratons[J]. Economic Geology, 2007, 102:341~346.
[23] Laznicka P. Giant metallic deposits—A century of progress[J]. Ore Geology Reviews, 2014, 62:259~314.
[24] Mao J W, Pirajno F, Zhang Z H, et al. A review of the Cu-Ni sulphide deposits in the Chinese Tianshan and altay orogens(Xinjiang Autonomous Region, NW China):Principal characteristics and ore-forming processes[J]. Journal of Asian Earth Sciences, 2008, 32(2~4):184~203.
[25] Shatov V V, Moon C J, Seltmann R. Discrimination between volcanic associated massive sulphide and porphyry mineralisation using a combination of quantitative petrographic and rock geochemical data:A case study from the Yubileinoe Cu-Au deposit, western Kazakhstan[J]. Journal of Geochemical Exploration, 2014, 14:26~36.
[26] Sillitoe R H. Major gold deposits and belts of the North and South American Cordillera:Distribution, tectonomagmatic settings, and metallogenic considerations[J]. Economic Geology, 2008, 103:663~687.

第Ⅲ篇 矿床水文地质与工程地质

11 地下水基本知识

自然界中的水，存在于大气、地壳表面和地壳内。大气中的水呈水蒸气及云、雾、雨、雪和冰雹等形态存在于空气中。地壳表面的水分布在河流、湖泊和海洋中，或呈冰雪覆盖于高山顶部。地壳里的水，存在于岩土空隙中，也有气态、液态和固态等三种不同的形态。大气中的水称为大气水，地壳表面的水称为地表水，地壳内的水则称为地下水。专门研究地下水的成因、分类、物理性质、化学成分及其运动规律的科学称为水文地质学。因此，常把与地下水有关的问题称为水文地质问题；把与地下水有关的地质条件称为水文地质条件。

地下水和地表水、大气降水之间存在着密切的联系，构成自然界的水循环：地表水和地下水受到太阳辐射热力的作用，蒸发变成水蒸气上升到大气中；当其遇冷就凝结变成雾、雨、雪、冰雹等，由于地心引力作用，重新降落到地壳表面，其中一部分沿着岩土空隙渗入到地下，形成地下水；地下水除少部分蒸发到大气中外，大部分沿岩土空隙在地下流动，最终也是注入地表水体里。因此，研究地下水的活动规律，或解决采矿过程中遇到的地下水问题时，不能脱离自然界中的水循环，即不能脱离大气降水和地表水。

11.1 地下水的赋存状态

11.1.1 地下水的赋存空间

自然界的岩土，无论是松散沉积物还是坚硬的基岩，都具有大小不等、形状不一的空隙。这种空隙的大小、多少、连通程度及分布状况等性质，称为岩土的空隙性。它是岩土的重要物理特性之一。

岩土中的空隙是地下水存在的环境，环境的好坏，即岩石空隙的大小、多少、连通程度和分布状况等决定地下水的存在和运动规律。因此，为查明地下水的分布、埋藏及运动特征，必须首先对地下水的存在环境——岩石的空隙性加以研究。根据岩土空隙的成因和结构的不同，岩土的空隙可分为三种类型：孔隙、裂隙和岩溶溶洞。

11.1.1.1 孔隙

土（黏土、砂土、砾石等）和碎屑岩等沉积岩的颗粒和颗粒集合体间存在着空隙，这种空隙称为孔隙。

不同岩土孔隙的大小和多少不一样。较粗颗粒组成的岩土具有较大的孔隙，但孔隙的数量较少。常用孔隙度（n）表示孔隙的发育程度。孔隙度为孔隙体积（V_n）与包括孔隙在内的岩土总体积（V）之比，以小数或百分数表示。其表示式如下：

$$n = \frac{V_n}{V} \quad 或 \quad n = \frac{V_n}{V} \times 100\% \tag{11-1}$$

岩土孔隙度的大小受很多因素的影响，如颗粒的排列情况和均匀程度、颗粒形状和颗粒间的胶结情况等。不同岩土的孔隙度相差很大，松散沉积物的孔隙度一般介于26%~47.6%之间。如果颗粒大小比较均匀，形状越不规则，棱角越大，孔隙度也越大。然而自然界的岩土颗粒大小是不均匀的，当大颗粒间的孔隙中充填了较小的颗粒时，孔隙度就会降低。因此，颗粒大小越是不均匀的岩土，孔隙度越小。没有完全胶结的沉积岩，胶结程度越差，孔隙度越大，胶结好的岩石则孔隙度小。

11.1.1.2 裂隙

坚硬岩石由于岩浆的冷凝作用，或地壳运动中构造应力的作用和外力的风化剥蚀作用，在岩石中产生了各式各样的裂缝，称为裂隙。

裂隙在岩石中的分布是不均匀的，大小相差也很悬殊。在裂隙岩层中，往往某些地方裂隙特别发育，另一些地方则发育较差或根本不发育，特别是断裂带的构造裂隙，这种不均匀性更为明显。衡量裂隙发育程度的指标是裂隙度（K_t），也称为裂隙率。它是裂隙体积（V_t）与包括裂隙在内的岩石总体积（V）之比，用百分数表示。其表示式如下：

$$K_t = \frac{V_t}{V} \times 100\% \tag{11-2}$$

裂隙度的测定多在岩层露头处或矿山坑道中进行。其方法是首先测量一块具有典型意义的岩层露头面积（A），然后逐一测量该面积上裂隙的长度（L）及平均宽度（B），再按式（11-3）计算裂隙度。

$$K_t = \frac{\sum(L_i B_i)}{A} \times 100\% \tag{11-3}$$

这样测得的裂隙度又称面裂隙度。此外，根据钻孔中所取岩芯还可以求得岩石的线裂隙度。

11.1.1.3 岩溶溶洞

地下水溶蚀了某些可溶性岩石（如石灰岩、石膏、盐岩等），而在岩石中形成的洞穴称为岩溶溶洞。岩石中岩溶溶洞的不均匀性较裂隙更甚，大的岩溶溶洞，体积可达数十万立方米以上。衡量岩溶溶洞发育程度的指标称为溶洞度（K_k），也称岩溶率。它等于可溶性岩层中岩溶溶洞的体积（V_k）与包括岩溶溶洞在内的岩石总体积（V）之比，用百分数表示。其表示式如下：

$$K_k = \frac{V_k}{V} \times 100\% \tag{11-4}$$

岩溶溶洞度通常由钻孔中所取得的岩芯测量而得。

11.1.2 水在岩土中存在的形式

根据水在空隙中的物理状态、水与岩土颗粒的相互作用等特征，一般将水在空隙中存在的形式分为六种，即气态水、吸着水、薄膜水、毛细水、重力水和固态水（图 11-1）。

(1) 气态水。储存和运移于未被饱和的岩石空隙中，呈气体状态存在的水，称气态水。气态水和空气一起充填在岩土的空隙中，也可以封闭状态存在于饱和带或毛细带中。这种气态水与大气中的水汽性质相同。

(2) 吸着水。当岩土空隙中的气态水与岩土颗粒表面接触时，即被岩土颗粒表面所吸附，在颗粒周围形成一极薄的水膜。当空气湿度不大，吸附的水分不多时，水膜只有几个水分子直径厚，这一部分水称为吸着水。如图 11-1 中 A、B 所示。

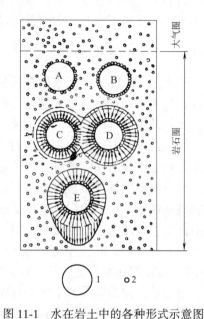

图 11-1 水在岩土中的各种形式示意图
1—岩土颗粒；2—气态的水分子；
A—带少量吸着水的颗粒；B—布满吸着水的颗粒；C—薄层薄膜水；D—厚层薄膜水；
E—多余的薄膜水（重力水）

(3) 薄膜水。当岩土空隙中空气的相对湿度超过 94% 以后，岩土颗粒吸附的水分子逐渐增多，包围在吸着水外面，而使水膜加厚的这部分水分子，称为薄膜水。薄膜水的水膜可达几百个水分子直径厚。如图 11-1 中 C、D 所示。

吸着水和薄膜水都是受分子力作用而吸附在岩土颗粒表面上，其含量则取决于颗粒的总表面积。岩土颗粒越细小，总表面积便越大，吸着水和薄膜水的含量也越多。例如在黏土中所含的吸着水和薄膜水分别为 18% 和 45%，而在砂土中其含量不到 0.5%。对于具有裂隙和溶洞的坚硬岩土来说，吸着水和薄膜水的含量更是微不足道。

(4) 毛细水。毛细水是由毛细力作用而充满在岩土毛细空隙（一般指直径小于 1mm 的孔隙和宽度小于 0.25mm 的裂隙）中的水。毛细水同时受重力和毛细力的作用，如毛细力作用超过重力作用，则毛细水能上升到达潜水面以上的某一高度，而在潜水面以上的岩土空隙中形成一个毛细水带。

(5) 重力水。重力水是充满于非毛细空隙中的液态水。当薄膜水的薄膜进一步增大时，水与岩土颗粒间的作用力逐渐减小，当这种力量不能保持薄膜水时，薄膜水即变为液态水滴受重力影响而在岩土空隙中运动（图 11-1 中 E）。一般所指的地下水如井水、泉水、矿坑水就是重力水。它能传递静水压力，是水文地质研究的主要对象。

(6) 固态水。固态水是以冰的形式存在于岩土中的水。高寒地区冬季或全年地壳表层冻结，其中液态水即变成固态水。它在我国的西北和西藏高寒山区的永冻层中广泛分布。

上述各种形式的水，在地壳中分布是有一定规律的，当我们挖井时就可以看到这种分布规律（图 11-2）。如开始挖井时见到土是干的，其实里面含有气态水、吸着水和薄膜水，往下挖当见土发湿，颜色变暗，但井中无水，这说明已挖到毛细水带，再往下挖时水就开始渗入到井中，并逐渐形成一个地下水面，这就是重力水。在重力水面以上，岩土空隙未被水饱和，通常称为包气带。重力水面以下则称为饱水带，毛细水带实际上为两者的过渡带。

11.1.3 岩土的水理性质

岩土的空隙性为地下水储存与运动提供了空间条件，但水能否自由地进入这些空间，以及进入这些空间的地下水能否自由地运动和自由地取（排）出，这就需要研究岩土与水接触过程中，岩土表现出来的控制水分活动的各种性质，通常把这些性质称为岩石的水理性质，包括容水性、持水性、给水性和透水性等。它们的定量指标是进行各种水文地质计算的基本参数，是对岩土进行水文地质评价、划分含水层的重要依据。

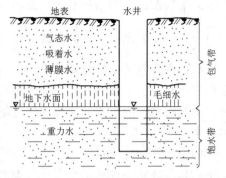

图 11-2　各种形式的水在地壳中的分布图

(1) 容水性。岩土空隙所能容纳水的性能称为容水性。表示它的指标称为容水度 (W_n)，也称饱和水容度。若以岩土中所能容纳的水的质量与岩土在干燥时的质量之比的百分数表示，称为质量容水度；按体积表示时，则称为体积容水度。岩土容水性能的好坏与岩土空隙的多少有关。当岩土全部空隙为水所充满时，空隙中水的体积即为岩土空隙的体积，所以容水度在数量上近似等于空隙度。但由于某些空隙的不连通，以及空隙中有被水封闭的气泡存在，因此容水度常小于空隙度。

(2) 持水性。在自然条件下，饱水的岩土在重力作用下排水后仍能保持一定水量的性能称为岩土的持水性。表示它的指标称为持水度 (W_m)，用岩土中由于静电引力所吸附的薄膜水的质量与岩土在干燥时的质量之比的百分数表示，或以体积之比表示，也称为薄膜持水度。岩土的持水性强弱主要取决于岩土颗粒表面对水分子的吸附力。当这种吸附力大于重力时，岩石空隙中的水就能克服重力的作用而保持在岩土空隙中。

(3) 给水性。被水饱和了的岩土在重力作用下，自由排出重力水的性能称为给水性。表示它的指标称为给水度或称给水率 (μ)，其在数值上等于以体积之比或质量之比表示的岩土容水度减去持水度。

不同岩土的给水度是不同的。对松散岩土来说，颗粒越粗，孔隙越大，给水度也越大，其数值越接近容水度；而细粒岩土尽管孔隙度与容水度均很大，但孔隙一般较细小，持水度大，因此给水度反而小。常见的松散岩土的给水度如表 11-1 所示。

表 11-1　常见松散岩土的给水度

岩石名称	给水度 μ	岩石名称	给水度 μ
砾　石	0.35~0.30	细　砂	0.20~0.15
粗　砂	0.30~0.25	极细砂	0.15~0.10
中　砂	0.25~0.20		

对于坚硬的裂隙岩石和岩溶岩石来说，由于持水度近于零，因此给水度、容水度、裂隙度或岩溶溶洞度在数值上几乎是相等的。

(4) 透水性。岩土能使水透过本身的性能称为透水性。由于地下水是存在和运动于岩土的空隙中，因此岩土空隙的大小、连通性和多少都会直接影响到岩土的透水性。一般说来，松散岩土透水性的好坏，不取决于孔隙度的绝对值，而取决于孔隙的大小。例如黏土的孔隙度很大，但透水性很差，而砂的孔隙度虽然只有30%左右，但透水性良好。松散岩土的孔隙大小又取决于组成岩土的颗粒大小、均匀程度及不同大小颗粒的相对含量。因此，岩土的颗粒组成情况与透水性有密切的关系，一般颗粒越细、大小越不均匀，透水性越差。对于坚硬的裂隙岩石和岩溶岩土来说，透水性的好坏则取决于岩土的裂隙和岩溶溶洞的发育程度。

岩土根据透水性的好坏可分为透水岩土和不透水岩土。一般情况下，砂、砾石、裂隙与岩溶比较发育的岩土都是透水的，黏土及裂隙不发育的岩土则是不透水的。但是，岩土的透水或不透水并不是绝对的，例如在普通压力下不透水的岩土，在极大的水压力作用下也可能是透水的，特别是黏土。此外，介于透水和不透水之间的岩土，如亚黏土和亚砂土等，称为半透水的岩土。

表示岩土透水性能大小的指标，称为渗透系数，用符号 K 表示。

岩土的水理性质受岩土的空隙性控制，同时水理性质与岩土空隙中水存在的形式也有着密切关系。一般来说，空隙越大，给水性就越好，透水性就越强，持水性就越弱；相反，空隙越小，持水性就越好，给水性及透水性就越弱。给水度、容水度及持水度有如下关系：

$$给水度(\mu) = 容水度(W_n) - 持水度(W_m) \tag{11-5}$$

11.2 地下水的物理性质和化学性质

地下水是自然界中水循环的一部分，在循环的过程中，便携带和溶解了自然界中各种离子、分子、胶体物质、悬浮物、气体和微生物等，因此它是含有各种复杂成分的天然溶液。为了利用地下水和防治它的危害，必须研究它的物理性质和化学性质。

11.2.1 地下水的物理性质

地下水的重要物理性质有温度、颜色、透明度、嗅味和比重等。

11.2.1.1 温度

自然界中地下水的温度变化很大，其变化范围可达100℃以上。地下水的温度与埋藏深度有关。近地表的水，温度受气温影响，通常在日常温带以上（埋藏深度3~5m以内）的水温具有周期性日变化，年常温带以上（埋藏深度一般在50m以内）的水温则表现为周期性年变化。在年常温带，水温的变化很小，一般不超过1℃。年常温带以下，地下水温度则随深度加大而逐渐升高，其变化规律决定于一个地区的地热增温率。不同地区地下水的温度差异很大，例如火山地区的间歇泉水，温度可达100℃以上，而多年冻土带或高寒山区的地下水，温度可达-5℃（矿化高的水）。

按照温度的差别，地下水可分为极冷的水、冷水、温水、热水、极热的水和沸腾的水（表11-2）。

表 11-2　根据水温不同的地下水分类

水的分类	水的温度/℃	水的分类	水的温度/℃
极冷的水	0~4	热水	37~42
冷水	4~20	极热的水	42~100
温水	20~37	沸腾的水	100 以上

11.2.1.2　颜色

地下水的颜色取决于水中的化学成分及其悬浮杂质。一般情况下，地下水和化学纯水一样是无色的，但当含有一定量的某种化学成分或悬浮杂质时，地下水就具有各种不同的颜色。例如含有 FeO 的水呈浅蓝色，含 Fe_2O_3 的水呈褐红色，含腐殖质的水呈暗黄褐色，含悬浮杂质的水的颜色则决定于悬浮物本身的颜色。颜色的深浅则取决于水中这些化学成分和悬浮物含量的多少。

11.2.1.3　密度

地下水的密度取决于水中所溶盐分的多少。一般情况下，地下水的密度与化学纯水相同。当水中溶解了较多的盐分时，密度可达 1.2~$1.3 t/m^3$。

地下水的其他物理性质还有透明度、气味、味道等。

11.2.2　地下水的化学成分

地下水是含有溶解气体、离子、胶体及生物成因物质的复杂溶液。目前，在地下水中已发现有 60 多种化学元素，但其含量不一。按照元素在地下水含量的多少，可分为富元素、微量元素、超微量元素三类。这些化学元素又分别以离子、胶体（化合物）及气体状态存在于水中。此外，由于生物活动，地下水中还会含有一定生物成因的物质，如有机质、细菌等。

11.2.2.1　地下水中的主要离子成分

地下水中最常见的离子成分有 Cl^-、SO_4^{2-}、HCO_3^-、Na^+、K^+、Ca^{2+} 及 Mg^{2+} 七种，它们在地下水中分布最广，且占绝对优势。这些成分决定了地下水化学成分的基本类型和特点，地下水的化学定名和评价就是根据这七种离子进行的。

（1）氯离子（Cl^-）。地下水中的 Cl^- 分布很广，几乎存在于所有地下水中。但其含量变化范围很大，由数毫克每升至数百毫克每升，在含盐量较高的地下水中 Cl^- 占优势。地下水中 Cl^- 主要来源于岩盐矿床和其他含氯化物的沉积岩的溶解，其次来源于岩浆岩的一些含氯矿物如氯磷灰石（$Ca_5(PO_4)_3Cl$）、方钠石（$NaAlSiO_4NaCl$）等的风化溶滤。此外，废水、污水的渗入，动物排泄物和动物尸体腐烂，也是 Cl^- 的有机来源之一。一般在居民点、工业区及其附近，地下水中 Cl^- 含量往往相应增高。

（2）硫酸根离子（SO_4^{2-}）。SO_4^{2-} 在地下水中分布也较广，其含量范围由几毫克每升至数十毫克每升，在含盐量较高的地下水中，其含量仅次于 Cl^-。SO_4^{2-} 主要来源于石膏及其他含硫酸盐的沉积物的溶解，其次来源于天然硫及含硫矿物（如黄铁矿等）的氧化：

$$2FeS_2 + 7O_2 + 2H_2O \longrightarrow 2FeSO_4 + 4H^+ + 2SO_4^{2-}$$

$$2S + 3O_2 + 2H_2O \longrightarrow 4H^+ + 2SO_4^{2-}$$

此外，有机物的分解也是 SO_4^{2-} 的来源之一。在居民点附近地下水中的 SO_4^{2-} 含量较高，常常与地下水的污染有关。

（3）重碳酸根离子（HCO_3^-）。HCO_3^- 广泛分布于地下水中，但含量不高，一般小于 1 g/L。HCO_3^- 是含盐量低的地下水中的主要成分。地下水中 HCO_3^- 的来源主要是碳酸盐类如石灰岩、白云岩或泥灰岩的溶解：

$$CaCO_3 + H_2O + CO_2 \longrightarrow Ca^{2+} + 2HCO_3^-$$

$$CaMg(CO_3)_2 + 2H_2O + 2CO_2 \longrightarrow Ca^{2+} + Mg^{2+} + 4HCO_3^-$$

在地下水的主要阴离子成分中，由于氯化物的溶解度大，故 Cl^- 含量随地下水中含盐量的增加而增大；而碳酸盐的溶解度很低，只有当水中存在 CO_2 时才较易溶于水，所以 HCO_3^- 的含量一般不高。基于这个原因，常常将 Cl^-、HCO_3^- 作为地下水含盐量多寡的标志。以 Cl^- 为主要成分的地下水，其含盐量较高，为咸水；以 HCO_3^- 为主要成分的地下水，其含盐量较低，为淡水。

（4）钠离子（Na^+）。地下水中 Na^+ 的分布很广，但含量变化范围很大，由几克每升至数十克每升，具有随地下水含盐量增高而增加的特点。Na^+ 主要来源于岩盐及含钠盐的海相沉积岩的溶解，其次来自岩浆岩、变质岩中含钠矿物的溶解和氧化，如钠长石（$NaSi_3O_8$）的风化：

$$2NaAlSi_3O_8 + 2H_2O + CO_2 \longrightarrow H_2Al_2Si_2O_8 \cdot H_2O + Na_2CO_3 + 4SiO_2$$

$$Na_2CO_3 + H_2O \longrightarrow 2Na^+ + HCO_3^- + OH^-$$

（5）钾离子（K^+）。K^+ 的来源与 Na^+ 相同。钾盐的溶解度很大，但 K^+ 在地下水中含量却不高，通常为 Na^+ 含量的 4%~10%，这是因为 K^+ 易被植物吸收，易被黏土胶体吸附，同时还易生成不溶于水的次生矿物（如水云母）的缘故。

（6）钙离子（Ca^{2+}）。Ca^{2+} 在地下水中分布很广，但其绝对含量不高，是含盐量低的地下水中的主要成分。地下水中 Ca^{2+} 主要来源于碳酸盐类岩石（如石灰岩、白云岩）及含石膏岩石的溶解，Ca^{2+} 在水中常与 HCO_3^- 及 SO_4^{2-} 伴存。

（7）镁离子（Mg^{2+}）。地下水中 Mg^{2+} 分布也很广，但绝对含量不高。Mg^{2+} 主要来源于白云岩的溶解以及岩浆岩、变质岩中含镁矿物的风化：

$$MgSiO_3(顽火辉石) + H_2O + CO_2 \longrightarrow MgCO_3 + H_2SiO_3$$

$$MgCO_3 + H_2O + CO_2 \longrightarrow Mg^{2+} + 2HCO_3^-$$

镁盐的溶解度大于钙盐，但在地下水中 Mg^{2+} 常少于 Ca^{2+}，这是因为镁在地壳中的含量较钙少，同时镁又易为植物吸收，并参与许多硅酸生成的缘故。

11.2.2.2 地下水中的主要气体成分

地下水中的主要气体成分有 O_2、N_2、CO_2、H_2S 及 CH_4 等。地下水中 O_2、N_2 的主要来源为大气及含叶绿素细菌的生物活动，因此在近地表的地下水中，O_2、N_2 含量较大，越往深处，其含量越小。

地下水中的 H_2S、CH_4 通常是在缺氧的条件下（如封闭的地质构造中），当有有机物存在时的生物化学还原作用的产物。H_2S、CH_4 常见于深层地下水中，在油田水中其含量往往较高。

地下水中的 CO_2 的来源很复杂，它可能来自大气，也可能由土壤的生物化学作用生成。此外，在火山或岩浆活动地带，碳酸盐遇热分解，也能生成 CO_2：

$$CaCO_3 \xrightarrow{400℃} CaO + CO_2 \uparrow$$

水中气体成分的不同反映了地下水成因的不同。如水中气体以 O_2 及 N_2 为主，说明这种水主要是以大气降水渗入补给为主形成的；水中含 CH_4、H_2S 较多，说明这种水储存于封闭的地质构造中。

在水文地球化学环境的研究过程中，地下水中溶解氧的研究有很大意义，含溶解氧多的地下水说明其处于氧化环境，含 H_2S 多的水说明其处于缺氧的还原环境。

11.2.2.3 地下水中的胶体成分

地下水中胶体成分虽然很多，但由于许多胶体不稳定，易生成次生矿物而沉淀（如 $Al(OH)_3$ 胶体易生成水矾土、叶蜡石沉淀），有的胶体溶解度很小（如 SiO_2），故一般胶体在地下水中含量很低。地下水中的胶体成分主要来源于有关矿床的风化分解。

11.2.2.4 地下水中的有机质及细菌成分

有机质及细菌成分在地下水中分布很广泛，不仅浅层地下水中存在，在某些深层地下水（尤其在油田水）中也存在。

水中有机质主要来源于生物遗体的分解，多富集于土壤及沼泽水中，呈黄色、褐色或灰黑色，并有特殊臭味。

水中细菌可分为病源菌和非病源菌两种。病源菌一般来自污染，其中最常见的是伤寒、霍乱、痢疾等，由于它们不易分离鉴定，因此常以检查与这些病源菌共生的大肠杆菌来间接鉴定病源菌的存在及其数量。地下水中还有其他类型的非病原细菌存在，如脱硫细菌、硫黄细菌等，它们生存于一定的地球化学环境中，通过生物化学作用，影响地下水化学成分的变化。

11.2.3 地下水的化学性质

地下水的主要化学性质包括其酸碱性、硬度、总矿化度、侵蚀性等。

11.2.3.1 地下水的酸碱性

地下水的酸碱性主要取决于水中 H^+ 的浓度，常用 pH 值来表示。纯水中氢离子的出现是由于水分子离解所致，但这一离解作用的强度很弱，在一千万个水分子中只有一个分子离解为离子而生成一个 H^+ 与一个 OH^-，此时水中离子浓度的乘积为 10^{-14}。在纯水中 H^+ 与 OH^- 的浓度是相等的，因此水呈中性：

$$[H^+] = [OH^-] = \sqrt{10^{-14}} = 10^{-7}$$

当水中 $[H^+] > [OH^-]$ 时，水呈酸性反应，反之则呈碱性反应。水的酸碱度常用"H^+ 浓度"，即 pH 值来表示。pH 值是指水中 H^+ 浓度的负对数值。

$$pH = -\lg[H^+]$$

因此，当 $[H^+] = 10^{-7}$ 时，pH=7，水为中性；当 $[H^+] > 10^{-7}$ 时，pH<7，水呈酸性；而当 $[H^+] < 10^{-7}$ 时，pH>7，水为碱性。

根据 pH 值，可将地下水分为五种：强酸性水、弱酸性水、中性水、弱碱性水和强碱性水（表 11-3）。

表 11-3 水按 pH 值的分类

水的分类	强酸性水	弱酸性水	中性水	弱碱性水	强碱性水
pH 值	<5	5<pH<7	7	7<pH<9	>9

11.2.3.2 地下水的硬度

水的硬度取决于水中 Ca^{2+} 与 Mg^{2+} 的含量。硬度对供水来说很重要,例如用硬水烧锅炉,会造成水垢,使锅炉的导热性变坏,甚至引起爆炸。

硬度可分为总硬度、暂时硬度和永久硬度。总硬度是水中 Ca^{2+} 和 Mg^{2+} 的总量,它由暂时硬度和永久硬度组成。暂时硬度是水沸腾后,由于钙镁重碳酸盐的破坏,呈碳酸盐而沉淀出来的 Ca^{2+} 和 Mg^{2+} 的含量。永久硬度是水沸腾后水中残留的 Ca^{2+} 和 Mg^{2+} 的含量。表示硬度的方法很多,最常用的是以德国度和毫克当量/升表示,$1 mmol \cdot L^{-1}$ 的硬度=2.8 德国度。此外,还有"法国度"(1 法国度=$10 mg \cdot L^{-1}$ 的 $CaCO_3$)和"英国度"(1 英国度=$14 mg \cdot L^{-1}$ 的 $CaCO_3$)等,但很少采用。

根据水的总硬度可把天然水分为五类:极软水、软水、弱硬水、硬水和极硬水(表 11-4)。

表 11-4 根据水的总硬度的天然水分类

水的分类	总硬度/$mmol \cdot L^{-1}$(德国度)	水的分类	总硬度/$mmol \cdot L^{-1}$(德国度)
极软水	<1.5(<4.2)	硬水	6.0~9.0(16.8~25.2)
软水	1.5~3.0(4.2~8.4)	极硬水	>9.0(>25.2)
弱硬水	3.0~6.0(8.4~16.8)		

11.2.3.3 地下水的总矿化度

单位体积水中所含有的离子、分子和各种化合物(不包括游离状态的气体)的总量称为水的总矿化度,单位为 g/L。它说明水中所溶解的盐分的多少。其正确的计算方法是分析水中所有的组分,并将这些组分的单位体积含量相加,所得的和即为总矿化度。为简便起见,通常以 105~110℃下将水蒸干后所得的干涸残余物含量来表示。但应注意,由于部分物质在蒸发时挥发跑掉以及某些含水盐类的生成,干涸残余物质量亦不能确切地代表水的总矿化度。一般的地下水总矿化度多在 0.5g/L 以下,很少超过 1g/L。按总矿化度大小,地下水可分为五种:淡水、弱半咸水、强半咸水、咸水和盐水(表 11-5)。

表 11-5 按总矿化度的地下水分类

水的分类	淡水	弱半咸水	强半咸水	咸水	盐水
总矿化度/$g \cdot L^{-1}$	<1	1~3	3~10	10~50	>50

11.2.3.4 地下水的侵蚀性

地下水的侵蚀性主要指水对碳酸盐类物质(如石灰岩、混凝土)的侵蚀能力。地下水的这种侵蚀可分为碳酸性侵蚀(分解性侵蚀)、硫酸性侵蚀(结晶性侵蚀)及镁化性侵蚀。

(1) 碳酸性侵蚀。这种侵蚀主要取决于水中侵蚀性 CO_2 的存在及其含量的多少。由于地下水中含有游离 CO_2，当其与碳酸盐类物质接触时，便可发生下列化学反应：

$$CaCO_3 + H_2O + CO_2 \rightleftharpoons Ca^{2+} + 2HCO_3^-$$

这是一个可逆反应，当水中有一定数量的 HCO_3^- 存在时，就必须有一定数量的溶解于水的 CO_2 与之平衡。溶解于水中的 CO_2，称为游离 CO_2。如果游离 CO_2 的含量能使上述反应式既不向左也不向右进行，即反应达到平衡状态，这时的 CO_2 称为平衡 CO_2；如果水中的游离 CO_2 含量超过平衡 CO_2 时，上述反应就要向右进行，即当遇到 $CaCO_3$ 物质时，就要发生溶解，而使水中 HCO_3^- 增加，以趋达到新的反应平衡。因此，水中超过平衡量的那一部分 CO_2，其中要有一部分用于新增加的 HCO_3^- 的平衡，而另一部分 CO_2 则消耗于对碳酸盐的溶解，这部分被消耗的 CO_2 称为侵蚀性 CO_2。地下水中有一定量的侵蚀性 CO_2 存在，水便具有了侵蚀性。

(2) 硫酸性侵蚀。当 SO_4^{2-} 含量大的水渗入碳酸盐类物质或混凝土中时，可形成使碳酸盐类物质或混凝土膨胀和破坏的盐类，从而产生硫酸性侵蚀。例如生成 $CaSO_4 \cdot 2H_2O$ 时，其体积增大一倍；生成 $Al_2(SO_4)_3 \cdot 18H_2O$ 时，其体积增大1400%。因此可使混凝土构筑物结构胀松而破坏。

(3) 镁化性侵蚀。水中含有大量 Mg^{2+} 时，将产生镁化性侵蚀。含有大量镁盐（如 $MgCl_2$）的水，对水泥的破坏表现为 $MgCl_2$ 与混凝土中结晶的 $Ca(OH)_2$ 起交替反应，结果形成 $Mg(OH)_2$ 和易溶于水的 $CaCl_2$ 而破坏混凝土。

此外，当水中含有大量的 O_2、H_2S，且 pH 值较低时，其对井下各种金属设备，如水泵、金属管道、钢轨、支架、采掘机械等，有较强的腐蚀作用。

11.2.4 地下水化学成分的表示法及其评价

11.2.4.1 地下水化学成分表示法

地下水化学成分的表示方法主要有离子毫克数表示法、离子毫克当量表示法、离子毫克当量百分数表示法、库尔洛夫式表示法及图示法等。

目前在我国普遍采用离子形式表示。元素在水中绝大部分是以离子状态存在，所以用离子形式表示最为合适，其离子含量以每升水中的毫克或毫克当量表示。任一元素的当量为原子量被原子价除所得的商，例如 Ca^{2+} 的原子量为 40.08，其原子价为 2，则它的当量为 20.04。而毫克当量数为毫克数被当量数除所得的商，例如 1L 水中含 Ca^{2+} 为 20.04mg 时，则它的毫克当量为 1，如果 1L 水中含 Ca^{2+} 为 60.12mg 时，则它的毫克当量为 3。为了对同一种地下水中各种离子所占比例有一概念，特别是为了比较、换算、整理和分析，常把毫克当量换算成毫克当量百分数，其方法如下：

$$某元素离子毫克当量(\%) = \frac{K}{\sum K} \times 100\% \tag{11-6}$$

式中 K——阳（或阴）离子中某个离子的毫克当量/升；

$\sum K$——阳（或阴）离子的毫克当量/升的总和数。

每一水样化学分析后，通过上述一系列的换算后可用表 11-6 表示结果（以某矿区 4 号钻孔水样为例）。

表 11-6　某矿区 4 号钻孔水样水分析成果表

离 子		mg/L	毫克当量/L	毫克当量/%
阳离子	Na^+、K^+	235.50	10.24	40.8
	Ca^{2+}	167.50	8.36	33.2
	Mg^{2+}	79.30	6.52	26.0
总　计		482.30	25.12	100
阴离子	Cl^-	255.63	7.19	28.4
	SO_4^{2-}	516.10	10.74	42.8
	HCO_3^-	445.00	7.29	28.8
总　计		1216.73	25.22	100

目前常用的地下水化学成分的表示方法是库尔洛夫表示式。它以数学分式来表示地下水的化学成分，在分子的位置上，按含量的多少顺序排列出水中阴离子及其毫克当量百分数，而在分母上则表示出阳离子及其毫克当量百分数，也按含量多少顺序排列。凡含量少于10%的离子一般不列入式中。在分式的前面写出水中所含有的稀有元素、气体成分及水的总矿化度，单位都以 g/L 表示。分式后面表示出水的温度（T,℃）及涌水量（Q, m^3/d）。其表示式如下：

$$\text{稀有元素(g/L)气体(g/L)矿化度(g/L)} \frac{\text{阴离子毫克当量(\%)>10\%者按递减顺序排列}}{\text{阳离子毫克当量(\%)>10\%者按递减顺序排列}}$$
$$\text{水温(℃)涌水量}(m^3/d)$$

如用 4 号钻孔水样表示时，其库尔洛夫式如下：

$$CO_{0.0153}^2 M_{1.699} \frac{SO_{42.8}^4 HCO_{28.8}^3 Cl_{28.4}}{Na_{40.8} Ca_{33.2} Mg_{26.0}} T_{14} Q_{1036.8}$$

根据水分析的结果，还要对地下水进行定名，确定其水化学类型。目前我国确定水化学类型是在库尔洛夫公式的基础上进行的，即按阴、阳离子中毫克当量（%）大于25%者列出定名。例如上述某矿区 4 号钻孔的地下水应定为硫酸重碳酸氯化物钠钙镁水（SO_4, HCO_3, Cl-Na, Ca, Mg 型水）。

11.2.4.2 地下水的水质评价

由于不同地下水的化学成分及其所反映的物理性质都不一样，因而不同地下水的用途也不一样，如有的可以饮用，有的可作为工业用水。由于地下水的化学成分含量不同，其可能对金属或混凝土产生侵蚀作用的影响也不同。

(1) 饮用水的水质评价。地下水存在于自然环境中，如天然状态下水中存在有害物质或缺乏某些人体所需的物质，称这类问题为第一环境地质问题；由于人为因素污染了地下水，使水中存在着有害的物质，称这类问题为第二环境地质问题或次生环境地质问题。

随着科学技术的发展，矿山环境水文地质问题逐渐被人们所认识。如饮用水中缺碘，易发生甲状腺肿大病。地下水中矿化度低，尤以钙和硫酸根离子含量普遍偏低时，人们长期饮用后易发生大骨节病或克山病。根据目前统计，工农业使用的 12000 种有毒的化合物中，毒性最大的（称为当前危险的污染物）有两类：重金属和难分解的有机物。污染水源的重金属中有汞、镉、铅、铬、钒、钴、钡等，其中汞、镉、六价铬的毒性最大，铅、钒、钴、钡等亦有一定的毒性,此外砷亦常与以上的重金属一起形成危害。危害性最大的难分解有机物是有机氯化合物和多环有机化合物。酚也是一种有毒性化合物,如摄入人体内会慢性中毒。因此选用地下水作为饮用水水源时,一定要严格按照国家卫生部颁布的生活饮用水卫生规程进行检验,以防地下水中有毒的物质对人体的危害。

据国家卫生部颁布的生活饮用水卫生规程规定,饮用水在物理性质方面要求无色、透明、无臭、无味,温度以低些为宜,最高也不能超过当地的平均气温。在化学成分上,要求各种离子的含量及矿化度都应低,即总矿化度不超过 1000mg/L。总硬度不超过 25 度。pH 值在 6.5~9 之间。饮用水还严格规定有害成分的极限含量,如铅不超过 0.1mg/L,砷不超过 0.05mg/L,氟化物不超过 1.5mg/L,适宜的浓度为 0.5~1.0mg/L,铜不超过 3.0mg/L,锌不超过 5.0mg/L,铁总量不超过 0.3mg/L,不能含汞、六价的铬及钡等。但在缺水的地区,对水质的要求可适当放宽,只要无毒就可作为饮用水。

(2) 水对金属及混凝土的侵蚀性评价。如前所述,地下水是一种具有一定程度化学侵蚀性的复杂溶液。在矿床的开采过程中,当其与金属设备、混凝土构筑物接触时,势必会使设备遭受腐蚀,使混凝土构筑物遭到破坏。因此,有必要对地下水对采矿活动的这种影响做出评价。有关地下水的侵蚀特性请见前述地下水的化学性质相关部分,有关水对混凝土侵蚀性鉴定标准请查阅冶金工业建设工程地质勘察技术规范。

11.3 含水层与隔水层

自然界的岩石和土壤大多为多孔介质,它们本身的空隙性有很大差异,有些能含水,有些不含水,有的虽然含水但很难透水。饱和带中的岩层,根据其给出水的能力,可划分为含水层与隔水层。

11.3.1 含水层

11.3.1.1 含水层的构成

含水层是指储存有地下水并在自然条件或人为条件下,能流出水来的岩石。由于这种含水的岩石大多呈层状,所以称为含水层,如砂层、砂卵石层等。含水层对于工农业生产和城乡生活供水以及防治地下水害有着重要的实际意义。构成含水层的必要条件是要有储存地下水的空间、储存地下水的地质构造及良好的补给水源。

(1) 储水空间。要构成含水层,首先要具有良好的储水空间。岩层的空隙越大、数量越多、连通性越好,则透水性能就越好,重力水就越易渗入及流动,这种条件下就越有利于形成含水层。实际资料表明,自然界地下水的分布与岩层的空隙性密切相关。例如,凡是在空隙较大的砂砾石层中成井,水量就丰富。

对于孔隙度较大,但孔隙细小的黏性土,由于其中多为结合水所占据,通常不能构成含水层,但当黏性土中发育有较好的裂隙时,便可能构成含水层。如河南驻马店一带黏土岩是农业灌溉供水较好的含水层;又如山东济南附近的黏土,其质地非常坚硬,干裂收缩之后,裂隙很发育,其中就储存有地下水。

(2) 储存地下水的地质构造。岩层具备了储水空间,有良好的透水性,但能否把地下水储存起来,还必须具备有利于地下水聚集及储存的地质构造条件,即:在透水性良好的岩层下部有隔水（不透水或弱透水）的岩层托住重力水，并在水平方向上具有某种隔水边界，使之不致完全流失，水能在岩层空隙中保存住，从而形成含水层；亦即透水岩层与隔水岩层组合起来，才能成为含水层。如单斜岩层不利于地下水聚集和埋藏，只能是透水层，而向斜构造能大量聚集地下水。

如果地质构造不利于地下水储存，那么岩层只能起暂时的透水通道作用，这种岩层称为透水不含水的岩层。如处在高阶地上的砂砾层，虽然具有良好的透水性，下伏有不透水的岩层，但由于地形切割透水岩层，且切割点位于当地侵蚀基准面以上，使地下水大量流失，仍不能储水。

（3）良好的补给来源。岩层具备了良好的储水空间和构造条件，但如果水源不足，仍不能成为含水层，这种岩层在枯水时期往往干枯。因此，只当岩层有了充足的补给来源，即对供水、排水有一定实际意义时，才构成含水层。

11.3.1.2 含水层的划分

含水层的构成条件是含水层划分的一般原则，但在将其运用到实际工作中时，含水层、隔水层这种简单、笼统的划分尚不能满足生产上的需要，特别是在基岩山区，这种划分并不完全符合客观实际。为此，需要对其进行进一步的划分。含水带、含水段、含水组、含水系正是基于这种考虑提出来的。

（1）含水带和含水段。作为地下水赋存场所的孔隙、裂隙、溶隙，在岩层中的分布往往很不均匀，致使不同时代、不同成因、不同层位的岩层富水性不同，即便是在同一岩层或岩体的不同地带也不例外。因此，将含水极不均匀的岩层简单地划为含水层或隔水层，显然是不合实际的。在这些地区应按裂隙、岩溶的发育、分布及含水情况，划分出含水带或含水段来。

一般地，裂隙或溶隙集中发育的断裂带、接触带在水平方向上宽度有限，而在走向和延伸方向上延伸较远，穿越不同时代不同岩性的岩石，构成狭长带状的含水空间。通常将这一带状含水空间划分为一个含水带。而某些含水很弱、厚度较大的岩层，在剖面上某些地段水量可能富集，则可以把水量相对富集的地段划为含水段。如河北某矿中奥陶统石灰岩，总厚度几百米，从上到下均含水，无典型隔水层存在，于是勘探阶段将其划为一个统一的含水层。但在生产实践中却发现该石灰岩层含水并不均匀，有些地段裂隙、岩溶比较发育，水量也较大；有些地段裂隙、岩溶不发育，水量很小。为此又进一步划分出强含水段、弱含水段及隔水段，为矿山排水及供水设计提供了符合客观实际的资料。

（2）含水组和含水系。两个或两个以上岩性、厚度多变，地层时代和岩石成因类型相同的含水层，其间可以区分出厚度不大、层次众多的弱含水层或隔水层，如果它们对生产的实际影响大体相同，那么对这些层逐个加以研究不仅是不必要的，也是不可能的，通常的做法是把这些层按照一定原则组合成岩组（两个以上岩层的空间组合），把每一岩组作为一个整体来研究。如果某岩组以含水层为主，并且具有统一的水力联系，各分层的水化学特征一致，则称这类岩组为含水岩组。同一含水岩组内部各含水层间一般应存在重力水的直接联系，含水岩组间应该有一个完整的区域性隔水层将其截然分开。一般地说，含水岩组应具备如下条件：

1）各单层之间应具有统一的水力联系；
2）属于同一水文地球化学环境，具有相同的水化学特征；

3）各层在地质上应有统一成因联系，属于同一地层单位。

对于同一构造旋回中的几个含水组，彼此之间可以有相同的补给来源，或有一定的水力联系。当在大范围内研究区域的含水性时，可把它划为一个含水岩系，如第四系含水岩系等。

11.3.2 隔水层

隔水层是指不透水的岩层。它可以是饱水的（如饱水黏土），也可以是不含水的（如胶结致密、完整的坚硬岩层）。隔水层是相对含水层而存在的，自然界中没有绝对不透水的岩层，只是透水性有强弱之分。对那些透水性小、含水少的岩层就可将其划为隔水层。因此，含水层与隔水层具有相对性。

当外界条件发生变化时，含水层和隔水层可以相互转化。如某些砂岩本身由于许多未被充填胶结的孔隙存在，同时由于后期构造的影响，产生了裂隙，因而砂岩中的孔隙、裂隙便成为储水空间，具备了含水层的条件；但如果砂岩中裂隙不发育，其储水量小，对于大型供水来说，供水条件差，就可以划为相对隔水层；而对于小型民用水，则可以满足供水要求，又可划为含水层。如在我国广泛分布的白垩系、第三系红色岩系，往往以黏土岩为主，在一般情况下其水量是有限的，但在地表风化裂隙带的宽缓沟谷中打井，水量可满足当地人畜用水的需要，从而又将其划为含水层。在某些构造部位（如背斜轴部，张性断裂附近），黏土岩亦可形成富含地下水的含水带。

11.4 地下水的分类及各类地下水的特征

地下水存在和运动于岩石的空隙中。由于各地区的自然地理因素和地质条件的不同，必然会影响到地下水的化学成分、物理性质、循环条件及其动态变化等。为了更好地掌握地下水各方面的特征，在生产实践中更合理地利用地下水和有效地防治它的危害，对地下水进行分类是很有必要的。近年来我国水文地质工作者，根据我国地下水各方面的特征，采用了按埋藏条件和含水层空隙性质的综合分类（表 11-7）。

表 11-7 地下水类型

含水介质 埋藏条件	孔 隙 水	裂 隙 水	岩 溶 水
包气带水	土壤水、上层滞水、过路水、悬挂毛细水及重力水	坚硬基岩风化壳中季节性存在的水	垂直渗入带中季节性及经常性存在的水
潜 水	坡积、冲积、洪积、湖积、冰碛和冰水沉积层中的水，当出露或接近地表时，成为沼泽水；沙漠及滨海砂丘中的水	坚硬基岩上部裂隙中的水	裸露岩溶化岩层中的水
承压水 （自流水）	疏松沉积物构成的向斜和盆地——自流盆地中的水；单斜和山前平原——自流斜地中的水	构造盆地或向斜中基岩的层状裂隙水；单斜岩层中层状裂隙水，断裂带及不规则裂隙中的深部水	构造盆地或向斜中岩溶化岩层中的水；单斜岩溶化岩层中的水

地下水首先按埋藏条件可划分为包气带水、潜水和承压水（自流水）三类；其次按含水层空隙性质的不同，又可分为孔隙水、裂隙水和岩溶水三类。通过两种分类的不同组合，便可以得出九类不同特征的地下水，如孔隙-上层滞水、裂隙-潜水、岩溶-承压水。

包气带水、潜水和承压水，无论从水质、水量、运动性质、动态变化、补给排泄条件还是从其利用和防治方面来看，都有明显的差别，而产生差别的原因主要是埋藏条件的不同。所以，按照埋藏条件作为地下水分类的标志，无论在实用上还是理论上来说，都是比较适用的。

孔隙水主要存在和运动于松散岩石，即未完全胶结和未胶结的砂、砾石和黏性土的孔隙中；裂隙水存在和运动于坚硬岩石的裂隙中；岩溶水存在和运动于可溶性岩石的溶洞中。这些地下水在我国均有广泛的分布，同时从孔隙水、裂隙水和岩溶水的特征及水质、水量上看，也存在一定的差别。因此，将孔隙水、裂隙水和岩溶水单独划分出来也是必要的。

11.4.1 按埋藏条件分类的各类地下水特征

11.4.1.1 包气带水

位于地下水面以上的地带称为包气带，分布在该带中的水称为包气带水。包气带水主要有土壤水和上层滞水。

土壤水是指位于地表以下土壤中的水，以结合水和毛细水的形式存在，主要由大气降水、凝结水及潜水补给。

上层滞水是埋藏在离地表不深，包气带中局部隔水层上的重力水（图11-3）。

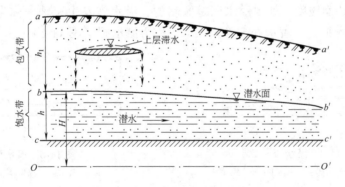

图 11-3 上层滞水和潜水示意图

aa'—地面；bb'—潜水面；cc'—隔水层面；OO'—基准面；
h_1—潜水埋藏深度；h—含水层厚度；H—潜水位

上层滞水与土壤水有明显区别。上层滞水底部有不透水的隔水层存在，故可储存一定量的重力水；而土壤水是没有隔水底板的，它多以悬挂毛细水的状态存在于土壤中，一般仅能作垂直方向运动（渗入和蒸发），不能保持重力水，仅对植物生长有意义。

上层滞水一般分布不广，季节性存在，雨季出现，干旱季节即告消失，其动态变化与气候及水文因素的变化密切相关。由于上层滞水距地表近，直接受降雨补给，故补给区与分布区一致。一般只有当包气带厚度较大时，上层滞水才易出现；当其下部隔水层范围较广时，上层滞水存在时间也较长。

上层滞水通常赋存在包气带中局部隔水层（黏性土透镜体）上的岩土孔隙、裂隙或岩溶溶洞内，因其范围有限，厚度小，水量少，季节性存在，一般只能作小型或暂时性供水水源，对采矿来说几乎没有影响。

11.4.1.2 潜水

潜水是埋藏在地表以下第一个稳定隔水层上具有自由水面的重力水（图11-3）。

（1）潜水的特征。潜水在自然界分布极广，一般埋藏在第四纪松散沉积层的孔隙、坚硬基岩的裂隙及可溶岩的岩溶溶洞内。潜水的自由表面称为潜水面，潜水面至地表的距离称为潜水埋藏深度，自潜水面至隔水层顶面的距离称为潜水含水层厚度，潜水面上任一点的标高称为该点的潜水位（图11-3）。

潜水面以上一般无隔水层存在，含水层可通过包气带与地表相连通，因此大气圈和地表的各种气象、水文条件的变化可以直接影响到潜水的动态变化。潜水主要由大气降水、凝结水和地表水补给，在大多数情况下，补给区与分布区一致。由于潜水具有自由水面，不承受静水压力，故为无压水，它只能在重力作用下，由潜水位较高处向潜水位较低处流动。

潜水被人们广泛地利用，一般的水井就打在潜水层中，这是因为潜水距地面较近，但是，它却容易受到人为因素的污染。对于采矿来说，潜水是矿坑充水的重要水源之一，必须引起重视。

（2）潜水面的形状。潜水在重力作用下流动的结果，使潜水面具有一定的坡度，形成了不同形状的潜水面。潜水面的坡度变化很大，一般情况下与地形变化一致，但潜水面的坡度一般总小于地面坡度。如果潜水面是倾斜的，潜水就发生流动，称为潜水流（图11-4）；当潜水面成水平时，潜水处于静止状态，称为潜水湖（图11-5）。

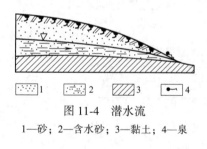

图 11-4 潜水流

1—砂；2—含水砂；3—黏土；4—泉

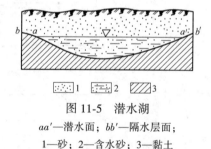

图 11-5 潜水湖

aa'—潜水面；bb'—隔水层面；

1—砂；2—含水砂；3—黏土

潜水面的形状用潜水等水位线图表示（图11-6）。潜水等水位线图是根据潜水面上各点的标高编制而成的等值线图。由于潜水面是随时间而变化的，所以在编制潜水等水位线图时，必须利用同一时间测量的水位资料。在一个地区，最好能分别编制潜水高水位时期和低水位时期两张等水位线图。

根据等水位线图可解决下列问题：

1）确定潜水流向。地下水的流向为垂直等水位线的方向，由高水位流向低水位，如图11-6中箭头所示。

2）确定潜水的水力坡度。潜水面的平均水力坡度，是一向量，方向与流向一致，大小等于单位流径长度上的水位下降值。A、B 两点间平均水力坡度为 $I=\dfrac{H_A-H_B}{L}$。

必须注意，AB 之间的水流所流经的长度并不等于 AB 的水平距离，而是 AB 的斜距，只有 AB 水平距离和斜距夹角无限小时，其水平距离和斜距才能趋于相等。而在自然界潜水面坡度通常很小，故一般可忽略该误差，因此可利用水平距离求水力坡度。如图 11-6 中，AB 段内潜水面的平均水力坡度：$I=\dfrac{104-100}{1100}=0.0036$。

在特殊情况下，如坡度陡峻的山区，则不可忽略。

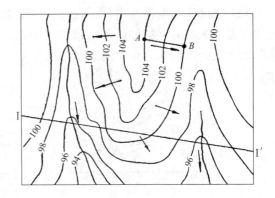
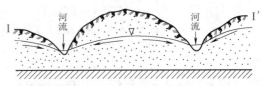

图 11-6　潜水等水位线图（比例尺 1∶100000）及水文地质剖面图（Ⅰ—Ⅰ′剖面线）
（图中箭头表示潜水流向和河水流向）

3）确定潜水与地表水间的关系。在河流附近编制等水位线图，可根据河水和潜水流向确定其补给关系，如图 11-7 所示。

4）确定潜水埋藏深度。将地形等高线和等水位线绘于同一张图纸上，等水位线与地形等高线相交之点，两者高度之差即为该点潜水的埋藏深度。

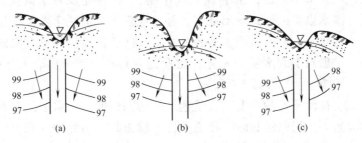

图 11-7　地表水（河流）与潜水之间的相互关系
(a) 潜水补给河水；(b) 河水补给潜水；
(c) 右岸河水补给潜水，左岸潜水补给河水

5）确定引水和排水工程的位置。如水井应布置在地下水流汇集的地方，排水沟（截水沟）应布置在垂直水流的方向上。

(3) 潜水的补给、径流和排泄条件。潜水与大气降水及地表水之间的联系最为密切，大多数地区的潜水补给来源是降水和地表水，有时承压水也能补给潜水。

一般说来，大气降水的渗入是潜水的主要补给来源。当大量降雨或融雪渗入后，含水层中水量迅速增加，表现为潜水位的上升。但大气降水补给潜水的数量与降水性质、植物覆盖、地形、包气带厚度及岩石透水性等密切相关。通常当降水时间长、强度适中，或是植物覆盖层发育、地形坡度较缓，既不易形成地表径流沿地面流走，也不致很快蒸发时，有利于降水的渗透和潜水的补给，反之则不利。同样，当大气降水渗入地面后，如包气带的厚度不大，透水性好时，则大部分降水都能补给潜水，反之则少。

除大气降水补给潜水之外，在某些情况下，地表水也是潜水的补给来源之一，这种情况多半见于大河的下游地区和河流中、上游的洪水期间，如图 11-8 所示。地表水补给潜水的水量决定于河水水位与潜水水位的高差、洪水的延续时间、河流的流量及含水层的透水性等。

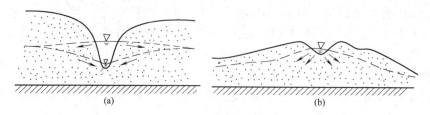

图 11-8　河流补给潜水

(a) 河流中上游地段潜水与地表水相互补给关系（高水位为洪水期水位，低水位为枯水期水位）；(b) 河流下游地表水补给潜水（箭头代表潜水流向）

在较少的情况下，承压水也能补给潜水。这种情形多半发生在构造断裂带，或是隔水层尖灭而承压水隔水顶板形成"天窗"处。当潜水含水层分布于承压水排泄区之上，承压水位高于潜水位时，承压水将通过断裂带或"天窗"补给潜水。

潜水总是沿着一定方向由高水位处向低水位处流动，最后在地形低洼的地区以下降泉形式出露于地表或直接补给地表水，从而结束其径流过程。另外，潜水在径流过程中会不断地蒸发，以致在一些干旱地区，由于蒸发作用强烈，潜水还没有来得及出露地表即全部消耗于蒸发作用。潜水以泉的形式露出地表，补给地表水及消耗于蒸发作用，都是潜水排泄的形式。前两者为水平方向的排泄，后者为垂直方向的排泄。水平方向的排泄由于水分与盐分一起排泄，一般只引起水量的差异；而垂直方向的排泄只排泄水分而不排泄盐分，结果会引起潜水的浓缩，使矿化度升高。

影响潜水径流、排泄条件的主要因素是地形的切割程度、含水层的岩石性质和气候条件。通常地面坡度越大，切割越甚时，径流条件也就越好，因此山区和河流中、上游地区潜水的径流条件要比平原和河流下游地区好。山区和河流中、上游地区潜水埋藏较深，不利蒸发，经常补给河流，以水平排泄为主。而在平原和河流下游地区，潜水的径流条件就比较差，埋藏也较浅，易受蒸发，以垂直排泄为主。

潜水的补给、径流和排泄的全过程就是潜水的形成发展过程。了解这一过程，对于在采矿时，防治潜水的危害与对它的利用是很重要的。

11.4.1.3　承压水（自流水）

承压水是充满于两个隔水层间的重力水，又称自流水。

(1) 承压水的形成和特征。承压水的形成主要决定于地质构造条件。在适当的地质构造条件下，无论孔隙水、裂隙水岩溶水都可以形成承压水。最适宜形成承压水的构造条件有向斜（或盆地）构造和单斜构造。

在向斜（或盆地）构造中，含水层介于顶、底板隔水层之间，并出露于向斜构造的两翼（图 11-9），其中位置较高的一翼（图 11-9 中 a），接受大气降水或地表水的渗透补给，这里称为补给区。渗入的水沿着含水层流动，在较低的另一侧（图 11-9 中 c）以泉的形式出露于地表，或者补给潜水或地表水，这里称为排泄区。补给区和排泄区之间，地下水充满整个含水层，也承受静水压力，这里称为承压区（图11-9中b）。当钻孔打穿含水层顶板时，承压水便涌入孔内，此点标高称为初见水位。水位上升到一定高度后稳定，此时的水位标高称为测压水位或静止水位。当孔口位置低于测压水位时，则承压水可喷出地表，因此又称承压水为自流水。如将钻孔套管接长，则水位仍可在管中稳定，并可测得其测压水位。如果将图11-9中不同位置的测压水位连线，该线就是承压含水层的测压水位线。从某点测压水位到含水层顶板的垂直距离称为承压水头。含水层顶面与底面的垂直距离称为含水层的厚度，如图11-9所示。

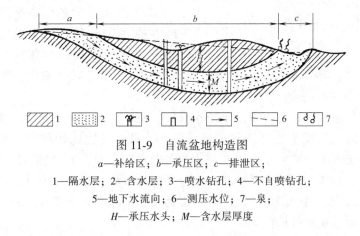

图11-9　自流盆地构造图

a—补给区；b—承压区；c—排泄区；
1—隔水层；2—含水层；3—喷水钻孔；4—不自喷钻孔；
5—地下水流向；6—测压水位；7—泉；
H—承压水头；M—含水层厚度

上述形成承压水的向斜或盆地构造在水文地质中称为自流盆地。

适于承压水形成的单斜构造称为自流斜地。自流斜地的形成有两种情况：

1）自流斜地为断块构造，即单斜含水层的上部出露地表，为补给区，下部为断层所切，如断层带是透水的，则各含水层将通过断层发生水力联系或通过断层以泉水的形式排泄于地表，成为承压含水层排泄区。此时承压区介于补给区和排泄区之间（图11-10 (a)），与自流盆地相同。如果断层带是隔水的，则含水层的补给区接受来自地表水或大气降水的补给，当补给量超出含水层可能容纳的水量时，在含水层出露地带的低洼处呈泉水出露于地表，形成排泄区，即承压水含水层的补给区与排泄区是邻近的，位于同一地段（图11-10 (b)），而承压含水层，即承压区位于另一地段。

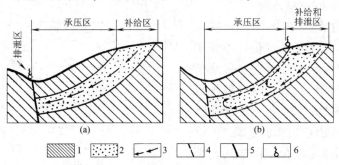

图11-10　断块构造形成的自流斜地

1—隔水层；2—含水层；3—地下水流向；4—不导水断层；5—导水断层；6—泉

2) 含水层岩性发生相变，含水层的上部出露地表，下部在某一深度处尖灭，即变成不透水层（图 11-11），则含水层的补给区与排泄区处于同一地段，接受降水与地表水的补给，并排泄含水层中的承压水，而承压区则位于另一地段，形成承压水的分布区。

自流盆地和自流斜地在我国分布很广，根据地质时代及岩性的不同可分为两类：一类为第四纪松散沉积层所构成的自流盆地和斜地，广泛分布于山间盆地和山前平原中；另一类为第四纪以前的坚硬基岩所构成的自流盆地和斜地。无论是哪种类型的承压水构造，一般都储

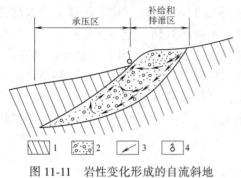

图 11-11　岩性变化形成的自流斜地
1—隔水层；2—含水层；3—地下水流向；4—泉

存有丰富的地下水，对供水来说，它是极好的水源；而对于采矿来说，特别是岩溶承压水，却常常构成严重的威胁。

从上述的形成条件中，可以看出承压水有如下特征：由于承压水含水层与地表之间有不透水层相隔，因此承压水受地面气候影响较小，动态变化比较稳定，水质不易受到污染，补给区与分布区不一致；承压水充满于两个隔水层之间，承受静水压力，其压力大小由测压水位决定，承压水的运动是由测压水位高的地方流向测压水位低的地方。

当地下水没有充满两个隔水层之间时，称为无压层间水。其特征除具有自由水面而不承压外，基本上与承压水特征相同。

（2）承压水的补给、径流和排泄条件。承压水的补给来源一般为大气降水，只有当其补给区位于河床地带或潜水含水层下时，才能接受地表水和潜水的补给。承压水的排泄既可以向潜水排泄，也可在河谷中或沿断层带以泉的形式排泄，有时还可通过断层使几个含水层互相连通，形成水力联系。承压水在地形合适的条件下，可以形成较好的地下径流。其径流条件与含水层产状、透水性、补给区与排泄区的高差等有关。承压水含水层的涌水量可以有很大差别，其大小与含水层的分布范围、厚度、透水性和水的补给来源等因素有关。一般情况下，如含水层分布面积广、厚度大、透水性好、水的来源充足，水量就丰富，动态亦较稳定。

（3）承压水的等水压线图。承压水等水压线图就是承压水测压水位等值线图（图 11-12）。它的编制方法与潜水等水位线图相似。但由于承压水含水层一般埋藏深度较大，要得到含水层在各点的测压水位，其较潜水位的测定要困难得多，因此等水压线图不像潜水等水位线图应用得那样广，一般只对于主要的含水层才进行编制。

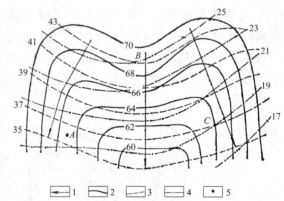

图 11-12　承压水等水压线图（比例尺 1∶5000）
1—承压水流向；2—地形等高线；3—等水压线；
4—含水层顶板等高线；5—钻孔

根据此图可以测定承压水的流向、承压水的水力坡度及每一点的承压水位。除此之

外，等水压线图还可为矿井设计或矿床疏干提供降低水头的数据。

11.4.2 按含水层空隙性质分类的各类地下水特征

11.4.2.1 孔隙水

孔隙水存在于松散岩层的孔隙中，这些松散岩层包括第四系及部分第三系沉积岩和坚硬基岩的风化壳。孔隙水的存在条件和特征取决于岩土的孔隙情况，因为岩土孔隙的大小和多少，不仅关系到岩土透水性的好坏，而且也直接影响到岩土中地下水量的多少，以及地下水在岩土中的运动条件和地下水的水质。一般情况下，岩土颗粒大而均匀，则含水层孔隙也大，透水性好，地下水水量大，运动快，水质好；反之则含水层孔隙小，透水性差，地下水运动慢，水质差，水量也小。

孔隙水由于埋藏条件的不同，可形成上层滞水、潜水或承压水，分别称为孔隙-上层滞水、孔隙-潜水和孔隙-承压水。

11.4.2.2 裂隙水

埋藏在基岩裂隙中的地下水称为裂隙水。它主要分布在山区和第四系松散覆盖层下面的基岩中，裂隙的性质和发育程度决定了裂隙水的存在和富水性，因此在研究裂隙水时，应首先对裂隙水存在的空间——裂隙进行研究。岩石的裂隙按成因可分为风化裂隙、成岩裂隙和构造裂隙三种类型，相应地也将裂隙水分为三种，即风化裂隙水、成岩裂隙水和构造裂隙水。

(1) 风化裂隙水。风化裂隙水是赋存在风化裂隙中的水。风化裂隙是由岩石的风化作用形成的，其特点是广泛地分布于出露基岩的表面，延伸短，无一定方向，发育密集而均匀，构成彼此连通的裂隙体系，一般发育深度为几米到几十米，少数也可深达百米以上。风化裂隙水绝大部分为潜水，具有统一的水面，多分布于出露基岩的表层，其下新鲜的基岩为含水层的下限（图11-13）。风化裂隙水的补给来源主要为大气降水，其补给量的大小受气候及地形因素的影响很大，气候潮湿多雨和地形平缓地区，风化裂隙水较丰富，一般可作饮用水。

(2) 成岩裂隙水。成岩裂隙是岩石在形成过程中产生的，一般常见于岩浆岩中。喷出岩类的成岩裂隙尤以玄武岩最为发育，这一类裂隙无论在水平还是垂直方向上，都较均匀，亦有固定层位，彼此相互连通。侵入岩体中的成岩裂隙，通常以其与围岩接触的部分最为发育。而赋存在成岩裂隙中的地下水即为成岩裂隙水。

喷出岩中的成岩裂隙常呈层状分布，当其出露地表，接受大气降水补给时，形成层状潜水。它与风化裂隙中的潜水相似。所不同的是分布不广，水量往往较大，裂隙不随深度减弱，而下伏隔水层一般为其他的不透水岩层（图11-14）。

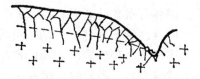

图11-13 风化裂隙中的潜水
1—风化裂隙；2—潜水水位；3—泉

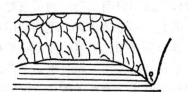

图11-14 玄武岩成岩裂隙中的潜水
1—玄武岩；2—泥岩；3—泉

侵入岩中的裂隙，特别是在与围岩接触的地方，常常由于裂隙发育而形成富水带（图11-15）。

成岩裂隙中的地下水水量有时可以很大，无论在疏干和利用上，皆不可忽视，特别是在开采金属矿床时，更应予以重视。

（3）构造裂隙水。构造裂隙是由于岩石受构造运动应力作用所形成的，而赋存于其中的地下水就称为构造裂隙水。由于构造裂隙较为复杂，构造裂隙水的变化也较大，一般按储存地下水的裂隙分布的产状，又将构造裂隙水分为层状裂隙水和脉状裂隙水两类。

图 11-15　侵入岩接触带裂隙水
1—石灰岩；2—变质岩；3—花岗岩；4—泉

层状裂隙水埋藏于沉积岩、变质岩的节理及片理等裂隙中。由于这类裂隙常发育均匀，能形成相互连通的含水层，具有统一的水面，故可视为潜水含水层。当其上部为新的沉积层所覆盖时，就可以形成层状裂隙承压水。

脉状裂隙水往往存在于断层破碎带中，通常为承压水性质，在地形低洼处，常沿断层带以泉的形式排泄。其富水性取决于断层性质、两盘岩性及次生充填情况。研究证明，一般情况下，压性断层所产生的破碎带不仅规模较小，而且两盘的裂隙一般都是闭合的，裂隙的富水性较差；当遇到规模较大的张性断层，且两盘又是坚硬脆性岩石时，则不仅破碎带规模大，而且裂隙的张开性也好，富水性强。如河北某铁矿中曾遇到张开性强的大断层，破碎带宽达8m左右，其两盘均属震旦系灰岩、石英岩及硅质页岩等脆性岩石。当坑道掘进到破碎带时，突然涌水，最大涌水量达 10000m^3/d 以上，并夹带有岩石碎屑。由此可见，断层性质对透水性的影响很大。

在断层破碎带规模大、张开性好、亦有经常性补给水源时，就可能成为涌水量大而稳定的富水带，给矿床开采造成威胁。但如断层连通性不好，又无经常性补给水源时，其水量往往不大，即使在采矿时遇到这类断层，开始时涌水可能较大，但不久就会逐渐减少以至枯竭。因此，研究断层破碎带的富水性对采矿工作具有很大意义。

11.4.2.3　岩溶水

"岩溶"是发育在可溶性岩石地区的一系列独特的地质作用和现象的总称，也称为喀斯特。独特的地质作用包括地下水的溶蚀作用和冲蚀作用，而独特的地质现象，就是由这两种作用所造成的各种溶洞和溶蚀地形等。埋藏于溶洞中的重力水称为岩溶水或喀斯特水，也称溶洞水。

可溶性岩石——主要是石灰岩、大理岩和白云岩等碳酸盐类岩石，分布遍及全国。在地质时代方面，自前震旦纪到第三纪均有沉积。因此，我国岩溶水的分布相当普遍。对岩溶水的研究，不论是对其合理的利用还是防治其危害，都具有重要的意义。

根据研究可知，岩溶的发育必须具备如下条件：有可溶性岩层存在；运动于可溶性岩层中的水具有侵蚀性；同时水是不停地流动的。缺少上述任何一项，岩溶都不能产生。岩石的溶解度越大，透水性越好，水的侵蚀性越大，水交替越强烈，则岩溶也越发育。

在岩溶化岩层中的地下水，可以是潜水，也可以是承压水。一般说来，在裸露的石灰岩分布区的岩溶水主要是潜水；当岩溶化岩层为其他岩层所覆盖时，岩溶-潜水可能转变为岩溶-承压水。这种情况在某些矿区是存在的，如广东的某铜矿第三个含水层就是中石炭系黄龙大理岩、石灰岩岩溶承压含水层。

岩溶的发育特点也决定了岩溶水的特征。其主要特点是岩溶水水量大、运动快，在垂直和水平方向上都具有分布不均匀的特性。此外，岩溶水特别是岩溶潜水的动态变化显著。这是因为岩溶溶洞较其他岩石中的孔隙、裂隙要大得多，降水易于渗入，以致在岩溶强烈发育的地区，即使是暴雨也很难形成地表径流，降水几乎全部渗入地下。一般在岩溶比较发育的地区，40%~50%的降水渗入地下是很常见的。岩溶溶洞不仅迅速接受降水渗入，而且岩溶水在溶洞或暗河中运动也很快，动态变化受气候影响显著，水位年变化幅度有时可达数十米之差，这是由于岩溶水径流畅通，由高处向低处迅速排泄的结果。因而，岩溶水埋藏很深，在高峻的岩溶山区常缺少地下水露头，甚至连地表水也没有，造成缺水现象。而大量岩溶水都以地下径流的形式流向低处，在谷地或是非岩溶化岩层接触处，以成群的泉水出露地表，每秒水量可达数百升，甚至数立方米。

岩溶水的化学成分变化也很大，在径流强烈、涌水量大的地区多为重碳酸（HCO_3^-）型水，在深部径流微弱的地区则可能出现硫酸（SO_4^{2-}）型或氯化物硫酸（$Cl^--SO_4^{2-}$）型水。

因为岩溶水一般水量大、水质好，所以可作大型供水水源，但它对采矿来说则有着严重的威胁。

11.5 矿区（矿床）水文地质图

11.5.1 矿区（矿床）水文地质图的概念

根据国家颁布的矿区水文地质工作规范规定，矿区（矿床）水文地质图的比例尺与一般的矿区地质图比例尺相同，为1/2000~1/10000。该图一般应反映下列主要内容：

（1）地层（突出矿层、顶底板隔水层和主要含水层）的埋藏及其水文地质特征、含（蓄）水构造（汇水条件）；地下水类型及其补给、径流和排泄情况。

（2）控制矿区地下水形成和运动的各种断裂构造形迹及其透水与富水特征；有关的自然地理和构造地质现象，岩溶发育规律及其含水情况。

（3）开采后可能或已发生的与矿床地下水有关的问题（如河水漏失或河道衬砌地段；供水淹没及排水影响范围等）；动态观测点的位置及其特征值；坍陷范围的预测。

（4）矿坑充水（因素）预测分区。可依据主要充水因素、极限涌水量、可能突水地段及防治改造措施等进行划分。

（5）必要的探、防水与疏干措施的建议。如为生产矿区，还要表示出主要坑道的分布、突（涌）水点及出水量、疏干范围、崩落及地表坍陷、水质变化、老窿充水情况等。

（6）某些必要的水化学成分资料。

（7）一定量的实际资料和地形地物。

从上述编制的内容可以看出，矿区（矿床）水文地质图是一张大比例尺的综合性的图件。如果同时编制有其他一些辅助性图件时，则这张图的内容可以简化，并可编成一套图。其中这些辅助图件有：地下水等水位（压）线图、长期观测综合曲线图、地下水化学类型或离子分布图、裂隙或溶洞发育规律图、老窿分布图、顶底板等厚线图、坍陷范围图、第四纪地质图及地貌图等。

矿区水文地质剖面图是矿区水文地质图不可缺少的附图，它的比例尺按照国家规范规定，一般与地质剖面图的比例尺相同，为1/2000~1/5000。剖面线位置及方向的选择应以能说明全矿区内水文地质条件的主要特征为原则，并尽可能和勘探钻孔控制性测水点结合起来。图中表示的主要内容与矿区水文地质图所要表示的主要内容应一致。

11.5.2 矿区（矿床）水文地质图的阅读

矿区（矿床）水文地质图的读图步骤与地质图的读图步骤大致相同。读图时首先看图名、比例尺和图例，因为图名反映了图幅的地区和图的类型，比例尺告诉我们缩小的程度和精确程度，而图例是帮助我们了解本图所要表现的全部地层和符号；然后再开始对矿区水文地质图的主要内容进行分析和阅读。其阅读的顺序如下：

(1) 图内一般内容的阅读。包括自然地理状况、地层、岩性、地质年代和地质构造等。

(2) 图内水文地质条件的阅读。包括地下水的类型，各类地下水的补给、径流和排泄情况等。

(3) 影响采矿的不良工程地质现象。

(4) 了解矿床水文地质及工程地质条件的复杂程度。

下面以华岭矿区水文地质图（图11-16）为例，介绍矿区水文地质图的阅读。

11.5.2.1 图内一般内容的阅读

(1) 自然地理状况。华岭矿区位于阳河的河谷平原中，其海拔绝对标高不超过90m。在矿区以南和矿区西北部为丘陵地带，其最高海拔标高为180m。阳河顺着东西方向由东向西流经矿区北部，为该矿区的侵蚀基准面，矿床全部位于侵蚀基准面以下。在矿区西边，有柏树河注入阳河。矿区南边有人工河由东往西注入柏树河，这条人工河是截断以前流经露天矿坑的几条小河而开挖的。

(2) 地层、岩性和地质年代。从图例、平面和剖面图上看，矿区基底是太古代片麻岩，表面风化裂隙发育。其上为古近纪地层，它的底部由凝灰质的砂岩、砾岩、页岩及玄武岩组成，露天矿的南帮就是由这些岩石构成的，它们的裂隙发育，含水，厚度约80m；中部为矿层，厚度达100m，即为开采矿体；矿体的上部由泥质页岩、油页岩和绿色、灰绿色的灰质页岩组成，厚度约为140m，其中泥质页岩、油页岩裂隙不发育，而灰质页岩裂隙发育，含水。分布在阳河流域的冲积层，为第四纪松散的砾石和粗、细粒的砂，以及冲积亚黏土组成，厚度约十几米。在露天矿南面的丘陵北麓，有坡积含碎石的亚黏土分布，其中含有潜水。

(3) 地质构造条件。从剖面图上看，整个矿区是一个巨大的向斜，其中向斜北翼被逆断层所切，使古近纪的地层与太古代片麻岩直接接触，断层破碎带含水。而向斜的南翼未受破坏，保持完整，其倾角约为20°~30°。

11.5.2.2 图内水文地质条件的阅读

本矿区地下水的类型有如下几种：

(1) 孔隙潜水。孔隙潜水主要分布在阳河、柏树河等河谷平原上的第四纪冲积的砂、

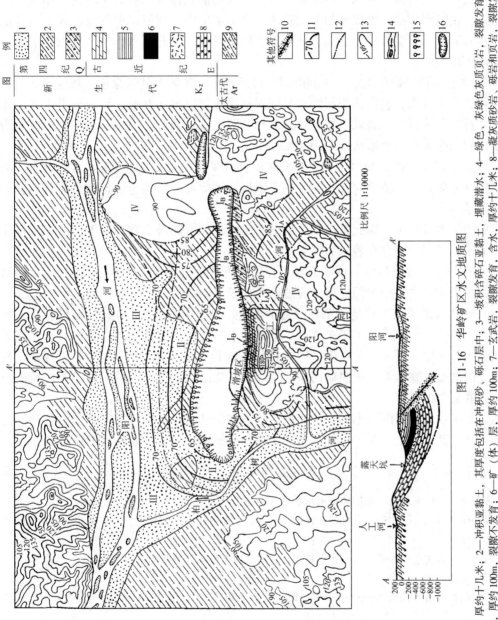

图 11-16　华岭矿区水文地质图

1—冲积砂、砾石层，厚约十几米；2—冲积亚黏土，砾石层中，其厚度包括在冲积砂、砾石层中；3—坡积含碎石亚黏土，埋藏潜水；4—绿色、灰绿色灰质页岩，裂隙潜水；5—泥质页岩、油页岩，裂隙不发育，厚约100m；7—玄武岩，含水，厚约十几米；8—凝灰质砂岩、砾岩和页岩，裂隙发育含水，厚约70m；9—片麻岩、露头风化裂隙发育；10—断层角砾岩充水带；11—潜水等水位线；12—水文地质分界线；13—地形等高线；14—河流及流向；15—泉、带状泵；16—露天采坑；I$_A$—补给露天坑非工作帮的冲积层潜水分布区；I$_B$—补给露天坑工作帮的坡积层潜水分布区；II—补给露天坑工作帮的冲积层潜水分布区；III—补给阳河的冲积层潜水分布区；IV—基岩分布区砾石层中。潜水的流向可通过等水位线进行分析。在露天矿坑北部，有两条标高 70m 的等水位线，因此证明中间存在有地下水的分水岭，即图中索线表示的位置。索线以北，潜水流向阳河，即潜水补给阳河水；而索线以南，潜水流向露天矿坑，并以带状泉排泄至露天矿坑内。上述现象证明，露天矿坑北部的潜水是由降雨补给的。露天矿坑西部根据潜水等水位线可以看出，柏树河的河水补给潜水，潜水以泉的形式排泄至露天矿坑内。露天矿坑南部的潜水，由降雨补给，也以泉的形式排泄至露天矿坑内。值得说明的是，人工河开挖在太古代片麻岩上，表层有风化裂隙，其下部裂隙不发育，能起隔水作用，所以人工河的河水不会渗入矿坑内。

（2）裂隙潜水和裂隙承压水。从剖面图上可以看出，矿体上部的绿色、灰绿色灰质页岩裂隙发育，其中含水。它由冲积层潜水及降雨从露头部位渗入补给。而灰质页岩与矿体之间为泥质页岩和油页岩，裂隙不发育，是良好的隔水层。因此，灰质页岩中的裂隙水为裂隙潜水，它和冲积层潜水形成统一的潜水面。

矿（体）层以下，凝灰质砂、砾岩和凝灰质页岩及其玄武岩裂隙发育，其中含水，而上覆的矿体和泥质页岩、油页岩又是良好的隔水层，因此在向斜构造中形成自流盆地，地下水为裂隙承压水。

断层破碎带本身含水，因此是矿层上部的孔隙潜水、裂隙潜水和矿层下部的裂隙承压水的联系通道，它们之间存在着水力联系。

（3）不良的工程地质条件。该矿为露天开采，从平面图上看，在露天矿南帮有大的滑坡区，因此露天边坡是不稳定的，即工程地质条件是复杂的。

（4）矿床水文地质及工程地质条件的复杂程度。根据华岭矿区水文地质图的分析，华岭矿床位于侵蚀基准面以下，由于矿体上、下的含水层处于向斜构造中，其中又有断层破碎带沟通各个含水层，形成水力联系，因此有利于地下水的富集。华岭矿为露天开采，其南帮又有大的滑坡体在活动。按照矿区水文地质工作规范的划分，该矿应属于水文地质及工程地质条件复杂的矿床。

上述分析仅仅是依据图面上的材料而进行的。如果读图时，结合矿区范围内各种勘探和试验的资料，其水文地质及工程地质条件才能分析的准确，也才能得到正确的结论。

思考题与习题

11-1 自然界的水是怎样循环的，水循环与水均衡有什么区别？
11-2 自然界岩土的空隙有哪几种，各有什么特点，研究岩土空隙性有什么意义，一般用什么指标衡量岩土的空隙性？
11-3 水在岩土中有哪些存在形式，各有什么特点，它们在地下是如何分布的？
11-4 饱水带中有结合水吗，为什么？
11-5 岩土的给水性和透水性的大小取决于哪些因素，岩土颗粒越大透水性越好，给水性也越好吗，为什么？
11-6 什么是含水层，含水层构成的条件是什么，什么是隔水层，为什么说含水层和隔水层具有相对性？
11-7 为什么要划分含水带、含水组，这种划分有什么实际意义？
11-8 研究地下水的物理性质和化学性质的意义何在，地下水有哪些物理性质，这些性质能说明些什么问题？
11-9 地下水有哪些主要化学成分，它们各以何种形式存在于水中，这些成分的来源如何？

11-10 地下水的主要化学性质有哪些，它们是如何形成的，为什么要研究这些化学性质？

11-11 为什么地下水的矿化度不同，其中主要离子成分也不同？随着地下水矿化度的增高，水中主要离子成分是如何变化的？

11-12 影响地下水化学成分形成的因素有哪些，在研究地下水化学成分形成和变化的作用时，应注意哪些问题？

11-13 地下水是如何分类的？试论述各类地下水的基本特征。

11-14 什么是上层滞水，它是如何形成的，研究它有何实际意义？

11-15 什么是潜水，它有哪些特征，影响潜水面形状的因素有哪些，潜水面的表示方法有哪几种，潜水等水位线图有哪些用途，潜水的补给条件和排泄条件如何？

11-16 什么是承压水，它有些什么特点，它与潜水如何区别，承压含水层之间的补给关系取决于哪些因素，承压水等水压线图有哪些用途？

11-17 在勘探地下水时，只要是"稳定水位高于初见水位"就可以判别是承压水，对吗？为什么？

12 地下水涌水量预测和防治

12.1 地下水运动的基本规律

12.1.1 地下水运动状态

一般把由固体骨架和空隙两部分组成的介质，称为多孔介质。地下水赋存和运动于其中的砂层、裂隙岩体等即属于多孔介质。地下水在多孔介质中的运动，称为渗流，发生渗流的区域称为渗流场。由于受到介质的阻滞作用，地下水的流动远较地表水缓慢，且由于地下水的类型、介质类型的不同，地下水的运动状态多种多样。

按地下水运动要素（水位、流速、流向等）是否随时间变化，可以将渗流分为稳定流和非稳定流；按地下水运动要素是否沿流程发生变化，可以将渗流分为均匀流和非均匀流。根据地下水质点运动状态的混杂程度，可以将渗流分为层流和紊流。

稳定流是指流速场中任意点的运动要素均不随时间而变化的水流；相反地，如果有任意一项运动要素随时间而变化，则称为非稳定流。均匀流是指运动要素沿流程不变的水流，即均匀流沿流程的过水断面大小、形状和方向不变，同一流线上各点的流速不变，流线为直线且彼此互相平行。显然，均匀流属于稳定流。非均匀流是运动要素沿流程发生改变的水流。

层流的特点是水质点运动连续不断，流束平行而不混杂（图 12-1（a））。紊流的特点是水质点运动不连续，流束混杂而不平行（图 12-1（b））。实验证明，当地下水在孔隙和细小的裂隙岩层中运动时，如水流速度缓慢，则多为层流状态；当地下水在大裂隙和溶洞中运动时，如实际速度大于 1000m/d，其流动状态多为紊流。由于地下水主要是在岩石的孔隙和裂隙中运动，运动时受到很大阻力，一般流速很慢，所以在大多数情况下，地下水运动都反映为层流运动状态。

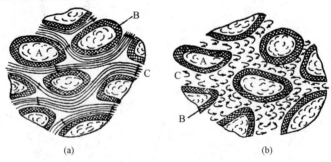

图 12-1 地下水在岩层中运动状态
（a）层流运动；（b）紊流运动
A—岩石颗粒；B—薄膜水；C—流束

对于层流和紊流来说，地下水的运动符合不同的定律。

12.1.2 渗流基本定律

12.1.2.1 直线渗透定律

1852~1856年，法国水力学家达尔西通过大量实验，定量揭示了地下水缓慢流动所遵循的规律——直线渗透定律（又称达尔西定律）。它是地下水运动的最基本定律，很多地下水运动的理论都是以该定律为基础而建立的。

达尔西的试验仪器（图12-2）是一个装满砂的金属圆筒1，由水管3把水注入圆筒中，水立即向砂中渗透并从下面的开关4中流出来。注入的水量及其水头可用入口开关5和出口开关4来调节。在达尔西实验仪上还安装了两个水银测压计6和7，以便用来测量圆筒中渗透途径上的水头损失。根据用水银测压计测量出来的不同的水头差，并测量单位时间从下面开关4中流出的水量（流量）、不同水头差的砂柱高度，可确定出下列关系式（也称达尔西公式）：

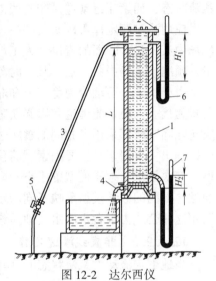

图12-2 达尔西仪

$$Q = K\frac{H_1 - H_2}{L}W = K\frac{H}{L}W = KIW \quad (12\text{-}1)$$

式中 Q——渗透水流量，m^3/s；

H_1，H_2——上下两水银测压计中水银柱折算成水柱的高度，m；

H——水银测压计所示高度折算成水柱之差值，即水头损失，m；

L——渗透砂柱的长度，也就是发生水头损失的渗透距离，m；

W——圆筒横切面的面积，即过水断面，m^2；

I——水头梯度（或水力坡度）；

K——表示岩石透水程度的常数，也称渗透系数，m/s。

如将达尔西公式的两端用 W 除时，则达尔西公式可写成另一种形式：

$$\frac{Q}{W} = KI \quad \text{或} \quad v = KI \quad (12\text{-}2)$$

式中 v——渗透速度，m/s。

达尔西公式说明：渗透速度与水流水头梯度的一次方成正比。由于公式（12-2）中 v-I 表现为直线关系，因此达尔西定律又被称为直线渗透定律。

达尔西定律很好地解释了岩性变化引起等水头线疏密变化的原因。因为渗流连续分布，渗流沿程水量既不增加又不减少，遵循质量守恒定律，在水的密度不变时，水的体积也不变。单位时间流过上一过水断面的水量等于流过下一过水断面的水量。即在渗流场中，连续分布的渗流在任意过水断面上通过的水量都相等，这就是稳定水流连续性原理。

由公式（12-2）可知，水头梯度（I）是无因次的，当水头梯度 $I=1$ 时，渗透系数（K）在数值上等于渗透流速（v），它表示水力坡度为1时地下水在介质中的渗透速度。

渗透系数（K）在水文地质学中是一个非常重要的概念，它是表示岩石的渗透性能强弱的指标。在水文地质计算中，它是衡量岩土透水性、计算涌水量、评价地下水资源的重要参数。因此，渗透系数的确定具有非常重要的意义。该值在室内可以通过达尔西仪或其他渗透仪经过试验求得，其计算公式用达尔西公式变换而得，即 $K=\dfrac{Q}{WI}$。此外，渗透系数也可以通过野外抽水试验法、物探法及经验数据法确定。

在达尔西实验中，若把供水箱的水位抬高到足够的高度，测得的 v_i、I_i（$i=1，2，\cdots，n$）并不全在一条直线上。这是因为渗流速度 v_i 大到一定值后，地下水便由层流状态变为紊流状态，而紊流运动遵循非直线渗透定律。

应用达尔西定律可以研究解决地下水运动问题，如求各类水文地质参数，计算天然渗流场中某一过水断面的流量、人工渗流场中流入各类水平、垂直、倾斜集水建筑物的涌水量，预测渗流场中某一点、某一时刻的水头大小，进行地下水资源评价等。

由于地下水运动分为稳定流和非稳定流运动，所以应用达尔西定律便产生了以裘布依公式为代表的稳定流理论和以泰斯公式为代表的非稳定流理论两大体系。这两大体系在解决实际问题时都采用了相同的解题过程：首先简化水文地质条件，在变化的水文地质条件中区别出主要因素和次要因素，简化或假设含水层及地下水的运动模式，建立水文地质模型；其次把水文地质模型置于空间坐标系中，用数学语言描述水文地质模型，即建立数学模型，不同的数学模型反映不同的水文地质条件，求解这些数学模型便得到各类公式；最后用这些公式去求含水层水文地质参数与预计涌水量。

12.1.2.2 非直线渗透定律

当地下水流动为紊流状态时，其运动规律服从哲才定律：

$$Q = KW\sqrt{I} \quad \text{或} \quad v = K\sqrt{I} \tag{12-3}$$

它和达尔西定律有相似的形式，只是流量（或渗流速度 v）与水力坡度 I 的平方根成正比，所以称为非直线渗透定律。紊流只是在个别的、相互连通且无充填物的大溶洞或大裂隙中才出现。

有些地下水的运动状态介于上述两种形式之间，称为混合流。混合流服从斯姆莱盖尔定律：

$$v = K\sqrt[m]{I} \tag{12-4}$$

式中 m——流态指数，介于 1~2 之间。

式（12-4）表明，地下水呈混合流运动时，渗透速度与水力坡度呈指数函数关系。

12.1.3 地下水向井运动的基本规律

垂直地面打的水井或者钻孔，统称为井，也称为垂直的集水建筑物。当它们揭露潜水含水层时，称为潜水井（图 12-3）；当它们揭露承压水含水层时，称为承压水井（图 12-4）。无论是潜水井或是承压水井，如果它们揭露了整个含水层，井一直打到含水层底板隔水层时，称为完整井；如果没有打到含水层底板隔水层时，称为非完整井。

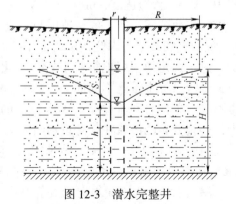

图 12-3 潜水完整井

12.1.3.1 潜水完整井涌水量公式

当从潜水完整井中抽水时（图12-3），开始水位剧烈下降，井壁周围的地下水形成水头差，于是井壁周围的水向井流动，在井的周围逐渐形成漏斗状的潜水面，称为降落漏斗。此时消耗的水量，一部分为漏斗内的静储量，另一部分是从周围流来的动储量，如图12-3所示。在漏斗未稳定前，地下水为非稳定流，随着漏斗的扩大而逐渐趋于稳定，地下水的运动则呈现稳定流状态，所消耗的水量全为周围流来的动储量。假定为层流条件，含水层为均质的，含水层水平分布无限广阔，其中没有蒸发和渗入，由于抽水，地下水形成径向辐射流，则潜水完整井涌水量计算公式为：

$$Q = 1.366K \frac{(2H-S)S}{\lg R - \lg r} \tag{12-5}$$

式中 Q——井的涌水量（或称排水量），m^3/d；
K——潜水含水层的渗透系数，m/d；
H——潜水含水层厚度，m；
S——井中稳定的水位降深，m；
R——稳定时漏斗半径，也称影响半径，m；
r——井的半径，m。

12.1.3.2 承压水完整井涌水量公式

当从承压水完整井中抽水时（图12-4），井中水位下降，形成降落漏斗，直至漏斗稳定呈稳定流时，抽出的水量为动储量。假定为层流条件，含水层为均质的，且水平分布无限广阔，由于抽水形成径向辐射流，则承压水完整井涌水量公式为：

$$Q = 2.73K \frac{MS}{\lg R - \lg r} \tag{12-6}$$

式中 M——承压含水层的厚度，m；
其他符号意义同前。

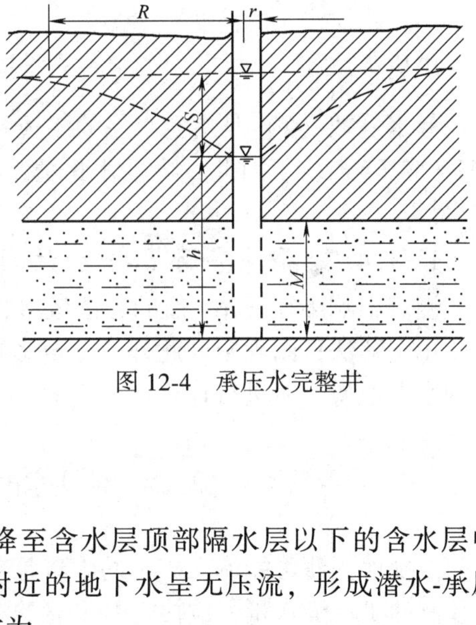

图12-4 承压水完整井

12.1.3.3 承压-无压完整井涌水量公式

当从承压完整井中抽水时，如果井中水位下降至含水层顶部隔水层以下的含水层中时，如下降漏斗稳定，地下水呈稳定流，此时井附近的地下水呈无压流，形成潜水-承压水完整井，假如为层流条件，它的涌水量计算公式为：

$$Q = 1.366K \frac{2HM - M^2 - h^2}{\lg R - \lg r} \tag{12-7}$$

式中 h——井中水位值，m；
H——承压水水头值，m；
其他符号意义同前。

上述公式是由法国水力学家裘布依，以达尔西定律为基础，推导出的地下水平面径向稳定流公式，因此人们也称这些公式为裘布依公式。裘布依公式的出现，对地下水水力学的发展起了重要作用，直到今天人们仍普遍应用。但应该指出：裘布依公式是以稳定流理论为基础的，然而地下水的实际运动状态却总是在不断地变化。因此，裘布依公式的最大缺陷，在于没有包括时间这个变量。1935年美国人泰斯，在数学家柳宾的帮助下，利用热传导理论中现成的公式加以适当的改造，第一次提出了实用的地下水径向非稳定流公式，即泰斯公式。有关泰斯公式的详细内容请参见水文地质学相关书籍。

12.1.4 水文地质参数的确定

水文地质参数是预测矿坑涌水量的重要依据，一般多在实验室或野外通过各种试验取得。

12.1.4.1 抽水试验测定渗透系数（K）和导水系数（T）

抽水试验是野外测定渗透系数的一个比较准确的方法。抽水试验就是使用抽水机械，如水泵等，从井中抽出某一定量的水。由于抽水井中水位下降，井周围形成一个下降漏斗，随抽水时间的延续，下降漏斗不断扩展，直至抽出的水量和补给的水量相等。当井中水位、涌水量和下降漏斗都达到稳定状态时，用公式（12-5）和公式（12-6）便可求出含水层的渗透系数（K）值：

潜水
$$K = 0.73 \frac{Q(\lg R - \lg r)}{(2H - S)S} \quad (12\text{-}8)$$

承压水
$$K = 0.36 \frac{Q(\lg R - \lg r)}{MS} \quad (12\text{-}9)$$

导水系数（T）是指含水层的渗透系数（K）与含水层厚度（M或H）的乘积，即$T=KM$（或$T=KH$）。因此，将抽水试验或室内试验求得的渗透系数（K）值代入公式即可求得。

12.1.4.2 影响半径（R）值的测定

测定影响半径（R）值的方法较多，如根据多孔抽水试验的观测孔或井、泉等观测资料，用图解法作图确定。此外，确定影响半径（R）值的经验公式也较多，可通过查阅有关的水文地质手册进行计算。

12.2 矿坑涌水量的预测方法简介

准确地预测可能流入矿坑的水量是矿山水文地质工作的重要任务之一。因为生产上要求预测的矿坑涌水量，应接近开采时的实际矿坑涌水量，如果预测量与未来开采时的实际涌水量不相一致，就会给矿山生产带来损失。如预测的涌水量小于实际涌水量，会造成矿坑涌水量超过排水能力，使矿坑积水过多而妨碍正常生产，甚至会出现淹井事故；如预测的涌水量大于实际涌水量，则会导致疏干和排水设备过多的浪费，甚至矿床被误认为水大而不能开采。在很多建筑工程中，如码头、地铁、高楼等建筑物，也有预测涌水量的问题，其方法原理都是一样的。

目前国内外常用的预测方法很多，归纳起来大致可分为三类，即水动力学法、统计法和模型模拟法。而每一类还可进一步细分为若干种方法，如水动力学法可分为解析法和数值法两种方法，统计法包括Q-S曲线法、水文地质比拟法、相关分析法、均衡法等方法，而模型模拟法常见的有砂槽模型法、水电模拟法、电力积分仪法、水力积分仪法等方法。由于各种方法的适用条件不尽相同，因而在解决具体问题时，应当根据水文地质条件的复杂程度、实际资料情况以及经济合理性等因素综合考虑，选择一种较好的方法，也可以同时选用几种方法以便互相验证对比。

下面以坑道系统的水动力学法（大井法）、水均衡法、水文地质比拟法为例，简要介绍矿坑涌水量的预测和计算方法。

12.2.1 坑道系统的水动力学法（大井法）

在预测坑道系统涌水量时，把坑道系统所占面积理想化为一个圆形的大井，然后应用地下水向井运动的公式预测坑道系统的涌水量，因此又称此法为大井法。但是坑道系统所占面积比起井来要大得多，所遇到的水文地质条件也较复杂，因此应用大井法要注意以下几个问题：

(1) 坑道系统的长度与宽度的比值应小于 10。

(2) 坑道系统的引用影响半径 R_0，在大井法计算中按 $R_0 = R + r_0$ 计算（图 12-5）。

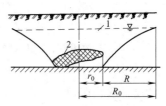

图 12-5 引用影响半径示意图
1—地下水静止水位；2—矿体；
R_0—引用影响半径；
R—影响半径；r_0—引用半径

引用半径 r_0 的计算：按坑道系统所占范围加以圈定，并使其等于一假想圆面积，此圆的半径即为引用半径，也称大井半径。不同几何形态坑道系统引用半径的计算公式不同，如表 12-1 所示。

表 12-1 不同几何形态坑道系统引用半径的计算公式

中段坑道系统形态	图示	计算公式	符号说明
不规则圆形 长宽之比大于 2~3		$r_0 = \sqrt{\dfrac{F}{\pi}}$	r_0——引用半径，m；
不规则多边形 长宽之比大于 2~3		$r_0 = \dfrac{P}{2\pi}$	F——中段坑道系统面积，m^2； P——中段坑道系统周长，m； a——坑道系统长度，m； b——坑道系统宽度，m；
方形		$r_0 = 0.56a$	η——与 b/a 比值有关的系数： b/a 0 0.2 0.4 0.6 0.8 1.0 η 1.00 1.12 1.14 1.16 1.18 1.18
矩形		$r_0 = \eta \dfrac{a+b}{4}$	

实例：某矿矿层埋藏在二叠纪砂岩含水层以下，砂岩具有承压水。矿层和地层被断层切割，断层透水而富水性不强。坑道系统面积 1.09km²，引用半径 $r_0 = 590$m，影响半径 $R = 910$m，则 $R_0 = R + r_0 = 1500$m，渗透系数为 0.2m/d，砂岩含水层厚度 30m，地层倾角 13°，平均水头高度 $H = 100$m。坑道系统布置在隔水层页岩上（图 12-6）。矿坑涌水量采用潜水-承压水完整井公式计算，则

$$Q = 1.366K\frac{(2H-M)M}{\lg R_0 - \lg r_0} = 1.366 \times 0.2 \frac{(2\times100-30)\times30}{\lg1500 - \lg590} = 3666 \text{m}^3/\text{d}$$

实际开采涌水量为 3600m³/d，基本上一致。

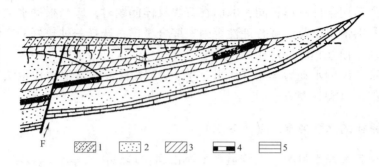

图 12-6 某矿剖面示意图

1—冲积层；2—砂岩页岩互层；3—页岩；4—矿层；5—石灰岩；H—承压水的平均水头

12.2.2 水均衡法

水均衡法是以质量守恒原理为基础，研究在一定时期、一定流域范围内，地下水的收入与支出之间的数量关系。根据补给量、排泄量和储存量均衡变化的方程式，求解矿井总涌水量。它常起辅助验证其他预测方法的作用。

12.2.2.1 基本原理、方法及应用条件

水均衡法预测涌水量的关键是划分和选取均衡区、选取均衡期、确定均衡要素和建立均衡式。均衡区应是一个完整的水文地质单元，补给和排泄边界要清楚，如山间盆地、自流盆地、自流斜地等，其地下水分水岭、隔水层、隔水断层、岩体等均可作为圈定均衡区的边界。均衡期常取一年。均衡要素的项目和数值，主要应考虑开采情况下，影响矿井渗流场变化的因素，其次是天然因素。通过气象、水文、长期观测资料的收集、分析、整理，求得各均衡要素的数值，然后取均衡期内的统计平均值，最后按收支平衡原理建立均衡式。

一般情况下，一个地区的地下水均衡式为：

$$F\mu\Delta h = A_1 + B_1 + C_1 + D_1 + E_1 - (A_2 + B_2 + C_2 + D_2 + E_2) \tag{12-10}$$

式中 F——均衡区含水层的分布面积，m^2；

μ——含水层的给水度或储水系数；

Δh——均衡期 Δt 内水位变化值，m；

A_1，A_2——大气降水渗入量和蒸发蒸腾量，m^3；

B_1，B_2——流入和流出均衡区的地下水量，m^3；

C_1，C_2——有其他含水层流入和流往其他含水层的地下水量，m^3；

D_1，D_2——地表水渗入和地下水补给地表水水量，m^3；

E_1，E_2——灌溉、渠水渗入、人工回灌和供水、排水抽出的地下水量，m^3。

对具体的矿井，式（12-10）中有的均衡要素可能不存在，有的数值很小，可忽略不计。计算时应根据矿井具体情况建立相应的均衡式。

在矿井所处的水文地质单元（均衡区）中，一定时期内（均衡期）地下水的补给量 Q_B 大于排泄量 Q_P 时，地下水的储存量（ΔQ）便会增加，地下水位上升；反之，储存量减少，地下水位下降。按质量守恒原理，它们应满足：

$$\Delta Q = Q_B - Q_P \tag{12-11}$$

通过观测确定地下水位变化值 Δh ($\Delta Q = F\mu\Delta h$) 和 Q_B 后，从式（12-11）中解出 Q_P，即可预计矿井总的涌水量（开采时矿井排泄量 Q_P 主要由矿井涌水量构成）。

水均衡法主要应用于地下水的均衡项目容易确定、均衡要素数值能准确获得的矿井，如补给和排泄条件简单的小型自流盆地、处于分水岭地带的裸露岩溶充水矿井、以大气降水补给为主的露天矿等。此时，用水均衡法预计涌水量往往比其他方法准确。在其他方法难以预计的非均质暗河型岩溶矿区，它是唯一可行的方法。但对均衡要素较难确定的矿井则常作为辅助的预计方法。

水均衡法的优点是不必考虑地下水在含水层中的复杂运动情况和机理，可省去大量的水文地质勘探工程量，减少求参和复杂的计算，可以获得全矿最大可能涌水量，起到检验其他预计方法可靠性的作用。缺点是有些均衡要素（如渗入量、蒸发量等）的测定较困难，计算精度低，不能分水平预计涌水量。

12.2.2.2 以降水补给为主的露天矿涌水量计算公式

如图 12-7 所示，此类露天矿的疏降涌水量为：

$$Q = Q_1 + Q_2 = q_1 + q_2 + q_3 + q_4 \tag{12-12}$$

式中 Q_1——降落漏斗范围内的含水层被疏干部分的水量（包括露天采场内含水层流量 q_1 和采场外疏降漏斗范围内含水层被疏干的水量 q_2），m^3；

Q_2——大气降水渗入补给量（包括降水直接降到采场内的水量 q_3 和降水渗入补给量 q_4），m^3。

其中

$$q_1 = \frac{W}{t} = \frac{V\mu}{t} \tag{12-13}$$

$$q_2 = \frac{hR\mu L}{3t} \tag{12-14}$$

$$q_3 = \frac{AF_1}{t} \tag{12-15}$$

$$q_4 = \frac{\varphi AF}{t} \tag{12-16}$$

式中 W——采矿场内被疏干的水量，m^3；

V——采矿场内疏干岩层的体积，m^3；

μ——给水度或裂隙度；

t——疏干时间，d；

h——采矿场内含水层平均厚度，m；

R——采矿场疏干时的影响半径（由采场边界算起），m；

L——疏干地段的周长，m；

A——矿区年降雨量（取丰水年资料），m；

F_1——采矿场的最大面积，m^2；

F——不包括采矿场面积在内的矿区集水面积，m^2；

φ——大气降水渗入系数。

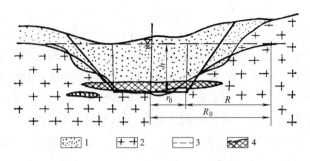

图 12-7 某钼矿区示意剖面图
1—砂砾潜水层；2—基岩裂隙潜水层；3—水位；4—矿体

将式（12-13）～式（12-16）代入式（12-12），得露天矿的疏干涌水量为：

$$Q = \frac{1}{t}\left(V\mu + \frac{hR\mu L}{3} + AF_1 + \varphi AF\right) \quad (12-17)$$

如果露天矿除有降水补给外，还有地表水补给时，式（12-17）还应加上 q_5：

$$q_5 = Y_1 - Y_2 \quad (12-18)$$

式中 Y_1，Y_2——河流流入和流出矿区的流量，m^3/d。

同理，当还有其他补给水源时，都应当参加水均衡计算。

12.2.3 水文地质比拟法

水文地质比拟法是根据地质、水文地质条件相同或相近似的生产矿坑的排水资料来换算设计矿坑的可能涌水量。根据国内外经验，只要建立的比拟关系式符合客观规律，用这种方法预测的矿坑涌水量还是比较近似的。

12.2.3.1 单位涌水量法

实际资料证明，矿坑涌水量与矿坑面积或体积的扩大成正比增加，因此收集现有生产矿坑排水资料、矿坑面积或体积、水位降低值，可换算出生产矿坑单位面积或单位体积上的单位涌水量为：

$$q_0 = \frac{Q_0}{F_0 S_0} \quad (12-19)$$

式中 q_0——生产矿坑单位面积、单位降深的涌水量，m^3/d；
Q_0——生产矿坑总涌水量，m^3/d；
F_0——生产矿坑的开采面积，m^2；
S_0——生产矿坑的水位降低值，m。

根据生产矿坑单位面积上单位降深的涌水量，可以计算与其地质、水文地质条件相类似的新设计矿坑的总涌水量为：

$$Q_{设} = q_0 F_{设} S_{设} \quad (12-20)$$

式中 $F_{设}$——新设计矿坑的设计开采面积，m^2；
$S_{设}$——新设计矿坑的设计平均水位降低值，m。

这种方法最适用于已开采的矿坑深部水平和外围地段的涌水量预测，也可适用于合乎条件的新矿坑。

12.2.3.2 富水系数法

在一定时期从矿坑中排出的水量,与同一时期开采出的矿石质量之比,称为富水系数(K_B)。其表达式为:

$$K_B = \frac{Q_0}{P_0} \tag{12-21}$$

式中　Q_0——矿坑排水量,m^3/a;
　　　P_0——矿坑的矿石开采量,t/a。

根据生产矿坑的富水系数,换算与其地质、水文地质条件和开采条件相类似的新设计矿坑的总涌水量为:

$$Q_设 = K_B P_设 \tag{12-22}$$

式中　$P_设$——新设计矿坑的矿石开采量,t/a。

除此之外,其他水文地质比拟方法也在应用,如统计法、矿段含水层厚度和水位降低法等,在此不一一叙述,可查有关文献资料。

12.3　矿坑涌水量的测量方法

生产矿山的矿坑涌水量的测量,是矿山在开采时期的一项重要水文地质工作。因为测量矿坑水的水量变化规律,可以验证和校核水文地质勘探时期矿坑充水因素的分析与预测涌水量的准确程度,为预计矿坑突水的可能性,为排水和防探水工作,为矿山扩建预测涌水量等提供可靠的矿坑涌水量资料。

12.3.1　根据水沟水流速度测量涌水量

此法是应用坑道中的排水沟测量涌水量。其测量方法一般是在坑下水仓的入口处,选择较为合适的已知过水断面 F 的排水沟地段,测量排水沟中水流速度 v,则水沟的水量即为矿坑的涌水量 $Q(m^3/s)$。计算式为:

$$Q = 0.8Fv \tag{12-23}$$

其中流速 v 是用浮标法测得的,即选择水沟平直、断面整齐、水流平稳的沟段,取距离数米的两个过水断面,测量其距离 L,然后将浮标放入水沟中,用秒表记录经过 L 距离的时间 t,则水流速度 $v(m/s)$ 为:

$$v = \frac{L}{t} \tag{12-24}$$

为了消除误差,一般需要在同一水沟中进行多次测量。此外,水沟的水流速度 v 还可用流速仪测定。

12.3.2　根据水沟安设堰板测量涌水量

在排水沟中,垂直水流方向,设置水流流量堰板,然后测量水流流过堰口的高度,通过公式计算或者查表求得流量,此种方法称为堰测法。堰板根据堰口形状的不同,可分为三角堰、梯形堰和矩形堰等。三角堰(图12-8(a))和梯形堰(图12-8(b))的计算式为：

三角堰 $Q = 0.014h^2\sqrt{h}$ （12-25）

式中 Q——流量，L/s；

h——测量水流流过堰口的水头高度，cm。

梯形堰 $Q = 0.0186Bh\sqrt{h}$ （12-26）

式中 B——堰口底的宽度，cm；

其余符号意义同前。

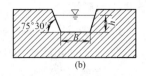

图 12-8 堰板
（a）三角堰；（b）梯形堰

为了计算流量的方便，可查三角堰水头高度（h）与流量（Q）和梯形堰底宽（B）、水头高度（h）与流量（Q）的换算表（见水文地质手册）。

12.3.3 根据储水池内水位上升量测量涌水量

此法是在一定的时间内，把要测量的矿坑水引入已知水平截面积的储水池中，根据水位上升的高度，即可测出准确的涌水量。可根据具体情况，利用水仓、各种巷道中的沉淀池以及地面上的储水池等进行测量。该法也称容积法。

12.3.4 根据水仓水泵观测法测量涌水量

此法的步骤是：首先用水泵抽水，将水仓内的原水位降低到一定深度，随即停止水泵运转，让水仓进水，待水位恢复到原来水位时，记下所需时间，再开动水泵将水排到原来深度，并记录所需时间。根据水泵每小时实际的抽水量及抽水时间，即可按式（12-27）计算出该矿坑的总涌水量。

$$Q = \frac{Q_0 t_2}{t_1 + t_2} \quad (12\text{-}27)$$

式中 Q——矿坑每小时内的总涌水量，m^3/h；

Q_0——水泵的实际出水量，m^3/h；

t_1——从停泵到水仓水位恢复到原水位所需的时间，h；

t_2——水泵排水时水仓由原水位排到一定深度所需的时间，h。

上式为一近似公式，所得涌水量的精确程度取决于水泵的排水能力，通常水泵的排水能力越大，则所得涌水量值越易偏大，反之则越易偏小。

根据国内外资料，矿坑涌水量的测定正向自动化方面发展，有无人管理的水仓和水泵房，有自动记录矿坑涌水量的仪器和仪表。

12.4 矿坑水害的防治

矿坑涌水及突水是矿产资源开发过程中经常遇见的一种水患，它会给井巷开拓和回采工作带来困难，需耗巨资建立防排水工程。矿坑突水，特别是大型突水，不仅危害矿山本身，影响采矿业的发展，而且由于单纯排水，大幅度降低地下水位，疏干含水层，还常引起区域性水源枯竭、水质污染、破坏地面生态环境等问题。此外，由于受采矿工程与矿坑排水的影响,还会使地下水头压力、矿山压力与围岩之间失去平衡,从而引起一系列环境工程地质问题,如地下采空区顶板冒落及塌陷、巷道底板鼓胀、露天采矿场边坡滑动、碎屑流溃入等。因此,矿坑涌水的防治是矿山生产中一项必不可少的工作,必须以人为本,从经济、技术、社会效益出发,兼顾采矿、供水、环境保护等诸多利益,是一项统筹性工作。

本节将就矿区地面防排水、地下水疏干、注浆堵水、钻孔封堵等常用的矿区地下水的防治措施进行简要的介绍。

12.4.1 矿区地面防排水

矿区地面防水工程是指为防止降雨汇水和地表水涌入露天采矿场或直接渗入井下,从而保障采矿生产安全而采取的各种防排水技术措施。它是减少矿井涌水量,保证矿山安全生产的第一道防线,主要有挖沟排(截)洪、矿区地面防渗、整治河道和防水堤坝等。

12.4.1.1 截水沟(防洪沟、排水沟)

位于山麓和山前平原区的矿区,若有大气降水顺坡汇流涌入露天采场、矿床疏干塌陷区、坑采崩落区、工业场地等低凹处,可能造成局部地区淹没,或沿充水岩层露头区、构造破碎带甚至井口渗(灌)入井下时,则必须在矿区上方垂直来水方向修筑沟渠,拦截山洪。截(排)水沟通常沿地形等高线布置,并按一定的坡度将水排出矿区范围之外(图12-9)。截水沟平面布置应注意以下几点:

(1) 截水沟设计要与采矿场排水设计统筹考虑,应最大限度地减少采矿场、崩落区、塌陷区的汇水面积,截水沟距露天采矿场的距离要考虑防止渗透和滑坡等因素。

(2) 制定截水沟布置方案时,要通过技术经济比较,在满足矿山生产要求的前提下,遵循分期、分批建设,近期与长远相结合的原则。

(3) 设计的截水沟应注意防止对下游村庄、农田、水利等方面产生不良影响。

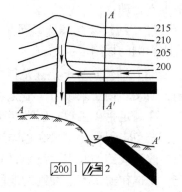

图12-9 截(排)水沟示意图
1—地形等高线;2—截(排)水沟

(4) 截水沟出口与河沟交汇时,其交汇角对下游方向应大于90°,并形成弧形;截水沟出口底部标高最好在河沟相应频率的洪水位以上,一般应在常水位以上,尽量避免在常水位以下。

(5) 截水沟通过坡度较大地段并对下游建筑物或其地面设施有不利影响时,应根据具体地形条件,设置跌水或陡槽,但不应设在沟的转弯处。

(6) 为避免水沟淤塞和冲刷,在水沟转弯处,其转角不宜大于45°,最小允许半径不应小于沟内水平宽度的2.5倍。

12.4.1.2 矿区地面防渗

矿区含水层露头区、疏干塌陷区、采矿引起的开裂或陷落区、老窑以及未密封钻孔等位于地面汇流积水区内,并且产生严重渗漏时,将对矿井安全构成威胁。矿区内池塘渗漏严重,也会对矿井安全或露天采场边坡稳定不利,应采取地面防渗措施。常用的防渗措施主要有：

(1) 对于产生渗漏但未发生塌陷的地段，可用黏土或亚黏土铺盖夯实，其厚度为 0.5~1m，以不再渗漏为度。

(2) 对于较大的塌陷坑和裂缝等充水通道，通常是下部用块石充填，上部用黏土夯实，并且使其高出地面约 0.3m，以防自然密实后重新下沉积水。

(3) 对于底部露出基岩的开口塌洞（溶洞、宽大裂缝），则应先在洞底铺设支架（如用废钢轨、废钢管等），然后用混凝土或钢筋混凝土将洞口封死，再回填土石。当回填至地面附近时，改用 0.8m 黏土分层夯实，并使其高出地面约 0.3m。

(4) 对矿区某些范围较大的低洼区，不易填堵时，则可考虑在适当部位设置移动泵站，排除积水，以防内涝。对矿区内较大的地表水体，应尽量设法截源引流，防渗堵漏，以减少地表水下渗量。

12.4.1.3 河道移设

当采掘工作遇到下列情况之一时，应考虑河道移设（图 12-10）：

(1) 河流直接在矿体上方流过，对地下开采的矿床，采用保留矿柱或充填法采矿仍不能保证安全或经济上不合理；

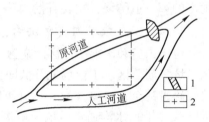

图 12-10　河流改道示意图
1—拦河坝；2—矿区边界

(2) 河流穿越露天境界，或坑内开采崩落区，或排水影响的塌陷区；

(3) 河流虽位于上述范围之外，但因河水大量渗入采区，对边坡或开采有严重不良影响，而又不便于采用防渗措施。

在满足采矿工程对防洪要求的前提下，改河线路的选择应注意：新河道线路长度要最短；避免走斜坡，尽量穿越洼地；尽可能避开不稳定土层或渗漏严重的地层。

改河线路的起点、终点的确定应注意：起点要顺河势，不要迫使水流急转进入新河道，要选在河床不易冲刷的地段，若有多余落差通常放在入口处；改河终点应放在原河道稳定的地段；在改河段终点，改河与原河的交角不宜过大，以免造成下游河道的不稳。

12.4.1.4 修筑防水堤坝

当露天采场、坑内开采崩落区或抽水塌陷区横断小型河流时，在地形、地质条件不宜采用河道移设或采用时技术经济不合理的情况下，可考虑采用水库调洪措施。调洪水库应设排洪平硐或排洪渠道泄洪，以达到保护矿坑安全的目的。

12.4.2 矿床地下水疏干

矿床疏干是借助于巷道、疏水孔、明沟等各种疏水构筑物，在基建以前或基建过程中，预先降低开采区的地下水位，以保证采掘工作正常和安全进行的一种措施。

12.4.2.1 矿床地下水预先疏干的一般原则

在下列任何一种情况下，应考虑预先疏干：

(1) 矿体及其顶底板含水层的涌水，对矿山生产工艺和设备效率有严重影响，不进行预先疏干，无法保证采掘工作正常与安全进行；

(2) 矿床虽赋存于隔水层或弱含水层中，但矿体顶底板岩层中，存在有含水丰富或水头很大的含水层，矿体顶板的含水层，虽然含水不丰富，水头也不大，但属于流砂层，若不进行预先疏干，在采掘过程中有突然涌水、涌砂的危险；

(3) 露天开采时，由于地下水的作用，使被揭露的岩土物理力学性质变坏，造成露天边坡不稳定。

12.4.2.2 疏干方案选择的原则

矿床疏干方案的选择，主要取决于矿区水文地质、工程地质条件，矿床开采方法以及采掘工程对疏干的要求，通过综合的技术经济比较确定。不论采用何种方案，其疏干方法在技术上必须满足以下要求：

(1) 采用的疏干方法，需与矿区水文地质条件相适应，并能保证有效地降低地下水位形成稳定降落漏斗；

(2) 应使地下水所形成的降落曲线低于相应时期的采掘工作标高或获得允许的剩余水头值；

(3) 疏干工程的施工进度和时间，需要满足矿床开拓、开采计划的要求。

应该指出，采用疏干措施预防地下水对矿床开采的危害，不是唯一的方法。近年来采用防渗帷幕注浆堵水治理地下水害已有成功的实例。利用巨厚灰岩中人工双层水位的特异水文地质现象，采用下层局部疏干法，已在实践中应用，并取得良好效果。在适宜的矿床水文地质条件下，采用上述方法可以取得比传统的疏干方法更理想的经济效益。

12.4.2.3 常用的矿床地下水疏干方法

基于水文地质条件和生产特点，不同的矿山采用了不同的矿床地下水疏干方法，目前比较常见的疏干方法主要有深井泵疏干法、巷道疏干法、疏水钻孔、明沟疏干法以及联合疏干法。

A 深井泵疏干法

深井泵疏干法是在需要疏干的地段，在地表施工大口径钻孔，安装深井泵或深井潜水泵，依靠孔内水泵工作而降低地下水位的一种方法，也称地表疏干法。

(1) 适用条件。深井泵疏干法适用于疏干渗透性好、含水丰富的含水层；疏干深度一般不宜超过国产水泵的最大扬程；设置水泵的地面，深井抽水后不发生塌陷或沉降。

(2) 优缺点。深井泵疏干法的优点是施工简单，施工期限短；因在地面施工，劳动和安全条件好；疏干工程布置的灵活性强，可以根据水位降低的要求，分期施工降水孔或灵活地移动疏水设备。但这种方法由于受疏干深度和含水层渗透性等条件的限制，使用上有较大的局限性；深井泵运转的可靠性比矿山用其他水泵差，效率一般也比较低；运转中的管理、维修也比较复杂，如供电发生故障，疏干效果会受到影响。

(3) 深井系统的布置。深井系统布置的形式主要取决于矿区地质、水文地质条件，疏干地段的轮廓等因素。最常用的布置形式有单直线孔排、单环形孔群、任意排列的孔群。

B 巷道疏干法

巷道疏干法是利用巷道或通过各种类型的疏水钻孔降低地下水位的疏干方法，亦称地下疏干法。疏干巷道根据其与含水层的相对位置有：巷道直接掘进在含水层中，巷道直接起疏干作用，一般在基岩含水层中使用；巷道掘进在隔水层中，巷道仅起引水作用，而通过放水孔对含水层进行疏干。地下水由钻孔自流进入巷道,再排出地表。这种方法一般在涌水量较大的含水层中采用。

(1) 巷道疏干法的优点(相对于深井泵疏干法)。巷道疏干法适用的地质、水文地质条件比较广泛;疏干强度大,比较彻底,特别是对位于含水层中的疏干巷道,此优点更加突出;排水设备运转的可靠性强,检修和管理比较方便,效率比深井泵高,在有利的地形条件下地下水可以自流排出地表,从排水设备正常运转角度出发,不受地表沉降限制;水仓能容纳一定量地下水,暂时停电,水仓可起缓冲作用,对疏干影响不大。

(2) 巷道疏干法的缺点。由于疏干工程在井下施工,因此劳动和安全条件差,当巷道在含水层中掘进时,施工更加困难;有时要施工很长的专用巷道,施工期限较长,基建投资大。

(3) 疏干巷道的布置原则。在满足采掘对疏干降落漏斗曲线要求的前提下,疏干巷道的布置一般应遵循:专用的疏干巷道,一般应当垂直矿床地下水的补给方向布置;要充分利用有利地形,使地下水的全部或一部分自流排出地表;疏干巷道布置应与采矿工程密切结合,坑内开采时,必须尽可能利用开拓和采准巷道,只有不能满足疏干要求时,才布置专用的疏干巷道;对于先露天后转坑内开采的矿床,疏干要与排水相结合,并应使疏干巷道能为后期坑内开采所利用,专用的疏干巷道,应尽量延长其服务年限;对坑内开采的矿床,在可能的情况下,应当尽量利用有利的地质条件,使巷道在较长的时期内甚至永久地截住某一层位的地下水,而不使它逐中段下流;露天开采时,主要起截流作用的疏干巷道,一般布置在露天最终境界线以外,并且越靠近露天境界疏干效果越好,但必须注意避免疏干巷道涌泥砂而造成对露天边坡和地面建筑物的破坏。

C 疏水钻孔

掘进在隔水层中的疏干巷道,仅能起引水作用,因此必须同时施工各种疏水钻孔。疏干巷道通过这些疏水钻孔使顶、底板含水层中的地下水以自流方式进入巷道。

(1) 丛状放水孔。丛状放水孔适用于基岩含水层,布置在疏干巷道或疏干硐室内,成丛状,孔径75~110mm,孔口装置分带闸阀和不带闸阀两种。从节能、安全、便于管理的角度出发,带孔口闸阀比不带孔口闸阀具有较大的优越性。

(2) 直通式放水孔。直通式放水孔是由地表施工,在垂直方向穿过含水层,而与井下疏干巷道旁侧的放水硐室相贯通的垂直放水孔。

(3) 打入式过滤器。打入式过滤器是直径不大、顶端为尖形的筛管,向巷道的顶、底板或两侧打入含水层中,使地下水位降低的一种疏水孔。它只适用于疏干距巷道不超过5~8m 的松散含水层。

D 明沟疏干法

明沟疏干法是在地表或露天矿台阶上开挖明沟以拦截流入采矿场的地下水的一种疏干方法。地下水进入明沟后,或以自流方式排出矿区,或汇集于集水池用水泵排出矿区。这种疏干方法一般只用于露天开采的矿区。地下开采时,为了防止覆盖层的地下水流入,也可使用。明沟疏干法在矿床疏干中,很少以单一形式出现,它经常作为辅助疏干手段与其他疏干方法配合使用。当它呈单一形式出现时,一般只适用于疏干埋藏不深、厚度不大、透水性较好、底板有稳定隔水层的松散含水层。与其他疏干方法配合使用时,则不受含水层埋深和厚度的限制。明沟结构形式简单，节省材料，施工速度快，投资省。缺点是使用的局限性大。

E　联合疏干法

在矿区水文地质及工程地质条件复杂，使用单一的疏干方法不能满足要求或不经济，尤其是在开采大水矿床时，可联合使用适合于当地条件的两种或两种以上疏干方法。在有下列情况之一时，一般应考虑采用联合疏干方法：

(1) 矿区存在多个互相无水力联系的含水层，这些含水层都妨碍采掘的正常进行；

(2) 由于深井设备扬程的限制，或由于深井长期排水的不合理，在疏干的后一阶段不得不用其他的疏干方法来接替；

(3) 由于露天矿区边坡稳定性要求，对某些含水层的疏干，如采用上述方法效果不佳时，可采用其他特殊疏干方法。

12.4.3　注浆堵水

注浆堵水是指将注浆材料（水泥、水玻璃、化学材料以及黏土、砂、砾石等）制成浆液，压入地下预定位置，使其扩张固结、硬化，起到堵水截流、加固岩层和消除水患的作用。

注浆堵水是防治矿井水害的有效手段之一，其优点是：减轻矿坑排水负担；不破坏或少破坏地下水的动态平衡，有利于保护水源和合理开发利用；改善采掘工程的劳动条件，创造打干井、打干巷的条件，提高工效和质量；加固薄弱地带，减少突水几率；避免地下水对工程设备的浸泡腐蚀，延长使用年限。当前注浆堵水方法在国内外已广泛应用于：井筒开凿及成井后的注浆；截源堵水；减少矿坑涌水量；封堵充水通道恢复被淹矿井或采区；巷道注浆，保障井巷穿越含水层（带）等。

注浆堵水在矿山生产中的应用方法有5种：

(1) 井筒注浆堵水。在矿山基建开拓阶段，井筒开凿必将破坏含水层。为了顺利通过含水层，或者成井后防止井壁漏水，可采用注浆堵水方法。按注浆施工与井筒施工的时间关系，井筒注浆堵水又可分为：井筒地面预注浆、井筒工作面预注浆、井筒井壁注浆。

(2) 巷道注浆。当巷道需穿越裂隙发育、富水性强的含水层时，则巷道掘进可与探放水作业配合进行。将探放水孔兼作注浆孔，埋入孔口管后进行注浆堵水，从而封闭岩石裂隙或破碎带等充水通道，减少矿坑涌水量，使掘进作业条件得到改善，掘进工效大为提高。

(3) 注浆升压，控制矿坑涌水量。当矿体有稳定的隔水顶底板存在时，可用注浆封堵井下突水点，并埋入孔口管，安装闸阀的方法，将地下水封闭在含水层中。当含水层中水压升高，接近顶底板隔水层抗水压的临界值时（通常用突水系数表征），则可开阀放水降压；当需要减少矿井涌水量时（雨季、隔水顶底板远未达到突水临界值、排水系统出现故障等），则关闭闸阀，升压蓄水，使大量地下水被封闭在含水层中，促使地下水位回升，缩小疏干半径，从而降低了矿井排水量，缓和防止地面塌陷等有害工程地质现象的发生。

(4) 恢复被淹矿井。当矿井或采区被淹没后，采用注浆堵水方法复井生产是行之有效的措施之一。注浆效果好坏的关键在于找准矿井或采区突水通道位置和充水水源。

(5) 帷幕注浆。对具有丰富补给水源的大水矿区，为了减少矿坑涌水量，保障井下安全生产，可在矿区主要进水通道建造地下注浆帷幕，切断充水通道，将地下水堵截在矿区之外。帷幕注浆不仅减少矿坑涌水量，还可避免矿区地面塌陷等工程地质问题的发生，因此具有良好的发展前景。但是帷幕注浆工程量大，基建投资多，确定该方法防治地下水应十分审慎。

12.4.4 漏水钻孔封堵

地面施工的各类勘探钻孔一般都会进行封孔。少数封孔质量不高的钻孔在坑内开采时被揭露，就可能造成涌水，这些垂直钻孔在某些地方穿过数个含水层，每天涌水量可达数千立方米，从而危及矿井生产安全。坑内施工的钻探孔或已完成任务的放水孔，这些钻孔的涌水会增加排水费用，必须进行封堵。

12.4.4.1 地面钻孔的封堵

由于地面钻孔封孔的质量不佳，造成向坑内涌水，当坑内已经揭露时，可在坑内已揭露出的钻孔底部下入止水塞堵住涌水，再向孔内注入水泥浆或水泥水玻璃双液浆。输浆管应超出止浆塞一定高度，以免浆液堵管达不到预期效果。注浆压力无需太高，否则浆液流散过远，增加材料消耗，只要能达到堵住涌水的目的就可以。需要注浆堵漏水孔时，止浆塞要用橡皮球止水塞。当钻孔涌水量过大，不易向孔内下入橡皮球止水塞时，可以用牛皮筋缠绕的止水器。

当漏水孔未被巷道揭露而顺岩石裂隙涌水时，可以采用坑内巷道寻找钻孔法和地面寻找钻孔法，找到漏水孔，然后下入止水器，注浆堵水。在地面找到的漏水孔，止水方法可以先用橡皮球、海带、黄豆、牛皮筋止水塞，当水被止住后，再用泵向孔内送入水泥浆或水泥、水玻璃双液浆。

12.4.4.2 坑内漏水钻孔封堵

坑内施工的勘探孔、已完成疏干任务的放水孔，一旦发生漏水就会增加排水费用，应该进行封堵。这些钻孔已不再使用，可考虑永久性封堵。首先在孔内下入止水器，然后注入水泥浆或水泥水玻璃双液浆。注浆结束，立即关闭孔口闸阀，待水泥凝固后打开水门检查，如无水流出即结束。

12.4.5 矿坑酸性水的防治与处理

一般说来，矿坑水都属于中性或弱碱性水，pH值在7~8之间。但某些含硫较高的矿床如硫铁矿床，由于金属硫化物的氧化和水解，矿坑水中硫酸铁含量的增加以及游离硫酸的出现，会使矿坑水的pH值降低，酸性增强。酸性矿坑水一般为硫酸盐水，大部分矿坑酸性水的pH值在2~3之间，也有小于2的，个别地区可能接近1。

12.4.5.1 矿坑酸性水的危害

矿坑酸性水中所含大量的酸和硫酸盐（特别是硫酸铁和硫酸铝），不仅直接污染了矿区地下水和地表水，而且由于其侵蚀性和高度的化学活性，对采矿作业范围内与之接触的施工机械、混凝土构筑物也会产生极大的腐蚀与破坏，使之效率降低甚至提前报废。当矿坑水pH值小于4时，井下铁轨、钢丝绳等在这种水中浸渍几天或十几天即损坏得不能使用；高速运转中的水泵叶轮腐蚀损坏得更快，铁质水泵往往只能连续排水十余小时。酸性

水中的 SO_4^{2-} 能与水泥中的某些成分相互作用，生成含水硫酸盐结晶，如通常被称为"水泥细菌"的铝硫酸钙（$3Ca \cdot Al_2O_3 \cdot 3CaSO_4 \cdot 2H_2O$）。这些盐类生成时体积胀大，可使水泥结构疏松破坏。在生成 $CaSO_4 \cdot 2H_2O$ 时，其体积增大一倍；在形成 $MgSO_4 \cdot 7H_2O$ 时，其体积增大 430%；而生成 $Al_2(SO_4)_3 \cdot 18H_2O$ 时，其体积则增大 1400%。

12.4.5.2 矿坑酸性水的防治与处理

酸性水作为一类特殊的矿坑水，鉴于其上述的特点及危害性，在采矿作业过程中必须对其进行必要和特殊的预防和处理。

（1）防治措施。尽量缩短矿井排除酸性水的年限，留够浅部矿柱，减少大气降水沿矿体露头渗入矿井；避免不同水源的混合。

（2）处理措施。

1）提高排水设备的耐腐蚀性能。用合金或有色金属代替黑色金属；用非金属材料代替金属材料（如塑料、陶瓷、耐酸岩石等）；采用金属镀层（如镀锌、镀铅）或非金属涂料（如喷涂油漆、塑料、橡胶、树脂等）；使用阴极保护法来防止井下金属设备遭受酸性水的腐蚀。

2）改进排水方法。设立专门排水系统，在有条件的矿井可以集中排出酸性水；采用分级排水，尽量降低水泵扬程。

3）中和酸性水。把生石灰加水搅拌成石灰浆，在酸性矿坑水流入水仓之前，将石灰浆均匀地放入进水水沟内，使其与酸性水充分作用，可降低或消除酸性。也可以用熟石灰（$Ca(OH)_2$）、纯碱（Na_2CO_3）或烧碱（$NaOH$）等代替生石灰作中和剂。

思考题与习题

12-1 什么是达西定律，其使用条件是什么？

12-2 影响渗透系数大小的因素有哪些，如何影响？

12-3 稳定流与非稳定流有何区别？

12-4 什么是层流，什么是紊流，其判别指标是什么？

12-5 有效孔隙度与孔隙度、给水度有何关系？

12-6 含水层抽水后在哪些条件下能形成稳定流？

12-7 什么是完整井，什么是非完整井？

12-8 什么是水位降深，什么是水位降落漏斗，降落漏斗的作用是什么？

12-9 什么是影响半径？

12-10 渗透系数可定量说明岩石的渗透性，渗透系数愈大，岩石的透水能力愈强，这种说法正确吗？

12-11 大井法用于矿坑地下水涌水量预测的基本原理是什么？说明其水量计算方法。

12-12 水均衡法用于矿坑地下水涌水量预测的基本原理是什么？说明其水量计算方法。

12-13 水文地质比拟法用于矿坑地下水涌水量预测的基本原理是什么？说明其水量计算方法。

12-14 常用的矿坑涌水量的测量方法有哪些？

12-15 矿区地下水疏干应遵循哪些原则？

12-16 矿坑水害防治有哪些常用方法？

13 矿山工程地质

矿山工程地质学是工程地质学的一个分支学科。工程地质学是研究与人类工程建筑等活动有关的地质问题的学科，其研究目的在于查明建设地区或建筑场地的工程地质条件，分析、预测和评价可能存在和发生的工程地质问题及其对建筑物和地质环境的影响和危害，提出防治不良地质现象的措施，为保证工程建设的合理规划以及建筑物的正确设计、顺利施工和正常使用，提供可靠的地质科学依据。而矿山工程地质是为查明影响矿山工程建设和生产的地质条件而进行的地质调查、勘察、测试、综合性评价及研究工作，是一项专门性的工程地质工作。

矿山工程地质工作的主要任务包括：（1）详细查明矿山工程地质条件，为矿山基建、生产中的各类岩（矿）石工程的选位和施工设计提供资料；（2）紧密结合矿山生产，解决与矿床开采有关的岩（矿）体稳定性问题。矿山工程地质工作的目的是确保矿山安全、持续生产，实现合理利用矿产资源，提高矿山企业经济效益。

矿山工程地质工作的主要内容包括：（1）对基建施工中的厂房地基、尾矿坝的坝基、铁路和公路的路基及边坡等进行工程地质调查；（2）对掘进中井巷、硐室、采场中工程地质条件复杂地段，进行工程地质调查和编录，并与采矿人员密切配合及时解决掘进中的工程地质问题；（3）与采矿技术人员密切配合，系统地开展有关露天矿边坡稳定和地下矿岩体稳定的综合性调查研究（包括岩土工程地质特征、岩体结构特征、有关水文地质条件、构造应力场的调查研究以及失稳地段定期的移动观测等）；（4）对可能危害工程施工或工程设施的工程动力地质现象（包括流砂、泥石流、崩塌、岩堆移动和岩溶等），进行专门的工程地质调查；（5）当矿山进行扩建时，还可能要开展扩建工业场地、路基及尾矿坝的工程地质调查。

矿山工程的主体是由土体和岩体直接组成的构筑物，如露天矿工程是由露天矿边坡、坑底、采场等土体或岩体直接开挖形成；地下采掘工程或称井巷工程是直接由竖井、斜井、平硐、巷道、采场等土体或岩体构成。岩土的工程地质性质直接影响到工程的设计、施工和使用，许多不良地质现象的发生往往与特定岩土的工程地质性质密切相关。因此，在矿山工程地质工作中，首先要对岩土的工程地质特征进行调查，然后对相关工程地质问题发生的原因进行分析，并提出相应的预防或治理措施。

本章将在介绍岩土的工程地质性质的基础上，重点对露天矿山和地下开采矿山经常面临的露天边坡的稳定性和地下岩体移动调查进行介绍。

13.1 土的工程地质性质

土是岩石在风化、剥蚀、搬运和沉积等一系列外力地质作用下形成的未固结的松散堆积物。在处理各类岩土工程问题和进行土力学计算时，不但要知道土的组成特点、物理力学性质及其变化规律，从而了解各类土的工程特性，而且要熟悉表征土的物理力学性质的各种指标的概念、测定方法及其相互换算关系，并掌握土的工程分类原则和标准。

13.1.1　土的组成与结构

由于土是一种松散的堆积物，所以土的组成包括作为骨架的固体颗粒（土粒）、孔隙中的水及其溶解物质以及气体。也就是说，土是由颗粒（固相）、水溶液（液相）和气体（气相）所组成的三相体系。

不同类型的土其成因差别很大，从而导致各种土的颗粒大小和矿物成分差别很大，土的三相间的数量比例也不尽相同；而且土粒与其孔隙水溶液及环境水之间又有着复杂的物理化学作用。因此，要研究土的工程性质就必须了解土的三相组成性质、比例、环境条件以及在天然状态下土的结构和构造等总体特征。

13.1.1.1　土的粒度成分

在土的三相组成中，固体颗粒是其最主要的组成部分，构成土的骨架主体，故土的粒度成分是决定土的工程性质的最主要内在因素之一，也是对土进行分类的主要依据。土的粒度通常以土颗粒直径的大小来表示，单位为 mm。介于一定范围的土粒，称为粒组，或称粒级。通常所说的土的粒度成分，就是指土中不同粒组颗粒的相对含量，用不同粒组颗粒的质量占该土颗粒的总质量的百分比来表示。

A　土的粒组划分

考虑到在一定的粒径变化范围内，土的工程地质性质是相似的，若超越了这个变化幅度就要引起质的变化，因此在理论研究和工程实践中，通常是以土颗粒发生这种性质突变的粒径作为区分不同粒组的界限，同时兼顾粒度测定技术等方面的便捷性、实用性来进行粒组的划分。目前广泛应用的粒组划分方案是将粒径由大至小划分为如表 13-1 所示的六个粒组。

表 13-1　土的粒组划分

粒组名称	粒组范围 /mm	粒组名称	粒组范围 /mm
漂石（块石）	>200	砂粒	0.075~2
卵石（碎石）	20~200	粉粒	0.005~0.075
砾石	2~20	黏粒	<0.005

B　各粒组的特征

（1）漂、卵、砾粒组：多为岩石碎块。由这种粒组形成的土，孔隙粗大，透水性极强，毛细水上升高度微小，甚至没有；无论在潮湿或干旱状态下，均没有黏结，既无可塑性，也无胀缩性，压缩性极低，强度较高。

（2）砂粒组：主要为原生矿物颗粒，其成分大多是石英、长石、云母等。由这种粒组组成的土，其孔隙较大，透水性强，毛细水上升高度很小，湿时粒间具有弯液面力，能将细颗粒黏结在一起，干时及饱水时，粒间没有黏结，呈松散状态，既无可塑性，也无胀缩性，压缩性极弱，强度较高。

（3）粉粒组：是原生矿物与次生矿物的混合体，性质介于砂粒与黏粒之间。由该粒组组成的土,因孔隙小而透水性弱,毛细水上升高度很高,湿润时略具有黏性,因其比表面积较小,所以失去水分时黏结力减弱,导致尘土飞扬,有一定的压缩性,强度较低。

(4) 黏粒组:主要由次生矿物组成。由该粒组组成的土,其孔隙很小,透水性极弱,毛细水上升高度较高,有可塑性、胀缩性,失水时黏结力增强使土变硬,湿时具有较高的压缩性,强度较低。

显然,以上各类土比表面积差别很大、颗粒的组成矿物类型也不相同,从而导致其工程性质也各不相同。其中,以砾石和砂砾为主要组成的土为粗粒土,也称无黏性土,其特征为:孔隙大、透水性强,毛细水上升高度很小,既无可塑性,也无胀缩性,压缩性极弱,强度较高。以粉粒、黏粒(或胶粒,粒径小于0.002mm)为主的土称为细粒土,也称为黏性土,其特征为:主要由原生矿物、次生矿物组成,孔隙很小,透水性极弱,毛细水上升高度较高,有可塑性、胀缩性,强度较低。

C 粒度成分(粒径级配)的分析方法

在具体的科学研究和工程实践中,为了了解和把握特定岩土的工程性质,首先需要对其粒度组成进行分析,通常采用的粒径级配的分析方法有筛分法和水分法两种。

(1) 筛分法:适用于颗粒大于0.075mm的土的分析。它是利用一套孔径大小不同的筛子,将事先称过质量的烘干土样过筛,称量留在各筛上的质量,然后计算相应的百分数。砾石类土与砂类土通常采用这种方法。

(2) 水分法(静水沉降法):用于分析粒级小于0.075mm的土。根据斯托克斯(Stokes)定理,球状的细颗粒在水中的下沉速度与颗粒直径的平方成正比:$V=Kd^2$。因此,可以利用粗颗粒下沉速度快,细颗粒下沉速度慢的原理,把颗粒按下沉速度进行粗细分组。实验室常用比重计进行颗粒分析,称为比重计法。

在通过上述方法取得土的粒级组成数据后,将其绘制在以土的粒径为横坐标,小于某粒径之土的质量百分数 $p(\%)$ 为纵坐标的图上,即可得到土的粒径级配累积曲线(图13-1)。

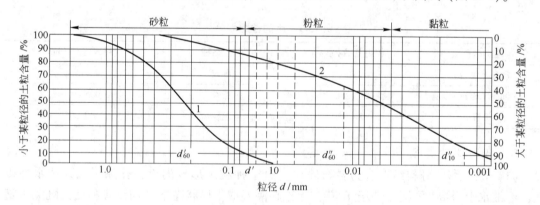

图 13-1 粒级级配累积曲线

根据累积曲线图可以确定土的有效粒径(d_{10}),平均粒径(d_{50}),限制粒径(d_{60} 与 d_{30})和任一粒组的百分含量,并可用它们确定两个描述土的级配的指标:

$$C_u = \frac{d_{60}}{d_{10}} \tag{13-1}$$

$$C_c = \frac{d_{30}^2}{d_{10} \cdot d_{60}} \qquad (13\text{-}2)$$

式中 C_u——土的不均匀系数；

C_c——土的曲率系数；

d_{10}，d_{30}，d_{60}——分别相当于累计百分含量为 10%，30% 和 60% 的粒径，d_{10} 称为有效粒径，d_{60} 称为限制粒径。

C_u 值越大，则累积曲线越平缓，表示土粒越不均匀；C_u 值越小，则曲线越陡，表示土粒越均匀。工程实际中，将 $C_u<5$ 的土视为级配不良的均粒土，$C_u>5$ 的土称为级配良好的非均粒土。C_u 越大，曲线越缓，级配越好，越易获得具有较高密实度或较小孔隙度的土。

曲率系数则是描述累计曲线整体形状的指标。经验证明，当级配连续时，C_c 的范围约为 1~3，因此当 $C_c<1$ 或 $C_c>3$ 时，表示级配线不连续。工程上把 $C_u \geqslant 5$ 且 $C_c=1\sim3$ 的土，称为级配良好的土；不能同时满足上述两个要求的土，称为级配不良的土。

颗粒级配可以在一定程度上反映土的某些性质。对于级配良好的土，较粗颗粒间的孔隙被较细的颗粒所填充，因而土的密实度较好，相应的地基土的强度和稳定性也较好，透水性和压缩性也较小，可用作堤坝或其他土建工程的填方土料。

13.1.1.2 土的矿物成分

土的固体相部分是由各种矿物颗粒或矿物集合体组成的，另外或多或少含有一些有机质。土粒的矿物成分主要决定于母岩的成分及其所经受的风化作用。不同的矿物成分对土的性质有着不同的影响，其中以细粒组的矿物成分尤为重要，表现为颗粒越细小、表面能越大，不稳定程度越高。土中矿物成分可分为原生矿物、次生矿物、可溶盐类及有机质四大类（图 13-2）。

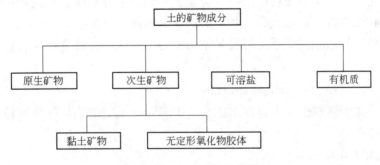

图 13-2　土中矿物成分分类图

A　原生矿物

原生矿物是岩石经物理风化破碎但成分没有发生变化的矿物碎屑，主要是石英、长石、白云母等。它们主要存在于卵、砾、砂、粉各粒组中，其特点是成分稳定、抗风化能力强、工程性质好。

B　次生矿物

次生矿物是母岩风化后及在风化搬运过程中，原来的矿物因氧化、水化及水解、溶解等化学风化作用而进一步分解所形成的一些新矿物，主要由黏土矿物（高岭石、蒙脱石、伊利石）、胶体（SiO_2、Al_2O_3、Fe_2O_3）及其他氧化物组成。其特点是呈高度分散状态——

胶态或准胶态，表面能大、亲水性高，可塑性强、强度变化大。

  C 可溶盐类

可溶盐类通常以离子状态存在于土的孔隙溶液中。阳离子有 K^+、Na^+、Ca^{2+}、Mg^{2+}、Fe^{2+} 等，阴离子有 Cl^-、SO_4^{2-}、HCO_3^- 等。

当土中含水量降低或介质的 pH 值发生变化时，这些溶解物质便会结晶析出在土颗粒表面，在土中起暂时性胶结作用。当外部条件发生变化，如土中含水量增加，结晶的盐类会重新溶解，先前的暂时性胶结将部分或全部丧失。

我国北方地区的黄土，粒间以微晶碳酸钙和硫酸钙胶结，遇水受压后容易发生突然沉陷。而见于青海地区的盐土，颗粒成分和外观与黄土相似，不同的是粒间以微晶氯化钠和氯化镁（易溶盐类）胶结，遇水后湿陷特别快。

  D 有机质

含较多有机质的土在工程上俗称软土（包括淤泥和淤泥质土）。土中的有机质是动植物残骸和微生物以及它们的各种分解和合成产物。

有机质对土的工程性质的影响主要取决于其龄期、分解程度，即取决于有机质的数量及性质。从工程观点看，有机质（特别是分解完全的腐殖质）会导致土的塑性增强，压缩性增高，渗透性减小，强度降低。一般地，土中有机质含量超过 1% 时，采用堆载预压和水泥土搅拌进行处理不会取得明显改良效果。

13.1.1.3 土的结构

土的结构是指组成土的土粒大小、形状、表面特征，土粒间的黏结关系和土粒的排列情况，其中包括颗粒或集合体间的距离、孔隙大小及其分布特点。

土的结构是土的基本地质特征之一，也是决定土的工程性质变化趋势的内在依据。土的结构与土的颗粒级配、矿物成分、颗粒形状及沉积条件有关。

根据土颗粒之间的相互关系，可将其结构分为单粒结构、蜂窝结构、絮状结构三种基本形式。

  A 单粒结构（single-grained structure）

成土过程中粗大颗粒由于自重在水或空气中沉降形成的结构，称为单粒结构。具有这种结构的土的特点是：

（1）粒径大于 0.075mm；

（2）颗粒间无黏结——点与点的接触；

（3）渗透性能好；

（4）工程性质好（承载力高，压缩性低）。

根据形成条件不同，单粒结构可分为疏松和密实两种状态（图 13-3）。

  B 蜂窝结构（boneycomb structure）

主要由粉粒（0.05~0.005mm）组成的土的结构形式，称为蜂窝结构。

形成机制：土颗粒在水中以单个土粒下沉，当碰到已沉积的土粒时，由于土粒之间的分子吸引力大于颗粒自重，土粒就停留在最初的接触点上不再下沉，形成链环单位，很多链环联结起来，形成孔隙较大的蜂窝结构（图 13-4）。

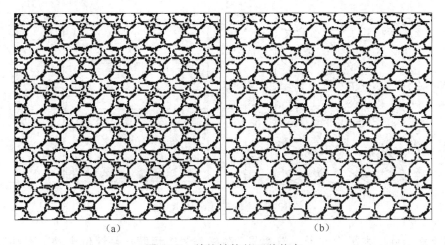

图 13-3 单粒结构的两种状态
(a) 密实状态；(b) 疏松状态

C 絮状结构 (flocculent structure)

由黏粒（小于 0.005mm）集合体组成的结构形式，称为絮状结构。

形成机制：黏粒能够在水中长期悬浮，不因自重而下沉；当这些悬浮在水中的黏粒被带到电解质浓度较大的环境（如海水）中时，黏粒凝聚成絮状的集粒（黏粒集合体）而下沉，并相继和已沉积的絮状集粒接触，从而形成类似蜂窝、孔隙很大的絮状结构（图 13-5）。

具有这种结构的土由于空隙度高（50%～98%），含水量高（$w(H_2O)>75\%$），工程性质和稳定性一般比较差。

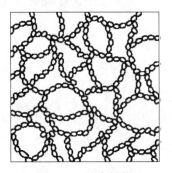

图 13-4 蜂窝结构

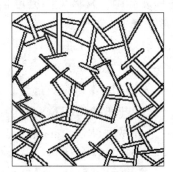

图 13-5 絮状结构

13.1.2 土的物理力学性质

13.1.2.1 土的物理性质指标

自然界中的土体是由固相、液相和气相组成的结构十分复杂的三相分散体系。土中三相物质在体积和质量上的相互比例关系称为三相比例指标，也称土的物理性质指标。

为使三相比例关系形象化和阐述、分析问题方便，在研究过程中通常将其抽象为三个独立的相，简化成一般的物理模型进行分析（图 13-6）。

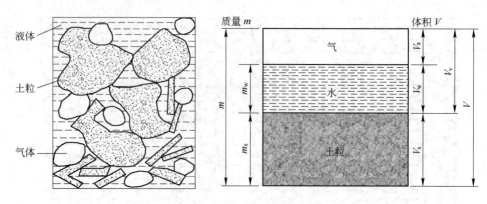

图 13-6 土的三相组成示意图

三相比例指标反映了土的干燥与潮湿、疏松与紧密程度，是评价土的工程性质的最基本的物理性质指标，也是工程地质勘察报告中的基本内容。它包括可由试验直接测定的土粒比重（G_s）、土的含水量（w）和密度（ρ）三项基本物理性质指标，以及孔隙率、饱和度等五项换算指标。

A 直接测定指标

a 土的密度（ρ）

土的密度（ρ）是指土的总质量与总体积之比，即单位体积土的质量，其单位为 g/cm^3。常见土的密度一般介于 $1.6\sim 2.2 g/cm^3$ 之间。

$$\rho = \frac{m}{V} = \frac{m_s + m_w}{V_s + V_w + V_a} \tag{13-3}$$

在工程实际中，常将土的密度换算成土的重度（γ），重度等于密度乘以重力加速度（g），其单位是 kN/m^3，即

$$\gamma = \rho g \tag{13-4}$$

式中 m——土的总质量，g；

m_s——土的固体颗粒质量，g；

m_w——土中液体的质量，g；

V——土的总体积，cm^3；

V_w——土中液体的体积，cm^3；

V_a——土中气体的体积，cm^3；

V_s——土中固体颗粒的体积，cm^3。

b 土粒比重（G_s）（土粒相对密度）

土粒比重（G_s）是指土粒质量（固体）与4℃时同体积的纯水的质量之比，其值与土粒密度相同，但没有单位，在用作土的三相指标计算时必须乘以水的密度值才能平衡量纲。

$$G_s = \frac{m_s}{V_s \rho_w} = \frac{\rho}{\rho_w} \tag{13-5}$$

式中 ρ——土粒密度，g/cm^3；

ρ_w——水的密度，g/cm³。

土粒比重的大小决定于土粒的矿物成分，与土的孔隙大小和含水多少无关，它的数值一般在 2.6~2.8g/cm³ 之间（表 13-2）。

表 13-2 各种主要类型土的土粒比重

土的种类		砾类土	砂类土	粉土	粉质黏土	黏土
土粒比重	常见值	2.65~2.75	2.65~2.70	2.65~2.70	2.68~2.73	2.72~2.76
	平均值		2.66	2.68	2.71	2.74

c 土的含水量（w）

土的含水量（w）是指土中所含水分的质量与固体颗粒质量之比，又称土的含水率，以百分数表示。

$$w = \frac{m_w}{m_s} \times 100\% = \frac{m - m_s}{m_s} \times 100\% \tag{13-6}$$

土的含水量是标志土的湿度的一个重要物理指标。天然土层含水量变化范围较大，与土的种类、埋藏条件及其所处的自然地理环境等有关。一般说来，对同一类土，当其含水量增大时，则其强度就降低。通常干砂土的含水量接近于 0%，饱和砂土可达 35% 左右，坚硬黏性土为 20%~30%，饱和软黏性土可达 60% 左右。

B 换算指标

a 孔隙率（n）和孔隙比（e）

土中孔隙的大小、形状、分布特征、连通情况与总体积等，称为土的孔隙性，其主要取决于土的颗粒级配与土粒排列的疏密程度。孔隙率和孔隙比就是表示土中孔隙含量的两个常用指标。

孔隙率又称孔隙度，指土中孔隙总体积与土的总体积之比，用百分数表示。

$$n = \frac{V_v}{V} \times 100\% \tag{13-7}$$

土的孔隙度取决于土的结构状态，砂类土的孔隙度常小于黏性土的孔隙度。土的孔隙度一般为 27%~52%。

孔隙比指土中孔隙体积与土中固体颗粒总体积的比值，用小数表示。

$$e = \frac{V_v}{V_s} \tag{13-8}$$

孔隙比是一个重要的物理性能指标，可以说明土的密实程度，并可按其大小对砂土或粉土进行密实度分类。如在《岩土工程勘察规范》中，用天然孔隙比来确定粉土的密实度：$e<0.75$ 的为密实土；$0.75 \leqslant e \leqslant 0.9$ 的为中密土；$e>0.9$ 的为稍密的粉土。

上述孔隙度与孔隙比之间存在着以下换算关系：

$$n = \frac{e}{1+e} \quad \text{或} \quad e = \frac{n}{1-n}$$

b 土的饱和度（S_r）

土孔隙中所含水的体积与土中孔隙体积的比值称为土的饱和度，以百分数表示。

$$S_r = \frac{V_w}{V_v} \times 100\% \tag{13-9}$$

饱和度描述了土中孔隙被水充满的程度。干土 $S_r = 0$，饱和土 $S_r = 100\%$。

c 土的饱和密度（ρ_{sat}）和饱和重度（γ_{sat}）

饱和密度：土孔隙中全部充满液态水时的单位体积土体的质量，即

$$\rho_{sat} = \frac{m_s + V_v\rho_w}{V} \tag{13-10}$$

饱和重度：土孔隙完全被水充满的单位体积土体的重量。

$$\gamma = \rho_{sat}g \tag{13-11}$$

式中　g——重力加速度。

d 土的干密度（ρ_d）和干重度（γ_d）

干密度：单位体积土体中固体颗粒部分的质量。

$$\rho_d = \frac{m_s}{V} \tag{13-12}$$

干重度：单位体积土体中固体颗粒部分的重量。

$$\gamma = \rho_d g \tag{13-13}$$

e 土的浮密度（ρ'）和浮重度（γ'）

处于地下水位以下的土体，通常会受到水的浮力作用。把单位体积土中土粒的质量（重量）扣除同体积水的质量（重量）后的有效质量（重量），称为浮密度（浮重度），分别以 ρ' 及 γ' 表示。

$$\rho' = \frac{m_s - V_s\rho_w}{V} \tag{13-14}$$

$$\gamma' = \rho'g \tag{13-15}$$

显然，$\rho_{sat} \geq \rho \geq \rho_d > \rho'$，$\gamma_{sat} \geq \gamma \geq \gamma_d > \gamma'$。

13.1.2.2 无黏性土的密实状态

砂土、碎石土统称无黏性土。无黏性土的密实程度对其工程性质有重要的影响。土粒排列越紧密，在外荷载作用下，其变形越小，强度越大，工程性质越好。而处于疏松状态的无黏性土，尤其是细砂和粉砂，其承载力就有可能很低，因为疏松的单粒结构是不稳定的，在外力作用下很容易产生变形，且强度也低，很难做天然地基。如其位于地下水位以下，在动荷载作用下还有可能由于超静水压力的产生而发生液化。例如，1975 年 2 月 4 日发生的辽宁海城 7.3 级地震，震中区以西 25~60km 的下辽河平原，发生强烈砂土液化，大面积喷砂冒水，许多道路、桥梁、工业设施、民用建筑遭受破坏；1976 年 7 月 28 日发生在唐山的 7.8 级地震，也引起大区域的砂土液化。

在工程实践中，但凡遇到无黏性土时，首先需要注意的就是它的密实状态，即密实度。土的密实度是指单位体积土中固体颗粒的含量或者说砂土、碎石土的疏密程度。砂土的密实状态可以分别用孔隙比、相对密实度和标准贯入锤击数进行评价。

A 孔隙比（e）

砂土的疏松或紧密程度决定了其承载能力的高低，作为反映这种程度的物理指标，孔隙

比是被用来判断砂土工程地质性质的一项依据。对于同一种土，当孔隙比小于某一限度时，处于密实状态。孔隙比愈大，土愈松散，其承载力也愈低。如我国原《工业与民用建筑地基基础设计规范》（TJ7—74）曾采用天然孔隙比作为砂土紧密状态的分类指标（表13-3）。

表13-3 按天然孔隙比划分砂土的紧密状态

砂土名称	密实	中密	稍密	疏松
砾砂、粗砂、中砂	<0.60	0.60~0.75	0.75~0.85	>0.85
细砂、粉砂	<0.70	0.70~0.85	0.85~0.95	>0.95

B 相对密实度（D_r）

在工程实践中，常用相对密实度判别砂土的震动液化，或评价砂土的密实程度：

$$D_r = \frac{e_{max} - e}{e_{max} - e_{min}} \tag{13-16}$$

式中 e_{max}——砂土在最松散状态时的孔隙比；

e——砂土在天然状态下的孔隙比；

e_{min}——砂土在最密实状态时的孔隙比。

按相对密实度值可将砂土分为以下几种密实状态：

$1 \geq D_r > 0.67$　　　密实的

$0.67 \geq D_r > 0.33$　　中密的

$0.33 \geq D_r > 0.20$　　稍密的

$0.20 \geq D_r \geq 0$　　　松散的

由于砂土的天然孔隙比界于最大和最小孔隙比之间，故相对密实度$D_r = 0 \sim 1$。

当$e = e_{max}$时，$D_r = 0$，砂土处于最疏松状态；

当$e = e_{min}$时，$D_r = 1$，砂土处于最紧密状态。

C 标准贯入试验

由于砂土原状样不易取得，测定天然孔隙比较为困难，加上实验室的精度有限，因此计算的相对密实度值误差较大，所以在实际工程中，常用标准贯入试验来判定砂土的密实状态。

试验装置为由标准贯入器、触探杆和穿心锤组成的标准贯入分析仪，方法为让穿心锤以落距76cm自由下落，将贯入器竖直打入土层中，测定贯入器打入300mm深度处所需的锤击数（标准贯入试验锤击数N），然后根据锤击数的大小来判定砂土的密实程度。表13-4为《岩土工程勘察规范》（GB 50021—94）确定的判别标准。

对于粉土的紧密状态，该规范仍然采用天然孔隙比e作为划分标准（表13-5）。

表13-4 用锤击数N判定砂土的密实度

标准贯入试验锤击数N	密实度
$N > 30$	密实
$15 < N \leq 30$	中密
$10 < N \leq 15$	稍密
$N \leq 10$	松散

表13-5 用e值确定粉土的密实度

e值	密实度
$e < 0.75$	密实
$0.75 \leq e \leq 0.90$	中密
$e > 0.90$	稍密

13.1.2.3 黏性土的物理特征

黏性土由于其以黏土矿物为代表的黏粒含量高、表面能大、亲水性强等原因，常常会随着含水量的不同而处于不同的物理状态，表现出不同的工程特性，如稠度、塑性、膨胀性等。

黏性土因含水多少而表现出的稀稠软硬程度，称为稠度。因含水多少而呈现出的不同的物理状态称为黏性土的稠度状态。土的稠度状态因含水量的不同，可表现为固态、塑态与流态三种状态。

黏性土稠度状态的变化是由于土中含水量的变化而引起的。黏性土由一种稠度状态转变为另一种稠度状态，相应的转变点（临界点）的含水量称为稠度界限（界限含水量）。工程上常用的有液性界限 w_L 和塑性界限 w_p（图 13-7）。

土由半固体状态不断蒸发水分，则体积逐渐缩小，直到体积不再缩小时土的界限含水量称为缩限；由半固态转变到可塑态的界限含水量，称为塑性界限（塑限）；由塑态转变到流态的界限含水量，称为液性界限（液限）。

图 13-7 黏性土的物理状态与含水量关系

粉土的液限一般在 32%~38% 之间，粉质黏土为 38%~46%，黏土为 40%~50%。塑限常见值为 17%~28%。黏性土的液限与塑限一般在室内进行测定，液限常采用锥式液限仪测定。

土处于何种稠度状态取决于土中的含水量，但是由于不同土的稠度界限是不同的，因此天然含水量不能说明土的稠度状态。为判别自然界中黏性土的稠度状态，通常采用液性指数（I_L）进行评价，即

$$I_L = \frac{W - W_p}{W_L - W_p} \tag{13-17}$$

利用液性指数可以判断黏性土所处的软硬状态，I_L 值愈大，说明土质愈软，反之，土质愈硬。表 13-6 为《建筑地基基础设计规范》（GBJ 7—89）根据液性指数不同对黏性土状态进行的划分。

表 13-6 按液性指数划分的黏性土稠度状态

液性指数 I_L	$I_L \leq 0$	$0 < I_L \leq 0.25$	$0.25 < I_L \leq 0.75$	$0.75 < I_L \leq 1$	$I_L > 1.00$
稠度状态	坚硬	硬塑	可塑	软塑	流塑

黏性土中含水量在液限与塑限两个稠度界限之间时，土处于可塑状态，具有可塑性，这是黏性土的独特性能。由于黏性土的可塑性是含水量界于液限与塑限之间时表现出来的，故可塑性的强弱可由这两个稠度界限的差值大小来反映，这差值称为塑性指数 I_p，即

$$I_p = W_L - W_p \tag{13-18}$$

塑性指数越大，意味着黏性土处于可塑态的含水量变化范围越大，其可塑性就越强。所以在工程实际中可直接按塑性指数大小对一般黏性土进行分类，如1994年国家标准《岩土工程勘察规范》按塑性指数 I_p 将黏性土分为三类：$I_p>17$ 的为黏土；$17 \geqslant I_p>10$ 的为粉质黏土；$I_p \leqslant 10$ 的为粉土或砂类土。

13.1.2.4 土的力学性质

建筑工程必然会使地基土中原有的应力状态发生变化，从而引起地基变形、基础沉降甚至失稳。决定地基变形以至失稳危险性的主要因素有两类，第一类为上部荷载的性质、大小、分布面积、形状及时间因素，第二类为地基土本身的力学性质，如土的变形及强度特性等。

对土的变形及强度性质，一般是从特定荷载条件下土的应力与应变的基本关系出发来研究的。以下将从土的压缩性和抗剪强度两个方面来介绍土的力学性质。

A 土的压缩性

土的压缩性是指土在压力作用下体积缩小的特性，表现为土体在压实能量作用下，土颗粒克服粒间阻力，产生位移，从而使土中孔隙逐渐减小，密度增加。土体在压力作用下体积减小的数量即压缩量由以下四部分所构成：

（1）固体颗粒的压缩；
（2）土中水的压缩；
（3）空气的排出；
（4）水的排出。

其中，前两者占总压缩量的1/400不到，可以忽略不计，而后两者是压缩量的主要组成部分。无黏性土由于透水性好，水易于排出，所以压缩稳定很快完成，而黏性土由于透水性差，水不易排出，因而压缩稳定需要很长一段时间。

在一般工程中，常用不允许土样产生侧向变形（侧限条件）的室内压缩试验来测定土的压缩性指标。该试验虽未能完全符合土的实际工作情况，但操作简便，试验时间短，故有较好的实用价值。

a 室内压缩试验

室内压缩试验是用侧限仪（又称固结仪）进行的。试验时，用金属环刀切取保持天然结构的原状土样，并置于圆筒形压缩容器（图13-8）的刚性护环内，土样上下各垫有一块透水石，以使土样受压后土中水可以自由地从上下两面排出。由于土样受到环刀和护环等刚性护壁的约束，在压缩过程中只能发生垂向压缩，不可能发生侧向膨胀，所以又称为侧限压缩试验。

土样在天然状态下或经人工饱和后，进行逐级加压固结，如图13-9所示。试验的荷载逐级加上，根据各级压力 p_i 下的稳定压缩量 Δh_i，计算出相应的稳定孔隙比 e_i，有

$$e_i = e_0 - \frac{\Delta h_i}{h_0}(1 + e_0) \tag{13-19}$$

其中，土的初始孔隙比 e_0 为

$$e_0 = \frac{G_s(1 + w_0)\rho_w}{\rho_0} - 1 \tag{13-20}$$

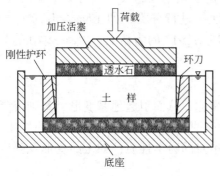

图 13-8 侧限仪的压缩容器简图

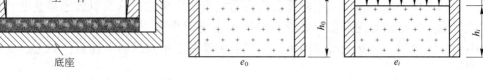

图 13-9 有侧限条件下的压缩

根据不同压力 p_i 作用下达到的稳定孔隙比 e_i，绘制 e-p 曲线，即为压缩曲线，如图 13-10 所示。

b 压缩性指标

图 13-10 的压缩曲线表明，压缩性不同的土，曲线形状不同，曲线愈陡，说明在相同压力增量作用下，土的孔隙比减少得愈显著，土的压缩性愈高，如在压缩的开始阶段曲线 A 所代表土样的压缩性比曲线 B 所代表土样的压缩性要高得多。根据压缩曲线可以得到三个压缩性指标：

（1）压缩系数（a）。指土体在侧限条件下孔隙比减少量与竖向压应力增量的比值，即单位压力增量所引起的孔隙比改变值。

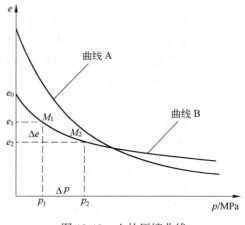

图 13-10 土的压缩曲线

$$a = -\frac{de}{dp} \tag{13-21}$$

在压缩曲线上，当压力的变化范围不大时，可将压缩曲线上相应一小段 M_1M_2 近似地用直线来代替，即用割线 M_1M_2 的斜率来表示土的压缩性。

$$a = -\frac{\Delta e}{\Delta p} = \frac{e_1 - e_2}{p_2 - p_1} \tag{13-22}$$

利用压缩系数 a 可大致确定所研究的土的压缩性，例如《建筑地基基础设计规范》（GBJ 7—89）用 $p_1 = 0.1$ MPa、$p_2 = 0.2$ MPa 对应的压缩系数 a_{1-2} 评价土的压缩性。

$a_{1-2} < 0.1$ MPa^{-1}　　　　低压缩性土

0.1 MPa$^{-1} \leqslant a_{1-2} < 0.5$ MPa^{-1}　　中压缩性土

$a_{1-2} \geqslant 0.5$ MPa^{-1}　　　　高压缩性土

（2）压缩模量（E_s）。指土在侧限条件下垂直压力增量与垂直应变增量的比值，亦称侧限模量。

$$E_s = \frac{\Delta p}{\Delta \varepsilon} = \frac{p_2 - p_1}{\dfrac{e_1 - e_2}{1 + e_1}} = \frac{1 + e_1}{a} \tag{13-23}$$

说明：土的压缩模量 E_s 与土的压缩系数 a 成反比，E_s 愈大，a 愈小，土的压缩性愈低。

（3）变形模量（E_0）。指土在无侧限条件下竖向压应力与竖向总应变的比值。变形模量与压缩模量之间存在以下关系：

$$E_0 = \beta E_s \tag{13-24}$$

其中

$$\beta = 1 - \frac{2\mu^2}{1 - \mu} \tag{13-25}$$

式中　μ——土的泊松比，一般在 0~0.5 之间。

B　土的抗剪强度

工程建筑由于土的原因所引起的事故中，一方面是因沉降过大，或是差异沉降过大造成的；另一方面是由于土体的强度破坏而引起的。对于土工建筑物（如露天采矿边坡、路堤、土坝等）来说，主要是后一个原因。

从事故的灾害性来说，土体强度破坏带来的问题远比沉降问题要严重得多。土体的抗拉强度很小，可以忽略不计，但可以承受一定的剪切力和压力。当土中某一截面上一点由外力所产生的剪应力达到土的抗剪强度时，它将沿着剪应力作用方向产生相对滑动，该点便发生剪切破坏。

土的破坏主要是由剪切所引起的，剪切破坏是土体破坏的重要特点。所以，土的强度问题实质上是土的抗剪强度问题。研究土的强度特性，就是研究土的抗剪强度特性。

a　无黏性土的抗剪强度

1776 年，法国科学家库仑通过试验提出了关于黏性土抗剪强度的库仑公式：

$$\tau_f = \sigma \tan\varphi \tag{13-26}$$

式中　τ_f——土的抗剪强度，kN/m^2；
　　　σ——作用于剪切面上的正压应力，kN/m^2；
　　　φ——土的内摩擦角，（°）。

如图 13-11（a）所示，无黏性土的抗剪强度不但决定于内摩擦角的大小，而且还随正压应力的增强而增强，而内摩擦角的大小与无黏性土的密实度、土颗粒大小、形状、粗糙度和矿物成分以及粒径级配的好坏程度等因素都有关。无黏性土的密实度愈大、土颗粒愈大、形状愈不规则、表面愈粗糙、级配愈好，则内摩擦角愈大。此外，无黏性土的含水量对内摩擦角的影响是水分在较粗颗粒之间起润滑作用，使摩阻力降低。

b　黏性土的抗剪强度

黏性土的剪切试验结果表明，黏性土的正压应力与抗剪强度之间基本上仍成直线关系，但不通过原点（图 13-11（b）），其库仑公式为：

$$\tau_f = \sigma \tan\varphi + c \tag{13-27}$$

式中　c——黏性土的内聚力，kN/m^2；
　　　其他符号含义同前。

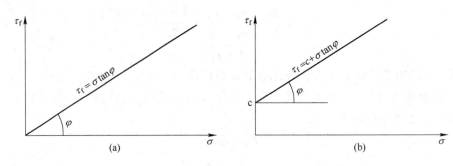

图 13-11　土的抗剪强度与正压应力之间的关系
(a) 砂土；(b) 黏性土

上式表明，黏性土的抗剪力不仅有颗粒间的摩擦力，还有相互内聚力。不同种类的黏性土，具有不同的黏结力，内聚力 c 值的大小，体现了黏结力的强弱。内聚力主要来源于土颗粒之间的电分子吸引力和土中天然胶结物质硅、铁和碳酸盐等对土粒的胶结作用。

库仑定律表明，在应力水平不是很高的情况下，土的抗剪强度是剪切面上的法向总应力 σ 的线性函数。在一定试验条件下得出的内摩擦角和内聚力一般能反映土抗剪强度的大小，故称为土的抗剪强度指标。

内摩擦角在力学上可以理解为块体在斜面上的临界自稳角，在这个角度内，块体是稳定的；大于这个角度，块体就会产生滑动。利用这个原理，可以分析边坡（斜坡）的稳定性。

13.1.3　土的工程分类

按《建筑地基基础设计规范》(GBJ7—89) 和《岩土工程勘察规范》(GB50021—94) 规定，碎石土和砂土属于粗粒土，粉土和黏性土属于细粒土。粗粒土按粒径级配分类，细粒土则按塑性指数分类。分类的标准和结果如下：

碎石土：粒径大于 2mm 的颗粒含量大于 50% 的土属碎石土。

砂土：粒径大于 2mm 的颗粒含量在 50% 以内，同时粒径大于 0.075mm 的颗粒含量超过 50% 的土属砂土。

粉土：粒径大于 0.075mm 的颗粒含量小于 50% 且塑性指数不大于 10 的土属粉土。该类土的工程性质较差，如抗剪强度低、防水性差、黏聚力小等。

黏性土：粒径大于 0.075mm 的颗粒含量在 50% 以内，塑性指数大于 10 的土属黏性土。根据塑性指数的大小黏性土可细分为黏土和粉质黏土。

各类土详细的分类情况请参看上述规范。

13.2　岩石和岩体的工程地质性质

13.2.1　岩石的工程地质性质

岩石的工程地质性质显然与土不同，这是因为岩石的矿物颗粒之间有牢固的黏结力，所以具有很高的强度。如岩浆岩和变质岩主要是结晶岩，常形成坚硬的块体，其力学性质和物理性质主要取决于矿物成分与结晶粒度。而沉积岩中的砾岩、砂岩，由碎屑颗粒和胶结物组成，其力学性质和物理性质取决于碎屑物和胶结物成分及其性质。岩石的风化深浅与后期地质构造的破坏强弱，对岩石的力学性质和物理性质影响极大。

13.2.1.1 岩石的物理性质

A 岩石的比重和重度

岩石的比重是指岩石固体（不包括孔隙）部分体积的质量（在数值上等于岩石固体颗粒的质量）与同体积的水在4℃时的质量之比。常见的岩石的比重一般介于2.4~3.3之间。

岩石的重度（重力密度）也称容重，是指岩石单位体积的重量（在数值上等于岩石总重量（包括孔隙中的水重））与其总体积（包括孔隙体积）之比。岩石孔隙中完全没有水存在时的重度称为干重度；岩石中的孔隙全部被水充满时的重度称为饱和重度。一般来说，组成岩石的矿物如果比重大，或岩石的孔隙度小，则岩石的重度就大。显然，在相同条件下的同一种岩石，如果重度大，说明岩石的结构致密、孔隙度小，因而岩石的强度和稳定性也就高。

B 岩石的孔隙性

岩石的孔隙性用孔隙度表示。孔隙度在数值上等于岩石中各种孔隙的总体积与岩石总体积之比。岩石的孔隙度的大小，主要决定于岩石的结构和构造，同时也受外力因素的影响。如未经风化或构造破坏的侵入岩和某些变质岩，其孔隙度一般很小；而砾岩、砂岩等一些沉积岩类的岩石，则经常具有较大的孔隙度。岩石的孔隙性对岩石的强度和稳定性有着重要的影响。

C 岩石的吸水性

岩石的吸水性一般用吸水率表示。岩石的吸水率是指岩石在通常大气压下的吸水能力，其在数值上等于岩石吸水的质量与同体积干燥岩石的质量之比。岩石的吸水率与岩石孔隙度的大小、孔隙张开程度等因素有关。岩石的吸水率大，则水对岩石颗粒间结合物的浸湿、软化作用就强，岩石强度和稳定性受水作用的影响就显著。

D 岩石的软化性

岩石的软化性是指岩石受水作用后，强度、稳定性降低的性质，用软化系数来表示。软化系数在数值上等于岩石在饱和状态下的极限抗压强度和在风干状态下的极限抗压强度之比。岩石的软化性主要决定于岩石中的矿物成分、结构、构造及风化程度。岩石中黏土矿物含量高、孔隙度大、吸水率高，则极易软化，强度和稳定性会降低。软化系数值越小，表示岩石在水的作用下其强度和稳定性越差。一般来说，风化的岩浆岩和某些变质岩，软化系数大都接近1，是不易软化的岩石，其抗水、抗风化和抗冻性强；软化系数小于0.75的岩石，是软化性强的岩石，工程性质比较差。

E 岩石的抗冻性

岩石的抗冻性是指岩石抵抗因其中水结冰而产生的巨大压力的能力。在高寒地区，抗冻性是评价岩石工程性质的重要指标。岩石的抗冻性一般采用抗冻试验前后抗压强度的降低率表示。抗压强度降低率小20%~25%的岩石，被认为是抗冻的，大于25%的岩石，则被认为是非抗冻的。

一些常见岩石的主要物理性质指标如表 13-7 所示。

表 13-7　常见岩石的主要物理性质

岩石名称	比　重	天然密度 /g·cm^{-3}	孔隙度 /%	吸水率 /%	软化系数
花岗岩	2.50~2.84	2.30~2.80	0.04~2.80	0.10~0.70	0.75~0.97
闪长岩	2.60~3.10	2.52~2.96	0.2~5.0	0.30~0.38	0.60~0.84
辉长岩	2.70~3.20	2.55~2.98	0.28~1.13	0.5~4.0	0.44~0.90
辉绿岩	2.60~3.10	2.53~2.97	0.29~1.13	0.80~5.00	0.44~0.90
玄武岩	2.60~3.30	2.54~3.10	0.5~7.2	0.3~2.8	0.7~0.92
砂岩	2.50~2.75	2.20~2.70	1.60~28.30	0.20~7.00	0.44~0.97
页岩	2.57~2.77	2.30~2.62	0.40~10.00	0.51~1.44	0.24~0.55
泥灰岩	2.70~2.75	2.45~2.65	1.00~10.00	0.5~3.0	0.44~0.54
石灰岩	2.48~2.76	2.30~2.70	0.53~27.00	0.1~4.5	0.58~0.94
片麻岩	2.63~3.01	2.60~3.00	0.30~2.40	0.10~3.20	0.91~0.97
片岩	2.75~3.02	2.69~2.92	0.02~1.85	0.10~0.20	0.49~0.80
板岩	2.84~2.86	2.70~2.78	0.1~0.5	0.10~0.30	0.52~0.82
大理岩	2.70~2.87	2.63~2.75	0.10~6.00	0.10~0.80	
石英岩	2.63~2.84	2.60~2.80	0.00~8.70	0.10~1.45	0.96

13.2.1.2　岩石的主要力学性质

岩石在外力作用下，首先会发生变形，当外力继续增大到某一值时，就会产生破坏。岩石发生变形和破坏的程度，取决于岩石的内在力学性质。

A　岩石的变形

岩石受力后产生变形，在弹性变形范围内一般用弹性模量和泊松比两个指标表示。弹性模量是指应力与应变之比，以 Pa 为单位。岩石的弹性模量越大，变形越小，说明岩石抵抗变形的能力越高。岩石在轴向压力作用下，除产生纵向压缩外，还会产生横向膨胀。这种横向应变与纵向应变之比，称为岩石的泊松比，用小数表示。泊松比越大，表示岩石受力作用横向变形越大。岩石的泊松比一般在 0.2~0.4 之间。

B　岩石的强度

岩石的强度是指岩石抵抗外力破坏的能力，以 Pa 为单位。岩石的强度有表示其抵抗压碎、剪切和拉断等外力作用的抗压强度、抗剪强度、抗拉强度等。

（1）抗压强度指岩石在单向压力作用下抵抗压碎破坏的能力，在数值上等于岩石受压达到破坏时的极限应力。岩石的抗压强度与岩石的矿物成分、结构、构造、孔隙度、风化程度等有关。一般认为：干燥的岩石比饱和的岩石抗压强度高；未经风化的岩石比风化的岩石抗压强度高；压力垂直层理或节理的岩石比平行层理或节结理的岩土抗压强度高；无裂隙的岩石比裂隙发育的岩石抗压强度高。

（2）抗剪强度指岩石抵抗剪切破坏的能力，在数值上等于岩石受剪切破坏时的极限剪应力。在一定压力下，岩石剪断时，剪破面上的最大剪应力，称为抗剪断强度。因坚硬岩石有牢固的结晶联结或胶结黏结，所以岩石的抗剪强度一般都较高。抗剪强度是沿着岩石裂隙或软弱面等发生剪切滑动时的指标，其强度大大低于抗剪断强度。

（3）抗拉强度在数值上等于岩石单向拉伸拉断破坏时的最大张应力。

抗压强度是岩石力学性质中的一个重要指标。岩石的抗压强度最高，抗剪强度居中，抗拉强度最小。抗剪强度约为抗压强度的 10%～40%；抗拉强度仅为抗压强度的 2%～16%。岩石越坚硬，其值相差越大，软弱的岩石差别较小。

13.2.2 岩体的工程地质性质

岩体是指包括各种地质界面（如层面、层理、节理、断层、软弱夹层等结构面）的单一或多种岩石构成的地质体。它被各种结构面所切割，由大小不同、形状不一的岩块（即结构体）组合而成。所以，岩体是指某一地点一种或多种岩石中的各种结构面、结构体的总体。因此，岩体不能以单块岩石为代表，单块岩石强度较高，但被结构面切割破裂时，其构成的岩体的强度却较小。所以岩体中结构面的发育程度、性质及连通程度等，对岩体的工程地质特性有很大的影响。

13.2.2.1 岩体结构分析

A 结构面

结构面是指存在于岩体中的各种地质界面，包括各种破裂面（如劈理、节理、断层面、顺层裂隙或错动面、卸荷裂隙、风化裂隙等）、物质分异面（如层理、层面、沉积间断面、片理等）以及软弱夹层或软弱带、构造岩、泥化夹层、充填夹泥（层）等，所以"结构面"这一术语，具有广义的性质。不同成因的结构面，其形态与特征、力学特性等也往往不同。

a 结构面的类型

按地质成因，结构面可分为原生的、构造的、次生的三大类。

（1）原生结构面。指成岩时形成的界面，分为沉积的、火成的和变质的三种类型。

1）沉积结构面。如层面、层理、沉积间断面和沉积软弱夹层等。沉积结构面中一般的层面和层理结合是良好的，层面的抗剪强度并不低，但由于构造作用产生的顺层错动或风化作用会使其抗剪强度降低。沉积结构面中的软弱夹层是指介于硬层之间强度低，又易遇水软化，厚度不大的夹层，风化之后称为泥化夹层。

2）火成结构面。岩浆岩形成过程中形成的结构面，如原生节理（冷凝过程中形成）、流纹面、与围岩的接触面、火山岩中的凝灰岩夹层等，其中的围岩破碎带或蚀变带、凝灰岩夹层等均属于火成软弱夹层。

3）变质结构面。如片麻理、片理、板理都是变质作用过程中矿物定向排列形成的结构面。片岩或板岩的片理或板理均易脱开，其中云母片岩、绿泥石片岩、滑石片岩等片理发育，易风化并形成软弱夹层。

（2）构造结构面。指在构造应力作用下，在岩体中形成的断裂面、错动面（带）、破碎带的统称。其中，劈理、节理、断层面、层间错动面等属于破裂结构面；断层破碎带、层间错动破碎带均易软化、风化，其力学性质较差，属于构造软弱带。

（3）次生结构面。指在风化、卸荷、地下水等作用下形成的风化裂隙、破碎带、卸荷裂隙、泥化夹层、夹泥层等。

b 结构面的特征

（1）结构面的规模。不同类型的结构面其规模可大可小，大的可达数十千米长、数十千米宽，小的只有数十米，甚至数十厘米。

（2）结构面的形态。有平直的、波状起伏的、锯齿状或不规则状的。

（3）结构面的密度。通常以线密度（条/m）或结构面间距表示，反映了节理发育程度和岩体的完整性（表13-8）。

表13-8 节理发育程度分级

分级	Ⅰ	Ⅱ	Ⅲ	Ⅳ
节理间距/m	>2	0.5~2	0.1~0.5	<0.1
节理发育程度	不发育	较发育	发育	极发育
岩体完整性	完整	块状	碎裂	破碎

（4）结构面连通性。指在某一定空间范围内的岩体中，结构面在走向、倾向方向的连通程度，如图13-12所示。结构面的抗剪强度与连通程度有关，其剪切破坏的性质亦有区别。风化裂隙有向深处渐趋于泯灭的现象。

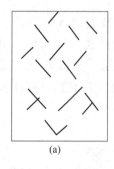 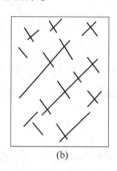 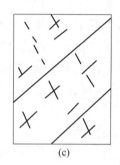

图13-12 岩体内结构面连通性
(a) 非连通的；(b) 半连通的；(c) 连通的

（5）结构面的张开度和充填情况。结构面的张开度是指结构面的两壁隔开的距离。根据此距离的大小可分为4级：张开度小于0.2mm为闭合的；张开度在0.2~1.0mm为微张开的；张开度在1.0~5.0mm为张开的；张开度大于5.0mm为宽张的。闭合的结构面的力学性质取决于结构面两壁的岩石性质和结构面粗糙程度；微张的结构面的剪切强度比张开的结构面大；张开的和宽张的结构面，其抗剪强度取决于充填物的成分和厚度，充填物为黏土时比为砂质时强度低，为砂质时比为砾质时低。

B 结构体

岩体中被各级各类结构面切割并包围的岩石块体及岩块集合体，统称为结构体。不同的结构体大小不同、形状各异，所具有的力学性质也不相同。根据结构体的外部形态特征，一般将其归纳为柱状、块状、板状、楔形、菱形和锥形等多种形态（图13-13）。

C 岩体结构特征

岩体结构是指岩体中结构面与结构体两个基本要素的组合方式。以结构面、结构体的

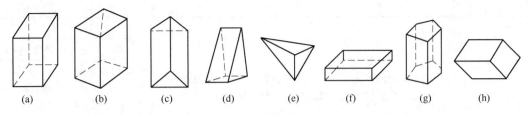

图 13-13 结构体的基本类型

(a) 方柱（块）体；(b) 菱形柱体；(c) 三棱柱体；(d) 楔形体；
(e) 锥形体；(f) 板块体；(g) 多角柱体；(h) 菱形块体

性状及其组合特征进行岩体结构类型的划分，能反映出岩体的力学本质。岩体结构类型及其工程地质特征，如表 13-9 所示。

表 13-9 岩体结构类型及其工程地质特征

结构类型		地质背景	结构面特征	结构体特征	
类	亚类			形态	强度/MPa
整体块状结构	整体结构	岩性单一，构造变形轻微的巨厚层岩体及火成岩体，节理稀少	结构面少，1~3 组，延展性差，多呈闭合状，一般无充填物，$\tan\varphi \geq 0.6$	巨型块体	>60
	块状结构	岩性单一，构造变形轻微~中等的厚层岩体及火成岩体，节理一般发育，较稀疏	结构面 2~3 组，延展性差，多呈闭合状，一般无充填物，层面有一定结合力，$\tan\varphi = 0.4~0.6$	大型的方块体、菱块体、柱体	一般>60
层状结构	层状结构	构造变形轻微~中等的中厚层状岩体（单层厚大于 30cm），节理中等发育，不密集	结构面 2~3 组，延展性较好，以层面、层理、节理为主，有时有层间错动面和软弱夹层，层面结合力不强，$\tan\varphi = 0.3~0.5$	中~大型层块体、柱体、菱柱体	>30
	薄层状结构	构造变形中等~强烈的薄层状岩体（单层厚小于 30cm），节理中等发育，不密集	结构面 2~3 组，延展性较好，以层面、层理、节理为主，不时有层间错动面和软弱夹层，结构面一般含泥膜，结合力差，$\tan\varphi \approx 0.3$	中~大型的板状体、板楔体	一般 10~30
碎裂结构	镶嵌结构	脆硬岩体形成的压碎岩，节理发育，较密集	结构面大于 2~3 组，以节理为主，组数多，较密集，延展性较差，呈闭合状，无~少量充填物，结构面结合力不强，$\tan\varphi = 0.4~0.6$	形态大小不一，棱角显著，以小~中型块体为主	>60
	层状碎裂结构	软硬相间的岩层组合，节理、劈理发育，较密集	节理、层间错动面、劈理、软弱夹层非常发育，结构面组数多，较密集~密集，多含泥膜、充填物，$\tan\varphi \approx 0.2~0.4$，骨架硬岩层 $\tan\varphi = 0.4$	形态大小不一，以小~中型的板柱体、板楔体、碎块体为主	（骨架硬结构体）≥30
	碎裂结构	岩性复杂，构造变动强烈，岩体破碎，遭受弱风化作用，节理裂隙发育，密集	各类结构面均发育，组数多，彼此交切，多含泥质充填物，结构面形态光滑度不一，$\tan\varphi \leq 0.4$	形状大小不一，以小型块体、碎块体为主	（含微裂隙）<30

续表 13-9

结构类型		地质背景	结构面特征	结构体特征	
类	亚类			形　态	强度/MPa
散体结构	松散结构	岩体破碎，遭受强烈风化，裂隙极发育，紊乱密集	以风化裂隙、夹泥节理为主，密集无序状交错，结构面强烈风化，夹泥，强度低	以块度不均的小碎块体、岩屑及夹泥为主	碎块体，手捏即碎
	松软结构	岩体强烈破碎，全风化状态	结构面已完全模糊不清	以泥、泥团、岩粉、岩屑为主，岩粉、岩屑呈泥包块状态	"岩体"已呈土状

13.2.2.2 岩体的工程地质特征

岩体的工程地质性质首先取决于岩体结构类型与特征，其次才是组成岩体的岩石性质（或结构体本身的性质）。

A 整体块状结构岩体的工程地质性质

此类岩体结构面少，延展性差，结构体块度大且常为硬质岩石，故整体强度高，变形特征各向基本同性，变形模量、承载能力、抗滑能力、抗风化能力均较高。

B 层状结构岩体的工程地质性质

此类岩体结构面以层面和节理面为主，多呈闭合~微张状，结合力一般不强，结构体一般块度较大，故岩体总体变形模量和承载能力均较高，能满足作为工程建筑物地基的要求。但当结构面结合力不强，又有层间错动面或软弱夹层存在时，则其强度和变形特性均具各向异性特点，最为明显的是抗剪强度沿岩层面方向比垂直层面方向更低。

C 碎裂结构岩体的工程地质性质

此类岩体中节理发育，常有泥质充填物，结合力不强，结构体块度不大。岩体完整性破坏较大。其中，镶嵌结构岩体因其结构体为硬质岩石，尚具较高的变形模量和承载能力，工程地质性能较好；而层状破裂结构岩体和碎裂结构岩体的变形模量和承载能力均不高，工程地质性质较差。

D 散体结构岩体的工程地质性质

此类岩体主要为构造影响剧烈的断层破碎带、强风化带、全风化带；主要结构形状为碎屑状、颗粒状；断层破碎带交叉，构造及风化裂隙密集，结构面及组合错综复杂，并多充填黏性土，形成许多大小不一的分离岩块；完整性遭到极大破坏，稳定性极差。岩体属性接近松散体介质，可能发生的岩土工程问题为易引起规模较大的岩体失稳，地下水会加剧岩体失稳。

13.3 露天矿边坡稳定性的地质调查

13.3.1 概述

矿床露天开采因其效率高、成本低、可用大型设备、劳动条件好等的优点，在条件许可的情况下被许多矿山广泛采用。但是，露天矿在开采过程中都要形成大规模的边坡，这些边坡在一定的地质条件和开采条件下可以是稳定的，但在另一些条件下也可能产生变形和破坏，而边坡的变形和破坏会严重地影响生产安全和矿山开采的正常进行。因此，露天矿边坡稳定问题是采掘工业中的一个重要问题。

随着开采工作的进行，露天采场的开采深度和边坡角在规定的开采范围内不断变化。只有当露天采场采剥结束时，才形成最终的边坡角，即由最上部台阶的坡顶线向最下部台阶的坡底线连线所构成的倾角。由具有最终边坡角的露天采场四周的斜坡所构成的范围为最终开采境界。根据位置的不同，边坡角有上盘边坡角、下盘边坡角、端帮边坡角之分。正在推进的矿石及岩石工作面，从上部台阶的坡顶线向正开采着的最下部台阶坡底线连线所形成的倾角称为工作帮边坡角（图13-14）。

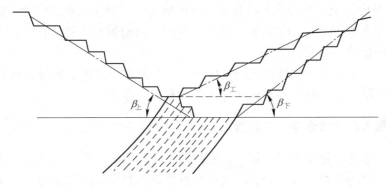

图13-14　露天矿边坡角示意图

$\beta_{下}$—下盘最终边坡角；$\beta_{上}$—上盘最终边坡角；$\beta_{工}$—工作帮边坡角

露天矿边坡角是个定量指标，在矿山设计时已确定。在其他条件不变的情况下，岩石剥离量和边坡角的正切值成反比，即剥离量的增减和边坡角的增减相反。因此，如果边坡角过缓，超过边坡稳定所要求的范围，则会造成剥离量的大量增加，浪费人力、物力和资金。据计算，一个深290m、长1000m的边坡，如果边坡角减缓1°，将增加60~100万立方米的岩石剥离量。反之，边坡角过陡，则可造成局部或整体的边坡滑落，危及人员、设备、运输线路的安全生产，甚至掩盖整个采矿场，破坏正常生产，给有计划的采剥工作造成严重的后果。例如，美国的宾哈姆·康诺露天矿在采深达到467m时，有大量的岩石夹带矿层由露天矿的上部台阶滑下，覆盖了露天矿场的大部分面积，垮落的矿岩堆积高度超过露天采场深度的1/2，滑落岩石总量近608万立方米。由此可见，边坡岩体稳定性的调查研究是一项直接关系露天矿深部开采的重要问题。

露天矿山在开采设计时就要确定开采境界、最终开采深度、台阶坡面角和最终边坡角。对于边坡工程地质条件简单的矿山，一般根据地质勘探资料参照地质和开采条件相似的矿山确定其边坡角；而对于工程地质条件复杂的矿山，则常由专门的工程地质勘测部门进行系统的工程地质调查，而后根据调查资料，经过分析研究和计算选取合理的边坡角。但是，在矿山开采前所选取的边坡角不见得就是最合理的，因为在开采前揭露边坡的勘探工程毕竟有限，对边坡深部的工程地质条件的了解还很不充分、很不准确，对于采剥活动对边坡稳定可能产生的影响也难以做出全面的估计。因此，深凹型露天矿山或山坡型有固定帮的露天矿山，当投入开采后，随着采剥工作的进行，矿山地、测、采技术部门应密切合作，共同开展边坡稳定性的调查研究工作，系统地积累有关资料，及时评价已形成或将形成的边坡的稳定性，为开采安全和边坡维护服务。当发现原来设计的边坡角不合理时，甚至可提出修改原设计的意见。

边坡稳定性调查研究的基本内容包括：

（1）在露天边坡有关范围内，开展工程地质与水文地质调查，从岩体结构上判别岩体的稳定性；

（2）对于根据岩体结构特征判别为不稳定的岩体，进行岩体力学性质的调查，定量地确定边坡岩体的抗滑力与下滑力，确定其不稳定程度；

（3）观察不稳定岩体的移动现象，测量其移动的数量和方向；

（4）对边坡变形或移动的原因进行综合分析研究，掌握其变形或移动的规律；

（5）根据边坡变形或移动规律和采剥生产状况，对边坡岩体移动提出预报，拟定预防边坡岩体移动的措施及处理方案。

限于篇幅，本节仅介绍边坡稳定性地质调查有关问题，其他有关岩石或结构面力学性质测试、稳定性的力学计算、移动观测等请参看有关参考书。

13.3.2 影响露天矿边坡稳定的地质因素

露天矿边坡岩体是地质体的一部分，它的结构是长期地质作用的产物，大量露天边坡岩体移动的事实告诉人们，岩体的破坏过程，主要是沿着岩体内部结构面的剪切滑动、拉开以及整体的累积变形和破裂过程，只有少数岩体的稳定性受岩石强度的控制。影响露天矿边坡岩体稳定和移动的地质因素是多方面的，现分述如下。

13.3.2.1 地质构造因素

主要是指断层与破碎带、节理与裂隙、层理与片理、软弱夹层等。这些地质体的结构面及其空间组合将岩体切割成不同类型的结构体，它们决定了岩体的稳定性。

（1）断层与破碎带。它们普遍存在于各种岩体中，包括压性、扭性、张性、压扭性、张扭性断裂等。断层的延续性、发育程度、产状及其与边坡的空间组合关系，极大地控制着边坡岩体的稳定程度。例如，一条与边坡走向一致或与其成小角度相交的断层，当其倾向与边坡倾向接近一致，倾角略小于边坡角时，这条断层将成为岩体的滑动面，如图13-15所示为某露天煤矿边坡沿一断层滑落的实例。

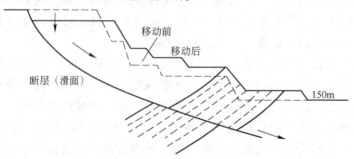

图 13-15 某露天煤矿沿断层发生岩体滑落示意图

即使是倾向与边坡倾向相反的断裂构造，当它和其他断层组合起来时，也可引起边坡岩体滑落。某露天金属矿山的边坡岩体移动，就是由于几条反向断层将岩体分割成大小不一的结构体，加之断层破碎带较宽，承受不了上部岩体自重所产生的下滑剪切力，因而发生了滑落（图 13-16）。

当断层有破碎物存在，且破碎物已成断层泥或者是断层破碎物被水解泥化时，则会更加促进岩体发生沉陷下滑。

（2）节理和其他裂隙。节理与裂隙对边坡岩体的危害，主要取决于它们的密度、延续性及其空间组合。密集的节理，会造成岩体极不连续，易于产生掉块与崩塌。某些酸性火成岩体的两组垂直节理与一组平缓节理相交切，多形成块状和柱状结构体，当边坡角较陡或阶段坡面角较陡时，容易产生局部倒塌。

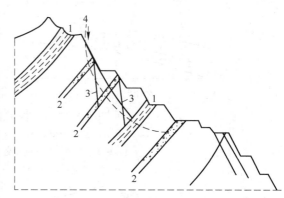

图 13-16　某金属露天矿边坡滑落示意图
1—沉积岩；2—破碎带；3—断层；4—滑落面

（3）岩层的层理及片理。它们普遍存在于沉积矿床及沉积变质矿床中，这种结构面大都和矿体的产状一致，其产状和边坡的空间组合关系是决定边坡岩体稳定程度的主要因素。在没有其他因素参与的条件下，具有顺向层理面及片理面的岩体稳定性差，易产生滑动，反之则较为稳定；边坡角小于结构面倾角时较稳定，反之则不稳定。

（4）软弱夹层。软弱夹层是力学强度很低的岩石，是边坡岩体中抗剪强度较低的层间结构面。它们一般与岩层产状一致，具有厚度小（由几厘米至几十厘米）、延续性较强（往往随着上下岩层延续存在）、层理面或片理面发育、所含黏土矿物较多、易水解泥化发生膨胀、受力产生塑性变形等特点。因此，软弱夹层往往成为边坡岩体滑落的滑动面。

上述的地质构造因素，对边坡岩体稳定的影响常常不是孤立存在的，而是在不同的地段以各种形式，以及不同的组合方式交叉存在，控制着岩体的稳定性。因此，只有对边坡岩体的结构面进行综合分析才能正确地分析岩体的稳定性。

13.3.2.2　岩性因素

主要是指岩石的矿物组成、水理性质、结构及其他有关的岩石物理特性。表现为：

（1）含有片状、鳞片状矿物的岩石，抗剪强度低；含有黏土矿物的岩石，易吸水膨胀，受压后发生塑性变形。

（2）未经胶结或胶结不好的岩石抗风化能力弱，如胶结不好的砂岩和砾岩、半胶结的断层角砾岩等。

（3）水理性质特殊的黏土岩，某些泥灰岩、板岩、黏土质页岩、碳质页岩、凝灰岩等，经不起地表水或地下水的浸泡。一旦出露地表，很快就吸水崩解成为碎块，并逐渐成为具有塑性的岩石。因此，这类岩石和含有片状、鳞片状矿物的岩石常被称为软岩层。

软岩层常造成边坡岩体的错动和倾倒，如图 13-17 所示。抚顺露天煤矿的煤层底板凝灰岩在大面积开采暴露后，吸水膨胀，产生多次大规模的滑落，危害极大，如图 13-18 所示为该煤矿岩体滑动地质剖面示意图。

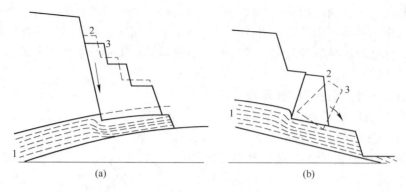

图 13-17 岩体的错动和倾倒
(a) 岩体错动；(b) 岩体倾倒
1—软岩层；2—移动前位置；3—移动后位置

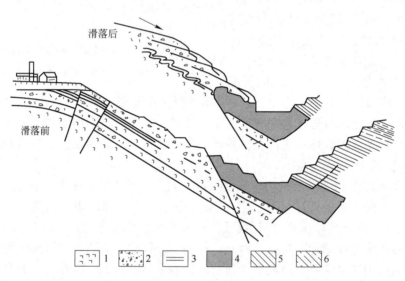

图 13-18 抚顺露天煤矿岩体滑落地质剖面示意图
1—玄武岩；2—凝灰岩；3—页岩；4—煤层；5—油页岩；6—绿色页岩

13.3.2.3 水文地质因素

水文地质条件对边坡岩体稳定性的影响是多方面的，而且是复杂的。影响边坡稳定的不仅是地下水，大气降水也有影响，其主要的破坏作用表现在以下几个方面：

(1) 大气降水渗入上部岩体，岩石湿度增加，因而上部岩体的重量增加，使下滑力增强，滑动的可能性加大。

(2) 当边坡岩体处于水淹状态时，水对边坡底部岩体可产生静水浮托力。

(3) 岩体结构面中存在的水，可对岩体滑动起到润滑作用，降低结构面的摩擦力。

(4) 寒冷季节，结构面中积水因结冰膨胀而加宽结构面的宽度，并相应产生一定的位移。

(5) 软岩层，特别是含黏土矿物较多的岩石，受地下水作用或经长期降水浸泡时，可发生软化，甚至水解泥化，有的发生膨胀，导致岩体移动。前述抚顺煤矿下盘边坡岩体大规模滑落，就是因为凝灰岩吸水膨胀，力学强度急剧降低所致。

（6）岩石颗粒间的孔隙处于饱水状态，则力学强度降低。

（7）露天开采境界的四周岩层中，若有承压含水层存在，必然产生向着开采境界内采空区方向的侧向静压力；若含水层被切开，流向采空区的地下水，将对岩体产生动压力；从露天采场周围流向境界内的大气降水可产生类似的动压力，只是不经常存在，但当有暴雨时，所产生的动压力则是相当可观的。

13.3.2.4　与采矿作业有关的因素

如露天矿山采剥生产所形成的采矿场形状及深度（即采场的几何形态）、边坡形成后存在时间的长短、爆破或其他震动作用、边坡上面的荷载、采剥作业顺序等，这些因素对边坡的稳定性也有影响。

13.3.3　边坡岩体的工程地质调查

地质因素是影响边坡稳定性的内在因素，因此在进行边坡稳定性的研究中，地质调查是所有研究工作的基础。

边坡岩体稳定性研究的地质调查一般包括三个阶段的工作，即：区域地质的资料分析及踏勘、边坡地段地质调查和调查资料的综合整理。

13.3.3.1　区域地质的资料分析及踏勘

影响边坡稳定性的最主要地质因素是结构面。为了掌握边坡地段不同成因类型结构面的分布及产状变化等规律，首先必须对区域地质（特别是区域地质构造）及其发展史有所了解。鉴于在矿床勘查时期对区域地质特征已进行过一定的调查，所以在矿山边坡研究中，主要是通过收集前人资料，结合适当的野外踏勘工作，进行分析研究，以解决以下一些问题：

（1）分析与确定主要构造线方向。主要构造线是指在区域内具有代表意义的，能说明区域构造特征的断裂构造或褶皱构造的延长方向，亦即断层、褶曲轴及其他构造形迹的走向方向。垂直构造线的方向，代表着构造应力场的最大主压应力方向，它是岩体构造变形与破碎的主导因素。查明了主构造线，构造应力场的分析就有了根据。

（2）研究分析构造形迹（主要是指主构造线）的形成序次。一个地区往往经受过多次构造运动，因此构造线的方向也绝非一组。研究构造线的形成序次，就是要弄清所调查地区有几次应力场，以及它所代表的地质发展史的构造运动幕次。为此，要调查区域地质发展史，包括沉积过程、地层时代、岩浆活动、变质特征等，以此了解本区地质体形成后所经历的构造运动幕次及相应特征，同时要分析各组构造线对不同岩系的切割关系，各组构造线的穿插关系等。

（3）分析构造体系及其复合关系。确定在同一构造运动的应力场中产生的，有成因联系的各组构造形迹相对于主构造线的从属关系，进而划分构造体系。在划分构造体系后，再进行早期与晚期各构造体系的复合关系的分析。

13.3.3.2　边坡地段地质调查

本阶段是以区域构造体系的调查成果为基础，在露天矿开采境界内外适当范围内开展的针对边坡地段的详细地质调查工作。调查的范围要能满足岩体稳定分析的需要，同时又不浪费工作量。调查的主要项目与相应的内容，根据其性质的不同，分述如下：

（1）岩体结构面的调查。包括断层、破碎带的调查（延长范围、产状变化、断层面的粗糙度和起伏度、充填情况、断层的性质及两侧围岩的岩性等）；软弱夹层的调查（夹层的厚度、产状及空间延展情况，夹层的物质组成、结构构造特征及水理性质等）；岩层面及层理的调查（层面的产状、破碎程度、粗糙度、起伏度、层理的密度等）；节理裂隙面调查（节理面的产状、粗糙度，节理裂隙的延续性、密度、开口程度及充填特点等）；岩脉、岩床的调查（岩脉、岩床的产状、延长范围、厚度、与围岩的关系、成分特点和内部结构等）。

（2）结构体及岩体结构类型的调查。包括各类岩体的结构类型及相应的地质类型；岩体结构形式及控制结构形式的结构面类型；结构体大小的定量统计；各类结构体的岩石特征等。

（3）水文地质条件的调查。包括查清与边坡有关范围内的地下水位，可直接测量钻孔中的稳定水位，但要注意系统测定降雨期与枯雨期的水位变化；测定地下径流对边坡岩体的动压力；查明有无含水层及其承压情况；地下水的化学性质及其对边坡岩石的作用等。

水文地质调查是一项专门性的工作，涉及较多的专门知识，常由水文地质专业人员承担。此处仅提及了与边坡岩体稳定性计算有关的几项，更多的内容需参照其他有关资料。

（4）岩体自然安息角的调查。暴露在地面的岩体，根据岩体自身的内部结构特点所形成的自然坡度称为岩体自然安息角。在矿区周围，选择与露天矿边坡范围内相似的岩体，研究它的自然剖面，包括自然边坡的形状、形成过程、岩体风化深度及其分带，进而确定本地区某种岩体的平均自然安息角，从而为边坡岩体的维护处理与降坡措施提供参考资料。

（5）岩石风化速度的调查。在边坡范围内不受采掘破坏的地段，清理浮碴、滚石及其他覆盖物等，然后定期观察新鲜面的各种现象，详细描述下列特征：微小裂隙的宽度与长度，并分别编号；组成矿物的结合关系；岩石的颜色、岩石的湿度；组成矿物有无分解现象，以及胶结物的特点等。据此分析边坡岩体在长期风化作用下，所产生的岩石崩解与滑落对岩体稳定性的破坏程度，以便采取相应的维护与处理措施。

（6）岩石性质及物理机械性质的调查。查明岩石的矿物组成、结构构造、矿物的次生变化等。进行岩石体重、湿度、孔隙度、抗压强度、抗剪强度、抗拉强度等的测定。

13.3.3.3 调查资料的综合整理

通过上述调查工作，可获得大量的实际材料，调查人员需要在分析、整理的基础上，形成有关矿区边坡岩体工程地质特征的综合性成果，以便为矿山的边坡治理和安全生产提供基础资料。这些综合性成果包括：区域构造地质图、露天矿边坡岩体地质平面图与剖面图（突出断层、破碎带、软弱夹层、岩脉、沉积与沉积变质岩层等结构面的特征及其与露天开采境界线的交切关系）、节理裂隙的空间分布规律（如节理裂隙玫瑰图、节理裂隙极坐标网格图等）、各组结构面的赤平极射投影图、野外试验（如水理性质试验）与统计报告、岩体结构面与结构体的综合分析资料、岩体工程地质图、专门的水文地质图（如等水位图）及有关测定的资料等。

13.3.4 边坡岩体的监测

在对边坡岩体进行初步的工程地质调查的基础上,矿山地质和开采工作的一项重要任务就是对重点边坡地段进行长期的监测,其目的是通过监测数据反演分析边坡的内部力学作用,为边坡的稳定性分析提供依据;为采取必要的防护措施提供重要的依据;同时积累资料作为其他边坡设计和施工的参考资料。

13.3.4.1 边坡岩体监测的内容

边坡监测一般包括:地表大地变形监测、地表裂缝位错监测、地面倾斜监测、裂缝多点位移监测、边坡深部位移监测、地下水监测、孔隙水压力监测、边坡地应力监测、地震和爆破震动监测等。边坡监测的项目如表 13-10 所示。

表 13-10 边坡监测项目表

监测项目	测试内容	测点布置	仪器
变形监测	地表大地变形、地表裂缝位错、边坡深部位移、支护结构变形	边坡表面、裂缝、滑带、支护结构顶部	经纬仪、全站仪、GPS、伸缩仪、位错仪、钻孔倾斜仪、多点位移计、应变仪等
应力监测	边坡地应力、锚杆(索)应力、支护结构应力	边坡内部、外锚头、锚杆主筋、结构应力最大处	压力传感器、锚索测力计、压力盒、钢筋计等
地下水监测	孔隙水压力、扬压力、动水压力、地下水水质、地下水、渗水与降雨关系以及降雨、洪水与时间关系	出水点、钻孔、滑体与滑面	孔隙水压力仪、抽水试验、水化学分析等
爆破震动监测	最大位移、速度、加速度、主振频率、波动速度和振动持续时间	构造线、结构面等的附近	拾震器、爆破震动仪等

13.3.4.2 边坡监测的方法

目前,边坡监测技术已由过去的人工皮尺简易工具的监测手段过渡到仪器监测,并正在向自动化、高精度及远程系统发展。归纳起来,边坡监测的方法主要有简易观测法、设站观测法、仪表观测法和远程监测法 4 种。

A 简易观测法

简易观测法是人工观测边坡工程中的地表裂缝、地面膨胀、沉降、坍塌、建筑物变形特征及地下水位变化、地温变化等现象。该法对于发生病害的边坡进行观测较为适合,可对滑塌和滑坡的宏观变形迹象、与其有关的各种异常现象进行定期的观测和记录,从宏观上掌握崩塌、滑坡的变形态势和发展趋势。该法也可以结合仪器监测结果进行综合分析,初步判定崩滑体所处的变形阶段及中短期滑动趋势。即便采用先进的仪表,本法仍然是不可或缺的观测方法。

B 设站观测法

设站观测法是指在充分了解工程场区的工程地质背景的基础上,在边坡上设立变形观测点(成线状、格网状等),在变形区影响范围之外稳定地点设置固定观测站,用测量仪器定期监测变形区内网点的三维（x，y，z）位移变化的监测方法。此法包括大地测量、近景摄影测量及 GPS 测量与全站式电子速测仪设站观测边坡地表三维位移等方法。

（1）大地测量法。常用的大地测量法主要有两方向（或三方向）前方交会法、双边距离交会法、视准线法、小角法、测距法及几何水准测量法，以及精密三角高程测量法等。常用前方交会法、距离交会法监测边坡的二维（x、y 方向）水平位移；采用视准线法、小角法、测距法观测边坡的水平单向位移；用几何水准测量法、精密三角高程测量法，观测边坡的垂直（z 方向）位移。上述检测常采用高精度光学和光电测量仪器，如精密水准仪、全站仪等仪器，通过测角和测距来完成。

（2）GPS（全球定位系统）测量法。GPS 测量法的基本原理是用 GPS 卫星发送的导航定位信号进行空间后方交会测量，确定地面待测点的三维坐标。工程实践证明，GPS 定位精度可达毫米级，完全适用于边坡工程的位移监测，具有以下优点：1) 观测点之间无需通视，选点方便；2) 观测不受天气条件的限制，可以进行全天候的观测；3) 观测点的三维坐标可以同时测定，对于运动的观测点还能精确测出它的速度；4) 在测程大于 10km 时，其相对精度可达到 $5\times10^{-6}\sim1\times10^{-6}$，甚至能达 10^{-7}，优于精密光电测距仪。

此法适用于边坡地表的三维位移监测，特别适合于地形条件复杂、起伏大或建筑物密集、通视条件差的边坡的监测。

（3）近景摄影测量法。该方法是把近景摄影仪安置在 2 个不同位置的固定测点上，同时对边坡范围内观测点摄影构成立体像对，利用立体坐标仪量测相片上各观测点三维坐标的一种方法。其周期性重复摄影方便，外业省时省力，可以同时测定许多观测点在某一瞬间的空间位置，并且所获得的相片资料是边坡地表变化的实况记录，可随时进行比较和分析。在滑坡监测中，此法可以满足崩滑体处于速变、剧变阶段的监测要求，即适合危岩临空陡壁裂缝变化（如链子崖陡壁裂缝）或滑坡地表位移量变化速率较大时的监测。

C 仪表观测法

仪表观测法是指用精密仪器仪表对变形斜坡进行地表及深部的位移、倾斜（沉降）动态、裂缝的张、闭、沉、错变化及地声、应力应变等物理参数与环境影响因素进行监测。一般而言，精度高、测程短的仪表适用于变形量小的边坡变形监测；精度相对低、测程范围大、量测范围可调的仪表适用于边坡变形处于加速变形或临崩、临滑状态时的监测。为增加边坡工程研究的可靠性和直观性，将机测和电测相结合使用，互相补充和校核，效果最佳。

D 远程监测法

先进的自动遥控监测系统的问世，为边坡崩塌和滑坡的自动化连续遥测创造了有利条件。电子仪表观测的内容，基本上能实现连续观测，自动采集、存储、打印和显示观测数据。远距离无线传输是该方法最基本的特点。由于其自动化程度高，可全天候连续观测，故省时、省力、安全，是当前和今后一个时期滑坡监测发展的方向。目前，从远程监测的使用情况也反映出该法的一些弱点，如传感器质量仍不过关，仪器的组（安）装工艺和长期稳定性较差，运行中故障率高，很难适应野外恶劣的监测环境（如风、雨、地下水侵蚀、锈蚀、雷电干扰、瞬间高压等），数据传输时有中断，可靠度也难以使人置信，在经济上较为昂贵。

13.3.5 边坡岩体稳定性的地质分析

边坡岩体稳定性分析与评价的目的，一是对与采矿工程有关的边坡稳定性做出定性和定量评价；二是要为合理地设计人工边坡和边坡变形破坏的防治措施提供依据。边坡稳定性分析的方法很多，其基本思路是从三方面入手：一是自然历史分析；二是力学分析；三是工程地质比拟。目前国内外对露天矿边坡稳定性分析做了大量的研究，最常用的分析方法有：岩体结构分析、图解法、图表法、工程地质比拟法、极限平衡计算法、模拟实验、有限单元计算等。限于篇幅，本文在对常用的岩体稳定性分析方法进行简要介绍的基础上，重点对其中的岩体结构分析、赤平极射投影分析及极限平衡计算方法进行阐述。

13.3.5.1 边坡稳定性分析方法简介

A 定性分析方法

定性分析法主要是分析影响边坡稳定性的主要因素、失稳的力学机制、变形破坏的可能方式及工程的综合功能等，对边坡的成因及演化历史进行分析，以此评价边坡稳定状况及其可能的发展趋势。该方法的优点是综合考虑了影响边坡稳定性的因素，可快速地对边坡的稳定性做出评价和预测。常用的方法有：

a 地质分析法（历史成因分析法）

地质分析法是根据边坡的地形地貌形态、地质条件和边坡变形破坏的基本规律，追溯边坡演变的全过程，预测边坡稳定性发展的总趋势及其破坏方式，从而对边坡的稳定性做出评价；对已发生过滑坡的边坡，则判断其能否复活或转化。

b 工程地质类比法

工程地质类比法的实质是把已有的自然边坡或人工边坡的研究设计经验应用到条件相似的新边坡和人工边坡的研究设计中去。这种方法需要对已有边坡进行详细的调查研究，全面分析工程地质因素的相似性和差异性，分析影响边坡变形发展的主导因素的相似性和差异性；同时，还应考虑工程的类别、等级及其对边坡的特定要求等。它虽然是一种经验方法，但在边坡设计中，特别是在中小型工程的设计中是很通用的方法。

c 图解法

图解法可以分为两类：

（1）用一定的曲线和诺谟图来表征边坡有关参数之间的定量关系，由此求出边坡稳定性系数，或已知稳定系数及其他参数（结构面倾角、坡角、坡高）仅一个未知的情况下，求出稳定坡角或极限坡高。这是一种基于力学计算的简化分析方法。

（2）利用图解求边坡变形破坏的边界条件，分析软弱结构面的组合关系，分析滑体的形态、滑动方向，评价边坡的稳定程度，为力学计算创造条件。常用的为赤平极射投影分析法及实体比例投影法。

B 定量评价方法

定量评价法是在定性分析的基础上，根据不同边坡类型、分析目的及精度要求，采用一定的计算方法对边坡岩体进行稳定性计算及定量评价。

a 极限平衡法

极限平衡法在工程中应用最为广泛，该方法以莫尔-库仑抗剪强度理论为基础，将滑坡体划分为若干条块，建立作用在这些条块上的力的平衡方程式，求解安全系数。该方法根据边坡破坏的边界条件，应用力学分析的方法，对可能发生的滑动面，在各种荷载作用下进行理论计算和抗滑强度的力学分析。通过反复计算和分析比较，对可能的滑动面给出稳定性系数。极限平衡分析方法很多，如条分法、圆弧法、Bishop 法、Janbu 法、不平衡传递系数法等。目前，刚体极限平衡方法已经从二维发展到三维。

b 数值分析法

数值分析法主要是利用某种方法求出边坡的应力分布和变形情况，研究岩体中应力和应变的变化过程，求得各点上的局部稳定系数，由此判断边坡的稳定性。主要有以下几种：

(1) 有限单元法 (FEM)。该方法是目前应用最广泛的数值分析方法。其解题步骤已经系统化，并形成了很多通用的计算机程序。其优点是部分地考虑了边坡岩体的非均质、不连续介质特征，考虑了岩体的应力应变特征，因而可以避免将坡体视为刚体、过于简化边界条件的缺点，能够接近实际地从应力应变分析边坡的变形破坏机制，对了解边坡的应力分布及应变位移变化很有利。其不足之处是：数据准备工作量大，原始数据易出错，不能保证整个区域内某些物理量的连续性；对解决无限性问题、应力集中问题等其精度比较差。

(2) 边界单元法 (BEM)。该方法只需对已知区的边界极限离散化，因此具有输入数据少的特点。由于对边界极限离散，离散化的误差仅来源于边界，区域内的有关物理量是用精确的解析公式计算的，故边界元法的计算精度较高，在处理无限域方面有明显的优势。其不足之处是：一般边界元法得到的线性方程组的关系矩阵是不对称矩阵，不便应用有限元中成熟的对稀疏对称矩阵的系列解法。另外，边界元法在处理材料的非线性和严重不均匀的边坡问题方面，远不如有限元法。

(3) 离散元法 (DEM)。离散元法是由 Cundall (1971) 首先提出的。该方法利用中心差分法解析动态松弛求解，是一种显式解法，不需要求解大型矩阵，计算比较简便，其基本特征在于允许各个离散块体发生平动、转动、甚至分离，弥补了有限元法或边界元法的介质连续和小变形的限制。因此，该方法特别适合块裂介质的大变形及破坏问题的分析。其缺点是计算时步需要很小，阻尼系数难以确定等。

离散元法可以直观地反映岩体变化的应力场、位移场及速度场等各个参量的变化，可以模拟边坡失稳的全过程。

(4) 块体理论 (BT)。块体理论建立在构造地质和简单的力学平衡计算的基础之上，由 Goodman 和 Shi (1985) 提出。该方法利用拓扑学和群论评价三维不连续岩体稳定性。利用块体理论能够分析节理系统和其他岩体不连续系统，找出沿规定临空面岩体的临界块体。块体理论为三维分析方法，随着关键块体类型的确定，能找出具有潜在危险的关键块体在临空面的位置及其分布。块体理论不提供大变形下的解答，能较好地应用于选择边坡开挖的方向和形状。

13.3.5.2 边坡岩体稳定性的直观分析

基于地质调查所得的岩体结构构造特点、弱面与边坡的空间关系，直接根据工程地质图进行分析。

(1) 若结构弱面的走向与边坡的走向一致，但倾向相反，则为稳定结构。

(2) 若结构弱面的走向与边坡走向垂直相交或高角度相交，亦为稳定结构。

（3）在结构弱面的走向与倾向和边坡的走向及倾向一致的情况下，若前者倾角大于后者倾角，则为基本稳定结构；前者倾角小于后者倾角，则为不稳定结构，该弱面可能成为岩体滑动面；当然如果结构面的倾角特别小，也可过渡为基本稳定结构。

大量的工程实践表明，岩体滑动面的倾角和走向，与结构弱面的倾角及边坡走向的关系十分密切，认真观测、统计分析岩体滑动面的倾角和走向，以及结构弱面的倾角、边坡走向，对确定岩体边坡稳定性具有重要意义。

结构面的上述分析方法同样适用于不同的结构体的分析研究。层状结构体组成的边坡（沉积岩及沉积变质岩），若岩层的产状与边坡一致，且倾角缓于边坡角，则可能发生岩体顺层滑动，层理面可为其滑动面，为不稳定结构（图 13-19）；结构面倾向与边坡倾向相反则为稳定结构。块状结构体组成的边坡（如火成岩），可能的滑动面则是切割岩体的节理面，由于节理可能二、三组同时存在，所以滑动面的断面可能呈折线形（图 13-20）。碎块状结构体组成的边坡，岩体的滑动面可能出现弧形（图 13-21）。

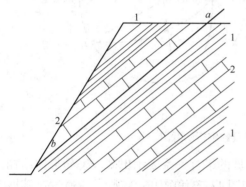

图 13-19　层状结构边坡的不稳定结构
1—页岩；2—石灰岩；ab—可能的滑动面

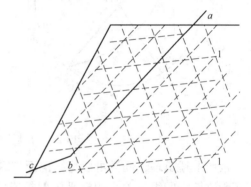

图 13-20　块状结构边坡的不稳定结构
abc—可能的滑动面

13.3.5.3　边坡岩体稳定性的赤平极射投影分析

当边坡岩体中结构面为多组，分布较为复杂时，仅靠边坡岩体工程地质平面图和剖面图无法分析岩体的稳定性，也难于确定其可靠的滑动边界条件，此时可采用赤平极射投影法。该方法是利用吴尔弗投影网（简称吴氏网）或斯密特投影网（简称斯氏网）作为图解工具进行投影，表示出结构面的空间方位与倾角，求出各组结构面的交切线（组合交线）及其倾伏角，进而说明岩体的稳定性。其缺点是不

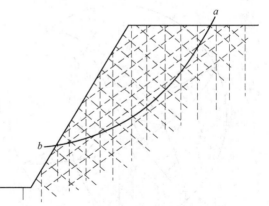

图 13-21　碎块状结构边坡的不稳定结构
ab—可能的滑动面

能表示结构面在边坡上的具体位置及滑动体（结构体）在岩体中的形状和大小。

若两组以上的结构面在边坡岩体中存在，它们的交切线是分析岩体稳定性的重要因素，特别是交切线的倾伏方向及倾伏角往往控制岩体的滑动方向，所以需在赤平极射投影

图上求出它们的方位和倾角。

以两个结构面的吴氏网为例,图 13-22(a)的 1-1、2-2 分别为两个结构面的走向投影,这两个结构面的投影弧相交于 A 点,则此点与圆心 O 的连线 AO 即为这两个结构面交切线在图上的投影。将 AO 延长交于圆周的 B 点,则 OB 的方位即是此交切线的倾伏方向(在该图中为 S68°E)。

将 AOB 旋转到与投影网的水平线重合,如图 13-22(b)所示,则在图中 A 点位置上投影网水平线上所标示的度数,即为交切线 AO 的倾伏角(在该图中此角为 39°)。

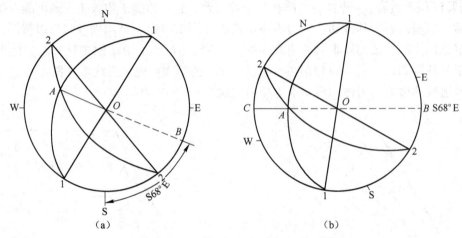

图 13-22 结构面的赤平投影解析示意图

按照上述道理,同样可以将结构面与露天边坡的组合关系表示出来,得到岩体结构面与露天边坡空间组合关系的赤平极射投影图,如图 13-23 和图 13-24 所示。通过对其展现出的图相进行分析,即可判断岩体的稳定性(稳定结构、基本稳定结构和不稳定结构)。

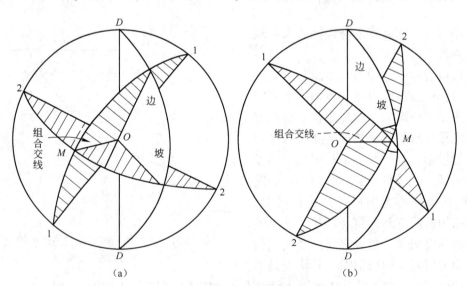

图 13-23 稳定和基本稳定结构的赤平投影
(a)稳定结构;(b)基本稳定结构
D—D—边坡走向;1—1,2—2—结构面走向;OM—结构面交切线

(1) 稳定结构。如图 13-23 (a) 所示，两个结构面投影弧线的交点 M，落在边坡面投影弧线$\overset{\frown}{DD}$对侧的半圆投影面上。它表明边坡岩体中的结构面的倾向或结构面交切线的倾伏方向与边坡的倾向相反。这种类型的边坡岩体结构中，由于可能存在的滑动面倾向于岩体内部，不利于岩体向自由空间（开采境界内）滑移，所以对边坡的变形破坏没有直接影响。一般情况下，即使边坡角较陡，这种结构也是比较稳定的。

(2) 基本稳定结构。如图 13-23 (b) 所示，两个结构面投影弧线的交点 M 和边坡面投影弧线位于同一半圆投影面上，但结构面投影弧线的交点落在边坡面投影弧线的弧内，表示交切线的倾角大于边坡面的倾角。它说明边坡岩体中结构面的交切线倾伏方向与边坡面倾斜方向一致，但是结构面交切线的倾

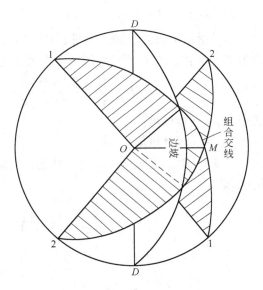

图 13-24　不稳定结构的赤平投影
D—D—边坡走向；1—1, 2—2—结构面走向；
OM—结构面交切线

角大于边坡面的倾角。这类结构中结构面交切线的产状，对岩体向自由空间方向（即开采境界内的方向）移动是不利的，所以这类结构的边坡工程一般是稳定的，但稳定程度较稳定结构稍差。

(3) 不稳定结构。如图 3-24 所示，两个结构面投影弧线的交点 M 落在边坡面投影弧线的弧外，表示交切线的倾角小于边坡面的倾角。这种图相说明边坡岩体中结构面的交切线的倾伏方向与边坡面的倾斜方向一致，且其倾角缓于边坡面的倾角。这种结构极其有利于岩体沿着结构面交切线的倾伏方向，向着自由空间移动，所以它对边坡岩体的稳定性威胁很大。但是，如果交切线的倾角很小，则也可能过渡为基本稳定结构或稳定结构。

13.3.5.4　边坡岩体稳定性的极限平衡计算法

边坡岩体稳定性的极限平衡计算是力学分析计算的一种，目前应用比较广泛，它可以得出定量的结果，常为工程设计所采用。极限平衡计算通常是建立在静力平衡基础上，按不同边界条件去考虑力的组合，主要是计算滑动力和抗滑力两部分。滑动力包括岩体的重力沿滑动方向的分力、动水压力、浮托力、地震力、爆破震动力等；抗滑力包括滑动面上的凝聚力、抗剪强度、侧向摩擦力等。抗滑力与滑动力之比，即为稳定系数。边坡岩体沿滑动面的下滑能力大于抗滑能力，即稳定系数 (K) 等于 1 或小于 1 时，活动面完全被剪断，岩体即会沿滑动面向自由空间移动。

根据滑动面形态、数目、组合特征和力学机理，边坡的滑动破坏可分为单平面滑动、楔形体滑动、双平面滑动、多平面滑动、圆弧形滑动等类型。实践证明，均质土坡的破坏面都接近于圆弧形；而当岩体中存在软弱结构面时，边坡岩体常沿某个软弱结构面或某几个软弱结构面的组合面滑动，从而呈平面滑动或折线滑动。

A 平面滑动面的情形

边坡沿单平面滑动时，如图13-25（a）所示，滑坡体的稳定系数 K 为滑动面上的总抗滑力 F 与岩体重力 Q 所产生的总下滑力 T 之比，即

$$K = \frac{F}{T} = \frac{Q\cos\beta \cdot \tan\varphi}{Q\sin\beta} = \frac{\tan\varphi}{\tan\beta} \quad \text{（不计凝聚力）} \tag{13-28}$$

式中 β——边坡角；

φ——内摩擦角。

当 $K \leqslant 1$ 时，边坡处于不稳定状态，滑坡发生；当 $K > 1$ 时，边坡体处于稳定或极限平衡状态。

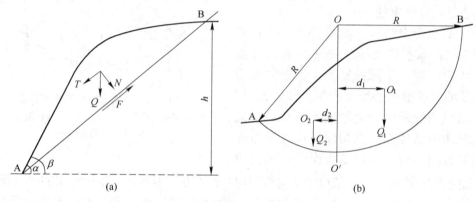

图 13-25 边坡岩体力学平衡示意图

B 圆形滑动面的情形

如图13-25（b）所示，滑动面中心为 O，滑弧半径为 R。过滑动圆心 O 作一铅直线 OO'，将滑坡体分成两部分。在 OO' 线之右部分为滑动部分，其重力为 Q_1，它能绕 O 点形成滑动力矩 $Q_1 d_1$，在 OO' 线之左部分，其重力为 Q_2，形成抗滑力矩 $Q_2 d_2$。要使完整的土体破坏形成滑动面，还必须克服滑动面上的抗滑阻力：$\tau \cdot \overset{\frown}{AB} \cdot R$。因此，该边坡的稳定系数 K 为总抗滑力矩与总滑动力矩之比。即

$$K = \frac{\text{总抗滑力矩}}{\text{总滑动力矩}} = \frac{Q_2 d_2 + \tau \cdot \overset{\frown}{AB} \cdot R}{Q_1 d_1} \tag{13-29}$$

式中 τ——滑动面上的抗剪强度。

当 $K < 1$ 时，边坡失去平衡，滑坡发生。

C 折线滑动面的情形

如图13-26所示，沿折线滑动面的滑动可采用分段的力学计算来进行分析。

沿折线滑面的转折处划分成若干块段，从上至下逐块计算推力。每块滑坡体向下滑动的力与岩土体阻挡下滑力之差，也称剩余下滑力，是逐级向下传递的，即

$$E_i = F_s T_i - N_i f_i - c_i l_i + E_{i-1} \psi \tag{13-30}$$

式中 E_i——第 i 块滑块的剩余下滑力，kN/m；

E_{i-1}——第 $i-1$ 块滑块的剩余下滑力，kN/m，如为负值则不计入；

ψ——传递系数，$\psi = \cos(\theta_{i-1} - \theta_i) - \sin(\theta_{i-1} - \theta_i)\tan\varphi_i$；

T_i——作用于第 i 块段滑动面上的滑动分力，kN/m，$T_i = Q_i\sin\theta_i$；

N_i——作用于第 i 块段滑动面上的法向分力，kN/m，$N_i = Q_i\cos\theta_i$；

Q_i——第 i 块段岩土体重力，kN/m；

f_i——第 i 块滑块沿滑动面岩土的内摩擦系数，$f_i = \tan\varphi_i$；

φ_i——第 i 块滑块沿滑动面岩土的内摩擦角，(°)；

c_i——第 i 块滑块沿滑动面岩土的内聚力，kN/m²；

θ_i，θ_{i-1}——分别为第 i 块和第 $i-1$ 块滑块的滑动面与水平角之夹角，(°)；

F_s——安全系数。

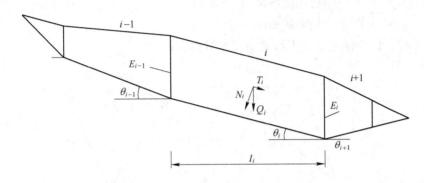

图 13-26 折线滑面的滑坡稳定计算图

当任何一块滑块剩余下滑力为零或负值时，说明该块对下一块不存在滑坡推力。当最终一块岩土体的剩余下滑力为负值或零时，表示整个边坡体是稳定的。如为正值，则不稳定，应按此剩余下滑力设计支挡结构。

D 楔形体滑动的情形

如图 13-27 所示，边坡被两组结构面切割，在坡体上形成楔形体，其滑动面由两个倾向相反、且其交线倾向与坡面倾向相同、倾角小于边坡角的软弱结构面组成。

首先将滑体自重 G 分解为垂直交线 BD 的分量 N 和平行交线的分量（即滑动力 $G\sin\beta$），然后将 N 投影到两个滑动面的法线方向（图 13-28），得到作用于滑动面上的法向力 N_1 和 N_2，最后求出抗滑力及稳定性系数。

可能滑动体的滑动力为 $G\sin\beta$，垂直交线的分量为 $N = G\cos\beta$。将 $G\cos\beta$ 投影到 △ABD 面和 △BCD 面的法线方向上，得法向力 N_1、N_2 为

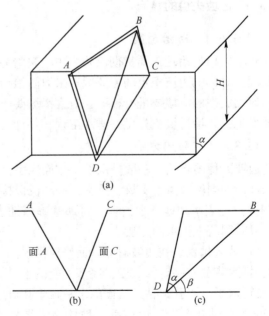

图 13-27 楔形体滑动的结构示意图

$$N_1 = \frac{N\sin\theta_2}{\sin(\theta_1+\theta_2)} = \frac{G\cos\beta\sin\theta_2}{\sin(\theta_1+\theta_2)}, \quad N_2 = \frac{N\sin\theta_1}{\sin(\theta_1+\theta_2)} = \frac{G\cos\beta\sin\theta_1}{\sin(\theta_1+\theta_2)} \quad (13\text{-}31)$$

则边坡的抗滑力为

$$F_s = N_1\tan\varphi_1 + N_2\tan\varphi_2 + C_1 S_{\triangle ABD} + C_2 S_{\triangle BCD} \quad (13\text{-}32)$$

边坡的稳定性系数为

$$K = \frac{N_1\tan\varphi_1 + N_2\tan\varphi_2 + C_1 S_{\triangle ABD} + C_2 S_{\triangle BCD}}{G\sin\beta} \quad (13\text{-}33)$$

式中　　G——楔形滑块的重量，kN；

$\tan\varphi_1$，$\tan\varphi_2$——两组结构面（面A、面C）的摩擦系数；

C_1，C_2——两组结构面的内聚力，kN/m^2；

$S_{\triangle ABD}$，$S_{\triangle BCD}$——两组结构面的面积，m^2。

当$K<1$时，该块体将会发生沿滑动面的滑动。

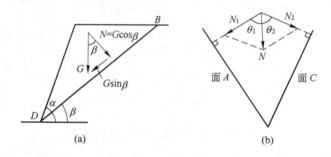

图 13-28　楔形体滑动的稳定计算图

13.3.6　边坡失稳的防治

13.3.6.1　防治原则

边坡失稳的治理，要贯彻以防为主、整治为辅的原则，对将要产生破坏的边坡及时进行处理；对影响边坡稳定的主要因素采取防治措施，但不能忽视次要因素，要全面综合考虑；对发展中的滑坡要进行整治，对古滑坡要防止复活，对可能发生滑坡的地段要防止滑坡的发生；整治滑坡应先做好排水工程，并针对形成滑坡的因素，采取相应措施。

13.3.6.2　防治方法

边坡失稳的防治，一般是从三个方面入手：排除不利外因，如地表水入渗等；改善力学条件，如削坡减重、支撑、排水；提高或保持滑动面的力学强度，如锚固等。

（1）地表水和地下水治理。对那些确因地表水大量渗入和地下水影响而不稳定的边坡，可采用疏干排水的方法。

1）地表排水。在边坡岩体外面修筑排水沟，防止地表水流入边坡体张裂隙中（图 13-29），排水带要有一定的坡度，底部不能漏水。

2）水平疏干孔。钻入坡面的水平疏干孔对于降低裂隙底部或潜在结构面附近的积水是有效的。钻孔布置一般应垂直坡体中的结构面，孔径 10~15cm，深度 30~60m，间距 10~20m 不等。

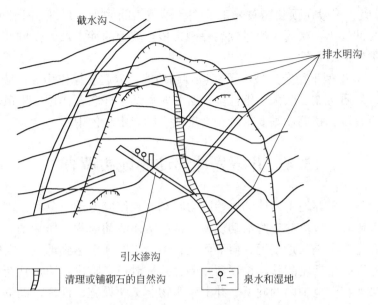

图 13-29　树枝状地表排水系统

3）垂直疏干井。在坡顶部钻凿竖直小井，井中装配深井泵或排水泵，排除边坡内裂隙中的地下积水。这一方法对于水力联系好的岩溶潜水地区很有效。

4）地下疏干坑道。这种方法是在边坡后部或深部开挖永久性水平排水坑道，其优点多、排水量大，一般是自流排水，便于长期使用，对地下水涌水量大的露天矿很适用。

(2) 增大边坡坡体强度和人工加固法。这类方法包括目前国内外普遍使用的抗滑桩、金属锚杆、压力灌浆、混凝土护坡和喷浆防渗加固等。

1）抗滑桩。一般多用钢筋混凝土桩加固边坡，大断面混凝土桩多用于碎裂、散体结构的岩质边坡的加固；小断面的混凝土桩多用于块状、层状结构的岩质边坡的加固。露天开挖边坡加固是在平台上钻孔，在孔中放入钢轨、钢管和钢筋等，然后再浇灌混凝土将钻孔内的空隙填满或用压力灌浆。由于抗滑桩加固布置灵活，施工工艺简单，工效高，抗滑承受能力大。因此在国内外露天矿山被广泛应用。

2）锚杆（索）加固边坡。由钢筋锚杆和钢绳索加固边坡，虽然施工比抗滑桩复杂，但可以锚固潜在滑动面很深的边坡。若给锚杆和锚索施加一定的预应力，还能改善边坡的受力状态，增大其稳定程度。

3）注浆法。利用注浆管在一定的压力作用下，使浆液进入边坡岩体裂隙中。浆液材料主要是水泥浆，也可选用化学浆液。该法能使裂隙和碎裂岩体固结，并能堵塞地下水的通道。注浆前必须准确了解边坡失稳的潜在滑动面的形状和埋深；注浆管必须下到滑面以下一定深度；注浆管可安装在钻孔中，也可直接打入。

(3) 控制爆破震动。在大型露天开采矿山采用控制爆破对维护边坡的稳定性很有效。

1）将每次延发爆破的炸药量减少到最小限度，使爆破冲击波的振幅保持在最小范围内。

2）保护最终边坡面，一般是在最终坡面附近采用预裂爆破，爆破后形成一条破碎槽，将爆破引起的冲击波发射出去，使最终坡面免遭破坏。

3）缓冲爆破，一般在预裂爆破与正常生产爆破之间采用，形成一个爆破冲击波的吸收区，使之起缓冲作用，减弱了通过预裂爆破带传至坡面的冲击波，使坡面岩石保持完好状态，维护了坡体的稳定性。

（4）支撑。对小型不稳定边坡，可在坡脚砌挡墙，以起支撑作用。挡墙可采用钢筋混凝土或浆砌石。岩质边坡一般采用刚性墙，必要时可加锚杆联合作用；松散坡体可用刚性墙，也可用堆石砌墙，挡墙墙基要求置于滑动面下的稳定岩体中。

13.4　井下岩体移动的地质调查

地下采矿活动会破坏地下岩体的原始应力状态，致使应力重新分布，进而引起岩体发生变形、移动、破坏、冒落等一些活动现象，这些岩体活动通称地压活动。在岩体的活动发展过程中，在空间上是由近至远，由下而上，逐渐扩展甚至达到地表；在时间上经历初期变形、微弱移动、中期剧烈移动、逐渐减弱达到相对稳定阶段，即达到新的力学平衡状态。处于岩体破坏移动范围内的井下、井上建筑物、工业设施、河流、湖泊、道路等，将会受到不同程度的破坏和影响，而某些矿山的竖井及斜井、其他巷道，也可遭到破坏，严重的可威胁安全生产和开采的正常进行。因此，研究开采区的岩体移动地质条件以及岩体移动具体规律，对保证采掘工程施工的安全，合理有效地确定井巷维护方法，研究、应用及推广各种井巷新型支护方法，改善顶板管理方法，优化采矿方法和开采顺序，减少矿产资源损失，提高矿石回采率等具有重要意义。

13.4.1　井下岩体移动的种类与调查

13.4.1.1　井下岩体移动的种类

依据岩体活动范围的大小及活动空间位置的不同，可将井下岩体移动分为：

（1）大面积岩体移动。一个采区的大部分采空区或一个采区的数个中段在同一时间发生的岩体移动，会严重破坏采区的井巷工程，损失大量的矿石储量，甚至造成采区关闭。

（2）局部岩体移动。一个采区的一、两个中段或几个采场所发生的岩体移动。表现为局部地压活动比较频繁，且易引起连锁反应，个别或少量采矿矿柱被压裂、顶板脱落、频繁掉块等。

（3）巷道地压活动。这在井下矿山普遍存在，表现为巷道中出现片帮、冒顶、顶板下沉、两帮内鼓、底板岩石膨胀等，造成施工困难、巷道形成后支护系统保持不住，甚至多次返修，或报废部分巷道。

（4）冲击地压。又称为岩爆，往往发生在开采深度很深的矿山。岩爆发生时，不仅破坏井巷工程，而且可引起人身伤亡。它的发生时间短促，可引起气浪，产生震动，并有响亮的声音。

13.4.1.2　井下岩体移动的调查

井下岩体发生移动除了与采矿方法、采空区处理、开采深度等因素有关外，更重要的是与矿床的地质条件有关，诸如断裂构造、岩石性质、软弱夹层、矿床水文地质条件等。岩体移动地质调查的主要内容是：

(1) 断裂构造的调查。断裂构造及节理、裂隙等是地质体中的软弱面，处于断裂附近的采空区，形成应力集中，岩体移动从此处打开缺口，形成大冒落。因此，必需查明断层、破碎带、节理、裂隙的分布、力学性质、空间组合关系以及它们和采空区、井巷工程的几何关系，从而为采空区岩体移动分析提供依据，为当前生产的采场、井巷支护提供所需要的地质资料。

(2) 查明最新构造应力场的分布，确定最大水平主应力方向。地应力的分布直接影响地下工程部署的合理性，这就需要从区域构造体系研究着手，分析不同构造体系对断裂组合、岩体结构形式的控制规律，进而确定构造应力场分布的空间方向。

(3) 岩体的岩石性质与结构的调查。由于井下采掘活动的进行，破坏了岩体的应力平衡，在应力重新分布的过程中，不同类型的岩体结构与不同的岩石性质，将产生不同的变形与破坏。因此，必须开展有针对性的调查研究，包括脆硬性岩石和塑性岩石的分布情况、岩石的水理性质、岩体的结构特征等。

(4) 水文地质条件的调查。矿床地下水的埋存状态和井下岩体稳定性关系极大。充水与不充水，属承压水还是非承压水，对岩体稳定的影响差别悬殊。总体来说，矿床地下水的存在对岩体的稳定、井巷工程的维护极为不利。对它的调查要侧重于：含水层厚度及产状、水头压力、含水层分布、地下水的来源、补给条件、地下水进入井下的途径及其在本矿区的破坏作用。可通过绘制等水位图、矿区水文地质图等表示出来。地下水的调查还可与构造调查、岩性调查、溶洞调查等结合起来进行。

13.4.2 井下岩体移动的预报与监测

岩体移动会引起人身、设备的安全事故，会造成采矿设施的破坏。进行岩体移动规律的研究，其目的是运用这一规律，提出岩体移动的预报，采取措施，减少损失。岩体移动和其他事物的发展一样，是有规律可循的，总有一个由渐变到突变、由量变到质变的过程，因此提出岩体移动预报也是可能的。岩体移动大体上会经历初期变形阶段（或称岩体移动的预兆阶段）、局部移动（可称为大规模移动的突破口）到大规模移动阶段、相对稳定阶段等。抓住各阶段活动的特点，就可以根据其最初出现的现象，作为发出预报的有利依据。

13.4.2.1 岩体移动的征兆

A 初期变形阶段的征兆

局部的或大规模的岩体移动，在剧烈运动前都有其征兆，例如：

(1) 岩层发响。这是岩体移动的早期现象，从某个中心位置开始向外逐渐扩大，声响的次数由少到多，移动前数日可急剧增加。如弓长岭铁矿二矿区一次岩体移动前几天，平均每日有194次声响，其中的后台沟区140m中段，移动前几个月就有声响发生。

(2) 顶板掉块次数增加。发生声响的同时，碎块岩石坠落的现象逐渐增多。湖南锡矿山的中部，在岩体移动前三个月就已开始掉块，临近顶板冒落时掉块次数剧增至每小时20余次。

(3) 巷道出现细微裂缝，并不断加宽。此时可用铅油标出观测点，观察与测量其变化。若裂缝宽度急剧增加，则意味着岩体移动即将发生。

(4) 巷道底板流水的变化。巷道底板流水突然干涸，水流方向改道，顶板突然漏水，突然听到巷道远处凿岩的风钻声等，都可能是岩体初期变形所引起的。

(5) 巷道变形、矿柱压垮、底板鼓起、顶板下沉、铁道弯曲等现象不断扩大范围，严重程度逐渐增加。湖南锡矿山在岩体大规模移动前有60%的矿柱失去支撑能力，采空区附近的巷道，随着时间的增加，变形范围逐渐扩大。

(6) 地表缓慢下沉。在软岩层中比较明显，持续时间也较长；脆性岩石中则很短促，前兆较差。

B 岩体大规模移动初期的征兆

井下局部岩体的冒落往往是岩体大规模移动的开始。随着地压的增强，从断裂或软弱岩层附近的采空区开始，形成应力集中，从而打开冒落缺口，使某些矿柱、护顶盖被压垮，从而出现岩体局部冒落的现象。当这种应力积聚到一定程度时，大规模的岩体移动就会随之发生。因此，及时调查研究并注意其发展趋势是十分必要的，它可为采取某些相应措施提供必要的依据。

13.4.2.2 井下岩体移动的监测

对开采范围内岩体的活动状况进行持续的观察和监测，是调查岩体移动规律的重要手段，也是提出预报的依据。地下开采矿山岩体移动监测的内容主要包括巷道岩体变形的监测、岩体中应力变化的测定、巷道顶底板变形的测量等。其方法除了依靠地质、测量工作的一般手段外，借助于现代测试技术的物理探查法也是行之有效的方法，目前已被许多矿山广泛采用。

A 巷道岩体变形的监测

为监测岩体的变形或位移，可采用布置人工测点的方法进行裂隙张开速度及其上下盘相对位移的测量；采用测量仪器——精密经纬仪和水准仪进行岩体垂直方向和水平方向绝对位移测量。

(1) 裂隙人工观测点。当岩体发生破坏时，必然在其中产生裂缝，或沿原有结构面张开滑动，观察这些裂隙发展过程，便可圈定岩体移动的范围和发展趋势。为此，可系统地布设观测点，用黄泥、铅油涂抹裂缝或用木楔插入缝中塞紧，或用水泥将玻璃条固定在裂缝上，也可在裂缝两侧标示测点，定时用钢卷尺测量其宽度、水平错距和高差，以便分析裂隙变化速度和移动趋势。

(2) 围岩相对位移的监测。观测围岩相对位移，了解顶板下沉量和下沉速度，是判断采场和巷道稳定与否的最直接、最有效的方法。目前矿山最常用的方法有：伸缩位移测杆、多点位移计、GDZ-Ⅱ高精度大位移测试仪、两点式位移计、电感式位移计等。

(3) 应用声发射观测岩体的变形破坏程度。目前我国金属矿山广泛应用由人耳直接听取岩石在原位变形破坏所发生的声响来判断地压活动的程度。

(4) 声波法监测。弹性波在岩体中的传播速度，与岩体的岩质、孔隙率、密度、弹性指数及岩体的完整程度等有一定的关系；声速比与应力应变有关，即声速比变化与应力应变全过程曲线的变化特点是一致的。声波在岩体中遇到不同介质界面或裂隙面会发生反射、折射，同时改变其传播路线发生绕射，致使其传播速度及振幅均有所改变。利用声波的这些特点可以确定岩体中裂隙分布情况、岩体完整性和强度，进而确定围岩松动区与压密区的密度、岩体所处应力状态等。

(5) 测量仪器量测。一般以精密水准仪为主，可辅以运用激光测距、测线偏距、偏角测量、精密导线、边角交会、激光三角高程等方法，在岩体移动范围内，自地表到井下系统布置测线。定期进行观测，便可得出岩体垂直位移和水平位移变化规律。

B 采场顶底板岩石移动的监测

在井下作业过程中，冒顶、掉块是常见的安全事故。矿体及围岩中的断层、节理、裂隙往往是发生冒顶、掉块的重要条件，为了观察顶板已暴露出的断裂及裂隙的变化，预计掉块、冒顶的可能性，可利用下列方法作为观测其动态变化的手段。

(1) 木楔插入法。把小木楔插入要观测的裂缝中，过一段时间若木楔松动脱落，则表明裂隙在扩大，有顶板冒落的危险。

(2) 石膏糊缝法。用石膏将要观测的裂缝糊住，若石膏裂开或有相对位移，则说明岩石中的裂缝正在发生变化，顶板可能下沉或冒落。

(3) 铅油画缝法。用铅油垂直所观测的裂缝画线，若裂缝两侧的铅油线发生相对位移，说明顶板已出现不稳定的现象。

(4) 敲打探音法。一般是用手锤敲打顶板岩石以听其声，若发出清脆之声，则表示岩体内部结合尚紧密；若各块体之间已出现脱离的现象，则发出沙哑之声。

(5) 顶板下沉速率统计法。用伸缩测杆（小巷道中）或拱顶位移计（大硐室中）测量顶板的垂直变化，并将此变化结果随时间变化的情况在图上表示出来的，如果图形表现为急剧变陡的趋势，则说明顶板可能即将冒落，必须迅速撤离有关人员及尽快拆除设备。

(6) 红外线检查法。岩石表面的温度是地热发散出的温度与大气流动温度相互平衡的温度。如果岩块不脱离基岩，则其导热性和周围的岩石应是一样的，若岩块与基岩已不是一体，有空隙存在于岩块与基岩之间，则地热的传导出现障碍，气流温度的影响控制着岩块的温度，因此岩块与基岩之间就有温度差异。实践证明，这种温差可达 1℃，这就为红外线测定提供了可能性。红外线检查仪器，可测知 0.1℃ 精度的温度差异。此类装置有红外线温度计和红外线热视仪两种。

C 岩体中应力变化监测

为了观测采空区围岩或矿柱中应力变化，金属矿山广泛利用应力盒、光应力计进行测定，它是以光应力计中出现的光干涉条纹图案的形状及其变化来判断围岩中应力随时间变化的相对变化情况。尤其是在围岩中应力集中部位使用，可对岩体变形破坏过程起监测作用。

思考题与习题

13-1 矿山工程地质工作的主要任务是什么？
13-2 何谓土粒粒组，粒组划分的原则是什么？
13-3 《岩土工程勘察规范》如何划分砂粒粒组与粉粒粒组？
13-4 什么是土的粒度成分（颗粒级配），工程中如何表示粒度成分？
13-5 土的矿物成分种类包括什么？
13-6 土的三相实测指标是什么？
13-7 什么是黏性土的界限含水量？

13-8 什么是塑性指数，其工程用途是什么？
13-9 何谓抗剪强度，何谓极限平衡条件？
13-10 何谓岩体的结构面，常见的结构面有哪些类型？
13-11 常见的岩体有哪些结构类型，它们各自具有什么样的工程地质性质？
13-12 何谓边坡的滑动，产生边坡滑动的原因是什么？
13-13 影响边坡岩体稳定性的地质因素有哪些？
13-14 赤平极射投影用于岩体稳定性分析的原理是什么？
13-15 边坡失稳防治的原则是什么？
13-16 井下岩体移动有哪些类型？

第Ⅲ篇参考文献

[1] 侯德义,李志德. 矿山地质学 [M]. 北京:地质出版社,1998.
[2] 胡绍祥,李守春. 矿山地质学(第二版) [M]. 徐州:中国矿业大学出版社,2008.
[3] 孔宪立,石振明. 工程地质学 [M]. 北京:中国建筑工业出版社,2001.
[4] 《矿山地质手册》编辑委员会. 矿山地质手册(上) [M]. 北京:冶金工业出版社,1995.
[5] 梁全辉. 边坡监测技术浅谈 [J]. 科学之友,2010,9:27~28.
[6] 王大纯,张人权. 水文地质学基础 [M]. 北京:地质出版社,2001.
[7] 王秀兰,刘忠席. 矿山水文地质 [M]. 北京:煤炭工业出版社,2007.
[8] 章至洁. 水文地质学基础 [M]. 徐州:中国矿业大学出版社,2004.

第 Ⅳ 篇 矿产勘查与矿山地质工作

矿产勘查与矿山地质工作是地质科学理论联系矿业实际的桥梁,通过本篇学习,要求能读懂、评审和应用地质资料,能与地质工作者密切合作,并掌握部分地质工作方法。本篇将重点介绍矿产勘查中矿床的揭露工作、矿床地质调查资料的综合及研究、矿山地质工作以及地质资料的评审及应用等内容。

14 矿产地质调查研究概述

地质调查是指对某一地区的岩石、地层、构造、矿产、水文地质、工程地质等地质特征进行的地质调查研究工作。矿产地质调查是为寻找、评价和开发国民经济发展需要的矿产而进行的地质调查研究工作。这是一个长期而连续的过程,贯穿于整个矿床的发现、基建和开采的全过程。

14.1 矿产地质调查研究的阶段性

按我国目前实际的地质工作情况,矿产地质调查全过程大致分为区域地质调查、矿产勘查和矿山地质工作三个时期。

14.1.1 区域地质调查

区域地质调查是在选定地区范围内进行的全面系统的综合性地质调查研究,简称区调。它既是地质工作的先行,又是基础研究工作,具有重要的战略意义。21世纪我国开展的新一轮国土资源调查即属此种性质。区调的主要任务是,通过详细的地质填图为经济和国防建设、科学研究和进一步普查找矿提供基础地质资料,其工作详细程度一般为小比例尺(1:100万、1:50万)、中比例尺(1:20万、1:10万)和大比例尺(1:5万、1:2.5万)。1:20万的区域地质调查是很重要的基础研究工作,目前除西藏大部、新疆南部、青海西部及内蒙古东北部等之外,已完成国土面积的3/4。近年来开展的1:5万区域矿产地质调查(简称矿调)是针对矿产资源的区调,目的性更为明确。

14.1.2 矿产勘查工作

按国家标准《固体矿产资源/储量分类》（GB/T 17766—1999）规定，矿产勘查工作分为预查、普查、详查和勘探4个阶段。

（1）预查。预查是依据区域地质和（或）物化探异常研究结果、初步野外观测、极少量工程验证结果、与地质特征相似的已知矿床类比、预测，提出可供普查的矿化潜力较大地区。有足够依据时可估算出预测的资源量，属于潜在矿产资源。

（2）普查。普查是对可供普查的矿化潜力较大地区、物化探异常区，采用露头检查、地质填图、数量有限的取样工程及物化探方法，大致查明普查区内地质、构造概况；大致掌握矿体（层）的形态、产状、质量特征；大致了解矿床开采技术条件；对矿产的加工选冶性能进行类比研究。最终应提出是否有进一步详查的价值，或圈定出详查区范围。

（3）详查。详查是对普查圈出的详查区通过大比例尺地质填图与各种勘查方法和手段，以及比普查阶段密的系统取样，基本查明地质、构造、主要矿体形态、产状、大小和矿石质量，基本确定矿体的连续性，基本查明矿床开采技术条件，对矿石的加工选冶性能进行类比或实验室流程试验研究，作出是否具有工业价值的评价。必要时，圈出勘探范围，以供预可行性研究、矿山总体规划和作矿山项目建议书使用。对直接提供开发利用的矿区，其加工选冶性能试验程度，应达到可供矿山建设设计的要求。

（4）勘探。勘探是对已知具有工业价值的矿床或经详查圈出的勘探区，通过加密各种采样工程，使其间距足以肯定矿体（层）的连续性，详细查明矿床地质特征，确定矿体的形态、产状、大小、空间位置和矿石质量特征，详细查明矿体开采技术条件，对矿产的加工选冶性能进行实验室流程试验或实验室扩大连续试验，必要时应进行半工业试验，为可行性研究或矿山建设设计提供依据。

14.1.3 矿山地质工作

矿山地质工作是矿山基建和生产过程中对矿床继续进行勘探、研究和生产管理的地质工作。其基本任务是为矿山的生产和建设服务。矿山地质工作内容包括两部分：开发勘探和矿山地质管理。其中开发勘探从时间上讲又分为两个阶段，即基建勘探和生产勘探。习惯上，矿山地质工作主要包括生产勘探和矿山地质管理工作。因此，在矿山地质工作时期也有勘探工作，通常将矿产勘查工作和矿山地质工作时期的勘探统称为矿床勘探。

上面几个阶段的划分不是绝对的，随着经济政策的变动，具体操作都可能有变化。例如2005年开始的危机矿山接替资源外围和深部找矿，就是为了扩大生产矿山远景而开展的普查找矿和勘探工作，这种工作是在长期的矿山地质工作上基础开展的。在当前我国的矿业政策情况下，不少国有和民营企业在地质勘探期间便已开展采矿活动，这种情况下很难区分地质勘探和生产勘探。

14.2 矿床勘探的基本步骤

在以上矿产地质调查研究的四个阶段中，对矿业开发工作者而言应重点了解二、三时期的工作，即矿产勘查和矿山地质工作时期的工作内容。在矿产勘查中的勘探阶段和矿山地质时期的生产勘探阶段，矿床勘探的技术方法和工作过程，有很多相似的地方，基本上按以下三个工作步骤进行。

（1）矿床的揭露工作。利用各种勘查工程手段（包括钻探和坑探），布置一定的勘查工程揭露矿体、近矿围岩和有关的地质构造，以便地质人员进行现场地质调查。

（2）现场地质调查工作。对已被揭露的矿体（矿化体）、围岩、地质构造等进行现场考察，以获取各种原始资料。现场地质调查工作包括各种原始地质编录（观测、记录各种地质现象，并绘制原始地质图件），以及不同用途的矿产取样。

（3）地质调查资料的综合及研究工作。对原始地质编录和矿产取样获得的第一手资料进行综合分析、整理和研究，其主要内容包括综合地质编录（编制综合地质图件资料等）、矿产储量计算和综合地质研究等，最终为矿山开发提供必要的图、文、表资料。

14.3 矿床地质调查阶段和矿山开发阶段之间的关系

矿床地质调查和研究是矿山开发的基础，在进行地质调查研究过程中所积累的地质资料是矿山设计的依据。在矿产勘查的预查、普查阶段，通过初步地质调查工作，找到质和量上符合国家需要的矿产，为详查和勘探提供基地和设计资料。详查和勘探阶段则是通过多种手段对矿床进行揭露和了解，获得一定资料，移交工业部门作为矿山企业技术设计的资料依据。

矿山投入基建后，直到投产和开采结束，这一整个过程都要进行矿山地质工作。矿山的基建阶段，在地质条件不太复杂的矿山，矿山地质工作的主要内容，一方面是熟悉地质勘探资料，确定今后生产勘探手段和工程布置、工程密度以及储量计算等方法，准备原图等；另一方面则是对基建井巷、基建硐室等工程开展地质调查和编录工作。在地质条件复杂的矿山，除了同样要进行上述工作外，还要开展基建勘探工作，即对已有地质勘探资料但尚未能满足开采设计要求的首期投产地段，进行进一步的勘探，以满足开采设计的需要（对于是否一定要有"基建勘探"这个专门的地质调查研究阶段，有关部门尚有争论）。在矿山基建基本结束投入生产后，应立即开展生产勘探工作，但这项工作也不是一次完成，而是分阶段进行的。对于大型矿山和资源危机的矿山，深部和外围找矿工作一直在持续进行，矿山生产找矿、详查和勘探阶段不是截然可分的。

还必须指出，在以上整个过程中，矿山地质部门对于不起探矿作用的所有采掘工程，都要进行地质调查和编录工作。

思考题与习题

14-1 矿产地质调查全过程可分为几个工作时期？
14-2 什么是区域地质调查，它的主要任务是什么？
14-3 什么是矿产勘查工作，按《固体矿产资源/储量分类》（GB/T 17766—1999）它又分为哪几个阶段？
14-4 在矿产勘查中的勘探阶段和矿山地质时期的生产勘探阶段，矿床勘探的技术方法和工作过程可分为哪几个阶段？
14-5 矿山地质工作内容包括哪两部分？
14-6 矿床地质调查阶段和矿山开发阶段之间的关系如何？

15 矿产勘查中的矿床揭露

前已所述，矿产勘查工作分为预查、普查、详查和勘探 4 个阶段。后 3 个阶段都有矿床的揭露工作。普查阶段可采用露头检查、地质填图、数量有限的取样工程及物化探方法，大致掌握矿体（层）的形态、产状、质量特征；详查阶段通过大比例尺地质填图与各种勘查方法和手段，以及较密的系统取样，基本查明地质、构造、主要矿体形态、产状、大小和矿石质量，基本确定矿体的连续性；勘探阶段是对已知具有工业价值的矿床，通过加密各种采样工程，详细查明矿床地质特征，确定矿体的形态、产状、大小、空间位置和矿石质量特征。

矿床揭露中需要采用一定的工程手段，包括在地表的一定位置挖掘探槽和浅井，布置钻孔位置向地下深部打钻，有时在矿体上部掘进一定数量的坑道，通过这些勘查工程对矿体的揭露和调查研究，主要完成以下两项基本任务：

（1）查明建矿及建厂的资源条件，即查明矿产资源的数量与质量。如矿石或金属储量、矿石中主要有用组分、伴生组分、有害杂质的含量及分布情况、矿石的结构构造、矿石的类型和品级的划分以及矿石加工技术特性等，用以确定矿山建设投资、企业规模、服务年限、选矿及冶炼工艺流程，为资源的综合利用提供依据。

（2）探清矿床开采地质条件，包括查明各主要矿体的空间位置及地质构造条件，查清矿床中矿体的形状、产状、矿石及围岩的物理力学性质、矿床水文地质等开采技术条件，为确定开采方案（露天或地下开采）、开拓方式、采矿方法，布置地表总平面图及地下井巷硐室，正确决定矿山防排水措施等矿山设计工作提供依据，同时也为以后矿山的基建和生产提供一定的地质资料。

15.1 矿床的勘查类型

按勘查的难易程度对矿床所划分的类型称为矿床的勘查类型。划分矿床勘查类型的意义在于总结矿床勘探的经验，以指导类似矿床的勘探，如为不同类型的矿床选用不同的勘探手段、工程密度、工程布置方式以及勘探总工作量等提供参考。世界上的矿床种类繁多，很难找到两个特点完全相同的矿床。因此，在勘查工作中，应从本矿床的实际出发，灵活地参照相似矿床勘查类型的勘探经验，切忌生搬硬套。

划分勘查类型是为了正确选择勘查方法和手段，合理确定勘查工程间距，对矿体进行有效的控制和圈定。矿床勘查类型的划分依据主要有矿体规模、矿体形态复杂程度、内部结构复杂程度、矿石有用组分分布的均匀程度、构造复杂程度等主要地质因素。

（1）矿床规模。矿床规模大小是划分勘查类型的依据之一，它直接影响勘探和开采方法。不同规模的矿床，其勘查类型就不一样。一般来说矿床规模较大时，勘探比较容易，开采也较简单。矿床规模主要是根据矿石量（Fe、Mn、Cr 等）或金属量（Cu、Pb、Zn、Ag 等）大小来划分的。对于不同矿种来讲，矿床规模的划分标准也不一样。例如，大型铁矿的矿石量要求大于1亿吨,锰矿床要求大于1000万吨,而大型铜铅锌矿床则要求金属量大于50万吨。矿床规模的详细划分可参见本篇参考文献［8~10］。

(2) 矿体形态。勘探与开采的实践证明,对矿体形态变化控制的准确程度,是影响勘探成果精度的主要因素。根据形态的复杂程度矿体可分为:

1) 简单矿体,如层状、似层状、透镜状、脉状等矿体。

2) 复杂矿体,如矿囊、矿瘤、矿巢、矿条等矿体。

矿体厚度变化是决定矿体形态的主要因素,矿体形态的稳定程度可用厚度变化系数 (V_m) 来表示:

$$V_m = (\sigma_m/M) \times 100\%, \quad \sigma_m = [\Sigma(m_i - M)^2/(n-1)]^{1/2} \tag{15-1}$$

式中 σ_m——厚度均方差;

m_i——不同测点样品厚度;

M——矿体平均厚度;

n——参加计算矿体厚度的测点个数。

根据矿体厚度变化系数,一般将矿体稳定程度分为变化很小的、变化中等的、变化很大的和变化特大的四类。按此顺序,黑色金属矿床厚度变化系数依次为 $V_m = 5 \sim 30$、$V_m = 30 \sim 50$、$V_m = 50 \sim 80$ 和 $V_m > 80$;有色金属矿床厚度变化系数依次为 $V_m = 5 \sim 30$、$V_m = 30 \sim 80$、$V_m = 80 \sim 100$、$V_m > 100$。

(3) 矿石中有用组分分布的均匀程度。表示矿石质量变化的大小,可用品位变化系数 V_c 来表示。其计算方法与厚度变化系数相似,计算式为:

$$V_c = (\sigma_c/C) \times 100\%, \quad \sigma_c = [\Sigma(c_i - C)^2/(n-1)]^{1/2} \tag{15-2}$$

式中 σ_c, c_i, C——分别为品位均方差、不同测点样品品位和平均品位。

按均匀程度矿床可分为四类:均匀的 ($V_c < 40$);不均匀的 ($V_c = 40 \sim 80$);很不均匀的 ($V_c = 100 \sim 150$);极不均匀的 ($V_c > 150$)。

(4) 矿体的连续性(矿体内部结构复杂程度)。一般用矿体中的工业可采部分在整个矿体中所占比例含矿率 (γ) 表示矿体的矿化连续程度,其计算公式为:

$$\gamma = \Sigma l_i/L \quad \text{或} \quad \gamma = \Sigma s_i/S \quad \text{或} \quad \gamma = \Sigma v_i/V \tag{15-3}$$

式中 $\Sigma l_i, \Sigma s_i, \Sigma v_i$——分别为矿体中各工业可采部分的长度、面积、体积之和;

L, S, V——分别为整个矿体(含矿和无矿部分)的长度、面积和体积。

$\gamma = 1$,矿化连续;γ 越小,矿化越不连续,矿化强度越差。

(5) 矿床的构造复杂程度。矿床的构造复杂程度直接影响矿床的勘探和开采的难易程度,也是划分矿床勘查类型的重要因素。岩金矿床的勘查类型按构造、脉岩的影响程度分为三级,如表15-1所示。

表15-1 岩金矿床构造、脉岩影响程度

影响程度	表 现 特 点
小	矿体基本无断层错动或脉岩穿插,构造对矿体影响小或无
中等	矿体被断层错动或被脉岩穿插,构造、脉岩对矿体形态有明显影响,但破坏不大
大	矿体被断层错动,脉岩穿插较多或甚多,错断距离较大,严重影响矿体形态,破坏大

注:据《岩金矿地质勘查规范》(DZ/T 0205—2002)。

在确定矿床勘查类型时，必须全面考虑上述每一个因素和其他有关因素，防止孤立片面只注意一两个因素，忽视另一些因素，特别是其中若干数据，只能作为参考；还应以地质条件分析为基础，参考其他指标数值，合理加以划分。

根据《固体矿产地质勘查规范总则》(GB/T 13908—2002)，按矿床地质特征将勘查类型划分为简单（Ⅰ类型）、中等（Ⅱ类型）、复杂（Ⅲ类型）3 个类型。由于地质因素的复杂性，允许有过渡类型存在。该规范总则还按矿床开采技术条件将勘查类型分为 3 类 9 型（表15-2），即开采技术条件简单的矿床（Ⅰ类）、开采技术条件中等的矿床（Ⅱ类）、开采技术条件复杂的矿床（Ⅲ类），除Ⅰ类只有Ⅰ型外，Ⅱ、Ⅲ类中又按主要影响因素分为 4 型，即以水文地质问题为主的矿床（Ⅱ-1、Ⅲ-1 型），以工程地质问题为主的矿床（Ⅱ-2、Ⅲ-2 型），以环境地质问题为主的矿床（Ⅱ-3、Ⅲ-3 型）和复合型的矿床（Ⅱ-4、Ⅲ-4 型）。

表 15-2　固体矿产开采技术条件勘查类型划分

勘查类型		开采技术条件特征	典型矿床实例
开采技术条件简单的矿床（Ⅰ）		主要矿体位于当地侵蚀基准面以上，地形有利于自然排水，或矿体虽位于侵蚀基准面以下，但含水层富水性弱，附近无地表水体，无水富集；矿体围岩单一，力学强度高，结构面不发育，稳定性好，或矿床虽处于多年冻土区，但因长年冻结，工程地质问题不突出，无原生环境地质问题，矿石及废弃物不易分解出有害组分，采矿活动不形成对附近环境和水体的污染	石灰石、花岗岩露天开采矿床
开采技术条件中等的矿床（Ⅱ）	水文地质问题为主的矿床（Ⅱ-1）	主要矿体虽位于当地侵蚀基准面上，地形有利于自然排水，但因矿体顶板有富水的含水层或断裂带对矿山生产造成危害；或主要矿体位于当地侵蚀基准面以下，主要充水含水层富水性中等，但地下水补给条件差，地表水不构成矿床充水的主要因素，矿山排水可引起局部地面变形破坏，水体轻度污染，矿床工程地质、环境地质问题较简单	云南四营煤矿，山东省焦家金矿
	工程地质问题为主的矿床（Ⅱ-2）	矿体围岩多为坚硬、半坚硬岩组，岩组结构较复杂，有局部软弱夹层或透镜体分布，各类结构面较发育，露采边坡可沿软弱夹层或不利结构面产生局部滑移，井采可在风化带、构造破碎带产生局部变形破坏，矿床水文地质、环境地质问题一般较简单	吉林磐石镍矿，四川攀枝花把关河石灰岩矿，青海柴达木煤矿
	环境地质问题为主的矿床（Ⅱ-3）	有热害、气害、放射性危害或不良地质作用危害等原生环境地质问题，矿床开采中需采取相应措施处理和预防，矿床水文地质、工程地质问题较简单	河南平顶山煤矿，陕北榆家梁井田
	复合问题的矿床（Ⅱ-4）	矿床水文地质、工程地质、环境地质条件三因素中两项以上属中等的矿床，其余为简单	四川金河磷矿，北京门头沟煤矿
开采技术条件复杂的矿床（Ⅲ）	水文地质问题为主的矿床（Ⅲ-1）	主要矿体位于当地侵蚀基准面以下，主要充水含水层富水性强，地下水补给条件好，与地表水或相邻强含水层有密切的水力联系，存在导水性强的构造破碎带或岩溶发育带，矿坑涌水量大；矿床开采需采取强排水或专门防、治水措施，疏干排水可引起巷道变形破坏和地面沉降、开裂、塌陷、水体污染等工程地质和环境地质问题	广东凡口铅锌矿，安徽铜官山铜矿，湖南香花岭锡矿
	工程地质问题为主的矿床（Ⅲ-2）	矿体围岩破碎，各级结构面发育，构造破碎带、接触破碎带比较发育，地应力大；或矿体转岩主要为松散软弱岩层；或冻融层厚度大；矿床开采露采边坡滑移、巷道变形破坏普遍，并可诱发突水、突泥(沙)、地面变形破坏等环境地质问题，矿床水文地质、环境地质条件不复杂	甘肃金川镍矿，苏州阳山高岭土矿，云南向阳煤矿，吉林舒兰煤矿

续表 15-2

勘查类型		开采技术条件特征	典型矿床实例
开采技术条件复杂的矿床（Ⅲ）	环境地质问题为主的矿床（Ⅲ-3）	矿床处于热、气、放射性异常区或区域稳定性差的地区，或矿体围岩含有毒有害气体或易分解有毒有害元素和组分，或具有严重的自燃发火势；矿床开采可产生严重的热害、气害、放射性危害、环境污染和山体失稳等问题，需采取专门防治措施，矿床水文地质、工程地质问题不复杂	湖南郴州 411 矿，浙江溪里萤石矿，湖南马田煤矿，四川叙永煤矿（自燃）
	复合问题的矿床（Ⅲ-4）	矿床水文地质、工程地质、环境地质三因素中两项以上属复杂的矿床，其余不复杂	广东石录铜矿，安徽钟山铁矿，云南小龙潭煤矿，湖南恩口煤矿，江西城门山铜矿

注：据《固体矿产地质勘查规范总则》（GB/T 13908—2002），表中"勘查工作要求"栏略去。

15.2 矿产勘查中揭露矿体的工程手段

埋藏在地下的矿床，必须采用一定的探矿工程手段来揭露它，以便进行现场地质调查研究。目前常用的揭露矿体的勘查工程手段有槽井探（地表坑探工程）、坑探（地下坑探工程）和钻探。过去曾把地表坑探工程称为轻型山地工程，地下坑探工程称为重型山地工程。

15.2.1 槽井探

槽井探也称地表坑探工程，包括浅井、小圆井、探槽等，常用在勘探的初期阶段，借以揭露、追索和圈定地表矿体、被覆盖的地质界线以及查清地质构造等。

（1）探槽。探槽是一种比较重要的轻型山地工程，广泛地用来揭露 2~2.5m 浮土下的岩石或矿体，探槽的宽度一般为 0.7~1.0m，深度一般不超过 3m，长度决定于实际需要，可由数米到数百米，布置方向一般是垂直矿体或岩层的走向（图 15-1）。

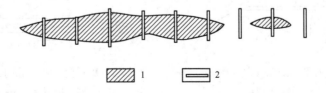

图 15-1 垂直矿体走向布置的探槽（平面图）
1—矿体；2—探槽

（2）浅井。浅井是断面为长方形或正方形的地表垂直坑道，一般用于勘探风化壳或浮土掩盖不深的层状、似层状矿体或砂矿床。在浅井下端时常连接一穿脉坑道，以用来横切矿体，取得沿厚度方向矿体变化的资料。

（3）小圆井。小圆井是断面为圆形的浅井，用于浮土稳定、不需支护的地段，断面一般小于浅井，深度小于 20m（表 15-3）。

表 15-3 常用浅井断面规格

要　求	深度/m	断面规格/m×m
不需支护	<10	0.8×1.25
需要支护	<10	1.0×1.5
需要支护	10~20	1×1.5~1.1×1.8
需要支护	20~30	1.1×1.8~1.5×2.0

小圆井深度一般为 15~20m，断面直径一般为 0.8~0.9m。

15.2.2 坑探（地下坑探工程）

坑探包括平硐、石门、沿脉、穿脉、竖井和斜井等。它们常用在勘探后期，用来追索与圈定深部矿体，了解矿床深部地质构造等。常用的勘探坑道有水平的坑探工程、垂直的坑探工程和倾斜的坑探工程三种。

15.2.2.1 水平的坑探工程

（1）平硐。平硐是地表有出口的水平坑道，只在地形有起伏的条件下才能应用。它可以沿矿体走向或垂直矿体走向掘进，若矿体沿倾斜延伸很深时，可用数个平硐进行勘探，一般上下平硐间垂直距离应大于 30~40m（图 15-2）。

（2）石门。石门是在地表没有出口，在围岩中掘进，而且大致与矿体走向垂直的水平坑道。它主要用来连接竖井与沿脉和寻找被断层错失的矿体（图 15-3）。

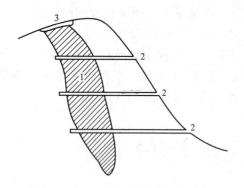

图 15-2 矿床的平硐勘探（剖面图）
1—矿体；2—平硐；3—探槽

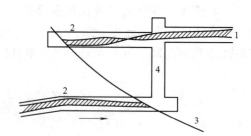

图 15-3 用石门寻找矿脉的错失部分（平面图）
1—矿体；2—沿脉；3—断层；4—石门

（3）沿脉。沿脉是指在地表无直接出口，在矿体内沿矿体走向掘进的水平坑道（图 15-4）。它用来了解矿体沿走向方向的变化情况，当矿体厚度较小时（一般小于 2m），直接用以揭露矿体；当矿体厚度大时，则用以连接各个穿脉坑道。若沿脉掘进在脉外下盘岩石中，此时就称为脉外平巷或石巷。

（4）穿脉。穿脉是大致垂直矿体走向，横穿矿体厚度，地面没有直接出口的水平坑道。它可以用来了解矿体在厚度方向上的变化情况，其长度以能揭露矿体全厚度为准（图15-4）。

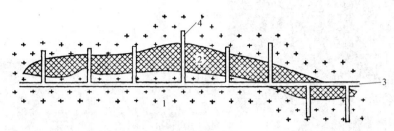

图 15-4 沿脉、穿脉勘探矿体示意图（平面图）
1—围岩；2—矿体；3—沿脉；4—穿脉

15.2.2.2 垂直的坑探工程

竖井（或直井）是地表设有出口的重型垂直坑道，与浅井不同之处在于断面大、深度大，并有较正规的提升、通风等设备；竖井的下部用石门与矿体相连接，勘探竖井常布置在矿体的下盘，以便将来采矿时作为副井或通风井用（图15-5）。

15.2.2.3 倾斜的坑探工程

（1）斜井。斜井是一种地表有出口的倾斜坑道，用来勘探产状稳定和倾角较小（小于45°）的矿体，其优点在于可节省石门。

（2）天井。天井是地表没有直接出口的垂直或陡倾斜坑道。天井用于贯通上下两层水平坑道或揭露矿体沿倾斜方向的变化。

（3）上山与下山。上山与下山是地表没有直接出口的缓倾斜坑道。由沿脉顺矿体倾斜方向，向上开掘的倾斜坑道称为上山，向下开掘的倾斜坑道称为下山，主要用来了解矿体沿倾斜方向的变化情况。

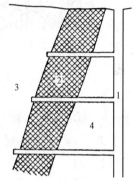

图 15-5 矿体下盘布置竖井勘探示意图
1—竖井；2—矿体；
3—上盘；4—下盘

上述各种坑道，其设计施工等要求与矿山生产巷道基本相似，在布置时一定要尽量考虑到能为将来矿床开采时所利用。

15.2.3 钻探

钻探是矿床勘探工作中的重要手段。它是利用钻机按一定的设计方位和倾角向地下钻孔（图15-6），通过取出孔内不同深度的岩芯、岩屑和岩粉，或在孔内下入测试的仪器以了解地下岩层、矿石质量、围岩及其蚀变等情况，也可了解地质构造、水文地质、工程地质等情况。我国目前常用的地表岩芯钻机规格有150m、300m、600m、1000m（最小孔径59mm，合金钻头），以及300m、600m、1000m和1500m（最小孔径46mm，金刚石钻头）。

岩芯（或矿芯）是钻探工程获得的重要样品，其长度与进尺（实际钻进距离）的比值称为岩芯采取率（或矿芯采取率），一般情况下，岩芯采取率小于60%，矿芯采取率小

图 15-6　钻探工程中的岩芯钻机（左）和提取上来的岩芯样品（右）

于 70%，就被认为不符合钻探质量的要求。

岩芯钻探不受地形条件的影响，而且可打任何方向、任何倾斜角度的钻孔（图 15-7）。它不仅适用于地表，也适用于在坑道中进行钻探，既可垂直探矿，也可倾斜或水平探矿。探矿成本也比巷道低，故目前在地质勘探工作中得到广泛应用。当矿体倾角较平缓时多采用直钻，当矿体倾角较陡时（大于 45°时）多采用斜钻。

目前，各地质勘探部门普遍使用人造金刚石钻头进行钻探，其速度快、岩芯采取率高。

以上各种勘探手段，在矿床勘探时很少单独使用。在三大类探矿工程中，槽井探主要用于揭露矿体的浅部，而坑探和钻探则用以揭露矿体的深部，只有根据实际需要配合使用，才能加快勘查速度，获得较好的勘探效果（图 15-8）。

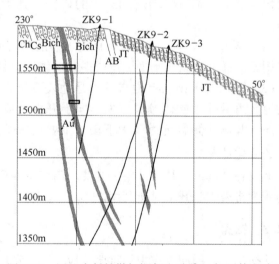

图 15-7　用地表斜钻勘探深部金矿脉（新疆某金矿）

15.2.4　不同勘查工程的适用条件及对比

表 15-4 为各种勘查技术手段的对比。

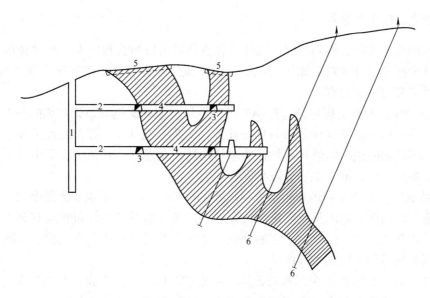

图 15-8　勘探坑钻工程示意图（剖面图）
1—竖井；2—石门；3—沿脉；4—穿脉；5—探槽；6—钻孔

表 15-4　各种勘查技术手段对比

种类	项 目		
	优 点	缺 点	适用条件
槽井探	速度较快，成本较低；设备简单；资料较可靠	勘探深度小	适用于勘探矿体接近地表的地段
坑 探	揭露面积大，资料可靠；坑道可被后来采矿时利用	成本高，速度慢；劳动强度大；设备复杂而笨重	适用于预期首产地段，检查钻探结果，在地形切割剧烈地区常用
钻 探	速度较快，成本较低，机械化程度较高；设备较简单；勘探深度大，不受地形条件影响	资料不如坑探准确；有时受交通条件限制；在地形非常陡立地区不常用	适用范围广，任何矿种、任何勘探阶段均可使用

15.3　勘查工程的总体布置

　　为了揭露矿床，对矿床进行调查研究，以获得可靠的地质资料，必须全面、慎重考虑勘查工程的总体布置方式。勘探期间不可能将矿床全面揭露，只能通过对矿床的局部揭露和典型剖面调查研究来了解整个矿床。以宣龙式沉积铁矿为例，勘探时最密的钻孔距离是100m，按矿芯直径为 70mm 或 90mm 计算，则所揭露的局部面积还不到整个矿体面积的百万分之一。

15.3.1 勘查工程布置原则

在考虑勘查工程的总体布置时，应该以普查找矿阶段所获得的对矿床整体的概略认识为基础，既经济又合理地对矿床进行勘探，以求最终获得能够反映矿床全局的地质资料。具体工作时应考虑以下几点：

(1) 全局性。勘查工程应能够控制矿床的全局，能均衡地分布到矿床的各个部分。若矿体本身存在不均匀现象（例如沿倾向变化比沿走向变化大），那么勘查工程就必然在不同方向采用不同的间距，以便从不均衡中求得均衡。此外，一般要求在矿山首先投产地段的勘查精度要高一些，勘查工程分布要密些。

(2) 系统性。勘查工程的布置应使所取得的地质资料便于反映矿床的全局。勘查中一般使用地质剖面图或平面图反映矿床的赋存条件，所以勘查工程的布置应有利于绘制地质剖面图或平面图。为此，应该按一定的剖面或水平面系统地布置勘查工程，以取得更多的有工程控制的地质剖面图或平面图。

(3) 代表性。勘查中每个工程对矿体的揭露应有代表性。为此，勘查工程应尽可能垂直矿体走向，尽可能沿厚度方向穿过整个矿体，控制矿体的边界和厚度。

15.3.2 勘查工程布置方式

目前用来追索与圈定矿体的勘查工程总体布置方式有勘探线、勘探网和水平勘探三种。

(1) 勘探线。勘探线是指勘查工程（包括槽井探、坑探和钻探）按一定间距，布置在一定方向彼此平行的垂直面上。由于在地表上看，好像各工程都分布在许多平行的直线上，所以称为勘探线。在同一勘探线上（实际为垂直面上）可以有不同类型的勘查工程（图15-9），勘探线的方向应与矿体走向或平均走向垂直。这种布置方式多适用于矿体呈两个方向延长（走向及倾斜），产状较陡的层状、似层状、透镜状和脉状矿体。

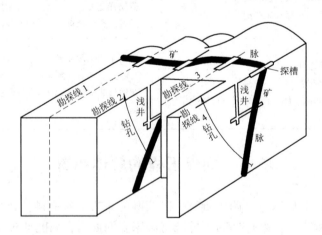

图 15-9 沿勘探线勘探矿脉（立体图）

(2) 勘探网。勘探网是指勘查工程有规律地布置在两组互相交叉的勘探线交点上，组成网状系统（图15-10），最常用的是正方形和长方形。此种布置要求各工程都要铅直穿过矿体，所以一般采用钻探或浅井探时才能这样布置。这种布置方式多用于勘探缓倾斜而分布面积较大、产状稳定的层状、似层状，或平面上呈等轴状的矿体。如某沉积铁矿、某细脉浸染状铜矿和南京梅山铁矿（第8章图8-25和图8-26）就是采用这种布置方式。勘探网也可以看成是由两组勘探线组成的。

（3）水平勘探。按一定标高间距，把勘查工程布置在不同的水平面上（图15-11），称为水平勘探。这种布置方式主要采用穿脉及沿脉进行探矿，有时也用些坑内水平钻，多用于陡倾斜筒状矿体，或陡倾斜、走向延长短、延深大的复杂厚矿体，或地形陡峻的山区。如小秦岭文峪-东闯金矿就采用此种布置方式。

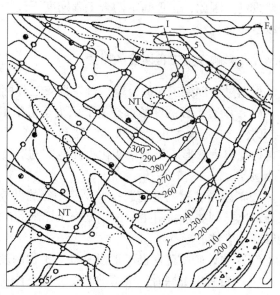

图 15-10　勘探网
（实线为地形等高线，点线为矿体边界线）

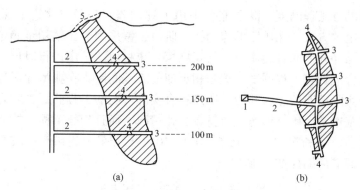

图 15-11　水平勘探布置方式
（a）垂直断面图；（b）水平断面图
1—竖井；2—石门；3—穿脉；4—沿脉；5—探槽

15.4　勘查工程网度

勘查工程网度（又称勘查工程间距或勘查工程密度），是指每个穿透矿体的勘查工程所控制的矿体面积，常以工程沿矿体走向的距离与沿倾向的距离来表示。勘查工程网度100m×50m，是指勘查工程控制范围为沿走向距离100m，沿倾向距离50m。勘查工程网度是影响合理勘探程度的一个重要问题。勘查工程网度选择是否合理，一方面直接关系到勘探工作成果的可靠性，另一方面则关系到勘探工作完成的时间和勘探投资额。若勘查工程网度太稀，则无法控制矿体厚度、质量和形态等变化情况，甚至可能漏掉矿体，不能取得可靠的地质资料；若勘查工程网度太密，将延长勘探时间，耽误矿山投产时间，也会增加勘探投资。因此，合理确定勘查工程网度不仅是个技术问题，而且也是个经济问题，必须予以足够重视。

15.4.1 影响勘查工程网度的因素

根据过去勘探工作的经验，确定勘查工程网度时应注意下列因素：

（1）勘查工程网度的选择主要取决于矿床不同的勘查类型。不同的勘查类型，其矿床（或矿体）的规模大小、形状、厚度和产状的稳定性、地质构造的复杂程度也有所区别。若矿体规模大，形态及质量变化小，地质构造简单，勘查工程网度就可以大些；反之，就要小些。

（2）勘查工程网度的选择，要使相邻的勘查工程间或相邻剖面间地质资料，可互相联系与对比。例如，利用几个相邻工程所控制的矿体界线绘制地质剖面图时，要在剖面图上能够圈出矿体的形状。

（3）预计矿山首期投产地段，勘查工程网度要密些。

（4）当使用坑探时，坑道的间距应尽可能与预计开采中段和开采块段相一致，或为其倍数，以便勘探坑道能为开采所利用。

15.4.2 确定勘查工程网度的方法

合理地确定勘查工程网度，既要充分考虑上述因素，还要参考已开采矿山的经验数据，同时采取一定的方法。在矿床勘探的初期阶段，常采用类比法初步确定工程网度。所谓类比法就是找已经开采而且地质特征与新勘探矿床相似的矿床进行对比，参考已采矿床经过开采验证的合理勘查工程网度，选用相近似的工程间距，在典型地段进行试验，以确定一个初步符合实际情况的工程间距。所谓符合实际情况的工程间距，就是以这个间距布置勘查工程可以基本掌握矿体形态、质量等变化情况，而且相邻工程间的地质资料（如矿体边界）可以进行联系和对比。表15-5~表15-10是已开采金属矿床比较合理的勘查工程网度表，可供类似矿床勘探初期参考。

表15-5 铁矿床勘查工程网度表

矿床类型	地质特征	规模	勘查工程网度/m×m		实例
			开采储量	设计储量	
沉积变质矿床	层状、似层状，一般构造简单，主要产于各种沉积变质岩系中	大型 中型(简单) 中型(复杂)	(100~200)×100 150×150 25×50	(200~400)×200 300×150 50×100	大孤山 密云 樱桃园
沉积矿床	层状、结核状，一般为多层矿，成矿后断层较多，矿层褶曲亦较发育	大型 中小型	200×100 100×100	400×200 200×200	庞家堡 綦江、湘东
接触交代热液矿床	似层状、透镜状、脉状、不规则状，形态较复杂，构造较简单	大型 中型 小型	100×50 50×(25~50) 25×25	200×100 100×(50~100) 50×50	大冶 金岭 利国
岩浆分异钒钛磁铁矿床	似层状的浸染矿带或不规则透镜状和脉状，后期岩脉、断层破坏矿体较严重	大型 中小型	100×100 25×25	200×(100~200) 50×50	攀枝花 大庙

续表 15-5

矿床类型	地质特征	规模	勘查工程网度/m×m		实例
			开采储量	设计储量	
白云鄂博式高温热液矿床	似层状或巨型透镜状	大型	100×100	200×200	白云鄂博
玢岩铁矿	不规则状浸染矿带	中小型	50×50	100×100	凹山
火山-热液矿床	似层状、脉状、囊状、扁豆状	中小型	100×50	100×100	凤凰山
淋滤及残积矿床	不规则状、构造简单	大中型	200×100	200×200	大宝山
坡积矿床			50×50	100×100	白云

注：表中开采储量一般指 B 级以上储量，设计储量一般指 C 级以上储量，以下表格同此。

表 15-6　金矿床勘查工程网度表

矿床类型	地质特征	规模	勘查工程网度/m×m		实例
			设计储量	远景储量	
石英脉型	产于绿岩带变质岩或花岗质岩中，受韧性剪切带控制，矿体呈单脉或复脉	中到大型	100×80	稀疏工程控制	河南小秦岭 山东玲珑金矿
破碎带蚀变岩型	产于绿岩带内区域性主断裂下盘的破碎带花岗质蚀变岩中	大型	100×120	240×120	山东焦家金矿
钠长质角砾岩型	产于泥盆系浅变质岩角砾岩带中	中到大型	(50~100)×50	100×100	陕西太白金矿
金-石英多金属硫化物脉型	产于元古界浅变质岩系中，受层间断裂控制	大型	50×75	100×(100~150)	湖南沃溪
河谷冲洪积型	现代河谷第四系地层	中型	(200~400)×20	800×20	

表 15-7　铜矿床勘查工程网度表

矿床类型	地质特征	规模	勘查工程网度/m×m		实例
			开采储量	设计储量	
细脉浸染型矿床	巨大扁豆体，构造简单，产于古老片岩中，含铜品位低，但变化较均匀	大型	140×70	140×140	华北中条山
层状铜矿	层状、似层状矿体，赋存层位稳定，走向延长较大，产于白云岩中，受横断层错断，但错距不大	大中型	60×60（坑探）	120×60（坑、钻结合）	西南东川

续表 15-7

矿床类型	地质特征	规模	勘查工程网度/m×m		实例
			开采储量	设计储量	
矽卡岩型矿床	似层状、扁豆状，构造较简单	中型	50×50	100×50	华东铜官山矿
热液充填交代型铜矿床	似层状，构造简单，赋存层位稳定	中小型		100×100 或 100×50	华北某矿

表 15-8　钼矿床勘查工程网度表

矿床类型	地质特征	规模	勘查工程网度/m×m		实例
			开采储量	设计储量	
细脉浸染型矿床	巨大岩株状矿体，矿化较均匀，构造简单	大型	100×100	200×200	西北某矿
热液交代矿床	矿体巨大，但形状复杂，品位变化大	大型	100×(50~100)	100×100	华北某矿
矽卡岩型矿床	层状或扁豆体状	大型		100×50	华北某矿

表 15-9　镍矿床勘查工程网度表

矿床类型	地质特征	规模	勘查工程网度/m×m		实例
			设计储量	远景储量	
铜镍硫化物矿床	巨大似层状矿体，构造较简单	大型	100×100	200×200	西北某矿
铜镍硫化物矿床	矿体厚度变化较大	中型	50×50	100×50	西南某矿

表 15-10　铅锌矿勘查工程网度表

矿床类型	地质特征	规模	勘查工程网度/m×m		实例
			设计储量	远景储量	
中、低温热液交代型矿床	受构造控制，似层状、扁豆状、透镜状，无火山活动	中型	50×50	100×50	中南泗顶厂
热液充填型矿床	矿脉或矿脉群	中型或小型	25×30	50×30	西南某矿
接触交代型矿床	透镜状、似层状、柱状	大型	40×15	80×25	水口山

在矿床勘探的中期阶段，在已经进行了较多的勘查工程之后，一般还用"抽稀法"来进一步验证和确定合理的勘查工程网度。所谓"抽稀法"，就是选择矿床中的一些典型地段，先布置较密的勘查工程，用这些工程中所取得的地质资料作出地质剖面图，并计算出该地段的矿石储量及平均品位，然后有意地将这些勘查工程抽稀一倍、两倍，甚至三倍的间距，再进行一次作图及储量计算。与放稀前进行对比，如果前后两次所作图件中矿体形态和位置相差不大，两次计算所得到的矿石储量及平均品位也相差不大，那就说明今后勘探可按抽稀后的网度进行勘查工程的布置。反之，若误差较大，则说明该矿床仍应用较密网度进行勘探。

15.5 固体矿产资源/储量分类

15.5.1 固体矿产资源/储量分类标准

为推进我国矿产资源储量管理制度改革，更好地利用国内外资源，实现与国际分类系统接轨，突出矿产资源储量的经济内涵，1999年1月，国土资源部矿产资源储量评审中心会同有关工业部门起草并通过了新的固体矿产资源/储量分类标准（GB/T 17766—1999）（表15-11）。

表15-11 固体矿产资源/储量分类表（GB/T 17766—1999）

经济意义 \ 地质可靠程度	查明矿产资源			潜在矿产资源
	探明的	控制的	推测的	预测的
经济的	可采储量（111）			
	基础储量（111b）			
	预可采储量（121）	预可采储量（122）		
	基础储量（121b）	基础储量（122b）		
边际经济的	基础储量（2M11）			
	基础储量（2M21）	基础储量（2M22）		
次边际经济的	资源量（2S11）			
	资源量（2S21）	资源量（2S22）		
内蕴经济的	资源量（311）	资源量（332）	资源量（333）	资源量（334）？

说明：表中所用编码（111-334）的第1位数表示经济意义：1=经济的，2M=边际经济的，2S=次边际经济的，3=内蕴经济的，？=经济意义未定；第2位数表示可行性评价阶段：1=可行性研究，2=预可行性研究，3=概略研究；第3位数表示地质可靠程度：1=探明的，2=控制的，3=推断的，4=预测。变成可采储量的那部分基础储量，在其编码后加英文字母b以示区别于可采储量。

矿产资源经过矿产勘查所获得的不同地质可靠程度和经相应的可行性评价所获的不同经济意义，是固体矿产资源/储量分类的主要依据。因此，GB/T 17766—1999将固体矿产资源/储量分为储量、基础储量、资源量三大类十六种类型（表15-11）。

15.5.1.1 分类

（1）储量。储量是指基础储量中的经济可采部分，是在预可行性研究、可行性研究或编制年度采掘计划当时，经过了对经济、开采、选冶、环境、法律、市场、社会和政府等诸因素的研究及相应修改，结果表明在当时是经济可采或已经开采的部分。它用扣除了设计、采矿损失的可实际开采数量表述，依据地质可靠程度和可行性评价阶段的不同，又可分为可采储量和预可采储量。

（2）基础储量。基础储量是查明矿产资源的一部分，是能满足现行采矿和生产所需的指标要求（包括品位、质量、厚度、开采技术条件等），是经详查、勘探所获控制的、探明的并通过可行性研究、预可行性研究认为属于经济的、边际经济的部分，用未扣除设计、采矿损失的数量表述。

（3）资源量。资源量是指查明矿产资源的一部分和潜在矿产资源，包括经可行性研究或预可行性研究证实为次边际经济的矿产资源，经过勘查而未进行可行性研究或预可行性研究的内蕴经济的矿产资源，以及经过预查后预测的矿产资源。

15.5.1.2　固体矿产资源/储量类型

依据地质可靠程度和经济意义可进一步将储量、基础储量、资源量分为16种类型。

（1）储量有3种类型：

1）可采储量（111）是探明的经济基础储量的可采部分，是指在已按勘探阶段要求加密工程的地段，在三维空间上详细圈定了矿体，肯定了矿体的连续性，详细查明了矿床地质特征、矿石质量和开采技术条件，并有相应的矿石加工选冶试验成果，已进行了可行性研究，包括对开采、选冶、经济、市场、法律、环境、社会和政府因素的研究及相应的修改，证实其在计算的当时开采是经济的，计算的可采储量及可行性评价结果，可信度高。

2）预可采储量（121）是探明的经济基础储量的可采部分，是指在已达到勘探阶段加密工程的地段，在三维空间上详细圈定了矿体，肯定了矿体连续性，详细查明了矿床地质特征、矿石质量和开采技术条件，并有相应的矿石加工选冶试验成果，但只进行了预可行性研究，表明当时开采是经济的，计算的可采储量可信度高，可行性评价结果的可信度一般。

3）预可采储量（122）是控制的经济基础储量的可采部分，是指在已达到详查阶段工作程度要求的地段，基本上圈定了矿体三维形态，能够较有把握地确定矿体连续性的地段，基本查明了矿床地质特征、矿石质量、开采技术条件，提供了矿石加工选冶性能条件试验的成果（对于工艺流程成熟的易选矿石，也可利用同类型矿产的试验成果），预可行性研究结果表明开采是经济的，计算的可采储量可信度较高，可行性评价结果的可信度一般。

（2）基础储量有6种类型：

1）探明的（可研）经济基础储量（111b）所达到的勘查阶段、地质可靠程度、可行性评价阶段及经济意义的分类同（111）所述，与其唯一的差别在于本类型是用未扣除设计、采矿损失的数量表述。

2）探明的（预可研）经济基础储量（121b）所达到的勘查阶段、地质，可靠程度、可行性评价阶段及经济意义的分类同（121）所述，与其唯一的差别在于本类型是用未扣除设计、采矿损失的数量表述。

3）控制的经济基础储量（122b）所达到的勘查阶段、地质可靠程度、可行性评价阶段及经济意义的分类同（122）所述，与其唯一的差别在于本类型是用未扣除设计、采矿损失的数量表述。

4）探明的（可研）边际经济基础储量（2M11）是指在达到勘探阶段工作程度要求的地段，详细查明了矿床地质特征、矿石质量、开采技术条件，圈定了矿体的三维形态，肯定了矿体连续性，有相应的加工选冶试验成果，可行性研究结果表明，在确定当时，开采是不经济的，但接近盈亏边界，只有当技术、经济等条件改善后才可变成经济的。这部分基础储量可以是覆盖全勘探区的，也可以是勘探区中的一部分，在可采储量周围或在其间分布，计算的基础储量和可行性评价结果的可信度高。

5）探明的（预可研）边际经济基础储量（2M21）是指在达到勘探阶段工作程度

要求的地段，详细查明了矿床地质特征、矿石质量、开采技术条件，固定了矿体的三维形态，肯定了矿体连续性，有相应的矿石加工选冶性能试验成果，预可行性研究结果表明，在确定当时，开采是不经济的，但接近盈亏边界，待将来技术经济条件改善后可变成经济的。其分布特征同2M11，计算的基础储量的可信度高，可行性评价结果的可信度一般。

6) 控制的边际经济基础储量（2M22）是指在达到详查阶段工作程度要求的地段，基本查明了矿床地质特征、矿石质量、开采技术条件，基本圈定了矿体的三维形态，预可行性研究结果表明，在确定当时，开采是不经济的，但接近盈亏边界，待将来技术经济条件改善后可变成经济的。其分布特征类似于2M11，计算的基础储量可信度较高，可行性评价结果的可信度一般。

(3) 资源量有7种类型：

1) 探明的（可研）次边际经济资源量（2S11）是指在勘查工作程度已达到勘探阶段要求的地段，地质可靠程度为探明的，可行性研究结果表明，在确定当时，开采是不经济的，必须大幅度提高矿产品价格或大幅度降低成本后，才能变成经济的，计算的资源量和可行性评价结果的可信度高。

2) 探明的（预可研）次边际经济资源量（2S21）是指在勘查工作程度已达到勘探阶段要求的地段，地质可靠程度为探明的，预可行性研究结果表明，在确定当时，开采是不经济的，需要大幅度提高矿产品价格或大幅度降低成本后，才能变成经济的，计算的资源量可信度高，可行性评价结果的可信度一般。

3) 控制的次边际经济资源量（2S22）是指在勘查工作程度已达到详查阶段要求的地段，地质可靠程度为控制的，预可行性研究结果表明，在确定当时，开采是不经济的，需大幅度提高矿产品价格或大幅度降低成本后，才能变成经济的，计算的资源量可信度较高，可行性评价结果的可信度一般。

4) 探明的内蕴经济资源量（331）是指在勘查工作程度已达到勘探阶段要求的地段，地质可靠程度为探明的，但未做可行性研究或预可行性研究，仅做了概略研究，经济意义介于经济的、次边际经济的范围内，计算的资源量可信度高，可行性评价可信度低。

5) 控制的内蕴经济资源量（332）是指在勘查工作程度已达到详查阶段要求的地段，地质可靠程度为控制的，可行性评价仅做了概略研究，经济意义介于经济的、次边际经济的范围内，计算的资源量可信度较高，可行性评价可信度低。

6) 推断的内蕴经济资源量（333）是指在勘查工作程度只达到普查阶段要求的地段，地质可靠程度为推断的，资源量只根据有限的数据计算的，其可信度低。可行性评价仅做了概略研究，经济意义介于经济的、次边际经济的范围内，可行性评价可信度低。

7) 预测的资源量（334）是指依据区域地质研究成果、航空、遥感、地球物理、地球化学等异常或极少量工程资料，确定具有矿化潜力的地区，并和已知矿床类比而估计的资源量，属于潜在矿产资源，有无经济意义尚不确定。

15.5.2 国内外矿产资源分类概略对比

表15-12是《固体矿产资源/储量分类》（GB/T 17766—1999）与其他的分类方案对比。

表 15-12 国内外矿产资源主要分类概略对比表

标准名称	分 类 对 比			
	查明矿产资源			潜在矿产资源
《固体矿产资源/储量分类》(GB/T 17766—1999)	可采储量	基础储量		资 源 量	
		经济基础储量	边际经济基础储量	次边际经济资源量 内蕴经济资源量	预测资源量
《固体矿产地质勘探规范总则》(GB 13908—1992)	能利用储量		尚难利用储量	
	a 亚类	b 亚类		
联合国国际储量/资源分类框架 (1997)	矿 产 资 源 总 量				
	证实的储量 概略的储量	可行性资源 预可行性资源 确定的资源	推定的资源 推测的资源	踏勘资源
矿产资源和储量分类原则 (美国地调局, 1980)	查 明 资 源			未经发现资源
	经济储量 边际经济储量	经济-边际经济储量基础	次边际经济储量	假定资源 假想资源

15.5.3 固体矿产资源储量套改

在《固体矿产资源/储量分类》(GB/T 17766—1999)实行之前,我国的储量分类分级(1990 年)主要参照前苏联的方案。具体储量分类为:

(1) 能利用储量。指符合当前技术经济条件的储量。能利用储量列入全国矿产储量平衡表,故又称表内储量。它是矿床勘探所探求的主要储量,也是矿山开采利用的主要储量。

(2) 暂不能利用储量。由于矿体有用组分含量低、厚度薄、开采技术条件复杂,或加工性能差,当前工业上暂不能利用的储量又称为表外储量。此类储量还包括虽符合当前技术经济条件但被法令限制开采,或赋存于永久建筑物下、自然保护区内的可利用储量。

储量分级划分为 A、B、C、D 四级。它们的划分依据包括:对矿体形态、产状和空间位置的控制程度;对影响开采的断层、褶皱、破碎带的控制程度;对夹石和破坏主要矿体的火成岩体岩性、产状和分布情况的确定情况;对矿石工业类型和品级的种类及其比例和变化规律的确定程度等。预测资源按地质研究程度划分为 E、F 二级资源。四级探明储量的工业用途为:

A 级储量——由矿山生产勘探探求和准确控制的储量,又称生勘储量或开采储量。它是矿山编制采掘(剥)计划的储量。

B 级储量——是矿山首期开采地段设计依据的储量,一般分布在矿体的浅部。是地质勘探期间探求的高级储量,可作验证 C 级储量用。

C 级储量——是矿山建设设计依据的主要储量,可作为进一步探求 B 级储量的依据。

D 级储量——是进一步探求 C 级储量和矿山建设远景规划的储量。地质构造简单的矿床,可允许一定比例的 D 级储量作为矿山建设设计用。复杂矿床或小型矿床,亦可作为矿山建设设计用。D 级储量有时被称为远景储量。

自 1999 年开始，我国对 1998 年以前的"矿产资源储量表"进行了套改工作。为便于新旧储量的对比，将"矿产资源储量套改表"列于表 15-13。

表 15-13 矿产资源储量套改表（据国土资源部矿产资源储量评审中心，2005）

储 量 种 类	地质研究程度		套改编码	归类编码
	储量级别	勘查阶段		
正在开采、基建矿区的单一、主要矿产储量及其已（能）综合回收利用的共、伴生矿产储量及因国家宏观经济政策调整而停采的矿产储量	A+B	勘探	111	111
			111b	111b
	C	勘探	(112)	111
			(112b)	111b
		详查	(112)	122
			(112b)	112b
	D	勘探	113	122
		详查	(113b)	122b
		普查	333	333
计划近期利用、推荐近期利用、可供边探边采矿区单一、主要矿产储量及其可综合回收利用的共、伴生矿储量及 1993 年 10 月 1 日以后提交的勘探报告中属能利用（表内）a 亚类矿产储量	A+B	勘探 详查 普查	121	121
			121b	121b
	C		122	122
			122b	122b
	D		(123)	122
			(123b)	122b
			333	333
因经济效益差、矿产品无销路、污染环境等而停建、停采，将来技术、经济及污染等条件改善后可能再建再采的矿区单一、主要矿产储量及其已（能）综合回收的共、伴生矿产储量	A+B	勘探 详查	2M11	2M11
	C		(2M12)	2M22
	D		(2M13)	2M22
		普查	(2M13)	333
因交通或供水或供电等矿山建设的外部经济条件差确定为近期难以利用和近期不宜进一步工作，但改善经济条件后即能利用的矿区的单一、主要矿产储量及其可综合回收的共、伴生矿产储量	A+B	勘探 详查	2M21	2M21
	C		2M22	2M22
	D		(2M23)	2M22
		普查	(2M23)	333
由于有用组分含量低，或有害组分含量高，或矿层（煤层）薄，或矿体埋藏深，或矿床水文地质条件复杂等而停建、停采矿区的单一、主要矿产储量及其已（能）及未（不能）综合回收利用的共、伴生矿产储量及闭坑矿区储量	A+B	勘探 详查 普查	2S11	2S11
	C		(2S12)	(2S22)
	D		(2S13)	2S22
由于有用组分含量低，或有害组分含量高，或矿层（煤层）薄，或矿体埋藏深，或矿床水文地质条件复杂等确定为近期难以利用和近期不宜工作矿区的单一、主要矿产储量及其共、伴生矿产的储量，以及表外矿量	A+B	勘探 详查 普查	2S21	2S21
	C		2S22	2S22
	D		(2S23)	2S22

续表 15-13

储量种类	地质研究程度		套改编码	归类编码
	储量级别	勘查阶段		
未能按上述要求确定编码的矿产储量	A+B	勘探	331	331
	C	详查	332	332
	D	普查	333	333

思考题与习题

15-1 矿床揭露的主要任务是什么？

15-2 什么是矿床的勘查类型，勘查类型的主要划分依据有哪些？

15-3 根据 GB/T 13908—2002，我国目前将勘查类型划分为几个类型？

15-4 矿产勘查中揭露矿体的勘查工程手段有哪些，各种工程手段的优缺点和适用条件有哪些不同？

15-5 勘查工程的总体布置原则应考虑哪几点？

15-6 勘查工程的总体布置方式有哪 3 种，它们的适用条件（不同的矿体产状和地形条件）有什么区别？

15-7 什么是勘查工程网度，勘查工程网度的影响因素有哪些？

15-8 按 GB/T 13908—2002，我国目前关于固体矿产资源/储量分类的方案有什么特点？

15-9 储量、基础储量、资源量的概念有何不同，依据地质可靠程度和经济意义，它们各自又可分为几种类型？

16 原始地质编录和矿产取样

在矿床揭露之后,应对所有的探、采工程(探槽、浅井、坑道、钻孔等)进行全面认真的现场地质调查工作,并且仔细地、客观地收集矿床中矿石的数量、质量以及各种地质特征的全部资料。无论在矿产勘查和矿山地质工作中都要进行此项工作,它是整个矿床地质研究工作的基础。此项工作包括原始地质编录和矿产取样工作。

16.1 原始地质编录

16.1.1 原始地质编录的概念与内容

地质人员到现场对各种探、采工程所揭露的矿体及各种地质现象进行仔细观察,并用图表和文字将矿体特征和各种地质现象如实素描和记录下来的整套工作,称为原始地质编录工作。它是收集第一手地质资料最基本的方法。所收集的资料是编制各种综合地质图件的基础,是进行综合研究的前提,也是评价矿床的重要依据。原始地质编录具体包括坑探工程地质编录和钻孔地质编录(或称岩芯编录),编录的主要内容如下:

(1) 素描图。用简易的皮尺、钢卷尺和罗盘等工具,测绘各种以矿体为中心的地质现象并将其画到坐标纸上,各种勘探工程的素描图见后述。

(2) 文字描述。在野外记录簿上用规定的格式记录各种地质现象,如矿体产状、形状、厚度;矿石的物质组成及矿物共生组合、结构构造;矿体与围岩接触关系;围岩类型及其蚀变作用;地质构造及其控矿关系等。

(3) 实物标本。采集有代表性的矿石、蚀变岩和各种围岩标本,以便进行综合研究。对一些特殊的标本,如化石、构造岩也要注意收集。

(4) 照相。有条件情况下,对一些特殊地质现象,如矿体与围岩接触带、各种矿化穿插关系和地质构造现象进行拍摄,并附以简要文字说明。照相与素描图可互相取长补短。

16.1.2 原始地质编录的要求

为了提高编录的质量,使收集的资料真实可靠,并能客观反映矿床地质特征,要求在编录过程中,做到如下几点:

(1) 编录的格式要统一、简明,如图表格式、工程编号与坐标、样品与标本的编号、岩石名称、地层划分标准、图例等都应统一、简明,以便于对获取的资料进行分析对比。

(2) 素描图要求重点突出,素描图及其文字记录均要求突出矿体或矿化部位。

(3) 素描图的比例尺可根据具体地质情况和要求而定,但一般情况下都要求为 $1:50 \sim 1:200$。

(4) 文字描述要求内容简单、明了,说明问题。

（5）应及时、经常地进行编录工作，并尽量简化一些不必要的手续，避免内容重复。

目前各类矿产勘查报告要求对原始地质图件进行数字化处理，以 CAD、MAPGIS 等电子文档形式归档原始资料。

16.1.3 几种常见的原始地质素描图

在原始地质编录中，采用地质素描图来收集资料是使用最广泛而且也是最基本的一种方法。将各种探、采工程中所揭露的以矿体为中心的主要地质特征按照一定比例尺绘制而成的地质图件，称为地质素描图，如探槽素描图、浅井素描图、坑道素描图、钻孔柱状素描图等就是几种常见的原始地质素描图。一般情况下，每个工程都要求绘制一张素描图。图上除详细表示以矿体为中心的各种地质现象外，还应有下列内容：矿区名称、工程名称及编号、工程方位及坐标、比例尺、样品及标本的位置与编号、样品分析结果表、工程平面位置图、图例、责任制表等。采矿工作者虽然一般不直接参加现场地质素描工作，但常需查阅和利用这些原始资料，如到现场了解矿床地质条件，核对综合地质资料的可靠性。

16.1.3.1 探槽素描图

探槽素描图是表示探槽所揭露的各种地质现象的图件。一般素描探槽的一底与一帮，只有当地质条件特别复杂时，才素描一底与两帮。实地的槽底与槽帮并不在同一平面上，而制图时则要求绘在同一平面上，为了把空间上两个位置不同的平面绘到同一平面上去，就需要将空间图形展开成平面图。

探槽素描图展开的方式有两种，即坡度展开法与平行展开法。其中坡度展开法使用较多，展开的步骤是：以槽帮所在的平面为基准，将槽底投影到水平面上；再把槽底的水平投影面沿着底和帮交线的投影线旋转到槽帮所在的平面上；最后将槽中的各种地质现象根据所需比例尺缩绘上去，即成一张一帮和一底的探槽素描图（图 16-1）。

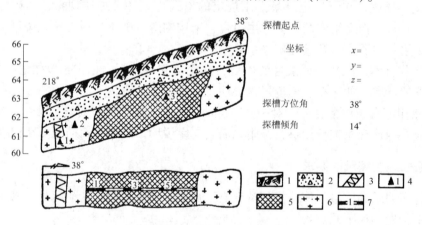

图 16-1　探槽素描图实例

1—腐殖土；2—山坡堆积；3—石英脉；4—标本采集位置与编号；
5—矿体；6—花岗岩；7—取样位置与编号

从图 16-1 中可见，槽帮的底线与水平线的夹角就代表了该探槽的坡度角。此外，还会发现槽底比槽帮要短些，这是由于一定坡度的探槽，槽帮是原样的缩影，而槽底却是投影于水平面后的缩影，所以在素描图中槽底比槽帮显得短了些。

16.1.3.2 浅井素描图

浅井素描图是表示浅井（包括圆井和方井）所揭露的地质现象的图件。当地质情况简单时，一般只素描垂直矿体走向的一壁；当地质情况复杂时，则要求素描浅井的四壁，常采用四壁展开图。其展开的方式多用四壁平行展开法：就好像拿一个直立的火柴盒，从接头的地方把它撕开，按顺序展开成一个平面，每壁标上方位；并将浅井中所揭露的各种地质现象，按一定的比例尺缩绘在平面展开图上，即成一张浅井素描图（图16-2）。只要掌握了它的展开方式，读图也就比较容易了。其他垂直坑道（如天井、溜井等）素描图的绘制方法均与浅井素描图相同。

16.1.3.3 水平坑道素描图

水平坑道素描图是表示各种水平坑道（如石门、沿脉、穿脉等）所揭露的地质现象的图件。绘制这种图件的关键也是要把空间上三个位置不同的平面，通过展开的方式缩绘到同一个平面上去。其展开的方式也有两种，即外倒式和内倒式，如图16-3所示。目前大多数矿山都采用内倒式展开，只有某些矿脉细少、变化复杂的有色和贵重金属矿山采用外倒式展开。

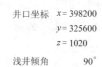

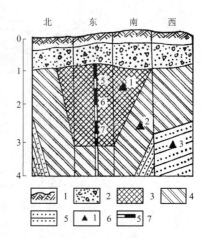

图 16-2 浅井素描图实例
1—腐殖土；2—山坡堆积；3—富矿体；4—贫矿体；5—围岩；6—标本采集位置与编号；7—样品采集位置与编号

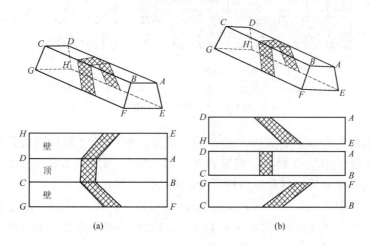

图 16-3 水平坑道展开示意图
(a) 内倒式展开；(b) 外倒式展开

坑道素描图的形式较多，如一帮一顶素描图、两帮一顶素描图、顶板及掌子面素描图、矿床特征素描图等。在实际素描时必须根据具体的地质情况和要求来确定。当地质情况较简单时，穿脉坑道中可用一顶一帮素描图，沿脉坑道中则常用顶板及掌子面素描图（图16-4）。当地质情况较复杂时，水平穿脉坑道中多采用内倒式展开的二帮一顶素描图

(图 16-5)。它的展开方法相当于顶板不动,以两帮与顶板的交线为轴,将两帮向上翻转至顶板所在的平面内,同时将坑道中所有地质现象按一定的比例尺缩绘到平面图上,即成为一张完整的坑道地质素描图。阅读这种图时,就好像是人站在坑道顶上向下看坑道的顶板和翻转后的两帮。

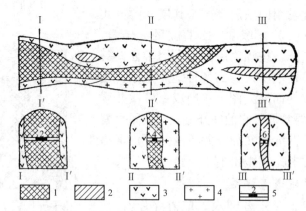

图 16-4　沿脉坑道顶板及掌子面素描图实例
1—富矿体;2—贫矿体;3—角斑岩;4—花岗岩;5—取样位置与编号

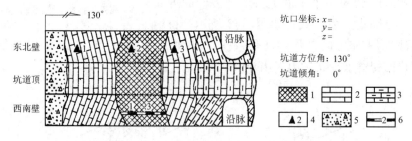

图 16-5　水平穿脉坑道内倒式展开素描图实例
1—矿体;2—石灰岩;3—硅质灰岩;4—标本采集位置与编号;
5—山坡堆积;6—样品采集位置与编号

坑道素描图对拐弯坑道的处理方法:当坑道弯度不大时(即坑道方位角的改变小于10°),仍可按直线坑道进行素描;当坑道弯度较大时(即坑道方位角的改变大于10°),有两种处理方法,即分段素描和采用展开图的形式进行素描。

拐弯坑道所采用的展开图的形式又有两种:一是以坑道的一帮为基准,将顶板和另一帮按坑道拐弯角度的大小拉开(图16-6(a));二是以顶板为基准,根据坑道拐弯角度的大小,将一帮拉开,另一帮重叠(图16-6(b))。

16.1.3.4　钻孔柱状图

钻孔柱状图是记录钻孔所揭露的地质现象的图件。其绘制方法是,根据在钻进过程中所提取出来的岩(矿)芯,以自上而下的顺序,在图上采用各种符号将不同的岩性或矿体,以一定的比例尺,缩绘成一个柱状,这就是钻孔柱状图的主要部分。钻孔柱状图的格式和应表示的主要内容如图 16-7 所示。这种图(及表格)比较简单,容易看懂,故不详述其制图和读图的方法了。

45°
90°
帮
顶
帮
(a)
45°
90°
帮
顶
帮
(b)

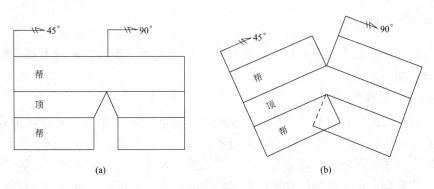

图 16-6 拐弯坑道展开示意图

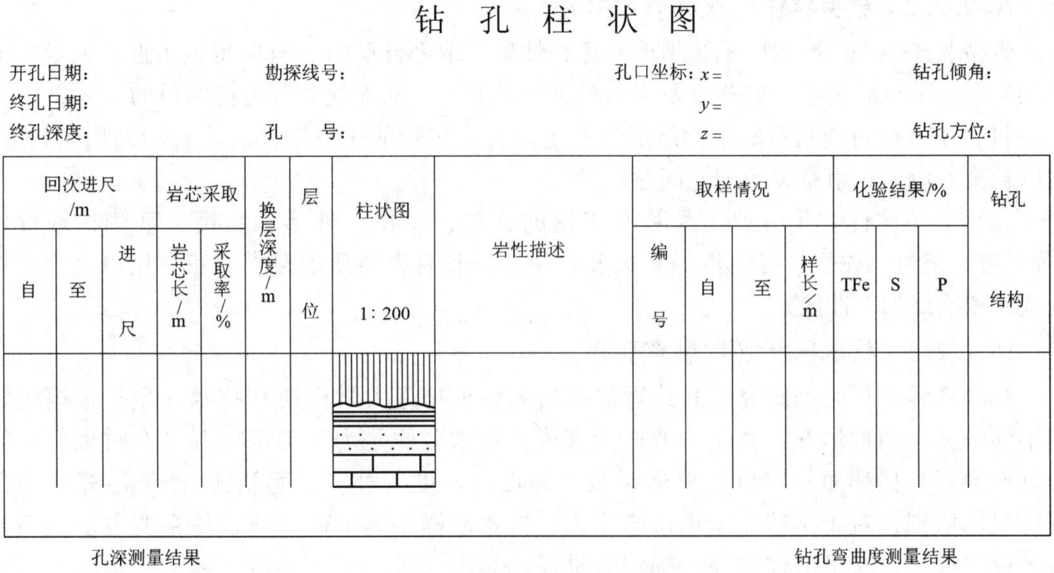

钻 孔 柱 状 图
开孔日期：
勘探线号：
孔口坐标：x =
钻孔倾角：
终孔日期：
y =
终孔深度：
孔 号：
z =
钻孔方位：
回次进尺/m
自
至
进尺
岩芯采取
岩芯长/m
采取率/%
换层深度/m
层位
柱状图
1∶200
岩性描述
取样情况
编号
自
至
样长/m
化验结果/%
TFe
S
P
钻孔结构
孔深测量结果
钻孔弯曲度测量结果

图 16-7 钻孔柱状图示意图

16.2 矿产取样简介

16.2.1 矿产取样的概念

在矿体的一定部位，按一定的规格和要求，采取一小部分具有代表性的矿石或近矿围岩作为样品，用以确定矿产质量、某些性质和矿体界线的地质工作，称为矿产取样。它的全过程包括从矿体（或某些近矿围岩）上采取原始样品、样品的加工、样品的化验、化验资料的整理与研究等阶段。矿产的取样工作也同原始地质编录一样，在矿床地质研究的各个阶段都要进行。假若矿石的质量是完全均匀的，那么取样工作可以很简单，只需任意采取少量样品就可以了。但实际上，自然界中任何矿体的矿石质量都是不均匀的，它们总是在空间上（即沿着矿体的走向、倾向及厚度方向）有着不同程度的变化，所以在取样过程中，一定要注意样品的代表性、全面性和系统性。

16.2.2 矿产取样的种类

矿产取样的种类很多，但根据取样的目的，可分为化学取样、矿物取样、技术取样、技术加工取样四种。

16.2.2.1 化学取样

化学取样的目的是通过对采集的样品进行化学分析，确定其有用及有害组分的含量，据此可以圈定矿体的界线、划分矿石的类型和品级、了解开采矿石的贫化和损失，从而为研究矿石综合利用的可能性，确定合理的采矿、选矿方法，做好采场矿石质量的管理等工作提供可靠的依据。化学取样的数量最多，应用最广，在矿床地质研究的全过程中，对绝大部分矿种以及各种探、采工程都要进行这类取样工作。

16.2.2.2 矿物取样（或称岩矿取样）

矿物取样是指在矿体中系统地或有选择性地采取部分矿石（有时也包括近矿围岩）的块状标本，进行矿物学、矿相学及岩石学方面的研究，从而达到两方面的目的：

（1）确定矿石或岩石的矿物组成与共生组合、矿物的生成顺序、矿石的结构与构造，用以解决与成矿作用有关的理论问题；

（2）鉴定矿石中有用矿物及脉石矿物的含量、矿物的外形和粒度、某些物理性质（如硬度、脆性、磁性、导电性等）以及有用组分和有害杂质的赋存状态，用以确定矿石的选矿和冶炼加工性能。

16.2.2.3 技术取样（即物理取样）

技术取样的目的是研究矿石或近矿围岩的各种物理力学性质和技术性质。根据矿种的不同，又有两种情况：对于一般矿产来说，技术取样是为了确定矿石（有时也包括部分近矿围岩）的体重、湿度、松散系数、强度、块度等性质，为资源/储量估算和采掘设计提供依据；对于某些非金属矿产来说，技术取样是确定矿产质量的主要方法。例如对云母矿来说，技术取样主要是确定云母片的大小、透明度、导电系数、耐热强度；对石棉矿则是确定其纤维长度、韧性、耐火强度；对压电石英则是确定其晶体的大小、颜色、压电性能等；建筑石料则要确定它的瞬时抗压强度、吸水性、导热系数、摩擦阻力等。技术取样的特点一般是以单矿物或矿物集合体为样品，采集时要特别注意其完整性，尽量避免损伤。

16.2.2.4 技术加工取样

技术加工取样的目的是通过对相当重量的样品进行选矿、烧结、冶炼等性能的试验，了解矿石的加工工艺和可选性质，从而确定选矿、烧结、冶炼的生产流程和技术措施，对矿床做出正确的经济评价。

技术加工取样可分为实验室试验、半工业试验、工业试验三种。实验室试验所需样品重量较小，可初步确定矿石的提取方法、回收率以及试剂的消耗量，评定矿产被利用的可能性；半工业试验和工业试验，则需采集大量样品，并尽可能在接近正式生产条件下进行试验，为选矿、冶炼设备的选择和工艺流程的确定提供可靠依据。技术加工取样虽在找矿、地质勘探、矿山地质工作等各阶段均可进行，但主要是在地质勘探阶段中，对于已经确立了工业价值，并用足够工程控制了工业储量的矿床，进行该类取样工作。在生产矿山，只有当改变选、冶方法或发现新的矿石类型（如大冶铁矿深部发现菱铁矿）时，才要求重做技术加工试验。

16.2.3 矿产取样的方法

人们在长期的取样实践工作中，总结出了各类取样的不同取样方法，其中尤以技术取样（物理取样）的取样方法繁多，几乎每个矿种都有不同的取样方法，只有矿物取样的方法较简单。现仅对化学取样和技术加工取样中常用的几种方法进行简要介绍。

16.2.3.1 刻槽法

刻槽法是在需要取样的矿体部位，开凿一定规格的槽子，将槽中凿取下来的全部矿石或岩石作为样品，它是取样中使用最广泛的方法之一。在使用此法的过程中，应注意以下几点：

（1）刻槽的基本原则。样槽应沿着矿体变化最大的方向布置，通常是垂直矿体走向而沿着矿体厚度方向，且样槽应从矿体的顶板刻到底板，并尽可能做到在刻槽前将矿（岩）表面弄平，槽子要直，断面规格要一致，从而避免造成系统误差。

（2）样槽的具体布置。在布置样槽的具体位置时，一方面要注意上述刻槽的基本原则，另一方面还要考虑施工的方便。在不同的探、采工程中样槽布置的具体位置一般是：探槽中样槽多布置于槽底中心线上（图16-1）；浅井中多铅直布置于井壁上（图16-2）；沿脉坑道中多布置于掌子面上（图16-4）；穿脉坑道中多布置于坑道一帮的腰线附近（图16-5）。

（3）样槽的断面形状及规格。样槽断面的形状有矩形和三角形两种，一般多使用宽度大于深度的矩形。断面的大小主要取决于矿化的均匀程度和矿体厚度。表16-1是在取样实践工作中所积累的样槽规格经验值。

表16-1 样槽断面规格参考表

断面规格 宽×深/cm×cm 矿化均匀程度	厚大矿体 2.5~2	中厚矿体 2~0.8	薄矿体 0.8~0.5
均匀	5×2	6×2	10×2
不均匀	8×2.5	10×2.5	12×2.5
极不均匀	10×3	12×3	15×3

（表头第一列为"矿体厚度/m"）

（4）样品的长度。样槽的长度一般是以切穿整个矿体为准，而单个样品的长度，多数情况下是以1m长为一个样品。当矿体厚度小于1m或1m左右时，样品的长度可与矿体的厚度相同；当矿体厚度很大且矿化均匀或矿山采场取样时，可放宽到2~3m或更长。

用此法取样时，单个样品的质量变化范围很大，可以从0.5~50kg，一般为2~5kg。它的优点是：代表性较强，取样工具简单。缺点是：劳动强度大，效率低，矿尘大，影响工人健康。为了克服其缺点，有的矿山已采用机械化刻槽取样，有的矿山则采用了简易刻槽法（又称直线刻槽法），即对于矿化均匀的矿床，沿一直线刻取1.5~3cm深的小沟（样槽断面规格没有严格要求），将所刻出的全部矿石和夹石作为一个样品；对于矿化不均的矿床，则采用缩小样槽断面，加多样槽并列数目的办法，从而克服了上述缺点，并基本保证了样品的代表性。

16.2.3.2 拣块法

拣块法是用一定规格的绳网，铺在所需采样的矿堆上，从每个网眼中间拣出大致相等的小块矿石，合并在一起，作为一个样品。每个样品的质量一般为1~3kg。其优点是：效率高，操作简便，并具有一定的代表性。缺点是：对不同类型的矿石不能分别取样。这种取样方法常用于矿点（区）检查、在矿体中掘进的坑道、采矿掌子面以及矿车中的取样。在矿车中取样时，还常采用简化的五点梅花状或三点对角线的形式布置拣块取样点。

16.2.3.3 方格法（即网格法）

方格法是在需要采集样品的矿体出露部位，布置一定形状的网格，如正方形、长方形、菱形等，在网格交点处凿取大致相等的小块矿石，合并为一个样品。每个样品可由15~100个组成，总质量一般为2~5kg。其优点是：效率高、比较简便，不同类型的矿石可分别取样。缺点是：薄矿体不适用此方法，只适用于厚度较大的矿体。

16.2.3.4 钻孔法

钻孔法是在坑道掘进或采场回采时，收集炮孔中所排出来的矿、岩泥（粉），作为化学分析样品。使用时虽有某些局限性，并对生产进度有一定的影响，但由于它具有效率高、成本低、样品不用加工、代表性较强、可实现取样机械化等突出优点，所以在生产矿山取样中使用比较广泛，而且目前正在改进与推广之中。

16.2.3.5 剥层法

剥层法是在需要取样的薄矿体出露面上，每隔一定距离剥取一定厚度（5~10cm）的矿体作为样品。每个样品的长度一般为1m。其优点是代表性强。但因劳动强度大，效率低，故一般只用于检查上述几种取样方法的可靠性和矿化极不均匀的稀有或贵金属薄矿脉的取样。

16.2.3.6 全巷法

全巷法是把在矿体内掘进的某一段坑道中爆破下来的全部（或在现场进行初步缩分后的部分）矿石作为样品，每个样品长度一般为1~2m，质量可达数吨至数十吨。其优点是代表性最强。但因其成本高，效率低，劳动强度大，所以一般只用于检查其他取样方法的可靠性，或技术取样和技术加工取样等情况下。

16.2.3.7 钻孔取样

岩芯钻机中的取样是将钻机中提取出来矿芯用劈岩机劈成两半，取其一半作为样品，每个样品长度一般为1~2m，另一半保留下来，以备检查和地质研究用。当矿芯采取率小于70%时，还要求补采矿泥（粉）作为样品。

16.2.3.8 实测统计法

实测统计法首创于我国某钨矿山，其方法是在坑道顶板或天井帮上，取2m长作为一实测统计单位（即一个样品的范围），用小钢尺测出矿体暴露的总面积和其中黑钨矿所占的面积，并用下式换算出黑钨矿体的矿石品位：

$$C = \frac{\Sigma S_W \times Q_W \times C_W}{(\Sigma S_q - \Sigma S_W) Q_q + \Sigma S_W \times Q_W} \times 100\%$$

式中 C——黑钨矿体的矿石品位；
ΣS_W——一个样品范围内黑钨矿面积之和；
Q_W——黑钨矿密度（6.7~7.5）；
C_W——黑钨矿中 WO_3 的平均含量（74%）；
ΣS_q——一个样品范围内矿脉面积的总和；
Q_q——石英密度（2.65）。

上式仅适用于脉石矿物只有石英的黑钨矿脉，且假设其深度为1。

这种方法的优点是将样品的采取、加工和化验简化为一个步骤。但它们只适用于有用组分单一、有用矿物颗粒粗大、有用矿物与脉石矿物种类单一且易于区分的矿床。目前仅少数钨、锑矿山使用，至于其他类似这些条件的矿山，是否可以使用此法，有待今后进一步研究。

16.2.3.9 物理仪器测定法

物理仪器测定法是目前国内外正在大力研究和试用的直接在现场测定矿石品位的方法。例如：利用放射性测定仪器直接测定放射性元素矿产的质量；用电测法确定某些金属矿产的质量；使用较广泛的还是最近几年新出现的同位素 X 射线荧光分析仪，它能测出几十种元素的含量。手提式的此种仪器携带方便，可用于掌子面爆下矿石堆、岩（矿）芯、岩（矿）泥（粉）的品位测定，加一个特制的探头后，还可将探头伸入到钻孔内测定品位。可以预计不久的将来，这些物理仪器测定法将会得到广泛的应用。

必须说明一点，为了保证取样工作既经济又可靠，各个矿山应根据具体的情况，通过反复多次的科学试验，确定出最合理的取样方法。

16.2.4 化学样品的加工与化验种类

16.2.4.1 样品的加工

原始样品的采集质量是比较大的，常为 0.5~50kg，一般为 2~5kg。且样品的块度也是比较大的，而进行化学分析的样品，最终质量只需 1~2g。颗粒直径也要求小于 0.1mm。所以在进行样品的化学分析之前，必须对样品进行加工处理。它的具体步骤是：破碎→筛分→拌匀→缩分。将这一过程反复进行数次，直到达到化学分析的要求为止。一般来说，原始样品的质量越大，则加工的过程也就越繁杂、越慢，成本也越高。为此，样品加工时必须遵守这样的原则，即：过程要简单、速度要快、成本要低、缩减后样品的代表性要强。

16.2.4.2 样品的化验种类

样品的化验种类主要有如下四类：

（1）基本分析（又名单项分析或普通分析）。基本分析只要求分析矿石中主要有用组分的含量，是用来评价矿石质量最常用的一种分析，其样品数目最多，差不多每个样品都要进行这类分析。例如：铅、锌矿床中分析 Pb、Zn、Cu；铁矿床中分析全铁和可熔铁，当掌握了全铁和可熔铁之间关系的规律后，也可只分析全铁。

（2）多元素分析及组合分析。多元素分析是检验矿石中伴生的有用及有害元素的情况，借以提供组合分析的项目。组合分析则是为系统地研究伴生有用元素提供资料，其样品是由相邻的 8~12 个基本分析副样所组成的，而且必须按同一矿体的同一类型或同一品级矿石进行组合。

（3）合理分析。合理分析的目的在于区分矿石的类型和品级界线。如硫化矿床可划分为氧化矿石、混合矿石、原生矿石等。样品的采取是以肉眼鉴定为基础的，在分界处附近采集5~20个样品，作为进行合理分析的样品。

（4）全分析。全分析就是将矿床中由光谱分析所确定的全部元素（只有痕迹者除外）作为分析项目，了解矿床中可能存在的全部化学成分及其含量，为研究成矿规律和矿石的综合利用提供资料。全分析样品可采用具有代表性的组合样品，其样品数目视矿床的规模和复杂程度而定，一般为数个即可，最多不超过20个，并要求各种元素分析结果的总含量应接近于100%。

思考题与习题

16-1 什么是原始地质编录，其主要内容包括哪些？
16-2 常用的原始地质编录图件有哪些？
16-3 探槽素描图与水平坑道素描图的作图要求有什么不同？
16-4 穿脉坑道素描图与沿脉坑道素描图的作图要求有什么区别？
16-5 什么是矿产取样，根据取样的目的，具体的取样种类包括哪几种？
16-6 化学取样和技术加工取样中常用的方法有哪些？
16-7 样品的化验种类有几种？

17 矿产地质调查资料的综合及研究

在矿床现场地质调查的资料收集过程中，所获得的大量实际地质资料还不能完全反映事物的本质，因而也不能直接用来指导矿山设计、生产和科研工作。必须将其加以综合分析和研究，得出正确的概念和完整的结论，编制一整套为矿山设计、生产和科研所需的各种综合地质资料和某些专门性的地质资料。它是通过综合地质编录、资源/储量估算、综合地质研究三项工作来达到掌握矿床的质量、数量、成矿规律以及各种地质特征的目的，从而保证矿床的适时开发、合理利用。矿产地质调查资料的综合及研究，也贯穿于整个地质工作的始终，即找矿、地质勘探、矿山地质工作等阶段都要进行这方面的工作，只是矿山地质工作阶段做得更加深入细致。

17.1 综合地质编录简介

17.1.1 综合地质编录的概念与内容

将原始地质编录中所获得的全部地质资料结合起来进行对比，经过分析研究找出各地质现象之间的内在联系，得出有关矿床的总体概念，同时编制各种说明工作区地质条件及矿床赋存规律的图表和地质报告的一整套地质工作，称为综合地质编录。

这一工作的主要内容是进一步全面掌握以矿体为中心的各种地质特征，如整个矿床的构造特征与成矿地质条件，矿体的数目、规模、空间位置与形态，矿床的开采技术条件（包括水文地质条件），矿石的质量与加工技术条件。它所提供的上述几方面综合地质资料不仅是矿山设计、建设和生产的依据，而且还可用来研究矿床的成因和预测矿床未曾了解的某些规律，如构造控矿的规律、岩浆的活动规律、矿床的变化规律等。

17.1.2 综合地质编录的要求和成果

综合地质编录的要求除有些与原始地质编录相同外，还有如下几点：

（1）综合编录要求及时经常地进行，并与原始编录紧密配合，实际上原始编录本身也包含有部分综合编录的内容，两者是不可分割的。

（2）编录人员应经常深入现场，调查核实资料，如发现问题，及时纠正，防止"闭门造车"，绝不能将综合编录单纯理解为室内整理研究工作。

（3）综合地质编录要求完整地表示整个矿床地质特征的全貌，图幅又不能过大。综合地质编录图件的比例尺一般应比原始地质编录为小，如矿区地形地质图的比例尺一般为1:2000。

综合地质编录的结果，要求提供三部分较完整的资料，具体如下：

（1）文字报告。应阐述研究工作区内全部地质工作的内容及成果，包括矿区地层、构造、岩浆活动、变质作用、矿床地质特征（矿体、围岩、蚀变、矿石等）、水文地质、工程地质及勘探工作程度、资源/储量估算和矿床经济评价等。

（2）表格。简单明了地整理原始地质编录中获得的各种数据，编制各种类型的表格。如各种资源/储量估算表。

（3）地质图件。根据矿床具体地质情况、矿山设计和生产要求，将原始编录图及综合分析结果，编制成一套完整的综合地质图件。一般包括区域地质图1张、矿区地形地质图1张、勘探线剖面图和中段地质平面图几十张、资源/储量估算图若干张及水文地质图、工程地质图等。

现在各类矿产勘查报告（预查、普查、详查和勘探报告）都要求提交电子文档，各种地质图件均要以MAPGIS等电子文档形式归档。

17.2 矿山常用综合地质图件

各种综合地质图件是指导矿山设计和生产的重要依据，是综合地质编录的主要成果之一。采矿工作者一般不直接参加图件编制工作，但必须学会阅读和运用这些图件。这里仅介绍矿山最常用的几类图件。

17.2.1 矿床（矿区）地形地质图

矿床（矿区）地形地质图是矿产勘查报告中最重要的综合地质图件，其图件主要内容、作图方法和读图要点等在第6章已作了介绍，这里不再重复。一些探矿工程原则上都是按勘探线方向布置的，但由于地形陡峻等特殊情况，可能使得一些探槽、钻机等偏离了勘探线方向，读图时需要注意。第Ⅱ篇各类矿床实例中的矿床地质图，都是一些去掉地形等高线后简化了的图件。

17.2.2 垂直剖面图类

这类图件的种类较多，但最基本的是勘探线横剖面图和纵剖面图。两者的主要区别是：勘探线横剖面图的剖面线方向垂直矿体走向，用以了解矿体在深部沿倾向方向的地质特征及变化情况；纵剖面图的剖面线方向是沿着矿体的平均走向，用以了解矿体在深部沿走向方向的地质特征及其变化情况。

17.2.2.1 勘探线横剖面图

一般情况下，每一条勘探线都要绘制一张勘探线横剖面图（图17-1）。图的比例尺一般为1:500~1:2000。勘探线横剖面图的作用是：配合矿区地形地质图，了解矿区地质的全貌、矿床的地质构造特征、矿体出露及埋藏情况、矿体厚度和品位沿倾向方向的变化情况；是绘制水平断面图和投影图的重要基础；是资源/储量估算、矿山设计与生产的必用图件。图上应表示的主要内容有：地形剖面及其方向；水平标高线；矿体、围岩的地质界线及产状；断层线及编号。如作开采设计时，还应在此图上绘出各种采、掘（剥）工程（坑道、天井），或露天矿开采境界线等的位置与编号。该图是在矿床地形地质图和各种探、采工程素描图的基础上编制出来的，其作图步骤为：

（1）先在矿床地形地质图上确定勘探剖面线的方向和位置，如第6章图6-9的40线。

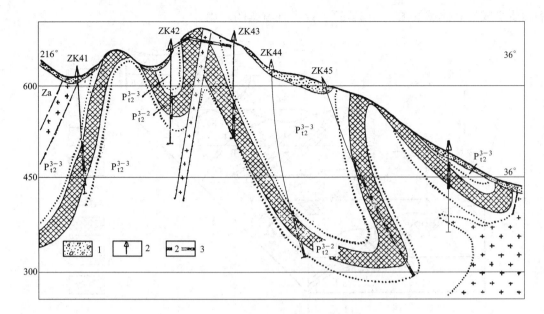

图 17-1 某铁矿 40 勘探线横剖面图实例

1—浮土；2—钻孔位置及编号；3—取样位置及编号（其他符号同图 6-9）

地形地质图上的勘探剖面线即为勘探剖面（铅直面）与水平面的交线。

（2）在空白纸上绘出图框，根据矿体产出标高和比例尺要求作好水平标高线。

（3）根据剖面线与地形地质图上各地形线、地质界线的交点水平间距，转绘出地形剖面及地质界线点，该步骤也常常可以通过实地测量来进行。

（4）将剖面线上的各种探矿及采掘工程按相应的位置投制于图上，并标出各工程所揭露的矿体、围岩、断层等地质界线点及取样位置与编号（图 17-1）。

（5）根据野外观察和室内分析的结果，合理地连接各地质界线点，并在图的下方绘一钻孔平面位置图，侧方绘出各工程的取样分析结果表。

（6）如在此图上进行资源/储量估算时，还应划分资源/储量估算块段，注明各块段的编号和面积，有时还要求圈出各种矿石类型和不同级别储量的界线。

（7）最后标出图名、图例、比例尺（要求一般为 1：500～1：2000）、图签等，即成一张完整的勘探线横剖面图（图 17-1 为示意图，省略了这些内容，下同）。

17.2.2.2 纵剖面图

每个矿区只要求绘制有代表性的纵剖面图 1～2 张即可，图的比例尺一般也为 1：500～1：2000。它的作用、表示内容、绘图步骤等，基本上与勘探线横剖面图相同。

在阅读垂直剖面图时，特别应当注意的一点是，剖面图上的矿体、岩层及断层的倾角，有时可能是真倾角，有时可能是假倾角，这就应根据地质平面图上剖面线与矿体、岩层、断层走向线之间的关系来判断。当剖面线与走向线不互相垂直时，为假倾角；垂直时为真倾角，假倾角小于真倾角。在纵剖面图上就显示不出矿体的倾角了。

单张垂直剖面图的阅读并不难，比较难的是要能根据一组剖面建立起整个矿体和构造的立体概念。但只要我们细心对准一组剖面之间的标高和坐标系统，明确矿体和构造在图上的相对位置，这一困难是完全可以克服的。为了帮助建立起总的立体概念，特附由一组剖面所组成的立体透视图（图 17-2），以供练习读图之用。

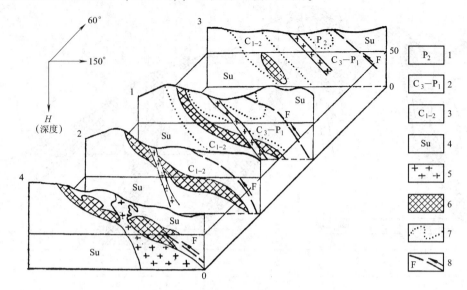

图 17-2　某铜硫矿剖面组合立体图

1—上二叠系地层；2—上石炭-下二叠系地层；3—下-中石炭系地层；
4—混合岩；5—花岗岩；6—铜硫矿体；7—地质界线；8—断层

17.2.3　水平断面图类

这类图件也是矿山常用的一种重要图件，它表示矿体、围岩、构造、矿石质量在某一标高水平断面上地质特征及变化的情况。如水平断面地质图、坑道地质平面图、露天矿平台（采场）地质图等。这类图件除用于配合地形地质图了解矿床地质全貌外，还在矿山设计和开采过程中用来确定开拓工程位置，制订矿山采掘进度计划，进行矿山开拓设计、中段开拓设计、采矿方法设计、采掘单体设计、资源/储量估算以及指导采掘工程的施工。该类图件上应表示的主要内容有：坐标网、垂直剖面线、矿体和围岩的界线、矿石品级和类型的分界线、断层线及编号、各种探采工程、取样位置与编号。如用来进行资源/储量估算时，还应标明资源/储量估算块段和储量级别块段。

17.2.3.1　水平断面地质图

水平断面地质图又称为水平切面图或预想平面图。该图的编制要有两个或两个以上相邻的勘探线横剖面图和地形地质图（或一个已知的水平断面地质图）作为依据。其作图步骤是：

（1）在空白纸上绘好图框，并根据地形地质图绘制坐标网和剖面线的位置。

（2）根据已知的剖面图，将所需某一标高（如图 17-3 中 0m 标高）的矿体、围岩、构造的界线点和通过该标高的钻孔，垂直投影到平面图上。

（3）合理连接相同地质体的界线点，最后标出图名、图例、比例尺、图签等，即成一张完整的水平断面地质图。

17.2.3.2　中段地质平面图

中段地质平面图又称为坑道地质平面图（图 17-4）。当矿床用坑道勘探时或开采过程中形成中段系统后，即可编制此图。它是以测好的坑道平面图为基础，根据坑道原始地质编录资料和勘探线剖面图绘制而成的。比例尺一般要求为 1∶200~1∶1000。它是地下开采矿山常用的一种地质图件。其作图步骤是：

（1）在空白纸上绘好图框、坐标网和勘探线的位置。

（2）绘出坑道顶板的轮廓或通过腰线断面的坑道轮廓、通过该中段的钻孔位置、在该中段所打水平钻孔的位置。

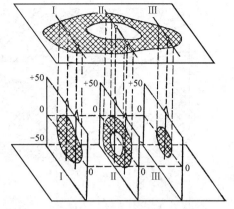

图 17-3　水平断面地质图编制时的立体示意图

（3）将坑道和钻孔中所获得的原始地质资料，如各种素描图中矿体、围岩和地质构造界线点，按比例尺缩绘到坑道或钻孔相应位置上。

（4）连接相同地质体的界线，并标出图名、图例、比例尺、图签等，即成一张完整的坑道地质平面图（图 17-4）。图 17-4 为示意图，故省略了比例尺、图签等。

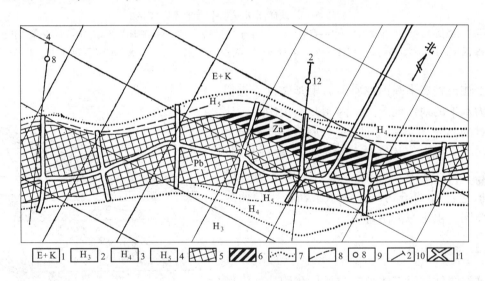

图 17-4　某铅锌矿中段地质平面图实例

1—第三系、侏罗系的红色砂砾岩；2—硅化带；3—绢云母绿泥石化带；4—角砾岩化含矿带；5—铅矿体；6—锌矿体；7—地质界线；8—断层；9—钻孔位置及编号；10—勘探线及编号；11—坑道

17.2.3.3　露天矿平台（采场）地质图

露天矿平台地质图是露天矿山经常使用的基本综合地质图件。它是根据矿床地形地质图，勘探线剖面图，采场中探槽、钻孔、爆破孔所获得的原始地质编录资料和现场实测资料，在同比例尺台阶平面图上绘制而成的。其比例尺常用的有两种：一种是包括范围较广，作为计算地质储量和制订年度计划用的图件，多为 1∶1000；另一种是包括范围较小，但内容更为详细（如有探槽和取样的位置），是采矿单体设计、复制爆破块段图、计算生产矿量用的图件，多为 1∶500（图 17-5）。此种图的作图步骤与坑道地质平面图相似。

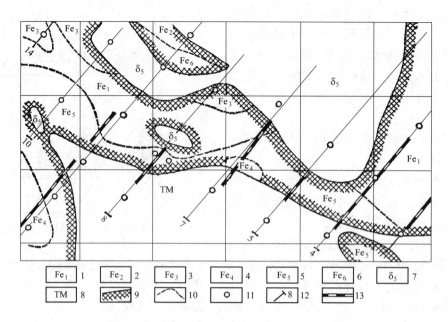

图 17-5 某铁矿露天采场平台地质图实例

1—高铜磁铁矿；2—低铜磁铁矿；3—高铜磁铁贫矿；4—高铜氧化矿；5—高铜高硫氧化矿；6—低铜氧化矿；7—蚀变闪长岩；8—大理岩；9—矿体界线；10—矿石类型界线；11—钻孔；12—勘探线位置及编号；13—取样位置

上述三种水平断面地质图的单张阅读，类似地表为水平的地形地质图，因而并不很困难，比较困难的是把不同水平的一组断面图的坐标系统、矿体、围岩、构造等对应起来，进行分析，从而建立整个矿床（矿体、围岩、构造等）的立体概念。图 17-6 为一张由水平断面组合而成的立体图，供练习读图时用。

17.2.4 投影图类

这类图件表示矿体沿走向延长和侧伏、沿倾向延深，表示各级储量分布以及工程控制程度等整体概念。主要有两种形式：一种是水平投影图，它用正投影的方法把矿体和其他地质界线及探采工程等投影在一个水平面上，常用于倾角小于 45°的缓倾斜矿体；另一种是垂直纵投影图，它用正投影的方法把矿体及其他所要表示的内容，投影在和矿体平均走向平行并且放置在矿体下盘的垂直投影面上，常用于倾角大于 45°的急倾斜矿体。它是矿山设计和生产中经常要用到的图纸。在矿山设计时，各种开拓系统往往也投影

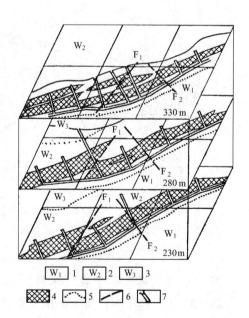

图 17-6 水平断面组合立体图

1—板岩夹灰岩；2—白云质硅化灰岩；
3—紫色砂岩夹板岩；4—矿体；
5—地质界线；6—断层；
7—平硐及坑道

在此图上；在生产阶段常用来编制采掘进度计划，并在图上表明各中段采掘进度和主要井巷延伸的情况。图上应表示的主要内容有矿体投影边界线、各种探矿和采掘工程的位置以及资源/储量估算情况等有关内容。

17.2.4.1 垂直纵投影图

垂直纵投影图是在矿床地形地质图和勘探线横剖面图（至少两个或两个以上）的基础上绘制的。其比例尺一般为1：500~1：1000。具体作图步骤为：

（1）在已知的平、剖面图上标出矿体轴线（即中心线），确定投影面的位置和作图基线。

（2）将已知平面图上的勘探线，用正投影的方法，转绘到已画好的空白图框内，并根据矿体产出的标高绘制水平标高线。

（3）根据已知剖面图上的地形最高点、矿体上下边界线的标高、钻孔与矿体轴面交点标高（也可用钻孔见矿标高或矿体底板标高）、坑道和探槽底板标高等，用正投影的方法，在纵投影图上投制出地形线、矿体上下边界线、钻孔位置、探槽及坑道的位置等。

（4）标明资源/储量估算块段的编号和储量级别，最后再标出图名、图例、比例尺、图签等内容（图17-7）。读图时注意该图中有两个矿体的投影，大矿体由C、D级储量组成，小矿体由A、B级储量组成。

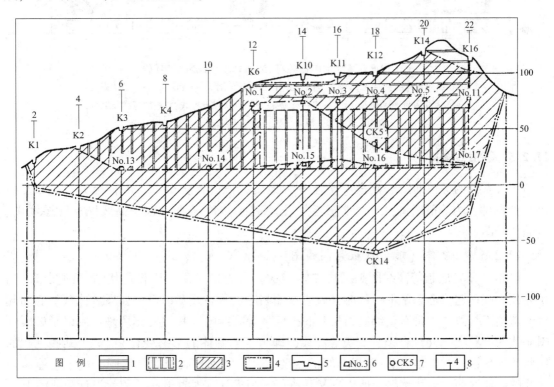

图17-7 矿体垂直纵投影图实例

1—A级储量分布范围；2—B级储量分布范围；3—C级储量分布范围；4—D级储量分布范围；
5—探槽位置及编号；6—坑道位置及编号；7—钻孔位置及编号；8—勘探线及编号

17.2.4.2 水平投影图

水平投影图的绘制原理与方法基本上与地形地质图类似，仅附一实例图（图17-8），以供参考。

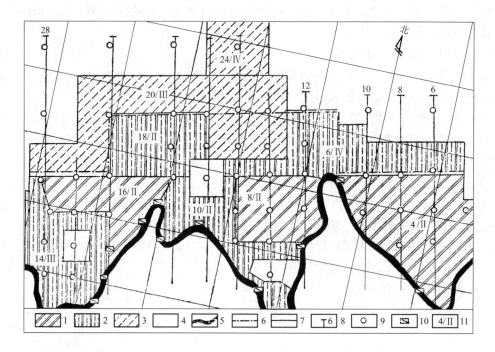

图 17-8 某铝土矿资源/储量估算水平投影图实例

1—B 级储量范围；2—C 级储量范围；3—D 级储量范围；4—无矿带；5—矿体露头；
6—露天开采与地下开采分界线；7—资源/储量估算块段分界线；8—勘探线及编号；
9—钻孔位置；10—浅井位置；11—块段编号/矿石品级

17.2.5 等值线图类

用一系列的等值曲线分别表明矿体各种地质特征（矿体厚度、底板标高、矿石品位等）的图件称为等值线图。其种类较多，主要有矿体顶（底）板等高线图、等厚线图、等品位线图。

17.2.5.1 矿体（顶）底板等高线图

矿体（顶）底板等高线图是反映矿体产状、构造和（顶）底板起伏情况的图纸。当矿体顶、底面起伏形态基本一致时，一般只编制底板等高线图即可；如果矿体顶、底面起伏形态很不一致，则常需要编制顶板和底板两种等高线图。其主要作用是：用以了解缓倾斜矿体的产状变化（综合顶、底板等高线图即可了解矿体的形态变化）；对于某些沉积的层状矿体来说，常常是资源/储量估算的主要图件；特别是底板等高线图，由于它能清楚地反映矿体底面的起伏情况，所以它又是进行开拓设计（某些开拓工程就设计在此图上）、指导坑道掘进和回采的重要图件。图上应表示的主要内容有坐标网、各种工程位置与编号、各工程的（顶）底板标高、（顶）底板等高线等。其比例尺一般与相同矿区的地形地质图一致。该图是根据所有探、采工程中所获得的矿体（顶）底板标高的资料，采用地形等高线绘制的原理编制出来的。现以底板等高线图为例，说明其作图步骤：

（1）按要求的比例尺绘制图框和坐标网。

（2）将全部穿矿工程按其在已知平面图上的坐标位置绘于所编图上，并标明矿体在每个工程中的底板标高数字。

（3）用插入法求出各个工程之间作图所需的标高点。所谓插入法，就是以规定的等高距（其数字应根据具体情况和要求而定，且为整数），根据两工程之间的水平距离与底板标高差值的大小，按比例求出两工程之间所需插入的标高点。

（4）将标高相同的点连接起来，即为底板等高线。最后标出图名、图例、比例尺、图签等，即成一张完整的底板等高线图（图17-9）。

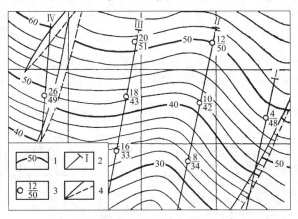

图 17-9 某磷矿底板等高线图实例（比例尺 1∶10000）

1—底板等高线；2—勘探线及编号；

3—钻孔位置 $\dfrac{\text{钻孔编号}}{\text{底板标高}}$；4—断层带

阅读底板等高线图的要点是：同一条等高线上的底板标高是相等的，因此当等高线大致成平行直线，且间距亦大致相等者，应为一单斜矿层，等高线延长的方向即矿体走向，垂直等高线沿着标高值降低的方向为矿体倾向；若等高线间距不等，则疏处倾角平缓，密处倾角较陡；若等高线大致对称出现，则标高值中间高两边低者为背斜，中间低两边高者为向斜；若等高线不连续，说明出现断层，等高线断开者为正断层，形成无矿带，等高线局部重叠者为逆断层，形成矿体重复带。可结合图17-9判断出矿体的大致走向、倾向、倾角和断层的性质。

17.2.5.2 矿体等厚线图

矿体等厚线图是表示矿体厚度变化规律的一种图件。其主要作用是：某些矿床（矿体厚度变化较大的矿床）据以确定落矿方式（浅孔落矿或深孔落矿）和划分不同采矿方法采场的分界线；某些沉积层状金属矿床有时还用来进行资源/储量估算。图上应表示的主要内容有坐标网、各种工程位置与编号、各工程的矿体厚度（一般均用铅直厚度）、矿体厚度等高线等（图17-10）。其作图原理与读图方法均与底板等高线图类似。

17.2.5.3 矿体等品位线图

矿体等品位线图是表示矿体中矿石品位变化规律的一种图件。它虽然不是每个矿山必备图件，但是有些矿石品位变化较大的矿山还是常用的。其主要作用是：在采场设计中，往往据此考虑合理的开采边界和确定矿柱的位置，以尽量减少矿石的损失和贫化；在矿山生产中，还用

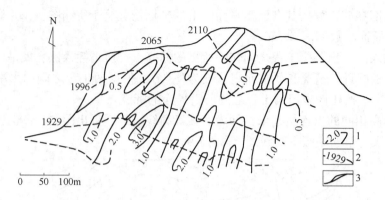

图 17-10　小秦岭某石英脉型金矿体等厚线图（北京科技大学科研报告，1989）
1—矿体等厚线及厚度（m）；2—水平坑道投影及标高（m）；3—矿脉露头水平投影

于指导矿石的质量管理工作，如制定配矿计划便要参考矿体等品位线图（图 17-11）。

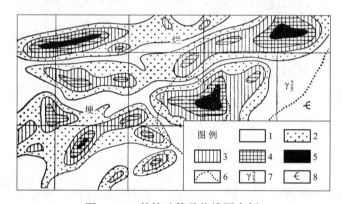

图 17-11　某钨矿等品位线图实例
1—品位小于 0.1%；2—品位为 0.1%~0.5%；3—品位为 0.6%~1%；
4—品位为 1.1%~1.5%；5—品位大于 1.5%；6—地质界线；
7—花岗岩；8—寒武系地层

17.2.6　矿块三面图

矿山常用的地质图件，除上述五类基本图件外，还有矿块三面图，这类图是比较完整地表达一个或数个矿块内地质构造特征和矿体空间形态位置的一组图件。其中又包括块段水平断面地质图（即块段地质平面图）、块段地质横剖面图、块段纵投影图三种图件。

矿块三面图是采准和回采单体设计的必须资料和重要依据。一般情况下，一组完整的矿块三面图是由 2~3 张块段水平断面地质图、2~3 张块段地质横剖面图和 1 张块段纵投影图所组成的，如图 17-12 所示，即为一组完整的矿块三面图。

矿块三面图所表示的内容、作用、读图方法、作图原理和步骤分别与前面所述水平断面地质图（即中段地质平面图）、垂直横剖面图、矿体纵投影图基本相似，但又不完全相同，其主要差别有：

（1）从表示的范围来看，前面所介绍的水平断面地质图、垂直横剖面图、矿体纵投影图是从三个不同方向来表示整个矿床（一个或数个矿体）的地质特征和计算矿体的总储

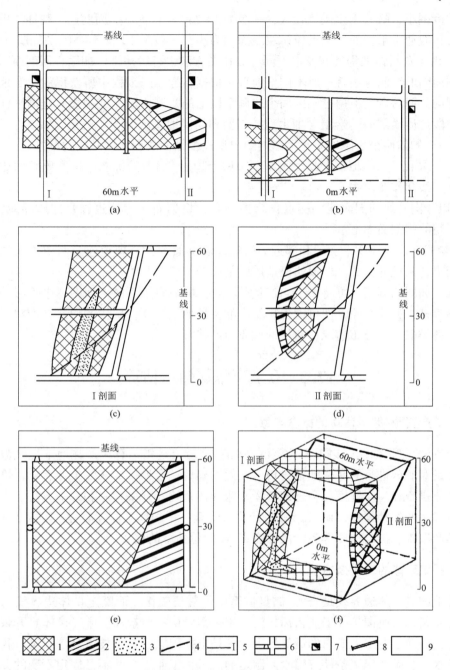

图 17-12 矿块三面图实例

(a),(b) 矿块地质平面图；(c),(d) 矿块地质横剖面图；(e) 矿块纵投影图；(f) 矿块立体示意图
1—表内矿体；2—表外矿体；3—夹石；4—断层；5—勘探线；6—坑道；7—天井；8—水平钻孔；9—围岩

量，从而建立对矿床的整体概念；而矿块三面图是从三个不同的方向来表示矿体某一部分（一个或数个矿块）的地质特征和计算该部分矿体的矿石储量，从而掌握一个或数个矿块内矿石的质量、数量以及矿体形态变化的特征。

（2）由于它们所表示的范围大小不一，所以采用的比例尺大小也有差别。因矿块三面图表示的范围小，故采用比例尺较大，一般为 1∶200～1∶500；而前述三种地质图因表示范围较大，故通常采用的比例尺较矿块三面图为小，一般为 1∶500～1∶2000。

（3）由于资料详细程度和要求不同，故作图方法也有所差别，如垂直横剖面图和块段地质横剖面图的绘制方法就有所不同。前者是根据各探、采工程中所获得的原始地质资料直接绘制的；而后者是根据已知的两个或两个以上的实测块段（或中段）地质平面图来切制的。块段地质横剖面图绘制（即由地质平面图切制地质剖面图）的步骤如下：

1）在已知的两个块段地质平面图上绘出块段横剖面线和作图基线的位置。

2）在空白纸上（即编图纸）根据已知块段地质平面图的标高，按所要求的比例尺绘出水平标高线和作图基线。

3）以作图基线和剖面线的交点作为控制点，将剖面线与坑道以及地质界线的交点，转绘到所编的横剖面图上。

4）参照各块段地质平面图和邻近的已知地质剖面图，合理地连接两中段间的地质界线，并绘出各工程的位置，即成块段地质横剖面图。

矿块三面图的阅读，可将图 17-12 中所附的矿块平面图、横剖面图、纵投影图、立体图等联系起来，相互对照，便可读出矿块内的各种地质特征：矿体的形态与产状以及上下盘位置；各类矿石的分布情况；断层的性质与产状等。

17.3　矿产资源/储量估算

17.3.1　矿产资源/储量估算的概念与意义

矿产资源/储量估算（以下简称资源/储量估算），是指估算矿产在地下埋藏数量的过程，也就是对矿床进行的基本数量分析，以便正确地综合评价矿床的工业意义，恰当地确定矿山企业投资和生产规模，合理地选择矿床开拓系统、开采程序和开采方法。为了保证矿山建设和生产的计划性，矿石储量的计算、管理、平衡和上报工作是一项重要的制度，因此在矿产勘查、矿山地质等各阶段都有资源/储量估算的任务。

17.3.2　圈定矿体的工业指标

正确地圈定矿体边界线是资源/储量估算中的首要工作，而圈定矿体边界线的依据就是矿产工业指标。所谓矿产工业指标，就是用来衡量矿石质量和矿床（矿体）开采技术条件能否达到当前工业水平要求的最低界限。它是根据国家的各项技术经济政策、我国现有工业技术水平、矿产资源条件等因素而制定的。可见工业指标并不是固定不变的，而是随着工业技术水平的提高、综合利用范围的扩大、交通运输条件的改善和国民经济的发展不断改变的。矿产工业指标一般指矿石质量指标和矿产开采技术指标。

17.3.2.1　矿石质量指标

（1）边界品位。边界品位是指在资源/储量估算圈定矿体时，单个样品有用组分含量的最低要求，它是矿石与围岩（或夹石）的分界品位，有用组分品位低于边界品位时，即作为岩石处理。

（2）工业品位。工业品位是在当前工业技术水平和经济条件下，工业上可被利用的矿体或矿块的有用组分最低平均品位，故又常称为最低工业品位或最低可采品位。只有当矿体或矿块的平均品位达到或超过该指标时，方可划为工业矿体。资源/储量估算时，同时采用边界品位和工业品位两项指标称为双指标制，其在我国和前苏联等国家广泛应用。

（3）边际品位。边际品位是选别开采单元的最低可采品位。选别开采单元是采矿中可分采的最小单元。若选别开采单元的平均品位大于或等于边际品位，则划为矿块；否则为废石块段。该指标为欧美国家和我国一些矿山所采用，称单指标制，它有利于建立地质模型和电算。这种情况下，不再使用最小可采厚度和夹石剔除厚度。

（4）有害杂质平均允许含量。有害杂质平均允许含量是指矿体（或矿段或工程）内的矿石中对产品质量和加工生产过程起不良影响的组分的最大平均允许含量。

17.3.2.2 矿床开采技术指标

（1）最小可采厚度。最小可采厚度是指在当前开采技术和经济条件下，对有开采价值的单层矿体的最小厚度要求。在资源/储量估算圈定工业矿体时，是区分能利用（表内）储量和暂不能利用（表外）储量的标准之一。

（2）夹石剔除厚度。夹石剔除厚度是指在资源/储量估算时，允许夹在矿体中间非工业矿石（夹石）的最大厚度。当夹石厚度大于或等于该指标时，必须将其剔除；当夹石厚度小于该指标时，则当作矿石一起参加资源/储量估算。

（3）最低工业米百分值。最低工业米百分值，简称米百分值或米百分率，是工业部门对贵金属和稀有金属等工业利用价值较高的矿产提出的一项关于矿体厚度和矿石品位的综合指标，主要用于圈定厚度小于可采厚度、品位显著高于工业品位的矿体。在此条件下，当矿体厚度和矿石品位的乘积大于或等于该指标时，即圈定为工业矿体。对金、银等用g/t表示品位的矿床，该指标为米克/吨值。

不同的矿种，工业指标的要求也不一样，以铁、铜为例，如表17-1和表17-2所示。

表17-1 铁矿石一般工业指标要求

矿石类型		全铁（TFe）含量（≥）/%			有害杂质平均允许含量（≤）/%								块度/mm
		入炉品位	边际品位	工业品位	硫(S)	磷(P)	铜(Cu)	铅(Pb)	锌(Zn)	锡(Sn)	砷(As)	二氧化硅(SiO_2)	
炼钢用铁矿石	磁铁矿石赤铁矿石	56~60			0.1~0.15	0.1~0.15	0.2	0.04	0.04	0.04	0.04	8~13	平炉 25~250 转炉 10~50
炼铁用铁矿石	褐铁矿、菱铁矿石	50			0.3	0.25	0.1~0.2	0.1	0.05~0.1	0.08	0.04	—	
	自熔性矿石	50											
	磁铁矿、赤铁矿石	40			0.2	0.2	0.1~0.2	0.1	0.05~0.1	0.08	0.04	10	8~40
需选矿石	磁铁矿石		20	25	说明： 1. 炼铁用的磁铁矿石和赤铁矿石，根据炼生铁的品种不同，对含磷量要求不同； 2. 夹石剔除厚度：露天开采时为1~2m，地下开采时为1m； 3. 最低可采厚度：露天开采时为2~4m，地下开采时为1~2m								
	赤铁矿石		25	28~30									
	菱铁矿石		20	25									
	褐铁矿石		25	30									

表 17-2　铜矿一般工业指标要求

项　目	硫 化 矿		氧 化 矿
	坑　采	露　采	
边界品位（Cu）/%	0.2~0.3	0.2	0.5
最低工业品位（Cu）/%	0.4~0.5	0.4	0.7
最小可采厚度/m	1~2	2~4	1
夹石剔除厚度/m	2~4	4~8	2

17.3.3　矿产资源/储量边界线种类

矿产资源/储量边界线分为如下几类：

（1）零点边界线。零点边界线是在矿体的水平或垂直投影图上，将矿体厚度或矿石品位可视为零的各基点连接起来的边界线，即矿体尖灭点所圈定的矿体界线。

（2）可采边界线。可采边界线是根据矿体的最低可采厚度，或最低可采品位，或最低米百分数所确定的工业矿体边界基点的连线。此边界线以内的矿体为工业矿体，它在资源/储量估算时具有重大意义。

（3）矿石类型、品级边界线。矿石类型、品级边界线是根据矿石的不同类型（自然类型或工业类型）或不同工业品级在可采边界线以内所圈定的边界线。

（4）储量类别边界线。储量类别边界线是根据不同储量类别（如储量、基础储量和资源量）或矿山生产过程中的三级矿量（开拓矿量、采准矿量、备采矿量）所圈定的边界线。

（5）内边界线。内边界线是由矿体边缘见矿工程，直接连接起来所圈定的边界线（图17-13）。它表示勘探工程所控制的那部分矿体的分布范围。

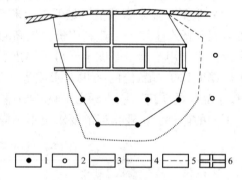

图 17-13　垂直纵投影图上几种矿体边界线示意图
1—见矿钻孔；2—未见矿钻孔；3—内边界线；
4—无限外推边界线；5—有限外推边界线；6—坑道

（6）外边界线。外边界线是指由矿体边缘见矿工程外推一定距离所圈定的矿体边界线。它表示矿体可能的分布范围，又可分为有限外推边界线和无限外推边界线两种（图17-13）：

1）有限外推边界线是边缘见矿工程与未见矿工程之间所连接的矿体边界线。

2）无限外推边界线是指除边缘见矿工程外，再无工程控制时，沿着边缘见矿工程外推一定距离所圈定的矿体边界线。

17.3.4　圈定矿体边界线的方法

在资源/储量估算时，圈定矿体边界线可分为两步：首先根据对各种探、采工程（探槽、浅井、钻孔、坑道）实地观察和取样化验结果，确定出各工程中大致沿厚度方向矿体边界线的基点；然后将这些原始资料综合绘制在资源/储量估算平面图、剖面图或投影图上。可根据资源/储量估算需要和具体情况确定出矿体的边界线。圈定矿体边界线常用的方法有直接法、有限推断法和无限推断法。

17.3.4.1 直接法

当矿体的零点或可采边界线的基点，已被探、采工程揭露时，可用此法直接圈出矿体边界线。其中还有两种情况：

（1）当矿体与围岩接触界线明显时，矿体边界线与地质界线是一致的，只需在资源/储量估算图纸上，将各探、采工程中边界线的基点（即地质界线点）直接连接起来，即为矿体边界线。

（2）当矿体与围岩成渐变接触关系时，一般是根据各工程中取样化验的结果，确定出最低可采品位边界线的基点，然后在资源/储量估算图纸上连接基点，即为矿体的可采边界线。

17.3.4.2 有限推断法

有限推断法是用于矿体沿走向延长或沿倾向延深的边缘地段两工程之间确定矿体边界线的一种方法。其中也有两种情况：

（1）矿体边缘两个工程中皆见矿，但其中只有一个工程的矿体达到工业指标的要求，而最边缘一个工程中的矿体达不到工业指标要求，此时可用图解内插法或用计算方法求出两工程间矿体的可采厚度或可采品位边界线基点。

图 17-14 中的 A、B 两点分别代表两个钻孔的位置。假设 A 孔中的矿石品位大于最低可采品位，B 孔中的矿石品位小于最低可采品位，可见矿体的可采品位边界线基点肯定在两孔之间。其具体位置的确定方法如下：

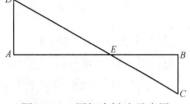

图 17-14 图解内插法示意图

1）图解内插法。连接 A、B 两点，并作 AB 的垂线 AD 和 BC，两垂线（AD 和 BC）的长度按一定的比例尺（可任意选择）分别表示 A 孔和 B 孔矿石实测品位与最低可采品位之差值，再连接 CD 交 AB 于 E 点，此 E 点位置即为所求矿体可采品位边界线基点的位置。

2）计算内插法。上述实例还可通过公式计算出矿体可采品位边界线基点的位置。计算公式为：

$$X = \frac{C_E - C_B}{C_A - C_B} R \tag{17-1}$$

式中　C_A——A 孔的矿石品位；
　　　C_B——B 孔的矿石品位；
　　　C_E——矿体的最低可采品位；
　　　R——A、B 两钻孔之间的距离；
　　　X——从矿石品位小于 C_E 的钻孔（B 孔）到矿体可采品位边界线基点的距离。

若 A、B 两孔中矿石品位均大于最低可采品位，而矿体的厚度仅 A 孔大于最低可采厚度，B 孔却小于最低可采厚度，此时也可根据上述原理，用内插法通过作图或计算，求出矿体厚度可采边界线基点的位置。

上述内插法，一般在矿体厚度或品位变化较均匀时使用，若矿体厚度或品位变化无一定规律时，常以两钻孔的中间点作为矿体可采厚度或可采品位边界线基点的位置。

（2）矿体边缘相邻两工程中，一个见矿，另一个完全不见矿，则矿体零点边界线基点，必在两孔之间。其具体位置可由见矿工程向未见矿工程方向外推两工程间距的 1/4 或 1/2 或 2/3。到底外推多少较为合适，可根据见矿工程中矿体厚度的大小、矿体变化的规律性、工程间距的大小以及各个矿山的实践经验来确定（图 17-15）。如果见矿钻孔中的矿体厚度和矿石品位均达到或超过工业指标要求时，则在两钻孔间用上述推断法先求出零点边界线基点后，再用内插法求出可采边界线基点（图 17-15（a））。

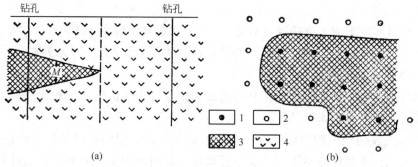

图 17-15 矿体在见矿工程和无矿工程 1/2 处尖灭示意图
（a）剖面图上的推断；（b）平面图上的推断
1—见矿钻孔；2—未见矿钻孔；3—矿体；4—围岩；M—用内插法确定的最低可采厚度

17.3.4.3 无限推断法

在靠近矿体边缘地段，所有探、采工程全部见到矿体，且在这些工程之外再无工程控制，此时向矿体边缘见矿工程外部推断一定距离圈定矿体边界线的方法，称为无限推断法。一般情况下，矿体边界线向外推断的距离，基本上与有限推断法相同，即外推两工程间距的 1/4 或 1/2 或 2/3。但在使用这种无限外推法时，还必须根据矿床的成矿地质条件、构造控制条件以及矿体形态尖灭时的自然趋势，作合理的推断。图 17-16 是根据矿体被断层切割时的具体情况，采用地质推断法来圈定矿体边界线的实例。图 17-17 就是根据矿体呈透镜状尖灭的自然趋势，采用形态推断法来圈定矿体边界线的实例。

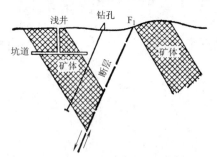 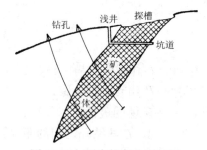

图 17-16 地质推断法实例图　　　　图 17-17 形态推断法实例图

17.3.5 矿产资源/储量估算参数的确定

当矿体边界线圈定好之后，便可正式着手进行资源/储量估算工作。根据计算程序，可将资源/储量估算过程分为三步：首先计算出矿体体积，再计算出矿石量，最后计算出金属量（黑色金属一般不计算金属量）。据上述计算程序，常采用下列三个基本公式：

$$V = SM \tag{17-2}$$
$$Q = VD \tag{17-3}$$
$$P = QC \tag{17-4}$$

式中　V——矿体体积；
　　　Q——矿石量；
　　　S——矿体面积；
　　　M——矿体平均厚度；
　　　D——矿石平均体重；
　　　C——矿石平均品位；
　　　P——所求金属资源量。

由上述各式中可以看出，只要确定出矿体的面积（S）、平均厚度（M）、矿石平均体重（D）和平均品位（C）等几项基本参数后，资源/储量估算工作便不难进行。

17.3.5.1　面积（S）的测定

矿体或矿块面积的测定，常根据所采用的资源/储量估算方法不同，分别在矿体或矿块水平断面图或垂直横剖面图或投影图上进行。具体测定的方法有几何计算法、方格纸法、求积仪法和质量类比法四种。

（1）几何计算法。当所测矿体或矿块的面积为较规则几何形状（如三角形或正方形）时，可根据几何学上的公式，直接计算出所求面积。

（2）方格纸法。用每 25mm² 中间有一个点的透明方格纸，蒙在欲测矿体或矿块的图形上，数出欲求面积内的点子数，即可按图纸比例尺换算出所求矿体或矿块的面积。

（3）求积仪法。指用求积仪在资源/储量估算图纸上求面积的一种方法。一般情况下都是把求积仪的极点固定在图形轮廓外面适当的地方，再将航针依顺时针方向，沿所求图形边缘描绘一圈，并记录出航针移动前后的两次读数，便可以根据有关公式算出所求图形面积。具体方法见求积仪说明书。

（4）质量类比法。选用厚薄极为均匀并已在高精度天平上确定好了单位面积质量的透明纸，蒙在欲测图形上，描好图形边界，剪下称其质量，便可计算出矿体真实面积。

17.3.5.2　平均厚度（M）的确定

矿体的厚度一般是在原始地质编录时从各探、采工程中测定，然后根据这些测定资料，计算出矿体的平均厚度。常用的计算方法有算术平均法和加权平均法两种。

（1）算术平均法。当矿体厚度变化不大，且厚度测点分布较均匀时，可用此法。其计算公式为：

$$M = (\Sigma m_i)/n \tag{17-5}$$

式中　M——矿体的平均厚度；
　　　n——厚度测量点总数；
　　　m_i——i 测量点矿体的厚度。

（2）加权平均法。当矿体的厚度变化具有一定的规律性，且各厚度测量点分布不甚均匀时，可用此法。计算公式为：

$$M = \Sigma m_i H_i / \Sigma H_i \tag{17-6}$$

式中 H_i——i 测量点的控制长度（即与相邻两测点间距之半的和）；

其他符号意义同式（17-5）。

17.3.5.3 平均品位(C) 的确定

矿体平均品位确定的一般步骤是：首先根据各工程中取样化验资料，计算出"工程平均品位"，然后逐步计算出"矿块平均品位"、"矿体平均品位"。常用的计算方法，也是算术平均法和加权平均法两种。

（1）算术平均法。当单个样品取样长度和相邻取样点之间的距离大致相等，且矿体品位变化不大时，使用此法较合适。计算公式为：

$$C = \frac{1}{n} \sum_{i=1}^{n} C_i \tag{17-7}$$

式中 C——所求的平均品位；

n——单个样品或单个工程的数目和；

C_i——第 i 个样品的品位。

（2）加权平均法。当矿体品位变化较大，且样品长度不等，或品位变化与厚度变化密切相关，或各个样品的控制距离不相等时，使用此法较合适。其通用公式为：

$$C = \Sigma C_i L_i / \Sigma L_i \tag{17-8}$$

式（17-8）中，L_i 为与品位对应的权系数，分别可取样长（l_i）、矿体厚度（m_i）、工程控制影响距离（H_i）等。具体应用时分以下几种情况：

1）线平均品位 C_L（单项工程平均品位）一般用样长（l_i）作权系数：

$$C_L = \Sigma C_i l_i / \Sigma l_i \tag{17-9}$$

2）面平均品位 C_S（由几个工程控制的矿体水平断面或剖面平均品位）可用矿体厚度（m_i）及工程控制影响距离（H_i）作权系数：

$$C_S = \Sigma C_i m_i / \Sigma m_i \quad \text{或} \quad C_S = \Sigma C_i m_i H_i / \Sigma m_i H_i \tag{17-10}$$

3）体积平均品位 C_V（矿块平均品位）一般用相邻两断面的面积加权计算得到：

$$C_V = (C_{S_1} S_1 + C_{S_2} S_2) / (S_1 + S_2)$$

上述用加权平均法求平均品位的三个公式，各适用于不同的情况：当取样长度不相等时，用公式（17-8）；当矿体品位变化与厚度变化成一定的比例关系时，用公式（17-9）；当矿体品位变化与厚度变化成一定的比例关系，且取样间距相差较大时，用公式（17-10）。

17.3.5.4 体重（D）的确定

所谓矿石的体重，是指矿石在自然状态下，单位体积（包括矿石中所存在的空隙）的质量。其单位一般采用 t/m^3。常用的体重测定方法有实验室法（即涂蜡法）和全巷法两种，前者用于小体重（矿石样品一般不超过 $10cm^3$）测定，后者用于大体重（矿石样品达 $1\sim10m^3$）测定。因矿石体重取样和测定工作一般都由地质人员进行，故不详述。但必须说明，在资源/储量估算过程中，确定矿石体重数据时，一定要注意这样几点：不同品级和类型的矿石，应分别测定体重，且计算时也应分开，不能混用；一般情况下，每一品级或类型的矿石要进行 15~20 个小体重样品的测定，取其平均值，作为资源/储量估算的依据（也有某些铜、铁矿山根据在生产实践中所找出的矿石品位与矿石体重之间的关系，来确定矿石体重);多数情况下,小体重测定的结果还应有大体重测定的数据进行校正;由于不少矿石在自然状态下都含有一定数量的水分,故资源/储量估算时所采用的体重数据还应进行湿度校正;所采用的矿石平均体重数字要求精确到小数点后面两位。

17.3.6 矿产资源/储量估算方法

固体矿产资源/储量估算的方法虽然很多(目前已达20余种),但实质上可归结成两大类,即几何学方法和统计学分析方法。

17.3.6.1 几何学方法

几何学方法是将形态十分复杂的自然矿体变成与该矿体体积近似的一个或若干个简单的几何形体,分别计算出体积与资源/储量,相加后即得整个矿体的总资源/储量。具体方法有:

(1) 算术平均法。此法的实质是把一个自然形态较复杂的矿体变为一个理想的厚度均匀的板状矿体(图17-18),再计算其储量。计算结果的精确度,取决于勘探工程数量的多少。当勘探工程数量较多,且分布大致均匀时,这种方法具有相当的精确性;当勘探工程很少时,其他的资源/储量估算方法也同样不准确,但此法简单,计算方便,即使勘探工程不是按一定的网或线布置时,仍可使用,所以在找矿阶段多采用这一方法来概略估算矿体储量。其缺点是不能分别计算不同品级、不同类型、不同储量级别的矿石储量。具体计算步骤为:

1) 根据探、采工程所获得的资料,在资源/储量估算图件(一般为投影图)上圈出矿体边界线,并测出矿体的总面积(S)。

2) 根据穿过矿体的全部工程所获得的矿体厚度、矿石品位和体重数据,用算术平均法计算出矿体的平均厚度(M)、平均品位(C)以及平均体重(D)。

3) 根据前面所介绍的式(17-2)~式(17-4)三个资源/储量估算基本公式,便可求出该矿体的矿石储量和金属储量。

图 17-18 算术平均法计算储量示意图
(a) 矿体原来形状;(b) 矿体简化后的形态

(2) 地质块段法。这一方法是由算术平均法发展而来的,同样是把矿体变为一定厚度的若干个理想板状矿体,并求出各块段的矿体面积、平均厚度、平均品位等计算参数,便可计算出矿体的矿石量和金属量。同算术平均法计算储量的区别是:此法不是把整个矿体看成同样厚度的板状矿体,而是根据矿体地质特点(厚度、产状、构造等)、矿石特征(矿石的品级或类型)、勘探程度的不同,划分为若干小的块段(即地质块段),再根据资源/储量估算的三个基本公式,分别求出各小块段的储量,各小块段储量的总和即为矿体的总储量。它的优点是:方法简单;适用于任何形状和产状的矿体;可分别计算出不同品级、不同类型、不同储量级别矿石的储量。其缺点是:当勘探工程较少或分布很不均匀时,计算结果的精确度较差。

(3) 断面法。根据其断面相互间的关系，断面法又可分为平行断面法和不平行断面法两种。这里只着重介绍使用最广泛的平行断面法。所谓平行断面法，就是用一系列相互平行或大致平行的水平断面（用此断面计算称水平平行断面法）或垂直断面（用此断面计算称垂直平行断面法）将矿体划分为若干大块段（计算时又常将其分为若干小的地质块段），分别计算出各块段的体积和储量，然后相加，即为整个矿体的总体积和总储量。此法计算程序如下：

1) 首先根据探、采工程的原始资料，绘制出矿体的水平断面图或垂直断面图（一般为勘探线横剖面图），在图上测定所求矿体的断面面积。

2) 根据各工程中所获得的矿石品位，采用算术平均法或加权平均法，确定各块段的平均品位（C）。

3) 根据两断面间的垂直距离（已知）和矿体的具体地质情况，选用适当的公式计算出各块段的体积（V）。

4) 根据前面所述 $Q=VD$ 和 $P=CQ$ 计算出各块段的矿石储量和金属储量。

5) 最后将各块段的矿石量和金属量分别相加，即为整个矿体的矿石总储量和金属总储量。必须强调一点，用平行断面法计算储量的关键问题是合理地选择体积计算公式。现以图 17-19 和图 17-20 为例，着重阐述有关这方面的问题：

① 当相邻两断面上矿体面积相差不大，即大小相差小于 40%（如图 17-19 和图 17-20 (a) 中 S_1 与 S_2 相差小于 40%）时，可选用梯形公式：

$$V = \frac{S_1 + S_2}{2} L \tag{17-11}$$

式中　V——所求矿块体积；

S_1，S_2——两断面上矿体面积；

L——两断面间垂直距离（用水平断面法时常用 H 代表）。

② 当相邻两断面上矿体面积相差较大，即大小相差大于 40%（如图 17-19 和图 17-20 (a) 中 S_1 与 S_2 相差大于 40%）时，可选用截锥公式：

$$V = \frac{S_1 + S_2 + \sqrt{S_1 + S_2}}{3} L \tag{17-12}$$

③ 对于矿体边缘部位，当矿体呈楔形尖灭时（如图 17-19 中矿块 3），可选用楔形公式：

$$V = \frac{S_2}{2} L(H_3) \tag{17-13}$$

④ 对于矿体边缘部位，当矿体呈圆锥形尖灭时（如图 17-19 中矿块 1），可选用圆锥公式：

$$V = \frac{S_1}{3} L(H_1) \tag{17-14}$$

式 (17-12)~式 (17-14) 三个公式中的符号意义均同式 (17-11)。

⑤ 当有时仅根据一个断面来计算矿块储量时，（图 17-20 (b)），可选用公式：

$$V = S \frac{L_1 + L_2}{2} \tag{17-15}$$

式中 L_1,L_2——该断面与相邻两勘探线剖面的距离；

其他符号意义同公式（17-11）。

断面法可用于勘探工程大致成线、网布置的任何形状及产状的矿体。其优点是：可直接利用中段地质平面图或勘探线剖面图进行资源/储量估算，不需另作资源/储量估算图件；可根据实际需要按储量级别、矿石类型及品级任意划分矿块；计算结果比较准确，且便于开采工作中使用其成果。其缺点是：当勘探工程不成一定线、网布置时，不能使用。

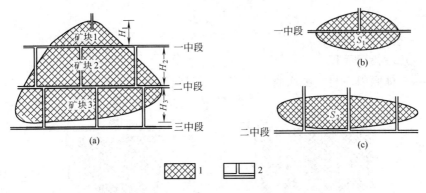

图 17-19　水平平行断面法计算储量示意图
(a) 矿体纵投影图；(b) 一中段矿体平面图；(c) 二中段矿体平面图
1—矿体；2—坑道

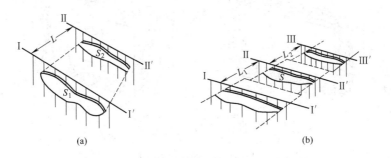

图 17-20　垂直平行断面法计算储量示意图
(a) 两勘探线间块段资源/储量估算示意图；
(b) 根据一条勘探线计算储量示意图

（4）开采块段法。此法的实质主要是用坑道（有时也可配合部分深部钻孔）将矿体划分为许多紧密相连的开采块段（其构成参数常与采矿方法要求一致），分别计算出每一块段的储量，各块段储量之和，即为矿体总储量。每一开采块段资源/储量估算步骤为：

1）求块段的平均品位和平均厚度。首先根据圈定该矿体工程中所获得的资料，用算术平均法或加权平均法求出各工程的矿石平均品位和矿体平均厚度；然后求出该块段的平均品位和平均厚度。

2）根据已知资料确定该块段矿石的体重。

3）求块段面积。当块段的周边较规则时（图 17-21 (a)），其面积可用几何图形法求出；当块段周边不规则时（图 17-21 (b)），可用求积仪或方格纸法来测定其面积。用该法计算储量时，通常是在矿体水平或垂直纵投影图上进行的，故只有当矿体完全水平或完全直立时（图 17-21（c）），在图上所测得的面积才是真实面积；而在大多数情况下，矿体均有不同程度的倾斜（图 17-21（d）），则图上所测得的面积都是投影面积。如果用块段内矿体平均真厚度参加资源/储量估算时，则投影面积必须换算成真实面积，具体换算可采用下列公式：

$$S = \frac{S'}{\cos\beta} \tag{17-16}$$

式中　S——块段真实面积；

　　　S'——块段投影面积；

　　　β——矿体倾斜面与投影面的夹角。

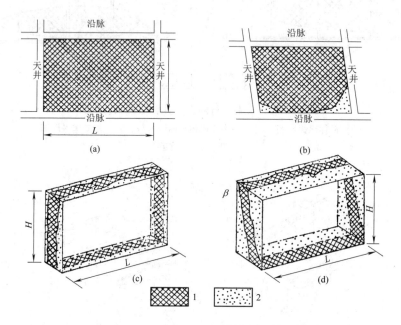

图 17-21　开采块段法资源/储量估算示意图
(a) 周边规则的块段投影图；(b) 周边不规则的块段投影图；
(c) 矿体直立的块段立体图；(d) 矿体倾斜的块段立体图
1—矿体；2—围岩

4）根据上面所求出的资源/储量估算参数，可按照前述资源/储量估算的三个基本公式，求出各开采块段的矿石储量和金属储量。

开采块段法在生产矿山中应用很广泛，特别是形态变化小、厚度不超过坑道宽度（此时整个矿体全被沿脉和天井所揭露）的脉状或薄层状矿体，最适用于此法。其优点是：作图和计算程序较简单；计算结果符合采矿要求，可直接用于采矿设计和开采工作；可按矿石的不同类型、不同品级、不同储量级别划分块段，以便分别计算储量。缺点是：当矿体形态较复杂或矿体厚度较大或主要用钻探勘探的矿床，不适用于此法。

17.3.6.2　统计学分析方法

(1) 距离（或距离 k 次方）反比加权法。此法又称为样距反比加权法，其计算步骤如下：

1) 将矿体（包括靠近矿体部分围岩）划分成许多相互紧接的立方形（或矩形）块体，其大小决定于矿体规模、工程布置情况、资源/储量估算要求和开采条件等因素。

2) 求各块体的平均品位。每个块体的平均品位都是空间位置的函数，可在平面图（图17-22）上根据其影响范围（以所求块体中心点为圆心，影响半径 R 为半径的圆圈）内各工程样品的品位与块体中心点距离（或 k 次方）倒数来确定。这个倒数反映了距离块体 A 越远的工程对块体 A 平均品位的影响越小。具体计算公式如下：

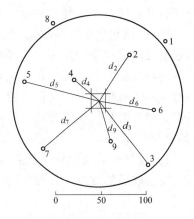

图17-22　距离反比法示意图
d_i—钻孔至矿块 A 中心的距离；
○—钻孔位置；1~9—钻孔编号

$$C_A = \left(\sum_{i=1}^{n} C_i / d_i^k\right) \Big/ \left(\sum_{i=1}^{n} 1/d_i^k\right) \quad (17\text{-}17)$$

式中　C_A——所求块体 A 的平均品位；

C_i——影响范围内各工程取样点的品位（$i=1, 2, \cdots, n$）；

d_i——影响范围内各工程取样点与块体中心点的距离。

3) 圈定矿体边界线。各矿块平均品位值求出后，再根据矿体的最佳边际品位值，便可圈出矿体界线。即将大于或等于最佳边际品位的块体圈入矿体内。再用前面所述一般资源/储量估算公式求出各块体的矿石量和金属量，最后再将矿体边界线以内所有块体的储量相加，即为整个矿体的总储量。

在上述 k 次方反比法中，当 $k=1$ 时，称之为距离反比法；当 $k=2$ 时，称为距离平方反比法。k 值的大小，决定于矿石品位的变化特征。

影响半径 R 的确定方法如下：一种是采用经验数值，如国外一般取 90m，国内一般取 150m；另一种是根据勘探线间距来确定（图17-23）：首先确定矿块 A 及最近勘探线 B 的位置，在 e_1 和 e_2 中选大者为 e，在 e_3 和 e_4 中选大者为 e_0，则 R 可用如下公式求得：

$$R = \frac{e_0}{2} + e \quad (17\text{-}18)$$

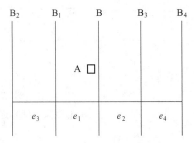

图17-23　矿块与勘探线关系示意图

用距离反比加权法进行资源/储量估算，因划分的矿块和数据繁多，计算过程复杂，故须编出一定的程序用电脑进行计算。

（2）地质统计学法。地质统计学是以区域化变量（Regional Variable）理论为基础，以变异函数（Variable）为基本工具，研究那些分布于空间并呈现一定的结构性和随机性的变量的空间分布规律。最初南非金矿地质学家克立格（Krige，1951）在研究资源/储量估算时发现样品品位与其影响范围不协调，提出了克立格法。法国数学家 G·马特隆（Mathron）等于1955年开始在基础理论和应用方面作了更广泛的研究，提出了地质统计学（Geostatics）。目前地质统计学不仅应用于矿床资源/储量估算和水文、石油等其他地质科学领域，而且在农林、环境、海洋和气象等领域都有广泛应用。

1）区域化变量。区域化变量是在一定的"区域"内与空间位置相关的一种变量，随着它所处位置（空间坐标）的不同而有着不同的数值。如一个矿体可以算是一个区域，而矿体的厚度是一个二维空间区域化变量；矿石的品位、体重、某些有害组分的含量等都是三维空间区域化变量。这种区域化变量既具有随机性，又具有规律性，同时还可具有各向异性。如矿石品位在沿着某方向有规律降低的过程中，时常又有随机性的变化，不同方向（如沿倾向和走向）的变化还有所不同。

2）变异函数及变异函数曲线。变异函数是区域化变量的增量平方之数学期望，即区域化变量增量的方差，其数学通式为：

$$\gamma(\boldsymbol{h}) = \frac{1}{2N_h} \sum_{i=1}^{n} (Z_{i+h} - Z_i)^2 \tag{17-19}$$

式中　$\gamma(\boldsymbol{h})$——在某个方向上品位的半变异函数，习惯上也称为变异函数；

　　　$\boldsymbol{h}$——该方向上样品的间距（$\boldsymbol{h}$ 为黑体表示 h 是矢量）；

　　　N_h——在该方向上，当样品间距为 h 时的样品（相距为 h 的每两个样品为一对样品）；

　　　i——样品顺序号；

　　　n——样品个数；

　　　Z_i——第 i 号样品的品位；

　　　Z_{i+h}——i 号相邻样品（两者间距为 h）的品位。

变异函数曲线就是利用上述函数式，以 $\gamma(\boldsymbol{h})$ 为纵坐标，以 $\boldsymbol{h}$ 为横坐标作出的曲线图，称为变异函数曲线或变差图。据 G·马特隆研究，典型的变异函数曲线有五种（图 17-24）。

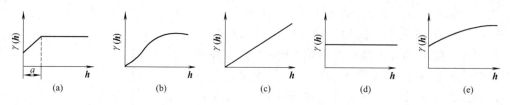

图 17-24　几种典型的变异函数曲线

(a) 过渡型；(b) 连续型；(c) 直线型；(d) 随机型；(e) "块金型"

3）待估块段（或点）品位的计算。用该方法来计算某块段（或点）的品位时，虽在某些方面与距离倒数加权法相似（如利用邻近矿块已知品位进行加权），但却有很大的不同，因为所利用的权系数不是距离，而是考虑各种相关因素的所谓克立格权系数，具体计算公式为：

$$\hat{z}_p = \frac{\lambda_1 z_1 + \lambda_2 z_2 + \cdots + \lambda_n z_n}{\lambda_1 + \lambda_2 + \cdots + \lambda_n} = \sum_{i=1}^{n} \frac{\lambda_i z_i}{\sum_{i=1}^{n} \lambda_i} = \sum_{i=1}^{n} \lambda_i z_i \tag{17-20}$$

因在无偏条件下　　　$\lambda_1 + \lambda_2 + \cdots + \lambda_n = \sum_{i=1}^{n} \lambda_i = 1$

式中　$\hat{z}_p$——待估块段（或点）的品位；
　　　λ_i——克立格权系数；
　　　z_i——邻域已知品位。

从上述公式中可见，用此法计算某块段品位的关键是要求出克立格权系数，其求法的具体步骤如下：

①作实测品位的实际变异曲线图（即变差图）。利用前述变异函数式，根据一系列滞后的 h 值，推算出一系列相应的 $\gamma(h)$ 值，以 $\gamma(h)$ 为纵坐标，以 h 为横坐标，编出实际变异函数曲线图。

②确定品位的理论变异函数。上述所求得的实际变异函数曲线，往往是一条不平滑的曲线，将此曲线与理论变异函数曲线进行对比，确定实际曲线最接近于哪种理论曲线，就选用该理论变异函数作为反映品位变化特点的数学模型，也就是用一定的理论数学模型来"套合"实际变异曲线（图17-25）。从该图可得到块金系数（c_0）、变程（a）和基台值（c）等参数。

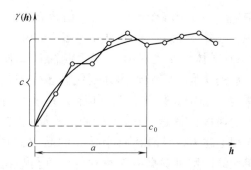

图17-25　实际变异函数曲线及相应的球形模型

块金系数（c_0）：当两个样品的距离即使很小，而品位仍出现较大差异时，称谓"块金效应"。它是由于观测误差和矿化微型变异所造成的。

变程（a）：样品的影响距离。在一定范围内，区域化变量之间存在着相关性，但一个样品对另一个样品的影响，随着两点间距离的增大而下降，当距离 $h \geq a$ 时，影响即消失。

基台值（c）：当两样品之间的距离 $h > a$ 后，变异函数值不再增大，而是稳定在一个极限值 $c + c_0$ 附近，此极限值称为"总基台值"，而 c 称为基台值。

③求克立格权系数。求变异函数理论数学模型的最终目的就是为了求克立格权系数，故在获得函数理论数学模型后，便可根据如下克立格方程组求出克立格权系数：

$$\begin{cases} \sum_{i=1}^{n} \lambda_i \bar{\gamma}(V_i, V_j) + \mu = \bar{\gamma}(V_i, V), & V_i = 1, 2, \cdots, n \\ \sum_{i=1}^{n} \lambda_i = 1 \end{cases} \quad (17\text{-}21)$$

式中　λ_i——克立格权系数；
$\bar{\gamma}(V_i, V_j)$——第 i 个信息块段与第 j 个信息块段之间的平均协方差，可根据已有实测品位及前一步中已获得的函数理论数学模型求得；
　　　μ——拉格朗日乘子；
$\bar{\gamma}(V_i, V)$——第 i 个信息块段与待估块段之间的平均协方差，其求法与 $\bar{\gamma}(V_i, V_j)$ 相似。

上式是方程组的缩写，它可以展开成为具有 $n+1$ 个方程的方程组，解此方程组即可得到 $\lambda_1、\lambda_2、\cdots、\lambda_i、\cdots、\lambda_n$ 的具体数据，将这些数据代入式（17-20）中即可算出待估块段的品位。

④ 求最小估计方差。最小估计方差可用来衡量估计品位的可靠程度，其计算公式为：

$$\sigma_k^2 = \sum_{i=1}^{n} \lambda_i \cdot \bar{\gamma}(V_i, V) + \mu - \bar{\gamma}(V, V) \tag{17-22}$$

式中　$\bar{\gamma}(V, V)$——被估块段自平均协方差；

其他符号意义同前。

为了统一衡量各被估块段估值的精度，在求出 σ_k^2 后，还要用下式计算被估块段的相对误差精度 E：

$$E = \frac{\sigma_{ki}}{z_i} \times 100\% \tag{17-23}$$

式中　σ_{ki}——第 i 个被估块段的估计方差；

　　　z_i——第 i 个被估块段的品位估值。

4）矿体储量的计算。利用此法计算储量时，首先就是将整个矿体分割成许多体积相等的所谓"选别开采单元"，如露天开采时每次爆破的块段，就是一个"选别开采单元"；之后再用上述方法计算出每个单元的品位，而每个单元的体重可根据事先建立的体重与品位之间的回归方程求得，又因每个单元的体积是相等的，故每个单元及整个矿体的矿石量和金属量均可求出。经过上述计算处理，整个矿体就变成了由许多各有其品位及储量的单元所组成的所谓"矿体模型"（图17-26）。

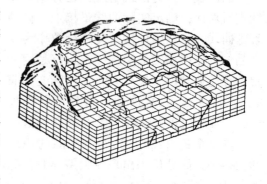

图 17-26　矿体的三维矿块模型图
（粗黑线是矿体边界，块体品位略去）

上面所述只是利用地质统计学法（克立格法）估算品位方法中最简单的一种，当地质条件比较复杂时，还可能要用到其他比较复杂的克立格法。克立格法计算过程极为繁杂，所以数据处理和计算工作都是利用计算机完成的。

地质统计学方法与其他传统的资源/储量估算方法比较起来有如下优缺点：由于这一方法能最大限度地利用各种工程所提供的已知信息，而且还充分地考虑了矿体中不同方向品位的变化特征，因此计算结果较精确；可以确定矿体估计品位的误差范围；根据所确定的变程、块金系数，可供确定矿床勘查类型、勘查工程间距等参考，还可根据建立的矿体模型，来确定露天开采境界线、编制采掘计划、制订配矿方案等；特别是进行矿床最佳边际品位的经济分析时，比较方便。但由于该法是利用上述矿体模型来圈定矿体界线的，故矿体边界线为折线，与自然界线不一致，以致使得形态复杂的小型矿体计算结果的精度较差。

最后需说明一点，不同的资源/储量估算方法，有不同的优缺点和不同的适用条件，故在选择计算方法时，应全面考虑各种地质因素（矿体形状、产状、规模、有用组分分布特征等）和其他各方面的条件，从而选择合理的资源/储量估算方法。另外，随着计算机软、硬件的不断进步，诸如 AutoCAD® 软件、MAPGIS® 软件等计算机辅助设计、辅助制图软件以及统计计算软件的大量出现和功能的不断丰富完善，使得前面所述及的各类储量计算方法的电算化，特别是克立格法的应用成为可能，即使是应用断面法或块段法时，仍然可以在准确制图的基础上，使技术人员在计算机屏幕上方便、快捷地获得块段面积、断面面积或块段体积,使得工作效率和计算准确率大大提高。

17.4 地质综合研究简述

矿产勘查及矿山地质工作过程中所积累的大量原始地质资料,不仅要通过综合地质编录和资源/储量估算把它们综合整理成为综合地质资料,以供矿山建设及生产中应用,而且在综合整理资料的过程中还要开展一定的地质综合研究工作,以取得对矿山地质条件的规律性的认识。这种地质综合研究基本可分为矿床地质综合研究和其他专题地质综合研究两类。

17.4.1 矿床地质综合研究工作

采矿工作者一般不参加这项研究,但常要使用其研究成果,因此这里仅介绍其工作的梗概。矿床地质综合研究的任务在于查明矿床的富集规律、矿体形态、品位等变化规律,以及矿区地质构造的发育规律等,以便达到下列目的:为进一步找矿提供理论依据;指导合理布置勘探工程;指导矿山正确地进行开采设计和生产;充实发展矿床地质理论。

矿床地质综合研究的内容一般包括:

(1) 矿床物质成分的地质综合研究。研究矿床中有益及有害组分的赋存状态;研究矿床的化学成分及矿物成分的分布规律、共生规律;研究矿石的结构构造特征等。

(2) 矿体形态的地质综合研究。研究矿体的形状、产状、接触关系等变化规律。

(3) 矿床富集规律的地质综合研究。包括各种成矿控制因素(如岩浆岩、地层及岩性、地质构造、沉积环境、变质作用等)的研究和矿床成因的研究。

(4) 矿床形成后构造破坏的研究和表生氧化或富集的研究等。

开展这些地质综合研究,要综合利用地质学各分科(如矿物学、岩石学、矿床学、地球化学、地史学、构造地质学、同位素地质学、地质力学及数学地质等)的理论和方法。对于地质条件简单的矿山,一般可由地质勘探或矿山地质部门独立进行这些研究;但是对于地质条件复杂的矿山,往往由有关科研部门配合地质勘探或矿山地质部门开展研究。在研究中除了应用矿产勘查或矿山地质工作中所取得的大量实际资料外,还往往开展一些补充的地质调查和大量实验室工作,以便进行更深入的研究。

17.4.2 其他专题地质综合研究工作

近年来,国内外许多矿山地质部门,除了进行矿床地质综合研究外,还开展了许多其他专题的地质调查研究,现在有的地质工作者把这些调查研究称为专门性生产地质工作。所谓专门性生产地质工作,就是指为了解决与地质条件有关的矿山生产关键问题而进行的专门的地质调查研究工作。在此种地质调查研究中,也大量利用生产勘探等矿山地质工作中所取得的原始地质资料,但是也还要开展许多专题的地质调查,在此基础上再进行进一步的综合研究,以得出正确结论。

在此项研究工作中,由于是解决与地质条件有关的矿山生产问题,因此往往由地质部门与生产技术部门互相配合进行研究,有时甚至还要有安全部门、测量部门或选矿部门等参加。因为采矿工作者要与地质工作者互相配合开展这方面的研究,因此采矿工作者对这方面的研究工作必须要有一定的了解,而且生产上需要解决某项与地质条件有关的生产问题时，也应主动向矿山地质部门提出开展某方面研究的要求。

专门性生产地质工作目前主要有：岩体稳定的地质调查研究；爆破工作的地质调查研究；矿山环境地质调查研究；矿山固体废弃物（尾矿、废石）的综合利用研究等。由于篇幅所限，此处不再详细介绍。有关内容可查阅相关书籍文献，如《矿山地质手册》（1996）。

思考题与习题

17-1　什么是综合地质编录，综合地质编录的要求和提交的成果有哪些？

17-2　矿床（矿区）地形地质图的主要内容包括哪些？

17-3　垂直剖面图包括哪两类，在勘探线横剖面图组合图（图 17-2）中如何判断矿体、断层沿走向方向的产状变化？

17-4　水平断面图包括哪几类，在中段地质图组合图（图 17-6）中如何判断矿体和断层 F_1、F_2 的产状要素？

17-5　试判断下图中金矿体（Au）和断层（F）的走向和倾向，分别用方位角表示（坐标轴与图边的夹角为 45°）。

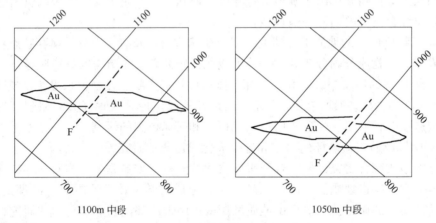

17-6　投影图类的作图方式与剖面图、平面图的作图方式有何不同？

17-7　在矿体（顶）底板等高线图中如何判读正断层、逆断层、背斜和向斜等地质构造，图 17-9 内的 12 号钻孔附近是背斜还是向斜？

17-8　从矿体等厚线图中能看出矿体的形状吗？

17-9　何谓矿产储量，矿产资源/储量分类分级的依据是什么？

17-10　我国《固体矿产资源/储量分类》（GB/T 17766—1999）将矿产资源/储量划分为哪些类型？

17-11　何谓矿床工业指标，其可分为哪三大类，边界品位和工业品位各自代表的含义是什么？

17-12　确定矿床工业指标应遵循哪些原则？

17-13　制定品位指标的方法有哪些，它们各自有什么样的优缺点？

17-14　矿体边界线的种类和意义是什么，其各自用什么方法确定？

17-15　简述矿产储量计算的基本原理。

17-16　矿产储量计算的一般过程是什么？

17-17　何为矿产储量计算参数，其包括哪些主要内容？试说明各种参数的确定方法。

17-18　目前常用的储量计算方法有哪些，它们各自的计算步骤、优缺点和适用条件是什么？

17-19　矿床地质综合研究的内容包括哪些？

17-20　储量计算方法的种类有哪些？

18 矿山地质工作

矿山地质工作是矿山基建和生产过程中继续对矿床进行勘探和研究并进行生产管理的地质工作。矿山地质工作的主要内容包括两大部分,即生产勘探(有时还包括基建勘探)和矿山地质管理工作。

18.1 生 产 勘 探

生产勘探是在矿产勘查时期的详查和勘探阶段的基础上,在矿山地质工作时期与采掘或采剥工作紧密结合进行的勘探工作,是矿产勘查及基建勘探的继续,其工作目的和意义包括:

(1) 提高储量级别,为矿山生产设计、编制采掘进度计划、指导施工和生产提供依据;

(2) 由于储量升级,可间接保证(回采、采准、开拓)三级矿量平衡;

(3) 保证合理开发资源,开展矿产综合利用,减少矿石损失贫化;

(4) 使矿山生产技术部门能更合理地选择开采方法、开采工艺措施;

(5) 扩大矿床远景储量,延长矿山服务年限。

我国的矿山地质工作者,根据所工作矿区的地质特点、开采特点及开采的不同阶段所进行的不同生产勘探工作,给予生产勘探以不同的命名,例如:

升级勘探:这是使低级储量升级所进行的生产勘探,是一种最普遍的生产勘探。

二次圈定勘探:当矿块进入采准或矿房进入回采阶段,回采设计要求更准确地圈定矿体边界时所进行的一种生产勘探。

"探边摸底"勘探:这是当矿体两端或延深边界不清时所专门进行的一种生产勘探。

生产找矿:这是在生产矿山的深部和外围所进行的寻找盲矿体、断失矿体或新矿种的勘探工作,有的矿山把此工作也归入"探边摸底"勘探。

需要说明的是,在目前我国矿产资源紧缺、许多生产矿山行将进入开采末期的情况下,这种探边摸底式的勘探工作的意义将显得尤为重大,在现有矿床的深部或外围找矿已成了国家和许多大型矿山企业实施矿业可持续发展战略的基础策略,在这种策略的指导下,近年来开展的"危机矿山接替资源找矿专项"已取得了一系列显著的成果。

18.1.1 生产勘探揭露矿体的工程手段

生产勘探所采用的揭露矿体的工程手段,与地质勘探[1]比较,有很多共性,即地质勘探所用的各种勘探工程在生产勘探中仍然被采用,但各种工程采用的比重或目的则不尽相

---

[1] 这里的地质勘探是狭义的概念,本章把矿产勘查时期的详查和勘探阶段的探矿工作简称为地质勘探。

同,这就是说生产勘探在使用工程手段方面有其特殊性,这是因为生产勘探工程手段的选择要充分考虑矿山开采的实际情况。

18.1.1.1 露天开采矿山常用的生产勘探工程手段

在露天开采矿山的生产勘探中,探槽、浅井、穿孔机和岩芯钻等是常用的技术手段。

(1)探槽。探槽主要用于在露天开采平台上揭露矿体、进行生产取样和准确圈定矿体。当地质条件简单,矿体形状、产状及有用组分含量稳定而又不要求选别开采的矿山,用探槽探矿更为有利。

平台探槽的布置,一般应垂直矿体或矿化带走向,并尽可能与原勘探线方向一致。为节省工程,可采用主干探槽与辅助探槽相间布置(图18-1)。

(2)浅井。浅井常用于探查砂矿或风化矿床的矿体,其作用是取样并准确圈定矿体,测定含矿率,检查浅钻质量。

(3)钻探。岩芯钻是露天采场生产勘探的主要技术手段,一般孔深取决于矿体厚度及产状,常选用中、浅型钻孔。如矿体厚度在中等以下,可以一次打穿;如矿体厚度大、倾角陡时,一般孔深为50~100m,只要求打穿2~3个台阶,深部矿体可采用阶段接力的方法勘探。为弥补上下层钻孔不能紧接的缺点,上下层孔间应有20~30m的重复部位(图18-2)。

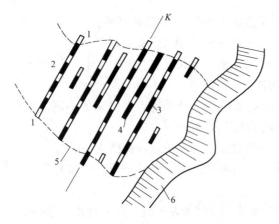

图18-1 露采平台探槽布置
1—围岩;2—矿体;3—主干探槽;4—辅助探槽;
5—矿体边界;6—露采边坡

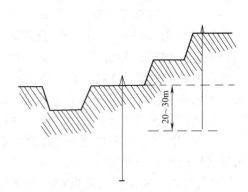

图18-2 露采钻孔布置剖面示意图

(4)潜孔钻或穿孔机。当矿体平缓时,可采用潜孔钻或牙轮钻,通过收集岩(矿)粉取样以代替探槽的作用。样品的收集应分段进行,可在现场缩分后送去化验。

18.1.1.2 地下开采矿山常用的生产勘探工程手段

目前,我国地下开采的矿山中,普遍采用坑道勘探或坑道配合坑内钻进行生产勘探。在可能的情况下,中深孔或深孔凿岩也可以用于生产勘探,特别是二次圈定勘探。

(1)坑内钻(地下钻)探矿。坑道钻探是指在勘探坑道或生产坑道内进行的钻探工作,是地下采矿广泛采用的生产勘探手段,主要用于追索和圈定矿体深部延深情况,寻找深部和旁侧的盲矿体,也可以多方向准确控制矿体的形态和内部结构以及探明影响开采的地质构造等。坑内钻具有地质效果好、操作简便、效率高、成本低、无炮烟污染等优点，所以在我国矿山，使用坑内钻的范围已较广泛。目前常用的坑内钻的钻进深度一般为100m、150m、300m几种规格，钻杆直径一般为33~43mm。

坑内钻在生产勘探中具有非常广泛的用途，例如：

1）探明矿体深部延深，为深部开拓工程布置提供依据（图18-3）。

2）用坑内钻指导脉外坑道掘进。为控制矿体走向和赋存位置，先打超前孔，指导脉外沿脉坑道的施工（图18-4）。

3）用坑内钻代替天井及副穿控制两个中段之间矿体形态与厚度的变化（图18-5）。

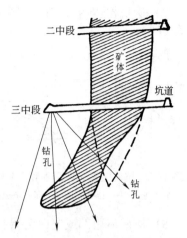

图18-3 用坑内钻探明矿体延展情况及产状剖面示意图

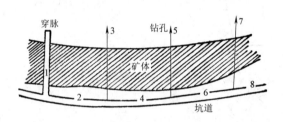

图18-4 用坑内钻代替穿脉探矿以指导脉外平巷掘进平面示意图
1~8—施工顺序

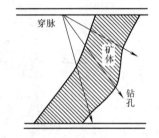

图18-5 用坑内钻代替天井及副穿探矿剖面示意图

4）用水平坑内钻代替副穿，圈定矿体工业品级界线（图18-6）。

5）用坑内钻代替穿脉加密工程，提高储量级别（图18-7）。

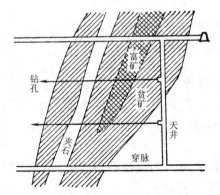

图18-6 用坑内钻代替副穿探矿剖面示意图

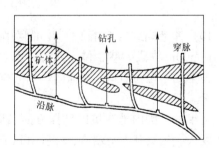

图18-7 用坑内钻代替穿脉加密工程平面示意图

6）用坑内钻探明矿体下垂及上延部分，圈定矿体边界（图18-8）。

7) 探找构造错失矿体（图18-9）。

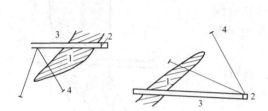

图18-8　坑内钻探矿体下垂和上延部分剖面图
1—矿体；2—沿脉坑道；3—穿脉坑道；4—钻孔

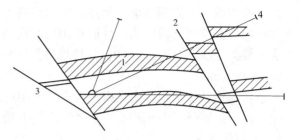

图18-9　坑内钻探构造错失矿体剖面图
1—矿体；2—断层；3—沿脉；4—钻孔

8) 探矿体边部或空白区寻找盲矿体。

9) 用扇形坑内钻控制形状复杂不规则矿体（图18-10）。

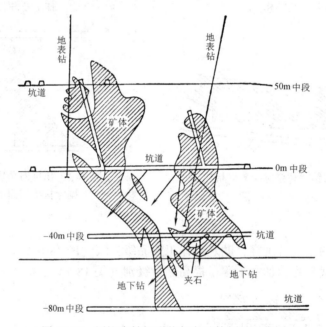

图18-10　用坑内钻探形状复杂矿体剖面示意图

10) 探老窿或岩溶溶洞，并可利用此种钻孔进行地下水疏干（图18-11）。如某有色金属矿500m中段大巷，位于水库下面，该地段暗河、溶洞发育，为探清地下水情况，当大巷施工到一定位置时，先施工一个200m深的超前探水孔，避免地下水患，保证坑道施工安全。

近年来，国内外在坑内钻探方面已广泛采用金刚石或人造金刚石钻头钻进，它具有钻进速度快、岩（矿）芯采取率高、可钻进特别坚硬岩石等优点。

(2) 中深孔或深孔凿岩设备探矿。近几十年来，我国一些配有中深孔或深孔凿岩设备的矿山，经常利用矿山已有的凿岩机进行探矿，也取得了良好效果。某铜矿近年来每年完成2000~3000m的深孔取样探矿工程量，可以代替1000m以上的坑探工程量。目前此种手段也日益成为矿山生产探矿的重要手段之一。

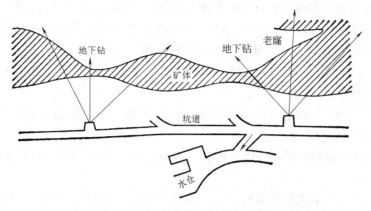

图 18-11 用坑内钻探老窿并疏干其中积水平面示意图

使用凿岩机进行探矿的作用是寻找附近的盲矿体，代替部分穿脉进行生产勘探，用于进一步加密工程控制，探明矿体尖灭端和用于回采前对矿体的最后圈定等（图 18-12 和图 18-13）。

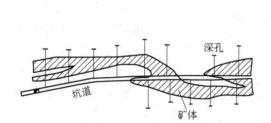

图 18-12 用深孔凿岩设备代替穿脉探矿平面示意图

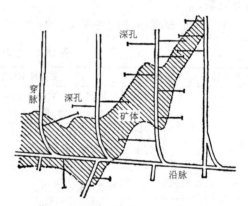

图 18-13 用深孔凿岩设备加密探矿工程控制平面示意图

凿岩机探矿的优点是：设备的装卸、搬运比坑内钻更为方便，而且要求的作业条件也更为简单，特别是利用它在采场内进行生产勘探，其优越性更显著；比一般坑内钻更适于打各种上向孔；与坑内钻相比具有更高的效率和更低的成本，其效率可比坑内钻高 1~2 倍，而成本却更低；许多情况下可以实行探采结合，往往通过爆破用的炮孔取样，就可使此炮孔起探矿作用。凿岩机探矿的缺点是：不适于打下向孔，所取样品不易鉴定岩性、岩层产状及地质构造等，当地质体之间成过渡关系时，不易划准界线。

在使用此种探矿手段时有两种情况：一种是当岩泥与矿泥颜色不同时，可根据孔中流出泥水颜色的变化来确定矿体边界；另一种是当岩泥与矿泥从颜色上不易区分时，则必须分段取样经过化验来确定矿体边界。当然，如果必须确定矿石品位时，则尽管用泥水颜色可以确定矿体界线，也必须进行取样和化验。

近年来，有些矿山还试验采用某些物理方法确定探孔中是否见矿及见矿的位置，例如荡坪钨矿采用光电测脉仪测定深孔中所见钨矿脉，取得良好效果。此外，加上适当探头的手提式同位素 X 射线荧光分析仪，也可用于此种探孔中对某些矿石品位的测定和确定矿体边界。

（3）坑道探矿。坑道探矿虽然成本高、效率低，但由于它具有某些特点，所以在生产勘探中，在一定条件下，仍然要使用。坑探的特点是：

1）坑探对矿体的了解更全面，特别是对矿化现象及地质构造现象的观察均较钻探或深孔取样更为全面。

2）坑探可以及时掌握地质情况的变化，便于采取相应的措施，如改变掘进方向等，以达到更准确地获得地质资料的目的。

3）钻探或深孔取样的勘探成本虽然比坑探低，但若能利用开采坑道来探矿，则不存在成本高低问题。

4）假如使用坑内钻或深孔取样探矿，仍然必须有坑道接近矿体，这些坑道也是间接的坑探工程。

综上所述，坑探仍然是地下开采矿山生产勘探的重要手段之一，但在生产矿山使用坑探时，应尽可能实行探采结合。

必须指出，以上各种探矿手段必须根据具体地质条件及开采条件综合运用，才能获得最好效果。

生产探矿时期所使用各种工程的主要技术特征和适用条件，如表 18-1 所示。

表 18-1 生产勘探工程技术特征

工程种类	工程名称		主要技术规格	工 效	基本作用
槽井探	探槽	山地探槽	底宽 0.5~1.0m；壁坡度 70°~80°；长度等于矿体或矿带宽度	0.5~1.0	揭露埋深小于 5m 的矿体露头
		平盘探槽	断面 1.0m（宽）×0.5m（深）；长度等于矿体或矿带宽度	5~10	剥离露天采场工作平盘上的人工堆积物
	浅 井		断面（0.6~1.0）m×（1.0~1.2）m；深度一般小于 20m	0.5~1.0	揭露埋深大于 5m 的矿体，多用于砂矿或风化堆积矿床
钻 探	砂矿浅钻		孔径 130~335mm；孔深 15~30m	10~15	探砂矿
	露天炮孔		孔径 130~335mm；深度 15~30m	15~20	取岩泥、岩粉，控制矿石品位
	地表岩芯钻		孔径 130~320mm；深度一般 50~200m，最大 600m	3~5	探原生矿床，多用于露天采矿
	坑内钻	岩芯钻	孔径 130~320mm；深度一般 50~200m，最大 600m	5~10	配合坑道探各类原生矿床
		爆破深孔	孔径 45~100mm；深度 15~50m	15~20	探各类原生矿床
坑 探	平巷（穿脉、沿脉）		断面、坡度、弯道与生产坑道一致，纯勘探坑道断面（1.5~2.0）m（宽）×（1.8~2.0）m（高），坡度可达 5%	0.2~0.8	在阶段、分段平面上，沿脉控制矿床走向，穿脉控制矿体宽度
	上、下山		断面同平巷，坡度 15°~40°	0.2~0.8	用于缓坡斜矿体，在阶段间控制矿体沿倾斜变化
	天 井			0.2~1.0	用于急倾斜矿体，在阶段间控制矿体变化

注：工效单位，探槽为 m³/(工·班)，浅井为 m/(工·班)，钻探及坑道为 m/(台·班)。

18.1.2 影响生产勘探工程选择的因素

原则上，任何一类勘探工程都可以用于生产勘探，但究竟应该选择哪类或哪几类勘探工程，必须依据具体的矿床地质条件、矿山生产技术条件及经济因素等进行合理的取舍。

矿床地质构造、水文地质条件比较简单，矿体规模大、矿化较均匀、产状比较稳定、矿体形态及内部结构比较简单时，一般适于采用钻探，反之则坑道作用增大。

矿山采矿方式、采矿方法、采掘（剥）生产技术条件及生产要求对生产勘探工程的选择有重要影响：

(1) 砂矿及风化矿床露天开采时，多用浅井、浅钻或两者相结合。

(2) 原生矿床露天开采时，以地表岩芯钻、平台探槽为主，也可利用露天炮孔。

(3) 采用地下开采方式时，多以坑道及坑道钻探为主。生产坑道密度较大，且切穿矿体或矿体一盘，又对矿体产状、形状依赖性不大，允许优先施工的采矿方法，坑道对探矿的作用增大，否则除坑道创造施工条件外，仍需使用大量坑道钻探。在当前采矿设备大型化、自动化或非轨道运输不断发展的情况下，开采中段高度不断增大，坑道钻探作用有逐渐增大的趋势。

18.1.3 生产勘探工程的总体布置

在生产勘探中，除了必须根据具体条件选用合适的工程手段外，还必须细致地研究这些工程的合理布局，以便充分发挥各工程的作用。

18.1.3.1 生产勘探工程总体布置的原则

生产勘探工程的总体布置，除了应考虑矿产勘查时期的勘查工程总体布置的那些原则外，还必须考虑以下几点：

(1) 连续性。生产勘探是地质勘探的继续和深化，其工程的总体布置应尽可能保持与地质勘探的连续性，这样才便于充分利用原来已有的地质资料。因此，生产勘探工程所形成的剖面系统应尽可能与原有系统在总的方向上保持一致，在此基础上加密工程，并根据新获得的资料修改原有资料，使之更准确地反映客观地质条件。

(2) 生产性。生产勘探工作与整个矿山生产是紧密相连的，它既应很好地与生产结合，又应很好地为生产服务。为此，生产勘探的工程布置应充分考虑采矿生产工程布置的特点。例如，地下开采矿山各勘探水平面间的垂直间距应与各开拓中段的间距一致，或在此基础上加密；而且加密工程的标高应充分考虑各种采准工程（如电耙道、凿岩道等）的分布标高，以利实行探采结合。又如，地下开采矿山各勘探剖面的水平间距应尽可能与采场划分长度一致，或在此基础上加密。再如，露天矿山当采用探槽进行生产勘探时，各勘探水平就是各开采平台，因此各勘探水平的垂直间距就是开采平台的高度。

(3) 灵活性。对一个矿体进行生产勘探的工程，尽管要求能最大程度地按一定的方向和系统进行布置，但是由于生产勘探要深入到矿体的各个部位，其中某些部位矿体的形状和产状可能有较大的变化，因此在局部地段生产勘探工程的布置应有较大的灵活性。这样才能因地制宜地适应矿体的局部变化特征。在这些局部地段，不仅工程系统的方向或间距可以有所改变，甚至个别工程可以脱离总的布置系统而单独布置在某些必要的地点。

18.1.3.2 生产勘探工程总体布置的方式

根据李鸿业等编著的《矿山地质学通论》一书，结合生产勘探实际，目前有下列几种总体布置方式：

（1）水平面式布置。水平面式布置是把勘探工程系统地布置在不同标高的水平面上，相当于地质勘探中的"水平勘探"式布置。

单纯的水平面式布置，在地下开采矿山，主要用于矿体走向长度不大，而且矿体在水平断面上形状及产状复杂的条件下。在该条件下，水平钻孔或水平坑道往往都无法平行布置，因而要在不同标高的水平面上布置水平扇形钻孔（图18-14）或方向多变的坑道来追索和圈定矿体。此外，地下开采矿山当利用水平扇形深孔取样进行二次圈定勘探时，也往往在局部地段采用此种布置方式；露天矿山当单纯使用探槽对各个开采平台进行生产勘探时，也采用此种布置方式。

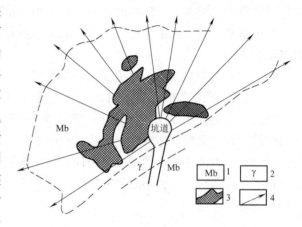

图18-14 用水平扇形钻孔进行生产勘探平面示意图
1—大理岩；2—花岗岩；3—矿体；4—钻孔

（2）垂直面式布置。垂直面式布置是把勘探工程系统地布置在互相平行的垂直面上，各垂直面均垂直矿体走向。这种布置即相当于地质勘探中所谓的"勘探线"式布置，但"勘探线"这个名称是名不副实的，因为勘探工程实际上不是布置在线上，而是系统地布置在一些垂直面上。

单纯的垂直面式布置常用于生产勘探地段尚未有开采巷道工程条件下。例如，地下开采矿山对深部尚未开拓地段进行生产勘探时；露天矿山利用岩芯钻对深部进行生产勘探时；个别地下开采矿山由于特殊原因主要采用地表岩芯钻进行生产勘探时等。此外，地下开采矿山当利用垂直扇形深孔取样进行二次圈定勘探时，也往往在局部地段采用此种布置方式。

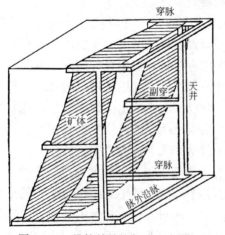

图18-15 最简单的格架式生产勘探工程总体布置示意图

（3）格架式布置。这种布置实际上是上述两种布置方式的结合，多适用于具有一定厚度的矿体正在进行开采地段的生产勘探。例如，某些地下开采的厚矿体，当上、下中段采用穿脉探矿，而上、下中段间又采用天井及副穿探矿时，这些工程系统就形成了格架式的布置方式（图18-15），这只是最简单的格架式布置。如果矿体的外部形态和内部结构都很复杂，则可能还要利用电耙道（或电耙联络道）、凿岩道、切割道（或切割天井）或采矿进路等探采结合工程以及钻孔等进行生产勘探，这样就可以出现各种复杂的格架式布置。又如，露天矿山当采用探槽与钻孔（或爆破深孔取样）相结合进行生产勘探时，也属此种布置方式。这是生产勘探最常用的布置方式,因为用此布置方式可以取得更多有工程控制的地质剖面图和平面图。

(4) 棋盘式布置。这种布置是利用沿脉、天井或上山等坑道工程揭露矿体。这些工程把矿体分割成长方形(或方形)的矿块,而这些工程本身组成了状如棋盘式的坑道系统。这种布置方式主要适用于矿体厚度可被这些工程全部揭露的薄矿体。例如,某些急倾斜薄矿脉可用矿块上、下的脉内沿脉和两侧的天井包围揭露矿块进行探采结合的生产勘探;某些缓倾斜薄矿层可用矿块上、下的脉内沿脉和两侧的上山进行探采结合的生产勘探(图18-16)。

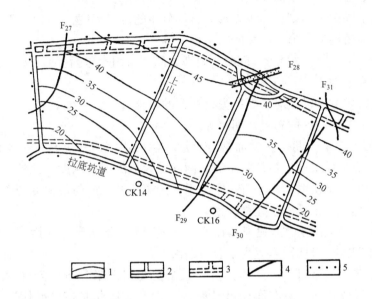

图 18-16 某矿棋盘式生产勘探工程总体布置水平投影示意图
1—矿层底板等高线;2—矿层中坑道;3—矿层底板中坑道;4—断层;5—厚度测点

必须指出,在同一个矿山,生产勘探的不同时期或不同地段往往要使用不同的布置方式。例如,有的地下开采矿山,对正在开采的地段进行探采结合的生产勘探采用格架式布置;对深部进行"探边摸底"勘探采用垂直面式布置;而对采场中某些地段采用深孔取样进行的二次圈定勘探则采用水平面式布置(或垂直面式布置)。因此,同一矿山应根据不同矿体和同一矿体中不同地段的地质及开采特点,因地制宜地灵活运用上述各种布置方式。

18.1.4 生产勘探工程的间距(网度)

生产勘探工程的网度,系指工程沿矿体走向、倾向或倾斜方向布置的总体密度,或系统布置的工程中,单个工程间的距离。生产勘探工程间距的正确确定,是既保证质量而又经济地进行生产勘探的关键。虽然在地质勘探时期已进行过勘探工程间距的分析研究,但是由于当时勘探程度较低和缺乏开采资料作为对比,故其研究程度往往不足。因此,在矿山地质工作时期,有必要也有条件对勘探工程的合理间距作进一步的研究,以鉴定过去地质勘探资料的可靠性,并找出符合本矿特点的生产勘探工程间距。

18.1.4.1 影响生产勘探工程间距选择的因素

生产勘探工程间距的选择不仅要考虑矿床的地质特点，而且还要充分考虑矿山的开采特点和探矿费用。

（1）在生产勘探中，选择工程间距所要考虑的地质因素包括：

1）矿体规模的大小；

2）矿体的形状及厚度在走向及倾向上变化的复杂程度；

3）矿体的产状在走向及倾向上变化的复杂程度；

4）矿体内矿石品位在走向及倾向上变化的复杂程度；

5）矿体内不同矿石类型、品级以及夹石等分布的复杂程度；

6）矿体受地质构造变形、破坏的复杂程度等。

（2）在生产勘探中，选择工程间距所要考虑的开采因素包括：

1）矿床的开采方式及开拓系统；

2）矿床的采矿方法以及对矿石损失、贫化的要求；

3）各种开采工程的具体布置及间距等。

（3）经济因素。生产勘探网度加密将增加探矿费用，但却可减少采矿设计的经济风险。当两者综合经济效果处于最佳状态时的网度应为最优工程网度。此外，生产勘探工程网度与矿产本身的经济价值大小亦有一定关系，价值高的矿产与价值低的矿产比较，勘探程度可以较高，相应的工程网度允许较密。

一般情况下，地质因素往往是基本因素，开采因素亦取决于地质因素，但开采因素常常也决定了地质因素中哪些因素应为主要考虑因素。

在考虑以上各种因素时，应具体分析，抓住主要因素来分析生产勘探工程的合理间距。例如，某沉积铁矿床，分布面积可延展数千米，显然此时控制矿体边界成为次要问题；在此情况下，如果地质构造对矿层破坏严重，对开采影响很大，则地质构造将成为选择合理工程间距的主要考虑因素；如果地质构造简单，而品位或厚度变化复杂，则品位或厚度的变化将成为主要考虑因素。

18.1.4.2 生产勘探工程间距的确定方法

（1）经验法。也称类比法，这是根据地质条件相似的已有矿床勘探工程的布设情况，并参照相关的国家或部门规范的规定确定勘探工程间距的一种方法。该法主要用于矿山的补充勘探，或在矿山开采的初期，当还没有大量实际开采资料可作为对比资料时使用。

（2）验证法。也称试验法，又分为以下两种：

1）工程密度抽稀验证法。选择试验地段并确定探求的资源储量类型，以最密网度进行勘探，然后逐次抽稀工程网度，对相同地段不同网度的勘探结果进行对比。以最密网度的成果作为对比标准，选择逐次抽稀后不超出确定的资源储量类型允许误差规定的抽稀工程密度作为今后生产勘探采用的工程间距。

2）探采资料对比验证法。选定对比地段，以一定的工程间距进行勘探，将取得的资料与事后实际开采获得的资料进行对比。以开采资料作为标准，选定不超出规定的资源储量类型允许误差的最稀工程密度作为今后生产勘探采用的工程间距。

验证法应符合下列要求：选定的对比地段应具有代表性；确定参与对比的基本工程间

距及其在空间上的构成合理；选定对比的内容与参数正确；确定的误差衡量指标合理；验证结果经过周密的综合分析，结论可靠。

（3）计算法。对主要地质变量用数理统计方法、地质统计学方法计算。

（4）采用计算机以矿床地质规律为基础，以矿体的准确控制为目标，对生产勘探工程间距进行优化确定。

上述的几种方法中，实际生产勘探时最常使用的为探采对比法。该法应以最终开采资料为对比的标准，但是由于某些采矿方法的回采过程不易获得系统而精确的地质资料，此时可采用生产勘探和所有开拓、采准、切割以至深孔取样等工程所获得的地质资料作为对比基础资料。实际上这种对比法也可以算是介于抽稀法与探采对比法之间的一种对比方法。

无论是抽稀法还是探采对比法，均不应仅是对矿产储量的误差进行对比，还应对矿体的形状、产状、空间位置、地质构造及矿石质量等一系列地质因素进行全面对比与综合衡量。尤其是在生产矿山，这些因素中的某些因素的误差，可能比矿产储量误差对矿山开采设计及生产有更大的影响。对这些因素的分析和对比方法如下：

（1）矿产资源储量误差的对比。生产勘探的控制程度以其查明的资源储量误差确定，应针对不同类型的资源储量进行误差对比。勘探资源储量与实际开采真实资源储量对比的允许误差标准可参考表 18-2。

表 18-2　资源储量允许误差标准

资源储量类型	准确探明的	探明的	控制的
资源储量误差/%	<8	<15	<30
计算范围	回　采	采　准	开　拓

（2）矿体厚度及形态误差的对比。可以从矿体厚度误差、矿体平面及剖面面积的总体误差及形态歪曲误差分别衡量对矿体形态的控制程度。

所谓面积总体误差，是指一定间距工程所圈定的面积与矿体较真实面积相比较的误差。所谓较真实面积，就是根据最密工程或开采实际资料圈定的矿体面积。计算此种误差的公式为：

$$面积总体误差 = \frac{S_u - S_c}{S_u} \times 100\% \tag{18-1}$$

式中　S_u——矿体较真实的面积，m^2；

　　　S_c——一定间距工程所圈定的矿体面积，m^2。

在其他因素不变的情况下，可采用资源储量类型误差的允许范围作为面积总体误差的误差允许范围。

所谓形态歪曲误差，是指一定间距工程所圈定的矿体平面或剖面的形态与矿体较真实形态相比较，所有歪曲面积总和（不考虑其正负号）的误差。计算误差的公式为（图18-17）：

$$形态歪曲误差 = \frac{\Sigma S_n + \Sigma S_p}{S_u} \times 100\% \tag{18-2}$$

式中 S_n——圈定出来的比真实面积多出的局部面积，m^2；

S_p——圈定出来的比真实面积少的局部面积，m^2。

形态歪曲误差是正负歪曲误差绝对值之和，可以储量允许误差的倍数为其允许范围。

(3) 矿体空间位置误差的对比。可从矿体底（顶）板边界线的水平位移误差和垂直位移误差两方面进行衡量。一般来说，矿体底板边界线位移误差比顶板边界线位移误差对开采工程布置有更大的影响，但顶板边界线对深孔设计有影响，所以都应引起重视。这方面的允许误差标准可参考表 18-3。

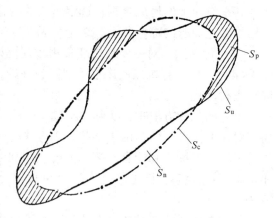

图 18-17 矿体圈定的形态歪曲示意图
（图中符号意义同式 (18-1) 和式 (18-2)）

表 18-3 矿体边界允许误差标准

资源储量类型	准确探明的	探明的	控制的
矿体重合率/%	≥90	≥80	≥70
底板位移/m	2~5	5~8	8~15
计算范围	回 采	采 准	开 拓

(4) 矿体产状及地质构造误差的对比。包括对矿体产状、破坏矿体的褶曲及断层、对矿体有影响的岩浆侵入体以及缓倾斜层状矿体底板等高线的了解及控制程度的对比。

矿体产状的允许误差，应根据其是否影响开拓系统及采矿方法的设计及施工，是否影响露天开采境界线的确定等因素而定。

地质构造方面的误差，主要应检查有无未被勘探工程控制的较大断层（在矿山一般指断距在 10~20m 以上的断层）；对已控制的断层还要检查所确定的断层的类型、空间位置和断距等是否正确。

(5) 矿石质量误差的对比。主要通过以下几点衡量其误差的大小：
1) 矿石的品级及类型的圈定界线有无重大变化；
2) 矿石的平均品位有无重大变化；
3) 伴生有益及有害组分的控制程度。

确定矿山生产勘探工程间距可参考表 18-4。

18.1.5 生产勘探中的探采结合问题

探采结合是一种将采矿生产与生产勘探统一组织起来实施的一体化工作方法，自 20 世纪 60 年代在我国提出和实行以来，已为矿山所熟知和广泛推广，特别是在地下开采矿山，有大量开采工程可以与生产勘探结合使用，探采结合的优势尤为明显。本节着重介绍地下开采矿山探采结合中的有关问题。

表 18-4 生产勘探工程间距参考表

矿种	勘探类型	资源储量可靠程度	勘探工程间距/m		
			平台槽探	钻探	坑探
铁矿	I	准确探明 探明的	$h \times 50$ $h \times 50$	$(50\sim100)\times(50\sim100)$ $(100\sim200)\times(100\sim200)$	$h \times 60$
	II	准确探明 探明的	$h \times (25\sim50)$	$50\times(50\sim100)$ $(100\sim200)\times(50\sim100)$	$h \times (40\sim60)$
	III	准确探明 探明的 控制的	$h \times 25$ $h \times 50$	$(20\sim30)\times(20\sim30)$ $50\times(25\sim50)$ $(50\sim100)\times100$	$h \times (30\sim40)$
	IV	准确探明 探明的	$h \times 25$	$(25\sim40)\times25$ $(50\sim80)\times50$	$h \times (25\sim30)$
锰矿	I	准确探明 探明的		100×50 200×100	$h \times 50$
	II	准确探明 探明的		50×50 $(100\sim150)\times(50\sim100)$	$h \times (40\sim50)$
	III	准确探明 探明的		75×75 150×75	$h \times (30\sim40)$
	IV	准确探明		25×25	$h \times (20\sim30)$
黏土矿	I	准确探明 探明的 控制的		50×50 100×100 200×200	$h \times 50$
	II	准确探明 探明的		100×50 100×100	$h \times (25\sim50)$
	III	准确探明 探明的		50×50 100×50	$h \times (30\sim50)$
	IV	准确探明		25×25	
石灰石	I	准确探明 探明的 控制的	$h \times 50$	50×50 $100\times(50\sim100)$ $(100\sim150)\times(100\sim200)$	
	II	准确探明 探明的	$h \times 50$	50×50 100×50	
	III	准确探明 探明的	$h \times 25$	50×50 100×100	
菱镁矿	I	准确探明 探明的	$h \times (25\sim30)$	$(60\sim75)\times(60\sim75)$ $120\times(60\sim75)$	
	II	准确探明 探明的	$h \times 25$	50×50 100×50	
	III	准确探明 探明的		$(25\sim50)\times(25\sim50)$ 50×50	

18.1.5.1 探采结合的意义

实行探采结合不仅可将生产勘探与开拓、采准及回采密切结合起来,减少单纯探矿坑道的掘进量,而且可以节省大量人力、物力和资金;又可使矿山坑道系统的布置更为合理。例如,图 18-18 与图 18-19 是胡家峪铜矿实行探采结合前后开拓水平坑道系统的对比。由图中可看出,在实行探采结合前,单纯探矿工程量很大,而且探矿坑道与开拓坑道各成一套,造成坑道系统的紊乱、互相干扰和复杂化;而实行探采结合后,中段水平探矿工程大部分利用了开拓工程,整个中段水平的坑道布置也更合理了。

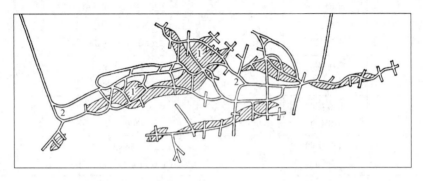

图 18-18 胡家峪铜矿探采结合前 3~5 号矿体二中段的开拓与探矿工程
1—矿体;2—坑道

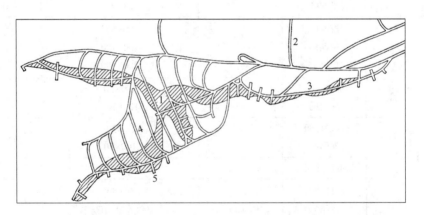

图 18-19 胡家峪铜矿探采结合后 3~5 号矿体五中段的开拓与探矿工程
1—矿体;2—石门;3—沿脉运输道;4—穿脉循环运输道;5—专门探矿穿脉

18.1.5.2 探采结合的方法和步骤

根据一些矿山的经验,要搞好探采结合,首先,采矿人员和地质人员必须树立全局观点,重视探采结合,才能做好技术上的结合。其次,从技术角度而言,从开拓、采准到回采,从设计到施工,矿山地质人员和采矿人员在各个工作程序中都要紧密配合。

(1) 生产勘探与矿山开拓的结合。在生产勘探与开拓的结合中,一般先由矿山地质人员根据地质勘探队提供的地质资料和上一中段的地质资料,提出新开拓中段的初步地质资料。然后根据开拓方案和探矿方案的要求,由采矿人员编制开拓设计,再由地质人员补加生产勘探设计,并共同选择可进行探采结合的工程,相互照顾这些工程能为探采两方面所用。同时，矿山地质人员和采矿人员还要共同研究确定合理的施工顺序。其原则是优先掘进探采结合工程和专门探矿工程，并使其适当超前于其他开拓工程，以便及早掌握该中段矿体的形态。等到基本掌握了该中段矿体的形态后，可适当修改开拓设计，再掘进其他开拓工程。这样才能防止由于矿体形态的变化，而使其他开拓工程的掘进方向发生过多的摆动。

在开拓工程的施工中，一般以地质人员为主，采矿人员配合掌握施工方向。此时，为了适应矿体形态及位置的变化，有时需要适当改变坑道掘进方向，但是应该注意不要使坑道拐弯过多或打得过于弯曲，以免不利于以后的运输使用。当上述开拓和生产勘探工程施工全面结束后，对于矿体形态或地质构造复杂而控制不够的地段，还可采用坑下钻探或深孔取样加密工程密度，为转入采准时期的探采结合做好准备。

（2）生产勘探与采准的结合。在生产勘探与采准的结合中，一般先由矿山地质人员根据上、下中段水平生产勘探所获得的地质资料，提出将要进行采矿方法设计地段的初步地质资料，作为采矿方法方案选择和探采结合设计的依据。根据这些资料，由采矿人员初步确定采矿方法和采准方案，然后由矿山地质人员和采矿人员联合研究提出探采结合方案，并联合进行采场的探采结合施工设计。探采结合的采准工程可以采矿人员为主进行设计；补加的专门探矿工程以地质人员为主进行设计。同时，矿山地质人员与采矿人员还要共同研究确定合理的施工顺序。在确定施工顺序时，应以保证尽快探清矿体为原则，以便为全面的采准施工设计及施工创造条件。特别应优先施工那些探矿意义大的工程，以及那些即使矿体有变化也不影响其在采矿中使用的工程。例如，某些用沿脉电耙道开采的采场，矿体底板界线的变化，对电耙道位置的选择影响很大，而对穿脉切割道的布置却影响不大。据有的矿山报道，电耙道位置如与矿体底板界线不相适应，相差 1m 距离即可能增加矿石损失率 5%~11%。在此种情况下，就必须优先施工上一分层的穿脉切割道，以查清矿体底板界线，指导下一分层电耙道位置的选择及施工。

在上述采准的探采结合工程和专门探矿工程竣工后，应由地质人员整理出采场地质资料，采矿人员据此再进行全面的采准施工设计。

采准工程施工全部结束后，如果某些地段对矿体的控制程度尚不能满足回采设计的要求，还可以补加一些专门的简易探矿工程或利用探采结合的深孔炮孔，对矿体作最后圈定，以作为回采的依据。

必须强调指出，在上述探采结合的设计过程中，必须注意尽可能使探矿工程系统与开采工程系统相协调，以利于探采结合。例如，勘探剖面方向应尽可能与开采穿脉坑道方向一致，探矿工程间距应尽可能与开采工程间距一致或成简单比例关系等。此外，还应注意所设计的探采结合工程，其断面规格、弯道系数及坡度等都必须满足开采使用要求。

18.1.5.3 可供探采结合的工程

在探采结合的各种设计工作中，必须认真选择可供探采结合的工程。根据对已有探采结合工程实践的总结，不同条件下可供探采结合的工程有：

（1）地下开采的探采结合。

1）薄矿体。当坑道断面能揭露矿体全厚度时，所有脉内沿脉性质的坑道（如沿脉运输平巷、拉底坑道等）和脉内天井或上山均可作为探采结合工程。当上述坑道断面不能揭露矿体全厚度时，这些坑道仍然可以作为探采结合工程，但必须辅以某些简便的探矿工程，如钻孔法取样或短穿脉等。当沿脉运输平巷布置于矿体底板围岩中时，当然此平巷不能直接起探矿作用，但有时可起间接探矿作用，如探查破坏矿体的地质构造，或从此平巷打坑下钻、探采结合的安全口等。

2) 中厚矿体或厚矿体。在此条件下，所有穿脉性质的坑道都可作为探采结合工程，包括：开拓水平的各种穿脉性质的运输道（或运输联络道）；采场中各种穿脉性质的工程，如电耙道（或电耙联络道）、进风道、回风道、凿岩道（或穿脉进路）及切割工程等。此外，凡是能切过矿体边界的采准天井、上山、溜井及切割天井等也可起一定的探采结合作用；部分爆破用中深孔或深孔取样也可用于探矿。

由此可见，可以作为探采结合的工程是很多的，但在地质条件简单或工程密度足以控制矿体变化时，不见得要把所有可以作为探采结合的工程都用于探矿，只要选择部分工程实行探采结合即可，但对不起探矿作用的开采工程，仍然要进行地质编录工作。

(2) 露天开采的探采结合。当矿体倾角不太陡时（小于60°时），爆破用深孔（通过牙轮钻或潜孔钻凿岩过程的取样）可用于探采结合。但潜孔钻干凿岩时岩（矿）粉易飞扬，取样可靠性尚较差，有待进一步研究解决。此外，在某些情况下，台阶坡面、爆破硐室或浅井、某些堑沟等也可起一定的探采结合作用。

18.2 矿山地质管理

矿山地质部门与矿山其他生产、技术部门共同参加的生产管理，统称为矿山地质管理。矿山地质管理主要包括以下几个方面的管理工作。

18.2.1 矿产资源储量管理

在矿山的基建过程中，井巷工程和探矿工程所揭露的地质情况与原始地质勘探所提供的情况会有程度不同的变化。在矿山生产过程中，随着生产探矿工程的开展以及采掘（剥）计划的实施，矿体的形态、资源储量的类别与规模始终处于动态的变化之中，因此需要对特定地段的资源储量数量进行变动、核减和注销，从而为下一阶段生产计划的制订提供依据。这些工作均需在生产勘探与开拓、采准和回采工作紧密衔接的基础上，通过对资源储量的有效管理来加以实现。此外，为了减少开采中矿石的损失，也必须开展资源储量管理工作。资源储量管理工作的主要内容如下所述。

18.2.1.1 资源储量变动的统计

任何一个生产矿山，随着矿石的不断采出，开采过程中矿石的损失，以及生产勘探过程中对矿体边界、品位等的修改，新矿体的发现等，资源储量数字经常处在变动状态之中。为了对矿石储量的变动做到心中有数，矿山地质部门必须开展下列的储量变动统计工作：

(1) 以采场为单位建立资源储量台账。其目的在于掌握该采场从采准到开采结束，各时期矿量的采出、损失及结存的变化情况。

(2) 按年度（必要时按季度）统计全矿山开采的矿量变动，编制资源储量变动报告表。

(3) 每年向国家有关主管部门呈报矿产资源储量平衡表。

18.2.1.2 高级储量保有程度的检查

矿山保有一定数量的控制的经济基础储量是确保矿山正常生产的基本条件之一，但直接保证生产与提供采矿准备工程设计用的是高级储量（探明的经济基础储量）。因此，每个矿山企业除了要求保有足够数量的工业储量外，还特别要求保有一定数量的高级储量。高级储量的保有程度，以能保证生产衔接为原则。在此基础上，可根据具体的地质及采掘（剥）条件，制定合理的保有期限。矿山地质部门应对高级储量的保有程度进行定期的检查。

18.2.1.3 三级矿量保有期限的检查与分析

三级矿量（露天矿山一般分为二级，称二级矿量）是指矿山在采掘（剥）过程中，依据不同的开采方式和采矿方法的要求，用不同的采掘（剥）工程所圈定的矿量，它包括开拓矿量、采准矿量和备采矿量。

"采掘（剥）并举，掘进（剥离）先行"是我国矿山重要采掘技术方针之一。划分三级矿量并确定一定的保有期限，就是保证实现这个方针的重要手段。执行这个方针，就能保证矿山生产能力的持续，保证开拓、采准与回采的衔接，这样才能顺利完成生产任务。

矿山地质部门有责任对三级矿量的保有情况进行经常的检查与分析，并督促有关部门及时采取措施，保证达到保有期限指标要求。

18.2.1.4 资源储量的变动与注销

生产勘探活动、矿石的采出以及由于采选技术和市场环境变化而引起的矿床工业指标的改变等，均会带来资源储量的增减，矿山地质管理部门每年均需进行生产勘探及采掘（剥）工程控制地段资源储量的增减计算，并填报矿产资源储量表和管理台账。此外，针对由于开采减少、开采境界外技术上难于单独开采或单独开采经济上不合理、设计中必须保留的永久矿柱以及工业指标变动引起的储量的减少等情况，矿山地质管理部门应通过编制年度资源储量表上报地矿主管部门，申请注销这部分资源储量。

18.2.1.5 矿石损失的管理

矿山生产中应尽可能降低矿石的损失，以充分回收国家的矿产资源。开采中矿石的损失，有的与矿床的地质条件有关，有的则与采矿工作有关，因此必须由矿山地质部门和采矿部门共同参加矿石损失的管理工作。在此项工作中，矿山地质部门一般要参与（或负责）统计矿石的损失率，并从地质角度提出降低损失率所应采取的措施和建议。

18.2.2 矿石质量管理

矿石质量是成品矿石对产品质量标准的达标程度，取决于国家的相关规定，以及用户的评价和选择。它不仅反映了生产企业的技术水平和经营管理水平，而且直接影响着本企业及下游选、冶部门的经济效益。因此，矿石质量是矿山企业的生命线。在社会主义市场经济条件下，矿山管理必须以矿石的质量管理为主线，统筹数量和质量，在做好矿量管理工作之外，还要做好矿石质量管理工作。这项工作的主要内容如下所述。

18.2.2.1 矿石质量计划的编制

矿山的采掘计划，除了其他的有关活动安排之外，最主要的是关于矿石产量与质量的安排。通常是采矿技术部门及计划部门负责矿石产量计划的编制；矿山地质部门负责矿石质量计划的编制。但在具体工作中，地质部门与采矿技术部门必须密切配合，在保证实现上级质量指标（包括有益、有害及造渣组分的含量规定）要求的前提下，按矿石质量在矿床中的分布特点，结合采掘技术政策，编制出矿石回采作业的进度、顺序以及各地段出矿数量的计划。

矿石质量计划的编制时间，随矿山采掘计划的编制时间而定，一般可编年、季、月计划，必要时可编旬及当班计划。

通过质量计划的编制，应当解决如下几方面的问题：
（1）明确地得出各时期所生产的各品级、各类型矿石能够达到的质量指标；
（2）根据计划采矿地段内矿床的具体条件，提出保证矿石质量指标实现的具体措施；
（3）进行矿石质量均衡（配矿）工作的具体安排。

矿石质量计划也就是围绕上述问题编制的。以上第一个问题由矿山地质部门具体计算得出；后面两个问题应当在采矿技术部门参与下共同讨论拟定。

应当指出，矿石质量计划编制的最终结果必须达到矿石质量指标要求，否则各地段采矿量、开采顺序及进度等均必须重新安排，直到满足质量指标要求为止。

18.2.2.2　采出矿石质量的预计及预告

由上述可知，在编制矿石质量计划过程中，必须首先预计采出矿石的质量。采出矿石质量的预计不仅是为了编制矿石质量计划的需要，同时还是为了向采矿生产部门提出预告，以便他们事先采取措施，保证规定指标的实现；此外还是为了向矿石加工利用部门提出预告，以便他们及时掌握矿石质量波动情况，并据此及时调整加工技术措施。因此，采出矿石质量的预计及预告工作是矿石质量管理工作中的一个重要组成部分。

采出矿石质量的预计，不同情况下可采用不同的计算方法，但其最基本的公式是：

$$C_n = C(1 - P) \tag{18-3}$$

式中　C_n——预计的采出矿石品位；
　　　C——原矿石的地质平均品位；
　　　P——预计贫化率。

在计算以上公式时必须先求得预计贫化率。如果将要开采地段的矿石质量稳定，而且开采条件和地质条件都和已往开采地段相近，那么预计贫化率可参考历年经验数据加以确定；但是一般情况下还是用下列公式进行计算：

$$P = \frac{Q'(C - C')(1 - K)}{C[Q + Q'(1 - K)]} \tag{18-4}$$

式中　P——预计贫化率；
　　　Q'——预计开采时将混入的夹石（或围岩）的质量；
　　　Q——原矿石的质量；
　　　C——原矿石的地质平均品位；
　　　C'——夹石（或围岩）的地质平均品位；
　　　K——预计废石挑选率，即 $K = R'/Q'$；
　　　R'——预计可能挑选出来的废石的质量。

以上 Q 与 Q' 系根据地质图件资料，用储量计算的方法求得；C 与 C' 系根据原矿石和夹石（或围岩）化学取样资料计算求得；K 一般根据本矿生产经验数据确定。

根据式（18-4）求出 P 后，将其代入式（18-3），即可得出预计的采出矿石品位 C_n。

18.2.2.3 矿石质量的均衡

各地段、各品级、各类型矿石的地质品位，是矿石本身所固有的，为了满足输出矿石的规定指标要求，同时为了充分利用矿产资源和减少输出矿石品位的波动，必须开展矿石质量均衡工作。

矿石质量均衡工作（又名配矿工作或矿石质量中和工作），是指利用矿山设计、开采、运输以及装卸等各个环节，有计划有目的地使不同品位矿石互相混合所进行的工作。其目的是为了使矿山所生产的矿石质量稳定，并达到选、冶部门所要求的质量指标，以利于矿石加工；同时，它也是使某些不合工业要求的矿产资源得到充分利用所采取的措施和手段，例如，某石灰石矿中有部分含 MgO 稍高但含 SiO_2 很低的石灰石，本来其质量与工业要求有一定差距（MgO 含量超过工业指标允许范围），但经过与其他矿石搭配后完全可成为可以利用的矿石。因此，矿石质量均衡工作是保证矿石加工使用部门生产方便和充分利用矿产资源的有效措施。矿石质量均衡工作贯穿于从开采设计到矿石输出等一系列生产过程中。矿山地质部门对此不但要拟订质量均衡方案，而且要进行检查和督促，但质量均衡方案的实现却主要由采矿技术部门和生产部门负责进行，因此采矿工作者必须懂得下列有关质量均衡的知识。

(1) 矿石质量均衡的原则。矿石质量均衡工作一般是针对矿石中有益组分的含量进行的，但有时也对有害组分进行均衡。究竟要对哪些组分进行均衡，主要视原有矿石质量和矿石加工利用的需要而定。

虽然矿石质量均衡工作对许多矿山是必要和有益的，然而因加工利用要求和原有矿石性质的不同，某些矿石之间是不能进行质量均衡的。矿石之间究竟能否进行质量均衡必须考虑下列原则：

1) 不同工业类型的矿石不能进行质量均衡。例如，需要进行选矿处理的贫铁矿和可以直接入炉的高炉富铁矿间不能进行质量均衡。

2) 选别性能不同的矿石不能进行质量均衡。例如，铁矿石中的赤铁矿贫矿与磁铁矿贫矿，有色金属矿石中的硫化矿与氧化矿，都不能进行质量均衡。

3) 耐火材料和某些应用其物理性质的矿石一般不能进行质量均衡。例如，耐火黏土中有益组分含量不同则有不同耐火度和用途，因此不能进行质量均衡；云母和石棉等应用其物理性质的矿物原料也不能进行质量均衡。这些矿石中不仅有益组分不能进行均衡，而且其中有害组分同样也不能进行均衡。例如，黏土矿中的菱铁矿和黄铁矿，以及菱镁矿中的滑石、白云石小包体，即使少量混入制品，也会造成耐火材料的严重弱点而影响成品质量，因此不能用含有这些有害杂质的矿石与其他矿石进行质量均衡。

(2) 矿石质量均衡的环节和方法。根据矿石质量均衡对象和时期的不同，质量均衡可以分为两个阶段，即原矿均衡阶段和输出矿石均衡阶段。前者是从开采设计至矿石加工破碎前的均衡，一般由矿山地质部门与采矿技术部门共同负责进行；后者是指从矿石破碎至矿石输出前的均衡，一般由采矿技术部门与质量检查部门负责进行。

矿石的质量均衡工作主要通过下列各环节进行：

1) 设计时的质量均衡工作。在进行矿床开采设计时就必须了解矿石质量分布特点，并且根据其特点考虑有利于质量均衡的设计方案。例如，某石灰石矿由于不同层位矿石质量不同，因此可把采掘带方向和矿层走向设计成30°交角，以使采矿和出矿时便于不同品位矿石进行搭配（图18-20）。

2）编制采掘计划时的质量均衡工作。在编制矿山年、季、月采掘计划时，均应充分考虑保证输出矿石质量指标符合要求而且质量较均匀，根据各掌子面的矿石质量特点，按比例合理地安排各采场的出矿顺序及出矿量。

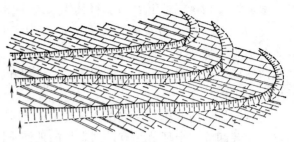

图18-20　某石灰石矿把采掘方向设计成与矿体走向斜交来进行质量均衡示意图

3）生产时的质量均衡工作。设计和编制采掘计划时安排的质量均衡方案，可在下列某个或某几个生产工序中予以实现：

①爆破均衡。合理地安排不同品位的各掌子的爆破量及爆破顺序，使爆破下来的矿石自然混合或经电铲倒堆混合，以便混合后的矿石能达到上级要求的指标。

②采场（或露天掌子）出矿均衡。根据各采场（或掌子）矿石质量特点，合理安排搭配其出矿顺序及出矿量，把装载各采场（或掌子）不同品位矿石的矿车重新编组进行质量均衡。

③栈桥翻板（在坑下为溜井翻笼）均衡。根据各采场（或掌子）品位和产量计划进行安排，在翻板（或翻笼）处进行搭配，搭配的方法是把各采场（或掌子）调来的矿车搭配其翻车数量和顺序，以控制其质量指标。

④储矿槽天桥皮带移动式卸矿车均衡。在矿石破碎后由皮带输入储矿槽前利用移动式卸矿车往复移动，把矿石均匀地撒在储矿槽内，以实现质量均衡。

⑤储矿槽输出均衡。在储矿槽输出矿石时，把不同品位矿石加以搭配，以达到质量均衡。

(3) 矿石质量均衡的计算。为了使不同质量矿石搭配后能满足一定的质量指标要求，必须进行一定的计算。不同情况下应采用不同计算方法：

1）两种矿石均衡时的计算。在储矿槽输出矿石进行质量均衡等场合中，往往是两种矿石进行搭配，此时可用下列简便公式直接计算可能被搭配的低品位矿石量：

$$x = \frac{D(C_1 - C)}{C - C_2} \tag{18-5}$$

式中　x——被搭配的低品位矿石量；

D——较高品位的矿石量；

C——要求达到的品位指标；

C_1——较高品位矿石的预计采出矿石平均品位；

C_2——低品位矿石的预计采出矿石平均品位。

2）多种不同品位矿石均衡时的计算。在采矿场出矿或栈桥翻板等配矿场合中，有时要把几种不同品位矿石加以搭配，此时需先计算每个采区（或采场、台阶、中段）的均衡能力系数。均衡能力系数可采用下列公式计算：

$$D_i(C_i - C) = F_i \tag{18-6}$$

式中 D_i——各采区（或采场、台阶、中段）的计划采出矿石量；
C_i——各采区（或采场、台阶、中段）的预计采出矿石平均品位；
C——要求达到的品位指标；
F_i——各采区（或采场、台阶、中段）的均衡能力系数。

式（18-6）中，如果 F_i 为正值时，则可搭配一部分低品位矿石；而如果为负值时则需搭配一部分高品位矿石。最后必须使各采区（或采场、台阶、中段）的均衡能力系数之和满足下列要求：

①当进行有益组分均衡时

$$\Sigma F_i = F_1 + F_2 + \cdots + F_n \geq 0 \tag{18-7}$$

式中 $F_1, F_2, \cdots, F_n$——各采区（或采场、台阶、中段）有益组分的均衡能力系数。

②当进行有害组分均衡时

$$\Sigma F_i' = F_1' + F_2' + \cdots + F_n' < 0 \tag{18-8}$$

式中 $F_1', F_2', \cdots, F_n'$——各采区（或采场、台阶、中段）有害组分的均衡能力系数。

如果不能满足上述要求，则必须重新调整其中某一采区（或采场、台阶、中段）的产量。

必须指出，以上只是最简单条件下的计算，如果要考虑更复杂的配矿条件，则需要用矿业系统工程学的方法进行计算。

18.2.2.4 矿石贫化的管理

矿石贫化的管理工作也是矿石质量管理工作的一个重要内容。矿山开采中矿石不合理的贫化，将增加采矿及矿石选矿或冶炼生产的成本，有时甚至可使矿石转化为废石。矿石的贫化有的与矿床的地质条件有关，有的则与采矿工作有关。因此，与矿石损失的管理工作一样，必须由矿山地质部门和采矿部门共同参与其管理工作。在此项工作中，矿山地质部门一般要参与（或负责）统计矿石的贫化率，并从地质角度提出降低贫化率所应采取的措施和建议。对于矿石损失及贫化问题，国家有关主管部门赋予矿山地质部门进行监督的职权。例如，审批开采设计中有关损失及贫化问题的职权；制止生产中因违章作业而引起严重损失或贫化的职权等。

18.2.3 现场施工生产中的地质管理

矿山现场施工和生产的重要特点之一是工作面和工作对象处于不断变动之中，无论是井巷掘进的工作面或是采场的工作面，每天都在推进。随着工作面的推进，总是不断地出现新的地质条件，而且有许多新情况可能是生产勘探中未发现和采掘设计中未考虑到的，对于这种情况，地质人员和采矿人员必须密切配合，搞好施工生产的管理，必要时甚至修改原设计。此时地质工作应该起到施工生产中"眼睛"的作用。

18.2.3.1 井巷掘进中的地质管理工作

在井巷掘进过程中，矿山地质部门除了要及时进行地质编录及取样等工作之外，还要进行以下经常性的地质管理工作。

（1）掌握井巷的掘进方向。例如，一般情况下沿脉巷道要沿矿体或紧贴矿体底板掘进，而运输大巷一般不能离开含矿层底盘，如果因矿体界线与原来预计的有变化而使巷道有所偏离，则地质人员应及时指出，并和采矿人员一起研究解决。

（2）掌握井巷掘进的终止位置。例如，多数穿脉要求穿透矿体顶底板后即终止掘进，地质人员应经常到现场观察，及时指出掘进终止地点；又如，有的沿脉在掘进中发现矿体尖灭了，地质人员应到现场调查并判断矿体是否可能再现或侧现，以决定是停止掘进还是继续掘进。

（3）掌握地质构造变动情况。例如，有的矿山在掘进中经常碰到对掘进影响很大的断层，地质人员应经常到现场调查了解，一旦发现断层标志或接近断层的标志，就应及时判断断层的类型、产状、破碎带的可能宽度、破碎带的胶结程度以及两盘相对位移方向等情况，以便掘进施工部门及时采取有效的过断层措施；如果是矿体被错断了，而且断距较大，还要确定错失矿体位置，以便采矿人员及时修改设计；如果发现有生产勘探中尚未发现的褶曲构造，亦应及时判明情况，提请有关部门采取适当措施。

（4）参加安全施工的管理。矿山生产安全工作虽然有专门人员管理，但是有许多安全问题直接与地质条件有关，地质部门应参与管理。例如，井巷中的冒顶、片帮或突水等事故都与地质条件有关，地质人员应及时发现其征兆，及时向生产部门发出预告，并会同有关部门商讨预防事故的措施。

（5）参加井巷工程的验收工作。井巷掘进施工告一段落后，地质部门还要会同掘进队及采矿、测量人员对井巷工程进行验收。验收的主要项目是：工程布置的位置、工程的方向、工程的规格质量及进尺等是否达到原设计的要求。有的矿山在验收中还同时测算掘进中副产矿石的矿量。

18.2.3.2 采场生产中的地质管理工作

在采场生产过程中，矿山地质部门除了要进行地质编录和取样等工作外，还要进行以下经常性的地质管理工作。

（1）进行开采边界管理。对于形态变化复杂或构造变动大的矿体，在回采工作中往往发现矿体的实际边界与生产勘探所圈定的边界有出入。此时，如果开采边界不正确，就会造成矿石的损失或贫化。在这种情况下，对于用深孔采矿的地下采场，常利用打深孔时取矿（岩）泥的方法对矿体进行二次圈定以保证开采边界的准确。但是对于用浅孔采矿的地下采场，则地质人员应与采矿人员密切配合，管理好开采边界。其办法是及时用油漆或粉浆等标出开采边界，以指导生产；对采场两帮残留矿石也应及时标出、及时扩帮。

露天矿的开采边界管理也很重要。在此项工作中，除了要掌握剥离境界外，更要指导矿、岩分别爆破及分别装运。为了指导分爆、分装及分运，矿山地质部门应提供"爆破区地质图"之类的图件，并用一定标志（如小旗、木牌等）在现场直接标出矿、岩分界。

（2）进行现场矿石质量管理。矿石的质量管理工作在上一节已作介绍，这里主要是指现场管理。实际上，上述开采边界管理也包括部分矿石质量管理，即通过掌握开采边界而减少矿石的贫化。除此之外，在现场管理中主要是保证矿石质量计划和质量均衡方案的实现。例如，指导不同类型、不同品级矿石的分爆、分装及分运；指导现场矿石质量均衡工作等。

（3）参加安全生产的管理。在地下采场中也可能碰到在井巷中碰到的那些与地质条件有关的安全问题，尤其是采场往往具有比井巷更大的暴露面，当然更要加强这方面的管理工作。

在露天采场，矿山地质人员还要经常注意边坡稳定情况，及时发现因断层、软夹层或水文地质条件等引起的不稳定地段，与采矿人员共同研究预防边坡滑动或垮落的措施。

以上只是矿山现场施工生产中常遇见的一些地质管理问题。各矿山的地质条件不同，所遇到的问题可能是多种多样的，但凡是与地质条件有关的施工生产问题，矿山地质部门都要参与管理。

18.2.4 采掘单元停采或结束时的地质管理

采场、中段（或露天矿平台）、采区（或坑口）或整个矿山均可泛称采掘单元。在采掘单元停采或结束时，矿山地质部门都要与测量及采矿部门一起，共同进行管理，其中矿山地质部门所进行的管理工作亦属地质管理工作之一。

18.2.4.1 采掘单元停采时的地质管理工作

大型采掘单元（如矿山或坑口）的停采，是一种不常有的情况，一般是由于发现了开采或利用条件更优越的矿床，或由于原来生产的矿石品种不再需要，或由于技术经济政策上的原因等。而小型采掘单元（如地下采场或中段）的停采，则可由矿山采掘顺序的调整或矿石产量的调整等原因所造成。

总的来说，在采掘单元停采时地质管理工作的目的是为了给以后重新恢复生产打下基础。具体说来，一方面是为了给复产提供必要的地质资料，另一方面则是为了便于以后复产时地质工作的衔接。其主要工作内容有：

（1）完成停采时已有采掘工程的地质调查与原始地质编录工作；

（2）系统整理出停采地段的综合地质图件及其他地质资料；

（3）统计出已采矿量和尚存储量。

18.2.4.2 采掘单元结束时的地质管理工作

采掘单元的结束，大部分是由于已无继续可开采的矿石，但是也可能是由于发生了重大事故（如大面积岩体移动）破坏了继续开采的条件，或由于地质条件与设计时所掌握的地质资料有了极大差异，以致在现有技术经济条件下已不具备继续开采的价值或可能。

在采掘单元结束时，都要报销矿量和拆除设备，因此必须极为慎重。在此工作中地质管理工作的主要目的在于确保充分回收国家矿产资源，其次也是为了系统整理已采地段的矿床地质资料存档备查和总结经验教训以指导以后未采地段的工作。

小型采掘单元（如地下采场）结束时的管理工作较为简单，在正常开采结束情况下地质管理的主要内容为：

（1）检查设计中的应采矿石是否已全部采完；

（2）检查采下矿石是否已全部出完；

（3）确定残矿是否需补采或补出；

（4）重新核实原始储量，统计采出矿量与开采中的损失及贫化；

（5）系统整理出有关该单元的地质资料归档。

小型采掘单元因重大事故等原因而被迫结束等情况下，地质管理工作的主要内容为：

（1）会同采矿及安全技术等部门检查鉴定是否确属已无法复产；

（2）统计已采矿量与残存矿量，计算其损失及贫化；

（3）系统整理出有关该单元的地质资料归档。

大型采掘单元结束时的地质管理工作与上述工作相似，不过若属正常开采结束，尚应着重检查应采的矿柱或矿体分支等是否已全部回采，以及在结束地段范围内或其附近是否已确无再发现盲矿体的可能。除此之外，对于大型采掘单元的结束，地、测、采部门应共同提出正式的采掘单元结束的总结资料，并报送有关部门审查和批准。

思考题与习题

18-1 什么是矿山地质工作？
18-2 什么是生产勘探，生产勘探的目的是什么？
18-3 生产勘探过程中用于揭露矿体的常用工程手段有哪些？
18-4 影响生产勘探工程选择的因素有哪些？
18-5 生产勘探工程总体布置应遵循什么样的原则？
18-6 生产勘探工程有哪些总体布置方式，其与矿产勘查时期的勘探工程布置方式有何异同？
18-7 影响生产勘探工程间距选择的因素有哪些？
18-8 生产勘探工程间距的确定方法有哪些？
18-9 矿产资源储量管理包括哪些内容？
18-10 矿石质量管理包括哪些内容？
18-11 何谓矿石质量均衡，矿石质量均衡应遵循什么样的原则？

19 矿产勘查资料的评审及应用

矿产勘查资料是矿山建设和生产的依据和基础，它的完备程度和可靠性与矿山的建设和生产有直接关系。因此，采矿工作者不仅要懂得应用矿产勘查资料，而且还要懂得如何评审矿产勘查资料，以保证矿山的设计、基建及生产建立在可靠的基础之上。

20世纪50年代以来，我国地质工作已取得了辉煌成就，找到并探明了大量矿产基地，提交了许多矿床勘探报告。进入21世纪以来，矿产勘查工作又取得许多新的进展。但由于地质工作的复杂性，或由于一些地质工作单位或责任人的具体问题，使得地质工作中有时存在着这样或那样的问题。这些问题在矿产勘查资料中都会反映出来，在矿产勘查资料的评审中应对地质工作质量和矿产勘查资料本身的质量（如资料的完备程度等）两方面都进行评审，同时还应尽可能重点进行一些现场核对工作。

19.1 矿产勘查资料的评审和应用

矿产勘查资料就是指地质部门所提交的矿产勘查总结报告。对此项资料的评审大都由专门的储量管理部门或有关的上级部门主持，采取矿产勘查、设计、基建（生产）三结合的方式进行，往往有关单位的采矿人员要参加此工作。

19.1.1 资料完备程度的评审

作为一部完备的矿产勘查总结报告，一般应包括文字资料、图件资料和表格资料。在评审中应检查这三项资料的内容是否齐全，如不齐全，可要求有关地质队补充提交。近年来，所有地质资料，包括文字、图表和各种地质图件资料，都要求有规范的电子文档。

19.1.1.1 文字资料

文字资料部分应包括下列内容：

(1) 概述。主要内容应有：矿产勘查的任务和目的、矿区的位置及地理坐标、矿区的自然地理和经济地理、矿区的地质工作和开采历史，以及所取得的地质成果等。

(2) 区域地质。主要内容应有：矿床在区域地质构造中的位置；区域地层层序、岩性及分布、地质构造、岩浆活动；区域成矿地质条件及地质发展史；区域内主要矿产评述。

(3) 矿区地质。主要内容应有：

1) 矿区地层。包括地层的层序、岩性、厚度、产状、分布及其接触关系，地层与矿体赋存的关系等。

2) 矿区地质构造。包括褶皱及断裂等构造的性质、特征、分布、对成矿的控制作用以及对矿体的影响和破坏情况等。

3) 矿区岩浆活动。包括岩浆活动的性质、时代，所形成岩石的种类、岩性、分布、产状、相互关系，岩浆活动与成矿的关系、对矿体的破坏等。

4) 矿区变质作用。包括变质作用的类型、范围,所形成岩石的种类、岩性、分布、产状,与成矿有关的围岩蚀变的种类,岩性、分布等。

(4) 矿床特征。主要内容应有:

1) 矿体特征。包括矿体的数目、规模、产状、形状、空间位置、分布规律及其相互关系,各矿体的长度、延深、厚度及其沿走向、倾斜的变化规律等。

2) 矿石特征。包括矿石的类型、工业品级及其划分原则和依据,各类矿石的矿物组成、结构、构造、主要有益组分及有害组分的含量和变化规律,各类型、各品级矿石的空间分布和埋藏条件等。

3) 矿床次生变化。包括矿床淋滤带、氧化带、次生富集带的分布及特征等。

4) 矿体的围岩及夹石。包括矿体上、下盘围岩的岩性及蚀变情况,矿体与围岩的接触关系,矿体内夹石或包体的岩性特征及分布情况等。

5) 矿床成因。包括成矿过程、成矿控制因素、矿床富集规律,进一步找矿的标志及远景地段等。

(5) 水文地质。主要内容应有:

1) 水文地质概述。包括水文地质工作的目的、内容、方法及完成的工作量等。

2) 区域一般水文地质条件概述。包括含水层和隔水层的特点和分布,井泉出露情况及地下水补给、径流、排泄条件,地表水和地下水的关系等。

3) 矿床水文地质。包括含水层和隔水层的特征、与矿体的关系,地质构造、岩溶发育情况、流沙层、老窿积水等与矿床充水有关的地质现象,地表水体的最大(包括洪水期)、最小及一般流量或容积,地表水与地下水的关系及动态,地下水的补给、径流及排泄条件,地下水的水质,可能引起环境污染的地下水的埋藏条件及其有害元素含量等。

4) 矿坑涌水量。包括预计矿坑涌水量的方法、参数及结果等。

5) 矿区供水条件。包括可能供水的水源及其水量、水质等。

对于矿区水文地质条件简单、涌水量小的矿床,允许适当精简内容。

(6) 矿产勘查工作。主要内容应有:

1) 勘探工作概述。包括矿床的勘查类型,勘探的工程手段及其总体布置,勘探工程的间距及确定间距的依据,现有勘探工作对矿床控制程度的评述。

2) 勘探工程质量评述。包括测定钻孔孔斜和方位角的方法及结果,钻孔弯曲度方面质量评述,岩芯或矿芯采取率方面质量评述,钻孔封孔方法及质量评述,山地工程布置的目的及其效果的评述。

3) 地形及地质图件的测(绘)制方法及质量评述。

4) 物探、化探工作方法及其成果质量评述。

5) 矿床取样、样品加工及化验工作的方法,样品化验项目及工作质量的评述(必须附有取样、样品加工及化验检查结果的资料)。

(7) 矿床开采技术条件。主要内容应有:

1) 矿石和围岩的物理力学性质。包括体重、湿度、块度、强度、可钻性、粉化性、松散系数及安息角等试验的方法、样品的代表性、测定结果及测定质量评述。当矿体或其附近存在泥化现象时,尚需说明泥化的分布及规模;当矿体上下盘或两端存在第四系时,还应阐明其分布、岩性及含水性等。

2) 矿体及其顶底板围岩中影响稳固性的各种结构面的类型、产状和分布规律等。

3) 对矿山开采方式、开拓系统及采矿方法的建议。

(8) 矿石加工技术性质。主要内容应有：加工技术试验样品的代表性；试验规模、试验结果；有害杂质的处理途径；矿石综合利用的途径等。

(9) 矿产资源/储量估算。主要内容应有：矿产资源/储量估算的工业指标；矿产资源/储量估算主要参数的确定；矿体圈定的原则；储量级别及块段划分的原则；矿产资源/储量估算的方法及选择该法的依据；矿产资源/储量估算的结果；矿产资源/储量估算的检验方法及检验结果；伴生有益组分的矿产资源/储量估算方法及结果等。

(10) 矿床经济评价。主要内容应有：矿床经济评价所用方法、参数和评价结论等。

(11) 结论。主要内容应有：矿床勘探和研究程度的总评述；矿床成矿基本规律及远景评价；矿产勘查的主要经验、教训及存在问题；对今后矿山建设的建议等。

19.1.1.2 地质图件资料

地质图件资料很多，一份完善的矿产勘查报告，主要图件应有：

(1) 区域地质图（附区域地质剖面图及综合柱状图）；

(2) 矿区（床）地形地质图（附勘探工程平面布置）；

(3) 物探及化探图（包括平面图和综合剖面图）；

(4) 勘探线地质剖面图及矿床水平断面地质图（或中段平面地质图）；

(5) 采样平面图及品位等值线图；

(6) 矿产资源/储量估算剖面图、平面图或投影图（有时可与其他图件结合）；

(7) 参与矿产资源/储量估算的探矿坑道的地质素描图和钻孔柱状图；

(8) 水文地质有关图件；

(9) 缓倾斜矿体的顶、底板等高线图和矿体等厚线图；

(10) 矿体纵投影图或水平投影图；

(11) 其他图件，如砂矿床的第四纪地质图及地貌图、老矿山的老窿分布图、现在正生产矿山的采掘现状图等。

对于地质图件的一般内容要求，请参看第 17 章 17.2 节相关内容。对于地质图件的规范性，可参照国家和有关部门的标准，如 GB 958—89，DZ/T 0179—1997。

19.1.1.3 表格资料

主要应有下列表格：

(1) 样品分析结果表（基本分析、组合分析、光谱分析、物相分析、单矿物分析、全分析、内外检验分析等）；

(2) 矿石、岩石物理力学性质测定结果表；

(3) 平均厚度、平均品位计算表（其中工程平均品位计算表可与基本分析结果表合并）；

(4) 矿产资源/储量估算程序及综合表；

(5) 勘探工程一览表；

(6) 水质分析、抽水试验及涌水量计算结果表；

(7) 勘探工程测量成果表等。

此外，在矿产勘查报告中还应该有一些附件，如矿产资源/储量估算的工业指标、矿石加工技术试验报告等。

19.1.2 勘探和研究程度的评审

在《矿产勘查规范总则》中，对矿床勘探和研究程度有明确要求，现按该文件精神，说明在这方面评审工作中应着重审查的问题。

19.1.2.1 矿床（区）地质特征和矿山建设范围内矿体总的分布情况

应着重审查以下问题：

（1）应审查是否系统地、全面地分析研究了区域地质特征；是否系统地、全面地调查研究了矿床和矿体的矿化特征、含矿层位、岩浆作用、矿区构造、成矿规律等。

（2）应审查对矿床（区）的褶曲、断层、裂隙和破碎带等构造的研究程度如何；对破坏矿体和划分井区范围及确定基建主要开拓井巷有影响的较大断层、破碎带，是否已用工程实际控制其产状和断距；对较小的断层、破碎带，是否已调查研究了其分布范围和规律。

（3）应审查在矿山建设范围内矿体总的分布范围和总储量是否已查清。对于准备露天开采的矿床，要强调用工程系统控制矿体四周的边界和露天采场底部的边界；对于准备地下开采的矿床，要强调用工程系统控制主要矿体的两端、上下盘的界线和延深情况。此外，对矿化带或含矿层应布置一定的控制钻穿透其整个厚度进行控制。

（4）要审查矿区内具有工业价值的小矿体总的分布范围和赋存规律是否已查清。特别应检查浅部初期开采地段主矿体上下盘具有工业价值的小矿体，在勘探主矿体的同时是否已进行了勘探。如原来勘探主矿体的工程间距尚不足以探明这些小矿体，尚可要求适当加密工程。这些主矿体上、下盘的小矿体，尽管规模不很大，但如未探明，对矿山建设和生产的影响也是很大的。

（5）对于砂矿床，还要审查在矿产勘查中是否已对第四纪地质及砂矿层底板原始地形地貌进行了研究。

19.1.2.2 矿体的空间位置、外部形态和内部结构

应着重审查以下问题：

（1）应审查矿体（尤其是主矿体）的形状、产状和空间位置是否进行了详细的勘探和研究，但对主矿体小的支、叉、角和局部的膨缩变化可不要求矿产勘查中一律查清，留待矿山地质工作中查明。由于这方面地质条件勘探和研究程度不够，而影响矿山建设和生产的例子是特别多的，应引起我们足够的重视。

（2）应审查矿体的内部结构是否已探明。所谓矿体内部结构是指矿体边界范围内各种矿石类型、工业品级和非矿夹石（或包体、脉岩）的形态、规模、空间分布、变化规律及其相互关系。在评审矿产勘查资料中，不仅要求矿产勘查部门要探明这些方面的特征并提供资料，而且要求提供不同地段矿石的品位及其变化、不同矿石类型及品级的正确界线以及不同矿石类型和品级各自储量的资料。

19.1.2.3 矿石的物质成分和选冶性能

矿石的物质成分和选冶指标是勘探和研究程度方面应主要评审内容之一，但不是采矿

工作者的主要评审对象，主要应由有关部门的地质、选矿、冶炼工作者参加评审。

19.1.2.4 综合勘探和综合评价

这方面需有关部门的地、采、选、冶工作者联合进行评审。采矿工作者在对这方面资料的评审中，应注意审查：在勘探主矿种和主矿体的同时，是否也对矿体及其上下盘围岩和切穿矿体的岩脉、岩体内的一切具有工业价值的共生矿产、伴生有益组分进行了综合勘探和综合评价；它们的含量、赋存状态是否已查清；应分采的共生矿产或可综合回收其中伴生有益组分的矿石，是否已单独圈定和分别计算其中所含各种有用组分的储量等。

19.1.2.5 矿区开采技术条件

应着重审查以下问题：

（1）应审查采掘范围内岩石、矿石的性质及断层、破碎带、节理裂隙、岩溶、风化带、泥化带、流沙层的发育程度和分布规律是否已进行了调查研究；若为盲矿体，还应审查矿体之上覆盖岩层的厚度及岩性等是否已查清。

（2）应审查与开采技术有关的岩石、矿石物理力学性质和开采时对人体有害的物质成分是否已进行了调查。

（3）应审查矿体及其顶底板近矿围岩的坚固性和露天开采边坡的稳定性是否已进行了调查研究和评价。

（4）应审查对老窿的分布范围、充填情况是否已进行了调查研究，在条件许可情况下应要求圈定老窿界线。

（5）如矿区位于地震活动区，还应审查对于地震地质是否也进行了一定的了解或调查。

由于以上矿区开采技术条件勘探和研究程度不够而影响矿山建设或生产的实例也是很多的。

19.1.2.6 矿区水文地质条件

这方面主要由有关部门的水文地质人员参加评审，采矿人员可着重评审水文地质的勘探和研究程度是否满足矿山防排水设计需要，是否满足解决岩体稳定问题研究的需要。

19.1.2.7 矿产资源/储量分类

查明矿产资源是指经勘查工作已发现的固体矿产资源的总和。依据其地质可靠程度和可行性评价所获得的不同结果可分为储量、基础储量和资源量三类。应根据国家发布的《固体矿产资源/储量分类》（GB/T 17766—1999）的有关指标进行审查。

19.1.3 勘查工程和地质图件质量方面的评审

19.1.3.1 勘探深度方面

矿床的勘探深度，应根据矿床特点和当前开采技术经济条件等因素考虑。对于矿体延深不大的矿床，最好要求其一次勘探完毕。对延深很大的矿床，其勘探深度一般在400～600m左右，而且要求同一矿体不同地段的勘探深度应大约一致。在勘探深度以下，只需打少量深钻，控制远景矿体，为矿山总体规划提供资料。在评审中可根据以上原则进行审查。

19.1.3.2 勘查工程间距（网度）方面

勘查工程间距问题与矿床勘探和研究程度密切相关，工程间距越密越有利于提高勘探和研究程度，但勘查工程间距的本身并不就是勘探和研究程度。在这方面的评审工作中，应审查所采用的工程间距是否有充分的根据。对于没有相类似矿床成熟的工程间距可资借鉴的矿床，应要求提供用抽稀法进行验证的资料。

19.1.3.3 勘查工程质量方面

应着重审查下列问题：

(1) 应审查钻孔的顶角弯曲及方位弯曲是否按规定距离进行了实测（当孔深超过 100m 时必须进行此项测定）；还要审查钻孔的弯曲是否符合国家有关部门规定的技术要求以及弯曲度大的钻孔是否进行了投影校正等。对于弯曲度超过规定要求的钻孔，一般情况下，在评审中可要求将其所控制的高级储量降级；如果弯曲度太大，甚至应要求将该钻孔报废，因为钻孔弯曲度太大，会大大歪曲矿体的实际形态和位置，而给矿山建设和生产带来严重影响。

(2) 应审查钻探的矿芯及岩芯采取率是否达到国家有关部门规定的要求。在岩芯采取率中特别要注意矿体顶底板围岩的回次采取率。如某钻孔的采取率（尤其是矿芯采取率）太低，则应根据情况的严重程度，将该钻孔所控制的高级储量降级或将钻孔报废。

(3) 应审查勘探钻孔是否已进行了封孔以及封孔的质量如何。特别是对水文地质条件复杂的矿区，当钻孔穿过含水层时，更应重视此问题。这个问题表面看来是个小问题，但有时也可能造成恶果。

19.1.3.4 地形、地质图纸质量方面

对于这些图纸的种类、比例尺、测量精度和图纸内容等，矿产勘查部门的有关领导机构都有一定的规定，除了可按其规定审查外，采矿人员在评审中应着重审查下列问题：

(1) 应审查图幅及图纸内容是否满足矿山设计等工作使用的要求。图幅的大小不可能有统一的规定，因此在填绘过程中往往易被忽视而偏小。在审查露天矿山所用的矿床地形地质图时更要注意这一点，因为露天矿山一般矿床规模本来就较大，在矿山开采设计时还要在此种图上圈出开采境界线和布置运输线路等，故所需的图幅就更大。过去有些矿山就曾经发生过在开采设计中才发现图幅不够而补充测绘的情况，这是今后值得吸取的教训之一。

(2) 应审查主要地质界线的连接是否合理。过去在有些地质图件中，或由于勘探工程布置太稀，或由于对控矿构造等地质条件研究不够，或由于工作中的疏忽等，地质界线连接错误的情况颇为常见。由于连图错误可极大地歪曲矿体的形状、产状以至规模，致使利用这种图纸所进行的开采设计全部或部分错误。因此，地质界线的连接是否合理应是地质图纸评审的重点。

(3) 应审查各种图纸之间主要地质界线是否吻合。过去有些矿山在使用图纸时曾发现同一地质界线在不同图纸上（如平面图与剖面图）互相矛盾的现象，以致使用图纸进行开采设计等工作无法进行或返工，值得引起注意。

(4) 应审查图纸的收缩误差。一般的描图纸和晒图纸如保管不善极易收缩，因此在评审中应检查其收缩误差。一般认为，当图纸的收缩率超过 1% 时就不合格，但对于大型露

天矿可稍降低要求。

19.1.4 矿产资源/储量估算、取样化验方面的评审

19.1.4.1 矿产资源/储量估算方面

应着重审查以下问题：

(1) 应审查矿产资源/储量估算方法的选择是否合理，是否便于矿山设计的使用。例如，当采用露天开采时，最好能应用水平断面法计算储量，但这应在提交报告前，在矿产勘查、设计、基建（生产）几个部门三结合过程中及早向矿产勘查部门提出。

(2) 应审查矿体界线及不同类型、不同品级矿石界线的圈定是否合理，是否符合上级下达的工业指标。

(3) 应审查各计算块段所确定的储量级别是否达到国家有关规定的要求，尤其是审查控制该块段的勘查工程间距及工程质量是否达到要求。例如，当采用断面法计算储量时，如果计算某块段的两个断面上，有一个断面矿体受勘探工程控制程度已达 B 级储量要求，而另一断面仅达到 C 级要求，此时如果工作马虎往往易将此块段定为 B 级储量，在评审中应注意发现此类问题，并将其纠正为 C 级储量。

(4) 应审查利用其他矿产资源/储量估算方法对基本方法进行检查的结果如何，如果误差太大，应分析其原因并研究其解决办法。

(5) 对于可能存在特高品位的矿床，还应审查在矿产资源/储量估算中是否已对特高品位进行了处理，处理的原则和方法是否合理。

19.1.4.2 取样、样品化验或测试方面

应着重审查以下问题：

(1) 应审查化学取样的方法、规格及样品加工流程和其系数（K 值）的选择是否有可靠的根据。如果无相类似矿床在这方面成熟的经验可资参考，应要求进行这方面的验证对比工作，并提出验证结果的资料。

(2) 应审查化学取样样品化验项目是否齐全。

(3) 应审查化学取样样品的化验是否进行过内部检查及外部检查；内检及外检的样品比例及化验误差是否符合国家有关部门规定的要求；对于误差超过规定指标的样品是如何处理的以及处理是否合理。

(4) 应审查岩石及矿石物理力学性质试验样品的取样是否有足够的代表性；样品加工及测试质量是否合格。

19.1.5 矿床经济评价方面的评审

应着重审查以下问题：

(1) 应审查评价中所考虑的因素是否全面，所选用的技术经济参数是否正确。

(2) 应审查评价中计算是否有差错，综合分析的问题是否全面，其结论是否正确。

此外，有些具体细节问题有可能在评审中未被发现，采矿人员还应在使用矿产勘查资料过程中继续注意审查所用资料中所存在的问题（例如某些地质界线连接不合理等），以便及时予以纠正。

附带指出，在矿山企业设计中，除了应用矿产勘查资料作为设计的依据外，设计部门的地质人员还要利用原有的矿产勘查资料，编制一些新资料（例如各中段水平断面图、按采掘单元分别计算的储量等），以供设计使用。使用这些资料的采矿人员，对此项资料也要进行认真的审查，其审查的原则和内容与矿产勘查资料的审查相似。

19.1.6 矿产勘查资料在矿山建设中的应用

矿产勘查资料主要用于矿山设计及基建，在矿山投产后还要以这些资料为基础，在通过矿山地质工作对其进行进一步的修改和补充后，应用到生产矿山的各项工作中去。这些资料中，往往一种资料可以用于多种工作，同时某种工作又可能综合利用到几方面的资料。

19.1.6.1 关于矿床（区）地质特征和矿山建设范围内矿体总的分布的资料

这些资料主要用于满足矿山总体设计的需要。例如，用于确定矿床的开采方式和露天开采的境界线；用于地下开采开拓方案的选择；用于井区范围的划分；用于工业场地的选择及确定（如排土场及工业场地的选择要用此资料）等。

19.1.6.2 关于矿体空间位置、外部形态和内部结构的资料

这些资料主要用于：

(1) 矿体空间位置及外部形态的资料用于开拓系统的选择和采矿方法的选择；

(2) 矿床内部结构的资料主要用于确定矿山产品方案，确定对不同矿石类型、品级及夹石等是否进行分采（因此这也关系到采矿方法设计），是否分别进行选、冶加工；

(3) 矿床内部结构的资料，经过矿山地质工作的修改和补充后，还用于生产矿山矿石质量管理工作，如质量计划的编制以及矿石均衡（配矿）方案的选择等。

19.1.6.3 矿石的物质成分和选、冶性能的资料

这些资料主要用于：

(1) 矿石选、冶加工工艺流程的选择及选厂或冶炼厂的设计；

(2) 确定矿石综合利用的方向，并作为选择综合利用方案及措施的依据。

19.1.6.4 矿床综合评价的资料

这些资料主要用于：

(1) 确定矿床的工业价值；

(2) 确定主要矿床周围伴生的其他矿种矿床是否应进行综合开采；

(3) 也作为开展矿产资源综合利用的依据。

19.1.6.5 矿床开采技术条件的资料

这些资料主要用于：

(1) 确定开拓工程的布置和主要开拓井巷的施工方案；

(2) 对于地下开采矿山还用于采矿方法的设计及地压管理；

(3) 对于露天开采矿山还用于爆破设计、确定边坡角及进行边坡的维护；

(4) 确定采矿工艺的有关技术参数及有关设备的选型；

(5) 从地质角度为矿山的生产技术管理和安全工作提供参考资料。

19.1.6.6 矿区水文地质的资料

这些资料主要用于：

（1）确定矿山防排水方案及措施；

（2）确定矿山供水方案；

（3）作为选择采矿法依据之一，例如矿体顶板有强含水层则不能用崩落法开采；

（4）从水文地质角度为矿山安全工作提供参考资料，例如为防备矿坑突水、防备矿床中有害元素污染、防备地下热水危害等提供参考资料；

（5）对于地下水对岩体稳定有影响的矿山，水文矿产勘查资料也是研究解决岩体稳定问题的参考资料之一。

19.1.6.7 矿产资源/储量估算资料

这些资料主要用于：

（1）确定矿山生产能力；

（2）为矿山开采设计及采掘进度计划的编制提供依据。

至于固体矿产资源/储量类型的地质可靠程度、经济意义及其用途，已在第15章说明，本章从略。

此外，以上七个方面资料还是进一步开展矿山地质工作的基础资料。

上述七个方面的资料在矿产勘查报告中往往利用文字、图纸及表格形式综合反映，在应用这些资料时也往往要综合应用到文字、图纸及表格资料，其中以图纸资料的应用最为直接。

19.2 矿山地质资料的评审及应用

这里所说的矿山地质资料是指矿山地质工作中所取得的矿产勘查资料，多数是生产勘探中所取得的资料，这些资料一般要直接用于与矿山开采活动有关的各项工作。虽然国家有关部门没有明确规定对于矿山地质资料要怎样进行正式的评审，但是采矿工作者在应用这些资料时也要对其完备程度、勘探和研究程度以及其他工作质量进行一定的审查，如果不能满足一定要求，应向矿山地质部门提出，以便及时补充和修改。

矿山地质资料中有许多是在原来矿产勘查资料基础上进一步修改或补充的，有的则是新编制的。对于这些资料的要求大部分与前述对矿产勘查资料的要求相似，本节仅介绍在评审这些资料中应注意的某些其他问题。

19.2.1 矿山地质资料的应用及完备程度的评审

矿山开发的不同阶段工作中要应用到不同的矿山地质资料。某项工作要应用哪些资料，在评审中就要检查是否已提供了这些资料，因此资料的应用与完备程度的评审是互相联系的。下面分别介绍生产矿山经常进行的几项主要工作所要求应用的矿山地质资料。

19.2.1.1 新中段开拓设计要求应用的地质资料

有些矿山在进行新中段开拓设计前，要求矿山地质部门将设计所需要的地质资料整理成为新中段开拓设计地质说明书，我们认为这种作法是合理的。这种说明书里包括了中段开拓设计所需要的主要矿产勘查资料，这些资料是：

（1）较详细的关于该中段及邻近地段矿体空间位置、形状、产状的资料；

（2）影响开拓的地质构造和有关岩石物理力学性质的资料；

（3）设计地段矿石质量特征和矿石储量及其级别的资料；

（4）其他必要的资料，例如当水文地质条件复杂时，还必须有新中段水文地质条件及涌水量计算等资料。

以上内容往往以地质图纸为主，辅以简练的文字说明及数据表格资料。地质图纸资料主要应有：

（1）矿区（床）地形地质图；

（2）该中段的水平断面地质图、上一中段的坑道地质平面图以及下一中段的预想地质平面图；

（3）与该中段开拓有关的勘探线地质剖面图；

（4）矿体投影图（当矿体倾角大于45°时应为矿体垂直纵投影图；当矿体倾角小于45°时应为矿体水平投影图）；

（5）新中段矿产资源/储量估算的图纸（有时可与上述某些图纸合并）。

以上是大多数矿山最基本的要求，具体矿山由于地质条件和开拓方法的不同，还可以有一些其他的要求。例如，有些矿山还要求提供各中段矿体重叠投影图；某些用斜井-平巷开拓的缓倾斜矿层矿山还要求提供底板等高线图等。

19.2.1.2 采矿方法设计要求应用的地质资料

有很多矿山在进行采矿方法设计前，要求矿山地质部门将设计所需的地质资料整理成采矿法设计地质说明书，这种作法也是值得肯定的。这种说明书中包括了采矿法设计所需要的主要矿山地质，这些资料主要是：

（1）较准确的关于设计范围及其邻近地段矿体空间位置、形状及产状的资料；

（2）与采矿方法设计有关的地质构造、岩石和矿石物理力学性质的资料；

（3）设计地段不同类型、不同品级矿石的分布和矿体内夹石、岩浆侵入体等分布的资料；

（4）设计地段矿石品位分布和按开采块段计算的平均品位及储量的资料。

以上内容也往往以图纸资料为主，辅以简要的文字说明及数据表格资料。其中地质图纸资料主要应有：

（1）该设计地段及其邻近地段上、下的中段坑道地质平面图；

（2）该设计地段及其邻近地段的勘探线剖面图；

（3）该设计地段的矿石品位分布图及矿产资源/储量估算图，这两种图纸往往可以合并为一种图纸；

（4）其他辅助地质平面图或剖面图，凡是准备布置采准或回采工程的平面或剖面，都必须有地质平面或剖面图，以便在图上画出工程位置。因此，除了上述（1）和（2）类图纸外，还必须有若干辅助地质平面或剖面图，这些图纸有时也可由采矿人员自己剖制。

以上是大多数矿山最基本的要求，具体矿山由于地质条件和采矿方法的不同，也还可以有一些其他的要求。例如，某些用无底柱分段崩落法开采的矿山还要求提供矿体垂直纵投影图；某些缓倾斜矿层矿山还要求有底板等高线图、矿体等厚线图。此外，当设计地段深度不太大时，还要求有矿床地形地质图；有些矿山在提供上述图纸时，矿山地质人员还和采矿人员共同研究，在上述某些图纸上划分开采块段。

19.2.1.3 采掘（剥）进度计划编制要求应用的地质资料

此种计划分年度、季度和每月计划几种，但主要的计划是年度计划，其他计划均在年度计划基础上调整制订。在年度采掘（剥）进度计划的编制中，要求的主要地质资料是：

（1）矿区地质简介；

（2）计划采掘（剥）地段矿体赋存条件，包括矿体的空间分布、形状、产状及顶、底板围岩等；

（3）计划采掘（剥）地段的主要开采技术地质条件，如对开采有重大影响的大断层、大溶洞等；

（4）计划采掘（剥）地段的矿石特征，如不同类型、不同品级矿石的分布、比例及品位分布等；

（5）矿石储量资料，包括矿山保有的工业储量及各级储量的比例，计划采掘（剥）地段各级储量的分布及数量，以及三级矿量的保有数量等。

以上资料的主要附图应有：

（1）矿区（床）地形地质图；

（2）中段地质平面图（露采矿山为露采平台地质平面图），计划中的主要采掘或剥离工程及其进度就填绘在此种图上；

（3）矿体垂直纵投影图或水平投影图，这种图纸上应标出不同级别储量的分布地段，主要采掘或剥离工程及其进度也要填绘在这种图上；

（4）有代表性的勘探线地质剖面图。

19.2.2 生产勘探工作质量的评审

在矿山地质资料的评审中，还必须对生产勘探工作程度以及其他矿山地质工作的质量进行评审。

19.2.2.1 生产勘探工作程度方面

一般来说，对于作为新中段开拓设计用的矿山地质资料，对矿床勘探和研究的程度应达到《固体矿产资源/储量分类》（GB/T 17766—1999）相应的要求；对于作为采矿方法设计用的矿山地质，对矿床勘探和研究程度也应达到 GB/T 17766—1999 相应的要求。但是，由于现在许多矿山都采用探采结合的办法进行生产勘探，新中段开拓设计或采矿方法设计往往不是一次完成，因此在初步设计时对勘探和研究程度的要求可略放低，在探采结合过程中再逐步提高，评审中应注意到这一点。

19.2.2.2 勘探工程质量方面

在矿产勘查中多数钻孔深度大，要求严格测定钻孔的弯曲度；但在生产勘探中多数钻孔深度小，可不必要求都进行这种测定。

19.2.2.3 勘查工程间距及勘探线方向方面

在生产勘探中，为了便于探采结合和使采掘工程尽可能布置在有探矿工程控制的平面或剖面上，往往探矿工程间距和采掘工程间距一致或呈简单整数比例关系，因此不能要求探矿工程间距按其本身最合理的间距来布置，更不能要求其死套矿产勘查时期的规定，应以能控制各种主要地质界线，满足矿山有关工作需要为准。

同样，在勘探线方向问题上也应按此原则办理。生产勘探中勘探线的方向应尽可能与矿山多数穿脉巷道的方向一致，而可以与矿产勘查时有所不同。当然如果穿脉巷道方向可沿原勘探线方向布置则更好。

19.2.2.4 取样、样品化验或测试方面

对于岩（矿）石物理力学性质及矿石加工性质等测试工作，如果矿产勘查时期的工作成果是可靠的，在生产勘探中可不再要求进行这些方面的取样和测试。但是，化学取样和化验仍然是生产矿山经常的、大量的工作。为此，应尽早通过试验找出适合本矿地质条件的最经济合理的取样方法、取样规格和样品加工流程。我们在评审这方面资料时也不应要求矿山地质部门照套矿产勘查时的老框框。此外，在化验方面，如果本矿化验质量一直良好，也可大大减少内检和外检的次数和样品数。

19.2.2.5 地质图纸质量方面

地质图纸一般可仍按评审矿产勘查资料时的要求来评审。但在采矿方法设计中，对于地质图纸质量的要求更高，因为图纸的质量直接影响到采矿工程的布置是否合理，影响到生产效率及开采中矿石的损失和贫化。如果图纸不可靠甚至可造成采矿工程报废。对于这一类图纸的评审，应着重审查地质界线的可靠程度，审查其能否作为设计的依据，具体来说应检查以下几个问题：

（1）矿体形态的圈定是否合理。在进行矿体形态的圈定时，应深入分析研究本矿床的成矿规律和具体地段的地质条件，否则同一实际资料有可能有几种不同圈定结果（图 19-1）。因此，在评审圈定是否合理时，应注意其圈定是否符合本矿床的成矿规律和该地段的地质条件。如图 19-1 所示，如果该矿床常出现矿体的分支现象，而且上一中段也存在此现象，则图 19-1（a）的圈定显然是合理的。如果类似于该图的情况而又确无如何圈定的可靠根据，则应要求补加探矿工程或采用探采结合办法以进一步探明。

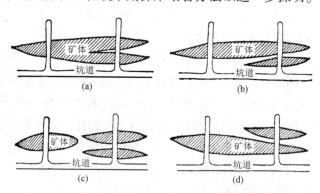

图 19-1　同一实际资料矿体形态的不同圈定结果示意图

（2）矿体倾角的确定是否可靠。当矿体产状不稳定时，在一个矿块的地质剖面图上，至少要有三个不同标高的工程控制矿体的产状，倾角的确定才为可靠（图 19-2）；对于剖面上只有一个工程控制的地段（图 19-3（a）），则应在适当部位补加探矿工程以探明之（图 19-3（b））。

(3) 对设计有影响的地质构造的圈定是否正确。例如断层对矿体的破坏可以有不同方式（图 19-4），究竟是哪一种方式，必须有现场调查或邻近剖面的可靠依据，否则也应补加探矿工程或以探采结合工程探明之。

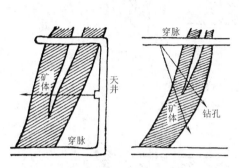

图 19-2　用 3~4 个探矿工程控制矿体产状

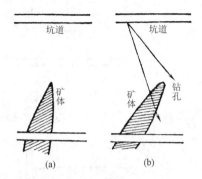

图 19-3　矿体倾角的工程控制
（a）控制程度不足；（b）补加工程控制

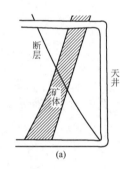 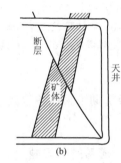 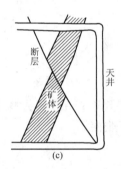

图 19-4　断层对矿体破坏的不同方式
（a）平移断层；（b）正断层；（c）逆断层

(4) 矿体延展边界的圈定是否可靠。用有限推断法或无限推断法所推定的矿体延展边界，多数情况下不能作为矿块设计的依据。如图 19-5 所示的情况，矿体延深的边界线是不可靠的，因此不能把电耙道或放矿漏斗设计在该位置，而必须补加探矿工程，或采取探采结合办法在矿块中央上掘电耙道溜井，探到矿体边界后再拉开电耙道。又如图 19-6（a）所示的情况，矿体的延长边界也是不可靠的，此时可依采矿方法的不同而区别对待。如果采用深孔落矿，则应补加探矿工程（图 19-6（b）），以探明实际边界；如果采用浅孔落矿，则由于人员能进入采场，亦可不再补加探矿工程。

19.2.3　矿山地质工作的储量估算等方面的评审

矿山地质工作中，除了仍然应注意评审矿产勘查资料中所提到的那些问题外，还应注意审查：

(1) 计算块段的划分是否与采掘单元的划分一致，例如是否按中段（或阶段）、按采场进行计算。

(2) 对于矿体内已有井巷工程的计算块段，井巷中的副产矿石储量是否也已进行了

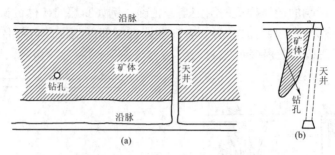

图 19-5 由推断确定的矿体延深边界
(a) 垂直纵投影示意图；(b) 横剖面示意图

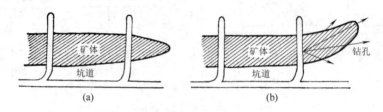

图 19-6 矿体延长边界的圈定
(a) 推断圈定；(b) 工程圈定

计算。

（3）还要审查在生产勘探中是否贯彻了采掘技术政策等，例如为了贯彻贫富兼采是否实行了贫富兼探等。

思考题与习题

19-1 矿产勘查资料的评审应该包括哪些方面？
19-2 一份完善的矿产勘查报告，其主要图件应该有哪些？
19-3 对于矿床勘探和研究程度，应着重审查哪些问题？
19-4 在勘查工程和地质图件质量方面应审查哪些问题？
19-5 在矿产资源/储量估算、取样化验方面应审查哪些问题？
19-6 对于矿山地质资料，应着重审查哪些问题？
19-7 矿山开发的不同阶段工作（新中段开拓设计、采矿方法设计、采掘（剥）进度计划编制等），其地质资料的应用和完备程度有何不同？
19-8 生产勘探工作的质量应注意哪些方面的评审？
19-9 矿山地质工作中储量估算方面应注意哪些方面的评审？

第Ⅳ篇参考文献

[1] 地矿部地质词典办公室. 地质词典（五）：地质普查勘探技术方法分册［M］. 北京：地质出版社，1982.
[2] 侯德义，李志德. 矿山地质学［M］. 北京：地质出版社，1998.
[3] 彼得斯 W C. 勘查和矿山地质学［M］. 北京科技大学地质教研室译. 北京：地质出版社，1988.
[4] 矿山地质手册编辑委员会. 矿山地质手册（上）［M］. 北京：冶金工业出版社，1996.
[5] 矿山地质手册编辑委员会. 矿山地质手册（下）［M］. 北京：冶金工业出版社，1996.
[6] 侯德义. 找矿勘探地质学［M］. 北京：地质出版社，1984.
[7] 李守义，叶青松. 矿产勘查学（第二版）［M］. 北京：地质出版社，2003.
[8] 国土资源部矿产资源储量评审中心. 固体矿产资源储量分类概论［M］. 北京：中国文联出版社，2005.
[9] 国家技术监督局. GB/T 17766—1999 固体矿产资源/储量分类［S］. 1999.
[10] 国家质量监督检验检疫总局. GB/T 13908—2002 固体矿产地质勘查规范总则［S］. 2002.
[11] 陕亮，张万益，陆春宇，等. 全国矿产勘查新进展与未来找矿部署建议［J］. 金属矿山，2014，43（2）：100~104.
[12] 董连慧，李基宏，冯京. 新疆地质矿产勘查 2011 年主要成果和进展［J］. 新疆地质，2012，20（1）：1~4.

冶金工业出版社部分图书推荐

书　名	作　者	定价(元)
现代金属矿床开采科学技术	古德生　等著	260.00
采矿工程师手册(上、下册)	于润沧　主编	395.00
现代采矿手册(上、中、下册)	王运敏　主编	1000.00
我国金属矿山安全与环境科技发展前瞻研究	古德生　等著	45.00
地下金属矿山灾害防治技术	宋卫东　等著	75.00
采空区处理的理论与实践	李俊平　等著	29.00
中厚矿体卸压开采理论与实践	王文杰　著	36.00
采矿学(第2版)(国规教材)	王　青　等编	58.00
工程爆破(第2版)(国规教材)	翁春林　等编	32.00
碎矿与磨矿(第3版)(国规教材)	魏德洲　主编	60.00
矿山充填理论与技术(本科教材)	黄玉诚　编著	30.00
高等硬岩采矿学(第2版)(本科教材)	杨　鹏　编著	32.00
矿山充填力学基础(第2版)(本科教材)	蔡嗣经　编著	30.00
采矿工程CAD绘图基础教程(本科教材)	徐　帅　等编	42.00
固体物料分选学(第3版)(本科教材)	陈晓青　主编	28.00
金属矿床露天开采(本科教材)	张　佶　主编	30.00
矿产资源综合利用(本科教材)	黄志安　等编	39.00
采矿工程概论(本科教材)	段希祥　主编	35.00
矿井通风与除尘(本科教材)	浑宝炬　等编	25.00
矿产资源开发利用与规划(本科教材)	邢立亭　等编	40.00
露天矿边坡稳定分析与控制(本科教材)	常来山　等编	30.00
地下矿围岩压力分析与控制(本科教材)	杨宇江　等编	39.00
现代充填理论与技术(本科教材)	蔡嗣经　等编	26.00
矿山岩石力学(本科教材)	李俊平　主编	49.00
新编选矿概论(本科教材)	魏德洲　等编	26.00
采矿工程概论(本科教材)	黄志安　等编	39.00
岩石力学(高职高专教材)	杨建中　主编	26.00
矿山地质(高职高专教材)	刘兴科　等编	39.00
矿山爆破(高职高专教材)	张敢生　等编	29.00
金属矿床开采(高职高专教材)	刘念苏　主编	53.00
金属矿山环境保护与安全(高职高专教材)	孙文武　等编	35.00
井巷设计与施工(第2版)(高职国规教材)	李长权　等编	35.00
露天矿开采技术(第2版)(高职国规教材)	夏建波　等编	35.00
金属矿床地下开采(高职高专教材)	李建波　主编	42.00